21世纪高等院校规划教材·公共课系列

大 学 化 学

主　编　王　芳
副主编　李连庆
参　编　赵大洲　肖正凤　张　静

北京大学出版社
PEKING UNIVERSITY PRESS

内 容 简 介

本书是根据现阶段二类本科院校大学化学课程的教学实际，结合相关专业本科生的培养目标和要求编写而成，内容涉及无机化学、分析化学、有机化学、物理化学四大领域，基本涵盖化学学科的基础知识和要点，可以为学生建立完整有效的学科体系，并为后续课程的学习打下坚实的基础。在此基础上，本书还充分考虑到非化学专业学生的学习基础、学习目的以及课程教学学时的要求，在教学难度的把握上以知识点的普及为主，使教材易学易懂。

图书在版编目（CIP）数据

大学化学/王芳主编. —北京：北京大学出版社，2014.9
（全国高等院校规划教材·公共课系列）
ISBN 978-7-301-24759-4

Ⅰ.①大… Ⅱ.①王… Ⅲ.①化学—高等学校—教材 Ⅳ.①06

中国版本图书馆 CIP 数据核字（2014）第 202474 号

书　　名　大学化学
著作责任者　王　芳　主编
策 划 编 辑　桂　春
责 任 编 辑　桂　春
标 准 书 号　ISBN 978-7-301-24759-4/O·1004
出 版 发 行　北京大学出版社
地　　址　北京市海淀区成府路 205 号　100871
网　　址　http://www.pup.cn　　新浪微博：@北京大学出版社
电 子 邮 箱　编辑部：jyzx@pup.cn　　总编室：zpup@pup.cn
电　　话　邮购部 010-62752015　发行部 010-62750672　编辑部 010-62756923
印 刷 者　天津中印联印务有限公司
经 销 者　新华书店
787 毫米×1092 毫米　16 开本　23.5 印张　580 千字
2014 年 9 月第 1 版　2025 年 5 月第 7 次印刷
定　　价　47.00 元

前　　言

本书由一批长期从事大学化学教学的一线教师在研究现有各个版本教材的基础上，结合自身的教学经验合力编撰而成。本书基本涵盖化学学科四大领域——无机化学、分析化学、有机化学、物理化学的知识，内容涉及面广，能够为学生建立完整有效的学科体系。

现对本书编写过程中的两点主导思想给予说明。

首先，根据大学化学课程的教学对象的非专业性、普及性特点，在教学组织难度上以知识的普及为主，使教材易学易懂。

其次，在研讨大学化学教学内容与化学领域最新进展的衔接性、与交叉学科的渗透性和学生所学专业的相关性的基础上，建立了大学化学教学内容的新体系，从而既能系统地将化学学科的基础理论框架和知识结构介绍给学生，又能有机地将学科知识与最新研究进展知识结合起来，力争使学生在学习大学化学课程的同时，进一步了解化学学科的最新进展。

在重视理论教学的同时，本书还注重理论与实践的结合，内容涉及理论知识 18 章，常见实验 26 个，适合教师组织教学。本书带 * 号部分为选修内容，有利于扩展学生知识面，加深对教学内容的理解。

本书由王芳任主编，李连庆任副主编。理论部分中，第 1 及 3～5 章由王芳编写；第 2、9、12 章由肖正凤编写；第 6、8 章由张静编写；第 7、10、11 章由赵大洲编写；第 13～18 章由李连庆编写。实验部分由李连庆、赵大洲、肖正凤合作编写。

由于编者水平有限，书中不足之处在所难免，敬请读者批评指正。

编　者

2014 年 6 月

目　　录

绪　论

一、化学的研究内容

世界是由物质组成的，物质处于不断的变化之中，人类探索物质变化的规律是从宏观到微观、由定性向定量、由稳定态向亚稳定态发展，并由经验逐渐上升到理论，再用于指导设计和开创新的研究。化学就是研究分子层次范围内的物质的组成、结构、性质、变化和变化过程中能量关系的科学。

化学研究的问题，按照研究的侧重点不同，传统上形成了有机化学、无机化学、分析化学和物理化学四大分支化学。一方面，随着科学技术的进步和生产的发展，各个学科之间相互渗透，化学已逐步渗透到农业、医药、环境、计算机等多个领域，形成了许多应用化学的新分支和边缘学科，如农业化学、生物化学、医药化学、环境化学、计算化学等。另一方面，原有的四大分支化学中的某些内容，已经发展成为一些新的独立的学科，如热力学、配位化学、现代仪器分析、金属有机化学、天然产物化学等。

二、化学的作用

化学与人类的衣、食、住、行以及能源、信息、材料、国防、环境保护、医药卫生、资源利用等方面都有密切的联系。人们日常生活中所需的洗涤剂、美容品和化妆品等都是化学制品，各种使得食品色香味俱全的食品添加剂如甜味剂、防腐剂、香料、调味剂和色素等也是化学制品。利用化学生产化肥和农药，极大地增加了粮食产量，将人类从饥饿中拯救出来；利用化学合成各种抗生素和药物，用以抑制细菌和病毒，使得人体健康有了保障；利用化学开发新能源、新材料（合成纤维、合成橡胶、合成塑料），改善了人类的生存条件；将化学知识应用于自然资源和保护环境，从而使人类生活得更加美好。

三、基础化学的性质和任务

基础化学主要介绍无机化学、有机化学、分析化学等学科中的基本知识、基本原理和基本的实验操作技术。通过基础化学的学习，掌握与环境科学、生命科学、医药科学等学科相关的化学基本原理、基础知识和基本技能。本书从物质的状态开始，介绍元素及其化合物的相关反应的基本知识和基本原理，掌握分析物质组成的常见测量方法，建立精确的分析方法；通过学习有机物的一般特点、命名方法、反应规律，了解并掌握相关的理论和技能及在实践中的应用。

四、本门课程的学习方法

首先注重化学基本概念和基本原理等基础知识的理解和应用。在学习时，注意研究对象的背景知识，按照“问题的提出－问题的解决－结论”这样的主线进行学习。此外，通过理论和实践相结合，认真钻研所学知识的实际意义，做到学以致用。本门课程中的相关概念和原理较多，为了更好地学习，要做到课前预习，提高听课效率，课后及时复习。同时还应重视实验课程。通过实验课程的学习，既可有效地巩固相关知识，又可提高动手能力和解决实际问题的能力。

第一章　物质结构基础

学习指导

1. 掌握物质常见的三种聚集状态，以及物质处于三种不同聚集状态时所表现出来的特点和性质变化规律；学习理想气体模型及其状态方程式，并在此基础上了解真实气体及其状态方程；了解液体的蒸气压、沸点；了解固体的特点，以及晶体与非晶体的区别。
2. 掌握电子云概念，四个量子数的意义，s、p、d 原子轨道和电子云分布的图像。
3. 了解屏蔽效应和钻穿效应对多电子原子能级的影响，熟练掌握核外电子的排布。
4. 从原子结构与元素周期系的关系，了解元素某些性质的周期性。

1.1　物质的聚集状态

我们身边的各种物质，虽然外形差异很大，但是在通常状态下，按照其组成粒子的聚集状态，可以分成气体（gas）、液体（liquid）和固体（solid）三种存在形态。

物质处于固态时，组成粒子排列紧凑，相互之间有很强的作用力，只能在各自固定的位置附近振动，因此具有一定的体积和固定的形状。物质处于液态时，组成粒子相对于固态时略显自由，可以有相对运动，因此液体没有固定的形状，而是具有流动性；但此时粒子相互之间的作用力仍然较强，不能随意分散远离，因此液体仍具有一定的体积。物质处于气态时，粒子之间相距甚远，相互之间的作用力非常小，几乎可以互不干涉地自由运动，因此气体没有固定的形状和体积，而是具有流动性和扩散性。

可见，将三种不同状态的物质放置在密闭的容器中，将会出现不同的效果：固体的形状和体积都不会随着容器发生改变；液体的形状将会随着容器的形状发生改变，但是其体积仍然保持不变；气体的形状也将会随着容器的形状发生改变，并且体积改变直至充满整个容器。

1.1.1　气体

与液体和固体相比，气体的显著区别就是组成粒子之间间隔很大，从而使得粒子相互之间的作用力非常小，各个粒子都可以几乎互不干涉地无规则快速运动。这些特点共同导致了气体没有固定的形状和体积，拥有流动性、扩散性和可压缩性的特征。不同种类气体的许多性质与其具体化学组成无关，而是体现出了气体的共性，因此，在三种存在形态中，气体模型最为简单，人们对它的研究也最为透彻。

1. 理想气体及其状态方程式

◆ 理想气体（ideal gas）

为了便于研究气体的性质，人们对气体模型进行了进一步的简化，引入了理想气体这一概念。理想气体是一种把实际气体性质加以简化的假想气体，其特性为：气体分子间完全没有作用力；气体分子在空间上只具有位置而不占有体积，可将其作为有质量的几何点对待。

理想气体是为了简化研究而引入的一个理想化模型，现实生活中并不存在。通常状况下，实际气体的压强越小，温度越高，分子间距离也就越大，其自身在空间中所占体积相对于总体积而言就可以忽略不计，分子间作用力也小到可以忽略，此时实际气体就可以近似地当作理想气体来处理了。

◆ 理想气体状态方程式

处于平衡态的理想气体，其宏观参数间的函数关系可以使用理想气体状态方程式来进行描述。理想气体状态方程式的表达式为

$$pV = nRT \tag{1-1}$$

或

$$pV_{\mathrm{m}} = RT \tag{1-2}$$

式中：p—气体压强，SI 单位为 Pa（帕［斯卡］）；V—气体体积，SI 单位为 m^3（立方米）；n—气体物质的量，SI 单位为 mol（摩［尔］）；T—气体温度，SI 单位为 K（开［尔文］）；R—气体常数，其值与气体的本性无关。显然

$$R = \frac{pV}{nT} \tag{1-3}$$

因此，通过对理想气体 p、V、n 和 T 的测量，就可以求出 R 的值。例如，测得 1 mol 理想气体在 273.15 K、101 325 Pa 时，所占体积为 $22.414\times10^{-3}\,m^3$，代入（1-3）式，可得 $R=8.314\ J\cdot mol^{-1}\cdot K^{-1}$

理想气体的存在状态宏观上受体积、压力、温度和物质的量这 4 种物理量的共同影响，并且四者之间相互影响。若已知 4 个物理量中 3 个量的数值，就可以对理想气体状态方程式进行转化，求出第 4 个物理量。

*理想气体状态方程式的推导

理想气体状态方程式是由波义耳（Boyle）定律、查理（Charles）定律、盖·吕萨克（Gay · Lussac）定律和阿伏伽德罗（Avogadro）定律总结而得到的。

（1）波义耳定律

当理想气体物质的量 n、温度 T 一定时，其体积 V 与压强 p 成反比，即

$$V \propto \frac{1}{p} \quad ①$$

（2）查理定律

当理想气体物质的量 n、体积 V 一定时，其压强 p 与温度 T 成正比，即

$$p \propto T \quad ②$$

（3）盖·吕萨克定律

当理想气体物质的量 n、压强 p 一定时，其体积 V 与温度 T 成正比，即

$$V \propto T \quad ③$$

（4）阿伏伽德罗定律

当理想气体的温度 T、压强 p 一定时，其体积 V 与物质的量 n 成正比，即

$$V \propto n \quad ④$$

由①②③④得
$$V \propto \frac{nT}{p} \quad ⑤$$

设比例系数为 R，带入⑤式中得

$$V = R\frac{nT}{p} \quad ⑥$$

整理后即为理想气体状态方程式 $pV = nRT$

◆ 道尔顿（Dalton）分压定律

英国化学家道尔顿通过观察发现，在组分间不发生化学反应的前提下，理想气体混合物的总压力等于各组分的分压力之和，这就是道尔顿分压定律。其中，气体分压指的是当气体混合物中的某一气体组分在与气体混合物相同温度、相同体积条件下单独存在时所具有的压力。道尔顿分压定律的表达式为

$$p_{t(总)} = p_1 + p_2 + \cdots + p_k = \sum_{i=1}^{k} p_B \tag{1-4}$$

根据理想气体状态方程式可知，其中

任意组分 B 的分压为
$$p_B = \frac{n_B RT}{V}$$

体系总压为
$$p_t = \frac{n_t RT}{V}$$

将两式相除，可得

$$\frac{p_B}{p_t} = \frac{n_B}{n_t} = x_B \tag{1-5}$$

式中，x_B 是组分 B 的物质的量分数。

以上这些公式均为道尔顿分压定律的表达式，其中式（1-5）最为常用。

◆ 阿马伽（Amagat）分体积定律

法国物理学家阿马伽发现理想气体混合物的总体积为各组分的分体积之和，这也被称为阿马伽分体积定律。其中，气体分体积指的是当气体混合物中的某一气体组分在与气体混合物相同温度、相同压强条件下单独存在时所具有的体积。阿马伽分体积定律的表达式为

$$V_T = V_1 + V_2 + \cdots + V_k = \sum_{i=1}^{k} V_B \tag{1-6}$$

与道尔顿分压定律相同，若将理想气体状态方程式代入，可得

$$\frac{V_B}{V_T} = \frac{n_B}{n_T} = x_B \tag{1-7}$$

道尔顿分压定律与阿马伽分体积定律在公式的推导过程中均使用了理想气体状态方程式，因此，这两个定律原则上只适用于理想气体混合物，对于实际气体在低压条件下可近似使用。

2. 真实气体及其状态方程式

◆ 真实气体（real gas）

理想气体是人们为了便于研究气体的性质而简化得到的一个理想化模型。实际气体的性质不同于理想气体，其分子之间存在着色散力、偶极力、诱导力等吸引力，也存在分子

外层的电子云之间的排斥力。在通常状态下，气体分子在空间中所占有的体积虽然相比于总体积而言较小，但也不能完全忽略。因此，若将实验中遇到的气体完全当作理想气体处理，将会带来一定的偏差。为了解决这一难题，许多科学家都提出了真实气体状态方程式，其中范德华（van der Waals）真实气体方程式具有一定的代表性。

◆ 真实气体状态方程式

1873 年，荷兰科学家范德华将真实气体分子近似看作是硬球，对理想气体状态方程式做了两项校正：一项是体积校正，在气体所占空间总体积中扣除了气体分子自身占有的体积，将 V_m 校正为 $V_m - b$，其中 b 为 1 mol 气体分子自身占有的体积；另一项是压力校正，在压力项上加上了由于气体分子间相互作用所产生的内压力，将 p 校正为 $p + \frac{a}{V_m^2}$，其中 $\frac{a}{V_m^2}$ 为气体产生的内压力，内压力的大小与单位体积中的分子数目成正比。所以，范德华真实气体方程式的表达式为

$$\left(p + \frac{a}{V_m^2}\right)(V_m - b) = RT \tag{1-8}$$

若气体的物质的量为 n，可改写为

$$\left[p + a\left(\frac{n}{V}\right)^2\right](V - nb) = nRT \tag{1-9}$$

式中，a、b 为范德华常数。a 值与气体分子的种类有关，分子间引力越大，a 值也越大，其单位为 $J \cdot m^3 \cdot mol^{-2}$；$b$ 值为 1 mol 气体分子自身占有的体积，其单位为 $m^3 \cdot mol^{-1}$。各真实气体的 a、b 值可以通过气体的临界参数求得。

1.1.2 液体

物质处于液体状态时，分子之间的距离相比于气态时小得多，仅略大于固态分子间的距离；分子间作用力较强，不能随意分散远离，但相对固态时仍略显自由，可以有相对运动。因此，液体具有流动性，具有一定的体积，但是没有固定的形状。

1. *液体的蒸气压*

液体内部的分子无时无刻不在进行着无规则运动，在液体表面某些分子的运动速度较快，其动能足以克服液体本体的引力而溢出液面成为气态分子，这就产生了蒸发现象。在温度一定时，液体分子通过不断地吸收周围的能量，使得液体的蒸发能够以恒定速率持续进行。

若将液体置于敞口容器中，可以观察到液体将逐渐减少。蒸发现象在很低的温度下也可以发生，但是随着温度的升高，液体分子从外界吸收到的能量越来越多，液体分子的平均动能升高，导致能够克服液体本体引力的分子数量就增多，因而液体的蒸发速度加快，蒸发现象就更加明显。

若将液体置于密闭容器中，情况将有所改变。一方面，液体分子仍将不断蒸发成为气体分子；另一方面，一些气态分子将撞击液面重新返回液体。这一与蒸发现象相反的过程被称为凝聚。密闭容器中始终同时在进行着液态分子的蒸发过程和气态分子的凝聚过程，在某一温度条件下，当二者达到动态平衡时液态分子脱离液面成为气态分子的数目等于气态分子返回液面成为液态分子的数目，液面上方的蒸气压力恒定、数值不再发

生改变，该条件下的蒸气被称为饱和蒸气，此时液面上方的蒸气压被称为该温度下液体的饱和蒸气压。

液体的饱和蒸气压随着温度的升高而增大，图 1-1 表示几种常见液体物质的饱和蒸气压与温度的关系。其中，$p^{\ominus}$ 表示标准大气压，即 101. 325 kPa。

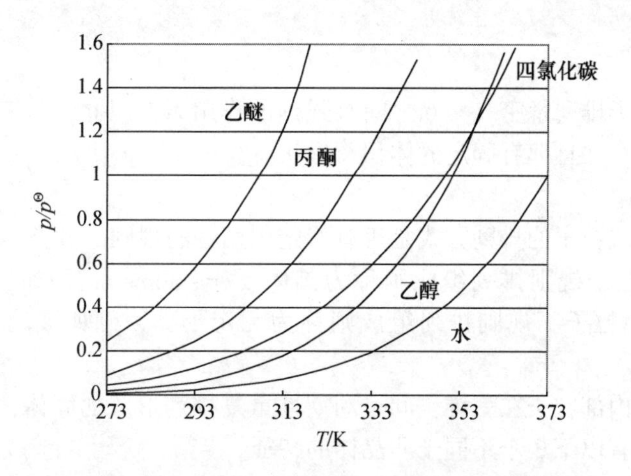

图 1-1　液体物质的饱和蒸气压与温度关系示意图

液面上的蒸气是由于液体分子蒸发而形成的，因此，液体饱和蒸气压的高低与液态分子脱离液体蒸发形成气态分子的趋势大小有关。饱和蒸气压越大，表示液体内分子的逃逸倾向越大，即越容易蒸发。例如，从图 1-1 中可以看出，在 298 K 时，水比乙醇的饱和蒸气压低，说明乙醇的挥发能力比水强。在某一温度下，具有较高饱和蒸气压的物质通常被称为易挥发物质；反之，具有较低饱和蒸气压的物质通常被称为难挥发物质。

2. *液体的沸点*

对液体进行加热时，随着温度的升高，液体表面的蒸气压随之升高，液体表面的蒸发现象也越来越明显。当液体的饱和蒸气压升高至等于外界气压时，液体内部也出现了气化现象，整个液体内部产生了大量气泡并上升至液体表面，随后破裂溢出。此时，液体表面和内部同时发生的剧烈气化现象被称为沸腾，沸腾时的温度就是该液体的沸点。通常，在敞口容器中加热液体时，外界压强即为大气压 101. 325 kPa，此时液体的沸点被称为正常沸点。例如，在图 1-1 中，从压强为 101. 325 kPa 处，做一条与横坐标平行的直线，该直线与各种液体物质的蒸气压曲线将会形成交点，该交点在横坐标上的投影点即为液体物质相应的正常沸点。

液体的沸点受外界压强的影响。外界压强越大，液体沸点越高；反之，则降低。因此，在海拔高的地域，由于外界压强较低，使得水的沸点也随之降低，食品很难煮熟；使用高压锅时，由于锅内压强较高，锅内水的沸点随之升高，食品的受热温度升高，所以易熟。

利用液体的这一特性，在实验中针对一些在正常沸点下容易分解的物质，可以通过减压蒸馏的方式进行分离或者提纯。

＊验证沸点与压力关系的简单实验

取医用注射器 1 只，先将 90℃ 以上的热水抽取至注射器内，再将注射器的注射口封闭，此时针筒内的热水未沸腾。随后将注射器的活塞迅速后拉，注射器内的压力急剧下降，就可以观察到其中的热水出现了沸腾现象。该实验证实了压力降低液体沸点随之下降。

1.1.3 固体

组成固体的粒子排列紧密，相互之间有强烈的作用力，因此，与液体和气体相比，固体的质地较为坚硬，并且拥有固定的体积及形状。

◆ 晶体与非晶体

固体可依其组成粒子的排列方式是否有特定周期性的规则，分类为晶体或非晶体（无定形体）。固体由粒子规则排列组成则称为晶体（crystalline），例如食盐（NaCl）、石英（SiO_2）等。固体由粒子不规则排列组成则称为无定形体，例如玻璃、橡胶等为非晶体（non-crystalline）。

由于晶体是由内部粒子在三维空间呈周期性重复排列形成的固体，具有长程有序的特点，因此，晶体具有以下 3 个不同于非晶体的特征。

1. 有整齐规则的几何外形

例如，食盐为立方体型，石英为六角柱体型，金刚石为正四面体等，如图 1-2 所示。组成这些晶体的粒子，其排列规则可以维持较长的距离而不被破坏，因此被称为单晶。大部分晶体从外观上看并不整齐，但经过微观结构分析已经证实他们是由许多微型晶体聚集在一起形成的，这些晶体被称为多晶，常见的金属及许多陶瓷都是多晶。

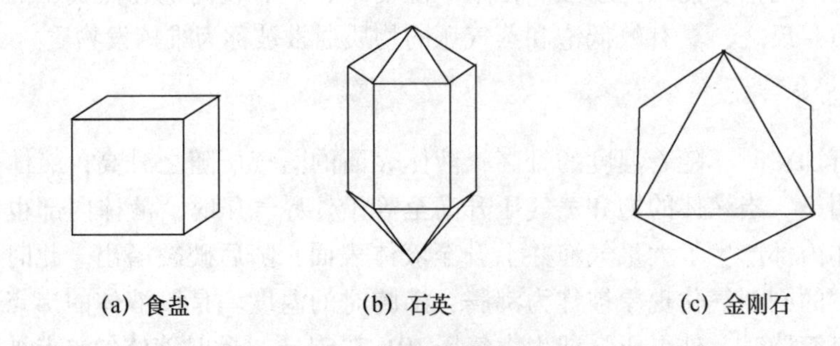

(a) 食盐　　(b) 石英　　(c) 金刚石

图 1-2 部分晶体形状示意图

2. 有固定的熔点

将晶体加热到其熔点时，外界提供的热量促使晶体开始熔化。在晶体熔化的过程中，温度始终保持不变，吸收的热量全部用于晶体从固态向液态的转变。

非晶体在受热熔化过程中没有固定的熔点，吸收的热量除用于熔化外还用于使其升温。所以非晶体的熔化过程中温度不断上升，熔化过程从开始到完全有一个温度范围。

3. 各向异性

晶体内部粒子在三维空间呈周期性规则排列，由于在不同方向上原子之间的距离不同，并导致原子间结合紧密程度不同，故使得晶体在不同晶向上的性质有所差异，如光学性质、力学性质、导热性、导电性、机械强度等。

例如，石墨晶体为层状结构，碳原子在平行方向的间距明显小于垂直方向上的间距（如图1-3所示），从而导致石墨在平行各层上导电性比垂直方向大5000倍、导热性能优于垂直方向4～6倍。

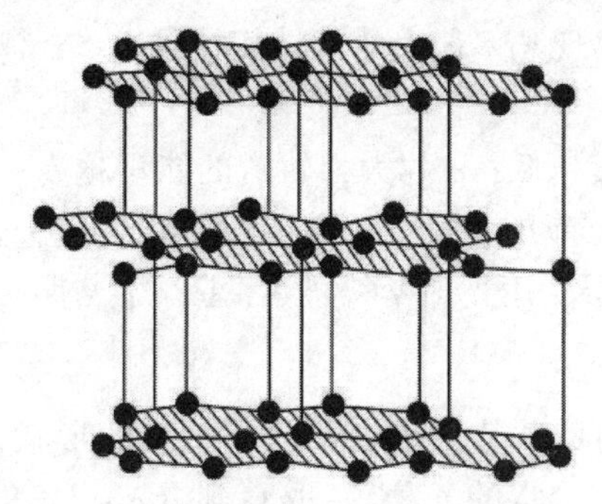

图1-3　石墨晶体层状结构示意

*1.1.4　等离子体

等离子体（plasma）通常被视为物质除固态、液态、气态之外存在的第四种形态。当气态物质接受足够的能量后分解成原子，原子中的部分电子在拥有足够的能量时，将成功摆脱原子核的吸引力成为自由电子，其余的部分则成为正离子，这种由分子、原子、正负离子和电子组成的混合气体就被称为等离子体。等离子体由于其中正、负离子所带电荷符号相反，数量相等而呈中性状态，也被称为等离子态。

等离子体是宇宙中存在最广泛的一种物态，目前观测到的宇宙物质中，99%都是等离子体，而地球上常见的三态物质所占比例却非常少。由于高温或强辐射，宇宙空间中的许多物质极易电离，例如弥散性星云或恒星大气层都属于等离子体。作为恒星的太阳，也是一个高温的等离子态火球。太阳的强烈辐射，使地球最外层的高空大气层呈等离子态，形成了电离层，远距离无线电通信就是依靠电离层反射电磁波，传递信息的。等离子体的研究，对于人工控制热核反应、磁流体发电等尖端科学技术具有十分重要的意义，卫星、宇航、能源等新技术也将随着等离子体的研究而进入新时代。

1.2　原子结构与元素周期表

1.2.1　核外电子的运动状态

由三个确定的量子数 n，l，m 组成一套参数可描述波函数的特征，即核外电子的一种运动状态。除了这三个量子数外，还有一个描述电子自旋运动特征的量子数 m_s，称自旋量子数。这些量子数对描述核外电子的运动状态，确定原子中电子的能量、原子轨道或电子云的形状和伸展方向，以及多电子原子核外的排布是非常重要的。

1. 主量子数 n

n 称为主量子数，表示电子出现最大几率区域离核的远近和轨道能量的高低。n 的值为从1到 ∞ 的任何正整数，在光谱学上也常用字母来表示 n 值，对应关系是：

n值：1，2，3，4，5，6，7……

光谱学符号：K，L，M，N，O，P，Q……

对n的物理意义理解，我们注意以下三点。

（1）n越小，表示电子出现几率最大的区域离核越近。n越大，表示电子出现几率最大的区域离核越远。

（2）n越小，轨道的能量越低；n越大，轨道的能量越高。

（3）对于同一n，有时会有几个原子轨道，在这些轨道上运动的电子在同样的空间范围运动，可认为属同一电子层，用光谱学符号K，L，M，N……表示电子层。

2. 角量子数l

l称为角量子数，又称副量子数，代表了原子轨道的形状，是影响轨道能量的次要因素。l的取值受n的限制。对给定的n值，l取0到（$n-l$）的整数，即$l=0, 1, 2, \cdots, n-l$（当$n=1$时，$l=0$；当$n=2$时，$l=0, 1$；当$n=3$时，$l=0, 1, 2$；依次类推）。按照光谱学习惯，可用s，p，d，f，g……表示l值，对应关系：

l值：0，1，2，3，4……（$n-1$）

光谱学符号：s，p，d，f，g……（电子亚层）

对l的物理意义理解，要注意以下四点。

（1）多电子原子轨道的能量与n，l有关。

（2）能级由n，l共同定义，一组（n，l）对应于一个能级（氢原子的能级由n定义）。

（3）对给定的n，l越大，轨道能量越高，$E_{ns}<E_{np}<E_{nd}<E_{nf}$。

（4）给定n讨论l，就是在同一电子层内讨论l，习惯称l（s，p，d，f，g……）为电子亚层。

3. 磁量子数m

m称为磁量子数，表示轨道在空间的伸展方向。m的取值受l的限制。对给定的l值，$m=0, \pm1, \pm2, \pm3, \cdots\cdots, \pm l$，共计（$2l+1$）个值。

对m的物理意义理解，我们要注意的以下两点。

（1）l值相同，m不同的轨道在形状上完全相同，只是轨道的伸展方向不同。

（2）m也可用光谱符号表示。

$l=0$时，$m=0$，只有一个取值，用s表示。

$l=1$时，$m=0, \pm1$，有三种取向，光谱学符号分别为p_z，p_x，p_y。

$l=2$时，$m=0, \pm1, \pm2$，有五种取向，光谱学符号分别为d_{z^2}，d_{xz}，d_{yz}，d_{xy}，$d_{x^2-y^2}$。

因此，波函数（原子轨道）我们可以用两种方式表示，例如$n=2$，$l=0$，$m=0$时，波函数为$\varphi_{2,0,0}$或φ_{2s}；$n=2$，$l=1$，$m=0, \pm1$时，波函数为$\varphi_{2,1,0}$，$\varphi_{2,1,-1}$，$\varphi_{2,1,+1}$或φ_{2px}，φ_{2py}，φ_{2pz}。

l相同，m不同的几个原子轨道称为等价轨道或简并轨道。如l相同的3个p轨道、5个d轨道或7个f轨道，都是等价轨道。

4. 自旋量子数m_s

m_s表示电子在空间的自旋方向。它是在研究原子光谱时发现的。因为在高分辨率的光谱仪下，看到的每一条光谱都是由两条非常接近的光谱线组成。为了解释这一现象，有人根据“大宇宙与小宇宙的相似性”，提出电子除绕核运动外，还绕自身的轴旋转，其方向只可能有两个：顺时针方向和逆时针方向。用自旋量子数 $m_s=+1/2$ 和 $m_s=-1/2$ 表示。对于这种自旋方向，也常用向上和向下的箭头"↑"和"↓"形象地表示。

综上所述，描述一个原子轨道要用3个量子数（n，l，m）；描述一个原子轨道上运动的电子，要用4个量子数（n，l，m，m_s）；而描述一个原子轨道的能量高低要用2个量子数（n，l）。

1.2.2　原子核外电子排布和元素周期表

氢原子的原子的基态和激发态的能量都决定于主量子数，而与角量子数无关。但在多电子原子中，各轨道的能量不仅决定于主量子数，还和角量子数有关。

1. 多电子原子的能级

鲍林（Pauling）根据光谱实验结果总结出多电子原子中各轨道能级相对高低的情况，并反映了核外电子填充的一般顺序（如图1-4所示）。从中可以看出，多电子原子的能级不仅与主量子数 n 有关，还和角量子数 l 有关。

（1）当 n 不同，l 相同时，n 愈大，则能级愈高，因此 $E_{1s}<E_{2s}<E_{3s}$……

（2）当 n 相同，l 不同时，l 愈大，则能级愈高，因此 $E_{ns}<E_{np}<E_{nd}<E_{nf}$……

（3）对于 n 和 l 都不同的原子轨道，能级变化比较复杂。那种 n 值大的亚层的能量反而比 n 值小的能量为低的现象称为能级交错。此现象可用屏蔽效应和钻穿效应来解释。

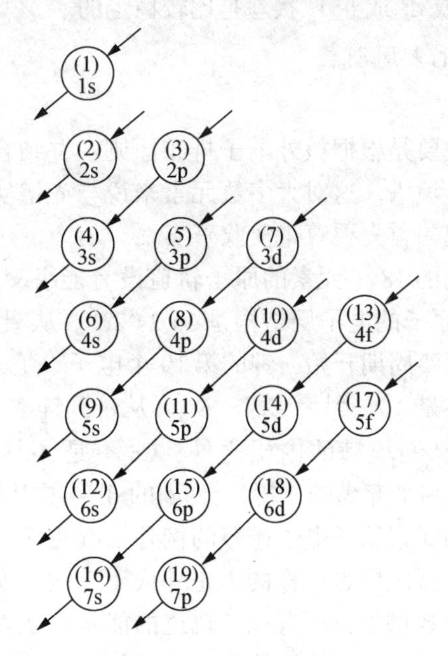

图1-4　电子填充顺序

2. 核外电子排布的规则

核外电子排布要遵循的三个原则是：能量最低原理、泡利不相容原理和洪特规则。

◆ 能量最低原理

我们知道，自然界任何体系的能量愈低，则所处的状态愈稳定，对电子进入原子轨道而言也是如此。因此，核外电子在原子轨道上的排布，应使整个原子的能量处于最低状态。即填充电子时，是按照近似能级图中各能级的顺序由低到高填充的。这一原则，称为能量最低原理。

◆ 泡利不相容原理

能量最低原理把电子进入轨道的次序确定了，但每一轨道上的电子数是有一定限制的。关于这一点，1925 年泡利（W. Pauli）根据原子的光谱现象和考虑到周期表中每一周期的元素的数目，提出一个原则，称为泡利不相容原理：在同一原子或分子中，不可能有两个电子具有完全相同的四个量子数。如果原子中电子的 n，l，m 三个量子数都相同，则第四个量子数 m_s 一定不同，即同一轨道最多能容纳 2 个自旋方向相反的电子。

应用泡利不相容原理，可以推算出某一电子层或亚层中的最大容量。每层电子最大容量为 $2n^2$。

◆ 洪特规则

洪特（F. Hund）根据大量光谱实验结果，总结出一个普遍规则：在同一亚层的各个轨道（等价轨道）上，电子的排布将尽可能分占不同的轨道，并且自旋方向相同。这个规则叫洪特规则，也称最多等价轨道规则。用量子力学理论推算，也证明这样的排布可以使体系能量最低。因为当一个轨道中已占有一个电子时，另一个电子要继续填入同前一个电子成对，就必须克服它们之间的相互排斥作用，其所需能量叫电子成对能。因此，电子分占不同的等价轨道，有利于体系的能量降低。

作为洪特规则的特例，等价轨道（简并轨道）全充满（p^6 或 d^{10} 或 f^{14}），半充满（p^3 或 d^5 或 f^7），或全空（p^0 或 d^0 或 f^0）状态是比较稳定的。

3. 原子的电子结构和元素周期表

◆ 原子的电子结构

讨论核外电子排布，主要是根据核外电子排布原则，并结合鲍林近似能级图，按照原子序数的增加，将电子逐个填入。这对大多数元素来说与光谱实验结果是一致的，但也有少数不符合，对于这种情况，首先要尊重实验事实。

（1）第一、二、三周期的 18 个元素的原子轨道没有能级交错，只需按顺序填充电子。例如，氖（原子序数 10）原子的电子层结构是 $1s^22s^22p^6$。从铝开始排 3p 电子，到氩（原子序数 18）排满 $3p^6$。到第四周期开始，钾的第 19 个电子不是 3d 而是 4s，因为 $E_{3d} > E_{4s}$。钪的第 21 个电子是 3d 而不是 4p，因为 $E_{4p} > E_{3d}$。从钪到锌逐个元素增加一个 d 电子。其中有两个特殊情况，即除已经填满的内层之外，Cr 不是 $4s^23d^4$，而是 $4s^13d^5$；Cu 不是 $4s^23d^9$，而是 $4s^13d^{10}$。这是因半充满的 d^5 和全充满的 d^{10} 结构比较稳定的缘故。

（2）第四、五、六周期元素原子电子排布的例外情况更多一些。一方面因填充时我们假定所有元素的原子能级高低次序是一样的，是一成不变的。实际上，随着原子序数的增加，电子受到的有效核电荷数增加，所有原子轨道的能量一般都将逐渐下降，但不同轨道能量下降的多少各不相同。因此，各能级的相对位置将随之改变。另一方面因较重元素原子的 ns 轨道和 $(n-1)$d 轨道之间的能量差要小一些。ns 轨道电子激发到 $(n-1)$d 轨道上只要很少的能量。如果激发后能增加轨道中自旋平行的单电子数，其所降低的能量超过激发能，或激发后形成全降低的能量超过激发能时，就将造成特殊排布。例如，铌不是 $5s^24d^3$，而是 $5s^14d^4$；钯不是 $5s^24d^8$，而是 $5s^04d^{10}$。

◆ 元素周期表

当我们把元素按原子序数递增的顺序排列时，就会发现元素的化学性质呈现周期性变化，这一规律称为周期律。元素周期表是周期律的表达形式。

(1) 周期。周期表中共有七个周期。第一、二、三周期为短周期，从第四周期起以后称为长周期。第七周期是未完全的周期。每个周期的最外电子层的结构都是从 ns^1 开始到 np^6（稀有气体）结束（第一周期除外）。元素所在的周期数与该元素的原子所具有的电子层数一致，也与该元素所处的按原子轨道能量高低顺序划分出的能级组的组数一致。能级组的划分是造成元素周期表中元素被分为周期的根本原因，所以一个能级组就对应着一个周期。由于有能级交错，使一个能级组内包含的能级数目不同，故周期有长短之分。

(2) 族。周期表中，把原子结构相似的元素排成一竖行称为族。电子最后填充在最外层的 s 和 p 轨道上的元素称为主族（A 族）元素。周期表上共有八个主族。通常把惰性气体称为零族元素。主族元素最外电子层上的电子数与所属的族数相同，也与它的最高氧化数相同，所以同主族元素的化学性质非常相似。

◆ 元素在周期表中的分类

化学反应一般只涉及原子的外层电子。因此，熟悉各族元素原子的外层电子结构类型是十分必要的。按原子的外层电子结构可把周期表中的元素分成如下五个区域。

(1) s 区。最后一个电子填充在 s 能级上的元素称为 s 区元素，包括 IA 和 ⅡA 族元素，其价层电子组态为 ns^{1-2} 型。它们容易失去 1 个或 2 个电子形成 +1 或 +2 价离子。它们都是活泼的金属元素。

(2) p 区。最后一个电子填充在 p 能级上的元素称为 p 区元素，包括ⅢA 至ⅦA 和零族元素。除了氦无 p 电子外，所有元素的价电子组态为 ns^2np^{1-6}。它们都是非金属元素。

(3) d 区。最后一个电子填充在 d 能级上的元素称为 d 区元素，包括ⅢB 至ⅦB 和第Ⅷ族元素。其价电子组态为 $(n-1)d^{1-9}ns^{1-2}$，只有 Pd 例外，Pd 为 $(n-1)d^{10}ns^0$。d 轨道上的电子结构与 d 区元素的性质关系较大。由于最外电子层上的电子数少，而且结构的差别发生在次外层，因此它们都是金属元素，而且性质比较相似。

(4) ds 区。最后一个电子填充在 d 能级或 s 能级，使其价层电子组态达到 $(n-1)d^{10}ns^{1-2}$的元素称为 ds 区元素，包括 IB 和 ⅡB 族元素。d 区和 ds 区的元素合称为过渡元素，其电子层结构的差别大都在次外层的 d 轨道上，因此性质比较相似，并且都是金属。

(5) f 区。最后一个电子填充在 f 能级上的元素称为 f 区元素，包括镧系和锕系元素，其价层电子组态为 $(n-2)f^{1-14}(n-1)d^{0-1}ns^2$。而钍例外，钍的价电子组态为 $(n-2)f^0(n-1)d^2ns^2$。由于电子结构差别是在 $(n-2)$ 层的 f 轨道上的电子数不同，所以它们的化学性质非常相似。

综上所述，原子的电子构型与它在周期表中的位置有密切的关系。一般地讲，我们可以根据元素的原子序数和电子填充顺序，写出该原子的电子构型并推断它在周期表中的位置，或者根据它在周期表中的位置，推知它的原子序数和电子构型。

1.2.3　元素性质的周期性

1. 原子半径

根据 X 射线衍射及电子衍射等实验，可测定共价化合物中共价键的键长，得到原子的共价半径。通常是把同种元素共价键键长的一半作为这个元素的共价半径。例如氢分子的共价键长（两个氢原子核间的距离）是 74 pm，所以氢原子的共价半径是 37 pm（因两个氢原子的电子云重叠，所以比自由原子半径 52.9 pm 小得多）。

◆ 周期表中各周期元素原子的共价半径

（1）对于主族元素，同一周期从左到右，原子半径以较大幅度逐渐缩小。这是由于随着核电荷的增加，电子层数不变，新增加的电子填入最外层的 s 亚层或 p 亚层，对屏蔽系数的贡献较小。因此，从左到右有效核电荷显著增加，外层电子被拉得更紧，从而使原子半径以较大幅度逐渐缩小。

（2）对于副族元素的原子半径，其总趋势是：由左向右较缓慢地逐渐缩小，但变化情况不太规律。这是因为新增加的电子是进入次外层的 d 亚层，对屏蔽的贡献较大。此外 d 电子间又相互排斥使半径增大，导致原子半径缓慢缩小。d 电子的屏蔽作用和相互排斥作用与 d 电子的数目和空间分布对称有关，因而造成原子半径变化不太规律。

◆ 周期表中各族元素原子的共价半径

（1）对于主族，同一族元素从上到下原子半径增加。这是因为同一族元素从上到下核电荷数是增加的，但电子层数也在增加，而且后者的影响超过了前者的作用，所以原子半径递增。

（2）副族元素因有镧系收缩的影响，第五、六周期元素的原子半径相差极少，有些则基本一样。

2. 原子的电离能

原子失去电子的难易，可以用电离能来衡量。电离能是指气态原子在基态时失去电子所需的能量，常用使 1 mol 气态原子（或阳离子）都失去某一个电子所需的能量（$kJ \cdot mol \cdot L^{-1}$）表示。

同一周期的元素具有相同的电子层数，从左到右核电荷越多，原子半径越小，核对外层电子的引力也越大。因此，每一周期电离能最低的是碱金属，越往右电离能越大。

同一族元素，原子半径增大起主要作用，半径越大，核对电子的引力就越小，也就越易失去电子，故电离能越小。

3. 原子的电子亲和能

在基态的气态原子上加合电子所引起的能量变化叫做原子的电子亲和能。

而金属原子的电子亲和能一般为较小负值或正值。

同周期元素，从左到右，原子的有效核电荷增大，原子半径逐渐减小，同时由于最外层电子数逐渐增多，易与电子结合形成 8 电子稳定结构，因此，元素的电子亲和能逐渐减小。同一周期中以卤素的电子亲和能最小。

同一主族中，元素的电子亲和能要根据有效核电荷、原子半径和电子层结构具体分析，一般为大部分逐渐增大，部分逐渐减小。

4. 电负性

1932 年鲍林定义元素的电负性是原子在分子中吸引电子的能力。他指定氟的电负性为 4.0，并根据热化学数据比较各元素原子吸引电子的能力，得出其他元素的电负性 χ_P。元素的电负性数值愈大，表示原子在分子中吸引电子的能力愈强。

电负性也呈现周期性变化。同一周期内，元素的电负性随原子序数的增加而增大；同一族内，自上而下，电负性一般减小。一般金属元素的电负性小于 2.0，而非金属元素则大于 2.0。

1.3　分子结构与化学键

1.3.1　离子键

1. 离子键的形成

当电负性小的金属原子和电负性大的非金属原子在一定条件下相遇时，原子间首先发生电子转移，形成正离子和负离子，然后正负离子间靠静电作用形成的化学键称为离子键。由离子键形成的化合物称为离子型化合物。离子键的本质是原子或原子团发生电子得失而形成正负离子，通过正负离子间的静电作用，离子从无限远处靠近形成离子晶体而做的功。离子键包括同号离子间的斥力和异号离子间的引力。阴阳离子不可能无限靠近，离子的核外电子以及原子核间都有强烈的相互作用，最后在一适当距离达到平衡，即斥力和引力相等。因离子的电荷是球形对称的，故只要空间条件允许，可尽可能多地吸引异号电荷的离子，故离子键没有饱和性。在离子晶体中，每个正离子吸引晶体内所有负离子，每个负离子也吸引所有正离子。异号离子可沿任何方向靠近，在任何位置相吸引，故离子键没有方向性。

2. 离子键的特点

离子键的特点是两成键原子的电负性差值较大。在周期表中，活泼金属如Ⅰ、Ⅱ主族元素与活泼非金属如卤素、氧等电负性相差较大，它们之间所形成的化合物中均存在着离子键。相互作用的元素电负性差值越大，它们之间键的离子性也就越大。一般地说，两元素电负性相差1.7以上时，往往形成离子键。因此，若两个原子电负性差值大于1.7时，可判断它们之间形成离子键；反之，则可判断它们之间主要形成共价键。但也有少数例外。

1.3.2　共价键

1. 共价键理论

◆ 共价键理论的要点

(1) 共价键有饱和性。自旋方向相反的两个电子配对形成共价键后，就不能与其他原子中的单电子配对。

(2) 共价键有方向性。根据原子轨道最大重叠原理，原子间成键时要实现原子轨道间最大程度的重叠。原子轨道中，除了s轨道无方向性外，其他如p、d等轨道都有一定的空间取向。它们在成键时只有沿一定的方向靠近，才能达到最大程度的重叠，所以共价键有方向性。

◆ 共价键的类型：σ键；π键；配位键

按照原子轨道的重叠方式不同，共价键主要可分为σ键和π键两种类型。

(1) σ键。成键两原子轨道沿键轴（x轴）接近时，以“头碰头”方式重叠形成的共价键称为σ键。

(2) π键。成键两原子轨道沿键轴（x轴）接近时，相互平行的p_y-p_y、p_z-p_z轨道则只能以“肩并肩”方式进行重叠，形成的共价键称为π键。例如，当两个N原子结合成N_2分子时，两个N原子的$2p_x$轨道沿x轴方向“头碰头”重叠形成一个σ键，而两个N原子的$2p_y$-$2p_y$，$2p_z$-$2p_z$只能以“肩并肩”的方式重叠，形成两个π键，所以N_2分子中有一个σ键，两个π键，其分子结构式可用$N \equiv N$表示。

(3) 配位键。此外还有一类共价键，是由成键的两个原子中的一个原子单独提供一对电子进入另一个原子的空轨道共用而成键，这种共价键称为配位共价键，简称配位键。配位键更多见于配位化合物中。

2. 杂化轨道理论

◆ 杂化轨道理论的要点

(1) 形成分子时，由于原子间的相互影响，同一个原子中几个不同类型的能量相近的原子轨道重新分配能量和空间方向，组合成数目相等的一组新轨道，这种轨道重新组合的过程称为轨道杂化，所形成的新轨道称为杂化轨道。

(2) 有几个原子轨道参加杂化，就能组合成几个杂化轨道。即杂化轨道的数目等于参与杂化的原来原子轨道的数目。

(3) 杂化轨道成键时要满足原子轨道最大重叠原理。即原子轨道重叠愈多，形成的化学键愈稳定。由于杂化轨道的角度波函数在某个方向的值比杂化前大得多，更有利于原子轨道间最大程度的重叠，因而杂化轨道的成键能力比杂化前强，其成键能力的大小顺序如下：

$$s < p < sp < sp^2 < sp^3 < dsp^2 < sp^3d < sp^3d^2$$

(4) 杂化轨道成键时要满足化学键间最小排斥原理。即杂化轨道间在空间尽可能地采取最大键角，使相互间斥力最小，从而使分子具有较小的内能，体系更趋稳定。不同类型的杂化轨道间夹角不同，成键后分子的空间构型也不同。

(5) 同种类型的杂化轨道又可分为等性杂化和不等性杂化两种。杂化后形成的杂化轨道能量、成分完全相同，这种杂化称为等性杂化；形成的杂化轨道能量不完全相同的称为不等性杂化。

◆ 杂化轨道类型与分子的空间构型

(1) sp 杂化。由一个 ns 轨道和一个 np 轨道组合成两个 sp 杂化轨道的过程称为 sp 杂化。每个杂化轨道都含有 1/2 的 s 成分和 1/2 的 p 成分。sp 杂化轨道间的夹角为 180°，呈直线形，如 $BeC1_2$。

(2) sp^2 杂化。由一个 ns 轨道和两个 np 轨道组合形成 3 个 sp^2 杂化轨道的过程称为 sp^2 杂化。其中每个 sp^2 杂化轨道都含有 1/3 的 s 成分和 2/3 的 p 成分，杂化轨道间的夹角为 120°，呈平面三角形，如 BF_3 分子。

(3) sp^3 杂化。由一个 ns 轨道和三个 np 轨道组合成 4 个 sp^3 杂化轨道的过程称为 sp^3 杂化。每个 sp^3 杂化轨道都含有 1/4 的 s 成分和 3/4 的 p 成分，4 个杂化轨道分别指向正四面体的 4 个顶点。杂化轨道间的夹角为 109°28′，其空间构型为正四面体形，如 CH_4 分子和 SiH_4 分子。

现将以上三种 sp 类型的杂化与空间构型之间的关系归纳于表 1-1 中。

表 1-1 sp 型的三种杂化轨道

杂化类型	sp	sp^2	sp^3
参与杂化的原子轨道	1 个 s + 1 个 p	1 个 s + 2 个 p	1 个 s + 3 个 p
杂化轨道数	2 个 sp 杂化轨道	3 个 sp^2 杂化轨道	4 个 sp^3 杂化轨道
杂化轨道间夹角	180°	120°	109°28′
几何构型	直线形	正三角形	正四面体
实例	$BeC1_2$	BF_3	CH_4

上述三种 sp 类型的杂化，它们各自形成的杂化轨道的能量完全相同，都属于等性杂化。当杂化所形成的杂化轨道的能量不完全相同时，就是不等性杂化。下面以 H_2O 分子和 NH_3 分子的形成为例予以说明。

【例 1-1】 试说明 H_2O 分子的空间构型。

解：O 原子的电子层结构为 $1s^22s^22p_x^22p_y^12p_z^1$，按价键理论，形成 H_2O 分子时，O 原子只能以含单电子的 $2p_y$ 和 $2p_z$ 两轨道分别与两个 H 原子的 1s 轨道重叠形成两个 O—H 键，键角应为 90°。但实验测得 H_2O 分子中两个 O—H 键间的夹角为 104°45′，显然是价键理论无法解释的。杂化轨道理论认为，在形成 H_2O 分子的过程中，O 原子采用 sp^3 不等性杂化，其中两个含单电子的 sp^3 杂化轨道各与一个 H 原子的 1s 轨道重叠形成两个 σ^3_{sp-1s} 键，而余下的两个 sp^3 杂化轨道分别被一对孤对电子占据。由于孤对电子不参与成键，电子云密集于 O 原子周围，对成键电子对有排斥作用，结果使 O—H 键间的夹角压缩至 104°45′，所以 H_2O 分子的空间构型为 V 字形。

【例 1-2】 试解释 NH_3 分子的空间构型。

解：N 原子的价电子层结构为 $2s^22p_x^12p_y^12p_z^1$，在形成 NH_3 分子时，N 原子的 2s 轨道和三个 2p 轨道先进行 sp^3 不等性杂化，其中三个含单电子的 sp^3 杂化轨道分别与三个 H 原子的 1s 轨道重叠形成三个 σ^3_{sp-1s} 键，余下一个 sp^3 杂化轨道被一对孤对电子占据。由于孤对电子不参与成键，电子云密集于 N 原子周围，对三个 N—H 键虽有排斥作用，但排斥力较 H_2O 分子中的小，结果使得 N—H 间的夹角为 107°，与实验测定结果相符，所以 NH_3 分子的空间构型为三角锥形。

1.3.3　分子间作用力和氢键

1. 分子间作用力

分子间还存在着一种较弱的作用力，其大小只相当于化学键能的 1/10 到 1/100。它最早是由荷兰物理学家范德华提出的，故称范德华力，可分为取向力、诱导力和色散力三种。

◆ 取向力

取向力是发生在极性分子之间的作用力。当两个极性分子相互接近时，同极相斥，异极相吸，使分子发生相对转动，以便分子间呈异极相邻状态排列。这种发生在极性分子的永久偶极间的相互作用力称为取向力。取向力的本质是静电引力。

◆ 诱导力

诱导力是发生在极性分子与非极性分子之间的作用力。极性分子的永久偶极相当于一个外电场，可使邻近的非极性分子变形，从而产生诱导偶极，于是诱导偶极与永久偶极相互吸引。这种永久偶极和诱导偶极间的相互作用力称为诱导力。同样，两个邻近的极性分子之间，除了取向力外，还含有诱导力。诱导力的本质也是静电引力。

◆ 色散力

色散力是发生在非极性分子的瞬间偶极之间的作用力。瞬间偶极存在的时间虽然很短，但却在每一个瞬间不断地重复发生着。因此邻近的分子（不论是极性分子还是非极性分子）间始终存在着色散力，并且它在范德华力中占有相当大的比重。

综上所述，在非极性分子之间只有色散力；在极性分子和非极性分子之间既有色散力，又有诱导力；而在极性分子之间，取向力、诱导力、色散力三者并存。

范德华力不属于化学键的范畴，其特点是：

(1) 它是永远存在于分子间或原子间的一种作用力；

(2) 它是吸引力，其作用能只有几到几十 $kJ \cdot mol^{-1}$，约比化学键小1～2个数量级；

(3) 与共价键不同，它一般不具有方向性和饱和性；

(4) 它的作用范围只有几十到几百皮米（pm）；

(5) 对大多数分子来说（H_2O 除外）色散力是主要的，只有极性很大的分子，取向力才比较显著，诱导力通常都很小。

2. 氢键

◆ 氢键的形成及特点

当H原子与电负性很大、半径很小的X(F、O、N) 原子以共价键结合成分子后，还能与另一个电负性很大、半径小且外层有孤对电子的Y(F、O、N) 原子产生定向的吸引作用，形成X—H…Y结构，其中H原子与Y原子形成的第二个键（虚线表示）称为氢键。X、Y可以是同种元素的原子，如F—H…F，O—H…O，也可以是不同元素的原子，如N—H…O。

形成氢键X—H…Y的条件是：首先，要有一个与电负性很大的元素X相结合的H原子；其次，要有一个电负性很大、半径较小并有孤对电子的Y原子。通常能符合上述条件的，主要是F、O和N。

氢键的键能一般在42 $kJ \cdot mol^{-1}$以下，与范德华力数量级相同。其强弱与X、Y原子的电负性及半径大小有关。X、Y原子的电负性越大，半径越小，形成的氢键越强。顺序如下：

$$F—H\cdots F > O—H\cdots O > O—H\cdots N > N—H\cdots N > O—H\cdots Cl > O—H\cdots S$$

氢键与范德华力不同，氢键有饱和性和方向性。所谓饱和性，是指H原子在形成一个共价键后，通常只能再形成一个氢键。所谓方向性，是指在氢键中以H原子为中心的三个原子尽可能在一条直线上，即H原子要尽量和Y原子上孤对电子的方向一致，这样H原子和Y原子的轨道重叠程度较大，而且X原子与Y原子距离最远，斥力最小，形成的氢键越强，体系越稳定。

◆ 氢键的类型

氢键可分为分子间氢键和分子内氢键两种类型。如 H_2O 中的O—H…O键，HF中的F—H…F键，NH_3—H_2O 中的N—H…N和N—H…O键等，前三种为相同分子间的氢键，后一种为不同分子间的氢键。同一分子内形成的氢键称为分子内氢键。如在 HNO_3 中存在着分子内氢键，其他如在苯酚的邻位上有—NO_2，—CHO，—COOH等基团时也可形成分子内氢键。

◆ 氢键对物质性质的影响

(1) 对熔点、沸点的影响。在同类化合物中，形成分子间氢键使其熔点、沸点升高；如果化合物形成分子内氢键，则其熔点、沸点降低。

(2) 对溶解度的影响。如果溶质和溶剂间形成分子间氢键，则溶解度增大；如果溶质分子形成分子内氢键，则在极性溶剂中的溶解度减小，在非极性溶剂中的溶解度增大。

(3) 对密度和黏度的影响。溶质分子和溶剂分子形成分子间氢键，使溶液的密度和黏度增大，溶质形成分子内氢键，则不增加溶液的密度和黏度。

【知识拓展】

公元前约四百年，哲学家对万物之原作了种种推测。希腊最卓越的唯物论者德谟克利特（前 460—前 370）提出了万物由“原子”产生的思想。其后世界各国的哲学家，包括中国战国时期《庄子》一书中，均对物质可分与否争论不休，延续时间很久。1741 年俄国的罗蒙诺索夫（1711—1763）曾提出了物质构造的粒子学说，但由于实验基础不够，未曾被世人重视。人类对原子结构的认识由臆测发展到科学，主要是依据科学实验的结果。

到了 18 世纪末，欧洲已进入资本主义上升时期，生产的迅速发展推动了科学的进展。在实验室里开始有了较精密的天平，使化学科学从对物质变化的简单定性研究进入定量研究，从而陆续发现一些元素互相化合时质量关系的基本定律，为化学新理论的诞生打下了基础。

1787 年，年轻的道尔顿首先开始对大气的物理性质进行了研究，并从中逐渐形成了他的化学原子论思想。当时，他继承了古代希腊的原子论，认为大气中的氧气和氮气之所以能互相扩散并均匀混合，原因就在于它们都是由微粒状的原子构成的，不连续而有空隙，因此，才能相互渗透而扩散。19 世纪初，为了解释元素互相化合的质量关系的各个规律，道尔顿把他的原子论思想引进了化学，他认为物质都是由原子组成的，不同元素的化合就是不同原子间的结合。例如碳的两种氧化物碳和氧的质量比分别是 3∶4 和 3∶8，其中和一定质量的碳相化合的氧的质量比恰好是 1∶2，这不正是原子个数比的一种表现吗？这使他确信物质都是由原子结合而成，不同元素的原子不同，因而相互结合后就产生不同物质。

小　　结

1. 物质常见的三种聚集状态：气体、固态、液态。

为了便于研究气体的性质，人们对气体模型进行了简化，引入了理想气体概念，并逐步建立了理想气体状态方程式

$$pV = nRT$$

在实际研究过程中，实际气体的性质不同于理想气体，在理想气体状态方程式的基础上进行校正得到了实际气体状态方程式

$$\left[p + a\left(\frac{n}{V}\right)^2\right](V - nb) = nRT$$

液体的蒸发现象和蒸气压、沸点的基本概念。

固体中晶体与非晶体的概念及二者的区别。

2. 核外电子运动状态的描述。波函数、电子云及其图像表示（径向与角度分布图）。波函数、原子轨道和电子云的区别与联系；四个量子数（主量子数 n，角量子数 l，磁量子数 m，自旋量子数 m_s）。

3. 核外电子排布和元素周期表，多电子原子的能级（屏蔽效应，钻穿效应，近似能级图，原子能级与原子序数关系图）。核外电子排布原理和电子排布（能量最低原理，泡利

不相容原理，洪特规则）。原子结构与元素周期性的关系（元素性质呈周期性的原因，电子层结构和周期的划分，电子层结构和族的划分，电子层结构和元素的分区）。

4. 元素某些性质的周期性，原子半径，电离能，电子亲和能，电负性。

习 题

1. 名词解释

理想气体　　饱和蒸气压　　沸点　　晶体

2. 选择题

（1）关于理想气体，以下说法正确的是（　　）。

A. 在任意情况下，真实气体均可当作理想气体处理

B. 常温常压下，真实气体可以当作理想气体处理

C. 只有当温度很高时，真实气体才可以当作理想气体处理

D. 只有当压强很低时，真实气体才可以当作理想气体处理

（2）恒温条件下，在一容积恒定的容器内装有理想气体 X、Y，待体系稳定后，又加入理想气体 Z，此时容器中原有理想气体 X 和 Y 的分压将会（　　），分体积将会（　　）。

A. 升高　　B. 降低　　C. 不变　　D. 无法确定

（3）一定量的理想气体，在状态 1 时的压强、体积、温度分别为 p_1、V_1、T_1，在状态发生改变到达状态 2 时，压强、体积、温度变为 p_2、V_2、T_2，那么以下关系有可能成立的是（　　）。

A. $p_1=p_2$，$V_1=2V_2$，$T_1=\frac{1}{2}T_2$　　B. $p_1=p_2$，$V_1=\frac{1}{2}V_2$，$T_1=2T_2$

C. $p_1=2p_2$，$V_1=2V_2$，$T_1=T_2$　　D. $p_1=2p_2$，$V_1=V_2$，$T_1=2T_2$

（4）以下说法正确的是（　　）。

A. 水的沸点是 100℃

B. 0℃的液态水变成 0℃的冰，由于温度未发生变化，所以无需吸收或者释放热量

C. 某物质 A 的沸点为 213℃，在该温度下，A 物质应处于气态

D. 压强降低将导致液体的沸点随之降低

（5）下列物质中，（　　）不属于晶体。

A. 石墨　　B. 玻璃　　C. 水晶　　D. 松香

（6）下列各组量子数中，合理的一组是（　　）。

A. $n=2$，$l=1$，$m=+1$，$m_s=+\frac{1}{2}$　　B. $n=2$，$l=3$，$m=-1$，$m_s=+\frac{1}{2}$

C. $n=2$，$l=2$，$m=+1$，$m_s=-\frac{1}{2}$　　D. $n=3$，$l=2$，$m=+3$，$m_s=-\frac{1}{2}$

3. 填空题

（1）某元素原子共有 3 个价电子，其中一个价电子的 4 个量子数为 $n=3$，$l=2$，$m=+2$，$m_s=+\frac{1}{2}$。该元素的原子序数为________，元素符号为________，其核外电子排布为____________。

（2）在卤素（F，Cl，Br，I）基态气相原子中，第一电子亲和能最大的是________。

4. 简答题

（1）将氢原子核外电子从基态激发到2s或2p轨道，所需要的能量是否相同？为什么？如果是氦原子，情况又是怎样的？

（2）下列说法是否正确？不正确的应如何改正？

① s电子绕核运动，其轨道为一圆周，而p电子是走∞形的。

② 主量子数n为1时，有自旋相反的两条轨道。

③ 主量子数n为4时，其轨道总数为16，电子层电子最大容量为32。

④ 主量子数n为3时，有3s，3p，3d三条轨道。

（3）写出具有电子构型为$1s^2 2s^2 2p^5$的原子中各电子的全套量子数。

（4）某元素在Kr之前，当它的原子失去3个电子后，角量子数为2的轨道上的电子恰好是半充满。写出该元素的核外电子排布式并指出该元素位于哪一周期？什么族？什么区？其中文名称是什么？

（5）A，B两元素，A原子的M层和N层的电子数分别比B原子的M层和N层的电子数少7个和4个。写出A，B两原子的名称和电子排布式。

第二章　误差与分析数据处理

学习指导

1. 掌握误差的表示方法、系统误差与偶然误差的特点、减免与判别方法。
2. 掌握准确度与精密度的定义、作用与两者的关系。
3. 掌握有效数字的概念、运算规则及数字修约规则。
4. 理解提高分析结果准确度的重要性、方法与途径。
5. 了解用 Origin 软件处理数据。

定量分析是分析化学的一个组成部分，它的目的是准确地测定试样中被测组分的含量，并使分析结果达到一定的准确度。由于受分析方法、仪器、试剂、分析工作者的主观因素和操作水平等方面的限制，使测得的结果不可能与真实值完全一致，总伴有一定的误差。即使采用最好的仪器和方法，由操作技术最熟练的分析工作者进行多次重复分析，也很难得到完全一致的结果。这说明，在分析过程中，误差是客观存在的，只是程度不同而已。因此，为了得到正确的分析结果，我们必须要了解分析过程中产生误差的原因及其规律性，这样才能对分析的数据进行正确的处理。

2.1　误差的基本知识

2.1.1　误差的分类及产生的原因

在分析过程中，分析结果与真实值的差称为误差。分析结果与平均值之差称为偏差。在定量分析中，根据误差的性质和产生的原因，可将误差分为系统误差和偶然误差。

1. 系统误差

系统误差也称可定误差，它是由于分析过程中某种确定的原因引起的，一般有固定的方向（正或负）和大小，在同一条件下重复测定时，它会重复出现。

根据系统误差的来源，可分为方法误差、仪器误差、试剂误差和操作误差四种。

◆ 方法误差

由分析方法本身不完善或选用不当所造成的误差称方法误差。例如，重量分析中，由于沉淀的溶解、共沉淀、沉淀分解、挥发等因素造成的误差；在滴定分析中的反应不完全或有副反应、指示剂不合适、干扰离子的影响、滴定终点和化学计量点不符合等，都会产生系统误差。

◆ 仪器误差

由于仪器不够准确或未经校准所引起的误差称仪器误差。例如，天平两臂不等长、天平的灵敏度低、砝码本身重量不准、砝码生锈或沾有灰尘及容量仪器刻度不够准确等引起的误差。

◆ 试剂误差

由于试剂或蒸馏水中含有微量杂质或干扰物质而引起的误差称试剂误差。

◆ 操作误差

由于分析工作者的主观原因造成的，使操作不符合要求而形成的误差称操作误差。例如，滴定管读数偏高或偏低，对滴定终点颜色的判断总偏深或偏浅，辨别不敏锐等所造成的误差。

2. 偶然误差

偶然误差也称随机误差或不可定误差。它是由某些偶然的因素所引起的。例如，测量过程中温度、湿度、气压的微小变化，分析仪器的微小波动等，都会引起测量数据的波动。

引起偶然误差的因素难以察觉，也难以控制。但偶然误差服从一般的统计规律，可以通过增加平行测定次数予以减少。在消除系统误差的前提下，随着测定次数的增多，偶然误差的算术平均值将趋于零。测定次数越多，测定结果的平均值越接近于真实值。

除上述两类误差外，有时还可能由于分析工作者的粗心大意，或者不按章操作等引起的过失误差。例如，溶液溅失，加错试剂，读错刻度，记录和计算错误等，这些都是不应有的过失。因此，在分析工作中，当出现较大的误差时，应查明原因，如系由过失所引起的错误，则应将该次测定结果弃去不用。

2.1.2　误差的表示方法

1. 准确度和误差

分析结果与真实值相接近的程度称为准确度。准确度用误差表示。误差是指分析结果与真实值的差，差值越小则分析结果的准确度越高，反之则越低。

测量值中的误差有两种表示方法：绝对误差和相对误差。

绝对误差（E）指测量值（X）与真实值（T）之差。

$$E = X - T \tag{2-1}$$

相对误差（Er）指绝对误差占真实值的百分率。

$$Er = \frac{X - T}{T} \times 100\% = \frac{E}{T} \times 100\% \tag{2-2}$$

例如，用万分之一分析天平称量某试样两份，分别为 1.9562 g 和 0.1950 g。而两份试样的真实值各为 1.9564 g 和 0.1952 g，则计算它们的绝对误差分别为

$$E_1 = (1.9562 - 1.9564)\ \text{g} = -0.0002\ \text{g}$$

$$E_2 = (0.1950 - 0.1952)\ \text{g} = -0.0002\ \text{g}$$

相对误差分别为

$$Er_1 = \frac{-0.0002}{1.9564} \times 100\% = -0.01\%$$

$$Er_2 = \frac{-0.0002}{0.1952} \times 100\% = -0.1\%$$

从上述两组计算数据可见，两份试样的绝对误差相等，但相对误差不同。当被测定的量大时，相对误差小，测定的准确度高；反之，当被测定的量小时，相对误差大，测定的准确度低。因此，采用相对误差来表示测定结果的准确度更为确切。

误差有正负之分，正值表示分析结果偏高，负值表示分析结果偏低。

2. 精密度和偏差

精密度是指在相同的条件下，多次平行分析结果相互接近的程度。

精密度表明了测定数据的再现性。精密度用偏差、相对平均偏差、标准偏差和相对标准偏差来表示。数值越小，说明测定结果的精密度越高。

◆ 偏差和相对平均偏差

偏差分为绝对偏差和相对偏差。

绝对偏差（d）表示测量值（X）与平均值（$\bar{X}$）之差。

$$d = X - \bar{X} \tag{2-3}$$

平均值 $\bar{X}$ 表示多次测量结果的算术平均值，即每次测定值的总和除以测定次数。

$$\bar{X} = \frac{X_1 + X_2 + \cdots + X_n}{n} = \frac{1}{n}\sum_{i=1}^{n} X_i \tag{2-4}$$

相对偏差（dr）是指单次测量值的绝对偏差在平均值中所占的百分率。

$$dr = \frac{d}{\bar{X}} \times 100\% \tag{2-5}$$

绝对偏差和相对偏差均有正、负值，正值时表示分析结果偏高；负值时表示分析结果偏低。

绝对偏差和相对偏差只能表示相应的单次测量值与平均值的偏离程度，不能表示一组测量值中各测量值间的分散程度。在实际工作中，为了表示一组数据的精密度，我们常使用平均偏差和相对平均偏差。

平均偏差（$\bar{d}$）表示各单个绝对偏差绝对值的平均值。

$$\bar{d} = \frac{|X_1 - \bar{X}| + |X_2 - \bar{X}| + \cdots + |X_n - \bar{X}|}{n} = \frac{\sum_{i=1}^{n} |X_i - \bar{X}|}{n} \tag{2-6}$$

式中，n 表示测量次数。

相对平均偏差（$\bar{d}r$）是指平均偏差占平均值的百分率。

$$\bar{d}r = \frac{\bar{d}}{\bar{X}} \times 100\% \tag{2-7}$$

平均偏差和相对平均偏差都是正值。

◆ 标准偏差和相对标准偏差

用平均偏差和相对平均偏差来表示的一组测量数据的精密度的方法比较简单，但有不足之处。

因为在同一组的测定中，小的偏差的测定总是占多数，大的偏差测定总是相对占少数，如果按总的测定次数去求平均偏差，必然会导致所得结果偏小，而大的偏差又得不到反映。所以用平均偏差表示精密度的方法在数理统计上是不适用的。为了更好地反映测定数据的精密度，衡量测量值分散程度用得最多的方法是标准偏差。

标准偏差（也称标准离差或均方根差）是反映一组测量数据离散程度的统计指标。

样本标准偏差用 S 表示。

$$S = \sqrt{\frac{\sum_{i=1}^{n} (X_i - \bar{X})^2}{n-1}} = \sqrt{\frac{(X_1 - \bar{X})^2 + (X_2 - \bar{X})^2 + \cdots + (X_n - \bar{X})^2}{n-1}} \tag{2-8}$$

例如对某一试样分析甲、乙两组测定的结果列于表 2-1。

表 2-1

组　别	测量数据	平均值	平均偏差	标准偏差
甲组	5.3　5.0　4.6　5.1　5.4　5.2　4.7　4.7	5.0	0.25	0.31
乙组	5.0　4.3　5.2　4.9　4.8　5.6　4.9　5.3	5.0	0.25	0.35

从以上两组数据中可见，乙组中的一个数据 4.3 有较大的偏差，数据较分散，但两组的平均偏差一样，不能比较出精密度的差异，而应用标准偏差则可反映出甲组的精密度要好于乙组。

在比较两组或几组测量值波动的相对大小时，常常采用相对标准偏差。相对标准偏差以标准偏差在平均值中占有的百分率表示，简写 *RSD* 或称变动系数或偏离系数，简写 *CV*。

$$CV = \frac{S}{\bar{X}} \times 100\% \tag{2-9}$$

【例 2-1】　某标准溶液的五次标定结果为：0.1022 mol · L^{-1}，0.1029 mol · L^{-1}，0.1025 mol · L^{-1}，0.1020 mol · L^{-1} mol · L^{-1}，0.1027 mol · L^{-1}。计算该组数据的平均值、平均偏差、相对平均偏差、标准偏差及相对标准偏差。

解：

平均值　$\bar{X} = \frac{0.1022 + 0.1029 + 0.1025 + 0.1020 + 0.1027}{5} = 0.1025 \text{ mol} \cdot \text{L}^{-1}$

平均偏差　$\bar{d} = \frac{0.0003 + 0.0004 + 0.0000 + 0.0005 + 0.0002}{5} = 0.0003 \text{ mol} \cdot \text{L}^{-1}$

相对平均偏差　$\frac{\bar{d}}{\bar{X}} \times 100\% = \frac{0.0003}{0.1025} \times 100\% = 0.29\%$

标准偏差

$$S = \sqrt{\frac{(0.0003)^2 + (0.0004)^2 + (0.0000)^2 + (0.0005)^2 + (0.0002)^2}{5-1}} = 0.0004 \text{ mol} \cdot \text{L}^{-1}$$

相对标准偏差　$RSD = \frac{0.0004}{0.1025} \times 100\% = 0.39\%$

我们讨论了误差和偏差的基本知识，知道误差和偏差具有不同的含义，但事实上误差和偏差是很难区别的。因为真实值往往是不可能准确知道的，只能说真实值是一个可以接近而不可达到的理论值。人们只能通过多次重复实验，得出一个相对准确的平均值，代替真实值来计算误差的大小。因此，在实际工作中，并不强调误差和偏差两个概念的区别，生产部门一般都称之为误差。

3. 准确度和精密度的关系

我们知道，准确度是表示分析结果与真实值相接近的程度，它说明测定的可靠性。而精密度是指相同条件下，多次平行分析结果相互接近的程度。如果几次测定的数据比较接近，表示分析结果的精密度高。那么准确度和精密度之间有什么关系呢？

例如，甲、乙、丙、丁 4 人分析同一试样（设其真实值为 10.15%），各分析 4 次，测定结果如图 2-1 所示。由 4 人的分析结果来看，甲的分析结果准确度和精密度都好，结果可靠；乙是精密度高，准确度低；丙是精密度与准确度均差；丁是平均值接近于真实值处，但精密度不好，只能说这个结果是凑巧得来的，因此不可靠。

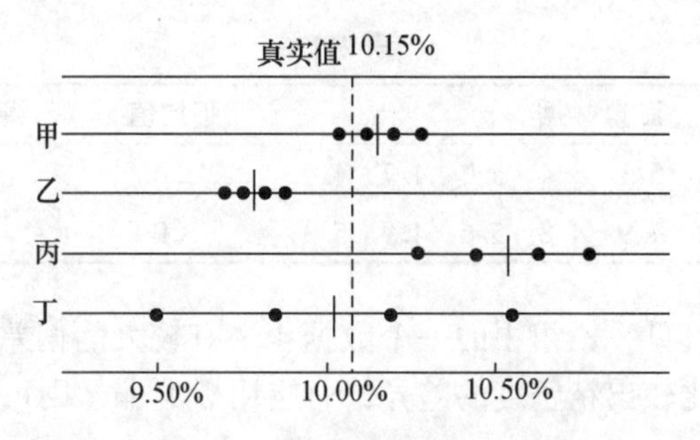

图2-1 4个分析同一试样的结果

（•表示个别测定值，| 表示平均值）

由此可见，精密度高的准确度不一定高，但精密度是确保准确度的先决条件，是前提。只有在消除系统误差的情况下，才可用精密度同时表达准确度。测量值的准确度表示测量的正确性，测量值的精密度表示测量的重现性。

2.2 提高分析准确度的方法

在实际分析过程中，要想得到准确的分析结果，首先要选择合适的分析方法。这是因为不同的分析方法具有不同的准确度和灵敏度。对常量组分的测定，常采用重量分析法或滴定分析法。对微量或痕量组分的测定，一般都选用灵敏度较高的仪器分析法，如果采用滴定分析法往往做不出结果。因此，在选择分析方法时，必须根据分析对象、样品情况及对分析结果的要求来选择合适的分析方法。此外，为了提高分析的准确度，还应注意以下几点。

1. 减小测量误差

为了提高分析结果的准确度，必须尽量减小各测量步骤的误差。在消除系统误差的前提下，所有的仪器都有一个最大不确定值。例如50 mL滴定管每次读数的最大不确定值为±0.01 mL，万分之一天平每次称量的最大不确定值为±0.1 mg。因此，可以增大被测物的总量来减小测量的相对误差。

例如，滴定管两次读数的最大可能误差为±0.02 mL，当消耗滴定液的体积为20 mL时，

$$\text{相对误差}=\frac{\pm 0.02}{20}\times 100\% = \pm 0.1\%$$

而当滴定液的体积为10 mL时，

$$\text{相对误差}=\frac{\pm 0.02}{10}\times 100\% = \pm 0.2\%$$

一般滴定分析的相对误差要求≤0.1%，所以滴定液的体积应≥20 mL。

又如，一般分析天平的称量误差为万分之一，用减量法称量两次，称样可能引起的绝对误差为±0.0002 g，为使称量的相对误差≤0.1%，所需称量试样的最少量为：

$$m_{\text{样}}=\frac{\text{最大可能误差}}{\text{相对误差}}=\frac{0.0002\ \text{g}}{0.001}=0.2\ \text{g}$$

2. 减小偶然误差

在消除系统误差的前提下，增加平行测定次数可以减小偶然误差。

3. 消除系统误差

选择最佳的分析方法，使用符合要求的分析试剂，以减小因方法或试剂不纯而引起的误差。

（1）作对照试验。对照试验是检验系统误差的有效方法。把含量已知的标准试样或纯物质当作样品，按所选用的测定方法，与未知样品平行测定。由分析结果与已知含量的差值，便可得出分析误差；用此误差值对未知试样的测定结果加以校正。对照试验可用于减免分析方法、检验试剂是否失效或反应条件是否正常和分析仪器的误差。

（2）作空白试验。以溶剂代替样品，按着与样品相同的方法和步骤进行分析，再把所得结果作为空白值从样品的分析结果中减去。这样可以消除或减小由溶剂及实验器皿带入的杂质引起的误差，使分析结果更准确。

（3）校准仪器。在精确的分析中，必须对仪器进行校正以减小系统误差，如砝码、移液管、滴定管和容量瓶等，并把校正值应用到分析结果的计算中去。此外，在同一个操作过程中使用同一种仪器，可以使仪器误差相互抵消，这是一种简单而有效的减免系统误差的办法。

2.3　有效数字及其应用

2.3.1　有效数字的概念

有效数字是指分析工作中测量到的具有实际意义的数字，它包括所有准确数字和最后一位可疑数字（有 ±0.1 的误差）。记录数据和计算结果时，确定几位数字作为有效数字，必须和测量方法及所用仪器的精密度相匹配。不可以任意增加或减少有效数字。

例如，称一烧杯质量，记录为：

烧杯质量	有效数字位数	使用的仪器
16.5 g	3	台称
16.543 g	5	普通摆动天平
16.5444 g	6	分析天平

所以在记录测量数据和分析结果时，应根据所用仪器的准确度和在应保留的有效数字中的最后一位数字是“可疑数字”的原则下进行记录和计算。

在判断数据的有效数字位数时，要注意以下几点。

（1）数字“0”在有效数字中的作用。

数字中的“0”有两方面的作用：一是和小数点一并起定位作用，不是有效数字；另一是和其他数字一样作为有效数字使用。

数字中间的“0”都是有效数字。

数字前面的“0”都不是有效数字，它们只起定位作用。

数字后面的“0”要依具体情况而定。例如 25.00 mL，“0”就是有效数字，共包含四位有效数字。又如2500L,“0”就不好确定，这个数可能是二位，三位或四位有效数字，为表示清楚它的有效数字，常采用科学计数法，分别写成 2.5×10^3L（二位），2.50×10^3L（三位），2.500×10^3L（四位）。

【例 2-2】 指出下列数据的有效数字位数。

解：2.0007 g，1.0004 g	五位有效数字
0.6000 g，45.05%，2.023×10^{-3}	四位有效数字
0.0340 g，1.80×10^{-3}	三位有效数字
0.0023 g，0.040%	二位有效数字
0.3 g，0.01%	一位有效数字

（2）在变换单位时，有效数字位数不变。

例如，10.00 mL 可写成 0.01000 L 或 1.000×10^{-2} L；9.56 L 可写成 9.56×10^3 mL。

（3）不是测量得到的数字，如倍数、分数关系等，可看作无误差数字或无限多位的有效数字。例如，5 mol 硫酸的 5 是自然数，非测量所得数，就可以看作是无限多位的有效数字。

（4）在分析化学中还常遇到 pH、pK_a、$\lg k$ 等对数数据，其有效数字位数只决定于小数部分数字的位数，因为整数部分只代表原值是 10 的方次部分。如 pH = 11.02，表示 $[H^+]=9.6\times10^{-12}mol\cdot L^{-1}$，有效数字是二位，而不是四位。

（5）首位数字≥8 时，其有效数字位数可多算一位。例如 9.66，虽然只有三位，但已接近 10.00，故可认为它是四位有效数字。

2.3.2 有效数字的修约规则

在运算时按一定的规则确定有效数字的位数后，弃去多余的尾数，称为数字的修约。修约规则如下。

（1）四舍六入五成双（尾留双）。

四舍：是指测量值中被修约数≤4 时，则舍弃；

六入：是指测量值中被修约数≥6 时，则进位；

五成双（或尾留双）：是指测量值中被修约数的后面数等于 5，且 5 后无数或为 0 时，若 5 前面为偶数（0 以偶数计），则舍弃；若 5 前面为奇数，则进 1。

【例 2-3】 将下列数字修约只留一位小数：1.05，0.15，0.25。

解：

1.05→1.0	（被修约数为 0，0 以偶数计，故不进）
0.15→0.2	（被修约数为奇数故进 1）
0.25→0.2	（被修约数为偶数故不进）

测量值中被修约数的后面数等于 5，且 5 后面还有不为 0 的任何数时，无论 5 前面是偶数还是奇数，一律进 1。

例如，将下列数字修约为两位有效数字。

1.0501→1.1　2.351→2.4　3.252→3.3　5.050→5.0

过去沿用“四舍五入”，见五就进，能引入明显的舍入误差（误差累计），使修约后的数值偏高。“四舍六入五成双”规则是逢五有舍、有入，使由五的舍、入引起的误差可以自相抵消。因此，数字修约中多采用此规则。

（2）只允许对原测量值一次修约到所需位数，不能分次修约。例如：2.1347 修约为三位有效数字只能修约为 2.13，不能先修约为 2.135，再修约为 2.14。

（3）在大量的数据运算过程中，为了减少舍入误差，防止误差迅速累积，对参加运算的所有数据可先多保留一位有效数字（不修约），运算后，再按运算法则将结果修约至应有的有效数字的位数。

（4）在修约标准偏差值或其他表示准确度和精密度的数值时，修约的结果应使准确度和精密度的估计值变得更差一些。

例如，$S=0.113$，如取两位有效数字，宜修约为 0.12；如取一位，宜修约为 0.2。

2.3.3　有效数字的运算规则

在分析测定过程中，一般都要经过几个测量步骤，获得几个准确度不同的数据。由于每个测量数据的误差都要传递到最终的分析结果中去，因此必须根据误差传递规律，按照有效数字的运算法则合理取舍，才能不影响分析结果的正确表述。为了不影响分析结果的准确度，运算时，必须遵守加减法和乘除法的运算规则。

1. 加减法

做加减法数据的运算，实质上是各数值绝对误差的传递。因此，当几个测量数据相加减时，它们的和或差的有效数字的保留应以小数点后位数最少（即绝对误差最大）的数据为准，使计算结果的绝对误差与此数据的绝对误差相当。即几个数据相加或相减时，先把各数据修约至小数点后位数最少的位数再加减。

例如，12.61，0.5674，0.0142 三个数相加，由有效数字的含义可知，这三个数中的最后一位都是欠准的，是可疑数字。即 12.61 中的 1 是可疑数字，其他两个数据小数点后第三、第四位再准确也是没有意义的。所以在运算之前，应以 12.61 为准，其他两个数据均修约为 0.57、0.01，然后再相加，即

$$12.61+0.57+0.01=13.19$$

2. 乘除法

乘除法的积或商的误差是各个数据相对误差的传递结果。当几个测量数据相乘除时，它们的积或商的有效数字的保留，应以有效数字位数最少（即相对误差最大）的测量值为准。为了便于计算，可按照有效数字位数最少的那个数修约其他各数的位数，然后再相乘除。这样经过计算的结果，其相对误差才与该测量数据的相对误差相当。

【例 2-4】　求 0.0121，25.64 和 1.05782 三个数之积。

解：此三个相乘之积有效数字的保留应以 0.012 1 为依据来确定其他数据的位数，修约后进行计算。上面三个数的相对误差分别如下。

$$\pm\frac{0.0001}{0.0121}\times100\% = \pm0.08\%$$

$$\pm\frac{0.001}{25.64}\times100\% = \pm0.04\%$$

$$\pm\frac{0.00001}{1.05782}\times100\% = \pm0.0009\%$$

可见，0.0121 有效数字位数最少，相对误差最大，应以此数为依据将其余两数修约成三位有效数字后再相乘，即

$$0.0121\times25.6\times1.06=0.328$$

3. 对数运算

所取对数位数（对数首数除外）应与真数的有效数字相同。真数有几位有效数字，则其对数的尾数亦应有几位有效数字。

【例2-5】 设 $[H^+]=2.4\times10^{-7}mol\cdot L^{-1}$，求该溶液的pH。

解：
$$pH=-\lg[H^+]=6.62$$

表示准确度或精密度时，大多数情况下，只取一位有效数字即可，最多取二位。

目前，使用电子计算器计算定量分析的结果已相当普遍，但一定要特别注意最后结果中有效数字的位数。虽然计算器上显示的数字位数很多，但切不可全部照抄，而应根据前述规则决定取舍。

2.3.4 有效数字的运算在分析化学实验中的应用

1. 正确的记录

在分析样品的过程中，正确地记录测量数据，对确定有效数字的位数具有非常重要的意义。因为有效数字是反映测量准确到什么程度的，因此，记录测量结果时，其位数必须按照有效数字的规定，不可夸大或缩小。

例如，用万分之一分析天平称量时，必须记录到小数点后四位，切不可写到小数点后三位，即16.5500 g不能写成16.55 g，也不能写成16.550 g。又如在滴定管读取数据时，必须记录到小数点后二位，如消耗溶液体积为20 mL时，要写成20.00 mL。

2. 选择相适当的仪器

根据对测量结果准确度的要求，要正确称取样品用量，必须选用相适当的仪器。

例如，一般分析天平的称量误差为万分之一，即绝对误差为±0.1 mg。为使称量的相对误差<0.1%，样品的称取量必须不能低于0.1 g。如果称取样品质量在1 g以上时，选用千分之一天平进行称量，准确度也可以达到0.1%的要求。

因此，要得到正确的称量结果，必须选用相适当的仪器，方可保证测量结果的准确度。

3. 正确的表示分析结果

在分析某样品含量时，必须正确地表示分析结果。

【例2-6】 甲、乙两同学用同样的方法来测定甘露醇原料，称取样品0.2000 g，测定结果：甲报告含量为0.8896 g，乙报告含量为0.880 g。问哪位同学的报告结果正确，为什么？

解：其中的甲报告结果正确，原因如下：

$$称样的准确度：\frac{\pm0.0001}{0.2000}\times100\%=\pm0.05\%$$

$$甲分析结果的准确度：\frac{\pm0.0001}{0.8896}\times100\%=\pm0.01\%$$

$$乙分析结果的准确度：\frac{\pm0.001}{0.880}\times100\%=\pm0.1\%$$

甲报告的准确度和称样的准确度一致，乙报告的准确度不符合称样的准确度，报告没有意义。

2.4　Origin 在实验数据处理中的应用

Origin 是美国 OriginLab 公司推出的数据分析和绘图软件，现流行的 Origin 版本有 5.0，6.0，6.1，7.0，7.5，8.0，8.5 和 8.6，现在的最高版本为 8.6。Origin 包括两大类功能：数据分析和科学绘图。Origin 的数据分析功能包括：给出选定数据的各项统计参数平均值（Mean）、标准偏差（Standard Deviation，SD）、标准误差（Standard Error，SE）、总和（Sum）以及数据组数 N；数据的排序、调整、计算、统计、频谱变换；线性、多项式和多重拟合；快速 FFT 变换、相关性分析、FFT 过滤、峰找寻和拟合；可利用约 200 个内建的以及自定义的函数模型进行曲线拟合，并可对拟合过程进行控制；可进行统计、数学以及微积分计算。准备好数据后进行数据分析时，只需选择所要分析的数据，然后再选择相应的菜单命令即可。Origin 的绘图提供直线图、散点图、向量图、柱状图、饼图、极坐标图以及三维图表、统计图表等几十种二维和三维绘图模板。用户可以自定义数学函数、图形样式和绘图模板，可以和各种数据库软件、办公软件、图像处理软件等方便地连接，可以用 C 语言等高级语言编写数据分析程序，还可以用内置的 Lab Talk 语言编程等。本节将简单介绍本软件 7.0Pro（专业版）的数据处理及科学绘图的部分，其余的功能可参考软件的说明书或帮助文件自己学习。

Origin 具有 Office 的多文档界面，主要包括以下几个部分。

（1）菜单栏（顶部），可以实现大部分功能。

文件(F)　编辑(E)　查看(V)　绘图(P)　列(C)　分析(A)　统计(S)　工具(T)　格式(O)　窗口(W)　帮助(H)

（2）工具栏（菜单栏下面），一般最常用的功能都可以通过此实现。

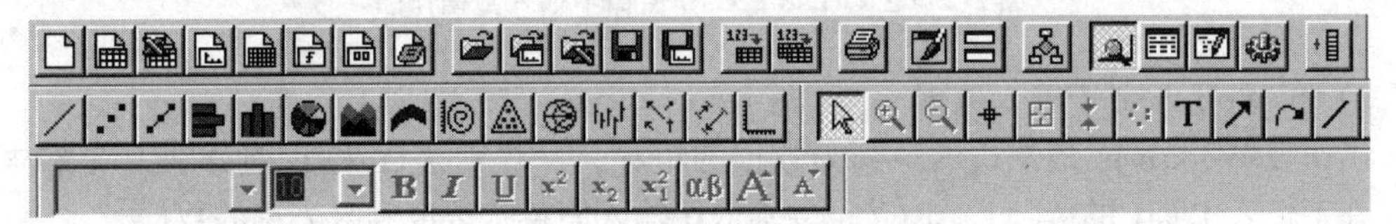

（3）绘图区（中部），所有工作表、绘图子窗口等都在此。

（4）工程管理器（下部），类似资源管理器，可以方便切换各个窗口等。

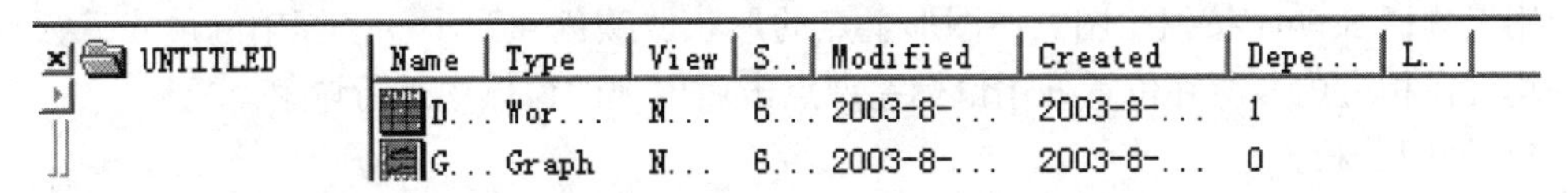

（5）状态栏（底部），标出当前的工作内容以及鼠标指到某些菜单按钮时的说明。

Origin 的使用主要有两个部分，工作表格（Worksheet）和绘图窗口（PlotWindows）。使用绘图窗口可以方便地更改图形的外貌，直观地进行数学分析、拟合。使用工作表格可以迅速进行大量的数据处理及转换。绝大多数实验数据的处理都可以在 Origin 上完成，并且其数据处理和绘图可以同时完成。

【例 2-7】　尿中胆色素经处理后，在 550 nm 处有很强的吸光性，现测得配置好的不同的胆色素浓度的标准溶液的吸光率数据如表 2-2 所示，假定标准曲线可以用 $y = a + bx + cx^2$ 来表示，试计算出方程的参数值 a、b、c 的值，并在 y-x 图上绘出拟合曲线，标出实验数据点。

表 2-2 不同胆色素浓度标准溶液的吸光率

胆色素浓度/(mg/100 mL)	50	75	100	125	150	175	200	225	250
吸光率	0.039	0.061	0.087	0.107	0.119	0.163	0.179	0.194	0.213

解：利用 Origin 处理数据如下。

1）启动 Origin

在“开始”菜单中单击 Origin 程序图标，即可启动 Origin。Origin 启动后，自动给出名称为 Datal 的工作表格，如图 2-2 所示。

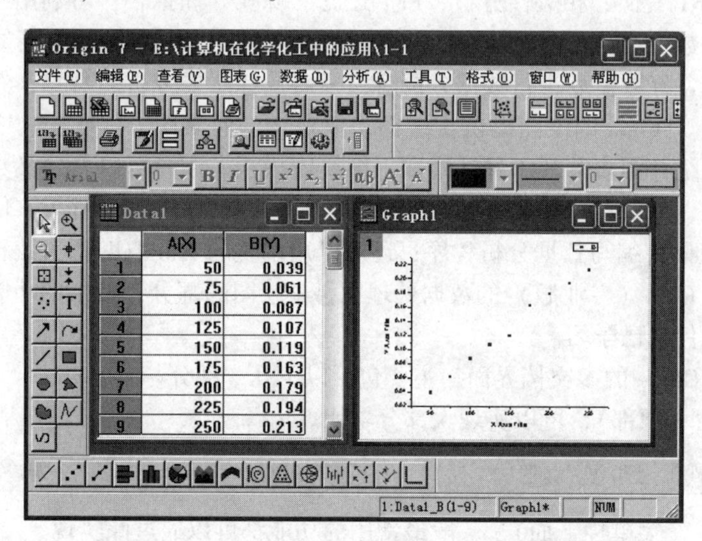

图 2-2 在 Origin 的工作窗口中输入数据作图

2）在 Worksheet 中输入数据

工作表 Worksheet 最左边的一列为数据的组数，一般默认 A 和 B 列分别为 X 和 Y 数据。在工作表 Datal 的 A(X)、B(Y) 分别依序输入胆色素浓度和吸光率的数据。

3）使用数据绘图

打开 Worksheet 窗口，用鼠标选中所有的数据，使用菜单 Plot（绘图）中 Scatter 命令，或使用工具栏 Scatter 按钮绘图。该图形上点的形状、颜色和大小，坐标轴的形式，数据范围等均可在相应内容所在位置处用鼠标左键点击后出现的窗体中进行调整。

4）回归分析

绘图后，选 Analysis（分析）菜单中的 Polynomial Regression（多项式拟合）命令，出现如图 2-3 所示对话框，在“Order”栏中输入“2”，表示作 2 次曲线拟合，并在“Show Formula on Plot?”一栏画钩，拟合结果如图 2-4 所示。在 ResultsLog 窗口给出回归求出的参数值，包括拟合参数（A，B1，B2）及各自的标准误差（Error）、标准偏差（*SD*）、相关系数 R、数据点个数 N、$R=0$ 的概率 P 等，如图 2-4 所示。该窗口的内容可以拷贝粘贴到其他程序中或保存为一个文本文件。相关系数 R 反映了 x 和 y 的相关程度，$R=1$，表示 x 和 y 之间严格符合关系式；R 越接近 1，x 和 y 的相关程度越大。本题 R 为 0.99063，说明拟合结果很好。

5）文件保存和调用

Origin 可以将图形及数据保存为扩展名为“. OPJ”的文件，可以随时编辑和处理其中的数据和图形。所绘图形可以直接打印或拷贝粘贴到其他编辑软件（如 Word 文档）中。

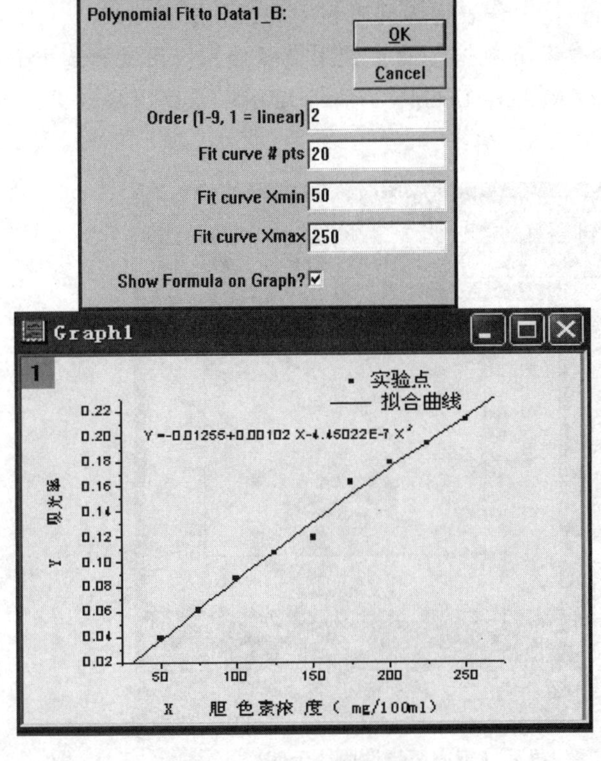

图 2-3　拟合方式选项窗口

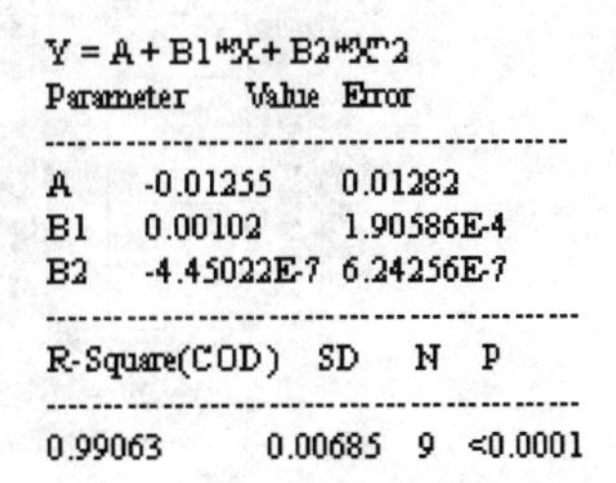

图 2-4　拟合结果

【例 2-8】　对离心泵性能进行测试的实验中，得到流量 qV、压头 H 和效率 η 的数据如表 2-3 所示，绘制离心泵特性曲线。

表 2-3　流量 qV、压头 H 和效率 η 的关系数据

序　号	1	2	3	4	5	6	7	8	9	10	11	12
$qV/(m^3/h)$	0.0	0.4	0.8	1.2	1.6	2.0	2.4	2.8	3.2	3.6	4.0	4.4
H/m	15.0	14.84	14.56	14.33	13.96	13.65	13.28	12.81	12.45	11.98	11.30	10.53
η	0.0	0.085	0.156	0.224	0.277	0.333	0.385	0.416	0.446	0.468	0.469	0.431

解：本例涉及多层图形的绘制，绘制的图形如图 2-5 所示，具体步骤如下。

1）启动 Origin

2）在 Worksheet 中输入数据

在工作表 Data1 的 A(X)、B(Y) 分别依序输入流量 qV 和压头 H 的数据。从 File（文件）菜单运行 New 命令打开 New 对话框，选择 Worksheet，单击 OK 按钮，在新建的工作表 Data2 的 A(X)、B(Y) 中分别输入流量 qV 和效率 η 的数据。

3）使用数据绘图

选择第一组数据（Data1），打开 Worksheet 窗口，用鼠标选中所有的数据，使用菜单

Plot 或工具栏中 Line + Symbol（线 + 点图）/Scatter（散点图）命令绘图。在 Edit 菜单选择 New Layer（Axes）：Right Y 命令，页面显示有第二层，双击层标，打开 Layer2 对话框，将 Data2 加入 Layer2。调整图形格式，可完成多层图形的绘制。

* 注意，也可采用另一种方法绘图。(1) 在工作表中输入数据：在 Data1 中按 Ctrl + D 快捷键或点鼠标右键 Add New Column，使工作表增加到三栏。在工作表的 A(X)、B(Y)、C(Y) 中分别输入流量 qV、压头 H 和效率 η 数据。(2) 使用数据绘图：用鼠标选中 Data1 中所有的数据，采用 Plot：Special line/symbol：Double-Y 命令绘图。调整图形格式，可完成多层图形的绘制。

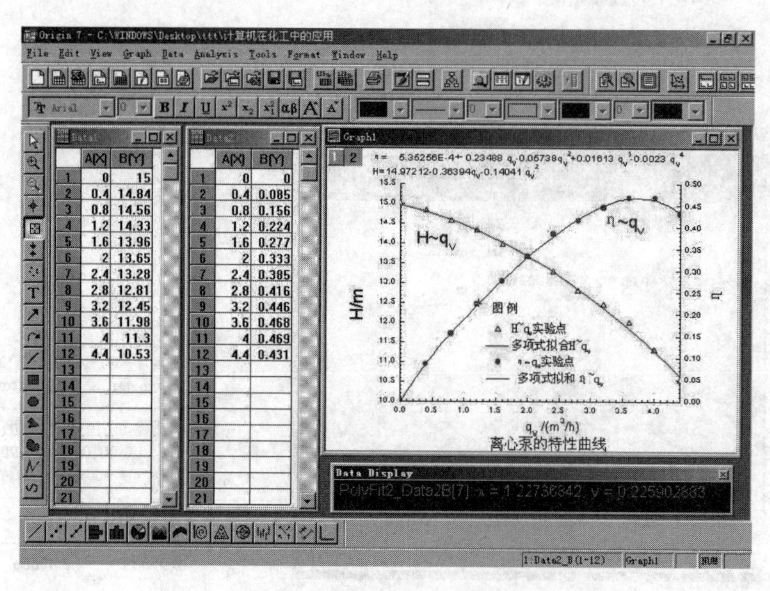

图 2-5 Origin 操作界面（离心泵特性曲线示例）

4）回归分析

绘图后，分别选中图层 1 和图层 2，选择 Analysis 菜单中的 Fit Polynomial（多项式拟合）命令在图中会产生拟合的曲线。ResultsLog 窗口内容如下：

Polynomial Regression for Data1_B:

Y = A + B1 * X + B2 * X^2

Parameter	Value	Error
A	14.97212	0.05635
B1	−0.36394	0.05954
B2	−0.14041	0.01304

R-Square（COD）	SD	N	P
0.9977	0.07621	12	<0.0001

Polynomial Regression for Data2_B:

Y = A + B1 * X + B2 * X^2 + B3 * X^3 + B4 * X^4

Parameter	Value	Error
A	−5.35256E-4	0.00386
B1	0.23488	0.01338
B2	−0.05738	0.01323
B3	0.01613	0.00462
B4	−0.0023	5.20183E−4

R-Square（COD）	SD	N	P
0.99958	0.00409	12	<0.0001

5）文件保存和调用

将图形及数据保存为扩展名为“.OPJ”的文件。

小　结

1. 误差及其产生的原因。系统误差的特点、产生的原因及减免的方法，随机误差的特点、产生的原因及减免的方法。

2. 测定值的准确度与精密度。准确度与误差，精密度与偏差，偏差、平均偏差、相对平均偏差、标准偏差、相对标准偏差、平均值的标准偏差的计算，准确度与精密度的关系。

3. 有效数字及其运算规则。有效数字的意义和位数，有效数字的修约规则，有效数字的运算规则，有效数字的应用。

4. 提高分析结果准确度的方法。减小测量误差，检查和消除测定过程中的系统误差(对照试验、空白试验、校准仪器和量器、改进分析方法或采用辅助方法校正测定结果)，适当增加测量次数以减小偶然误差。

5. Origin 在实验数据处理中的应用。

习　题

1. 指出在下列情况下，各会引起哪种误差？如果是系统误差，应该采用什么方法减免？

(1) 砝码被腐蚀；

(2) 天平的两臂不等长；

(3) 容量瓶和移液管不配套；

(4) 试剂中含有微量的被测组分；

(5) 天平的零点有微小变动；

(6) 读取滴定体积时最后一位数字估计不准；

(7) 滴定时不慎从锥形瓶中溅出一滴溶液；

(8) 标定 HCl 溶液用的 NaOH 标准溶液中吸收了 CO_2。

2. 如果分析天平的称量误差为 ±0.2 mg，拟分别称取试样 0.1 g 和 1 g 左右，称量的相对误差各为多少？这些结果说明了什么问题？

3. 滴定管的读数误差为 ±0.02 mL。如果滴定中用去标准溶液的体积分别为 2 mL 和 20 mL 左右，读数的相对误差各是多少？从相对误差的大小说明了什么问题？

4. 下列数据各包括了几位有效数字？

(1) 0.033 0　　(2) 10.030　　(3) 0.010 20

(4) 8.7×10^{-5}　　(5) $pK_a=4.74$　　(6) pH = 10.00

5. 将 0.089 g $Mg_2P_2O_7$ 沉淀换算为 MgO 的质量，问计算时在下列换算因数（$2MgO/Mg_2P_2O_7$）中取哪个数值较为合适：0.362 3，0.362，0.36？计算结果应以几位有效数字报出。

6. 用加热挥发法测定 $BaCl_2\cdot2H_2O$ 中结晶水的质量分数时，使用万分之一的分析天平称样 0.500 0 g，问测定结果应以几位有效数字报出？

7. 两位分析者同时测定某一试样中硫的质量分数，称取试样均为 3.5 g，分别报告结果如下：甲：0.042%，0.041%；乙：0.040 99%，0.042 01%。问哪一份报告是合理的，为什么？

8. 标定浓度约为0.1 $mol \cdot L^{-1}$的NaOH，欲消耗NaOH溶液20 mL左右，应称取基准物质$H_2C_2O_4 \cdot 2H_2O$多少克？其称量的相对误差能否达到0.1%？若不能，可以用什么方法予以改善？若改用邻苯二甲酸氢钾为基准物，结果又如何？

9. 测定某铜矿试样，其中铜的质量分数为24.87%、24.93%和24.69%。已知真值为25.06%，计算：

（1）测定结果的平均值；（2）中位值；（3）绝对误差；（4）相对误差。

10. 测定铁矿石中铁的质量分数（以$W_{Fe_2O_3}$表示），5次结果分别为：67.48%，67.37%，67.47%，67.43%和67.40%。计算：

（1）平均偏差；（2）相对平均偏差；（3）标准偏差；（4）相对标准偏差；（5）极差。

11. 根据有效数字的运算规则进行计算。

（1）$7.9936/0.9967 - 5.02 = ?$

（2）$0.0325 \times 5.103 \times 60.06/139.8 = ?$

（3）$(1.276 \times 4.17) + 1.7 \times 10^{-4} - (0.0021764 \times 0.0121) = ?$

（4）$pH = 1.05$，$[H^+] = ?$

第三章　溶液与胶体

学习指导

1. 理解相、溶液、分散体系等基本概念。
2. 掌握溶液浓度的常用表示方法及其简单计算。
3. 熟悉稀溶液的依数性及其应用。
4. 了解胶体和高分子溶液的基本概念、特点和重要性质。

溶液与胶体与人类生产、生活关系十分密切。大多数化学反应是在溶液中进行的，自然界面积广大的水体——江河湖海就是最大的水溶液，人类和其他动物的体液也都属于溶液范畴。胶体在自然界的存在形式也非常普遍，如形成的土壤，动物骨骼和胶汁（阿胶、鹿角胶、明胶及骨胶等），酶的水溶液（胃蛋白酶、胰蛋白酶等），植物中纤维素衍生物，天然的多糖类、黏液质及树胶等。溶液和胶体是物质在不同条件下所形成的两种不同状态。例如，将 NaCl 溶于水就制得溶液，将其溶于酒精则成为胶体。那么，溶液和胶体有什么不同，它们各自又有什么样的特点呢？通过本章的学习将会解决这一系列的问题。

3.1　溶　　液

3.1.1　相、溶液、分散体系

1. 相

体系内部物理性质和化学性质完全均一的部分称为相（phase）。体系中，若只含一个相就被称为均相体系；若含有两个或者两个以上的相就被称为非均相体系。

相与相之间有相界面，可以通过机械方法把它们分开来。例如，在烧杯中加入水，此时水的任何部分物理性质和化学性质都完全均一，因此是一相；若在烧杯中再加上冰，虽然水和冰的化学性质相同，但是二者的物理性质却不一样，因此为二相；若再在烧杯上加盖玻璃片，考虑封闭在其中的气态水，水处于三种状态时的物理性质都不相同，它们之间可以用机械方法分开，因此为三相。

由此可见，空气虽然由多种气体混合组成，但是所有组分均为气态，应该是均相体系。将蔗糖加入水中，在蔗糖未完全溶解前，体系中存在液相和固相两相，为非均相体系；在蔗糖完全溶解后，仅剩余液相（蔗糖水溶液）一相，为均相体系。将正丁醇逐步加入水中，刚开始正丁醇溶解在水中，体系仅有一个液相，为均相体系；当正丁醇在水溶液中饱和后，如果继续加入，溶液将出现分层，体系出现两个液层，上层为水的正丁醇溶液，下层为正丁醇的水溶液，在两个液层间有明显的界面，使用机械方式可以将其分开，因此为非均相体系。

2. 溶液

溶液（solution）是由两种或两种以上的物质组成的均相体系。按照溶液中物质的状态可将其分为气态溶液、液态溶液和固态溶液。通常所说的溶液多是指液态溶液。根据液态溶液中组分的含量，可将其中含量高的组分称为溶剂，含量低的组分称为溶质。按照溶液的导电性能可将其分为能够导电的电解质溶液和不能导电的非电解质溶液。

3. 分散体系

一种或者几种物质分散在另一种物质中形成的体系叫做分散体系（dispersion system）。在分散体系中，被分散的物质称为分散相，容纳分散相的物质称为分散介质。按照分散相粒子的大小可将其分为三类，参见表3-1。

表3-1 按分散相粒子大小分类的分散体系及其性质

分散体系名称	分散相粒子半径	分散体系性质	举　例
分子或离子分散体系（真溶液）	$<10^{-9}$m	均相，透明，稳定，能透过滤纸和半透膜	蔗糖溶液
胶体分散体系	$10^{-7}\sim10^{-9}$m	相对稳定，只能透过滤纸，不能透过半透膜	$Al(OH)_3$ 溶液
粗分散体系	$>10^{-7}$m	非均相，不稳定，不能透过滤纸和半透膜	泥水

3.1.2 溶液浓度的表示方法

1. 物质的量分数（摩尔分数）

溶质B的物质的量除以混合物总的物质的量，称为溶质B的物质的量分数 x_B，其数学表达式为

$$x_B = \frac{n_B}{\sum_{i=1}^{k} n_B}; \quad \sum_{i=1}^{k} x_B = 1 \tag{3-1}$$

物质的量分数（摩尔分数）x_B 的量纲为1。

2. 质量分数

溶质B的质量除以混合物总质量，称为溶质B的质量分数 w_B，其数学表达式为

$$w_B = \frac{W_B}{\sum_{i=1}^{k} W_B}; \quad \sum_{i=1}^{k} w_B = 1 \tag{3-2}$$

质量分数 w_B 的量纲也为1。

3. 质量摩尔浓度

溶质B的物质的量除以溶剂A的质量，称为溶质B的质量摩尔浓度 m_B，其数学表达式为

$$m_B = \frac{n_B}{W_A} \tag{3-3}$$

质量摩尔浓度 m_B 的量纲为 $mol \cdot kg^{-1}$。

4. 体积摩尔浓度

1 L溶液中所含溶质B的物质的量，称为体积摩尔浓度c_B，其数学表达式为

$$c_B = \frac{n_B}{V} \tag{3-4}$$

体积摩尔浓度c_B的量纲为$mol \cdot L^{-1}$。

3.1.3 稀溶液的依数性

在溶液方面，对稀溶液的研究最为系统和详细。早在18世纪时科学家就发现，把不挥发性溶质加入某溶剂后，会出现下列现象：混合溶液的蒸气压下降，沸点升高，凝固点降低，并且出现渗透压。稀溶液的这四种性质都与溶质的性质无关，只与溶质的分子数目成正比，因此被称为依数性（Colligative Properties）。

1. 蒸气压降低

法国化学家拉乌尔（Raoult）通过大量实验发现，当在溶剂中加入不挥发性溶质后使得溶剂的蒸气压降低，并于1887年总结出相关的定量关系：在定温、定压的稀溶液中，溶剂的蒸气压等于纯溶剂的蒸气压乘以溶剂的物质的量分数，即拉乌尔定律，其数学表达式为

$$p_A = p_A^* x_A \tag{3-5}$$

其中，p_A^*为纯溶剂A的蒸气压，p_A为稀溶液中溶剂的蒸气压，x_A为稀溶液中溶剂的物质的量分数。

若溶液仅由两种组分组成，则有下列关系式

$$x_A + x_B = 1$$

$$p_A = p_A^* x_A = p_A^*(1 - x_B) = p_A^* - p_A^* x_B$$

即

$$p_A^* - p_A = p_A^* x_B$$

$$\Delta p_A = p_A^* x_B \tag{3-6}$$

其中，Δp_A是溶剂蒸气压的降低值。上式为拉乌尔定律的另外一种表达形式，其物理意义为：在定温、定压下，由于溶质的加入导致溶剂蒸气压下降，溶剂蒸气压的降低值与溶液中溶质的物质的量分数成正比。

溶质按照其挥发性能可以分为挥发性溶质和不挥发性溶质，在溶剂中加入的溶质不同，对稀溶液的总蒸气压的影响也将有所区别。

若溶剂A为挥发性溶剂，溶质B为不挥发性溶质，则

$$p_{总} = p_A + p_B \approx p_A = p_A^* x_A$$

因为$x_A < 1$，所以溶液的总蒸气压随着溶质的逐渐加入而逐步下降。

若溶剂A和溶质B均易挥发，则

$$p_{总} = p_A + p_B = p_A^* x_A + p_B^* x_B$$

此时，溶液的总蒸气压大小与其纯组分的蒸气压有关。如果纯溶质的蒸气压大于纯溶剂的蒸气压，那么随着溶质的加入，溶液的总蒸气压上升；反之，如果纯溶质的蒸气压小于纯溶剂的蒸气压，那么溶液的总蒸气压下降。

【例3-1】 将80 g葡萄糖糖（$C_6H_{12}O_6$）溶解在1 kg水中，试求373 K时该溶液的总蒸气压。

解：

$$n(C_6H_{12}O_6) = \frac{80\ g}{180\ g \cdot mol^{-1}} = 0.444\ mol$$

$$n(H_2O) = \frac{1000\ g}{18\ g \cdot mol^{-1}} = 55.556\ mol$$

$$x(H_2O) = \frac{n(H_2O)}{n(H_2O) + n(C_6H_{12}O_6)} = \frac{55.556}{55.556 + 0.444} = 0.992$$

根据拉乌尔定律

$$p_{总} = p(H_2O) + p(C_6H_{12}O_6) \approx p(H_2O) = p^*(H_2O)x(H_2O)$$
$$= 101.325\ kPa \times 0.992 = 100.514\ kPa$$

可见，由于难挥发溶质葡萄糖的加入，使得水溶液的总蒸气压下降。

【例 3-2】 在 298 K 时，将 0.05 mol 苯加入 1 mol 甲苯中配置成溶液，试计算溶液的总蒸气压。已知 298 K 时，苯和甲苯的蒸气压分别为 9.96 kPa 和 2.97 kPa。

解：溶液中 $x_{甲苯} = \frac{1}{1 + 0.05} = 95.24\%$

$x_{苯} = 1 - x_{甲苯} = 4.76\%$

则有 $p_{苯} = p^*_{苯} x_{苯} = 9.96 \times 4.76\%\ kPa = 0.47\ kPa$

$p_{甲苯} = p^*_{甲苯} x_{甲苯} = 2.97 \times 95.24\%\ kPa = 2.83\ kPa$

因此 $p_{总} = p_{苯} + p_{甲苯} = (0.47 + 2.83)\ kPa = 3.30\ kPa$

可见，由于纯苯的蒸气压大于纯甲苯的蒸气压，故在甲苯中加入苯组成溶液后，溶质苯的分压降低，但是溶液的总蒸气压升高。

2. 沸点上升

沸点（boiling point）是指液体的蒸气压等于外压时的温度，在指定外界大气压为 $1p^\ominus$（即 1 个标准大气压）时，液体此时的沸点即为它的正常沸点。纯水的正常沸点为 373.15 K。若在纯水中加入少量不挥发性溶质，导致溶液的蒸气压降低，此时溶液的温度即便上升到 373.15 K 也不会沸腾。将溶液继续加热直至其蒸气压等于外界大气压，溶液才会沸腾，因此，溶液的沸点高于纯溶剂的沸点，该现象即被称为溶液沸点上升现象。溶液沸点上升是溶液蒸气压下降的必然结果。

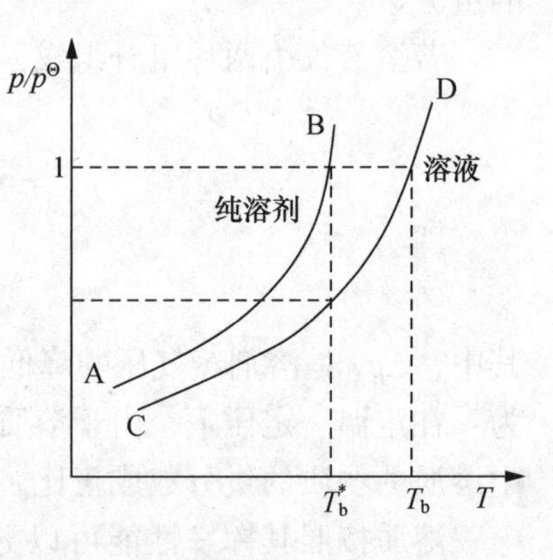

图 3-1 稀溶液沸点上升示意

稀溶液的沸点上升程度 ΔT_b 与溶质的性质无关，只与溶质的质量摩尔浓度 m_B（本质上反映了溶质的粒子数量）有关，即

$$\Delta T_b = T_b - T_b^* = K_b m_B \tag{3-7}$$

其比例常数 K_b 被称为沸点上升常数，其量纲为 $K \cdot kg \cdot mol^{-1}$。表 3-2 列出了几种常用溶剂的 T_b^* 值和 K_b 值。

表 3-2 常用溶剂的 T_b^* 值和 K_b 值

溶剂	水	乙醇	苯	氯仿	丙酮	乙醚	四氯化碳
T_b^*/K	373.15	351.48	353.25	334.35	329.30	307.55	349.87
K_b/($K \cdot kg \cdot mol^{-1}$)	0.52	1.19	2.60	3.85	1.73	2.16	5.02

【例3-3】 将20 g蔗糖($C_{12}H_{22}O_{11}$)溶于100 g水中，计算该溶液的沸点。

解：　$M(C_{12}H_{22}O_{11}) = 342\ g \cdot mol^{-1}$

$$m(C_{12}H_{22}O_{11}) = \frac{n(C_{12}H_{22}O_{11})}{W(H_2O)} = \frac{20\ g/(342\ g \cdot mol^{-1})}{0.1\ kg} = 0.585\ mol \cdot kg^{-1}$$

由沸点上升公式（3-7），得

$$\Delta T_b = K_b m_B = 0.52\ K \cdot kg \cdot mol^{-1} \times 0.585\ mol \cdot kg^{-1} = 0.30\ K$$

$$T_b = T_b^* + \Delta T_b = (373.15 + 0.30)K = 373.45\ K$$

3. 凝固点降低

固态纯溶剂的蒸气压与溶液的蒸气压相等时的温度称为该溶液的凝固点（freezing point），此时体系中固、液两相平衡共存。在273.15 K时，固态冰与液态水的蒸气压均为0.61 kPa，因此，该温度为水的凝固点，此时冰与水都有蒸发成为气态的趋势，水蒸气也有凝聚成为水和冰的趋势，二者速率相等，处于动态平衡。若在该体系中加入少量不挥发性溶质，导致溶液的蒸气压下降，平衡被破坏，冰将会融化。若要保证体系仍然处于固、液两相平衡共存态，则必须降低温度直到溶剂水的蒸气压与冰的蒸气压再次相等。因此，溶液的凝固点低于纯溶剂的凝固点，该现象被称为溶液凝固点降低现象，该现象也是溶液蒸气压下降的必然结果。

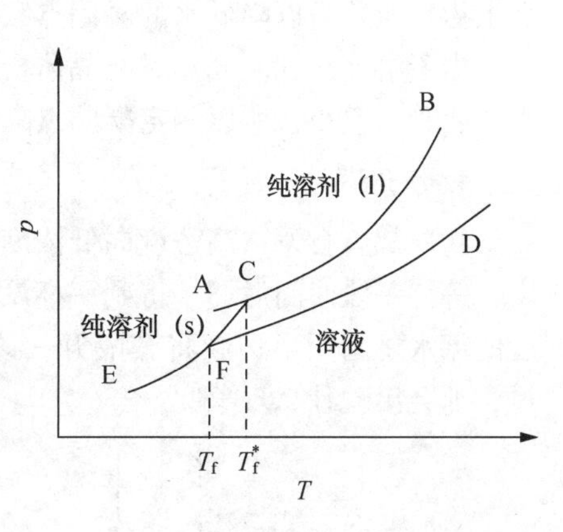

图3-2　稀溶液凝固点降低示意

稀溶液的凝固点降低程度ΔT_f也只与溶质的质量摩尔浓度m_B（本质上反映了溶质的粒子数量）有关，即

$$\Delta T_f = T_f^* - T_f = K_f m_B \tag{3-8}$$

其比例常数K_f被称为凝固点降低常数，其量纲为$K \cdot kg \cdot mol^{-1}$。表3-3列出了几种常用溶剂的$T_f^*$值和$K_f$值。

表3-3　常用溶剂的T_f^*和K_f

溶　剂	水	乙酸	苯	苯酚	萘	四氯化碳
T_f^*/K	273.15	289.75	278.65	316.15	353.65	250.35
K_f/（$K \cdot kg \cdot mol^{-1}$）	1.86	3.90	4.90	7.78	6.87	29.8

【例3-4】 计算例3-3中溶液的凝固点。

解：　因为$m(C_{12}H_{22}O_{11}) = 0.585\ mol \cdot kg^{-1}$

由凝固点降低公式（3-8），得

$$\Delta T_f = K_f m_B = 1.86\ K \cdot kg \cdot mol^{-1} \times 0.585\ mol \cdot kg^{-1} = 1.09\ K$$

$$T_f = T_f^* - \Delta T_f = (273.15 - 1.09)K = 272.06\ K$$

【例3-5】 将一定量的食盐加入1000 g水中，实验测得溶液的凝固点为271.92 K，求食盐的加入量。

解：　$\Delta T_f = T_f^* - T_f = (273.15 - 271.92)K = 1.23\ K$

$$m_B = \frac{\Delta T_f}{K_f} = \frac{1.23\ K}{1.86\ K \cdot kg \cdot mol^{-1}} = 0.661\ mol \cdot kg^{-1}$$

$$n_B = m_B \times W(H_2O) = 0.661\ \text{mol} \cdot \text{kg}^{-1} \times 1\ \text{kg} = 0.661\ \text{mol}$$

由于 NaCl 在水溶液中完全电离，使得引起溶液凝固点降低的溶质粒子的物质的量应为 NaCl 物质的量的 2 倍，因此

$$n(\text{NaCl}) = \frac{1}{2}n_B = 0.331\ \text{mol}$$

通过实验测定溶液的沸点升高值和凝固点降低值，可以利用公式计算出溶液中溶质的摩尔质量，还可以得到溶质的电离度。

生活中经常利用在溶液中添加一定量溶质的方法来降低溶液的凝固点，例如冬天在路面上撒工业盐可以降低水的凝固点，避免路面结冰，从而减少交通事故。

由于溶液达到凝固点时有晶体析出，便于观察，并且凝固点降低常数比沸点升高常数大，实验误差小，所以测定凝固点降低值的方法更为常用。

4. 渗透压

物质都有自发从高浓度向低浓度迁移的现象，例如将浓度高的糖水加入浓度低的糖水中，等待一段时间后，将得到一杯没有浓度梯度的糖水，这就是扩散。如果在两种不同浓度的糖水之间用半透膜将其隔开，该半透膜只允许溶剂水分子通过，不允许溶质粒子通过，那会出现什么现象呢？

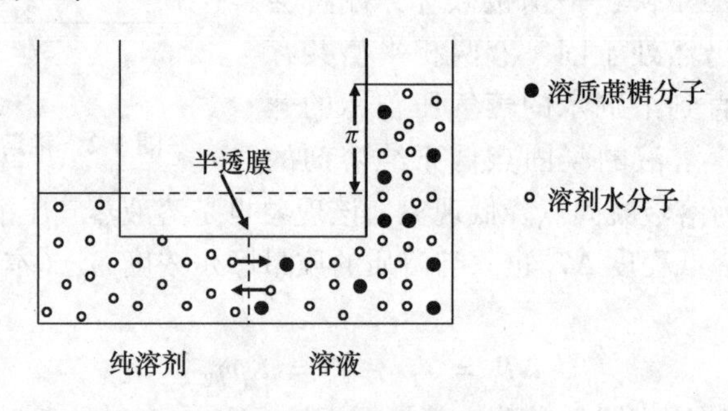

图 3-3 渗透压示意图

如图 3-3 所示，在一个连通器两侧分别加入等量的蔗糖水溶液和纯水，中间用半透膜隔开。扩散开始前，两侧液面等高。经过一段时间后，蔗糖水溶液方的液面将会高于纯水方的液面。这是因为溶液方的蔗糖不能透过半透膜进入纯溶剂方，而水分子可以透过半透膜在两侧自由进出，因此单位时间内由纯水方扩散进入溶液方的水分子数目多于从溶液方扩散进入纯水方的水分子，最终结果使得水分子在溶液方的数目增多，溶液体积增大，相应的液面就会上升。这种溶剂分子自发地透过半透膜向溶液中扩散的现象即为渗透现象，简称渗透。

随着溶液方的液面不断升高，由两侧液面高度差产生的压力也将逐渐增大，受该压力影响，溶剂分子从纯溶剂方进入溶液方的难度加大，其渗透速率将逐步降低。当溶液方的压力增大到使溶剂分子在半透膜两侧的扩散速率相等时，渗透就达到了平衡状态。显然，该平衡为动态平衡。此时由于液面高度差产生的压力即为渗透压（osmotic pressure）π，其量纲与压力量纲相同，为 Pa 或 kPa。由于渗透压的存在阻止了溶剂分子的继续渗透，所以渗透压也可以看成是为了阻止渗透作用而需给溶液方附加的额外压力。

荷兰化学家范托夫（van′t Hoff）结合前人的实验证实，稀溶液的渗透压与温度、溶液的物质的量浓度（本质上反映了粒子数目）成正比，与溶质的本性无关，即

$$\pi = c_B RT \tag{3-9}$$

通常，在实验过程中测定渗透压的主要目的是求高分子化合物的摩尔质量 M_B，因此，渗透压公式可以改写为

$$\pi = \frac{n_B}{V}RT = \frac{W_B/M_B}{V}RT = \frac{W_BRT}{VM_B}$$

即
$$M_B = \frac{W_BRT}{\pi V} \tag{3-10}$$

【例 3-6】 298 K 时，测得某高分子溶液的渗透压为 940 Pa，已知每升该高分子溶液中含有溶质 8.224 g，求该高分子化合物的平均摩尔质量。

解：$M_B = \frac{W_BRT}{\pi V} = \frac{8.224\ \text{g} \times 8.314\ \text{J} \cdot \text{mol}^{-1} \cdot \text{K}^{-1} \times 298\ \text{K}}{940\ \text{Pa} \times 1 \times 10^{-3}\ \text{m}^3} = 2.17 \times 10^4\ \text{g} \cdot \text{mol}^{-1}$

通过渗透压公式可以发现，在相同温度时，溶液的渗透压力取决于它的渗透浓度。溶液的渗透浓度越大，则产生的渗透压也就越大。在医学上以血浆的渗透压能力为标准，将溶液根据其渗透能力的差异区分为低渗溶液、等渗溶液、高渗溶液。正常的人体血浆的渗透浓度为 303.7 mmol·L^{-1}，所以临床上规定

280mmol·L^{-1}　　320mmol·L^{-1}　　渗透浓度增大

低渗溶液　　等渗溶液　　高渗溶液

以等渗溶液为例，临床上常见的有 0.278 mol·L^{-1}的葡萄糖，0.149 mol·L^{-1}的 $NaHCO_3$ 和$\frac{1}{6}$mol·L^{-1}的乳酸钠。

【知识拓展】

渗透现象在自然界广泛存在，生物体内的细胞液和血液都是水溶液，都具有一定的渗透压，细胞膜就是一种半透膜，因此生物体内无时无刻不在进行着渗透作用，它对生物体的生长、发育起着重要的调节作用。正常情况下，人体内的血液和细胞液有着近似的渗透浓度，由此产生的渗透压力大小相近。当人体出现由于某种疾病（如：发烧、腹泻等）引起的脱水症状时，血液浓度升高，渗透压增大，细胞中的水分将会向血液中渗透，造成细胞脱水，从而造成生命危险，所以应给病人及时补充水分。

3.2 胶　　体

胶体是指分散相粒子的直径介于 10^{-9} m 至 10^{-7}m 之间的分散体系。习惯上，根据分散介质的种类可将其分为气溶胶、液溶胶和固溶胶。胶体状态是物质在自然界中的一种普遍存在状态，最为常见的是以水为分散介质的液溶胶。

3.2.1 胶体的基本性质

1. 光学性质

在暗处以一束聚集的强光照射胶体溶液，在与光束前进方向垂直的侧面进行观察，可以看到一个明亮的光柱，该现象被称为丁达尔现象。

当一束光线透过分散相粒子时，会发生反射、散射等现象，这与分散相粒子的大小和入射光的波长有着密切的关系。当被照射对象为真溶液时，分散相粒子的直径与分散介质粒子直径相近，二者之间没有物理界面，因此光线照射在该溶液上并不发生改变，所以溶液透明；当被照射对象为粗分散体系时，其中的分散相粒子远大于入射光的波长，光线照射到分散相上会发生反射现象，因此呈现浑浊的现象；当被照射对象为胶体溶液时，其中的分散相粒子大于分散介质粒子，二者之间产生了相界面，并且分散相粒子直径小于入射光的波长，光线可以发生散射现象，从而绕过胶粒向各个方向传播，因此在光的通路上形成了一个明亮的光柱。丁达尔现象为胶体所特有，可以用来区别胶体和真溶液。

2. 动力学性质

在超显微镜下观察胶体溶液，可以发现溶质粒子在不停地进行无规则运动，该现象是英国植物学家布朗（Brown）在观察花粉悬浮液时首先发现的，故被称为布朗运动。布朗运动是由分散介质粒子碰撞分散相粒子而产生的，分散相粒子任意时刻所受到的碰撞在各个方向上都有所区别，力的大小也不尽相同，因此就会产生不停地无规则运动。

在胶体分散体系中，分散相粒子越小，在受到相同的碰撞力后产生的运动速度越快，布朗运动就越激烈。

3. 电学性质

通过实验发现，胶体粒子都是带电荷的，根据其所携带的电荷性质，可将其分为正溶胶和负溶胶。所以在外加电场的作用下，胶体粒子就会出现定向移动，该现象被称为电泳。

例如，将红棕色的 $Fe(OH)_3$ 溶胶装入有两个电极的 U 型管中，在两极上接通直流电源，很快就会发现，阴极附近红棕色逐渐增加，阳极附近红棕色逐渐变浅，这说明 $Fe(OH)_3$ 溶胶带正电。

电泳技术的应用十分广泛，利用带电粒子在电场中移动速度的差别，可用于分离和鉴定氨基酸、蛋白质、核酸等物质。

3.2.2 溶胶的聚沉

胶体中的分散相和分散介质之间存在相界面，属于多相高分散体系，因此具有巨大的表面积和表面能。当体系所具有的能量越高时，体系越不稳定，所以胶体属于热力学不稳定体系。胶体中的分散相粒子倾向于通过聚结沉淀的方式减小表面积，降低体系能量，增加体系的稳定性，该性质被称为胶体的聚结不稳定性。

同时，由于胶体中存在携带同种电荷的胶粒，它们之间的静电斥力阻止其相互聚结；并且由于胶粒直径较小，布朗运动激烈，其最外层的粒子都能通过水合作用形成水化膜，从而阻止胶粒聚结，因此胶体具备动力学稳定性。

通常情况下，胶体中的稳定性因素和不稳定性因素处于动态平衡，因此，溶胶具有一定的稳定性。但在某些情况下，需要将胶粒通过聚结的方式从体系中分离出来，此时就需要破坏胶体体系的稳定性，该过程被称为胶体的聚沉。常用的聚沉方法如下。

1. 加入电解质

在溶胶中加入少量电解质，通过胶粒与电解质间的电荷中和作用，使得胶粒间的静电斥力减小，并且胶粒外层的溶剂化膜也会随之变薄，因此聚沉现象就会发生。

利用加入电解质使胶体发生聚沉的例子在生活中十分常见。例如在豆浆（带负电的蛋白质胶体）中加入卤水（电解质），可以做出豆腐来，就是因为卤水中的 Na^+、Mg^{2+} 等离子的加入，破坏了胶体的稳定性而产生了聚沉现象。

2. 加入带相反电荷的溶胶

将两种电性相反的溶胶混合后，也会发生聚沉，这种聚沉方式也被称为相互聚沉。该条件下的聚沉程度与携带异号电荷溶胶的加入量有关，必须按照一定的比例进行混合，达到能够完全中和两种溶胶所携带的电荷时，才能将二者全部聚沉，否则就会聚沉不完全，甚至不能聚沉。

溶胶的相互聚沉在工业上的应用十分广泛，例如自来水厂的地表水净化工艺就是利用该原理实现的。天然水中的悬浮粒子通常都带有负电，在水中加入明矾可以生成带正电的 $Al(OH)_3$胶粒，二者通过发生相互聚沉和 $Al(OH)_3$ 絮状物本身的吸附作用，可以起到净化水源的作用。

3. 加热

温度升高增加了胶体布朗运动的剧烈程度，增大了胶粒的碰撞概率，同时降低了胶粒对外层离子的吸附程度，并且减少了外层离子的溶剂化作用，因此发生了聚沉现象。例如，长时间加热 $Fe(OH)_3$ 胶体就会发生聚沉现象，出现红褐色沉淀。

除此之外，光照、剧烈震荡等方法也能够使胶体溶液发生聚沉。

* 3.2.3 高分子化合物溶液

高分子化合物溶液（macromolecular solution）是除溶胶外的另一类胶体化学研究对象，一般指相对分子量在10 000以上的有机大分子化合物。如天然存在的蛋白质、核酸、糖原、淀粉、纤维以及人工合成的塑料等都是高分子化合物。高分子化合物往往是由许多重复的原子团或分子残基所组成，这些较小的原子团或分子残基被称为链节或单体。每一个高分子化合物中所含的链节数目均不相等。因此，通常所说的高分子化合物的摩尔质量为其平均摩尔质量。

由于在高分子溶液中，分散质粒子已进入胶体范围（1～100 nm），因此，高分子化合物溶液往往也被列入胶体体系。它既具有胶体体系的某些性质，如扩散速度小、分散质粒子不能透过半透膜等，同时也具有自己的特征，如稳定性高、黏度大等。

高分子化合物分子具有许多亲溶剂基团，在形成溶液时，要经过自发溶剂化的溶胀过程，导致高分子化合物在溶剂分子间逐步舒展开来，因此体积往往会发生成倍甚至数十倍的增长；与此同时，高分子化合物周围还会形成一层很厚的溶剂化膜，使得高分子化合物溶液具有较高的稳定性。可见，高分子化合物溶解在溶剂中能以分子状态自动分散成均匀的溶液，稳定性高于溶胶，属于均相分散系。

高分子化合物溶液的黏度总体上来说远高于纯溶剂。高分子化合物溶液中分散质粒子的形状非常复杂，由于不同分子形状的分散质在运动过程中的相互干扰作用不同，因此对溶液的黏度影响较大。通常，球形分子互相干扰少，而线形分子互相干扰大，因此线形分子溶液的黏度大于球形分子溶液。例如，γ-球蛋白的分子是球形分子，脱氧核糖核酸的分子是线形分子，前者溶液的黏度就小于后者溶液的黏度。

将一定量的高分子化合物溶液加入溶胶中，可以极大地提高溶胶的稳定性，该现象被称为高分子化合物溶液对溶胶的保护作用。这是由于将高分子化合物溶液加入溶胶后，可以在胶粒表面形成一层保护膜，阻碍了胶粒之间、胶粒与电解质之间的相互接触，减少了溶胶的聚沉现象，从而提高了溶胶的稳定性。高分子化合物溶液对溶胶的保护作用在生理学上具有非常重要的意义。人体在正常状态时，血液中含有一定量的难溶性无机盐，如碳酸钙、磷酸钙等，它们都以胶体形式存在，受到高分子化合物（血清蛋白）的保护。在非正常生理条件下，血液中的蛋白质含量减少，其对溶胶的保护作用也随之降低，导致这些物质容易出现聚沉而形成结石。

小　结

1. 学习以下基本概念。

相——体系内部物理性质和化学性质完全均一的部分；溶液——由两种或两种以上的物质组成的均相体系；分散体系——由一种或者几种物质分散在另一种物质中形成的体系。

2. 溶液浓度的常用表示方法。

（1）物质的量分数（摩尔分数）x_B，量纲为1。

（2）质量百分比浓度 w_B，量纲也为1。

（3）质量摩尔浓度 m_B，量纲为 $mol \cdot kg^{-1}$。

（4）体积摩尔浓度 c_B，量纲为 $mol \cdot L^{-1}$。

3. 稀溶液的依数性。

蒸气压降低；沸点上升；凝固点下降；出现渗透压。

4. 胶体。

（1）定义。胶体是指分散相粒子的直径介于 10^{-9}～10^{-7} m 之间的分散体系。

（2）基本性质。光学性质——丁达尔现象；动力学性质——布朗运动；电学性质——电泳。

（3）溶胶的聚沉。常用的聚沉方法：加入电解质；加入带相反电荷的溶胶；加热。

5. 高分子化合物溶液。

高分子化合物溶液是属于热力学稳定态的真溶液，由于其分散相大小在胶体分散范围内，因此具有胶体的特征，但同时也具有自身的特点。

习　题

1. 选择题

（1）下列物质中，渗透压相等的为（　　）组。

A. 浓度均为5%的蔗糖水溶液与葡萄糖水溶液

B. 浓度均为 0.05 $mol \cdot L^{-1}$ 的蔗糖水溶液与葡萄糖水溶液

C. 浓度均为 0.05 $mol \cdot L^{-1}$ 的 NaCl 水溶液与葡萄糖水溶液

D. 浓度均为5%的 NaCl 水溶液与 KCl 水溶液

（2）将 100 g NaOH 加入 400 mL 水中，得到的溶液浓度为（　　）$mol \cdot L^{-1}$。

A. 2.5　　B. 1.6　　C. 0.1　　D. 6.25

（3）373.15 K 时，在一个体积为 1 L 的容器中加入 0.3 g 液态水，待体系平衡后，体系中有（　　）相；若在体系中再加入 2 g 液态水，待体系平衡后，体系中有（　　）相。

A. 1　　B. 2　　C. 3　　D. 4

（4）胶体分散系分散相微粒直径大小为（　　）。

A. 0.1～10 nm　　B. 1～100 nm　　C. 10～1 000 nm　　D. 100～10 000 nm

（5）在相同体积的水中加入等质量的下列物质，所形成溶液沸点最高的为（　　）。

A. 葡萄糖　　B. 蔗糖　　C. 麦芽糖　　D. 食盐

（6）海洋生物无法在淡水中存活，因为海水与淡水的（　　）不同。

A. 溶氧量　　B. 渗透压　　C. pH　　D. 矿物质种类

2. 简答题

（1）将0℃的冰块放入0℃的NaCl水溶液中，由于二者温度相同，所以冰水两相平衡共存。这种说法正确吗？并说明原因。

（2）将NaCl的水溶液加热至沸腾，随着液态水不断地气化，剩余溶液的沸点是否会发生变化？试说明原因。

（3）在临床上为病人进行输液时，为什么需要使用等渗溶液。

3. 计算题

（1）配置$c_{CaCO_3}=0.15\ mol\cdot L^{-1}$的$CaCO_3$溶液400 mL，需用$CaCO_3$多少克？

（2）配置$c_{CuSO_4}=0.10\ mol\cdot L^{-1}$的$CuSO_4$溶液200 mL，需用$CuSO_4$多少克？

（3）取某难挥发非电解质80 g溶于水中，可使溶液的凝固点下降到271.35 K，试求该溶液的正常沸点。

（4）取3.22 g蔗糖溶于500 g水中，试求该溶液在常温时的渗透压。

（5）某患者需要补充NaCl 3.55 g，需要输液（生理盐水）多少毫升？

第四章 热 化 学

学习指导

1. 理解体系、环境、热、功、内能等基本概念。
2. 掌握热力学第一定律。
3. 掌握热、功、内能、焓、熵、吉布斯自由能等函数的计算方法。
4. 学会使用吉布斯自由能判据判断反应进行的方向和限度。

当人们想要选用某一化学反应造福人类时，首先希望了解反应过程中涉及的能量变化有多少，反应进行的条件是什么，反应最终能够进行到什么程度。在18世纪之前，人们对于反应过程中涉及的各种变化认识十分模糊，直到19世纪中叶，随着蒸汽机的发明和使用，人们才开始关注反应过程中涉及的能量转化问题，并逐步建立了热力学的理论体系。

4.1 热力学的研究内容

热力学主要研究热，热和其他形式能量之间的转换关系，以及转换过程中遵循的规律。化学热力学是热力学的一个分支，其研究的内容是体系在各种条件下进行反应时所伴随的反应热效应，以及如何准确判断化学反应的进行方向和限度。热力学的研究对象是大量分子的集合体，因此具有统计学意义。若选取对象只含少量粒子，热力学就不再适用了。热力学只考虑过程发生前后的初始态和终了态，与过程发生的具体途径无关，因此热力学的方法非常严谨可靠，成为了解决实际问题的有效工具。

4.2 热力学基本概念

在进一步学习热力学的理论知识之前，我们先来了解以下几组在热力学中最为常用的概念。

4.2.1 体系和环境

在进行热力学研究时，通常需要将实验对象与其他部分区分开来，以便于明确研究对象。此时的分隔界面可以是实际的，也可以是假想的。体系（system）就是其中人们选定的研究对象，环境（surroundings）则是指与体系有密切联系的外界。

根据体系与环境之间的物质和能量方面的相互关系，可将体系分为以下三类：

敞开体系（open system），指和环境之间既有物质交换，又有能量交换的体系；

封闭体系（closed system），指和环境之间没有物质交换，只有能量交换的体系；

隔离体系（isolated system），指和环境之间既无物质交换，也无能量交换的体系。

以上划分方法是人们为了研究需要人为规定的，当体系和环境的选取对象不同时，体系的分类将会发生改变。

例如，将一杯热水加盖玻片后置于一个完全封闭、外壁隔热的容器中。如果选取热水为体系，则热水上部的水蒸气、烧杯、烧杯外部的空间即为环境，体系和环境间既有物质（水蒸气）交换又有能量（热量）交换，为敞开体系；如果选取烧杯及其内部的热水和水蒸气为体系，则烧杯外部的空间即为环境，此时，体系和环境间没有物质交换，只有能量（热量）交换，为封闭体系；如果选取完全封闭、外壁隔热的容器替换烧杯作为体系，选取容器外部的空间为环境，则体系和环境间既无物质交换，也无能量交换，为隔离体系。

4.2.2　热和功

热和功都是体系在状态发生变化时，与环境之间传递的一种能量。在热力学定义中，由于温度不同而在体系和环境间交换或者传递的能量就是热；除热以外，其他各种形式被传递的能量都被称为功。

人们对热的本质的探索经历了很长一段时间，直到1842年，焦耳等人通过实验证明热能和机械能之间可以相互转化，从而证实了热的本质是物质运动的一种表现形式，它与大量分子的无规则运动有关，分子无规则运动的强度越大，说明分子的平均动能越大，此时物体的温度也就越高。当两个温度不同的物体相互接触时，由于二者所含分子无规则运动的混乱程度不同，它们就有可能通过分子间的碰撞而交换能量，此时传递的能量就是热。在热力学中，用符号 Q 表示热量。一般规定，以体系为研究对象，若体系吸热，则 $Q>0$；若体系放热，则 $Q<0$。

功的概念最初来源于机械功，它等于力乘以在力的方向上发生的位移。在化学反应过程中，最为常见的功为膨胀功，也被称为体积功，它是指体系反抗外压，体积膨大所做的功。除此之外，还有表面功、电功等多种形式的功。一般来说，各种形式的功都可以看成是由强度因素和广度因素组成的。强度因素的大小反映了能量传递的形式和方向，而广度因素的大小反映了做功值的大小。功就等于强度因素与广度因素变化量的乘积。在热力学中，用符号 W 表示功。一般规定，若体系对外做功（膨胀），则 $W>0$；若环境对内做功（压缩），则 $W<0$。以气体膨胀做功为例，若气体反抗外压 p，体积从 V_1 膨胀至 V_2，此时气体做功为

$$W = p(V_2 - V_1) \tag{4-1}$$

或

$$W = p\Delta V \tag{4-2}$$

4.2.3　内能

内能是体系内所有质点能量的总和，包括分子运动的平动能、转动能、振动能、电子及原子核的能量，以及分子间的相互作用能等。体系的状态一经确定，其内能就只是一个确定唯一的数值。

4.3　热力学第一定律

4.3.1　能量守恒和转化定律

19世纪中期，经过许多科学家的反复实验，终于发现了能量守恒和转化定律：自然界

的一切物质都具有能量，能量有各种不同的形式，能够从一种形式转化为另一种形式，在转化中能量的总量不变。换而言之，即为能量既不能创造，也不能消灭。

4.3.2　热力学第一定律及其数学表达式

热力学第一定律就是将能量守恒和转化定律应用在热、功等特殊能量形式的转化过程中所得到的一种特殊形式，其数学表达式为

$$\Delta U = Q - W \tag{4-3}$$

其物理意义为：当体系的状态发生变化时，内能的改变量 ΔU 等于在此过程中体系从外界吸收的热量 Q 与体系对外所做功 W 之差。热力学第一定律适用于封闭体系，即与环境间没有物质交换的体系。

【例4-1】　在 373 K，$1p^{\ominus}$ 的条件下，1 mol 液态水全部蒸发成为气态需吸热 40.67 kJ，求此时体系的内能改变量。(水的密度 $\rho = 1\ \mathrm{g \cdot cm^{-3}}$)

解：在此过程中，液态水蒸发成为气态时，

体系吸热，故　$Q = 40.67\ \mathrm{kJ}$

体积膨胀，故体系做功 $W = p(V_2 - V_1) = p(V_g - V_1)$

此时，对功的计算方法有两种。

方法1：

$$V_1 = \frac{m}{\rho} = \frac{nM}{\rho} = \frac{1\ \mathrm{mol} \times 18\ \mathrm{g \cdot mol^{-1}}}{1\ \mathrm{g \cdot cm^{-3}}} = 18\ \mathrm{cm^3} = 18 \times 10^{-6}\ \mathrm{m^3}$$

将水蒸气近似看成理想气体，则有

$$V_g = \frac{nRT}{p} = \frac{1\ \mathrm{mol} \times 8.314\ \mathrm{J \cdot mol^{-1} \cdot K^{-1}} \times 373\ \mathrm{K}}{101.325\ \mathrm{kPa}} = 0.0306\ \mathrm{m^3}$$

故　$W = p(V_g - V_1) = 101.325\ \mathrm{kPa} \times (0.0306 - 18 \times 10^{-6})\ \mathrm{m^3} = 3.10\ \mathrm{kJ}$

方法2：

由于物质在气态时的体积远大于液态时的体积，故液态水的体积在相比较时可以略去

$$W = p(V_g - V_1) \approx pV_g = nRT = 1\ \mathrm{mol} \times 8.314\mathrm{J \cdot mol^{-1} \cdot K^{-1}} \times 373\ \mathrm{K} = 3.10\ \mathrm{kJ}$$

因此　$\Delta U = Q - W = 40.67\ \mathrm{kJ} - 3.10\ \mathrm{kJ} = 37.57\ \mathrm{kJ}$

4.4　化学反应热效应

化学反应的实质是化学键的重组，也就是旧键的断裂和新键的生成。化学键的断裂需要吸收能量，而化学键的生成又会释放能量，因此化学反应过程总是伴随着能量的变化。在通常情况下，化学反应是以热效应的形式表现出来的，有些反应放热，被称为放热反应；有些反应吸热，被称为吸热反应。

4.4.1　化学反应热效应与焓

化学反应热效应是指反应过程中体系吸收或者放出的热量，要求在反应进行过程中反应物和生成物的温度相同，并且整个过程中只有膨胀功，而无其他功。

在实验室或者实际生产过程中遇到的化学反应一般在恒容条件（封闭体系）或者恒压条件（敞开体系）下进行，此时的化学反应热效应分别被称为恒容热效应 Q_V 和恒压热效

应 Q_p。

恒容热效应 Q_V 与系统的 U 有关

$$Q_V = U_2 - U_1 = \Delta U \tag{4-4}$$

恒压热效应 Q_p 更为常见，并与系统的另外一个物理量焓 H 有关

$$Q_p = H_2 - H_1 = \Delta H \tag{4-5}$$

以上两式中，U_1 和 H_1 均为反应起始状态时反应物的内能和焓，U_2 和 H_2 均为反应终了状态时生成物的内能和焓。

若生成物的焓小于反应物的焓，反应过程中多余的焓将以热能的形式释放出来，该反应就为放热反应 $\Delta H<0$；反之，若生成物的焓大于反应物的焓，则反应需要吸收热量才能进行，该反应就为吸热反应 $\Delta H>0$。

4.4.2　热化学方程式

热化学方程式是指既能表示化学反应又能表示其反应热效应的化学方程式。热化学方程式的书写方式一般是在配平的化学反应方程式后边加上反应的热效应，例如，氢气燃烧的反应

$$H_2(g) + \frac{1}{2}O_2(g) = H_2O(g) \quad \Delta_r H_m^\ominus(289\ K) = -241.8\ kJ \cdot mol^{-1} \tag{4-6}$$

其中，$\Delta_r H_m^\ominus(289\ K)$ 为反应的标准摩尔焓变，Δ 右下角 r 表示此焓变为反应（reaction）焓变；H 右上角 ⊖ 表示标准状态，即压力为标准压力 $1p^\ominus$；温度为给定温度（通常为 298.15 K）；右下角 m 表示反应进行了 1 mol，此处并不表示反应物 H_2 或者 O_2 的物质的量为 1 mol，而是针对整个反应而言进行了 1 mol，即完全按照化学方程式中规定的化学计量数进行了1 单位的化学反应。由此可见，热化学方程式（4-6）的意义为：在 298 K，$1p^\ominus$ 条件下，由 $H_2(g)$和 $O_2(g)$ 反应生成了 $H_2O(g)$，反应每按照计量方程式完成 1 mol，就会放热 241.8 kJ。

在书写热化学方程式时，需要注意以下几点。

（1）需要注明反应的温度、压力条件。必须强调，标准态只规定了压强为 $1p^\ominus$，并未对温度作出规定，即只有标准压力，没有标准温度；若反应在常温 298 K 下进行，习惯上也可不进行特别注释说明。

（2）需要注明反应中所有涉及物质的聚集状态。反应物或生成物聚集状态发生改变时，将会给反应热效应带入相应的相变焓。通常使用“s”表示固态，“l”表示液态，“g”表示气态。例如

$$H_2(g) + \frac{1}{2}O_2(g) = H_2O(l) \quad \Delta_r H_m^\ominus(298\ K) = -285.8\ kJ \cdot mol^{-1} \tag{4-7}$$

此处，由于产物的聚集状态不同，使得反应的热效应也随之发生了改变，两个热化学方程式（4-6）和（4-7）中 $\Delta_r H_m^\ominus(298\ K)$ 的差值就是相同条件下 H_2O 从气态转化成液态的相变焓。

（3）涉及溶液的反应需要注明溶液的浓度 c_B（其中 B 为具体物质），因为溶液在稀释过程中往往会涉及热效应。若涉及大量水存在的溶液，即无限稀释水溶液，则用“aq“表示，表明该溶液在进一步稀释过程中不会再有热效应出现。

（4）反应的焓变与反应方程式中的化学计量数有关。若某几个反应的化学方程式相

同，仅化学计量数不同，那么它们的反应热效应将与化学计量数成正比。例如，热化学方程式（4-6）的计量数若乘以 2，其反应热效应 $\Delta_r H$ 也将加倍。

$$2H_2(g) + O_2(g) \xlongequal{\quad} 2H_2O(g) \quad \Delta_r H_m^\ominus(289\ K) = -483.6\ kJ \cdot mol^{-1} \qquad (4\text{-}8)$$

可见，反应热效应 $\Delta_r H$ 总是与具体反应相联系，若不标明具体反应物质以及计量数，单独只写 $\Delta_r H$ 的数值，则没有任何意义。

4.4.3 盖斯定律（Hess's law）

1840 年，俄国化学家盖斯在总结大量实验事实的基础上提出了反应总热量守恒定律：在定压或定容条件下的任意化学反应，不论是一步完成的还是几步完成的，其热效应总是相同的。该定律又被称为盖斯定律。

盖斯定律揭示了在条件不变的情况下，化学反应的热效应只与起始和终了状态有关，而与变化途径无关。所以对待热化学方程式可以像对待代数方程式一样进行加减乘除的运算，把一个复杂的化学问题简化成一个简单的数学问题，从而求出某些难以测定的化学反应的热效应数值。

【例 4-2】 试求反应 $C(s) + \frac{1}{2}O_2(g) \longrightarrow CO(g)$ 的热效应数值。

解：由于 C 的燃烧必然伴随生成 CO_2，所以导致该反应的热效应无法直接测定。但是下面这两个反应的热效应数值却可直接测得。

(1) $C(s) + O_2(g) \longrightarrow CO_2(g) \qquad \Delta_r H_m^\ominus(1) = -393.51\ kJ \cdot mol^{-1}$

(2) $CO(g) + \frac{1}{2}O_2(g) \longrightarrow CO_2(g) \qquad \Delta_r H_m^\ominus(2) = -282.99\ kJ \cdot mol^{-1}$

因此可以利用这两个反应的热效应数值去求未知反应热效应。

通过分析可以发现，三个化学方程式的关系如下：

$$\begin{array}{l} C(s) + O_2(g) \\ \quad \downarrow \Delta_r H_m^\ominus \\ CO(g) + \frac{1}{2}O_2(g) \\ \quad \downarrow \Delta_r H_m^\ominus(2) \\ CO_2(g) \end{array} \qquad \downarrow \Delta_r H_m^\ominus(1)$$

$$\begin{aligned} 可见，\Delta_r H_m^\ominus &= \Delta_r H_m^\ominus(1) - \Delta_r H_m^\ominus(2) \\ &= [-393.51 - (-282.99)]\ kJ \cdot mol^{-1} \\ &= 110.52\ kJ \cdot mol^{-1} \end{aligned}$$

4.5 化学反应进行的方向

反应能否进行？若反应一旦开始进行，会朝着哪个方向进行？最终会进行到什么程度？在很长一段时间里，这些问题一直困扰着化学工作者们。因此，科学家们一直试图寻找出一个判据，用来最终解决有关化学反应进行方向的所有问题。

4.5.1 影响化学反应自发进行方向的因素

化学上把给定条件下，无需外力推动就能够自动进行的反应或过程称为自发反应或者自发过程。

自然界中自发过程的例子非常多，例如，水自发地由高处流向低处；两个温度不同的物体相互接触，热量总是自发地从高温物体传递到低温物体；将食盐加入水中，食盐总是自发地扩散到整杯水中。前两个例子都说明，体系在能量高时（势能高、热能大）的稳定性低于能量低时（势能低、热能小）的稳定性，因此体系倾向于降低自身的能量；第三个例子说明体系在混乱度小时（两种纯净物）的稳定性低于混乱度大时（混合物）的稳定性，因此体系倾向去增大自身的混乱度。

在化学上，能量升降的问题是以反应热效应的方式体现的，混乱度的问题则引入了一个新的物理量——熵（S）。下面我们将分别讨论如何使用焓与熵来判断反应进行的方向。

1. *反应热效应*

◆ 反应热效应与反应方向的关系

根据以往的学习经验，我们很容易发现，大多数放热反应通常是能够自发进行的。例如，下列反应均为放热反应，它们都可以自发进行。

$$NaOH(aq) + HCl(aq) \longrightarrow NaCl(aq) + H_2O(l) \qquad \Delta_r H_m^\ominus = -57.3\ kJ \cdot mol^{-1}$$

$$4Fe(s) + 3O_2(g) \longrightarrow 2Fe_2O_3(s) \qquad \Delta_r H_m^\ominus = -1648\ kJ \cdot mol^{-1}$$

$$Na(s) + H_2O(l) \longrightarrow NaOH(aq) + \frac{1}{2}H_2(g) \qquad \Delta_r H_m^\ominus = -184\ kJ \cdot mol^{-1}$$

反应热效应 ΔH 负值越大，说明了体系在反应过程中释放的能量越多。反应前体系蕴含能量越多，体系就越不稳定。通过反应，体系将多余的能量释放出来，此时体系自身能量降低，使得体系稳定化。体系释放的热效应的绝对值（$|\Delta H|$）大小反映了体系在终态和始态的能量差值大小，释放的热效应越多，终态相对于始态而言就越稳定，因此，可以将这种放热效应理解成体系的稳定性因素。据此，化学家们提出用焓变来判断反应进行的方向，即焓判据。

在使用焓判据的过程中，人们发现某些吸热反应在常温常压下也能够自发进行，例如

$$2N_2O_5(g) \longrightarrow 4NO_2(g) + O_2(g) \qquad \Delta_r H_m^\ominus = +56.7\ kJ \cdot mol^{-1}$$

$$NH_4Cl(s) + H_2O(l) \longrightarrow NH_4^+(aq) + Cl^-(aq) \qquad \Delta_r H_m^\ominus = +300.9\ kJ \cdot mol^{-1}$$

显然只根据焓变来判断反应进行的方向是不全面的。

◆ 标准生成焓及其计算

化合物的标准生成焓就是由标准态的元素生成 1 mol 标准态的化合物时产生的焓变，用 $\Delta_f H_{m,298}^\ominus$ 表示，其中 Δ 右下角 f 表示生成（formation）。元素稳定单质的标准生成焓为零。各种常见物质的标准生成焓可在本书的附录中找到。

要计算反应的热效应，除了前面使用的盖斯定律方法外，还可以使用物质的标准生成焓数据，计算方法为

$$\begin{aligned}\Delta_r H_m^\ominus &= \sum \Delta_f H_m^\ominus(\text{生成物}) - \sum \Delta_f H_m^\ominus(\text{反应物}) \\ &= \sum_B \nu_B H_{m,B}^\ominus\end{aligned}$$

其中，ν_B 为参与反应物质的化学计量数，对生成物取正值，对反应物取负值。

【例 4-3】 试根据物质的标准生成焓计算下一反应的反应热效应。

$$C(s) + H_2O(g) \longrightarrow CO(g) + H_2(g)$$

解：查表，得 $\Delta_f H_m^\ominus(CO,g) = -110.52\ kJ \cdot mol^{-1}$

$$\Delta_f H_m^\ominus(C,s)=0\ kJ\cdot mol^{-1}$$
$$\Delta_f H_m^\ominus(H_2O,g)=-241.83\ kJ\cdot mol^{-1}$$
$$\Delta_f H_m^\ominus(H_2,g)=0\ kJ\cdot mol^{-1}$$

因此，反应热效应为

$$\begin{aligned}\Delta_r H_m^\ominus &= [\Delta_f H_m^\ominus(CO,g)+\Delta_f H_m^\ominus(H_2,g)]-[\Delta_f H_m^\ominus(C,s)+\Delta_f H_m^\ominus(H_2O,g)]\\ &=[(-110.52+0)-(0-241.83)]\ kJ\cdot mol^{-1}\\ &=131.31\ kJ\cdot mol^{-1}\end{aligned}$$

2. 熵

◆ 反应熵变与反应方向的关系

熵是体系内部物质微观粒子运动的无序性或混乱度的量度，微观粒子运动的方式越多，粒子的混乱度越大，越无序，体系的熵值就越大；反之，微观粒子状态数越少，运动方式越少，体系的有序性越强，熵值越小。若反应的 ΔS 越大，说明体系在反应后的混乱程度超过反应前越多，那么反应后的体系就越稳定，因此，这种熵增因素就可以理解成为体系的混乱性因素。据此，化学家们又提出用熵变来判断反应进行的方向，即熵判据。同时要求，使用熵判据时体系必须为隔离体系。

◆ 标准熵及其计算

标准熵是指在标准状态 $1p^\ominus$ 和指定温度 298 K 时，1 mol 物质的熵值，可用 $S_m^\ominus(298\ K)$ 来表示。各种常见物质的标准熵可以在本书的附录二找到。

物质的标准熵可以用来计算化学反应的熵变，计算方法为：

$$\begin{aligned}\Delta_r S_m^\ominus &= \sum S_m^\ominus(\text{生成物})-\sum S_m^\ominus(\text{反应物})\\ &= \sum_B \nu_B S_{m,B}^\ominus\end{aligned}$$

其中，ν_B 为参与反应物质的化学计量数，对生成物取正值，对反应物取负值。

【例 4-4】 试根据物质的标准熵值计算下一反应的熵变。

$$C(s)+H_2O(g)\longrightarrow CO(g)+H_2(g)$$

解：查表，得 $S_m^\ominus(CO,g)=197.91\ J\cdot K^{-1}\cdot mol^{-1}$

$$S_m^\ominus(H_2,g)=130.59\ J\cdot K^{-1}\cdot mol^{-1}$$
$$S_m^\ominus(H_2O,g)=188.72\ J\cdot K^{-1}\cdot mol^{-1}$$
$$S_m^\ominus(C,s)=5.69\ J\cdot K^{-1}\cdot mol^{-1}$$

因此，反应的熵变为

$$\begin{aligned}\Delta_r S_m^\ominus &= [S_m^\ominus(CO,g)+S_m^\ominus(H_2,g)]-[S_m^\ominus(H_2O,g)+S_m^\ominus(C,s)]\\ &=(197.91+130.59-188.72-5.96)\ J\cdot K^{-1}\cdot mol^{-1}\\ &=134.09\ J\cdot K^{-1}\cdot mol^{-1}\end{aligned}$$

根据计算结果发现，反应熵值增大，应该可以自发进行。但是以往的学习经验告诉我们，该反应只有在高温条件下才能进行，在常温 298 K 时并不能自发进行。这是由于熵判据只有在隔离体系下才能使用，而例 4-4 中反应所处体系为敞开体系。盲目使用熵判据将导致错误的结论，可见熵判据使用起来有些麻烦。

除此之外，在使用熵判据的过程中，人们发现越来越多的事例显示，某些熵值减小的反应在常温常压下也能够自发进行，例如过冷水自发结成冰的例子。显然，只根据熵变来判断反应进行的方向也是不全面的。

3. 吉布斯自由能

◆ 反应吉布斯自由能改变量与反应方向的关系

1876 年，美国化学家吉布斯（Gibbs）提出了一个能够把焓和熵结合在一起的热力学函数，即吉布斯自由能 G，其数学表达式为：

$$G = H - TS$$

在等温条件下，化学反应的吉布斯自由能改变量为

$$\Delta G = \Delta H - T\Delta S$$

该方程式也被称为吉布斯等温方程式，可用来判断化学反应自发进行的方向，即吉布斯自由能判据：

$\Delta G<0$，反应自发进行，即正反应可以自发进行；

$\Delta G=0$，反应处于平衡态；

$\Delta G>0$，反应不能自发进行，但逆反应可以自发进行。

热力学过程的自发性是由 ΔH 和 ΔS 两个方面的因素决定的，根据 $\Delta G=\Delta H-T\Delta S$ 可以看出，ΔG 综合考虑了焓变和熵变对体系的影响，能够对化学反应的方向做出正确的判断。

根据吉布斯自由能判据可知，若有反应放热熵增，则体系的 $\Delta H<0$，$\Delta S>0$，那么必有 $\Delta G<0$，反应能够自发进行；若有反应吸热熵减，则体系的 $\Delta H>0$，$\Delta S<0$，那么必有 $\Delta G<0$，反应非自发进行，即反应向逆方向进行；若有反应放热熵减或者吸热熵增，此时反应能否自发进行完全取决于 ΔH 和 $T\Delta S$ 的大小，也就是说，此时温度将会影响到反应的自发性。现将以上四种情形利用表 4-1 表示出来。

表 4-1　不同类型反应的自发性倾向

反应类型	ΔH	ΔS	$\Delta G=\Delta H-T\Delta S$	反应的自发性
放热熵增	−	+	−	自发（任意温度）
吸热熵减	+	−	+	非自发（任意温度）
吸热熵增	+	+	低温 + 高温 −	反应在高温时自发进行
放热熵减	−	−	低温 − 高温 +	反应在低温下自发进行

◆ 标准生成吉布斯自由能及其计算

标准生成吉布斯自由能是指在标准压力 $1p^\ominus$，指定温度为 298 K 时，由稳定单质生成 1 mol 化合物时的自由能变化值，用 $\Delta_f G_m^\ominus(298\ \text{K})$ 来表示，其中 Δ 右下角的 f 表示生成（formation）。一些常见物质的 $\Delta_f G_m^\ominus(298\ \text{K})$ 可以在本书的附录中找到。

元素稳定单质的标准吉布斯自由能为零。

利用物质的标准生成吉布斯自由能值可以计算反应的标准吉布斯自由能变化值。计算公式为

$$\Delta_r G_m^\ominus = \sum \Delta_f G_m^\ominus(\text{生成物}) - \sum \Delta_f G_m^\ominus(\text{反应物})$$
$$= \sum_B \nu_B \Delta G_{m,B}^\ominus$$

其中 ν_B 为参与反应物质的化学计量数，对生成物取正值，对反应物取负值。

【例 4-5】 试判断下一反应在标准状态，298 K 时能否自发进行。

$$C(s) + H_2O(g) \longrightarrow CO(g) + H_2(g)$$

解：查表，得 $\Delta_f G_m^\ominus(CO,g) = -137.27\ kJ \cdot mol^{-1}$

$$\Delta_f G_m^\ominus(H_2O,g) = -228.59\ kJ \cdot mol^{-1}$$

其中 C(s)和 $H_2(g)$均为稳定单质，其 $\Delta_f G_m^\ominus$ 为 0。

因此，反应的吉布斯自由能变化量为

$$\begin{aligned}\Delta_r G_m^\ominus &= \Delta_f G_m^\ominus(CO,g) + \Delta_f G_m^\ominus(H_2,g) - \Delta_f G_m^\ominus(C,s) - \Delta_f G_m^\ominus(H_2O,g)\\ &= [-137.27 + 0 - 0 - (-228.59)]\ kJ \cdot mol^{-1}\\ &= 91.32\ kJ \cdot mol^{-1}\end{aligned}$$

由于 $\Delta_r G_m^\ominus > 0$，所以反应在题设条件下不能自发进行。

必须强调，根据 $\Delta G > 0$ 判断在某一条件下不能自发进行的反应，并不等于在任何条件下都绝对不能进行，改变条件后（如改变温度、通电、光照等），反应也是可以进行的。

【例 4-6】 若希望例 4-6 中的反应能够自发进行，所需的最低温度是多少？

解：已知反应 $C(s) + H_2O(g) \longrightarrow CO(g) + H_2(g)$

$$\Delta_r H_m^\ominus = 131.31\ kJ \cdot mol^{-1};\quad \Delta_r S_m^\ominus = 134.09\ J \cdot K^{-1} \cdot mol^{-1}$$

若要反应能够自发进行，必须 $\Delta_r G_m^\ominus < 0$。根据反应吉布斯自由能的公式得

$$\Delta_r G_m^\ominus = \Delta_r H_m^\ominus - T\Delta_r S_m^\ominus < 0$$

即 $$131.31\ kJ \cdot mol^{-1} - T \times 134.09\ J \cdot K^{-1} \cdot mol^{-1} < 0$$

故 $$T > 979\ K$$

可见，当反应温度超过 979 K 后，反应就可以自发进行了。

利用吉布斯自由能判据判断反应进行的方向时，不需要设定隔离体系的前提条件，使用起来非常方便，因此得到了广泛的使用。

小　结

1. 学习以下基本概念。

体系——人们选定的研究对象；环境——与体系有密切联系的外界；热——由于温度不同而在体系和环境间交换或者传递的能量；功——除热以外其他各种形式被传递的能量；内能——体系内所有质点能量的总和。

2. 热力学第一定律。

$$\Delta U = Q - W$$

即：体系内能的改变量 ΔU 等于在此过程中体系从外界吸收到的热量 Q 与体系对外所做功 W 之差。热力学第一定律就是将能量守恒和转化定律应用在热、功等特殊能量形式的转化过程中所得到的一种特殊形式，适用于封闭体系。

在热力学中，热量用符号 Q 表示。一般规定，以体系为研究对象，若体系吸热，则 $Q > 0$；若体系放热，则 $Q < 0$。功用符号 W 表示，一般规定，若体系对外做功（膨胀），则 $W > 0$；若环境对内做功（压缩），则 $W < 0$。

3. 盖斯定律。

在定压或定容条件下的任意化学反应，不论是一步完成的还是几步完成的，其热效应总是相同的，这被称为盖斯定律，又被称为反应总热量守恒定律。利用盖斯定律可以求出

某些难以测定的化学反应的热效应数值。

4. 标准生成焓、标准熵、标准生成吉布斯自由能及其计算。

（1）化合物的标准生成焓就是由标准态的元素生成 1 mol 标准态的化合物时所产生的焓变，用 $\Delta_f H_m^\ominus(298\ K)$ 表示，元素的标准生成焓为零。利用物质的标准生成焓数据来计算反应的热效应。

$$\Delta_r H_m^\ominus = \sum_{i=1}^{k} \nu_B H_{m,B}^\ominus$$

（2）标准熵是指在标准状态 $1p^\ominus$ 和指定温度 298 K 时，1 mol 物质的熵值，可用 $S_m^\ominus(298\ K)$ 来表示。利用物质的标准熵来计算化学反应的熵变。

$$\Delta_r S_m^\ominus = \sum_{i=1}^{k} \nu_B S_{m,B}^\ominus$$

（3）标准生成吉布斯自由能是指在标准压力 $1p^\ominus$，指定温度为 298 K 时，由稳定单质生成 1 mol 化合物时的自由能变化值，用 $\Delta_f G_m^\ominus(298\ K)$ 来表示。利用物质的标准生成吉布斯自由能值来计算反应的标准吉布斯自由能变化值。

$$\Delta_r G_m^\ominus = \sum_{i=1}^{k} \nu_B \Delta G_{m,B}^\ominus$$

注意，以上三个式子中 ν_B 均为参与反应物质的化学计量数，对生成物取正值，对反应物取负值。

5. 吉布斯自由能判据。

$\Delta G<0$，反应自发进行，即正反应可以自发进行。

$\Delta G=0$，反应处于平衡态。

$\Delta G>0$，反应不能自发进行，但逆反应可以自发进行。

习　题

1. 选择题

（1）以下关于热、功、内能的说法正确的是（　　）。

A. 热、功、内能都是能量，当体系的状态确定时，数值为唯一确定值

B. 体系温度越高，其热能越大

C. 环境对体系做功，体系内能增大

D. 体系对环境做功，体系功值减小

（2）在一个加盖玻璃片的烧杯中，现盛入一定量的 HCl 溶液，后加入少量 Zn 粒。在反应发生的过程中，若以溶液和 Zn 粒作为体系，则为（　　）体系；若以烧杯、玻璃片及其内容物作为体系，则为（　　）体系。如果在烧杯内改装为 HCl 溶液和 NaOH 溶液，在反应发生的过程中，若以溶液作为体系，则为（　　）体系。

A. 敞开　　B. 封闭　　C. 隔离

（3）已知反应 $2NH_3(g) \longrightarrow N_2(g)+3H_2(g)$，$\Delta_r H_m^\ominus=92\ kJ\cdot mol^{-1}$，则 NH_3 的标准摩尔生成焓为（　　）。

A. $92\ kJ\cdot mol^{-1}$　　B. $46\ kJ\cdot mol^{-1}$　　C. $-92\ kJ\cdot mol^{-1}$　　D. $-46\ kJ\cdot mol^{-1}$

2. 简答题

（1）物质的温度越高，所含热量越多。这种说法是否正确？为什么？

（2）某气体初始压力为500 kPa，反抗恒外压100 kPa膨胀做功，此时 $Q = \Delta H$ 是否成立？为什么？

（3）在373 K，101.325 kPa时，将液态水加热蒸发为气态，由于体系温度没有发生变化，所以 $Q = 0$。这个结论错在哪里？

（4）若利用吉布斯自由能判据判定某反应不能自发进行，则该反应无论如何也不会发生。这种说法是否正确？为什么？

3. 计算题

（1）在常温常压条件下，将100 g Fe溶于放置在密闭容器里的过量稀盐酸中，试计算该反应的 W。

（2）将前一题中的Fe溶于放置在开口烧杯里的过量稀盐酸中，试计算该反应的 W。

（3）在常温常压条件下，将2 mol Zn片溶于过量稀盐酸中，反应放热 $-42\ kJ \cdot mol^{-1}$，试计算该反应的 W 和 ΔU。

（4）由以下的热效应数据，计算反应

$$2NaCl(s) + H_2SO_4(l) \longrightarrow Na_2SO_4(s) + 2HCl(g)$$

的热效应数值。

① $Na(s) + \frac{1}{2}Cl_2(g) \longrightarrow NaCl(s)$ $\Delta_r H_m^\circ(298.15\ K) = -411.0\ kJ \cdot mol^{-1}$

② $H_2(g) + S(s) + 2O_2(g) \longrightarrow H_2SO_4(l)$ $\Delta_r H_m^\circ(298.15\ K) = -811.3\ kJ \cdot mol^{-1}$

③ $2Na(s) + S(s) + 2O_2(g) \longrightarrow Na_2SO_4(s)$ $\Delta_r H_m^\circ(298.15\ K) = -1382.8\ kJ \cdot mol^{-1}$

④ $\frac{1}{2}H_2(g) + \frac{1}{2}Cl_2(g) \longrightarrow HCl(g)$ $\Delta_r H_m^\circ(298.15\ K) = -92.3\ kJ \cdot mol^{-1}$

（5）利用标准生成焓、标准熵、标准生成吉布斯自由能的数据分别计算下列反应的焓变、熵变、自由能变化值，并指出反应在该条件下是否能够自发进行。若反应不能自发进行，尝试是否能够使用改变反应温度的方法使得反应自发进行。

① $2H_2O_2(l) \longrightarrow 2H_2O(l) + O_2(g)$

② $2CO(g) \longrightarrow 2C(s) + O_2(g)$

③ $HCl + NH_3 \longrightarrow NH_4Cl$

④ $CaCO_3 \longrightarrow CaO + CO_2$

第五章　化学反应速率和化学平衡

学习指导

1. 掌握化学反应速率、速率方程式、半衰期、可逆反应、化学平衡等基本概念。
2. 了解反应速率的碰撞理论和过渡态理论的基本要点。
3. 掌握一级反应的动力学公式及特点。
4. 理解阿伦尼乌斯经验方程式，了解浓度、温度、催化剂等因素对反应速率的影响。
5. 学习实验平衡常数、标准平衡常数的意义、书写方式，以及如何利用标准平衡常数与浓度商、压力商作比较，判断化学平衡移动方向。
6. 了解浓度、压力、温度对化学平衡的影响。
7. 掌握化学平衡移动原理。

对于化学反应，在实际生产实践过程中，最受关注的问题主要有两方面：一个是反应过程中的能量转换、方向和限度，以及外界条件对化学平衡的影响；另一个就是反应进行的速率和历程。前者属于化学热力学的范畴，在第一章中已经得到了讨论；后者属于化学动力学范畴，将会在本章中进行深入研究。

5.1　化学反应速率及其表示方法

化学反应速率（rate）是用来衡量反应快慢的物理量，是指在给定条件下，反应物转化成为产物的速率。化学反应速率通常可以使用单位时间内反应物浓度或者生成物浓度的改变量来表示，其物理量为 $c \cdot t^{-1}$，如 $mol \cdot L^{-1} \cdot s^{-1}$。

若有反应　　$A \longrightarrow P$

$$\begin{array}{lll} t=0 & c_{A,0} & 0 \\ t=t_1 & c_{A,1} & c_{P,1} \\ t=t_2 & c_{A,2} & c_{P,2} \end{array}$$

则反应在 $t_1 \sim t_2$ 时间内，使用生成物 P 的浓度变化所表示的平均反应速率 $\bar{r}$ 为

$$\overline{r_P} = \frac{c_{P,2} - c_{P,1}}{t_2 - t_1} = \frac{\Delta c_P}{\Delta t} \tag{5-1}$$

该反应速率表示方法在实际使用过程中存在一些问题，所以进行如下修正。

（1）以上所得反应速率 $\bar{r}$ 仅为反应在 $t_1 \sim t_2$ 时刻的平均反应速率。对于大多数反应而言，随着反应物的消耗，反应速率都会逐渐降低，并非是等速反应，因此在实际生产实践中了解某一时刻的瞬时速率 r 更具有实际价值。瞬时速率 r 的计算公式为

$$r_P = \frac{dc_P}{dt} \tag{5-2}$$

（2）若反应从反应物 A 开始，随着反应的进行，反应物逐渐减少，产物逐渐增多。如

果在计算过程中均使用终态浓度减去始态浓度，使用反应物 A 的浓度变化表示反应速率时，就会出现没有意义的负值。

（3）若反应物和生成物之前的计量系数不同，则选取不同的对象，测得的反应速率也将有所区别。以合成氨反应为例

$$N_2 + 3H_2 \longrightarrow 2NH_3$$

显然，$r(N_2) \neq r(H_2) \neq r(NH_3)$，这将给使用过程造成混乱。

为了避免以上两个问题，在反应速率的公式中要求加入计量系数校正项。与前面的内容一致，计量系数对于反应物取负值，生成物取正值。

若有反应

$$aA + bB \longrightarrow dD + eE$$

则其反应速率的表达通式为

$$r = \frac{1}{\nu_i}\frac{dc_1}{dt}\frac{1}{-a}\frac{dc_A}{dt} = \frac{1}{-b}\frac{dc_B}{dt} = \frac{1}{d}\frac{dc_D}{dt} = \frac{1}{e}\frac{dc_E}{dt} \tag{5-3}$$

5.2 化学反应速率理论

为了寻找反应进行的规律和机理，科学家们借助于统计热力学、经典力学和量子力学等多种理论来进行反应动力学的研究，并先后出现了两种理论，分别是碰撞理论和过渡态理论。

5.2.1 碰撞理论

碰撞理论是根据分子运动论提出来的，在它的理论假设中将分子看成是刚性硬球，并进行以下假设。

（1）分子之间要发生反应必须经过碰撞，但并不是每一次碰撞都能导致反应发生。一般条件下，反应物分子的碰撞次数非常大，假设所有反应一经碰撞就能立刻发生，那么反应都将在一瞬间完成。而事实上，经过实验和理论计算，在所有的碰撞中能够导致反应发生的碰撞数量极少。

（2）只有活化分子的碰撞才有可能引起化学反应。体系中的分子所具有的能量服从正态分布，一部分具有较高的能量，一部分具有较低的能量，绝大部分的能量居于平均值。活化分子是指其中那部分能量高于平均值的分子。活化分子的平均能量与反应物分子的平均能量之差被称为活化能 E_a。由于活化分子的能量较高，使得活化分子间的碰撞能量容易超过反应所需的最低能垒 E_c，从而导致旧键断裂，新键生成，反应得以发生，这种碰撞被称为有效碰撞。反应体系中活化分子数目越多，有效碰撞数量越多，反应速率就越快。显然，随着温度的升高，体系中活化分子在全部分子中所占的百分数越来越大，反应速率也逐渐加快。

（3）最初，碰撞理论只能用于十分简单的气体反应，对于复杂反应计算误差较大，因此后来又做了空间取向修正：即使是活化分子间的碰撞，也必须遵循适当的方向才能引起反应的发生。如 HI 的分解反应，只有如图 5-1（a）所示的碰撞方位才能导致反应发生；若采用图 5-1（b）所示的碰撞方位，则属于无效碰撞。

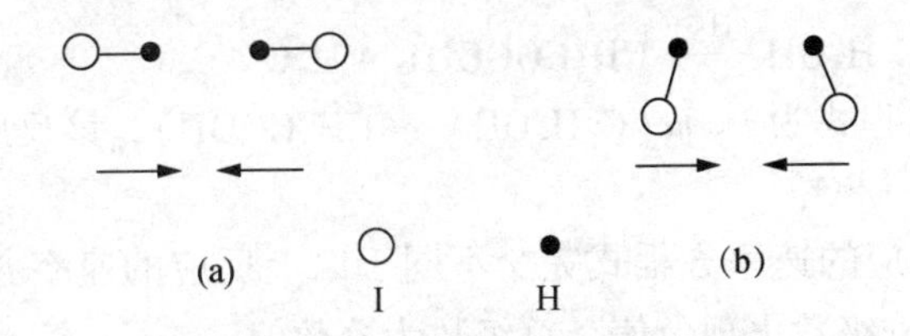

图 5-1　碰撞方位对碰撞效果的影响

碰撞理论比较直观地解释了一些简单气态原子反应的机理，便于理解，所以在很长一段时间内得到了推广和使用。但是，该理论把分子看成刚性硬球，把分子间的复杂作用简化成了机械碰撞，不能从分子内部结构揭示活化能的意义，因此，还属于半经验性理论，具有一定的局限性。

5.2.2　过渡态理论

过渡态理论是 1935 年由艾琳（Eyring）和波拉尼（Polanyi）等人在量子力学和统计力学的基础上提出的。该理论认为：在从反应物到生成物的转变过程中，需要经过一种过渡状态，即活化络合物状态。

$$\underset{\text{反应物}}{A + B - C} \longrightarrow \underset{\text{活化络合物}}{[A\cdots B\cdots C]} \longrightarrow \underset{\text{生成物}}{A - B + C}$$

活化络合物是一种中间态化合物，此时原有化学键虽被削弱但仍未断裂，新的化学键正在生成但未完全生成。因此该物质势能较高，不稳定。反应的最终速率取决于活化络合物的分解速率。

过渡状态理论能够将反应速率的计算与分子的微观结构联系在一起，随着统计力学和量子力学的发展，这一理论得到了越来越广泛的重视和发展。

5.3　简单级数反应

5.3.1　速率方程式

通过大量实验发现，反应速率往往与反应物浓度的某次方成正比。以下一反应为例

$$aA + bB \longrightarrow dD + eE$$

实验测得其反应速率可能为

$$r = kc_A^{\alpha}c_B^{\beta} \tag{5-4}$$

该方程式表示了反应速率和浓度之间的关系，被称为速率方程式。其中 k 为速率常数，其大小与反应物的浓度无关，只取决于反应物的本性、温度、溶剂等因素。若反应物的浓度均为单位浓度，则反应速率 r 与反应速率常数 k 数值上相等，故在某些地方 k 也被称为比速率。其中 A 物质和 B 物质浓度右上角的指数 α 和 β 不同于反应计量系数，它们被称为反应物的分级数，该数值只能由实验测得。分级数之和则被称为总级数，即

$$n = \alpha + \beta \tag{5-5}$$

例如，（1）${}_{88}Ra^{226} \longrightarrow {}_{86}Rn^{222} + {}_{2}He^{4}$

实验测得其速率方程式为 $r = kc_{Ra}$，该反应为一级反应。

（2）$CH_3COOH + C_2H_5OH \xrightarrow{H^+} CH_3COOC_2H_5 + H_2O$

实验测得其速率方程式为 $r = kc(C_2H_5OH)\ c(CH_3COOH)$，该反应为二级反应。

（3）$2SO_2 + O_2 \longrightarrow SO_3$

通过实验测得该反应的速率方程式完全不同于以上反应的速率方程式，为 $r = kc(SO_2)\ c^{-1/2}(SO_3)$，该反应的分级数出现负值，总级数为分数值。

（4）$2NH_3 \xrightarrow[\Delta]{W} N_2 + 3H_2$

实验测得其速率方程式为 $r = k$，说明该反应为零级反应，这意味着反应速率为一个常数，与反应物的浓度无关。

通过以上的这些例子可以看出，反应级数可正、可负，可以是整数，甚至可以是分数，该数值是根据实验结果确定出来的，并不能根据化学方程式直接推测出来。当反应级数为简单的正整数时，往往将该数值标于反应速率常数的右下角，例如一级反应的速率常数就可写为 k_1。

5.3.2 一级反应和半衰期

在本部分的内容里，我们将讨论具有最简单级数的反应——一级反应。

化学反应中多数热分解反应、分子重排反应、放射性元素的衰变反应都是一级反应。现以镭的衰变反应为例，说明一级反应的特点。

$$_{88}Ra^{226} \longrightarrow {}_{86}Rn^{222} + {}_2He^4$$

该反应的反应速率与浓度的微分关系式为

$$r = -\frac{dc}{dt} = k_1 c \tag{5-6}$$

通过对该式的移项积分，可以得到

$$\ln c = -k_1 t + B \tag{5-7}$$

其中：B 为积分常数项。

当 $t = 0$ 时，$c = c_0$，c_0 为反应物的起始浓度，带入式（5-7）可得

$$B = \ln c_0$$

再代入式（5-7），整理，可得

$$k_1 = \frac{1}{t}\ln\frac{c_0}{c} \tag{5-8}$$

以上几个式子都是式（5-6）的积分结果。这些表示反应速率的微分式和积分式都被称为化学反应的动力学方程式。

观察式（5-8），可以发现：

（1）一级反应的速率常数 k_1 的量纲为 t^{-1}，即可为 s^{-1}，min^{-1}，h^{-1}等；

（2）将方程进行变换，可得到

$$\frac{c}{c_0} = e^{-k_1 t} \tag{5-9}$$

可见，只要反应时间相同，则有$\frac{c}{c_0}$为定值。即：无论反应物的起始浓度是多少，只要反应进行的时间相同，剩余反应物的比例就相同。假定$\frac{c}{c_0} = \frac{1}{2}$，即反应物的浓度减少到起

始浓度的一半，则根据式（5-9）有

$$t_{1/2} = \frac{\ln 2}{k_1} \tag{5-10}$$

其中，反应时间 $t_{1/2}$ 表示反应物浓度降低一半所需要的时间，称为半衰期。由方程式可见，一级反应的半衰期大小取决于反应速率常数，而与反应物的浓度无关。

【例 5-1】　已知某一级反应 A ⟶ P，反应由 A 物质开始，经历 2.5 h 后 A 物质剩余 50%，试求经历 10 h 后，A 物质的剩余比例。

解：*方法 1*

将数据代入一级反应动力学方程式

$$k_1 = \frac{1}{2.5}\ln\frac{c_0}{0.5c_0} = 0.4\ln 2$$

10 小时后，即 $t = 10$

$$\frac{c_{10\,\mathrm{h}}}{c_0} = \mathrm{e}^{-k_1 t} = \mathrm{e}^{-4\ln 2} = 6.25\%$$

方法 2

由于经历 2.5 h 后 A 物质剩余 50%，所以反应的半衰期 $t_{1/2} = 2.5$ h。而

$$k_1 = \frac{\ln 2}{t_{1/2}} = \frac{\ln 2}{2.5\ \mathrm{h}}$$

将其代入一级反应动力学方程式中，有

$$\frac{c_{10\,\mathrm{h}}}{c_0} = \mathrm{e}^{-k_1 t} = 6.25\%$$

方法 3

由于经历 2.5 h 后 A 物质剩余 50%，所以反应的半衰期 $t_{1/2} = 2.5$ h，由此推测

经历时间	A 物质剩余比例
2.5 h	50%
5 h	25%
7.5 h	12.5%
10 h	6.25%

5.4　影响化学反应速率的因素

化学反应速率问题往往是生产实践过程中最受关注的问题。有些反应的速度很快，如中和反应、爆炸反应等；也有一些反应速度较慢，如橡胶老化、铁制品生锈等。如何加快对于我们有利的反应，提高生产效率；减缓不利反应，减少损失，这就需要我们对影响反应速率的各种因素进行深入的讨论。

5.4.1　浓度对反应速率的影响

根据反应速率方程式可知，反应速率往往与反应物浓度的某次方成正比。因此浓度对反应速率产生影响的方式取决于实验测得的反应速率方程式及其反应级数。

5.4.2 温度对反应速率的影响

按照温度对反应速率的影响方式，大致可将反应分为如图 5-2 所示的以下五种类型。

类型Ⅰ。温度—反应速率正相关类型，这类反应速率随着温度的升高而逐步加快；

类型Ⅱ。爆炸反应类型，这类反应在低温时反应较为缓慢，达到某一临界值后，反应速率突然增加，引起爆炸；

类型Ⅲ。酶催化反应类型，这类反应通常在某一温度条件下会出现速率极大点；

类型Ⅳ。煤的氧化反应类型，这类反应随着温度的改变既会出现速率极大点，也会出现速率极小点；

类型Ⅴ。温度—反应速率负相关类型，这类反应比较特殊，例如 $2NO + O_2 \longrightarrow 2NO_2$，反应速率随着温度升高反而下降。

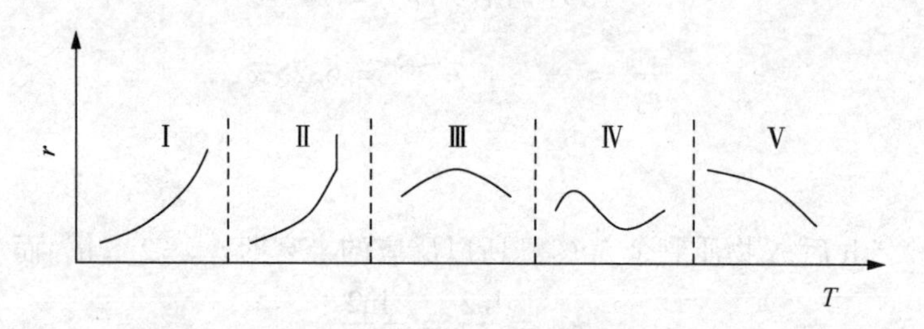

图 5-2 反应速率与温度关系

在本章中只讨论最为常见的Ⅰ型反应。

1. 范托夫规则

1884 年，范托夫根据大量实验数据归纳出温度-反应速率近似经验规则，即温度每升高 10 K，反应速率大致增加 2～4 倍。该规则被称为范特霍夫规则，可表示如下：

$$\frac{k_{T+10}}{k_T} = 2 \sim 4 \tag{5-11}$$

其中，k_T 和 k_{T+10} 分别表示温度为 T K 和 $T+10$ K 时的速率常数。虽然该经验规则反映了反应速率和温度之间的一般关系，但是过于粗略，也未能反映二者之间的内在联系。

2. 阿伦尼乌斯经验方程式

1889 年，瑞典化学家阿伦尼乌斯（Arrhenius）进一步分析了范特霍夫提出的反应速率对温度的依赖关系，并从速率理论的角度对方程做了解释，提出反应“活化能”概念。

阿伦尼乌斯经验方程式的微分形式为

$$\frac{\mathrm{d}\ln k}{\mathrm{d}T} = \frac{E_a}{RT^2} \tag{5-12}$$

其中，E_a 为经验常数，被称为活化能。

对式（5-12）进行定积分，可得

$$\int_{k_1}^{k_2} \mathrm{d}\ln k = \frac{E_a}{R}\int_{T_1}^{T_2} \frac{\mathrm{d}T}{T^2} \tag{5-13}$$

$$\ln\frac{k_2}{k_1} = \frac{E_a}{R}\left(\frac{1}{T_1} - \frac{1}{T_2}\right) \tag{5-14}$$

其中 k_1 和 k_2 分别为反应处于温度 T_1 和 T_2 时的反应速率常数。

利用式（5-14）可以从某一温度的速率常数出发求解另一温度的速率常数。

阿伦尼乌斯经验方程式提供了计算不同温度下反应速率的具体关系式。阿伦尼乌斯经验方程式和由此引出的活化能概念，对反应速率理论的进一步发展提供了非常有意义的启发，并在此之后得到了广泛的应用。

【例 5-2】　当温度从 293 K 升高到到 303 K 时，试求以下两个反应的反应速率常数的改变量。

（1）$2H_2O_2 \longrightarrow O_2 + 2H_2O \quad E_a = 75.2\ \text{kJ} \cdot \text{mol}^{-1}$

（2）$N_2 + 3H_2 \longrightarrow 2NH_3 \quad E_a = 335\ \text{kJ} \cdot \text{mol}^{-1}$

解：根据阿伦尼乌斯经验方程式 $\ln \dfrac{k_2}{k_1} = \dfrac{E_a}{R}\left(\dfrac{1}{T_1} - \dfrac{1}{T_2}\right)$

对于反应（1）

$$\ln \frac{k_2}{k_1} = \frac{75.2}{8.314}\left(\frac{1}{293} - \frac{1}{303}\right) = 1.019$$

因此

$$\frac{k_2}{k_1} = 2.77$$

对于反应（2）

$$\ln \frac{k_2}{k_1} = \frac{335}{8.314}\left(\frac{1}{293} - \frac{1}{303}\right) = 4.539$$

因此

$$\frac{k_2}{k_1} = 93.6$$

可见，温度同样升高 10 K，反应速率的改变量却相差近百倍。由此可见，活化能越大的反应，反应速率受温度的影响也越大。

5.4.3　催化剂对反应速率的影响

催化作用是现代化学工业的基础，在现代大型化工生产过程中，许多反应都必须依靠使用性能优越的催化剂来实现反应速率的可控化操作。因此，催化剂在现代化学工业中的地位极为重要。

1. 催化剂的定义及分类

所谓催化剂，是指少量存在时就能改变反应速率，自身在反应前后的数量和化学性质不发生改变的物质。

根据催化剂对反应速率改变情况的不同，可将其分为能够加速反应的正催化剂和使反应速率减慢的负催化剂。正催化剂在工业生产上较为常见，如合成氨工业上的铁催化剂、工业制硫酸用的 V_2O_5 催化剂等。负催化剂在实践中也有其特殊用途，如在汽油中加入四乙基铅防止汽油燃烧时的爆震现象，以及在橡胶或塑料制品中加入防老化剂以减缓老化速率、增加产品的使用寿命等。

根据催化剂与反应物是否处于同一相中，可将其分为均相催化剂和非均相（多相）催化剂。均相催化反应的优势在于：催化剂与反应物能够充分接触，活性与选择性较高，热量传递快，工艺流程简单。但均相催化反应的缺点也较为明显：催化剂的回收困难，通常只能进行间歇式操作。非均相催化反应在生产实践中较为常见，通常是反应物为气体或者液体，而催化剂为固体。在工业生产上，可将催化剂固定在反应器中，让反应物连续通过催化剂表面进行反应，得到的生成物可以不断地从反应器中送出，便于收集。该方式弥补了均相催化的缺陷，能够实现连续操作，生产效率较高。

2. 催化剂的特点

1）活性

催化剂对反应速率的改变能力就是它的催化活性。对于正催化剂而言，存在催化活性的原因主要是它可以使参加反应的分子活化，生成了某种中间产物，从而降低了反应的活化能。反应活化能的降低将导致反应速率迅速增加。

假设有反应 $A + B \longrightarrow AB$，在未加入催化剂之前，其活化能值很大，因此反应速率很慢。在加入催化剂 C 之后，反应分为两步进行

$$A + C \longrightarrow [AC]$$

$$[AC] + B \longrightarrow AB + C$$

其中［AC］为反应物与催化剂生成的活化中间产物，催化剂 C 在反应完成后被再生出来。

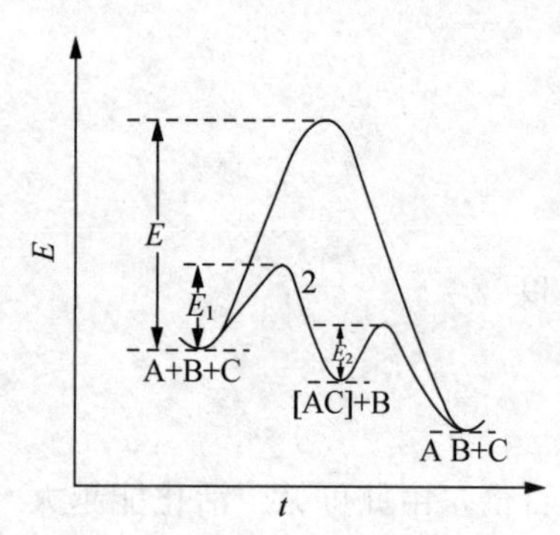

图 5-3　催化剂对反应活化能的影响

如图（5-3）所示，两步反应的活化能均小于原反应的活化能，反应中能垒的降低，减小了反应的难度，从而使反应变得容易进行。

例如过氧化氢的催化反应，在没有加入催化剂之前，反应活化能为 76 kJ · mol^{-1}，在加入少量催化剂 I^- 离子后，活化能降至 57 kJ · mol^{-1}。将二者带入阿伦尼乌斯经验方程式中可以发现，活化能降低 20 kJ · mol^{-1}，将导致反应速率相差 2 000 倍。

2）选择性

催化剂的选择性是指，在能发生多种反应的反应系统中，同一催化剂促进不同反应进行程度的比较，即反应系统中目的反应与副反应间反应速度竞争的表现。如乙醇在高温时可脱氢转变成乙醛，亦可脱水转变成乙烯，银催化剂能促进前一反应，氧化铝催化剂则促进后一反应。

在工业上利用催化剂的选择性可以使原料向指定的方向转化，减少副反应。显然，催化剂的选择性越好，得到的目标产物越多，副产物越少，生产效益越大。

3）稳定性

催化剂抵抗中毒和衰老的能力被称为催化剂的稳定性。催化剂的催化活性因某些物质的作用而剧烈降低的现象叫做催化剂的中毒。例如合成氨工业中 O_2、H_2O、CO、CO_2 等气体都会引起铁触媒的中毒，严重影响反应产量，因此在原料气进入反应塔之前，必须进过严格的净化过程。除了中毒现象以外，催化剂的活性还会在长期使用过程中，由于催化剂的结构、表面性质、结晶状态等的改变而逐渐降低，这种现象被称为催化剂的衰老。所以，工业上使用的催化剂一般都有使用期限，超过这个期限后就必须更换，从而维持催化剂的活性和效率。

在工业生产上选择催化剂时，活性、选择性和稳定性是衡量催化剂性能优劣的三个主要指标。良好的催化剂，必须同时具有优良的催化活性、选择性和稳定性才具有生产应用价值。

5.5　可逆反应和化学平衡

在众多的化学反应中，大多数反应既能按照反应方程式向右进行（正反应），也能向左进行（逆反应），这种同时能向正、逆两个方向进行的反应，被称为可逆反应（reversible reaction）。例如，反应 $CO(g) + H_2O(g) \rightleftharpoons CO_2(g) + H_2(g)$ 就是一个可逆反应。

可逆性是化学反应的普遍特征，几乎所有的反应都具有可逆性，只不过反应不同，其可逆性大小也就不相同。有些反应的可逆性较小，从反应整体上看，基本上是朝着一个方向进行的。例如反应

$$AgNO_3 + NaCl \longrightarrow AgCl\downarrow + NaNO_3$$

这类反应看上去只能向一个方向进行到底，因此被称为不可逆反应。

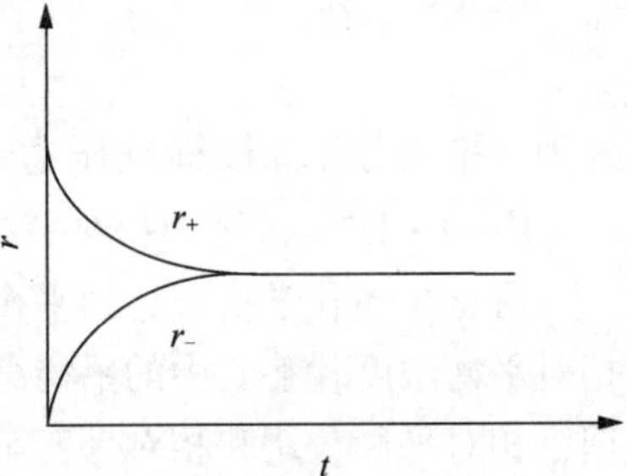

图 5-4　可逆反应正逆反应速率随时间变化图

可逆反应具有反应不能进行到底的特点，即反应物不能完全转化成为生成物，无论反应进行多久，在封闭体系中进行的反应，总是反应物与生成物同时存在。因此，在这类反应方程式中使用“$\rightleftharpoons$”来表示反应的可逆特点。

一定条件下的可逆反应，随着反应的进行，反应物不断被消耗，正反应的速率 r_+ 逐渐减小；产物不断生成，逆反应速率 r_- 逐渐增大。一段时间后，参与反应的各种物质的浓度或者分压不再改变，此时正、逆反应速率相等，即 $r_+ = r_-$，化学反应就达到了平衡态。化学平衡的实质是动态平衡，也是化学反应进行的最大限度。

5.6　化学平衡和平衡常数

5.6.1　实验平衡常数

通过大量的实验证明，在一定温度下，若有可逆反应

$$aA(g) + bB(g) \rightleftharpoons dD(g) + eE(g)$$

则在反应达到平衡态时，反应物和生成物的平衡浓度之间有如下关系

$$\frac{p_{eq}^d(D)p_{eq}^e(E)}{p_{eq}^a(A)p_{eq}^b(B)} = K_p \tag{5-15}$$

或

$$\frac{c_{eq}^d(D)c_{eq}^e(E)}{c_{eq}^a(A)c_{eq}^b(B)} = K_c \tag{5-16}$$

式中，K_p 和 K_c 分别是压力平衡常数和浓度平衡常数，它们的数值是通过实验测定得到的，所以也被称为实验平衡常数。角标“eq”表示平衡。式（5-15）和式（5-16）表明：一定条件下，当反应达到平衡态时，生成物与反应物的平衡分压或者浓度以该物质的计量系数为指数（生成物取正值，反应物取负值）的乘积之比为一个常数。

一般情况下，反应方程式中各物质计量系数的代数和不为零（$d + e - a - b \neq 0$），可见该类平衡常数一般是有量纲的，且随着反应方程式的书写方法不同，量纲也不尽相同，这将为后续的计算带来不便，因此，人们提出了标准平衡常数 $K^\ominus$ 的概念。

5.6.2 标准平衡常数

标准平衡常数的定义为：在一定温度下，若有可逆反应

$$aA(g)+bB(g)\rightleftharpoons dD(g)+eE(g)$$

则在反应达到平衡态时，其标准平衡常数为

$$\frac{[p_{eq}(D)/p^{\ominus}]^{d}[p_{eq}(E)/p^{\ominus}]^{e}}{[p_{eq}(A)/p^{\ominus}]^{a}[p_{eq}(B)/p^{\ominus}]^{b}}=K^{\ominus} \tag{5-17}$$

或

$$\frac{[c_{eq}(D)/c^{\ominus}]^{d}[c_{eq}(E)/c^{\ominus}]^{e}}{[c_{eq}(A)/c^{\ominus}]^{a}[c_{eq}(B)/c^{\ominus}]^{b}}=K^{\ominus} \tag{5-18}$$

式中，平衡分压除以标准压力 $p^{\ominus}$ 被称为相对平衡分压；同样，平衡浓度除以标准浓度 $c^{\ominus}$ $(1\ \mathrm{mol\cdot L^{-1}})$被称为相对平衡浓度。

可见，当化学反应达到平衡态时，在实验平衡常数的定义式中，用相对平衡分压或者相对平衡浓度代替其中的平衡分压或者平衡浓度，就得到了标准平衡常数。通过这样的处理，相对平衡分压和相对平衡浓度的量纲为 1，因此，标准平衡常数的量纲也为 1。

5.6.3 书写平衡常数时的注意事项

（1）标准平衡常数 $K^{\ominus}$ 的表达式可以根据化学反应方程式直接写出。若反应中涉及固体、纯液体或者溶剂（例如水），其浓度或分压可以视为常数，不出现在标准平衡常数的表达式中。例如

$$CaCO_3(s)\rightleftharpoons CaO(s)+CO_2(g)$$

标准平衡常数为

$$K^{\ominus}=p_{eq}(CO_2)/p^{\ominus}$$

若为溶液中的反应，例如

$$H_2CO_3+NH_4OH\rightleftharpoons NH_4HCO_3+H_2O$$

的标准平衡常数为

$$K^{\ominus}=\frac{c_{eq}(NH_4HCO_3)/c^{\ominus}}{[c_{eq}(H_2CO_3)/c^{\ominus}][c_{eq}(NH_4OH)/c^{\ominus}]}$$

（2）标准平衡常数 $K^{\ominus}$ 的数值与化学反应方程式的书写方法有关。同一化学反应方程式若书写方法不同时，其标准平衡常数将有所差异。

例如对方程式

$$CO+\frac{1}{2}O_2\rightleftharpoons CO_2 \tag{①}$$

有

$$K_1^{\ominus}=\frac{[p_{eq}(CO_2)/p^{\ominus}]}{[p_{eq}(CO)/p^{\ominus}][p_{eq}(O_2)/p^{\ominus}]^{\frac{1}{2}}}$$

若方程书写为

$$2CO+O_2\rightleftharpoons 2CO_2 \tag{②}$$

则

$$K_2^{\ominus}=\frac{[p_{eq}(CO_2)/p^{\ominus}]^2}{[p_{eq}(CO)/p^{\ominus}]^2[p_{eq}(O_2)/p^{\ominus}]}$$

显然，二者之间存在这样的关系：

$$(K_1^{\ominus})^2=K_2^{\ominus}$$

（3）在一个体系中同时存在多个化学平衡，并且相互之间有这样的关系：总反应由分步反应相加、减得到，则总反应的平衡常数可由分步反应平衡常数相乘、除得到。例如

$$S(s)+O_2(g)\longrightarrow SO_2(g) \tag{①}$$

其标准平衡常数为
$$K_1^\ominus=\frac{[p_{eq}(SO_2)/p^\ominus]}{[p_{eq}(O_2)/p^\ominus]}$$

$$SO_2(g)+\frac{1}{2}O_2(g)\longrightarrow SO_3(g) \quad ②$$

其标准平衡常数为
$$K_2^\ominus=\frac{[p_{eq}(SO_3)/p^\ominus]}{[p_{eq}(SO_2)/p^\ominus][p_{eq}(O_2)/p^\ominus]^{\frac{1}{2}}}$$

$$S(s)+\frac{3}{2}O_2(g)\longrightarrow SO_3(g) \quad ③$$

其标准平衡常数为
$$K_3^\ominus=\frac{[p_{eq}(SO_3)/p^\ominus]}{[p_{eq}(O_2)/p^\ominus]^{\frac{3}{2}}}$$

可见，反应① = 反应② + 反应③，并且，$K_3^\ominus=K_1^\ominus\times K_2^\ominus$。

5.7　化学平衡的判断

若有可逆反应 $aA(g)+bB(g)\rightleftharpoons dD(g)+eE(g)$，则在反应进行了一段时间后，可以用浓度商 Q_c 或者压力商 Q_p 与平衡常数相比较，来判断反应是否达到了平衡态。

浓度商 Q_c、压力商 Q_p 的数学表达式与浓度平衡常数 K_c、压力平衡常数 K_p 的数学表达式相类似，二者的不同之处仅在于前者所使用的浓度或者压力为任意时刻的数值，后者所使用的浓度或者压力为平衡时刻的数值。

若 $Q_c=K_c$，说明该时刻反应体系已经达到平衡态。

若 $Q_c<K_c$，说明该时刻生成物的浓度小于平衡时刻的浓度或者反应物的浓度大于平衡时刻的浓度，因此，反应未达到平衡态，平衡将继续向右移动。

若 $Q_c>K_c$，说明该时刻生成物的浓度大于平衡时刻的浓度或者反应物的浓度小于平衡时刻的浓度，因此，反应未达到平衡态，平衡将继续向左移动。

5.8　化学平衡的移动

化学平衡是在一定条件下的动态平衡，是相对的和暂时的，一旦外界条件（如温度、压强、浓度等）发生了某种改变，平衡就会遭到破坏，直到在新的条件下重新建立平衡。这种因为外界条件的改变，使得可逆反应从原有平衡状态转变到新的平衡状态的过程被称为化学平衡的移动。

5.8.1　浓度对化学平衡的影响

增加反应物浓度对化学平衡的影响如图 5-5 所示。在一定温度下，可逆反应

$$aA(g)+bB(g)\rightleftharpoons dD(g)+eE(g)$$

达到了平衡，此时正、逆反应速率相等，并且有 $Q_c=K_c$；然后，在体系中增加反应物 A 或 B，原有平衡被破坏，正反应的速率 r_+ 增大，即 $r_+>r_-$，并且有 $Q_c<K_c$，反应向正方向进行；

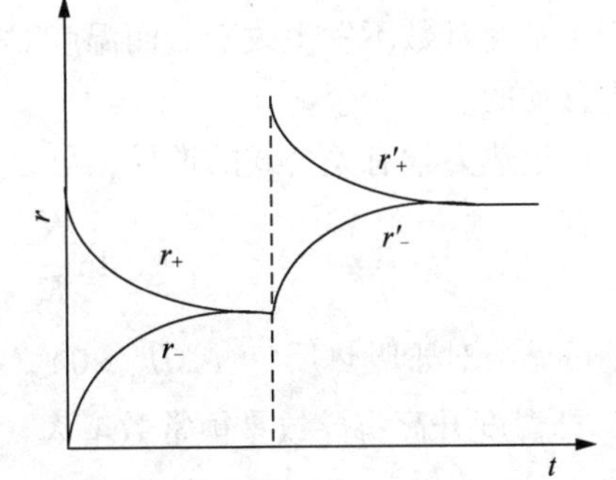

图 5-5　反应物浓度增加对反应平衡的影响

随着反应的进行，反应物不断被消耗，生成物不断地增加，因此正反应的速率 r_+ 逐步下降，逆反应的速率 r_- 逐步增大，直至二者再次相等（$r_+' = r_-'$），体系建立了新平衡。显然，在新的平衡建立后，各组分的浓度发生了改变，但是其比值 K_c 仍然保持不变，因此仍然有 $Q_c = K_c$。

同理，减少生成物也将导致 $Q_c < K_c$，反应正向进行；减少反应物或者增加生成物将导致 $Q_c > K_c$，反应逆向进行，直至建立新的平衡。

5.8.2 压力对化学平衡的影响

压力的改变对于没有气体参与的化学反应影响较小。但是对于有气体参与的反应，尤其是反应前后气体的物质的量有变化的反应影响较大。对于可逆反应

$$aA(g) + bB(g) \rightleftharpoons dD(g) + eE(g)$$

若在反应达到平衡后，将体系的总压力增至原来的 2 倍，此时各组分的分压也将增值为原有分压的 2 倍，反应的压力商

$$Q_p = \frac{[2p(D)]^d[2p(E)]^e}{[2p(A)]^a[2p(B)]^b} = \frac{[p(D)]^d[p(E)]^e}{[p(A)]^a[p(B)]^b}2^{(d+e)-(a+b)} = K_p 2^{\Delta\nu}$$

$\Delta\nu$ 为参与反应各种物质的计量系数（反应物取负值，生成物取正值）的代数和，即

$$\Delta\nu = (d+e) - (a+b)$$

（1）当 $\Delta\nu > 0$，即生成物的分子数大于反应物的分子数时，$Q_p > K_p$，平衡向左移动。例如 $N_2O_4(g) \rightleftharpoons 2NO_2(g)$，压力增大导致平衡左移，生成物减少，反应物增多，体系的红棕色逐渐变浅。

（2）当 $\Delta\nu = 0$，即生成物的分子数等于反应物的分子数时，$Q_p = K_p$，平衡不发生移动。例如 $Cl_2(g) + H_2(g) \rightleftharpoons 2HCl(g)$，压力对平衡无影响。

（3）当 $\Delta\nu < 0$，即生成物的分子数小于反应物的分子数时，$Q_p < K_p$，平衡向右移动。例如合成氨反应 $N_2(g) + 3H_2(g) \rightleftharpoons 2NH_3(g)$，压力增大将有利于产物 NH_3 的生成。

5.8.3 温度对化学平衡的影响

温度对化学平衡的影响与浓度、压力对化学平衡的影响有着本质的区别。在一定温度下，浓度或者压力的改变导致反应体系组成发生改变，进而导致平衡发生移动，但是整个过程中平衡常数不发生改变。而温度对化学平衡的影响却是通过改变平衡常数来导致平衡发生移动的。

通过热力学有关公式的推导，可以得到不同温度时，平衡常数与温度的关系

$$\ln \frac{K_{p_2}}{K_{p_1}} = -\frac{\Delta H_m^\ominus}{R}\left(\frac{1}{T_2} - \frac{1}{T_1}\right) \tag{5-19}$$

可见，对于吸热反应（$\Delta H_m^\ominus > 0$），当温度升高（$T_2 > T_1$）时，由式（5-19）可得$K_{p_2} > K_{p_1}$，即温度升高将导致平衡常数增大，平衡向正反应（吸热）方向移动；反之，对于放热反应（$\Delta H_m^\ominus < 0$），温度升高将导致平衡向逆反应（放热）方向移动。

例如，通过实验测定反应 $CaCO_3(s) \rightleftharpoons CaO(s) + CO_2(g)$ 在不同温度时的转化率如下

（已知反应 $\Delta_r H_m^\ominus = 178.2\ \text{kJ} \cdot \text{mol}^{-1}$）。

T/℃	500	600	700	800	900
$K_p^\ominus$	9.7×10^{-5}	2.4×10^{-3}	2.9×10^{-2}	2.2×10^{-1}	1.05

该反应为吸热反应，故温度升高导致平衡常数增大，平衡右移。

5.8.4　平衡移动原理

化学平衡的移动总体上符合平衡移动原理，该原理由勒夏特列（Le Chatelier）发现，因此也被称为勒夏特列原理，它可用于预测化学平衡的移动方向：假如改变影响平衡体系的一个因素（如温度、压力、浓度等），平衡就向能够减弱这个改变的方向移动，以抗衡该改变。

该原理在化工生产中得到了广泛的应用：为了充分利用某一反应物，常常让另一反应物（通常廉价易得）大大过量，从而提高前者的利用率（如合成氨反应中通常让 N_2 源——空气大大过量，从而增加 H_2 的利用率）；从体系中不断将生成物移除，促使平衡右移，提高反应物的转化率（如生产硫酸的过程中有 $SO_2(g) + \frac{1}{2}O_2(g) \rightleftharpoons SO_3(g)$，在体系中不断喷淋水雾从而吸收生成物 $SO_3(g)$，将其从反应体系中移除，促进平衡右移，提高反应物转化率）。

小　　结

1. 学习以下基本概念。

可逆反应——同时能向正、逆两个方向进行的反应；化学平衡——当反应正、逆反应速率相等，反应就达到了化学平衡态。

2. 反应速率理论包含碰撞理论和过渡态理论两种。这两种理论均建立在一定的理论模型基础之上，可以起到加深对反应过程和活化能本质认识的作用。

3. 一级反应的动力学公式

$$-\frac{dc}{dt} = k_1 c \qquad \text{（微分式）}$$

$$k_1 = \frac{1}{t}\ln\frac{c_0}{c} \qquad \text{（积分式）}$$

一级反应半衰期与反应速率常数之间的关系式为

$$t_{1/2} = \frac{\ln 2}{k_1}$$

4. 阿伦尼乌斯经验方程式

$$\frac{d\ln k}{dT} = \frac{E_a}{RT^2} \qquad \text{（微分式）}$$

$$\ln\frac{k_2}{k_1} = \frac{E_a}{R}\left(\frac{1}{T_1} - \frac{1}{T_2}\right) \qquad \text{（积分式）}$$

5. 学习实验平衡常数、标准平衡常数的意义、书写方式。

若有反应 $$aA(g)+bB(g)\rightleftharpoons dD(g)+eE(g)$$

其实验平衡常数为 $$K_p=\frac{p_{eq}^d(D)p_{eq}^e(E)}{p_{eq}^a(A)p_{eq}^b(B)}$$

或 $$K_c=\frac{c_{eq}^d(D)c_{eq}^e(E)}{c_{eq}^a(A)c_{eq}^b(B)}$$

其标准平衡常数为 $$K^{\ominus}=\frac{[p_{eq}(D)/p^{\ominus}]^d[p_{eq}(E)/p^{\ominus}]^e}{[p_{eq}(A)/p^{\ominus}]^a[p_{eq}(B)/p^{\ominus}]^b}$$

或 $$K^{\ominus}=\frac{[c_{eq}(D)/c^{\ominus}]^d[c_{eq}(E)/c^{\ominus}]^e}{[c_{eq}(A)/c^{\ominus}]^a[c_{eq}(B)/c^{\ominus}]^b}$$

6. 学会利用标准平衡常数与浓度商、压力熵作比较，判断化学平衡移动方向。

$Q_c=K_c$，反应体系已达到平衡态。

$Q_c<K_c$，平衡将继续向右移动。

$Q_c>K_c$，平衡将继续向左移动。

7. 了解浓度、压力、温度对化学平衡的影响。

8. 掌握化学平衡移动原理——勒夏特列原理：假如改变影响平衡体系的一个因素（如温度、压力、浓度等），平衡就向能够减弱这个改变的方向移动，以抗衡该改变。该原理可用于预测化学平衡的移动方向。

习　题

1. 填空题

（1）若有反应 $aA\longrightarrow eE$，则其速率表达式之间的关系为（　　）。

A. $\frac{1}{a}\left(\frac{dc_A}{dt}\right)=\frac{1}{e}\left(\frac{dc_E}{dt}\right)$　　B. $-\left(\frac{dc_A}{dt}\right)=\frac{dc_E}{dt}$

C. $-e\left(\frac{dc_A}{dt}\right)=a\left(\frac{dc_E}{dt}\right)$　　D. $\frac{a}{e}\left(\frac{dc_A}{dt}\right)=\frac{dc_E}{dt}$

（2）现有一复杂反应，其速率常数与分步骤反应速率常数之间存在关系 $k=\frac{k_a k_b^{1/2}}{k_c}$，则其活化能之间的关系应为（　　）。

A. $E=E_a+E_b-E_c$　　B. $E=E_a+2E_b-E_c$

C. $E=E_c-E_a-\frac{1}{2}E_b$　　D. $E=E_a+\frac{1}{2}E_b-E_c$

（3）一级反应 $A\longrightarrow P$，其半衰期为0.5 h，反应从A开始，1.5 h后A物质的剩余百分率为（　　）。

A. 50%　　B. 25%　　C. 12.5%　　D. 6.25%

（4）关于平衡常数，下列说法不正确的是（　　）。

A. 平衡常数不随反应物或生成物浓度的改变而改变

B. 平衡常数随温度的改变而改变

C. 平衡常数不随压强的改变而改变

D. 使用催化剂能使平衡常数增大

(5) 对于可逆反应 $CO(g) + H_2O(g) \rightleftharpoons CO_2(g) + H_2(g)$，下列说法正确的是(　　)。

A. 达到平衡后，各反应物和生成物的浓度相等

B. 达到平衡后，各反应物和生成物的浓度为常数

C. 达到平衡后，各反应物和生成物的浓度比值为常数

D. 由于反应前后分子数相等，所以改变压力对平衡没有影响

(6) 反应① $Fe(s) + CO_2(g) \rightleftharpoons FeO(s) + CO(g)$ 的平衡常数为 K_1；反应② $Fe(s) + H_2O(g) \rightleftharpoons FeO(s) + H_2(g)$ 的平衡常数为 K_2。在不同温度条件下测得 K_1、K_2 的数据如下：

温度/K	K_1	K_2
973	1.47	2.38
1173	2.15	1.67

试判断下列说法中正确的是（　　）。

A. 反应①是放热反应

B. 反应②是放热反应

C. 反应②在 973 K 时增大压强，K_2 增大

D. 在常温下反应①一定能自发进行

(7) 已知下列反应在某温度下的平衡常数：

$$H_2(g) + S(s) \rightleftharpoons H_2S(g) \quad K_1$$

$$S(s) + O_2(g) \rightleftharpoons SO_2(g) \quad K_2$$

则在该温度下反应 $H_2(g) + SO_2(g) \rightleftharpoons O_2(g) + H_2S(g)$ 的平衡常数为（　　）。

A. $K_1 + K_2$　　B. $K_1 - K_2$　　C. $K_1 \times K_2$　　D. K_1/K_2

(8) 在注射器针筒中装入 N_2O_4 和 NO_2 的混合气体，当活塞快速推进时，观察到的现象是（　　）。

A. 棕色消失成无色　　B. 棕色变浅

C. 棕色加深　　D. 棕色先加深后变浅

(9) 工业生产上利用反应 $2SO_2(g) + O_2(g) \rightleftharpoons 2SO_3(g)$ 生产 SO_3，从而制取硫酸，已知该反应 $\Delta_r H_m^\ominus < 0$，若想增大该反应的产量，可以采取的措施是（　　）。

A. 提高反应温度　　B. 加入与反应无关的惰性气体

C. 增大反应体系压强　　D. 改变催化剂

(10) 反应 $2A(g) + B(g) \rightleftharpoons 2D(g)$，其 $\Delta_r H_m^\ominus < 0$，要使 A 物质达到最大转化率，应如何设计反应条件（　　）。

A. 低温低压　　B. 高温高压　　C. 低温高压　　D. 高温低压

2. 简答题

(1) 写出下列反应速率表达式的通式。

① $C(s) + H_2O(g) \longrightarrow CO(g) + H_2(g)$

② $2NH_3(g) \longrightarrow N_2(g) + 3H_2(g)$

③ $\frac{1}{2}H_2(g) + \frac{1}{2}Cl_2(g) = HCl(g)$

④ $2H_2O_2(l) = 2H_2O(l) + O_2(g)$

（2）写出下列反应的实验平衡常数表达式与标准平衡常数表达式。

① $2H_2(g) + O_2(g) \rightleftharpoons 2H_2O(l)$

② $CaO(s) + CO_2(g) \rightleftharpoons CaCO_3(s)$

③ $(NH_4)_2CO_3(s) \rightleftharpoons NH_4HCO_3(s) + NH_3(g)$

④ $2E(g) + F(g) \rightleftharpoons A(g) + 2B(g)$

（3）若工业上利用反应 $A + B \rightleftharpoons D$（$\Delta H > 0$）生产 D 物质，反应物中 A 物质廉价易得，B 物质成本价格较高。试考虑通过哪些方式可以增大 D 物质的产量，并且提高 B 物质的利用率。

（4）选择催化剂时的主要标准是什么，为什么催化剂能够改变反应速率，它是否能够改变反应平衡常数？

3. 计算题

（1）已知 N_2O_5 分解为一级反应，其速率常数为 $k_1 = 4.8 \times 10^{-4}\ s^{-1}$，试求反应半衰期。若反应初始时从 N_2O_5 开始，其压力为 667×10^2 Pa，试计算：

① 10 s 后体系的总压力；

② 10 min 后体系的总压力。

（2）已知 ^{14}C 的半衰期为 5730 年，现有木器文物中 ^{14}C 的含量为当今树木的 64%，试计算该文物的年代。

（3）有人研究不同温度下反应 $A \longrightarrow B + C$ 的反应速率，得到如下数据：

T/K	773.5	786	797.5	810	824	834
k/s^{-1}	1.63	2.95	4.19	8.13	14.9	22.2

据此求该反应的活化能。

（4）已知 700℃时反应 $CO(g) + H_2O(g) \rightleftharpoons CO_2(g) + H_2(g)$ 的标准平衡常数 $K^\ominus = 0.71$，试问：

① 各物质的分压均为 $1.5p^\ominus$ 时，此反应能否自发进行？

② 若改变各物质的分压，使 $p(CO) = 10p^\ominus$，$p(H_2O) = 5p^\ominus$，$p(CO_2) = p(H_2) = 1.5p^\ominus$，该反应能否自发进行？

（5）1273 K 时，反应 $FeO(s) + CO(g) \rightleftharpoons Fe(s) + CO_2(g)$ 的平衡常数 $K_c = 0.5$，若反应开始时 $c(CO) = 0.05\ mol \cdot L^{-1}$，$c(CO_2) = 0.01\ mol \cdot L^{-1}$，求反应达到平衡时它们的浓度。

（6）反应 $N_2(g) + 3H_2(g) \rightleftharpoons 2NH_3(g)$ 在 803 K 达到平衡时，体系中各物质的浓度为 $c(N_2) = 0.50\ mol \cdot L^{-1}$，$c(H_2) = 0.75\ mol \cdot L^{-1}$，$c(NH_3) = 0.25\ mol \cdot L^{-1}$。

① 试求该温度下，反应的平衡常数 K_c 和 K_p；

② 若反应从 N_2 和 H_2 开始，试求反应初始时这两种物质的浓度。

③ 若在反应达到平衡后，在体系中添加 N_2，使其浓度变为 $0.8\ mol \cdot L^{-1}$，试求重新达到平衡后各物质的浓度。

第六章　酸碱理论与电离平衡

学习指导

1. 了解酸碱理论的发展概况，掌握酸碱电离理论与酸碱质子理论。
2. 了解电解质的电离、活度等有关知识。
3. 理解弱电解质的电离平衡，并能进行有关计算。
4. 了解缓冲溶液的组成及缓冲原理，掌握缓冲溶液 pH 的计算。
5. 理解盐类水解反应的本质及有关计算。

6.1　酸碱理论

酸碱的概念是在人类实践中逐步形成的。古代人们就已制得醋，并且从其味道中逐步形成了酸的概念。人类很早就接触了天然存在的碳酸钠等物质，并从其与酸的作用中了解了其性质，逐步形成了碱的概念。18 世纪中叶，威廉姆（William）从性质上定义了酸和碱。18 世纪下半叶，拉瓦锡（A. L. Lavoisier）又从化学组成上提出了酸碱定义，指出酸是非金属元素和氧组成的二元化合物，碱是金属元素和氧组成的二元化合物。19 世纪后半期，随着电离理论的建立，酸被认为是在水溶液中能离解出 H^+ 的物质，碱被理解为能离解出 OH^- 离子的物质。

20 世纪，基于质子理论，酸和碱的含义又发生了变化：酸是能放出质子的物质，碱是能够接受质子的物质。与此同时，还提出了酸碱的电子理论：酸被理解为任何分子或离子在反应过程中能接受电子对的物质，碱则被认为是含有可以在反应过程中配给电子对的分子或离子。

6.1.1　酸碱电离理论

1. 酸碱的定义

酸碱电离理论是 1887 年瑞典化学家阿伦尼乌斯（S. A. Arrhenius）提出的。该理论认为酸、碱是一种电解质，它们在水溶液中会离解，能离解出氢离子的物质是酸；能离解出氢氧根离子的物质是碱。也就是说，凡在水溶液中电离出的阳离子全部都是 H^+ 的物质叫酸；电离出的阴离子全部都是 OH^- 的物质叫碱。例如，H_2SO_4、HCl、HNO_3、H_2CO_3、H_3PO_4、CH_3COOH 等是酸；$Ca(OH)_2$、KOH、$Cu(OH)_2$、$Ba(OH)_2$ 等是碱。

阿伦尼乌斯还指出，多元酸和多元碱在水溶液中分步离解，能电离出多个 H^+ 的酸是多元酸，能电离出多个 OH^- 的碱是多元碱，它们在电离时都是分几步进行的。能在水溶液中电离出除了 H^+ 外还有其他离子的物质，如 $NaHCO_3$、NaH_2PO_4、$NaHSO_4$ 等，它们不是酸而是酸式盐。

2. 酸碱反应的实质

由于在水溶液中酸能电离出 H^+，碱能电离出 OH^-，因此，阿伦尼乌斯认为，酸碱反应的实质就是酸电离出的 H^+ 与碱电离出的 OH^- 相互作用生成水，这就是中和反应。即 $H^+ + OH^- = H_2O$。

3. 酸碱电离理论的进步性与局限性

1）酸碱电离理论的进步性

（1）酸碱电离理论更深刻地揭示了酸碱反应的实质；

（2）由于水溶液中 H^+ 和 OH^- 的浓度是可以测量的，所以这一理论第一次从定量的角度来描写酸碱的性质和它们在化学反应中的行为，酸碱电离理论适用于 pH 计算、电离度计算、缓冲溶液计算、溶解度计算等，而且计算的精确度相对较高，所以至今仍然是一个非常实用的理论；

（3）阿伦尼乌斯还指出，多元酸和多元碱在水溶液中分步离解，能电离出多个氢离子的酸是多元酸，能电离出多个氢氧根离子的碱是多元碱，它们在电离时都是分几步进行的。

2）阿伦尼乌斯酸碱理论遇到的难题

（1）在没有水存在时，也能发生酸碱反应，例如氯化氢气体和氨气发生反应生成氯化铵，但这些物质都未电离；

（2）将氯化铵溶于液氨中，溶液即具有酸的特性，能与金属发生反应产生氢气，能使指示剂变色，但氯化铵在液氨这种非水溶剂中并未电离出氢离子；

（3）碳酸钠在水溶液中并不电离出氢氧根离子，但它却是一种碱。

解决这些难题的是丹麦布朗斯特（J. N. Bronsted）和英国劳莱（T. M. Lowry），他们于 1923 年提出酸碱质子理论。

6.1.2 酸碱质子理论

1. 质子理论对于酸碱的定义

1923 年，丹麦化学家布朗斯特（Bronsted）和英国化学家劳莱（Lowry）进一步发展了酸碱理论，提出了酸碱质子理论（也叫质子理论）来理解酸碱的本质。质子理论认为：凡能给出质子（H^+）的物质都是酸；凡能接受质子的物质都是碱。换句话说，酸是质子的给予体，碱是质子的接受体。在质子理论中，酸和碱不局限于分子，还可以是阴、阳离子。若某物质既能给出质子又能接受质子，就既是酸又是碱，可称为酸碱两性物质，如 HSO_4^-、NH_3、HCO_3^- 等。因此，在质子理论中没有盐的概念。

根据酸碱质子理论，酸和碱不是孤立的。

例如：

$$HAc \rightleftharpoons H^+ + Ac^-$$

$$H_3PO_4 \rightleftharpoons H^+ + H_2PO_4^-$$

$$NH_4^+ \rightleftharpoons H^+ + NH_3$$

$$[Fe(H_2O)_6]^{3+} \rightleftharpoons H^+ + [Fe(OH)(H_2O)_5]^{2+}$$

酸碱质子理论强调酸和碱之间的相互依赖关系、酸与碱是不可分割的。这种酸与碱的相互转化关系称为酸碱共轭关系：酸给出质子生成相应的碱，而碱结合质子后又生成相应的酸。相应的一对酸碱被称为共轭酸碱对。例如，HAc 的共轭碱是 Ac^-，Ac^- 的共轭酸是 HAc，HAc 和 Ac^- 是一对共轭酸碱对。通式表示如下：

$$酸 \rightleftharpoons 质子 + 共轭碱$$

式中：右边的碱是左边的酸的共轭碱，左边的酸又是右边的碱的共轭酸。酸越强，它对应的共轭碱的碱性就越弱；反之，酸越弱，它对应的共轭碱就越强。

2. 酸碱反应的实质

在以下反应中：

$$HCl + H_2O \rightleftharpoons H_3O^+ + Cl^-$$

HCl 和 H_3O^+ 都能够释放出质子，它们都是酸；H_2O 和 Cl^- 都能够接受质子，它们都是碱。上述反应称为质子传递反应，可用一个普遍反应式表示：

$$酸_{(1)} + 碱_{(2)} \rightleftharpoons 酸_{(2)} + 碱_{(1)}$$

根据这个观点，水溶液中的电离反应、中和反应、水解反应等都是质子传递的酸碱反应。例如，水是两性物质，它的自身解离反应也是质子传递反应：

$$\underset{酸(1)}{H_2O(l)} + \underset{碱(2)}{H_2O(l)} \xrightarrow{H^+} \!\!\rightleftharpoons \underset{酸(2)}{H_3O^+(aq)} + \underset{碱(1)}{OH^-(aq)}$$

盐类水解反应也是离子酸碱的质子传递反应。例如，NaAc 的分解：

$$\underset{碱(1)}{Ac^-(l)} + \underset{酸(2)}{H_2O(l)} \rightleftharpoons \underset{酸(1)}{HAc(aq)} + \underset{碱(2)}{OH^-(aq)} \quad (H^+)$$

又如，NH_4^+ 的分解：

$$\underset{酸(1)}{NH_4^+(l)} + \underset{碱(2)}{H_2O(l)} \rightleftharpoons \underset{酸(2)}{H_3O^+(aq)} + \underset{碱(1)}{NH_3(aq)} \quad (H^+)$$

酸碱中和反应（包括非水溶剂中的反应）也是质子传递反应。

$$\underset{酸(1)}{HCL(l)} + \underset{碱(2)}{NH_3(l)} \rightleftharpoons \underset{酸(2)}{NH_4^+(aq)} + \underset{碱(1)}{Cl^-(aq)} \quad (H^+)$$

酸碱质子理论既扩大了电离理论中的酸碱的范围，又可在非水溶剂或气态下适用；但因其限制于质子的放出和接受，故对于不含氢的一类化合物是不能解释的。

6.1.3　水的电离和溶液的酸碱性

1. 水的电离

水是一种极弱的电解质。纯水具有微弱的导电能力，这说明纯水能够发生微弱的电离。

$$H_2O + H_2O \rightleftharpoons H_3O^+ + OH^-$$

上式可简写为

$$H_2O \rightleftharpoons H^+ + OH^-$$

在一定温度下，当水的电离达到平衡时，其平衡常数表达式为：

$$K_c = \frac{[H^+]\cdot[OH^-]}{[H_2O]} \tag{6-1}$$

室温时，1 L纯水（即55.56 mol·L^{-1}）中测得只有1×10^{-7} mol的H_2O发生电离，电离前后H_2O的物质的量几乎不变，故$c(H_2O)$可视为常数。式（6-1）又可表示为：

$$[H^+][OH^-] = K_c[H_2O]$$

K_c与常数$c(H_2O)$（即$[H_2O]$）的积叫做水的离子积常数，通常用K_w表示。

无论是稀酸、稀碱还是盐溶液中，室温时：

$$K_w = [H^+][OH^-] = 1\times10^{-14} \tag{6-2}$$

水的电离是个吸热过程，故温度升高，水的K_w增大。同样，K_w只与温度有关，参见表6-1。

表6-1 不同温度下水的离子积常数

***T*/K**	273	283	293	298	313	333
$\boldsymbol{K_w}$	1.3×10^{-15}	2.917×10^{-15}	6.808×10^{-15}	1.008×10^{-14}	2.917×10^{-14}	9.14×10^{-14}

在纯水中，$H_2O \rightleftharpoons H^+ + OH^-$，且$[H^+]=[OH^-]$。如果在其中加入某种电解质，如酸（或碱）时，会使其中$[H^+]$（或$[OH^-]$）的浓度增大，使水的电离平衡发生移动，达到平衡时，其电离常数仍然不变，$K_w = [H^+][OH^-]$也不变。这就是说，在任何水溶液中，H^+和OH^-都同时存在，且$[H^+][OH^-]=K_w$。不过此时溶液中$[H^+]$和$[OH^-]$已不再相等，溶液也不再是中性，将显酸性或碱性。

中性溶液：$[H^+]=[OH^-]=1\times10^{-7}$ mol·L^{-1}

酸性溶液：$[H^+]>[OH^-]$，$[H^+]>1\times10^{-7}$ mol·L^{-1}

碱性溶液：$[H^+]<[OH^-]$，$[H^+]<1\times10^{-7}$ mol·L^{-1}

2. 溶液的酸碱性

我们常用pH来表示溶液的酸碱性，并定义$[H^+]$（或$[OH^-]$）的负对数为pH（或pOH）。

$$pH = -\lg[H^+] \quad 或 \quad pOH = -\lg[OH^-]$$

二者的关系为：

$$pH = 14 - pOH$$

显然，pH越大，$[H^+]$越小，溶液的酸性越弱；反之，pH越小，$[H^+]$越大，溶液的酸性越强。pH增大1个单位，$[H^+]$减小10倍；pH减小1个单位，$[H^+]$增大10倍；pH改变n个单位，$[H^+]$就改变10^n倍。

【例6-1】 计算$[H^+]$为5.38×10^{-7} mol·L^{-1} HCl溶液的pH。

解：

$$\begin{aligned} pH &= -\lg[H^+] \\ &= -\lg(5.38\times10^{-7}) \\ &= -\lg5.38 - \lg10^{-7} \\ &= -0.73 + 7 \\ &= 6.27 \end{aligned}$$

答：溶液的pH为6.27。

【例6-2】 某溶液的pH=4.60，求该溶液的$[H^+]$和$[OH^-]$。

解：根据 $pH = -lg[H^+]$，有

$$[H^+] = 10^{-pH} = 10^{-4.60} = 10^{0.40} \times 10^{-5} = 2.51 \times 10^{-5}\ mol \cdot L^{-1}$$

$$[OH^-] = K_w/[H^+] = \frac{1.0 \times 10^{-14}}{2.51 \times 10^{-5}} = 3.98 \times 10^{-10}\ mol \cdot L^{-1}$$

答：溶液的 $[H^+]$ 为 $2.51 \times 10^{-5}\ mol \cdot L^{-1}$，$[OH^-]$ 为 $3.98 \times 10^{-10}\ mol \cdot L^{-1}$。

6.2　弱酸、弱碱水溶液中 H^+ 浓度的计算

6.2.1　一元弱酸和一元弱碱水溶液 pH 的计算

1. 电离常数

一元弱酸和一元弱碱是常见的弱电解质，在水溶液中仅有很少的一部分电离成为离子，且它们的电离是可逆的，存在分子和离子之间的电离平衡。例如一元弱酸 HAc 在水溶液中有平衡：

$$HAc \rightleftharpoons H^+ + Ac^-$$

在一定温度下达到电离平衡时，其平衡常数表达式为：

$$K_a = \frac{[H^+] \cdot [Ac^-]}{[HAc]} \tag{6-3}$$

K_a 称为弱酸的电离平衡常数，简称电离常数。

一元弱碱的电离过程与一元弱酸相似。例如 $NH_3 \cdot H_2O$ 在水溶液中的电离过程为：

$$NH_3 \cdot H_2O \rightleftharpoons NH_4^+ + OH^-$$

在一定温度下达到平衡时，有：

$$K_b = \frac{[NH_4^+] \cdot [OH^-]}{[NH_3 \cdot H_2O]} \tag{6-4}$$

K_b 是弱碱的电离常数。

K_i 可以用来统一表示一元弱酸和一元弱碱的电离常数。它表明在一定温度下，不同的弱电解质有不同的电离常数。$K_i \leq 10^{-4}$的电解质称弱电解质，$K_i = 10^{-3} \sim 10^{-2}$的电解质称中强电解质。$K_i$ 与温度有关，但多数弱电解质温度对 K_i影响小，故一般不考虑。

含有两个或两个以上可电离的 H^+ 的弱酸称为多元弱酸，如 H_2S、H_2CO_3、H_2SO_3、H_3PO_4 等。多元弱酸在电离的时候，氢原子是分步电离的，即先电离一个氢，再电离其他的氢，每一步电离均有电离常数，各步的电离程度也不相同，其中第一级电离程度最大，且有 $K_{a_1} > K_{a_2} > K_{a_3} > \cdots\cdots > K_{ai}$。以磷酸电离为例：

$$H_3PO_4 \rightleftharpoons H^+ + H_2PO_4^- \qquad K_{a_1} = 7.5 \times 10^{-3}$$

$$H_2PO_4^- \rightleftharpoons H^+ + HPO_4^{2-} \qquad K_{a_2} = 6.2 \times 10^{-8}$$

$$HPO_4^{2-} \rightleftharpoons H^+ + PO_4^{3-} \qquad K_{a_3} = 2.2 \times 10^{-13}$$

表 6-2 给出了常见弱电解质的电离常数。

表 6-2 常见弱电解质的电离常数

（近似浓度 0.01～0.003 mol·L^{-1}，温度 298 K）

名 称	化学式	电离常数，K_i	pK_i
醋酸	HAc	1.76×10^{-5}	4.75
碳酸	H_2CO_3	$K_{a_1}=4.30\times10^{-7}$	6.37
		$K_{a_2}=5.61\times10^{-11}$	10.25
草酸	$H_2C_2O_4$	$K_{a_1}=5.90\times10^{-2}$	1.23
		$K_{a_2}=6.40\times10^{-5}$	4.19
亚硝酸	HNO_2	4.6×10^{-4}（285.5 K）	3.37
磷酸	H_3PO_4	$K_{a_1}=7.52\times10^{-3}$	2.12
		$K_{a_2}=6.23\times10^{-8}$	7.21
		$K_{a_3}=2.20\times10^{-13}$（291 K）	12.67
亚硫酸	H_2SO_3	$K_{a_1}=1.54\times10^{-2}$（291 K）	1.81
		$K_{a_2}=1.02\times10^{-7}$	6.91
硫酸	H_2SO_4	$K_{a_2}=1.20\times10^{-2}$	1.92
硫化氢	H_2S	$K_{a_1}=9.1\times10^{-8}$（291 K）	7.04
		$K_{a_2}=1.1\times10^{-12}$	11.96
氢氰酸	HCN	4.93×10^{-10}	9.31
氢氟酸	HF	3.53×10^{-4}	3.45
次氯酸	HClO	2.95×10^{-5}（291 K）	4.53
次溴酸	HBrO	2.06×10^{-9}	8.69
次碘酸	HIO	2.3×10^{-11}	10.64
氨水	$NH_3\cdot H_2O$	1.76×10^{-5}	4.75
联胺	N_2H_4	9.8×10^{-7}	6.05

电离常数和其他平衡常数一样，不受浓度的变化影响，但随温度略有变化。从表 6-2 可以看出，多元弱酸的各级电离常数逐级减小。也就是说，多元弱酸溶液的氢离子主要来自第一步电离，可用第一步电离常数 K_{a_1} 来比较多元弱酸电离程度的相对大小。

2. 电离度

弱酸、弱碱等弱电解质在水溶液中存在电离平衡。当达到电离平衡时，弱电解质溶液里的离子浓度保持一定，可用此时离子浓度的高低衡量弱电解质的相对强弱。电离度就是定量描述弱电解质强弱的重要概念。当弱电解质在溶液里达到电离平衡时，溶液中已经电离的电解质分子数占原来电解质总分子数的百分数叫电离度。电离度的符号用 α 表示。

$$\alpha=\frac{\text{解离部分弱电解质浓度}}{\text{未解离前弱电解质浓度}}\times100\%$$

常见弱电解质的电离度参见表 6-3。

表6-3 常见弱电解质的电离度（25℃，0.01 mol·L^{-1}）

名 称	化 学 式	电离度 α/(%)
乙酸	CH_3COOH	1.32
碳酸	H_2CO_3	0.17
磷酸	H_3PO_4	27
氢氟酸	HF	8.5
氢氰酸	HCN	0.01
氢硫酸	H_2S	0.07
硼酸	H_3BO_3	0.01
氨水	$NH_3 \cdot H_2O$	1.33

在温度和浓度相同的条件下，α 越小，电解质越弱。弱电解质的电离平衡是一个动态平衡，同样服从平衡移动原理，这点必须明确。电离度的大小主要取决于电解质的本性，同时也与溶液的浓度和温度有关。弱电解质的电离过程是吸热反应，按照平衡移动原理，升高温度，平衡向电离方向移动，电离度增大；降低温度，平衡向生成分子方向移动，电离度减小。当溶液浓度下降时，有利于弱电解质分子变为自由水合离子，电离度增大；当溶液浓度升高时，有利于自由水合离子变为弱电解质分子，电离度减少。

当温度、浓度等外界条件一定时，该弱电解质的电离度为一常数，所以，可以用电离度的大小来表示弱电解质的相对强弱。

3. 影响电离平衡的因素

电离平衡和其他化学平衡相同，是暂时的、相对的和有条件的。当外界条件发生变化时，平衡就会遭到破坏而发生移动。影响电离平衡的主要因素有温度、同离子效应和盐效应。由于电离过程的热效应不显著，温度对电离平衡的影响较小，所以在室温范围内可以忽略温度对电离平衡的影响。下面主要讨论同离子效应和盐效应对电离平衡的影响。

1）同离子效应

两种含有相同离子的盐（或酸、碱）溶于水时，它们的溶解度（或酸度系数）都会降低，这种现象叫做同离子效应。在弱电解质的溶液中，如果加入含有该弱电解质相同离子的强电解质，就会使该弱电解质的电离度降低。同理，在电解质饱和溶液中，加入含有与该电解质相同离子的强电解质，也会降低该电解质的溶解度。例如，HAc 在溶液中存在着下列平衡：

$$HAc \rightleftharpoons H^+ + Ac^-$$

若在体系中加入 NaAc，由于 NaAc 为强电解质，在溶液中完全电离为 Na^+ 离子和 Ac^- 离子，因而溶液中 Ac^- 离子的浓度会显著增大。根据平衡移动原理，HAc 的电离平衡会向左移动，从而导致 HAc 的电离度减小。

同样，在 $NH_3 \cdot H_2O$ 中加入强电解质 NH_4Cl，也会使得 $NH_3 \cdot H_2O$ 的电离平衡向左移动，电离度减小。

【例6-3】 在 0.1 mol·L^{-1} 的 HAc 溶液中加入固体 NaAc，使 NaAc 的浓度达到

0.2 mol · L^{-1}，求该溶液中[H$^+$]和电离度。

解：

$$HAc \rightleftharpoons H^+ + Ac^-$$

起始时：0.1　0　0.2

平衡时：0.1 − x　x　0.2 + x

$$x(0.2+x)/(0.1-x) = 1.8\times10^{-5}$$

因为：

$$0.2+x\approx0.2,\quad 0.1-x\approx0.1,$$

故：

$$x = [H^+] = 9\times10^{-6}\ \text{mol}\cdot\text{L}^{-1},$$

$$\alpha = \frac{[H^+]}{c} = \frac{9\times10^{-6}}{0.1} = 0.009\%$$

答：该溶液的［H$^+$］为9×10^{6} mol · L^{-1}，电离度为0.009%。

由例（6-3）可以看出，同离子效应使电离度大大降低。

2）盐效应

往弱电解质的溶液中加入与弱电解质没有相同离子的强电解质时，由于溶液中离子总浓度增大，离子间相互牵制作用增强，使得弱电解质解离的阴、阳离子结合形成分子的机会减小，从而使弱电解质分子浓度减小，离子浓度相应增大，电离度增大，这种效应称为盐效应。

需要指出，在同离子效应发生的同时，亦存在着盐效应，但两者相比，同离子效应的影响要大得多。

4. 一元弱酸水溶液［H$^+$］的计算

以HA代表一元弱酸为例，设起始浓度为c_0，电离达到平衡时[H$^+$]为x。

$$HA \rightleftharpoons H^+ + A^-$$

起始时：c_0　0　0

平衡时：c_0-x　x　x

HA在水中的电离表达式为：$K_a = \dfrac{[H^+][A^-]}{[HA]} = \dfrac{x^2}{c_0-x}$

即

$$x^2 + K_a\cdot x - K_a\cdot c_0 = 0$$

$$\text{解得：}x = [H^+] = -\frac{K_a}{2} + \frac{K_a}{2}\sqrt{1+\frac{4c_0}{K_a}} \tag{6-5}$$

当电离度$\alpha\leqslant5\%$或$\dfrac{c_0}{K_a}\geqslant380$，即$c_0-x\approx c_0$时。则$\dfrac{x^2}{c_0}=K_a$。

即

$$[H^+]\approx\sqrt{K_a c_0} \tag{6-6}$$

公式（6-5）是计算一元弱酸溶液中［H$^+$］的精确公式，公式（6-6）是计算一元弱酸溶液中［H$^+$］的近似公式。应当注意的是，只有当$\alpha\leqslant5\%$或$\dfrac{c_0}{K_a}\geqslant380$时，才能使用近似公式，否则将带来比较大的误差。

【例6-4】 计算0.1 mol · L^{-1}HAc溶液中［H$^+$］与［Ac$^-$］及电离度α。

解：因为

$$\frac{c}{K_a} = \frac{0.10}{1.76\times10^{-5}} > 500$$

故

$$[H^+] = \sqrt{K_a c} = 1.33\times10^{-3}\ \text{mol}\cdot\text{L}^{-1}$$

$$\alpha=\sqrt{\frac{K_a}{c}}=\sqrt{\frac{1.76\times10^{-5}}{0.10}}=1.33\%$$

答：$[H^+]$和$[Ac^-]$为 $1.33\times10^{-3}\ mol\cdot L^{-1}$，$\alpha$ 为 1.33%。

5. 一元弱碱水溶液 $[OH^-]$ 的计算

对于一元弱碱水溶液，与一元弱酸水溶液类似（公式自行推导），同理可以得到：

$$[OH^-]=-\frac{K_b}{2}+\frac{K_b}{2}\sqrt{1+\frac{4c_0}{K_b}} \tag{6-7}$$

$$[OH^-]=\sqrt{K_b c_0} \tag{6-8}$$

公式（6-7）为精确公式，公式（6-8）为近似公式，使用原则与一元弱酸 $[H^+]$ 计算时的条件相同。

【例 6-5】 计算 $0.1\ mol\cdot L^{-1}\ NH_3\cdot H_2O$ 溶液的解离度 α 和 pH。

解：已知 $K_{b,NH_3}=1.76\times10^{-5}$，$c_碱=0.1\ mol\cdot L^{-1}$，$\frac{c_碱}{K_b}=\frac{0.1}{1.76\times10^{-5}}>400$

因此，可按近似公式计算：

$$[OH^-]=\sqrt{c_碱\cdot K_b}=\sqrt{0.1\times1.76\times10^{-5}}=1.34\times10^{-3}\ mol\cdot L^{-1}$$

$$pOH=-\lg(1.34\times10^{-3})=2.88,\quad pH=11.12$$

$$\alpha=\frac{[OH^-]}{c_碱}\times100\%=\frac{1.32\times10^{-3}}{0.1}\times100\%=1.32\%$$

答：α 为 1.32%，pH 为 11.12。

6.2.2 多元弱酸溶液 pH 的计算

在前面内容中，已经阐述过，多元弱酸的电离是分步的，其中以第一级电离为主。例如，对于某一二元弱酸 H_2A，在水溶液中电离如下：

$$H_2A \rightleftharpoons HA^- + H^+$$

$$HA^- \rightleftharpoons A^{2-} + H^+$$

此外，还存在着水的电离平衡。H^+来源于三个电离平衡，由于在酸性溶液中水的电离度大大减小，故由水电离产生的 H^+ 可忽略不计。又由于 H_2A 的二级电离比一级电离困难得多，因此溶液中 H^+ 主要来源于一级电离，所以，溶液中 $[H^+]$ 可以近似地按一级电离进行计算。

【例 6-6】 求 $0.10\ mol\cdot L^{-1}\ H_2S$ 水溶液中 $[H_3O^+]$、$[HS^-]$、$[S^{2-}]$ 和 H_2S 的电离度。（已知，$H_2S(aq)$ 的 $K_{a_1}=9.1\times10^{-8}$，$K_{a_2}=1.1\times10^{-12}$）

解：因为 $K_{a_1}\gg K_{a_2}$，故 $[H^+]$ 只需按第一步电离计算。

$$H_2S \rightleftharpoons H^+ + HS^-$$

平衡时：　$0.10-x$　　x　　x

$$K_{a_1}=\frac{[H^+][HS^-]}{c_{H_2S}-[H^+]}=9.1\times10^{-8}$$

因为　$\frac{c}{K_{a_1}}\gg400$，所以可用近似公式。

$$[H^+]=[HS^-]=\sqrt{K_{a_1}c_{H_2S}}=9.54\times10^{-5}\ mol\cdot L^{-1}$$

$[S^{2-}]$ 由第二步电离计算：

$$HS^- \rightleftharpoons H^+ + S^{2-}$$

平衡时：　$x-y=x$　$x+y=x$　y

$$K_{a_2} = \frac{[H^+][S^{2-}]}{[HS^-]} = 1.1 \times 10^{-12}$$

$$[S^{2-}] \approx K_{a_2} = 1.1 \times 10^{-12} mol \cdot L^{-1}$$

可见，二元弱酸水溶液中，二元弱酸酸根的浓度约等于 K_{a_2}。

$$pH = -\lg[H^+]$$
$$= -\lg(9.54 \times 10^{-5})$$
$$= 4.02$$

$$\alpha(H_2S) = \frac{9.54 \times 10^{-5}}{0.10} \times 100\% = 0.0954\%$$

$$(或：\alpha(H_2S)\% = 0.0954)$$

答：此溶液中 $[H^+] = [HS^-] = 9.54 \times 10^{-5}$ $mol \cdot L^{-1}$，$[S^{2-}] = 1.1 \times 10^{-12}$ $mol \cdot L^{-1}$，H_2S 的电离度为 0.095 4%。

6.3 缓冲溶液

6.3.1 缓冲溶液的概念和组成

1. 缓冲溶液的概念

纯水的 pH 为 7，如果在 200 mL 纯水中加入 0.05 mL 2 $mol \cdot L^{-1}$ 的 HCl，则 pH 由 7 降到 3；如果在 200 mL 纯水中加入 0.05 mL 2 $mol \cdot L^{-1}$ 的 NaOH 溶液，则 pH 由 7 升高到 11。可见，在纯水中加入少量的强酸或强碱会引起 pH 的显著变化，这说明了纯水不具有抵抗少量强酸或强碱而保持 pH 相对稳定的性能。

但是，如果在含有 HAc 和 NaAc 的混合溶液中加入少量的强酸或强碱，溶液的 pH 几乎不发生变化。这说明 HAc 和 NaAc 的混合溶液具有抵抗少量强酸或强碱而保持 pH 相对稳定的性能。能抵抗少量强酸或强碱而保持本身 pH 基本不变的作用称为缓冲作用，具有缓冲作用的溶液称为缓冲溶液。

2. 缓冲溶液的组成

缓冲溶液的组成有以下几种。

（1）弱酸 + 该弱酸的盐，如 HAc-NaAc 的混合溶液。

（2）弱碱 + 该弱碱的盐，如 $NH_3 \cdot H_2O$-NH_4Cl 的混合溶液。

（3）多元弱酸的酸式盐 + 该多元弱酸的次级酸盐，如 $NaHCO_3$-Na_2CO_3，NaH_2PO_4-Na_2HPO_4，Na_2HPO_4-Na_3PO_4 的混合溶液。

一般缓冲作用是由两部分组成的，一部分是抗酸成分，另一部分是抗碱成分。例如 HAc-NaAc 缓冲溶液，其中 HAc 是抗碱成分，NaAc 是抗酸成分。

6.3.2 缓冲作用原理

缓冲溶液为什么能抵抗少量强酸或强碱而保持本身 pH 基本不变呢？现以 HAc-NaAc

缓冲溶液为例进行讨论。

在 HAc 和 NaAc 混合溶液中，存在着下列电离过程：

$$HAc \rightleftharpoons H^+ + Ac^-$$

$$NaAc \longrightarrow Na^+ + Ac^-$$

NaAc 是强电解质，在溶液中完全电离成离子，溶液中 $[Ac^-]$ 较大。HAc 是弱酸，在溶液中存在着电离平衡。由于同离子效应，使 HAc 的电离度大为降低。这样，溶液中 [HAc] 和 $[Ac^-]$ 都较大，而 $[H^+]$ 却相对较小。如果在此缓冲溶液中，加入少量的强酸，则加入的 H^+ 离子与溶液中的 AC^- 离子结合成 HAc 分子，使 HAc 的电离平衡向逆方向进行，当重新达到平衡时，溶液中的 $[H^+]$ 增加不多，pH 变动不大。如果在此缓冲溶液中加入少量强碱，则加入的 OH^- 离子与溶液中的 H^+ 离子结合生成水分子 H_2O，从而引起 HAc 继续电离（即反应向右进行）以补充消耗了的 H^+ 离子，因此，溶液中的 $[H^+]$ 降低不多，pH 变动不大。如果将溶液稀释（体积变化），虽然 $[H^+]$ 降低了，但 $[Ac^-]$ 也降低了，同离子效应减弱，促使 HAc 的电离增加，即产生的 H^+ 离子可维持溶液的 pH 基本不变。这就是缓冲溶液具有缓冲作用的原因。

弱碱及其盐、多元弱酸及其次级酸盐组成的缓冲溶液的缓冲作用可用类似的理由来说明。

由上面的讨论可以看出，缓冲溶液之所以具有缓冲作用，主要是溶液中存在着大量的抗酸成分和大量的抗碱成分。

当然，缓冲溶液的缓冲能力并不是无限的，如果在缓冲溶液中加入大量的强酸或强碱，溶液中抗酸成分和抗碱成分消耗殆尽时，就会失去缓冲能力。

6.3.3 缓冲溶液 pH 的计算

现以 HAc-NaAc 缓冲溶液为例，推导弱酸及其共轭碱缓冲作用的 pH 的计算公式。

设弱酸的浓度为 $c_{酸}(mol \cdot L^{-1})$，弱酸盐的浓度为 $c_{盐}(mol \cdot L^{-1})$，在溶液中存在下列平衡：

$$HA \rightleftharpoons H^+ \quad + \quad A^-$$

平衡时： $c_{酸}-x \qquad x \qquad c_{盐}+x$

$$K_a = x(c_{盐}+x)/(c_{酸}-x)$$

$$x = [H^+] = K_a(c_{酸}-x)/(c_{盐}+x)$$

由于 K_a 值较小，且因存在同离子效应，此时 x 很小，因而 $c_{酸}-x \approx c_{酸}$，$c_{盐}+x \approx c_{盐}$，所以

$$[H^+] = K_a \frac{c_{酸}}{c_{盐}} \tag{6-9}$$

将该式两边取负对数：

$$-\lg[H^+] = -\lg K_a - \lg \frac{c_{酸}}{c_{盐}}$$

即

$$pH = pK_a - \lg \frac{c_{酸}}{c_{盐}} \tag{6-10}$$

公式（6-10）即为计算一元弱酸及弱酸盐组成的缓冲溶液 pH 的通式。

同理，弱碱及其盐溶液 pH 的计算公式为：

$$[OH^-] = K_b \frac{c_{碱}}{c_{盐}} \tag{6-11}$$

$$-\lg[OH^-] = -\lg K_b - \lg \frac{c_{碱}}{c_{盐}}$$

$$pOH = pK_b - \lg \frac{c_{碱}}{c_{盐}} \tag{6-12}$$

又因为 $pH = 14 - pOH$，所以

$$pH = 14 - pK_b + \lg \frac{c_{碱}}{c_{盐}} \tag{6-13}$$

公式（6-13）为计算一元弱碱及弱碱盐组成的缓冲溶液 pH 的通式。

【例 6-7】 若在 50.00 mL 的 0.150 $mol \cdot L^{-1}$ NH_3（aq）和 0.200 $mol \cdot L^{-1}$ NH_4Cl 组成的缓冲溶液中，加入 0.100 mL 的 1.00 $mol \cdot L^{-1}$ HCl，求加入 HCl 前后溶液的 pH 各为多少？

解：加入 HCl 前

$$pH = 14 - pK_b + \lg \frac{c_{碱}}{c_{盐}}$$

$$= 14 - (-\lg 1.76 \times 10^{-5}) + \lg \frac{0.150}{0.200}$$

$$= 9.25 + (-0.12) = 9.13$$

加入 HCl 后，	NH_3	+ HCl	⟶ NH_4Cl
反应前 n（mmol）	$50 \times 0.150 = 7.50$	$0.100 \times 1.00 = 0.100$	$0.200 \times 50.00 = 10.0$
反应后 n（mmol）	7.40	0	10.1

因此，

$$c(NH_3) = \frac{7.40}{50.1} \qquad c(NH_4^+) = \frac{10.1}{50.1}$$

$$pH = 9.25 + \lg \frac{7.40}{10.1} = 9.11$$

答：未加入 HCl 时溶液的 pH 为 9.13，加入 HCl 后溶液的 pH 为 9.11。

从计算结果可以看出，在 $NH_3 \cdot H_2O$-NH_4Cl 组成的缓冲溶液中，加入少量的强酸，溶液的 pH 只改变了 0.02 个 pH 单位。若加入少量强碱，则结果相同，溶液的 pH 并不会增加很多。这充分说明了缓冲溶液具有抵抗少量强酸和强碱而保持 pH 基本不变的性能。

【例 6-8】 0.20 $mol \cdot L^{-1}$ NH_3 和 0.10 $mol \cdot L^{-1}$ HCl 溶液各 100 mL 相混合，已知 NH_3 的 $pK_b = 4.75$，求混合溶液的 pH。

解：

	NH_3	+ HCl	══ NH_4Cl
	0.20×0.1 mol $= 0.02$ mol	0.10×0.1 mol $= 0.01$ mol	

可见 NH_3 过量，完全反应后，剩余 NH_3 和 NH_4Cl 成为一个缓冲溶液，其中共轭酸碱的物质的量分别为：

$$n(NH_3) = 0.20\ mol \cdot L^{-1} \times 0.1\ L - 0.10\ mol \cdot L^{-1} \times 0.1\ L = 0.01\ mol$$

$$n(NH_4^+) = 0.10\ mol \cdot L^{-1} \times 0.1\ L = 0.01\ mol$$

$$pH = 14 - pK_b + \lg \frac{c_{碱}}{c_{盐}} = 14 - 4.75 + \lg \frac{0.01}{0.01} = 9.25$$

答：混合溶液的 pH 为 9.25。

6.3.4　缓冲溶液的选择和配制

某些化学反应需要在一定的 pH 的溶液中进行，这就需要选择和配制一定 pH 的缓冲溶液。在选择缓冲溶液时，首先应该注意，所选择的缓冲溶液不能与反应物或者生成物发生作用。同时，缓冲溶液的 pH 应在要求的范围之内。当抗酸成分和抗碱成分的浓度相同时，缓冲溶液的缓冲能力较强。从缓冲溶液的计算公式可以看出，此时 $pH = pK_a$ 或 $pOH = pK_b$。因此，欲配制一定 pH 的缓冲溶液时，就应该选择弱酸的 pK_a 尽可能接近缓冲溶液的 pH，或选择弱碱的 pK_b 尽可能接近缓冲溶液的 pOH。例如，HAc 的 $pK_a = 4.75$，要配制 pH = 5 左右的缓冲溶液，可以选择 HAc 和 NaAc。如果 pK_a（或 pK_b）与 pH（或 pOH）不相等，可根据所需要的 pH 适当调整抗酸成分和抗碱成分的浓度比，然后计算出所需弱酸（或弱碱）及其盐的用量。将两种成分混合在一起，即得所需要的缓冲溶液。

缓冲溶液对维持生物的正常 pH 和正常生理环境起到重要作用。多数细胞仅能在很窄的 pH 范围内进行活动，而且需要有缓冲体系来抵抗在代谢过程中出现的 pH 变化。在生物体中有三种主要的 pH 缓冲体系，它们是蛋白质缓冲系统、重碳酸盐缓冲系统以及磷酸盐缓冲系统。每种缓冲体系所占的分量在各类细胞和器官中是不同的。血液的 pH 只有保持在 7.35～7.45 范围内才能保证人体的正常生理活动。pH 高于 7.45 会出现碱中毒，低于 7.35 会出现酸中毒。当 pH 改变超过 0.4 个 pH 单位时，就会危及生命。

6.4　盐类的水解

盐溶于水形成溶液，有些盐的水溶液显示中性（如 NaCl 溶液），有些盐的水溶液显示酸性（如 NH_4Cl 溶液）或碱性（如 NaAc 溶液）。

盐类大多数是强电解质，在水溶液里完全电离。同时，在溶液中还存在着水的微弱的电离。盐溶于水中电离出的阳离子或阴离子，如果与水电离的 H^+ 离子或 OH^- 离子发生反应，生成弱电解质，就会破坏水的平衡，使水的 $[H^+]$ 和 $[OH^-]$ 发生变化，所以不同的盐的水溶液可能显示中性、酸性或碱性。

在水溶液中，盐电离出来的离子与水电离出来的 H^+ 离子或 OH^- 离子结合生成弱电解质的反应称为盐类的水解。由强酸和强碱形成的盐，在水溶液中其离子不能与水电离出的 H^+ 离子或 OH^- 离子结合成分子，也就不会破坏水的平衡，因而不发生水解，溶液呈中性。下面主要讨论其他几种类型盐的水解以及影响水解的因素。

6.4.1　一元弱酸强碱盐的水解

这类盐我们以 NaAc 为例进行讨论。NaAc 是强电解质，在溶液中全部电离成 Na^+ 离子和 Ac^- 离子。水是弱电解质，能微弱地电离出 H^+ 离子和 OH^- 离子。在溶液中，这四种离子只有 Ac^- 和 H^+ 离子能结合成难电离的弱电解质 HAc 分子。表示如下：

$$
\begin{array}{ccccc}
NaAc & \longrightarrow & Ac^- & + & Na^+ \\
 & & + & & \\
H_2O & \rightleftharpoons & H^+ & + & OH^- \\
 & & \Updownarrow & & \\
 & & HAc & &
\end{array}
$$

由于 HAc 的生成破坏了水的电离平衡，使水的电离不断向右进行，故当体系重新达平衡时，$[H^+] < [OH^-]$，溶液显碱性。水解方程式为：

$$NaAc + H_2O \rightleftharpoons HAc + NaOH$$

NaAc 水解反应的实质是 Ac^- 离子与水作用生成 HAc，即

$$Ac^- + H_2O \rightleftharpoons HAc + OH^-$$

当水解达到平衡时，则

$$K_h = \frac{[HAc][OH^-]}{[Ac^-]} \tag{6-14}$$

K_h 称为水解常数。可以看出，K_h 越大，盐水解的程度越大。因此，K_h 的大小可以表示盐水解程度的大小。

由于这类盐的水解平衡涉及水的电离平衡和弱酸的电离平衡，因此可以导出 K_h 与 K_w、K_a 之间的关系：

$$K_h = \frac{[HAc][OH^-]}{[Ac^-]} \times \frac{[H^+]}{[H^+]} = \frac{K_w}{K_a} \tag{6-15}$$

式（6-15）表明弱酸强碱盐的水解常数 K_h 与弱酸的 K_a 成反比。酸越弱，K_a 越小，K_h 则越大，即盐的水解程度越大。

一元弱酸强碱盐在水溶液中，由于发生水解而使溶液呈碱性。根据水解常数 K_h，可以计算出溶液中的 $[OH^-]$。我们仍以 NaAc 为例进行讨论。

$$Ac^- + H_2O \rightleftharpoons HAc + OH^-$$

	Ac^-	HAc	OH^-
起始浓度：	$c_盐$	0	0
平衡浓度：	$c_盐 - x$	x	x

将平衡浓度代入平衡常数表达式，得

$$K_h = \frac{[HAc][OH^-]}{[Ac^-]} = \frac{x^2}{c_盐 - x}$$

$$x^2 + K_h - K_h c_盐 = 0$$

$$x = -\frac{K_h}{2} + \sqrt{\frac{K_h^2}{4} + K_h c_盐}$$

即

$$[OH^-] = -\frac{K_h}{2} + \sqrt{\frac{K_h^2}{4} + K_h c_盐} \tag{6-16}$$

式（6-16）是计算一元弱酸强碱盐溶液中 $[OH^-]$ 的精确公式。

当$\frac{c_盐}{K_h} \geqslant 380$ 时，$c_盐 - x \approx c_盐$，于是

$$K_h = \frac{[HAc][OH^-]}{[Ac^-]} = \frac{x^2}{c_盐}$$

$$x = \sqrt{K_h \cdot c_盐} = \sqrt{\frac{K_w}{K_a} \cdot c_盐}$$

即

$$[OH^-] = \sqrt{K_h \cdot c_盐} = \sqrt{\frac{K_w}{K_a} \cdot c_盐} \tag{6-17}$$

式（6-17）是计算一元弱酸强碱盐溶液中 $[OH^-]$ 的近似公式。

盐类水解程度的大小，除了用水解常数 K_h 表示外，还可以用水解度 h 来表示。所谓水

解度，就是已水解盐的浓度占盐起始浓度的百分率。即

$$h = \frac{已水解盐的浓度}{盐的起始浓度} \times 100\%$$

可以看出，h 越大，盐水解的程度越大。

对于一元弱酸强碱盐如 NaAc，其水解度为

$$h = \frac{[OH^-]}{c_{盐}} = \frac{\sqrt{K_h \cdot c_{盐}}}{c_{盐}} = \sqrt{\frac{K_h}{c_{盐}}} = \sqrt{\frac{K_w}{K_a \cdot c_{盐}}}$$

即
$$h = \sqrt{\frac{K_w}{K_a \cdot c_{盐}}} \tag{6-18}$$

【例 6-9】　计算 0.10 $mol \cdot L^{-1}$ NaAc 溶液的 pH 和 h。已知 $K_a = 1.76 \times 10^{-5}$。

解：$\frac{c_{盐}}{K_h} = \frac{c_{盐} \cdot K_a}{K_w} = \frac{0.10 \times 1.76 \times 10^{-5}}{1.0 \times 10^{-14}} = 1.76 \times 10^8 > 380$，可以用近似公式计算［$OH^-$］。

$$\begin{aligned}[OH^-] &= \sqrt{\frac{K_w}{K_a} \cdot c_{盐}} \\ &= \sqrt{\frac{1.0 \times 10^{-14}}{1.76 \times 10^{-5}} \times 0.10} \\ &= 7.54 \times 10^{-6}\ mol \cdot L^{-1}\end{aligned}$$

$$pOH = -\lg[OH^-] = -\lg(7.54 \times 10^{-6}) = 5.12$$

$$pH = 14 - pOH = 14 - 5.12 = 8.88$$

$$h = \sqrt{\frac{K_w}{K_a \cdot c_{盐}}} = \sqrt{\frac{1.0 \times 10^{-14}}{1.76 \times 10^{-5} \times 0.10}} \times 100\% = 0.0075\%$$

答：0.01 $mol \cdot L^{-1}$ NaAc 溶液的 pH 为 8.88，h 为 0.007 5%。

6.4.2　一元强酸弱碱盐的水解

这类盐如 NH_4Cl 在水溶液中的水解过程如下：

$$\begin{array}{ccccc} NH_4Cl & \longrightarrow & Cl^- & + & NH_4^+ \\ & & & & + \\ H_2O & \rightleftharpoons & H^+ & + & OH^- \\ & & & & \Updownarrow \\ & & & & NH_3 \cdot H_2O \end{array}$$

由于 $NH_3 \cdot H_2O$ 的生成破坏了水的电离平衡，使水的电离不断向右进行，故当体系重新达平衡时，$[H^+] > [OH^-]$，溶液显酸性。水解方程式为

$$NH_4Cl + H_2O \rightleftharpoons NH_3 \cdot H_2O + HCl$$

NH_4Cl 水解反应的实质是 NH_4^+ 离子与水作用生成 $NH_3 \cdot H_2O$，即

$$NH_4^+ + H_2O \rightleftharpoons NH_3 \cdot H_2O + H^+$$

一元强酸弱碱盐的水解常数 K_h，$[H^+]$ 及 h 可用与一元弱酸强碱盐同样的方法导出：

$$K_h = \frac{K_w}{K_b} \tag{6-19}$$

$$[H^+] = -\frac{K_h}{2} + \sqrt{\frac{K_h^2}{4} + K_h c_{盐}} \quad (6\text{-}20)$$

$$[H^+] = \sqrt{K_h \cdot c_{盐}} = \sqrt{\frac{K_w}{K_b} \cdot c_{盐}} \text{（近似公式）} \quad (6\text{-}21)$$

$$h = \sqrt{\frac{K_w}{K_b \cdot c_{盐}}} \quad (6\text{-}22)$$

【例 6-10】 计算 0.010 mol·L^{-1} NH_4Cl 溶液的 pH 和 h。已知 $K_b = 1.76 \times 10^{-5}$。

解：$\frac{c_{盐}}{K_h} = \frac{c\,盐 \cdot K_b}{K_w} = \frac{0.010 \times 1.76 \times 10^{-5}}{1.0 \times 10^{-14}} = 1.76 \times 10^7 > 380$，可以用近似公式计算 $[H^+]$。

$$[H^+] = \sqrt{\frac{K_w}{K_b} \cdot c_{盐}}$$

$$= \sqrt{\frac{1.0 \times 10^{-14}}{1.76 \times 10^{-5}} \times 0.010}$$

$$= 2.4 \times 10^{-6} \text{ mol} \cdot L^{-1}$$

$$pH = -\lg [H^+] = -\lg (2.4 \times 10^{-6}) = 5.62$$

$$h = \sqrt{\frac{K_w}{K_b \cdot c_{盐}}} = \sqrt{\frac{1.0 \times 10^{-14}}{1.76 \times 10^{-5} \times 0.010}} \times 100\% = 0.024\%$$

答：0.01 mol·L^{-1} NaAc 溶液的 pH 为 5.62，h 为 0.024%。

6.4.3 一元弱酸弱碱盐的水解

在水溶液中，一元弱酸弱碱盐的正、负离子都能发生水解。例如 NH_4Ac 的水解过程为

$$\begin{array}{ccccc} NH_4Ac & \longrightarrow & Ac^- & + & NH_4^+ \\ & & + & & + \\ H_2O & \rightleftharpoons & H^+ & + & OH^- \\ & & \Downarrow\Uparrow & & \Downarrow\Uparrow \\ & & HAc & & NH_3 \cdot H_2O \end{array}$$

可见，这类盐水解后生成弱酸和弱碱。溶液的酸碱性取决于所生成的弱酸和弱碱的相对强弱。酸稍强，溶液呈酸性；碱稍强，溶液呈碱性；如果两者的强度相等或相差无几，则溶液呈中性或近乎中性。对于 NH_4Ac 来说，由于 K_{HAc} 和 K_{NH_3} 基本相等，所以溶液近乎中性。

NH_4Ac 的水解方程式为

$$NH_4Ac + H_2O \rightleftharpoons NH_3 \cdot H_2O + HAc$$

NH_4Cl 水解反应的实质为

$$NH^4 + Ac^- + H_2O \rightleftharpoons NH_3 \cdot H_2O + HAc$$

当水解达到平衡时，水解常数 K_h 为

$$K_h = \frac{[HAc][NH_3 \cdot H_2O]}{[NH^{4+}][Ac^-]} \times \frac{[H^+][OH^-]}{[H^+][OH^-]} = \frac{K_w}{K_a \cdot K_b}$$

即

$$K_h = \frac{K_w}{K_a \cdot K_b} \quad (6\text{-}23)$$

从（6-23）式可以看出，K_h 与 K_a 和 K_b 的乘积成反比，因为 K_a 和 K_b 是两个小数，其乘积更小，所以 K_h 一般较大，即这类盐的水解程度较大。

一元弱酸弱碱盐的水解程度较大，但溶液的酸碱性不一定很强。下面以 NH_4Ac 为例进行讨论，导出计算溶液中 H^+ 离子浓度的公式。

$$NH_4^+ + Ac^- + H_2O \rightleftharpoons NH_3 \cdot H_2O + HAc$$

$$K_h = \frac{[HAc][NH_3 \cdot H_2O]}{[NH^{4+}][Ac^-]} = \frac{K_w}{K_a \cdot K_b}$$

因为 HAc 的 K_a 与 $NH_3 \cdot H_2O$ 的 K_b 基本相等，所以

$$[NH_4^+] = [Ac^-],\ [NH_3 \cdot H_2O] = [HAc]$$

则

$$\frac{[HAc]^2}{[Ac^-]^2} = \frac{K_w}{K_a \cdot K_b}$$

又因为

$$[HAc] = \frac{[H^+][Ac^-]}{K_a}$$

所以

$$\frac{[H^+]^2\ [Ac^-]^2}{K_a^2 \cdot\ [Ac^-]^2} = \frac{K_w}{K_a \cdot K_b}$$

$$[H^+]^2 = \frac{K_w \cdot K_a}{K_b}$$

$$[H^+] = \sqrt{\frac{K_w \cdot K_a}{K_b}} \tag{6-24}$$

可以看出，一元弱酸弱碱盐溶液中的 $[H^+]$ 与盐的浓度无关，仅受 K_a 和 K_b 相对大小的影响。

当 $K_a = K_b$ 时，$[H^+] = \sqrt{K_w} = 10^{-7}\ mol \cdot L^{-1}$，溶液呈中性；

当 $K_a > K_b$ 时，$[H^+] > 10^{-7}\ mol \cdot L^{-1}$，溶液呈酸性；

当 $K_a < K_b$ 时，$[H^+] < 10^{-7}\ mol \cdot L^{-1}$，溶液呈碱性。

必须指出，公式（6-24）是在 K_a 和 K_b 基本相等的条件下导出的，如果二者相差较大，则推导过程相对复杂得多，但仍能得到相同的结果。

通过推导可得出一元弱酸弱碱盐的水解度 h 的计算公式。(推导过程略)

即

$$h = \sqrt{K_h} = \sqrt{\frac{K_w}{K_a \cdot K_b}} \tag{6-25}$$

可见，这类盐的水解度与盐的浓度无关。

多元弱酸强碱盐的水解情况比较复杂，此书中略去对其水解常数 K_h 与水解度 h 以及溶液中 $[H^+]$ 的讨论。

6.4.4　影响盐类水解的因素

盐类水解程度的大小，首先，取决于盐的本性。组成盐的酸或碱越弱，盐的水解度越大。其次，盐的水解还与温度、盐的浓度以及溶液的酸碱性有关。下面主要讨论外界因素对盐类水解的影响。

1. 温度的影响

水解反应是中和反应的逆反应。中和反应是放热反应，所以水解反应是吸热反应。根据平衡移动原理，升高温度，平衡向吸热反应方向移动，即向水解的方向移动，从而导致水解度和水解常数增大。例如 $FeCl_3$ 在沸水中可以完全水解而析出 $Fe(OH)_3$ 胶状沉淀。

2. 盐浓度的影响

一元弱酸强碱盐和一元弱碱强酸盐的水解度与盐浓度的平方根成反比，即盐的浓度越小，水解度越大。例如 NaAc 在水解达到平衡时：

$$Ac^- + H_2O \rightleftharpoons HAc + OH^-$$

$$K_h = \frac{[HAc][OH^-]}{[Ac^-]}$$

加水稀释时，溶液体积增大，各物质的浓度均减小，这时 $[HAc][OH^-]/[Ac^-]$ 的值将小于 K_h，原平衡被破坏而向右移动，即向水解反应的方向移动，水解度增大。

一元弱酸弱碱盐的水解度与盐的浓度无关，因此改变盐溶液的浓度对水解没有影响。

3. 溶液酸碱度的影响

多数盐因水解而使溶液呈现酸性或碱性，因此改变溶液的酸碱度可使水解平衡发生移动，从而促进或者抑制水解。例如在实验室中配制 $SnCl_2$、$Bi(NO_3)_3$、$SbCl_3$ 等溶液时，常因水解产生沉淀而得不到透明澄清的溶液。

$$SnCl_2 + H_2O \rightleftharpoons Sn(OH)Cl\downarrow + HCl$$

$$Bi(NO_3)_3 + H_2O \rightleftharpoons BiONO_3\downarrow + 2HNO_3$$

$$SbCl_3 + H_2O \rightleftharpoons SbOCl\downarrow + 2HCl$$

在这些盐的溶液中加入相应的酸，可使平衡向左移动，从而抑制水解反应的进行。为了防止水解反应的发生，通常是将盐先溶于较浓的相应酸中，然后再加水稀释到所需要的浓度。

小　　结

1. 了解酸碱理论的发展概况，熟悉酸碱电离理论，即凡在水溶液中电离出的阳离子全部都是 H^+ 的物质叫酸，电离出的阴离子全部都是 OH^- 的物质叫碱；同时理解酸碱质子理论，即凡能给出质子（H^+）的物质都是酸，凡能接受质子的物质都是碱，从而揭示了酸碱反应的实质为质子的转移。

2. 了解电解质的电离等有关知识。如水的离子积常数 $K_w = [H^+][OH^-] = 1\times10^{-14}$，在任何水溶液中，$H^+$ 和 OH^- 都同时存在，且 $[H^+][OH^-] = K_w$，并可以利用其判断溶液的酸碱性。溶液的 $pH = -\lg[H^+]$。

3. 理解弱电解质的电离平衡，并能进行有关计算。溶液的电离度

$$\alpha = \frac{解离部分弱电解质浓度}{未解离前弱电解质浓度}\times100\%$$

当温度、浓度等外界条件一定时，该弱电解质的电离度为一常数，所以，可以用电离度的大小表示弱电解质的相对强弱。影响电离平衡的主要因素有温度、同离子效应和盐效应。在同离子效应发生的同时，亦存在着盐效应，但两者相比，同离子效应的影响要大得多。

对于一元弱酸，$[H^+] \approx \sqrt{K_a c_0}$（近似公式）；对于一元弱碱，$[OH^-] = \sqrt{K_b c_0}$（近似公式）；对于多元弱酸，溶液中［$H^+$］可以近似地按一级电离进行计算。

4. 了解缓冲溶液的组成及缓冲原理，掌握缓冲溶液 pH 的计算。缓冲溶液的组成有以下几种：弱酸 + 该弱酸的盐，弱碱 + 该弱碱的盐，多元弱酸的酸式盐 + 该多元弱酸的次级酸盐。缓冲溶液之所以具有缓冲作用，主要是溶液中存在着大量的抗酸成分和大量的抗碱成分。

弱酸及其共轭碱缓冲溶液 $pH = pK_a - \lg \dfrac{c_{酸}}{c_{盐}}$。

弱碱及其盐缓冲溶液的 $pH = 14 - pK_b + \lg \dfrac{c_{碱}}{c_{盐}}$。

缓冲溶液的 pH 应在要求的范围之内。当抗酸成分和抗碱成分的浓度相同时，缓冲溶液的缓冲能力较强。从缓冲溶液的计算公式可以看出，此时 $pH = pK_a$ 或 $pOH = pK_b$。因此，欲配制一定 pH 的缓冲溶液时，就应该选择弱酸的 pK_a 尽可能接近缓冲溶液的 pH，或选择弱碱的 pK_b 尽可能接近缓冲溶液的 pOH。

5. 理解盐类水解反应的本质及有关计算。在水溶液中，盐电离出来的离子跟水电离出来的 H^+ 离子或 OH^- 离子结合生成弱电解质的反应称为盐类的水解。

一元弱酸强碱盐溶液的 $[OH^-] = \sqrt{K_h \cdot c_{盐}} = \sqrt{\dfrac{K_w}{K_a} \cdot c_{盐}}$（近似公式），其中，$h$ 为水解度；

一元强酸弱碱盐溶液的 $[H^+] = \sqrt{K_h \cdot c_{盐}} = \sqrt{\dfrac{K_w}{K_b} \cdot c_{盐}}$（近似公式）；

一元弱酸弱碱盐溶液 $[H^+] = \sqrt{\dfrac{K_w \cdot K_a}{K_b}}$，此公式是在 K_a 和 K_b 基本相等的条件下导出的。

影响盐类水解的因素一般有温度、盐浓度、溶液酸碱度等。

习　　题

1. 下列说法是否正确，为什么？

（1）将氢氧化钠溶液和氨水分别稀释 1 倍，则两溶液中的 $[OH]^-$ 都减小到原来的 1/2。

（2）中和等体积的 0.10 $mol \cdot L^{-1}$ 盐酸和 0.10 $mol \cdot L^{-1}$ 醋酸，所需 0.10 $mol \cdot L^{-1}$ NaOH 溶液的体积不同。

2. 要使 H_2S 饱和溶液中的［S^{2-}］加大，应加入碱还是加入酸？为什么？

3. 在稀氨水中加入 1 滴酚酞指示剂，溶液显红色，如果向其中加入少量晶体 NH_4Ac，则颜色变浅（或消褪），为什么？

4. 试找出下列物质中的共轭酸碱对：

NH_4^+、Ac^-、H_2O、HSO_4^-、NH_3、SO_4^{2-}、HNO_3、OH^-、H_2SO_4、CO_3^{2-}、NO_3^-、H_3O^+、H_2CO_3、HAc、HCO_3^-

5. 判断下列物质在水溶液中，哪些为质子酸？哪些为质子碱？哪些是两性物质？

$[Al(H_2O)_4]^{3+}$、HSO_4^-、HS^-、HCO_3^-、$H_2PO_4^-$、NH_3、SO_4^{2-}、NO_3^-、HCl、Ac^-、H_2O、OH^-

6. 计算下列溶液的 pH。

（1）0.001 $mol \cdot L^{-1}$ $HNO_3(aq)$；（2）0.0010 $mol \cdot L^{-1}$ HAc(aq)；

（3）0.20 $mol \cdot L^{-1}$ $NH_3 \cdot H_2O$；（4）5.0×10^{-3} $mol \cdot L^{-1}$ NaOH(aq)。

7. 计算 0.10 $mol \cdot L^{-1}$ $NH_3 \cdot H_2O$ 中的 $[OH^-]$ 和 α。

8. 计算下列盐溶液的 pH。

（1）0.20 $mol \cdot L^{-1}$ NaAc；（2）0.20 $mol \cdot L^{-1}$ NH_4Cl；

（3）0.20 $mol \cdot L^{-1}$ $NaNO_3$；（4）0.20 $mol \cdot L^{-1}$ NH_4CN。

9. 乳酸 $HC_3H_5O_3$ 是糖酵解的最终产物，在体内积蓄会引起机体疲劳和酸中毒，已知乳酸的 $K_a = 1.4 \times 10^{-4}$，试计算浓度为 1.0×10^{-3} $mol \cdot L^{-1}$ 乳酸溶液的 pH。

10. 成人胃液（pH = 1.4）的 $[H^+]$ 是婴儿胃液（pH = 5.0）$[H^+]$ 的多少倍？

11. 计算下列缓冲溶液的 pH。

（1）0.50 $mol \cdot L^{-1}$ $NH_3 \cdot H_2O$ 和 0.10 $mol \cdot L^{-1}$ NH_4Cl 各 100 mL 混合；

（2）0.10 $mol \cdot L^{-1}$ $NaHCO_3$ 和 0.10 $mol \cdot L^{-1}$ Na_2CO_3 各 100 mL 混合。

12. 用 0.020 $mol \cdot L^{-1}$ H_3PO_4 和 0.020 $mol \cdot L^{-1}$ NaOH 溶液配制 pH = 7.40 的缓冲溶液 100 mL，计算所需 H_3PO_4 和 NaOH 体积。

第七章 电 化 学

学习指导

1. 理解氧化还原反应的实质。
2. 理解电极电势的概念，以及浓度、沉淀、酸度等对电极电势的影响。
3. 掌握应用电极电势判断氧化还原反应进行的方向和限度及其计算。
4. 了解元素电势图及其运用。

化学反应可以分成氧化还原反应和非氧化还原反应两大类。氧化还原反应是参加反应的物质之间有电子转移（或偏移）的一类反应。这类反应对制备新的化合物、获取化学热能和电能、金属的腐蚀与防腐蚀等都有重要的意义，而生命活动过程中的能量就是直接依靠营养物质的氧化而获得的。本章首先学习有关氧化还原反应的基本知识，然后在此基础上进一步研究氧化还原反应进行的方向与限度，最后讨论氧化还原滴定法。

7.1 氧 化 数

为了便于讨论氧化还原反应，人们人为地引入了元素氧化数（又称氧化值）的概念。1970 年国际纯粹和应用化学联合会（IUPAC）定义氧化数是某元素一个原子的荷电数，这种荷电数可由假设把每个化学键中的电子指定给电负性更大的原子而求得。因此，氧化数是元素原子在化合状态时的表观电荷数（即原子所带的净电荷数）。

在氧化还原反应中，参加反应的物质之间有电子的转移（或偏离），必然导致反应前后元素原子的氧化数发生变化。氧化数升高的过程称为氧化，氧化数降低的过程称为还原。反应中氧化数升高的物质是还原剂，该物质发生的是氧化反应；反应中氧化数降低的物质是氧化剂，该物质发生的是还原反应。

7.2 电极电势

7.2.1 原电池

把锌片放入 $CuSO_4$ 溶液中，则锌将溶解，铜将从溶液中析出，反应的离子方程式为：

$$Zn(s) + Cu^{2+}(aq) \xlongequal{} Zn^{2+}(aq) + Cu(s)$$

这是一个可以自发进行的氧化还原反应，在实验室中可以采用如图 7-1 所示的装置来实现这种转变。

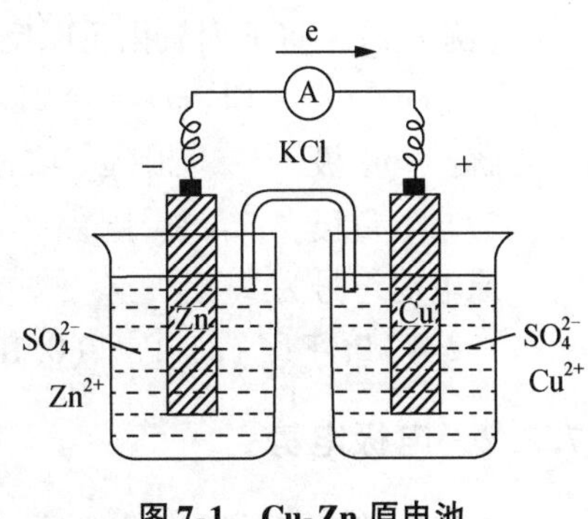

图 7-1 Cu-Zn 原电池

此装置之所以能够产生电流，是由于 Zn 要比 Cu 活泼，Zn 片上的 Zn 易放出电子，Zn 氧化成 Zn^{2+} 进入溶液中：

$$Zn(s) - 2e \xlongequal{} Zn^{2+}(aq)$$

电子定向地由 Zn 片沿导线流向 Cu 片，形成电子流。溶液中的 Cu^{2+} 趋向 Cu 片接受电子还原成 Cu 沉积：

$$Cu^{2+}(aq) + 2e \xlongequal{} Cu(s)$$

在上述反应进行中，$ZnSO_4$ 溶液由于 Zn^{2+} 的增多而带正电荷；而 $CuSO_4$ 溶液由于 Cu^{2+} 的减少，SO_4^{2-} 过剩而带负电荷。盐桥的作用就是能让阳离子（主要是盐桥中的 K^+）通过盐桥向 $CuSO_4$ 溶液迁移，阴离子（主要是盐桥中的 Cl^-）通过盐桥向 $ZnSO_4$ 溶液迁移，以使锌盐溶液和铜盐溶液始终保持电中性，从而使 Zn 的溶解和 Cu 的析出过程可以继续进行下去。

这种能够使氧化还原反应中电子的转移直接转变为电能的装置，称为原电池。

在原电池中，电子流出的电极称为负极，负极上发生氧化反应；电子流入的电极称为正极，正极上发生还原反应。电极上发生的反应称为电极反应。

为简明起见，Cu-Zn 原电池可以用下列电池符号表示：

$$(-)Zn|ZnSO_4(c_1) \parallel CuSO_4(c_2)|Cu(+)$$

把负极（-）写在左边，正极（+）写在右边。其中“|”表示两相之间的接触界面，“‖”表示盐桥，c 表示溶液的浓度。当浓度为 $c = 1\ mol \cdot L^{-1}$ 时，可不必写出。如有气体物质，则应标出其分压 p。

每个原电池都由两个“半电池”组成。而每一个“半电池”又都是由同一元素处于不同氧化数的两种物质构成的，一种是处于低氧化数的可作为还原剂的物质（称为还原态物质）；另一种是处于高氧化数的可作为氧化剂的物质（称为氧化态物质）。这种由同一元素的氧化态物质和其对应的还原态物质所构成的整体，称为氧化还原电对，可以用符号 Ox/Red 来表示。例如，Cu 和 Cu^{2+}、Zn 和 Zn^{2+} 所组成的氧化还原电对可分别写成 Cu^{2+}/Cu、Zn^{2+}/Zn。非金属单质及其相应的离子也可以构成氧化还原电对，例如 H^+/H_2 和 O_2/OH^-。在用 Fe^{3+}/Fe^{2+}、Cl_2/Cl^-、O_2/OH^- 等氧化还原电对作半电池时，可以用能够导电而本身不参加反应的惰性导体（如金属铂或石墨）作电极。例如，氢电极可以表示为 $H^+(c)|H_2(p)|Pt$。

氧化态物质和还原态物质在一定条件下，可以相互转化：

$$\text{氧化态} + ne \rightleftharpoons \text{还原态}$$

或

$$Ox + ne \rightleftharpoons Red$$

这就是半电池反应或电极反应的通式。

【例 7-1】 将下列氧化还原反应设计成原电池，并写出它的原电池符号。

$$2Fe^{2+}(c) + Cl_2(p) \rightleftharpoons 2Fe^{3+}(aq, 0.10\ mol \cdot L^{-1}) + 2Cl^-(aq, 2.0\ mol \cdot L^{-1})$$

解： 正极： $Cl_2(g) + 2e \xlongequal{} 2Cl^-(aq)$

负极： $Fe^{2+}(aq) - e \xlongequal{} Fe^{3+}(aq)$

原电池符号为

$$(-)Pt|Fe^{2+}(c), Fe^{3+}(0.10\ mol \cdot L^{-1}) \parallel Cl^-(2.0\ mol \cdot L^{-1})|Cl_2(p)|Pt(+)$$

7.2.2 电极电势

电极电势产生的微观机理是十分复杂的。1889 年，德国化学家能斯特提出了双电层理论，用以说明金属及其盐溶液之间电势差的形成和原电池产生电流的机理。金属与其相应离子所组成的氧化还原电对不同，金属离子的浓度不同，这种平衡电势也就不同。因此，若将两种不同的氧化还原电对设计构成原电池，则在两电极之间就会有一定的电势差，从而产生电流。

7.2.3　标准电极电势

1. 标准氢电极

目前，还无法测定单个电极的平衡电势的绝对值，人们只能选定某一电对的平衡电势作为参比标准，将其他电对与之比较，以求出各电对平衡电势的相对值。通常选用标准氢电极作为参比标准。

标准氢电极的电极符号可以写为

$$Pt \mid H_2(100\ kPa) \mid H^+(1\ mol \cdot L^{-1})$$

2. 参比电极

◆ 甘汞电极

甘汞电极的电极符号可以写为

$$Hg \mid Hg_2Cl_2(s) \mid KCl$$

其电极反应为

$$Hg_2Cl_2(s) + 2e \rightleftharpoons 2Hg(l) + 2Cl^-(aq)$$

常用饱和甘汞电极（KCl 溶液为饱和溶液）或者 Cl^- 浓度分别为 1 mol · L^{-1}，0.1 mol · L^{-1} 的甘汞电极作参比电极。在 298.15 K 时，它们的电极电势分别为 +0.244 5 V、+0.283 0 V 和 +0.335 6 V。

◆ 银-氯化银电极

在银丝上镀一层 AgCl，浸在一定浓度的 KCl 溶液中，即构成银-氯化银电极，其电极符号可以写为

$$Ag \mid AgCl(s) \mid KCl$$

其电极反应为

$$AgCl(s) + e \rightleftharpoons Ag(s) + Cl^-(aq)$$

与甘汞电极相似，银-氯化银电极的电极电势也取决于内参比溶液 KCl 溶液的浓度。在 298.15 K 时，KCl 溶液为饱和溶液或 Cl^- 浓度为 1 mol · L^{-1} 的银-氯化银电极的电极电势分别为 +0.200 0 V 和 +0.222 3 V。

3. 标准电极电势 $E^\ominus$

在热力学标准状态下，即有关物质的浓度为 1 mol · L^{-1}（严格地说，应是离子活度为 1 mol · L^{-1}），有关气体的分压为 100 kPa，液体或固体是纯净物质时，某电极的电极电势称为该电极的标准电极电势，以符号 $E^\ominus$ 表示。

一般将标准氢电极与任意给定的标准电极构成一个原电池，测定该原电池的电动势，确定正、负电极，就可以测得该给定标准电极的标准电极电势。附录中给出了常用电极的标准电极电势。

使用标准电极电势表时应注意以下几点。

(1) 本书采用 1953 年国际纯粹和应用化学联合会（IUPAC）所规定的还原电势，即认

为 Zn 比 H_2 更容易失去电子，$E(Zn^{2+}/Zn)$ 为负值；Cu^{2+} 比 H^+ 更容易得到电子，$E(Cu^{2+}/Cu)$ 为正值。

（2）电极电势没有加合性，即电极电势与电极反应式的化学计量系数无关。例如：

$$Cl_2 + 2e \rightleftharpoons 2Cl^- \quad E^\ominus(Cl_2/Cl^-) = +1.358\ V$$

$$1/2Cl_2 + e \rightleftharpoons Cl^- \quad E^\ominus(Cl_2/Cl^-) = +1.358\ V$$

（3）$E^\ominus$ 是水溶液体系中电对的标准电极电势。对于非标准态或非水溶液体系，不能用 $E^\ominus$ 比较物质的氧化还原能力大小。

（4）标准电极电势的正或负，不随电极反应的书写不同而不同。例如：

$$Cu^{2+} + 2e \rightleftharpoons Cu \quad E^\ominus(Cu^{2+}/Cu) = +0.3419\ V$$

$$Cu - 2e \rightleftharpoons Cu^{2+} \quad E^\ominus(Cu^{2+}/Cu) = +0.3419\ V$$

7.2.4 电池反应的 $\Delta_r G_m$ 和电动势 E 的关系

由化学热力学可知，在恒温、恒压条件下，反应体系摩尔吉布斯自由能的减少等于体系所能做的最大非体积功，即 $\Delta_r G_m = W'_{max}$。而一个能自发进行的氧化还原反应，可以设计成一个原电池。在恒温、恒压条件下，该原电池所做的最大非体积功即为电功 $W'_{max} = W_{电}$。如果在 1 mol 的反应过程中有 n mol 电子（即 nF 库仑的电量）通过电动势为 E 的原电池的电路，则电池反应的摩尔吉布斯自由能变与电池电动势 E 之间存在以下关系：

$$\Delta_r G_m = W'_{max} = -E \cdot Q = -nEF \tag{7-1}$$

式中，F 为法拉第常数，等于 96 485 C · mol^{-1}；n 为电池反应中转移的电子数。

若电池在标准态下工作，则

$$\Delta_r G_m = -nFE = -nF[E^\ominus_{正} - E^\ominus_{负}]$$

$$E^\ominus_{正} = E^\ominus_{负} - \Delta_r G^\ominus_m / nF$$

我们采用的是还原电势，即与标准氢电极组成原电池，该电对作正极，标准氢电极作负极，因为 $E_{负} = E^\ominus(H^+/H_2) = 0$，所以

$$E^\ominus_{正} = -\Delta_r G^\ominus_m / nF \tag{7-2}$$

由式（7-2）可以看出，如果知道了参加电池反应的各物质的 $\Delta_f G^\ominus_m$，即可计算出该电极的标准电极电势。反之，借助于电池电动势的测定，也可以准确地测定相应氧化还原反应的 $\Delta_f G^\ominus_m$。

标准电极电势是在标准状态下测得的，通常取温度为 298.15 K 时的值。如果浓度、压力以及温度发生改变，电极电势也将随之改变。

7.2.5 影响电极电势的因素——能斯特方程式

在一定状态下，电极电势的大小不仅取决于电对的本性，还与氧化态物质和还原态物质的浓度、气体的分压以及反应的温度等因素有关。

考虑一个任意给定的电极：

$$a\text{Ox} + ne \rightleftharpoons b\text{Red}$$

可以从热力学推导得出：

$$E = E^\ominus + \frac{RT}{nF}\ln\frac{\left\{\frac{c(\text{Ox})}{c^\ominus}\right\}^a}{\left\{\frac{c(\text{Red})}{c^\ominus}\right\}^b} \tag{7-3}$$

E 是氧化态物质和还原态物质为任意浓度时电对的电极电势，$E^\ominus$ 是电对的标准电极电势，R 是气体常数，F 是法拉第常数，n 是电极反应中转移的电子数。该式反映了参加电极反应的各物质的浓度、反应温度对电极电势的影响。

在 298.15 K 时，将各常数代入式（7-3），并将自然对数换成常用对数，即得：

$$E = E^\ominus + \frac{0.0592}{n}\lg\frac{\left\{\frac{c(\mathrm{Ox})}{c^\ominus}\right\}^a}{\left\{\frac{c(\mathrm{Red})}{c^\ominus}\right\}^b} \tag{7-4}$$

由于 $c^\ominus = 1\ \mathrm{mol \cdot L^{-1}}$，故式（7-4）可简单写成

$$E = E^\ominus + \frac{0.0592}{n}\lg\frac{c^a(\mathrm{Ox})}{c^b(\mathrm{Red})} \tag{7-5}$$

式（7-5）称为电极电势的能斯特方程式。

本书将此式简写成

$$E = E^\ominus + \frac{0.0592}{n}\lg\frac{[\text{氧化态}]^a}{[\text{还原态}]^b} \tag{7-6}$$

应用能斯特方程式时，应注意以下几点。

（1）如果组成电对的物质为纯固体或纯液体时，则不列入方程式中。如果是气体物质，则要用其相对压力 $p/p^\ominus$ 代入。

例如：

$$\mathrm{Br_2(l) + 2e \rightleftharpoons 2Br^-(aq)}$$

$$E(\mathrm{Br_2/Br^-}) = E^\ominus(\mathrm{Br_2/Br^-}) + \frac{0.0592}{2}\lg\frac{1}{[\mathrm{Br^-}]^2}$$

$$\mathrm{2H^+(aq) + 2e \rightleftharpoons H_2(g)}$$

$$E(\mathrm{H^+/H_2}) = E^\ominus(\mathrm{H^+/H_2}) + \frac{0.0592}{2}\lg\frac{[\mathrm{H^+}]^2 \cdot p^\ominus}{p(\mathrm{H_2})}$$

【例 7-2】 试计算 $[\mathrm{Zn^{2+}}] = 0.00100\ \mathrm{mol \cdot L^{-1}}$ 时，$\mathrm{Zn^{2+}/Zn}$ 电对的电极电势。

解：

$$\mathrm{Zn^{2+}(aq) + 2e \rightleftharpoons Zn(s)}$$

由附录查得

$$E^\ominus(\mathrm{Zn^{2+}/Zn}) = -0.7618\ \mathrm{V}$$

故

$$E(\mathrm{Zn^{2+}/Zn}) = E^\ominus(\mathrm{Zn^{2+}/Zn}) + \frac{0.0592}{2}\lg[\mathrm{Zn^{2+}}]$$

$$= -0.7618 + \frac{0.0592}{2}\lg 0.00100$$

$$= -0.8506\ \mathrm{V}$$

【例 7-3】 试计算 $[\mathrm{Cl^-}] = 0.100\ \mathrm{mol \cdot L^{-1}}$，$p(\mathrm{Cl_2}) = 300\ \mathrm{kPa}$ 时，$\mathrm{Cl_2/Cl^-}$ 电对的电极电势。

解：

$$\mathrm{Cl_2(g) + 2e \rightleftharpoons 2Cl^-(aq)}$$

由附录查得

$$E^\ominus(\mathrm{Cl_2/Cl^-}) = 1.358\ \mathrm{V},$$

故

$$E(\mathrm{Cl_2/Cl^-}) = E^\ominus(\mathrm{Cl_2/Cl^-}) + \frac{0.0592}{2}\lg\frac{p(\mathrm{Cl_2})}{p^\ominus \cdot [\mathrm{Cl^-}]^2}$$

$$= 1.358 + \frac{0.0592}{2}\lg\frac{300}{100 \times (0.100)^2}$$

$$= 1.431\ \mathrm{V}$$

（2）如果参加电极反应的除氧化态、还原态物质外，还有其他物质如 H^+、OH^- 等，则这些物质的浓度也应表示在能斯特方程式中。

7.3 电极电势的应用

电极电势是电化学中很重要的数据，它除了可以用来比较氧化剂和还原剂的相对强弱以外，还可以用来计算原电池的电动势 E，判断氧化还原反应进行的方向和限度，以及计算反应的标准平衡常数 $K^\ominus$。电极电势的这些具体应用是本章学习的重点。

7.3.1 判断原电池的正、负极，计算原电池的电动势 E

在组成原电池的两个电极中，电极电势代数值较大的是原电池的正极，代数值较小的是原电池的负极。原电池的电动势等于正极的电极电势减去负极的电极电势：

$$E = E_{正} - E_{负}$$

【例 7-4】 计算下列原电池的电动势，并指出其正、负极。

$$Zn \mid Zn^{2+}(0.100\ mol \cdot L^{-1}) \parallel Cu^{2+}(2.00\ mol \cdot L^{-1}) \mid Cu$$

解：首先，根据能斯特方程式分别计算两电极的电极电势。

$$\begin{aligned} E(Zn^{2+}/Zn) &= E^\ominus(Zn^{2+}/Zn) + \frac{0.0592}{2}\lg[Zn^{2+}] \\ &= -0.7618 + \frac{0.0592}{2}\lg 0.100 \\ &= -0.7914\ V \end{aligned}$$

$$\begin{aligned} E(Cu^{2+}/Cu) &= E^\ominus(Cu^{2+}/Cu) + \frac{0.0592}{2}\lg[Cu^{2+}] \\ &= +0.3419 + \frac{0.0592}{2}\lg 2.00 \\ &= +0.3508\ V \end{aligned}$$

故 Zn^{2+}/Zn 作负极，Cu^{2+}/Cu 作正极。

电极反应　　正极：　$Cu^{2+} + 2e \Longrightarrow Cu$　　还原反应

　　　　　+）负极：　$Zn - 2e \Longrightarrow Zn^{2+}$　　氧化反应

电池反应　　　　　　$Zn + Cu^{2+} \Longrightarrow Zn^{2+} + Cu$

故 $E = E_{正} - E_{负} = E(Cu^{2+}/Cu) - E(Zn^{2+}/Zn)$

$= +0.3508 - (-0.7914) = 1.1422\ V$

7.3.2 判断氧化还原反应的方向

根据电极电势代数值的相对大小，可以比较氧化剂和还原剂的相对强弱，进而可以预测氧化还原反应进行的方向。

例如，判断下列反应在标准状态下进行的方向：

$$2\,Fe^{3+}(aq) + Sn^{2+}(aq) \Longrightarrow 2Fe^{2+}(aq) + Sn^{4+}(aq)$$

查附录可知：

$$E^\ominus(Sn^{4+}/Sn^{2+}) = 0.151\ V < E^\ominus(Fe^{3+}/Fe^{2+}) = 0.771\ V$$

说明 Fe^{3+} 是比 Sn^{4+} 更强的氧化剂，即 Fe^{3+} 结合电子的倾向较大；Sn^{2+} 是比 Fe^{2+} 更强的还

原剂，即 Sn^{2+} 给出电子的倾向较大，所以反应自发由左向右进行。将该氧化还原反应设计构成一个原电池，较强氧化剂 Fe^{3+} 所在的电对 Fe^{3+}/Fe^{2+} 作正极；较强还原剂 Sn^{2+} 所在的电对 Sn^{4+}/Sn^{2+} 作负极，该原电池的标准电动势为：

$$\begin{aligned} E^\ominus &= E_{正} - E_{负} = E_{Ox} - E_{Red} \\ &= E^\ominus(Fe^{3+}/Fe^{2+}) - E^\ominus(Sn^{4+}/Sn^{2+}) > 0 \end{aligned}$$

该原电池的电池反应即为上述氧化还原反应，可以自发由左向右进行。$E^\ominus(Ox)$ 和 $E^\ominus(Red)$ 分别为氧化剂所在电对和还原剂所在电对的标准电极电势。

由此可以得出规律：氧化还原反应总是自发地由较强的氧化剂与较强的还原剂相互作用，向着生成较弱的还原剂和较弱的氧化剂的方向进行。

由于电极电势 E 的大小不仅与标准电极电势 $E^\ominus$ 有关，还与参加反应的物质的浓度以及溶液的酸度有关，因此，如在非标准状态时，须先按能斯特方程式分别计算各个电极的电极电势 E，然后再根据电池的电动势 E 判断反应进行的方向。但在大多数情况下，仍可以直接用标准电动势 $E^\ominus$ 值来判断。因为在一般情况下，标准电动势 $E^\ominus$ 值在电动势 E 中占有主要的部分，当标准电动势 $E^\ominus > 0.2$ V 时，一般不会因为浓度的变化而使电动势 E 值改变符号。而当标准电动势 $E^\ominus < 0.2$ V 时，离子浓度发生改变时，氧化还原反应的方向常因参加反应物质的浓度和介质酸度的变化而可能发生逆转。

【例 7-5】 判断下列反应能否自发进行：

$$Pb^{2+}(aq)(0.10\ mol \cdot L^{-1}) + Sn(s) \rightleftharpoons Pb(s) + Sn^{2+}(aq)(1.0\ mol \cdot L^{-1})$$

解：查附录可知：

$$E^\ominus(Pb^{2+}/Pb) = -0.1262\ V > E^\ominus(Sn^{2+}/Sn) = -0.1375\ V$$

因此，在标准状态下，Pb^{2+} 为较强的氧化剂，Pb^{2+}/Pb 电对作正极；Sn^{2+} 为较强的还原剂，Sn^{2+}/Sn 电对作负极。故电池的标准电动势 $E^\ominus$ 为：

$$\begin{aligned} E^\ominus &= E^\ominus_{正} - E^\ominus_{负} = E^\ominus(Ox) - E^\ominus(Red) \\ &= E^\ominus(Pb^{2+}/Pb) - E^\ominus(Sn^{2+}/Sn) \\ &= -0.1262 - (-0.1375) = 0.0113\ V \end{aligned}$$

标准电动势 $E^\ominus$ 虽大于零，但数值很小（$E^\ominus < 0.2$ V），所以离子浓度的改变很可能改变电动势 E 值的正负符号。因此，在本例的情况下，必须进一步计算出电动势 E 值，才能正确判别该反应进行的方向。

$$E(Pb^{2+}/Pb) = E^\ominus(Pb^{2+}/Pb) + \frac{0.0592}{2}\lg[Pb^{2+}]$$

$$E(Sn^{2+}/Sn) = E^\ominus(Sn^{2+}/Sn) + \frac{0.0592}{2}\lg[Sn^{2+}]$$

$$\begin{aligned} E &= E(Pb^{2+}/Pb) - E(Sn^{2+}/Sn) \\ &= E^\ominus + \frac{0.0592}{2}\lg\frac{[Pb^{2+}]}{[Sn^{2+}]} \\ &= 0.0113 + \frac{0.0592}{2}\lg\frac{0.10}{1.0} \\ &= 0.0113 - 0.0296 = -0.0183\ V < 0 \end{aligned}$$

因此，上述反应不能向正方向自发进行，即反应自发向逆方向进行。此时 Pb^{2+}/Pb 电对作负极，Pb 是一个较强的还原剂；Sn^{2+}/Sn 电对作正极，Sn^{2+} 是一个较强的氧化剂。

不少电极反应有 H^+ 或 OH^- 参加，因此溶液的酸度对这类氧化还原电对的电极电势有影响，溶液酸度的改变有可能影响氧化还原反应进行的方向，这也可以通过计算来加以确定。

在生产实践中，有时要对一个复杂体系中的某一组分进行选择性的氧化（或还原）处理，这就要对体系中各组分有关电对的电极电势进行考查和比较，选择出合适的氧化剂或还原剂。

7.3.3 元素电势图

很多元素有多种氧化态，可以组成不同的氧化还原电对。为了表示同一元素不同氧化态物质的氧化还原能力以及它们相互之间的关系，拉铁莫尔把同一元素的不同氧化态物质按照氧化数高低的顺序排列起来，并在两种氧化态物质间的连线上标出相应电对的标准电极电势值，从而得到元素标准电极电势图，简称元素电势图。

例如，氧在酸性介质中的元素电势图就可以表示为：

$E^\ominus_A/V$

$$O_2 \xrightarrow{0.695} H_2O_2 \xrightarrow{1.766} H_2O \quad (O_2 \xrightarrow{1.229} H_2O)$$

元素电势图清楚地表明了同种元素的不同氧化态和还原态物质氧化还原能力的相对大小。

元素电势图的应用主要有以下两个方面。

（1）帮助我们全面了解某一元素的氧化还原特性，判断其在不同氧化态时的氧化还原性质。

例如，可以用来判断一种处于中间氧化态的物质能否发生歧化反应。

铜的元素电势图为：

$E^\ominus_A/V$

$$Cu^{+2} \xrightarrow{0.153} Cu^{+} \xrightarrow{0.521} Cu \quad (Cu^{+2} \xrightarrow{0.3419} Cu)$$

因为$E^\ominus(Cu^+/Cu)$大于$E^\ominus(Cu^{2+}/Cu^+)$，所以Cu^+在水溶液中不稳定，能自发发生如下的歧化反应，生成Cu^{2+}和Cu：

$$2Cu^+ = Cu^{2+} + Cu$$

歧化反应是一种自身氧化还原反应。

歧化反应发生的规律是：当元素电势图（$M^{2+} \xrightarrow{E^\ominus_{左}} M^+ \xrightarrow{E^\ominus_{右}} M$）中$E^\ominus_{右} > E^\ominus_{左}$时，中间氧化态的$M^+$就容易发生歧化反应：

$$2M^+ = M^{2+} + M$$

又如，铁在酸性介质中的元素电势图为：

$E^\ominus_A/V$

$$Fe^{3+} \xrightarrow{0.771} Fe^{2+} \xrightarrow{-0.447} Fe$$

利用此电势图可以预测在酸性介质中铁的一些氧化还原特性。

因为$E^\ominus(Fe^{2+}/Fe) < 0$，$E^\ominus(H^+/H_2) = 0$，而$E^\ominus(Fe^{3+}/Fe^{2+}) > 0$，故在盐酸等非氧化性稀酸中，Fe被氧化为$Fe^{2+}$而非$Fe^{3+}$：

$$Fe + 2H^+ = Fe^{2+} + H_2\uparrow$$

因为 $E^\ominus(Fe^{3+}/Fe^{2+}) = 0.771\ V < E^\ominus(O_2/H_2O) = 1.229\ V$，所以 Fe^{2+} 在酸性介质中不稳定，易被空气中的 O_2 所氧化：

$$4Fe^{2+} + O_2 + 4H^+ \xlongequal{\quad} 4Fe^{3+} + 2H_2O$$

由于 $E^\ominus(Fe^{2+}/Fe) < E^\ominus(Fe^{3+}/Fe^{2+})$，故 Fe^{2+} 不会发生歧化反应，却可以发生反歧化反应：

$$Fe + 2Fe^{3+} \xlongequal{\quad} 3Fe^{2+}$$

因此，在 Fe^{2+} 盐的溶液中加入少量金属铁，能避免 Fe^{2+} 被空气中的 O_2 氧化成 Fe^{3+}。

由此可见，在酸性介质中元素铁最稳定的离子是 Fe^{3+} 而非 Fe^{2+}。

（2）计算某一电对的标准电极电势。

考虑如下的元素电势图：

$$A \frac{E_1^\ominus}{(n_1)} B \frac{E_2^\ominus}{(n_2)} C \frac{E_3^\ominus}{(n_3)} D$$

（A 至 D：$\frac{E^\ominus}{(n)}$）

由 $\Delta_r G_m^\ominus = -nFE^\ominus$ 以及 $\Delta_r G_m^\ominus$ 具有加合性的特征（$\Delta_r G_m^\ominus = \Delta_r G_{m1}^\ominus + \Delta_r G_{m2}^\ominus + \Delta_r G_{m3}^\ominus$），可以很容易导出下列计算公式：

$$E^\ominus = \frac{n_1 E_1^\ominus + n_2 E_2^\ominus + n_3 E_3^\ominus}{n} \tag{7-7}$$

式中的 n_1、n_2、n_3、n 分别代表各电对内转移的电子数，且 $n = n_1 + n_2 + n_3$。

【例 7-6】　根据碱性介质中溴的元素电势图：

$E_A^\ominus/V$

$$BrO_3^- \frac{?}{\quad} BrO^- \frac{0.45}{\quad} Br_2 \frac{1.066}{\quad} Br^-$$

（BrO_3^- 至 Br_2：0.52；BrO_3^- 至 Br^-：?）

计算 $E^\ominus(BrO_3^-/Br^-)$ 和 $E^\ominus(BrO_3^-/BrO^-)$ 值。

解：根据式（7-7），有：

$$E^\ominus(BrO_3^-/Br^-) = \frac{5 \times E^\ominus(BrO_3^-/Br_2) + 1 \times E^\ominus(Br_2/Br^-)}{6}$$

$$= \frac{(5 \times 0.52 + 1 \times 1.066)\ V}{6} = 0.61\ V$$

同样可以得到

$$5\ E^\ominus(BrO_3^-/Br_2) = 4 \times E^\ominus(BrO_3^-/BrO^-) + 1 \times E^\ominus(BrO^-/Br_2)$$

$$E^\ominus(BrO_3^-/BrO^-) = \frac{5 \times E^\ominus(BrO_3^-/Br_2) - E^\ominus(BrO^-/Br_2)}{4}$$

$$= \frac{(5 \times 0.52 - 0.45)\ V}{4} = 0.54\ V$$

7.4　氧化还原滴定法

氧化还原滴定法是以氧化还原反应为基础的滴定分析法，应用十分广泛，可以用来直接或间接地测定无机物和有机物的含量。

7.4.1 氧化还原滴定曲线

氧化还原滴定和其他滴定方法一样，随着标准溶液的加入，溶液的某一性质会不断发生变化。实验或计算表明，氧化还原滴定过程中电极电势的变化在化学计量点附近也有突跃。

如图 7-1 所示，在 1 mol · L^{-1} H_2SO_4 溶液中，以 0.100 0 mol · $L^{-1}$$Ce^{4+}$溶液滴定 Fe^{2+}溶液的滴定反应为：

$$Ce^{4+} + Fe^{2+} = Ce^{3+} + Fe^{3+}$$

两电对的条件电极电势为 $E^{\ominus}(Fe^{3+}/Fe^{2+}) = 0.68$ V 和 $E^{\ominus}(Ce^{4+}/Ce^{3+}) = 1.44$ V。其滴定曲线如图 7-2 所示。该滴定反应的电势突跃十分明显。

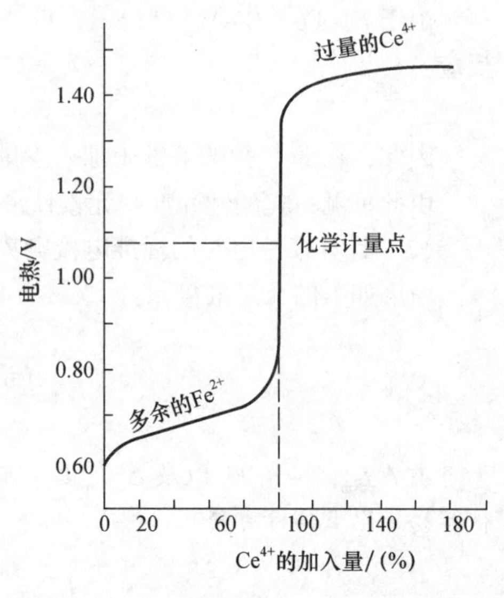

图 7-2 以 0.100 0 mol · L^{-1} Ce^{4+}溶液滴定 0.100 0 mol · L^{-1} Fe^{2+}溶液的滴定曲线

7.4.2 氧化还原滴定终点的检测

在氧化还原滴定中，可利用指示剂在化学计量点附近颜色的改变来指示终点的到达。常用的指示剂有以下几种。

1. 本身发生氧化还原反应的指示剂

这类指示剂本身是具有氧化还原性质的有机化合物，它的氧化态和还原态具有不同颜色，故能因氧化还原作用而发生颜色的变化。

例如，二苯胺磺酸钠是一种常用的氧化还原指示剂，当用 $K_2Cr_2O_7$ 溶液滴定 Fe^{2+}到化学计量点时，稍过量的 $K_2Cr_2O_7$ 即将二苯胺磺酸钠从无色的还原态氧化为红紫色的氧化态，从而指示终点的到达。

在选择指示剂时，应使指示剂的条件电极电势尽可能与反应的化学计量点一致，以减小终点误差。

表 7-1 列出了一些重要氧化还原指示剂的 $E^{\ominus\prime}(In)$ 及颜色变化。

表 7-1 一些重要氧化还原指示剂的 $E^{\ominus\prime}(In)$ 及颜色变化

氧化还原指示剂	$E^{\ominus\prime}(In)/V$ $[H^+] = 1$ mol · L^{-1}	颜色变化	
		氧化态	还原态
亚甲基蓝	0.36	蓝	无色
二苯胺	0.76	紫	无色
二苯胺磺酸钠	0.84	红紫	无色
邻苯氨基苯甲酸	0.89	红紫	无色
邻二氮杂菲-亚铁	1.06	浅蓝	红
硝基邻二氮杂菲-亚铁	1.25	浅蓝	紫红

2. 自身指示剂

有些标准溶液或被滴定物质本身有颜色，而滴定产物为无色或浅色，在滴定时就不需

要另加指示剂，本身的颜色变化就能起指示剂的作用，这叫做自身指示剂。

例如 MnO_4^- 本身显紫红色，还原产物 Mn^{2+} 则几乎无色，所以用 $KMnO_4$ 来滴定无色或浅色的还原剂时，在化学计量点时，过量的 MnO_4^- 的浓度为 2×10^{-6} mol · L^{-1}时溶液即呈粉红色。

3. 专属指示剂

有些物质本身并不具有氧化还原性，但它能与滴定剂或被测物产生特殊的颜色，因而可指示滴定终点。

例如，可溶性淀粉与 I_2 生成深蓝色的吸附配合物，显色反应特效而灵敏，蓝色的出现与消失可以指示终点。

7.4.3　常用氧化还原滴定法

根据所采用的滴定剂的不同，可以将氧化还原滴定法分为多种，习惯以所用氧化剂的名称加以命名，主要有高锰酸钾法、重铬酸钾法、碘量法、溴酸盐法及铈量法等。

1. 高锰酸钾法

高锰酸钾是强氧化剂。

在强酸性溶液中，MnO_4^- 还原为 Mn^{2+}：

$$MnO_4^- + 8H^+ + 5e \rightleftharpoons Mn^{2+} + 4H_2O \qquad E^\ominus = 1.507\ V$$

在中性或碱性溶液中，MnO_4^- 还原为 MnO_2：

$$MnO_4^- + 2H_2O + 3e \rightleftharpoons MnO_2 + 4OH^- \qquad E^\ominus = 0.595\ V$$

在 OH^- 浓度大于 2 mol · L^{-1}的碱溶液中，MnO_4^- 与很多有机物反应，还原为 MnO_4^{2-}：

$$MnO_4^- + e \rightleftharpoons MnO_4^{2-} \qquad E^\ominus = 0.558\ V$$

可见，高锰酸钾既可在酸性条件下使用，也可在中性或碱性条件下使用。测定无机物一般都在强酸性条件下使用。但 MnO_4^- 氧化有机物的反应速率在碱性条件下比在酸性条件下更快，所以用高锰酸钾法测定有机物一般都在碱性溶液中进行。

高锰酸钾法的优点是 $KMnO_4$ 氧化能力强，应用广泛。但也因此而可以和很多还原性物质作用，故干扰比较严重。此外，$KMnO_4$ 试剂常含少量杂质，其标准溶液不够稳定。

$KMnO_4$ 溶液的浓度可用 $H_2C_2O_4\cdot2H_2O$，$Na_2C_2O_4$，$FeSO_4\cdot(NH_4)_2SO_4\cdot6H_2O$ 等还原剂作基准物来标定。其中，草酸钠不含结晶水，容易提纯，最为常用。

在 H_2SO_4 溶液中，MnO_4^- 与 $C_2O_4^{2-}$ 的反应为

$$2MnO_4^- + 5C_2O_4^{2-} + 16H^+ \rightleftharpoons 2Mn^{2+} + 10CO_2\uparrow + 8H_2O$$

2. 重铬酸钾法

在酸性条件下，$K_2Cr_2O_7$ 与还原剂作用被还原为 Cr^{3+}：

$$Cr_2O_7^{2-} + 14H^+ + 6e \rightleftharpoons 2Cr^{3+} + 7H_2O \qquad E^\ominus = 1.232\ V$$

可见，$K_2Cr_2O_7$ 是一种较强的氧化剂，能与许多无机物和有机物反应。此法只能在酸性条件下使用。其优点是：① $K_2Cr_2O_7$ 易于提纯，在 140～250℃干燥后，可以直接称量准确配制成标准溶液；② $K_2Cr_2O_7$ 溶液非常稳定，保存在密闭容器中浓度可以长期保持不变；③ $K_2Cr_2O_7$ 的氧化能力虽比 $KMnO_4$ 稍弱些，但不受 Cl^- 还原作用的影响，故可以在盐酸溶液中进行滴定。

利用重铬酸钾法进行滴定也有直接法和间接法。对于一些有机试样，常在硫酸溶液中加入过量重铬酸钾标准溶液，加热至一定温度，冷却后稀释，再用 Fe^{2+} 标准溶液返滴定。这种间接方法可以用于腐殖酸肥料中腐殖酸的分析、电镀液中有机物的测定等。

应用 $K_2Cr_2O_7$ 标准溶液进行滴定时，常用二苯胺磺酸钠等作指示剂。

应该指出的是，使用 $K_2Cr_2O_7$ 时应注意废液处理，以防污染环境。

3. *碘量法*

碘量法是利用 I_2 的氧化性和 I^- 的还原性进行滴定的分析方法。

I_2 在水中的溶解度很小（0.001 33 $mol \cdot L^{-1}$），实际工作中常将 I_2 溶解在 KI 溶液中形成 I_3^- 以增大其溶解度。为方便起见，一般仍简写为 I_2。

碘量法利用的半反应为：

$$I_3^- + 2e \xlongequal{} 3I^- \qquad E^\ominus(I_2/I^-) = 0.535\,5\ V$$

◆ 直接碘量法

I_2 是一种较弱的氧化剂，能与较强的还原剂作用，因此可用 I_2 标准溶液直接滴定 Sn(Ⅱ)、Sb(Ⅲ)、As_2O_3、S^{2-}、SO_3^{2-} 等还原性物质，这种方法称为直接碘量法。例如：

$$I_2 + SO_3^{2-} + H_2O \xlongequal{} 2I^- + SO_4^{2-} + 2H^+$$

由于 I_2 的氧化能力不强，所以能被 I_2 氧化的物质有限。

直接碘量法的应用亦受溶液中 H^+ 浓度的影响较大。在较强的碱性溶液中，I_2 会发生如下的歧化反应：

$$3I_2 + 6OH^- \xlongequal{} IO_3^- + 5I^- + 3H_2O$$

这会给滴定带来误差，因此直接碘量法的应用有限。

◆ 间接碘量法

I^- 为一中等强度的还原剂，能与许多氧化剂作用析出 I_2，因而可以间接测定 $Cr_2O_7^{2-}$、CrO_4^{2-}、MnO_4^-、H_2O_2、IO_3^-、NO_2^-、BrO_3^- 等氧化性物质，这种方法称为间接碘量法。

间接碘量法的基本反应是：

$$2I^- - 2e \xlongequal{} I_2$$

析出的 I_2 可以用还原剂 $Na_2S_2O_3$ 标准溶液滴定：

$$I_2 + 2S_2O_3^{2-} \xlongequal{} 2I^- + S_4O_6^{2-}$$

凡能与 I^- 作用定量析出 I_2 的氧化性物质以及能与过量 I_2 在碱性介质中作用的有机物质，都可用间接碘量法测定。

【例 7-7】 在 H_2SO_4 溶液中，0.1000 g 工业甲醇与 25.00 mL 0.01667 $mol \cdot L^{-1}$ 的 $K_2Cr_2O_7$ 溶液作用。在反应完成后，以邻苯氨基苯甲酸作指示剂，用 0.1000 $mol \cdot L^{-1}$ $(NH_4)_2Fe(SO_4)_2$ 溶液滴定剩余的 $K_2Cr_2O_7$，用去 10.00 mL。求试样中甲醇的质量分数。

解：在 H_2SO_4 介质中，甲醇与 $K_2Cr_2O_7$ 的反应为：

$$CH_3OH + Cr_2O_7^{2-} + 8H^+ \xlongequal{} CO_2\uparrow + 2Cr^{3+} + 6H_2O$$

过量的 $K_2Cr_2O_7$ 以 Fe^{2+} 溶液滴定，反应为：

$$Cr_2O_7^{2-} + 6Fe^{2+} + 14H^+ \xlongequal{} 2Cr^{3+} + 6Fe^{3+} + 7H_2O$$

由此可知：

$$CH_3OH \Longleftrightarrow Cr_2O_7^{2-} \Longleftrightarrow 6Fe^{2+}$$

$$w(CH_3OH)=\frac{\left[c(K_2Cr_2O_7)V(K_2Cr_2O_7)-\frac{1}{6}c(Fe^{2+})V(Fe^{2+})\right]\times10^{-3}M(CH_3OH)}{m_s}$$

$$=\frac{\left(25.00\times0.01667-\frac{1}{6}\times0.1000\times10.00\right)\times10^{-3}\times32.04}{0.1000}$$

$$=0.0801$$

【知识拓展】

门捷列夫 Mendeleev（1834—1907），俄罗斯化学家。1834 年 2 月 8 日生于西伯里亚的托波尔斯克城，1858 年从彼得堡的中央师范学院毕业，获得硕士学位。1859 年被派往法国巴黎和德国海德尔堡大学化学实验室进行研究工作。1865 年，彼得堡大学授予他科学博士学位。1869 年发现化学元素周期律。1907 年 2 月 2 日逝世。

1869 年门捷列夫提出元素周期律，并预言了镓、钪、锗、钋、镭、锕、镤、铼、锝、钫、砹和稀有气体等多种元素的存在。

1894—1898 年稀有气体的发现，使元素周期律理论经受了一次考验。

1913 年莫斯莱的叙述："化学元素的性质是它们原子序数（而不再是原子量）的周期性函数。"

20 世纪初期，认识到了元素周期律的本质原因："化学元素性质的周期性来源于原子电子层结构的周期性。"

1940 —1974 年提出并证实了第二个稀土族——锕系元素的存在。

人类对元素周期律理论的认识到目前并未完结，客观世界是不可穷尽的，人类的认识也是不可穷尽的。

小　　结

1. 氧化还原反应的实质，氧化值，氧化还原方程式的书写。

2. 电极电势的概念，标准电极电势及其测定，能斯特方程式，影响电极电势的因素。

3. 电极电势的应用：判断氧化还原反应的方向和氧化剂、还原剂的强弱，判断氧化还原反应进行的程度。

4. 元素电势图及其运用。

习　　题

1. 指出下列各物质中画线元素的氧化数。

$Na\underline{H}$，$\underline{H}_3N$，$Ba\underline{O}_2$，$K\underline{O}_2$，$\underline{O}F_2$，$\underline{I}_2O_5$，$K_2\underline{Pt}Cl_6$，$\underline{Cr}O_4^{2-}$，$\underline{Mn}_2O_7$，$K_2\underline{Mn}O_4$，$\underline{S}_4O_6^{2-}$。

2. 对于下列氧化还原反应：（1）写出相应的半反应；（2）以这些氧化还原反应设计构成原电池，并写出电池符号。

（1）$Ag^+ + Cu \longrightarrow Cu^{2+} + Ag$

（2）$Pb^{2+} + Cu + S^{2-} \longrightarrow Pb + CuS\downarrow$

3．试根据标准电极电势的数据，把下列物质按其氧化能力递增的顺序排列起来，并写出它们在酸性介质中对应的还原产物。

$KMnO_4$，$K_2Cr_2O_7$，$FeCl_3$，H_2O_2，I_2，Br_2，Cl_2，F_2。

4．已知电池

$$Zn \mid Zn^{2+}(x\,mol \cdot L^{-1}) \parallel Ag^+(0.1\ mol \cdot L^{-1}) \mid Ag$$

的电动势 $E = 1.51$ V，求 Zn^{2+} 离子的浓度。

5．已知反应

$$2Ag^+ + Zn \xlongequal{\quad} 2Ag + Zn^{2+}$$

开始时 Ag^+ 和 Zn^{2+} 的浓度分别是 0.10 mol · L^{-1} 和 0.30 mol · L^{-1}，计算达到平衡时溶液中 Ag^+ 的浓度。

6．将一块纯铜片置于 0.050 mol · L^{-1} 的 $AgNO_3$ 溶液中。计算达到平衡后溶液的组成。(提示：首先计算出反应的标准平衡常数)

7．已知下列电对的电极电势：

$$Ag^+ + e \rightleftharpoons Ag \qquad E^\ominus = 0.799\,6\ V$$

$$AgCl(s) + e \rightleftharpoons Ag + Cl^- \qquad E^\ominus = 0.222\,3\ V$$

试计算 AgCl 的溶度积常数。

8．设计下列原电池以测定 $PbSO_4$ 的溶度积常数：

$$(-)Pb \mid PbSO_4 \mid SO_4^{2-}(1.0\ mol \cdot L^{-1}) \parallel Sn^{2+}(1.0\ mol \cdot L^{-1}) \mid Sn(+)$$

在 298 K 时测得该电池的标准电动势 $E^\ominus = 0.22$ V，求 $PbSO_4$ 的溶度积常数。

9．已知

$$Cu^{2+} + 2e \rightleftharpoons Cu \qquad E^\ominus = 0.342\ V$$

$$Cu^{2+} + e \rightleftharpoons Cu^+ \qquad E^\ominus = 0.153\ V$$

(1) 计算反应 $Cu + Cu^{2+} \rightleftharpoons 2Cu^+$ 的标准平衡常数。

(2) 已知 $K_{sp}^\ominus(CuCl) = 1.72 \times 10^{-7}$，试计算反应 $Cu + Cu^{2+} + 2Cl^- \rightleftharpoons 2CuCl\downarrow$ 的标准平衡常数。

10．试根据下列元素电势图

$E_A^\ominus$/V：

$$Cu^{2+} \xrightarrow{0.153} Cu^+ \xrightarrow{0.521} Cu$$

$$Fe^{3+} \xrightarrow{0.771} Fe^{2+} \xrightarrow{-0.447} Fe$$

$$Au^{3+} \xrightarrow{1.29} Au^+ \xrightarrow{1.692} Au$$

讨论哪些离子能发生歧化反应。

11．根据铬在酸性介质中的元素电势图

$$Cr_2O_7^{2-} \xrightarrow{1.232} Cr^{3+} \xrightarrow{-0.407} Cr^{2+} \xrightarrow{-0.90} Cr$$

(1) 计算 $E^\ominus(Cr_2O_7^{2-}/Cr^{2+})$ 和 $E^\ominus(Cr^{3+}/Cr)$。

(2) 判断 Cr^{3+} 在酸性介质中的稳定性。

12．计算在 1 mol · L^{-1} HCl 溶液中用 Fe^{3+} 滴定 Sn^{2+} 的电势突跃范围。在此滴定中应选用什么指示剂？若用所选指示剂，滴定终点是否和化学计量点一致？

第八章　配位化合物

学习指导

1. 掌握配合物的基本概念和结构特点，尤其是配合物化学式的书写及命名。
2. 熟悉配合物价键理论的基本要点，能用该理论说明配合物形成体的杂化类型与配合物的几何构型、内外轨键型以及稳定性之间的关系。
3. 了解晶体场理论的基本要点。
4. 掌握螯合物的定义和特点，理解螯合物特殊稳定性的形成原因。

8.1　配合物的基本概念

配位化合物（coordination compound）简称配合物，早期也称为络合物，它是一类组成复杂、用途极为广泛的化合物。历史上最早有记载的配合物，是1704年德国涂料工人Diesbach合成并作为染料和颜料使用的普鲁士蓝，其化学式为$Fe_4[Fe(CN)_6]_3$。但通常认为配合物的研究始于1789年法国化学家塔萨厄尔（B. M. Tassert）对分子加合物$CoCl_3 \cdot NH_3$的发现。19世纪后陆续发现了更多的配合物，1893年维尔纳（Werner A，1866—1919）在前人和他本人研究的基础上，首先提出了配合物的配位理论，揭示了配合物的成键本质，奠定了现代配位化学的基础，使配位化学的研究得到了迅速的发展，他本人也因此在1913年获诺贝尔化学奖。20世纪以来，由于结构化学的发展和各种物理化学方法的采用，使配位化学成为化学科学中一个十分活跃的研究领域，并已逐渐渗透到有机化学、分析化学、物理化学、量子化学、生物化学等许多学科中，对近代科学的发展起了很大的作用。

元素周期表中绝大多数金属元素都能形成配合物。配合物广泛应用于分析化学、配位催化、冶金工业、生物医药、临床检验、环境检测等领域。

本章首先介绍配合物的基本概念，包括定义、组成及命名等，着重讨论价键理论、晶体场理论与配合物的结构、稳定性之间的关系。学习中要真正理解配合物的基本概念，从价键理论的角度理解配合物内界、外界和配位个体的化学键特征。

8.1.1　配合物

为了说明什么是配合物，我们先看一下向$CuSO_4$溶液中滴加过量氨水的实验事实。在盛有$CuSO_4$溶液的试管中滴加氨水，边加边摇，开始时有大量天蓝色的碱式碳酸铜沉淀$[Cu(OH)_2SO_4]$生成，继续滴加氨水时，沉淀逐渐消失，得深蓝色透明溶液，这是由于生成了一种复杂化合物$[Cu(NH_3)_4]SO_4$。经分析此化合物在水溶液中以$[Cu(NH_3)_4]^{2+}$离子和SO_4^{2-}离子存在，很少有简单的Cu^{2+}存在。

通常，我们把具有空轨道的中心原子或阳离子（原子）和可以提供孤对电子的配位体（可能是阴离子或中性分子）以配位键形成的不易解离的复杂离子（或分子）称为配离子

(或配位单元)。带正电荷的配离子称为配阳离子，如$[Cu(NH_3)_4]^{2+}$、$[Ag(NH_3)_2]^+$等；带负电荷的配离子称为配阴离子，如$[HgI_4]^{2-}$、$[Fe(NCS)_4]^-$等。含有配离子的化合物和配位分子统称为配合物（习惯上把配离子也称为配合物）。如$[Cu(NH_3)_4]SO_4$、$K_4[Fe(CN)]_6$、$H[Cu(CN)_2]$、$[Fe(CO)_5]$、$[PtCl_2(NH_3)_2]$、$[Cu(NH_3)_4](OH)_2$都是配合物。

所以，由具有接受孤对电子或多个不定域电子的空位原子或离子（中心体）与可以给出孤对电子或多个不定域电子的一定数目的离子或分子（配体）按一定的组成和空间构型所形成的化合物称为配合物。

8.1.2 配合物的组成

1. 内界和外界

配合物由内界和外界两部分组成。内界为配合物的特征部分（即配离子），是一个在溶液中相当稳定的整体，在配合物的化学式中以方括号标明。方括号以外的离子构成配合物的外界，内界与外界之间以离子键结合。内界离子与外界离子所带电荷的总量相等，符号相反。

$$
\begin{array}{cccc}
[\mathrm{Co} & (\mathrm{NH_3}) & {}_6] & \mathrm{Cl_3} \\
\downarrow & \downarrow & \downarrow & \downarrow \\
\text{中心原子} & \text{配体} & \text{配位数} & \text{外界}
\end{array}
$$

$$
\text{配合物}\begin{cases}\text{内界}\begin{cases}\text{形成体（离子或原子）}\\\text{配体（单齿配体或多齿配体）}\end{cases}\\\text{外界（中性分子配合物无外界）}\end{cases}
$$

2. 中心离子

在配合物的内界中，一般来说都有一个金属离子作为整个配合物的核心，我们称之为中心离子（central ion）。中心离子又称中心原子或形成体，是指在配合物中接受孤对电子的离子或原子。中心离子可以是金属离子、金属原子或非金属元素，如$[Cu(NH_3)_4]SO_4$、$[Fe(CO)_5]$、$[SiF_6]^{2-}$、$[PF_6]^-$中的Cu^{2+}、Fe、Si(Ⅳ)、P(Ⅴ)等，大多数为过渡元素的离子，特别是第Ⅷ元素以及与它们相邻近的一些副族元素。

3. 配体和配位原子

在配合物的中心离子（原子）周围结合着一定数目的中性分子或阴离子，在配合物中提供孤对电子，我们称之为配位体，简称配体（ligand）。配体与中心离子以配位键相结合，如$[Cu(NH_3)_4]SO_4$配合物中，NH_3是配体。常见的配体如NH_3、H_2O、I^-、CN^-、SCN^-等。

配体中直接与中心离子（原子）相连并提供孤对电子形成配位键的原子称为配位原子（coordinating atom）。配位原子的最外电子层都有孤对电子，常见的是电负性较大的非金属元素的原子，如N、O、C、S、X及卤素等。

按配体中配位原子的多少，可将配体分为单齿配体和多齿配体。一个配体中只有一个配位原子的配体称为单齿配体，如NH_3、H_2O、CN^-、F^-、Cl^-等。一个配体中有两个或两个以上配位原子的配体称为多齿配体，如乙二胺（$H_2N—CH_2—CH_2—NH_2$，简写为en）、乙二胺四乙酸（简称EDTA，有时也简写成H_4Y）。

按配位原子不同，我们又可将配体分为以下几种：卤素配体，如 F^-、Cl^-、Br^-、I^-；含氧配体，如 H_2O、OH^-、无机含氧酸根、ONO^-（亚硝酸根）、$C_2O_4^{2-}$、$RCOO^-$、R_2O；含硫配体，如 S^{2-}、SCN^-（硫氰酸根）、RSH^-、R_2S；含氮配体，如 NH_3、NO、NO_2、NCS^-（异硫氰酸根）、RNH_2、R_2NH、R_3N、NC^-（异氰根）；含磷砷配体，如 PH_3、PR_3、PF_3、PCl_3、PBr_3、AsR_3、$(C_6H_5)_3P$；含碳配体，如 CO、CN^-（氰根）等。

4. 配位数

直接与中心离子（原子）结合的的配位原子的个数称为中心离子（原子）的配位数（coordination number）。对于单齿配体，配位数等于中心离子（原子）周围配位体的个数（配体数）；对于多齿配体，配位数大于配体数。例如在 $[Cu(en)_2]^{2+}$ 中，每两个乙二胺分子有两个配位原子，所以 Cu^{2+} 的配位数是 4，而配体数是 2。

5. 配离子的电荷数

中心离子（原子）和配体电荷的代数和即为配离子的电荷。如 $K_4[Fe(CN)_6]$ 配合物中，配离子的电荷数为 $(+2)+(-1)\times 6=-4$，即 $[Fe(CN)_6]^{4-}$ 的电荷数为 -4。

6. 螯合物

螯合物（chelate compound）是由中心离子（原子）和多齿配体形成的具有环状结构的配合物。螯合物是配合物的一种，在螯合物的结构中，一定有一个或多个多齿配体提供多对电子与中心体形成配位键。“螯”指螃蟹的大钳，此名称比喻多齿配体像螃蟹一样用两只大钳紧紧夹住中心体。螯合物通常比一般配合物要稳定，其结构中经常具有的五元或六元环结构更增强了稳定性。例如乙二胺四乙酸与金属离子形成 MY^{2-}，具有如图 8-1 所示的环状结构。EDTA 的分子中有 4 个含孤对电子的氧原子和两个含孤对电子的氮原子，为六齿配体，与金属离子可形成 5 个五元环（螯合物的环上有几个原子，就叫几元环）。正因为这样，螯合物的稳定常数都非常高，许多螯合反应都是定量进行的，可以用来滴定。使用螯合物还可以掩蔽金属离子。EDTA 与金属离子的配合有以下特点：首先，它的螯合能力强，除碱金属以外，能与几乎所有的金属离子形成稳定的螯合物；其次，它与金属离子形成的螯合物大多带有电荷，因此易溶于水。

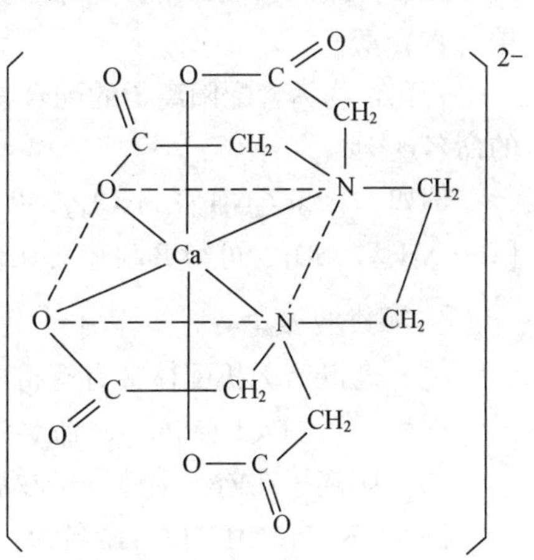

图 8-1　CaY^{2-} 的结构

可形成螯合物的配体叫螯合剂。常见的螯合剂大多是有机化合物，特别是具有氨基 N 和羧基 O 的一类氨羧螯合剂使用得更广，如乙二胺（en，二齿），2,2′-联吡啶（bipy，二齿），1,10-二氮菲（phen，二齿），草酸根（ox，二齿），乙二胺四乙酸（EDTA，六齿）等。一般来说，螯合物的稳定性与环的大小和环的多少有关。一般五元环和六元环最稳定，螯合剂与中心离子形成的五元环或六元环越多，螯合物越稳定。

螯合物在许多领域都有着巨大的作用。例如，螯合物在工业中用来除去金属杂质，如水的软化、去除有毒的重金属离子等。重金属生产和使用的工厂常使用重金属捕捉剂来沉淀重金属离子，达到净化废水的效果。金属螯合反应对于辅酶、辅因子和酶的结合来说意义重大，一些生命必需的物质是螯合物，如血红蛋白和叶绿素中卟啉环上的 4 个氮原子把金属原子（血红蛋白含 Fe^{3+}，叶绿素含 Mg^{2+}）固定在环中心。此外，螯合物的稳定常数都非常高，许多螯合反应都是定量进行的，故在分析化学中可以作为优良的滴定剂。

8.1.3 配合物的命名

配合物的命名方法仍然服从无机化合物的命名原则。其命名复杂的地方在于它复杂的配离子。根据“中国化学会无机化学命名原则”（1980 年），下面将配合物命名方法作简单介绍。

1. 命名总则

配合物命名原则是先阴离子后阳离子，先简单后复杂。首先，配离子的命名遵循“命名总则”，即：

（1）配体名称放在中心原子之前；

（2）不同配体之间以圆点（·）隔开；

（3）配体数目以二、三、四表示（若为一，则可省略）；

（4）最后一个配体名称后缀以“合”字；

（5）如果中心原子不止一种氧化数，可在其后的圆括号中用罗马数字表示。

例如，$[Co(NH_3)_6]^{3+}$，应命名为六氨合钴（Ⅲ）离子。

若配合物为含配阴离子的配合物，则在配阴离子与外界阳离子间用“酸”字相连；若外界为 H^+ 离子，则在配阴离子后缀以“酸”字。

例如，$K_3[Fe(CN)_6]$，应命名为六氰合铁（Ⅲ）酸钾；$H_2[PtCl_6]$，应命名为六氯合铂（Ⅳ）酸。

若配合物为含配阳离子的配合物，则命名时阴离子在前，配阳离子在后，符合无机盐的命名规则。

例如，$[Co(NH_3)_6]Cl_3$，可与 $FeCl_3$ 对比，命名为三氯化六氨合钴（Ⅲ）；$[Cu(NH_3)_4]SO_4$，可与 $BaSO_4$ 对比，命名为硫酸四氨合铜（Ⅱ）。

2. 配体的次序

（1）若既有无机配体又有有机配体，则无机配体在前，有机配体在后。

例如，cis-$[PtCl_2(PPh_3)_2]$命名为：顺-二氯·二（三苯基膦）合铂（Ⅱ）。

（2）阴离子在前，中性分子在后。

例如，$K[Pt(NH_3)Cl_3]$命名为：三氯·氨合铂（Ⅱ）酸钾。

（3）同类配体的名称，按配位原子元素符号的英文字母顺序排列。

例如，$[Co(NH_3)_5(H_2O)]Cl_3$命名为：三氯化五氨·水合钴（Ⅲ）。

（4）同类配体中若配位原子相同，则含较少原子数的配体排在前面。

例如，$[Pt(NO_2)(NH_3)(NH_2OH)(Py)]Cl$，其中硝基为负离子，氨为无机中性分子，羟氨为无机中性分子，吡啶为有机配体，命名为：氯化硝基·氨·羟氨·吡啶合铂（Ⅱ）。

（5）配位原子相同，配体中所含的原子数目也相同时，按结构式中与配原子相连的原子的元素符号的英文顺序排列。

例如，$[Pt(NH_2)(NO_2)(NH_3)_2]$命名为：氨基·硝基·二氨合铂（Ⅱ）。

（6）配体化学式相同但配位原子不同（如—SCN，—NCS）时，则按配位原子元素符号的字母顺序排列。

除了系统命名之外，有些配合物至今仍沿用习惯名称。如 $K_3[Fe(CN)_6]$ 叫铁氰化钾（俗称赤血盐），$[Ag(NH_3)]^+$ 叫银氨配离子。

8.1.4 配合物的分类

配合物的范围极其广泛。根据其结构特征，可将配合物分为以下几种类型。

1. 简单配合物

由单齿配体与中心原子直接配位形成的配合物叫做简单配合物。在简单配合物的分子或离子中只有一个中心原子，且每个配体只有一个配位原子与中心原子结合，如 $[Ag(SCN)_2]^-$、$[Fe(CN)_6]^{4-}$、$[Cu(NH_3)_4]^{2+}$、$[PtCl_6]^{2-}$ 等。

2. 螯合物

由多齿配体（含有2个或2个以上的配位原子）与同一中心原子形成的具有环状结构的配合物叫做螯合物，又称内配合物。例如，Cu^{2+} 与2个乙二胺可形成两个五元环结构的二（乙二胺）合铜（Ⅱ）配离子。

3. 多核配合物

分子中含有两个或两个以上中心原子（离子）的配合物称多核配合物。多核配合物的形成是由于配体中的一个配位原子同时与两个中心原子（离子）以配位键结合形成的。

4. 羰基配合物

以一氧化碳为配体的配合物称为羰基配合物（简称羰合物）。一氧化碳几乎可以和全部过渡金属形成稳定的配合物，如 $Fe(CO)_5$、$Ni(CO)_4$、$Co_2(CO)_8$、$Mn_2(CO)_{10}$ 等。羰合物一般是中性分子，也有少数是配离子，如 $[Co(CO)_4]^-$、$[Mn(CO)_6]^+$、$[V(CO)_6]^-$ 等，其中，金属元素处于低氧化值（包括零氧化值）。

羰基配合物用途广泛。例如，利用羰基配合物的分解可以纯制金属；$Fe(CO)_5$ 或 $Ni(CO)_4$ 可以用作汽油的抗震剂替代四乙基铅，以减少汽车尾气中铅的污染；另外，羰基配合物在配位催化领域也有广泛的应用。羰基配合物熔点、沸点一般不高，难溶于水，易溶于有机溶剂，较易挥发、有毒，因此必须警惕，切勿将其蒸气吸入人体。

此外，还有金属簇状配合物、夹心配合物等。

8.2 配合物的化学键理论

配合物的化学键理论主要研究中心原子和配体之间结合力的本性，并用来说明配合物的物理和化学性质，如配位数、几何构型、磁学性质、光学性质、热力学稳定性和动力学反应性等等。通常，配合物的化学键是指中心原子与配体之间的化学键。为了解释中心原子与配体之间结合力的本性及配合物的性质，科学家们曾提出多种理论，本节将介绍其中的价键理论和晶体场理论。

8.2.1 价键理论

1. 配合物价键理论的基本要点

Sidgwick（1923）和Pauling（1928）提出的配位共价模型，考虑了中心原子和配体的结构，能较好地说明许多配合物的配位数、几何构型、磁性质和一些反应活性等问题。这个理论统治了配合物结构这一领域达二十多年，但这个价键理论只能说明配合物在基态时的性质，而不能说明与激发态有关的性质（如配合物的各种颜色和光谱），也不能说明同一过渡金属系列中不同配合物的相对稳定性等等。配合物价键理论的基本要点如下。

（1）中心原子M和配体L之间以配位键相结合，其中M提供空轨道，L提供孤对电子。这种键本质上是共价键的性质。

（2）配位原子至少要有一对孤对电子，中心离子则要有空的价电子轨道，M提供的空轨道必须进行杂化，杂化轨道的类型决定了配离子的空间构型。

具备了上述条件的中心离子和配体相遇时，由于相互的影响，配位原子就有可能将孤对电子填入中心离子的空轨道，从而形成配位键。配位键与前面介绍的共价键相似，只不过配位键的成键电子对是由配位原子单独提供的。

2. 内轨型和外轨型配合物

中心离子以（$n-1$）d、ns、np组成杂化轨道，即有内层的（$n-1$）d轨道参加杂化而形成的配合物称内轨型（inner-orbital）配合物；中心离子若以外层空轨道ns、np、nd组成杂化轨道而形成的配合物称外轨型（outer-orbital）配合物。

例如，实验测得$[Co(CN)_6]^{3-}$和$[CoF_6]^{3-}$的形成。在配位前：

Co　$3d^7 4s^2$：$\underbrace{\uparrow\downarrow\ \uparrow\downarrow\ \uparrow\ \uparrow\ \uparrow}_{3d}\ \underbrace{\uparrow\downarrow}_{4s}\ \underbrace{\_\ \_\ \_}_{4p}\ \underbrace{\_\ \_\ \_\ \_\ \_}_{4d}$

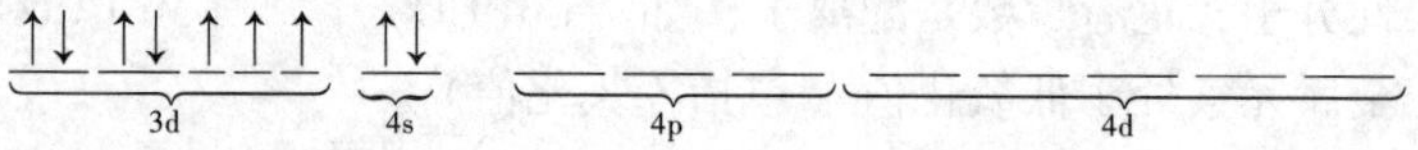

Co^{3+}　$3d^6$：$\underbrace{\uparrow\downarrow\ \uparrow\ \uparrow\ \uparrow\ \uparrow}_{3d}\ \underbrace{\_}_{4s}\ \underbrace{\_\ \_\ \_}_{4p}\ \underbrace{\_\ \_\ \_\ \_\ \_}_{4d}$

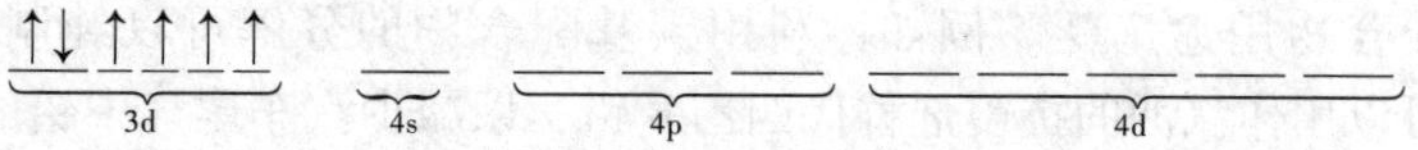

在配位后：

$$CoF^{3-}:\ \underbrace{\uparrow\downarrow\ \uparrow\ \uparrow\ \uparrow\ \uparrow}_{3d}\ \overset{6F^-}{\underbrace{\uparrow\downarrow\ \uparrow\downarrow\ \uparrow\downarrow\ \uparrow\downarrow\ \uparrow\downarrow\ \uparrow\downarrow}_{sp^3d^2}}\ \underbrace{\_\ \_\ \_}_{4d}$$

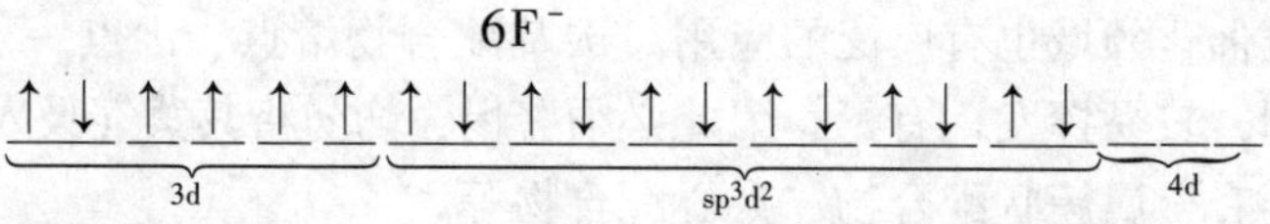

在CoF_6^{3-}中，杂化轨道的类型为sp^3d^2，占用了Co^{3+}的外层d轨道，为外轨型配合物（也叫电价配合物）。

$$而对于\ Co(CN)_6^{3-}:\ \underbrace{\uparrow\downarrow\ \uparrow\downarrow\ \uparrow\downarrow}_{3d}\ \overset{6CN^-}{\underbrace{\uparrow\downarrow\ \uparrow\downarrow\ \uparrow\downarrow\ \uparrow\downarrow\ \uparrow\downarrow\ \uparrow\downarrow}_{d^2sp^3}}\ \underbrace{\_\ \_\ \_}_{4d}$$

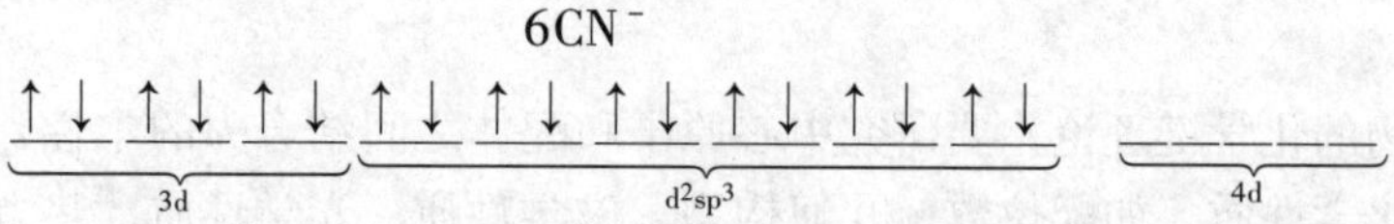

在$Co(CN)_6^{3-}$中，Co^{3+}中心离子以d^2sp^3杂化轨道成键，孤对电子占据的是Co^{3+}的内层d轨道，为内轨型配合物（也叫共价型配合物）。对于相同中心离子的配合物，内轨型的稳定性大于外轨型。

1）影响配合物稳定性的因素

（1）形成体的价电子构型。

通常，价电子构型为（$n-1$）d^{10}的中心离子，只能形成外轨型的配合物，如Zn^{2+}、Cd^{2+}、Hg^{2+}和Cu^{+}、Ag^{+}、Au^{+}的配合物；（$n-1$）$d^{1\sim3}$构型者，因次外层d电子数少于轨道数，所以通常形成内轨型配合物，如$[Cr(H_2O)_6]^{3+}$、$[CrF_6]^{3-}$、$[CrCl_6]^{3-}$均为内轨型

配离子；$(n-1)d^{4\sim7}$构型的形成体，可形成内轨型，也可形成外轨型，取决于配体的电负性大小和形成体的电荷数。

(2) 配位原子的电负性。

电负性较大的配位原子（如 F、O）与形成体成键时，因其电子云集中于靠近配位原子方向，故形成外轨型配合物有利于减少配体之间的斥力，如$[FeF_6]^{3-}$、$[Fe(H_2O)_6]^{3+}$等。电负性较小的配位原子（如 C、P 等）则常易于形成内轨型配合物，如$[Fe(CN)_6]^{3-}$、$[Fe(CN)_6]^{4-}$、$[Cu(CN)_4]^{2-}$等。

(3) 形成体的电荷。

形成体的正电荷数越多，对配位原子孤对电子的引力越强，越易形成内轨型配合物，如 NH_3 配体与 Co^{3+} 形成内轨型的$[Co(NH_3)_6]^{3+}$配离子，与 Co^{2+} 形成外轨型的$[Co(NH_3)_6]^{2+}$配离子。

(4) 配合物的磁性与键型的关系。

物质的磁性强弱（用磁矩 μ 表示）与物质内部未成对电子数的多少有关系。外轨型配合物用外层空轨道成键，内层 d 电子几乎不受成键的影响，故未成对电子数较多。内轨型配合物为了“腾出”内层 d 轨道参与杂化，要将 d 电子“挤入”少数轨道，故未成对电子数较少。磁矩（μ）与未成对电子数（n）有近似关系：

$$\mu \approx \sqrt{n(n+2)} \tag{8-1}$$

式中，μ 的量纲为波尔磁子，用 B. M. 表示。

2) 配合物属于内轨型还是外轨型的判断方法

(1) 测定配合物的磁矩。

由式（8-1）可计算出未成对电子数为 1～5 时相对应的磁矩理论值，参见表 8-1。

表 8-1 未成对电子数（n）与磁矩（μ）的关系

未成对电子数	1	2	3	4	5
$\mu_{理}$ **(B. M.)**	1.73	2.83	3.88	4.90	5.92

依据表 8-1 中 n 与 $\mu_{理}$ 之间的关系以及配合物磁矩的实际测定值，可确定该配合物是内轨型还是外轨型。例如，Fe^{2+}的价电子构型为 $3d^6$，显然，若 Fe^{2+}以 sp^3d^2 杂化轨道形成外轨型配离子，所含未成对电子数 $n=4$ 与 Fe^{2+}未成键前保持一样；若 d^2sp^3 杂化轨道成键形成内轨型配离子，则所含未成对电子数减少为 $n=0$，其 $\mu_{测}=0.00$ B. M.。对于$[Fe(H_2O)_6]^{2+}$配离子，$\mu_{测}=5.28$ B. M.，与表 8-2 中 $n=4$ 时对应的 $\mu_{理}$ 最为接近，因此该配离子中形成体应以 sp^3d^2 杂化轨道成键形成外轨型配离子；而$[Fe(CN)_6]^{4-}$的 $\mu_{测}=0.00$ B. M.，说明配离子中已没有未成对电子，所以$[Fe(CN)_6]^{4-}$应是内轨型配离子。

(2) 由几种典型配体直接判断。

配体 CN^-、NO_2^-、CO 能使 d 电子重排，从而挤出空轨道，故这些配体倾向于形成内轨型配合物；配体 F^-、H_2O（$[Co(H_2O)_6^{3+}]$ 例外）与中心原子作用很弱，不影响 d 电子排布，故一般形成外轨型配合物。

3. 配离子的空间构型

价键理论顺利地解释了配合物的分子构型。显然，分子构型决定于杂化轨道的类型。常见杂化轨道类型与配离子空间构型的关系参见表 8-2。

表 8-2　杂化轨道类型与配离子空间构型的关系

配位数	杂化类型	空间构型	实 例
2	sp	直线形	$[Ag(NH_3)_2]^+$，$[Ag(CN)_2]^-$
3	sp^2	平面三角形	$[CuCl_3]^-$，$[HgI_3]^-$
4	sp^3 dsp^2	正四面体形 平面正方形	$[Zn(NH_3)_4]^{2+}$，$[HgI_4]^{2-}$ $[Ni(CN)_4]^{2-}$，$[Cu(H_2O)_4]^{2+}$
5	dsp^3	三角双锥	$[Fe(CO)_5]$，$[Co(CN)_5]^{3-}$
6	d^2sp^3 sp^3d^2	正八面体 正八面体	$[Fe(CN)_6]^{3-}$，$[Co(CN)_5]^{3-}$ $[FeF_6]^{3-}$，$[CoF_6]^{3-}$

8.2.2　晶体场理论

晶体场理论（CFT）最初是由 Bethe H 在 1929 年首先提出的，但直到 20 世纪 50 年代成功地用它解释金属配合物$[Ti(H_2O)_6]^{3+}$的吸收光谱后，这一理论在化学领域才真正受到重视。

(1) 中心原子与配体之间的结合力是静电作用力。即中心原子是带正电的点电荷，配体（或配位原子）是带负电的点电荷。它们之间的作用犹如离子晶体中正、负离子之间的离子键，即是纯粹的静电吸引和排斥，并不形成共价键。

(2) 中心离子在周围配体的电场作用下，原来能量相同的 5 个简并 d 轨道发生了能级分裂。有些 d 轨道能量升高，有些 d 轨道能量降低，这与 5 个 d 轨道在空间的伸展方向不同而受到配体电场作用程度不同有关。如在八面体配合物中，形成体的 5 个简并 d 轨道分裂成两组。一组是能量升高的 $d_{x^2-y^2}$ 和 d_{z^2}，称为 e_g 轨道；另一组是能量降低的 d_{xy}、d_{yz} 和 d_{xz}，称为 t_{2g} 轨道，如图 8-2 所示。

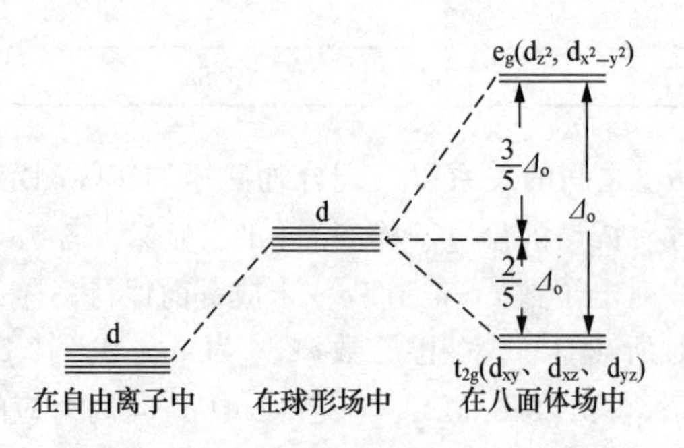

图 8-2　d 轨道能级在 Oh 场中的分裂

能级分裂后，最高能级和最低能级之差称为分裂能（以 Δ 表示），Δ 的大小主要依赖于配合物的几何构型、中心离子的电荷和 d 轨道的主量子数 n，此外还与配位体的种类有很大关系。能级分裂能有以下特点。

① 几何构型与分裂能 Δ 的关系如下：

平面正方形 > 八面体 > 四面体

② 形成体的电荷数越多，对配体吸引力越大，形成体与配体间距越小，形成体外层 d 轨道受到配体的斥力越大，Δ 也越大。

③ 形成体电荷数相同，接受的配体相同时，其中 Δ 一般随着 d 轨道主量子数 n 的增大而增大。

④ 在上述条件相同时，Δ 随配体场强的强弱不同而变化。配体场强越强，Δ 越大；反之则越小。常见配体场强的强弱顺序如下：

$$Cl^- < F^- < OH^- < H_2O < NH_3 < en < NO_2^- < CN^- < CO$$

（3）高自旋和低自旋配合物。在八面体场中，形成体 t_{2g} 轨道比 e_g 轨道能量低，按照能量最低原理，电子将优先分布在 t_{2g} 轨道上。因此，对于 $d^{1\sim3}$ 构型的离子，在形成八面体配合物时，d 电子应全部分布在 t_{2g} 轨道上，只有一种分布方式。对于 d^4—d^7 构型的离子，则可能有两种分布方式。

① 当 $\Delta > Ep$（电子成对能，即电子成对时为了克服电子间的斥力所需的能量）时，电子较难跃迁到 e_g 轨道，故尽可能地分布在能量低的 t_{2g} 轨道而进行电子配对，成单电子数减少，形成低自旋配合物。

② 当 $\Delta < Ep$ 时，电子较难配对，故尽可能地占据较多的 d 轨道，保持较多的成单电子，形成高自旋配合物。

注意，在强场配体（如 CN^-）作用下，Δ 值较大，此时 $\Delta > E_p$，易形成低自旋配合物（如 $[Fe(CN)_6]^{3-}$）；在弱场配体（如 H_2O、F^-）作用下，Δ 值较小，此时 $\Delta < E_p$，易形成高自旋配合物（如 $[Fe(H_2O)_6]^{3+}$）。

8.3　配合物的应用

配合物作为一类重要的化合物，在生活的诸多方面都有着极其重要的应用。下面，我们从配合物在以下几个方面的应用作简单介绍。

8.3.1　配合物在工业生产上的应用

许多金属制件常用电镀法镀上一层既耐腐蚀、又增加美观的 Zn、Cu、Ni、Cr、Ag 等金属。在电镀时，必须将电镀液中的上述金属离子控制在很小的浓度，并使之在作为阴极的金属制件上源源不断地放电沉积，才能得到均匀、致密、光洁的镀层。配合物就能较好地达到此要求。CN^- 可以与上述金属离子形成稳定性适度的配离子，所以电镀工业中曾长期采用氰配合物电镀液。但是，由于含氰废电镀液有剧毒，容易污染环境，造成公害，故近年来已逐步找到可代替氰化物作配位剂的焦磷酸盐、柠檬酸、氨三乙酸等，并已逐步建立无毒电镀新工艺。另外，Au 与 NaCN 在氧化气氛中生成 $[Au(CN)]^{2-}$ 配离子，将金从难溶的矿石中溶解并与其不溶物分离，再用 Zn 粉作还原剂置换得到单质金。CO 能与许多过渡金属（Fe，Ni，Co）形成羰基配合物，且这些金属配合物易挥发，受热后易分解成金属和一氧化碳，利用此可以制备高纯金属。

8.3.2　金属配合物在医药上的应用

近年来，配合物在治疗药物和排除金属中毒、治疗癌症方面越来越受到的关注，人们对于配合物的研究也越来越深入。癌症是危害人类健康的一大顽症，专家预计癌症将成为人类的第一杀手。化疗是治疗癌症的重要手段，但是其毒副作用较大，于是寻求高效、低毒的抗癌药物一直是人们孜孜以求、不懈努力的奋斗目标。自 1965 年 Rosenberg 等人偶然发现顺铂具有抗癌活性以来，金属配合物的药用性引起了人们的广泛关注，开辟了金属配合物抗癌药物研究的新领域。随着人们对金属配合物的药理作用认识的进一步深入，新的高效、低毒、具有抗癌活性的金属配合物不断被合成出来，其中包括某些新型铂配合物、有机锡配合物、有机锗配合物、茂钛衍生物、稀土配合物、多酸化合物等。

第一代铂族抗癌药物顺铂（cis-platin）的化学名称是顺式-二氯二氨合铂（Ⅱ），缩写为DDP，分子式是cis-$[Pt(NH_3)_2Cl_2]$，为黄色粉末状结晶，无嗅，可溶于水，在水中可逐渐转化成反式并水解。DDP在体内能与DNA结合，形成交叉键，从而使癌细胞DNA复制发生障碍而抑制癌细胞的分裂。DDP为细胞周期非特异性的药物，其抗瘤广谱在我国以顺铂为主或有顺铂参加配伍的化疗方案中占所有化疗方案的70%～80%，如顺铂与紫杉醇联用、顺铂与5-Fu联用的治疗效果均令人满意。顺铂在临床上的成功应用也大大促进了生物无机化学的迅猛发展。

虽然顺铂已经应用于临床，并有较好的疗效，但由于它水溶性小，可使肿瘤细胞产生获得性耐药性，故有很强的毒副作用。为了减少它的毒性，人们尝试对它作结构上的修饰，卡铂便是其中之一。卡铂化学名为1,1-环丁二羧酸二氨合铂（Ⅱ）。其结构式中引入了亲水性的1,1-环二羧酸作为配体，因此肾毒性和引发的恶心呕吐均低于顺铂，其作用机理与顺铂相同。虽然卡铂的化学稳定性好，毒性小，但是它与顺铂有交叉耐药性（交叉度达90%）。

虽然金属配合物作为抗癌药物有的已经应用于临床，并且显示出了较好的临床效果，但是大多数仍处于实验阶段，人们对它们的抗癌机理仍不是十分清楚。随着人们对金属配合物的抗癌机理以及其构效关系的进一步认识，人们必将合成出更多高效低毒的金属配合物，金属配合物的抗癌前景也将更为广阔。

8.3.3 配合物在化妆品中的应用

当今，化妆品在我国的使用日趋广泛，估计有数以亿计的人口长期使用。作为以保护皮肤为目的的化妆品，必须具备优良的品质。近年来，由于微量元素在诸多方面表现出的特殊功能，国内外许多学者已经注意到某些微量元素在化妆品中的重要作用。微量元素进入化妆品，是通过与蛋白质、氨基酸甚至脱氧核糖核酸连接而实现的，它代表了一种新型的化妆用品重要成分。当这些微量元素被配合时，其配合物更具有生物利用性，使产品更具调理性和润湿性，而且更易于被皮肤、头发和指甲吸收和利用，从而实现化妆品护肤美容的真实含义。目前，铜、铁、硅、硒、碘、铬和锗等七种微量元素在化妆品中的应用已经被许多国内外学者所肯定，而且逐渐为广大消费者所接受。

8.3.4 金属配合物药物

病毒是病原微生物中最小的一种，其核心是核酸，外壳是蛋白质，不具有细胞结构。大多数病毒缺乏配系统，不能独立自营生活，必须依靠宿主的酶系统才能使其本身繁殖。某些金属配合物有抗病毒的活性，病毒的核酸和蛋白质均为配体，能与金属配合物作用，或占据细胞表面防止病毒的吸附，或防止病毒在细胞内的再生，从而阻止病毒的繁殖。环境污染、过量服用金属元素药物都能引起体内Cd、Cr、Pb、As等污染元素的积累和Fe、Cu、Zn、Ca等必需元素的过量，最终导致人体金属中毒。目前，体内自身无法将某些有毒的金属离子转变为无毒形式排出体外。现在体内过量金属元素的去除和解毒可用配体疗法，主要是选用能与有毒金属元素结合生成水溶性大的无毒配合物，从而使之自体内排出。

除上述各领域外，在医药领域中，配合物已成为药物治疗的一个重要方面。此外，原子能、半导体、激光材料、太阳能储存等高科技领域，环境保护、印染、鞣革等部门也都与配合物有关。配合物的研究与应用，无疑具有广阔的前景。

小　　结

本章我们学习了配合物的以下内容。

1. 一些基本概念。在此，首先要掌握配位化合物的概念，了解其定义，熟悉其构成，如中心原子（离子），配体及配体的分类，配位原子，配位数，配合物的内界、外界，配合物的分类，螯合物等内容。

其次要掌握简单配位化合物的基本命名，了解配体命名的先后顺序，书写规则，以及常用配体的分类及其名称。

2. 价键理论

此理论属于配位化合物的经典理论，虽然不完全正确，但是有些时候还是非常适用的。主要掌握配位化合物的空间构型，中心价层轨道的杂化，以及构型与杂化之间的联系。了解什么是高自旋、低自旋，什么是外轨型、内轨型。会计算配位化合物的磁性，以及已知磁性推导成单电子数。

3. 晶体场理论

主要了解晶体场理论的基本要点，如能级分裂现象以及分裂能的大小与几何构型间的关系，高自旋与低自旋配合物的形成。

4. 配合物在生活中的一些应用

包括了配合物在工业、生物、医学、化妆品等方面的重要用途，深刻认识到我们的生活与配合物息息相关。

习　　题

一、思考题

1. 举例说明什么叫配合物？什么叫螯合物？形成螯合物的条件是什么？

2. 配合物的价键理论的主要内容是什么？

3. 内轨型和外轨型的配合物有何区别？

4. 实验证实 $[Fe(H_2O)]_6^{3+}$ 和 $[Fe(CN)]_6^{3-}$ 的磁矩差别极大，如何用价键理论来理解？

二、填空题

1. 配合物$[CoCl\,NH_3(en)_2]Cl_2$的中心离子是________，配离子是________，配位体是________，配位原子是________。

2. 写出下列配离子或配合物的名称。

(1) $[Zn(CN)_4]^{2+}$ ________________　(2) $[Ag(NH_3)_2]^+$ ________________

(3) $[Cu(H_2O)_4]\ SO_4$ ________________　(4) $[K_2[PtCl_6]$ ________________

(5) $K_3[Fe(CN)_6]$ ________________　(6) $K_3[FeF_6]$ ________________

3. 写出下列配离子或配合物的化学式。

(1) 四氨合铜（Ⅱ）配离子________ (2) 六氰合铁（Ⅲ）配离子________

(3) 硝酸二氨合银（Ⅰ）________ (4) 六氰合铁（Ⅱ）酸钾________

(5) 硫酸四氨合锌（Ⅱ）________ (6) 四碘合汞（Ⅱ）酸钾________

三、选择题

1. $[Ni(en)_3]^{2+}$离子中镍的价态和配位数是（ ）。

A. +2，3 B. +3，6 C. +2，6 D. +3，3

2. 在$[Co(en)(C_2O_4)_2]$配离子中，中心离子的配位数为（ ）。

A. 3 B. 4 C. 5 D. 6

3. 已知$[Ni(CN)_4]^{2-}$中Ni^{2+}以dsp^2杂化轨道与CN^-成键，$[Ni(CN)_4]^{2-}$的空间构型为（ ）。

A. 正四面体 B. 八面体 C. 四面体 D. 平面正方形

4. 下列配合物中，属于内轨型配合物的是（ ）。

A. $[V(H_2O)_6]^{3+}$，$\mu = 2.8$ B. M. B. $[Mn(CN)_6]^{4-}$，$\mu = 1.8$ B. M.

C. $[Zn(OH)_4]^{2-}$，$\mu = 0$ B. M. D. $[Co(NH_3)_6]^{2+}$，$\mu = 4.2$ B. M.

5. 下列叙述中错误的是（ ）。

A. 配合物必定是含有配离子的化合物

B. 配位键由配体提供孤对电子，形成体接受孤对电子而形成

C. 配合物的内界常比外界更不易解离

D. 配位键与共价键没有本质区别

6. Al^{3+}与EDTA形成（ ）。

A. 螯合物 B. 聚合物 C. 非计量化合物 D. 夹心化合物

7. 下列配合物中，属于螯合物的是（ ）。

A. $[Ni(en)_2]Cl_2$ B. $K_2[PtCl_6]$

C. $(NH_4)[Cr(NH_3)_2(SCN)_4]$ D. $Li[AlH_4]$

8. 下列配离子都具有相同的配体，其中属于外轨型的是（ ）。

A. $[Zn(CN)_4]^{2-}$ B. $[Ni(CN)_4]^{2-}$

C. $[Co(CN)_6]^{3-}$ D. $[Fe(CN)_6]^{3-}$

第九章　滴定分析

学习指导

1. 了解滴定分析法分类及常用的四种滴定方式的特点和适用范围。
2. 了解 EDTA 及其与金属离子形成配合物的性质和特点。
3. 掌握滴定分析基本术语及滴定分析法对滴定反应的要求。
4. 掌握标准溶液的配制和标定。
5. 了解金属离子缓冲溶液在配位滴定分析中的应用。
6. 理解条件电极电位的概念及各副反应对主反应的影响。
7. 掌握溶度积原理、溶度积规则及有关沉淀溶解平衡的计算。
8. 了解沉淀溶解平衡、莫尔法、佛尔哈德法以及吸附指示剂法的基本原理和特点。

9.1　滴定分析法简介

滴定分析法是分析化学中的重要分析方法之一。将一种已知其准确浓度的试剂溶液（称为标准溶液）滴加到被测物质的溶液中，直到化学反应完全时为止，然后根据所用试剂溶液的浓度和体积可以求得被测组分的含量，这种方法称为滴定分析法（或称容量分析法）。

9.1.1　滴定分析法的过程和方法特点

我们在用滴定分析法进行定量分析时，是将被测定物质的溶液置于一定的容器（通常为锥形瓶）中，并加入少量适当的指示剂，然后用一种标准溶液通过滴定管逐滴地加到容器里，这样的操作过程称为“滴定”。当滴入的标准溶液与被测定的物质定量反应完全时，也就是两者的物质的量正好符合化学反应式所表示的化学计量关系时，称反应达到了化学计量点（亦称计量点，以 sp 表示）。计量点一般根据指示剂的变色来确定。实际上滴定是进行到溶液里的指示剂变色时停止的，停止滴定这一点称为“滴定终点”（以 ep 表示）或简称“终点”。指示剂并不一定正好在计量点时变色。滴定终点与计量点不一定恰好相符，它们之间存在着一个很小的差别，由此而造成的分析误差称为“滴定误差”，也叫“终点误差”以 Et 表示。

滴定误差的大小，取决于滴定反应和指示剂的性能及用量。因此，必须选择适当的指示剂，以使滴定的终点尽可能地接近计量点。

根据滴定时化学反应类型的不同，可将滴定分析法主要分为下述四类：酸碱滴定法、沉淀滴定法、配位滴定法、氧化还原滴定法。各种方法都有其优点和局限性，同一种物质可以选用不同的方法来测定，实际过程中应根据试样组成、被测物质的性质、含量和对分析结果准确度的要求加以选择。

滴定分析法适于百分含量在 1% 以上各物质的测定，有时也可以测定微量组分。该方法的特点是快速、准确，仪器设备简单，操作方便，价廉，可适用于多种化学反应类型的测定。滴定分析结果的准确度较高，一般情况下，其滴定的相对误差在0.1%左右，所以该方法在生产和科研上具有很高的实用价值。

9.1.2 滴定分析法对滴定反应的要求

（1）反应要完全。被测物质与标准溶液之间的反应要按一定的化学方程式进行，而且反应必须接近完全（通常要求达到99.9%以上）。这是定量计算的基础。

（2）反应速度要快。滴定反应要求在瞬间完成，对于速度较慢的反应，有时可通过加热或加入催化剂等办法来加快反应速度。

（3）要有简便可靠的方法确定滴定的终点。

9.1.3 滴定方式

1. 直接滴定法

凡符合滴定分析法条件的反应，就可以直接采用标准溶液对试样溶液进行滴定，这称为直接滴定。

2. 返滴定法

先加入一定量且过量的标准溶液，待其与被测物质反应完全后，再用另一种滴定剂滴定剩余的标准溶液，从而计算被测物质的量，这称为返滴定法，又称剩余量滴定法。

例如，在酸性溶液中用 $AgNO_3$ 滴定 Cl^- 时，缺乏合适的指示剂。此时，可加一定量过量的 $AgNO_3$ 标准溶液使 Cl^- 沉淀完全，再用 NH_4SCN 标准溶液返滴过剩的 Ag^+，以 Fe^{3+} 为指示剂，出现 $[Fe(SCN)]^{2+}$ 的淡红色，即为终点。

3. 置换滴定法

被测物质所参加的测定反应如果不按照一定的反应式进行，或没有确定的计量关系，则不能用直接滴定法测定。这时，可以用适当的试剂与其反应，使它被定量地置换成另一物质，再用标准溶液滴定此物质，这种方法称为置换滴定法。

例如，硫代硫酸钠不能直接滴定重铬酸钾及其他强氧化剂，因为强氧化剂不仅将 $S_2O_3^{2-}$ 氧化为 $S_4O_6^{2-}$，还会将其部分地氧化成 SO_4^{2-}，这就没有一定的计量关系。但是，若在酸性 $K_2Cr_2O_7$ 溶液中加入过量的KI，使 $K_2Cr_2O_7$ 被定量置换成 I_2，而后者可以用 $Na_2S_2O_3$ 标准溶液直接滴定，计量关系就很好。

$$Cr_2O_7^{2-} + 6I^- + 14H^+ = 3I_2 + 2Cr^{3+} + 7H_2O$$

$$I_2 + 2S_2O_3^{2-} = 2I^- + S_4O_6^{2-}$$

9.1.4 标准溶液的配制和浓度的标定

1. 直接配制法

准确称取一定质量的物质，溶解于适量水后移入容量瓶，用水稀至刻度，然后根据称取物质的质量和容量瓶的体积即可算出该标准溶液的准确浓度。

许多化学试剂由于不纯和不易提纯，或在空气中不稳定（如易吸收水分）等原因，不能用直接法配制标准溶液。只有具备下列条件的化学试剂，才能采用直接配制法。

（1）在空气中要稳定，例如加热干燥时不分解、称量时不吸湿、不吸收空气中的 CO_2、不被空气氧化等。

（2）纯度较高（一般要求纯度在 99.9% 以上），杂质含量少到可以忽略（0.01%～0.02%）。

（3）实际组成应与化学式完全符含。若含结晶水时，如硼砂 $Na_2B_4O_7 \cdot 10H_2O$，其结晶水的含量也应与化学式符合。

（4）试剂最好具有较大的摩尔质量。因为摩尔质量越大，称取的量就越多，称量误差就可相应减少。

凡是符含上述条件的物质，在分析化学上称为“基准物质”或称“基准试剂”。凡是基准试剂，都可以用来直接配成标准溶液。

2. 间接配制法

间接配制法也称标定法。许多化学试剂是不符合上述条件的。例如，NaOH 很容易吸收空气中的 CO_2 和水分，因此称得的质量不能代表纯净 NaOH 的质量；盐酸（除恒沸溶液外）也很难知道其中 HCl 的准确含量；$KMnO_4$、$Na_2S_2O_3$ 等均不易提纯，且见光易分解，均不宜用直接法配成标准溶液，故要用标定法。即先配成接近所需浓度的溶液，然后再用基准物质或用另一种物质的标准溶液来测定它的准确浓度。这种利用基准物质（或用已知准确浓度的溶液）来确定标准溶液浓度的操作过程，称为“标定”或称“标化”。

1）标定标准溶液的方法

（1）用基准物质标定。

称取一定量的基准物质，溶解后用待标定的溶液滴定，然后根据基准物质的质量及待标定溶液所消耗的体积，即可算出该溶液的准确浓度。大多数标准溶液都是通过标定的方法测定其准确浓度的。

（2）与标准溶液进行比较。

准确吸取一定量的待标定溶液，用已知准确浓度的标准溶液滴定；或者准确吸取一定量的已知准确浓度的标准溶液，用待标定溶液滴定。根据两种溶液所消耗的毫升数及标准溶液的浓度，就可计算出待标定溶液的准确浓度。这种用标准溶液来测定待标定溶液准确浓度的操作过程称为“比较”。

显然，与标准溶液进行比较这种方法不及直接标定的方法好，因为标准溶液的浓度不准确就会直接影响待标定溶液浓度的准确性。因此，标定时应尽量采用直接标定法。

2）标定时的注意要点

（1）一般要求平行做 3～4 次标定，至少平行做 2～3 次，相对误差要求不大于 0.1%。

（2）为了减小测量误差，称取基准物质的量不应太少；滴定时消耗标准溶液的体积也不应太小。

（3）配制和标定溶液时用的量器（如滴定管、移液管和容量瓶等），必要时需进行校正。

（4）标定后的标准溶液应妥善保存。

9.2 酸碱滴定法

9.2.1 酸碱指示剂

1. 指示剂的作用原理

酸碱滴定过程本身不发生任何外观的变化，故常借助酸碱指示剂的颜色变化来指示滴定的计量点。酸碱指示剂自身是弱的有机酸或有机碱，其共轭酸碱对具有不同的结构，且颜色不同。当溶液的 pH 改变时，共轭酸碱对相互发生转变、从而引起溶液的颜色发生变化。

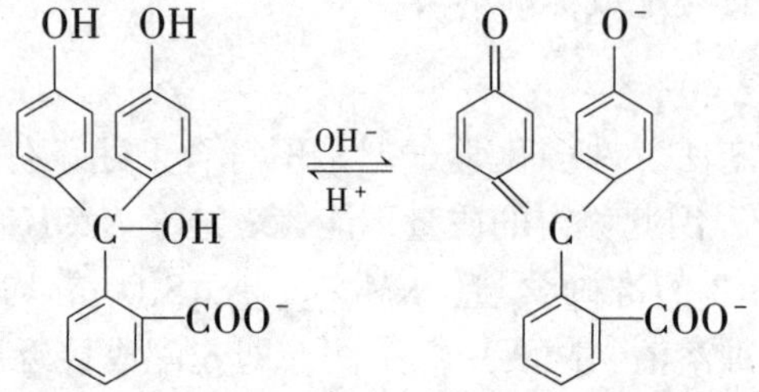

$$\text{酸型，无色} \underset{H^+}{\overset{OH^-}{\rightleftharpoons}} \text{碱型，红色}$$

例如，酚酞指示剂是弱的有机酸，它在水溶液中发生离解作用和颜色变化。当溶液酸性减小时，平衡向右移动，由无色变成红色；反之，在酸性溶液中，由红色转变成无色。酚酞的碱型是不稳定的，在浓碱溶液中它会转变成羧酸盐式的无色三价离子。使用时，酚酞一般配成酒精溶液。又如，甲基橙是一种双色指示剂，它在溶液中发生如下的离解：

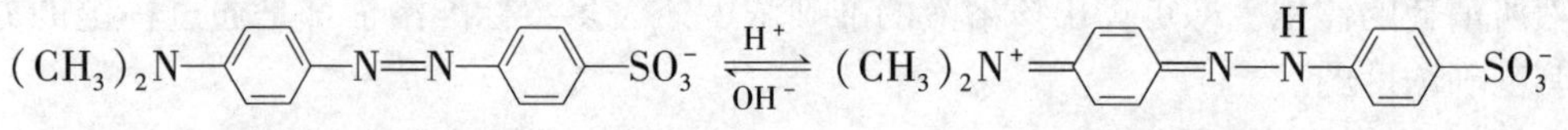

$$(CH_3)_2N-C_6H_4-N=N-C_6H_4-SO_3^- \underset{OH^-}{\overset{H^+}{\rightleftharpoons}} (CH_3)_2N^+=C_6H_4=N-NH-C_6H_4-SO_3^-$$

碱型，黄色　　　　酸型，红色

在碱性溶液中，平衡向左移动，由红色转变成黄色；反之由黄色转变成红色。使用时，甲基橙常配成 0.1 moL · L^{-1}的水溶液。综上所述，指示剂颜色的改变，是由于在不同 pH 的溶液中，指示剂的分子结构发生了变化，因而显示出不同的颜色。但是否溶液的 pH 稍有改变我们就能看到它的颜色变化呢？事实并不是这样，必须是溶液的 pH 改变到一定的范围，我们才能看得出指示剂的颜色变化。也就是说，指示剂的变色，其 pH 是有一定范围的，只有超过这个范围我们才能明显地观察到指示剂的颜色变化。下面我们就来讨论这个问题——指示剂的变色范围。

2. 指示剂的变色范围

指示剂的变色范围，可由指示剂在溶液中的离解平衡过程来解释。现以弱酸型指示剂（HIn）为例来讨论。HIn 在溶液中的离解平衡为：

$$\underset{\text{(酸式色)}}{HIn} \rightleftharpoons H^+ + \underset{\text{(碱式色)}}{In^-}$$

$$K(HIn) = \frac{[H^+][In^-]}{[HIn]}$$

式中，$K(HIn)$ 为指示剂的离解常数；$[In^-]$和$[HIn]$分别为指示剂的碱式色和酸式色的浓度。由上式可知，溶液的颜色是由$[In^-]/[HIn]$的比值来决定的，而此比值又与$[H^+]$和及$K(HIn)$有关。在一定温度下，$K(HIn)$ 是一个常数，故比值$[In^-]/[HIn]$仅为$[H^+]$的函数，

当 $[H^+]$ 发生改变，$[In^-]/[HIn]$ 比值随之发生改变，溶液的颜色也逐渐发生改变。

需要指出的是，不是 $[In^-]/[HIn]$ 比值任何微小的改变都能使人观察到溶液颜色的变化，因为人眼辨别颜色的能力是有限的。当 $[In^-]/[HIn] \leqslant 1/10$ 时，只能观察出酸式（HIn）颜色；当 $[In^-]/[HIn] \geqslant 10$ 时，观察到的是指示剂的碱式色；当 $10 > [In^-]/[HIn] > 1/10$ 时，观察到的是混合色，人眼一般难以辨别。当指示剂的 $[In^-] = [HIn]$ 时，则 $pH = pK_{HIn}$，人们称此 pH 为指示剂的理论变色点。理想的情况是滴定的终点与指示剂的变色点的 pH 完全一致，实际上这是有困难的。根据上述理论推算，指示剂的变色范围应是两个 pH 单位。但实际测得的各种指示剂的变色范围并不一致，而是略有上下。这是因为人眼对各种颜色的敏感程度不同，以及指示剂的两种颜色之间互相掩盖所致。

例如，甲基橙的 $pK_{HIn} = 3.4$，理论变色范围应为 2.4～4.4，而实测变色范围是 3.1～4.4。这说明甲基橙要由黄色变成红色，碱式色的浓度（$[In^-]$）应是酸式色浓度（$[HIn]$）的 10 倍；而酸式色的浓度只要大于碱式色浓度的 2 倍，就能观察出酸式色（红色）。产生这种差异性的原因，是由于人眼对红的颜色较之对黄的颜色更为敏感的缘故，所以甲基橙的变色范围在 pH 小的一端就短一些（对理论变色范围而言）。虽然指示剂变色范围的实验结果与理论推算之间存在着差别，但理论推算对粗略估计指示剂的变色范围仍有一定的指导意义。指示剂的变色范围越窄越好，因为 pH 稍有改变，指示剂就可立即由一种颜色变成另一种颜色，即指示剂变色敏锐，有利于提高测定结果的准确度。人们观察指示剂颜色的变化约为 0.2～0.5 pH 单位的误差。

3. 混合指示剂

单一指示剂的变色范围一般都较宽，其中有些指示剂，例如甲基橙，变色过程中还有过渡颜色，故不易于辨别颜色的变化。混合指示剂则具有变色范围窄、变色明显等优点。混合指示剂是由人工配制而成的。

混合指示剂的配制方法有两种：一是用一种不随 H^+ 浓度变化而改变颜色的染料和一种指示剂混合而成；二是由两种不同的指示剂混合而成。混合指示剂变色敏锐的原理可用下面的例子来说明。

例如，甲基橙和靛蓝（染料）组成的混合指示剂，靛蓝在滴定过程中不变色，只作为甲基橙变色的背景，它和甲基橙的酸式色（红色）加合为紫色，和甲基橙的碱式色（黄色）加合为绿色。

在滴定过程中，该混合指示剂随 H^+ 的浓度变化而发生如下的颜色变化：

溶液的酸度	甲基橙的颜色	甲基橙 + 靛蓝的颜色
$pH > 4.4$	黄　色	绿　色
$pH = 4.1$	橙　色	浅灰色
$pH < 3.1$	红　色	紫　色

可见，单一的甲基橙由黄（或红）变到红（或黄），中间有一过渡的橙色，不易辨别；而混合指示剂由绿（或紫）变化到紫（或绿），不仅中间是几乎无色的浅灰色，而且绿色与紫色明显不同，所以变色非常敏锐，容易辨别。

又如，溴甲酚绿和甲基红两种指示剂所组成的混合指示剂，滴定过程中随溶液 H^+ 浓度变化而发生如下的颜色变化：

溶液的酸度	溴甲酚绿	甲基红	溴甲酚绿＋甲基红
pH＜4.0	黄 色	红 色	酒 红
pH＝5.1	绿 色	橙 色	灰 色
pH＞6.2	蓝 色	黄 色	绿 色

显然该混合指示剂较两种单一指示剂具有变色敏锐的优点。混合指示剂颜色变化明显与否，还与二者的混合比例有关。

9.2.2 强酸（碱）的滴定

既然酸碱指示剂只是在一定的 pH 范围内才发生颜色的变化，那么，为了在某一酸碱滴定中选择一种适宜的指示剂，就必须了解在滴定过程中，尤其是在化学计量点前后 ±0.1% 相对误差范围内溶液 pH 的变化情况。下面分别讨论强酸（碱）的滴定及其指示剂的选择。

这一类型滴定的基本反应为：$H^+ + OH^- \Longrightarrow H_2O$。

现以强碱（NaOH）滴定强酸（HCl）为例来讨论。设 HCl 的浓度为 c_a(0.100 0 mol · L^{-1})，体积为 V_a(20.00 mL)；NaOH 的浓度为 c_b（0.100 0 mol · L^{-1}），滴定时加入的体积为 V_b。整个滴定过程可分为四个阶段来考虑。

1）滴定前（$V_b = 0$）

此时，$[H^+] = c_a = 0.100\,0\ \text{mol} \cdot L^{-1}$，pH＝1.00

2）滴定开始至计量点前（$V_a > V_b$）。

此时，$[H^+] = (V_a - V_b)/(V_a + V_b) \cdot c_a$；

若 $V_b = 19.98$ mL（−0.1%相对误差），则 $[H^+] = 5.00 \times 10^{-5}\ \text{mol} \cdot L^{-1}$，pH＝4.30

3）计量点时（$V_a = V_b$）

此时，$[H^+] = 1.0 \times 10^{-7}\ \text{mol} \cdot L^{-1}$，pH＝7.00

4）计量点后（$V_b > V_a$）

计量点之后，NaOH 再继续滴入便过量了，溶液的酸度决定于过量的 NaOH 的浓度。

$$[OH^-] = (V_b - V_a)/(V_a + V_b) \cdot c_b$$

若 $V_b = 20.02$ mL （+0.1%相对误差），则 $[OH^-] = 5.00 \times 10^{-5}\ \text{mol} \cdot L^{-1}$

故 pH＝9.70

整个滴定过程的 pH 变化参见表 9-1。

表 9-1 用 0.1000 mol · L^{-1} NaOH 溶液滴定 20.00 mL 0.1000 mol · L^{-1} HCl 时 pH 的变化

加入 NaOH /mL	HCl 被滴定百分数	剩余 HCl /mL	过量 NaOH /mL	$[H^+]$	pH
0.00	0.00	20.00		1.00×10^{-1}	1.00
18.00	90.00	2.00		5.26×10^{-3}	2.28
19.80	99.00	0.20		5.02×10^{-4}	3.30
19.98	99.90	0.02		5.00×10^{-5}	4.30 突跃范围
20.00	100.00	0.00		1.00×10^{-7}	7.00
20.02	100.1		0.02	2.00×10^{-10}	9.70
20.20	101.0		0.20	2.01×10^{-11}	10.70
22.00	110.0		2.00	2.10×10^{-12}	11.68
40.00	200.0		20.00	5.00×10^{-13}	12.52

计量点前后 ± 0.1% 相对误差范围内溶液 pH 之变化，在分析化学中称为滴定的 pH 突跃范围，简称突跃范围。指示剂的选择以此突跃范围作为依据。

对于 0.100 0 $mol\cdot L^{-1}$ NaOH 滴定 20.00 mL 0.100 0 $mol\cdot L^{-1}$ HCl 来说，凡在突跃范围（pH = 4.30～9.70）以内能引起变色的指示剂（即指示剂的变色范围全部或一部分落在滴定的突跃范围之内的），都可作为该滴定的指示剂，如酚酞（pH = 8.0～10.0）、甲基橙（pH = 3.1～4.4）和甲基红（pH = 4.4～6.2）等。在突跃范围内停止滴定，则测定结果具有足够的准确度。反之，若用 HCl 滴定 NaOH（条件与前相同），则滴定曲线正好相反。用 NaOH 滴定 HCl 的滴定曲线如图 9-1 所示。

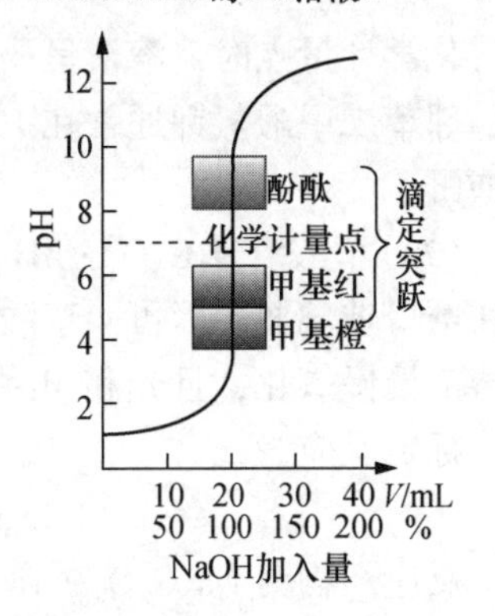

图 9-1　0.100 0 $mol\cdot L^{-1}$ NaOH 滴定 0.100 0 $mol\cdot L^{-1}$ HCl 的滴定曲线

滴定的突跃范围是 pH = 4.30～9.70，可选择酚酞和甲基红作指示剂。如果用甲基橙作指示剂，只应滴至橙色（pH = 4.0），若滴至红色（pH = 3.1），则将产生 +0.2% 以上的误差。

为了消除这种误差，可进行指示剂校正。即取 40 毫升 0.05 $mol\cdot L^{-1}$ NaCl 溶液，加入与滴定时相同量的甲基橙，再以 0.100 0 $mol\cdot L^{-1}$ HCl 溶液滴定至溶液的颜色恰好与被滴定的溶液颜色相同为止，记下 HCl 的用量（称为校正值）。滴定 NaOH 所消耗的 HCl 用量减去此校正值即为 HCl 真正的用量。滴定的突跃范围，随滴定剂和被滴定物浓度的改变而改变，指示剂的选择也应视具体情况而定。

9.2.3　酸碱标准溶液的配制和标定

1. 酸标准溶液

酸标准溶液通常用 HCl 溶液（酸性强、无氧化性），特殊情况下用 H_2SO_4。HCl 标准溶液浓度约为 0.1 $mol\cdot L^{-1}$ 为宜，由于其具有易挥发性，故先配成近似浓度，然后再标定。常用的基准物质有无水碳酸钠和硼砂。

（1）无水碳酸钠。它易吸收空气中的水分，先将其置于 270～300℃ 下干燥 1 h，然后保存于干燥器中备用。标定反应如下：

$$Na_2CO_3 + 2HCl \xlongequal{\quad} 2NaCl + H_2O + CO_2\uparrow$$

计量点时，为 H_2CO_3 饱和溶液，pH 为 3.9，以甲基橙作指示剂应滴至溶液呈橙色为终点。为使 H_2CO_3 的饱和部分不断分解逸出，临近终点时应将溶液剧烈摇动或加热。

（2）硼砂（$Na_2B_4O_7\cdot 10H_2O$）。它易于制得纯品，吸湿性小，摩尔质量大，但由于含有结晶水，当空气相对湿度小于 39% 时，有明显的因风化而失水的现象，故常保存在相对湿度为 60% 的恒温器（下置饱和的蔗糖溶液）中。其标定反应为：

$$Na_2B_4O_7 + 2HCl + 5\ H_2O \xlongequal{\quad} 2NaCl + 4H_3BO_3$$

产物为 H_3BO_3，其水溶液 pH 约为 5.1，可用甲基红作指示剂。

2. 碱标准溶液

NaOH 为最常用的碱标准溶液，但易吸收 CO_2 生成 Na_2CO_3，需标定。常用的标定碱标准溶液的基准物质有邻苯二甲酸氢钾、草酸等。

（1）邻苯二甲酸氢钾。它易制得纯品，在空气中不吸水，容易保存，摩尔质量较大，是一种较好的基准物质。标定反应为

$$C_6H_4(COOH)(COOK) + NaOH \longrightarrow C_6H_4(COONa)(COOK) + H_2O$$

化学计量点时，溶液呈弱碱性（pH = 9.20），可选用酚酞作指示剂。

邻苯二甲酸氢钾通常在105～110℃下干燥2小时，干燥温度过高，则脱水成为邻苯二甲酸酐。

（2）草酸（$H_2C_2O_4 \cdot 2H_2O$）。它在相对湿度为5%～95%时不会风化失水，故将其保存在磨口玻璃瓶中即可。草酸固体状态比较稳定，但溶液状态的稳定性较差，空气能使草酸溶液慢慢氧化，且光和Mn^{2+}能催化其氧化，因此草酸溶液应置于暗处存放。

标定反应为

$$2NaOH + H_2C_2O_4 = Na_2C_2O_4 + 2H_2O$$

反应产物为$Na_2C_2O_4$，在水溶液中显碱性，可选用酚酞作指示剂。

9.2.4 酸碱滴定法的应用

酸碱滴定法在生产实际中应用极为广泛，许多酸、碱物质包括一些有机酸（或碱）物质均可用酸碱滴定法进行测定。对于一些极弱酸或极弱碱，部分也可在非水溶液中进行测定，或用线性滴定法进行测定；有些非酸（碱）性物质，还可以用间接酸碱滴定法进行测定。

实际上，酸碱滴定法除广泛应用于大量化工产品主成分含量的测定外，还广泛应用于钢铁及某些原材料中C、S、P、Si与N等元素的测定，以及有机合成工业与医药工业中的原料、中间产品和成品等的分析测定。甚至现行国家标准（GB）中，如化学试剂、化工产品、食品添加剂、水质标准、石油产品等凡涉及酸度、碱度项目测定的，也多数采用酸碱滴定法。

下面列举几个实例，简要叙述酸碱滴定法在某些方面的应用。

1. 工业硫酸的测定

工业硫酸既是一种重要的化工产品，也是一种基本的工业原料，广泛应用于化工、轻工、制药及国防科研等部门中，在国民经济中占有非常重要的地位。

纯硫酸是一种无色透明的油状黏稠液体，密度约为1.84 $g \cdot mL^{-1}$，其纯度的大小常用硫酸的质量分数来表示。

H_2SO_4是一种强酸，可用NaOH标准溶液滴定，滴定反应为

$$H_2SO_4 + 2NaOH = Na_2SO_4 + 2H_2O$$

滴定硫酸一般可选用甲基橙、甲基红等指示剂，国家标准GB11198.1—1989中规定使用甲基红-亚甲基蓝混合指示剂。其质量分数$w(H_2SO_4)$的计算公式为

$$w(H_2SO_4) = \frac{c(NaOH)V(NaOH) \times M\left(\frac{1}{2}H_2SO_4\right)}{m_s \times 1000} \times 100\% \qquad (9\text{-}1)$$

式中，$c(NaOH)$为NaOH标准滴定溶液的浓度（$mol \cdot L^{-1}$）；$V(NaOH)$为消耗NaOH标准溶液的体积（mL）；$M\left(\frac{1}{2}H_2SO_4\right) = 49.04\ g \cdot mol^{-1}$；$m_s$为称取$H_2SO_4$试样的质量（g）；$w(H_2SO_4)$为工业硫酸试样中$H_2SO_4$的质量分数（数值以%表示）。

在滴定分析时，由于硫酸具有强腐蚀性，因此使用和称取硫酸试样时，严禁溅出；硫酸稀释时会放出大量的热，使得试样溶液温度变高，需冷却后才能转移至容量瓶中稀释或进行滴定分析；硫酸试样的称取量由硫酸的密度和大致含量及 NaOH 标准滴定溶液的浓度来决定。

2. 混合碱的测定

混合碱的组分主要有：NaOH、Na_2CO_3、$NaHCO_3$，由于 NaOH 与 $NaHCO_3$ 不可能共存，因此混合碱的组成或者为三种组分中任一种，或者为 NaOH 与 Na_2CO_3 的混合物，或者为 Na_2CO_3 与 $NaHCO_3$ 的混合物。若是单一组分的化合物，用 HCl 标准溶液直接滴定即可；若是两种组分的混合物，则一般可用氯化钡法与双指示剂法进行测定。下面详细讨论双指示剂这种方法。

双指示剂法测定混合碱时，无论其组成如何，其方法均是相同的，具体操作如下：准确称取一定量试样，用蒸馏水溶解后先以酚酞为指示剂，用 HCl 标准滴定溶液滴定至溶液粉红色消失，记下 HCl 标准滴定溶液所消耗的体积 V_1(mL)。此时，存在于溶液中的 NaOH 全部被中和，而 Na_2CO_3 则被中和为 $NaHCO_3$。然后在溶液中加入甲基橙指示剂，继续用 HCl 标准溶液滴定至溶液由黄色变为橙红色，记下又用去的 HCl 标准滴定溶液的体积 V_2(mL)。显然，V_2 是滴定溶液中 $NaHCO_3$（包括溶液中原本存在的 $NaHCO_3$ 与 Na_2CO_3 被中和所生成的 $NaHCO_3$）所消耗的体积。由于 Na_2CO_3 被中和到 $NaHCO_3$ 与 $NaHCO_3$ 被中和到 H_2CO_3 所消耗的 HCl 标准滴定溶液的体积是相等的。因此，有如下判别式。

1）$V_1 > V_2$

这表明溶液中有 NaOH 存在，因此，混合碱由 NaOH 与 Na_2CO_3 组成，且将溶液中的 Na_2CO_3 中和到 $NaHCO_3$ 所消耗的 HCl 标准滴定溶液的体积为 V_2(mL)，则

$$w(Na_2CO_3) = \frac{c(HCl)V_2 \times 106.0}{m_s \times 1000} \times 100\% \tag{9-2}$$

将溶液中的 NaOH 中和成 NaCl 所消耗的 HCl 标准滴定溶液的体积为 $V_1 - V_2$（mL），则

$$w(NaOH) = \frac{c(HCl)(V_1 - V_2) \times 40.00}{m_s \times 1000} \times 100\% \tag{9-3}$$

式（9-2）和式（9-3）中，m_s 均为试样的质量（g）；106.0 为 Na_2CO_3 的摩尔质量（$g \cdot mol^{-1}$）；40.00 为 NaOH 的摩尔质量（$g \cdot mol^{-1}$）；w(NaOH)、$w(Na_2CO_3)$ 分别为试样中 NaOH、Na_2CO_3 的质量分数（数值以%表示）。

2）$V_1 < V_2$

这表明溶液中有 $NaHCO_3$ 存在，因此，混合碱由 Na_2CO_3 与 $NaHCO_3$ 组成，且将溶液中的 Na_2CO_3 中和到 $NaHCO_3$ 所消耗的 HCl 标准滴定溶液的体积为 V_1(mL)，则

$$w(Na_2CO_3) = \frac{c(HCl)V_1 \times 106.0}{m_s \times 1000} \times 100\% \tag{9-4}$$

将溶液中的 $NaHCO_3$ 中和成 H_2CO_3 所消耗的 HCl 标准滴定溶液的体积为 $V_2 - V_1$（mL），则

$$w(NaHCO_3) = \frac{c(HCl)\ (V_2 - V_1) \times 84.01}{m_s \times 1000} \times 100\% \tag{9-5}$$

式（9-4）和式（9-5）中，m_s 均为所制备试样溶液中包含试样的质量（g）；84.01 为 $NaHCO_3$ 的摩尔质量（$g \cdot mol^{-1}$）；106.0 为 Na_2CO_3 的摩尔质量（$g \cdot mol^{-1}$）；$w(NaHCO_3)$、

$w(Na_2CO_3)$ 分别为试样中 $NaHCO_3$、Na_2CO_3 的质量分数（数值以%表示）。

氯化钡法与双指示剂法相比，前者操作上虽然稍麻烦，但由于测定时 CO_3^{2-} 被沉淀，所以最后的滴定实际上是强酸滴定强碱，因此结果反而比双指示剂法准确。

3. 硼酸的测定

硼酸的酸性太弱（$pK_a=9.24$），故不能用碱直接滴定。实际测定时，一般是在硼酸溶液中加入多元醇（如甘露醇或甘油），使之与硼酸反应，生成络（配）合酸：

$$2\begin{array}{c} \mathrm{H} \\ | \\ \mathrm{R—C—OH} \\ | \\ \mathrm{R—C—OH} \\ | \\ \mathrm{H} \end{array} + 3H_3BO_3 = \begin{array}{ccccc} \mathrm{H} & & & & \mathrm{H} \\ | & & & & | \\ \mathrm{R—C—O} & & & & \mathrm{O—C—R} \\ | & \diagdown & & \diagup & | \\ & & \mathrm{B} & & \\ | & \diagup & & \diagdown & | \\ \mathrm{R—C—O} & & & & \mathrm{O—C—R} \\ | & & & & | \\ \mathrm{H} & & & & \mathrm{H} \end{array} + 3H_2O$$

此络合酸的酸性较强，其 $pK_a=4.26$，可用 NaOH 直接滴定。

9.3 配位滴定

9.3.1 配位滴定概论

配位滴定法是以生成配位化合物的反应为基础的滴定分析方法。例如，用 $AgNO_3$ 溶液滴定 CN^-（又称氰量法）时，Ag^+ 与 CN^- 发生配位反应，生成配离子 $[Ag(CN)_2]^-$，其反应式如下：

$$Ag^+ + 2CN^- \rightleftharpoons [Ag(CN)_2]^-$$

当滴定到达化学计量点后，稍过量的 Ag^+ 与 $[Ag(CN)_2]^-$ 结合生成 $Ag[Ag(CN)_2]$ 白色沉淀，使溶液变浑浊，指示终点的到达。配位反应具有极大的普遍性，金属离子在水溶液中大多是以不同形式的配离子存在的。能与金属离子配位的无机配位剂很多，但多数的无机配位剂只有一个配位原子（通常称此类配位剂为单基配位体，如 F^-、Cl^-、CN^-、NH_3 等），与金属离子配位时分级配位，常形成 MLn 型的简单配合物，但各级配合物的稳定常数都不大，彼此相差也很小。因此，除个别反应（例如 Ag^+ 与 CN^-、Hg^{2+} 与 Cl^- 等反应）外，无机配位剂大多数都不能用于配位滴定，它在分析化学中一般多用作掩蔽剂、辅助配位剂和显色剂。有机配位剂分子中常含有两个以上的配位原子（通常称含 2 个或 2 个以上配位原子的配位剂为多基配位体），与金属离子配位时形成低配位比的具有环状结构的螯合物，它比同种配位原子所形成的简单配合物稳定得多，且减少甚至消除了分级配位现象，从而使这类配位反应有可能用于滴定。

广泛用作配位滴定剂的是含有—$N(CH_2COOH)_2$ 基团的有机化合物，称为氨羧配位剂。其分子中含有氨氮 $\begin{array}{c}\ddot{\mathrm{N}}\\ \diagup | \diagdown\end{array}$ 和羧氧 $\begin{array}{c}\mathrm{O}\\ \| \\ \mathrm{—C—\ddot{N}—}\end{array}$ 配位原子，因此氨羧配位剂兼有两者配位的能力，几乎能与所有金属离子配位。

在配位滴定中最常用的氨羧配位剂主要有以下几种：EDTA（乙二胺四乙酸）；CyDTA（或 DCTA，环己烷二胺基四乙酸）；EDTP（乙二胺四丙酸）；TTHA（三乙基四胺六乙酸)。氨羧配位剂中 EDTA 是目前应用最广泛的一种，用 EDTA 标准溶液可以滴定几十种金属离子。通常所谓的配位滴定法，主要是指 EDTA 滴定法。

乙二胺四乙酸（通常用 H_4Y 表示）简称 EDTA，其结构式如下：

$$\begin{matrix} HOOCCH_2 & & & & CH_2COOH \\ & \diagdown & & \diagup & \\ & N-CH_2-CH_2-N & & & \\ & \diagup & & \diagdown & \\ HOOCCH_2 & & & & CH_2COOH \end{matrix}$$

由于 EDTA 在水及酸中的溶解很小，故常用的为其二钠盐：$Na_2H_2Y \cdot 2H_2O$。当 EDTA 溶解于酸度很高的溶液中时，它的两个羧酸根可再接受两个 H^+ 形成 H_6Y^{2+}，这样，它就相当于一个六元酸，有六级离解常数，其离解常数参见表 9-2。

表 9-2　EDTA 的离解常数

K_{a_1}	K_{a_2}	K_{a_3}	K_{a_4}	K_{a_5}	K_{a_6}
$10^{-0.9}$	$10^{-1.6}$	$10^{-2.0}$	$10^{-2.67}$	$10^{-6.16}$	$10^{-10.26}$

EDTA 在水溶液中总是以 H_6Y^{2+}、H_5Y^+、H_4Y、H_3Y^-、H_2Y^{2-}、HY^{3-} 和 Y^{4-} 等七种形体存在。当 $pH<1$ 时，主要以 H_6Y^{2+} 形式存在；当 $pH>11$ 时，主要以 Y^{4-} 形式存在。

EDTA 分子中有 6 个配位原子，此 6 个配位原子恰好能满足它们的配位数，在空间位置上均能与同一金属离子形成环状化合物，即螯合物。EDTA 与金属离子的配合物有如下特点：

(1) EDTA 具有广泛的配位性能，几乎能与所有的金属离子形成稳定的螯合物；

(2) EDTA 与形成的 M- EDTA 配位比绝大多数为 1∶1；

(3) 螯合物大多数带电荷，故能溶于水，反应迅速。

9.3.2　配位滴定基本原理

1. 配合物的绝对稳定常数

对于 1∶1 型的配合物 ML 来说，其配位反应式如下（为简便起见，略去电荷）：

$$M + L \rightleftharpoons ML$$

因此反应的平衡常数表达式为：

$$K_{MY} = \frac{[ML]}{[M] \cdot [L]} \tag{9-6}$$

K_{MY} 即为金属-EDTA 配合物的绝对稳定常数（formation constant，或称形成常数），也可用 $K_{稳}$ 表示。对于具有相同配位数的配合物或配位离子，此值越大，配合物越稳定。K_{MY} 稳定常数的倒数即为配合物的不稳定常数（instability constant，或称离解常数）。

$$K_{稳} = \frac{1}{K_{不稳}} \tag{9-7}$$

或

$$\log K_{稳} = pK_{不稳}$$

常见金属离子与 EDTA 形成的配合物 MY 的绝对稳定常数 K_{MY} 见表 9-3。需要指出的是，绝对稳定常数是指无副反应情况下的数据，它不能反映实际滴定过程中真实配合物的稳定状况。

表 9-3 部分金属-EDTA 配位化合物的 $\lg K_{MY}$

阳离子	$\lg K_{MY}$	阳离子	$\lg K_{MY}$	阳离子	$\lg K_{MY}$
Na^{+}	1.66	Ce^{4+}	15.98	Cu^{2+}	18.80
Li^{+}	2.79	Al^{3+}	16.3	Ga^{2+}	20.3
Ag^{+}	7.32	Co^{2+}	16.31	Ti^{3+}	21.3
Ba^{2+}	7.86	Pt^{2+}	16.31	Hg^{2+}	21.8
Mg^{2+}	8.69	Cd^{2+}	16.49	Sn^{2+}	22.1
Sr^{2+}	8.73	Zn^{2+}	16.50	Th^{4+}	23.2
Be^{2+}	9.20	Pb^{2+}	18.04	Cr^{3+}	23.4
Ca^{2+}	10.69	Y^{3+}	18.09	Fe^{3+}	25.1
Mn^{2+}	13.87	VO^{+}	18.1	U^{4+}	25.8
Fe^{2+}	14.33	Ni^{2+}	18.60	Bi^{3+}	27.94
La^{3+}	15.50	VO^{2+}	18.8	Co^{3+}	36.0

*2. 影响配位平衡的主要因素

在滴定过程中，一般将 EDTA（Y）与被测金属离子 M 的反应称为主反应，而溶液中存在的其他反应都称为副反应（side reaction），例如，

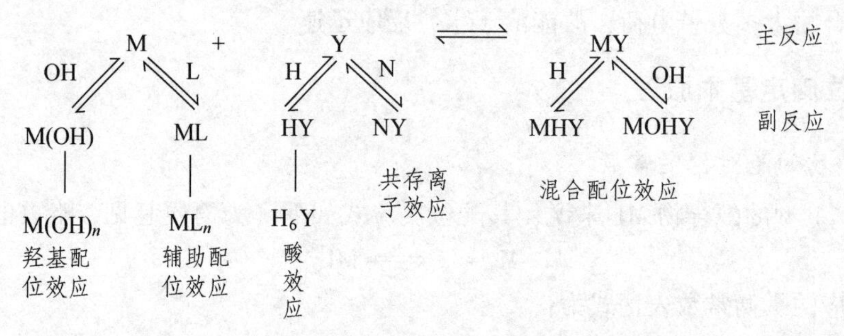

式中，L 为辅助配位剂，N 为共存离子。副反应影响主反应的现象称为"效应"。

显然，反应物（M、Y）发生副反应不利于主反应的进行，而生成物（MY）的各种副反应则有利于主反应的进行。由于所生成的这些混合配合物大多数不稳定，故可以忽略不计。以下主要讨论反应物发生的副反应。

1）副反应系数

配位反应涉及的平衡比较复杂。为了定量处理各种因素对配位平衡的影响，特引入副反应系数的概念。副反应系数是描述副反应对主反应影响大小程度的量度，以 α 表示。

(1) Y 与 H 的副反应——酸效应与酸效应系数。因 H^+ 的存在使配位体参加主反应能力降低的现象称为酸效应。酸效应的程度用酸效应系数来衡量。EDTA 的酸效应系数用符号 $\alpha_{Y(H)}$ 表示。所谓酸效应系数，是指在一定酸度下，未与 M 配位的 EDTA 各级质子化型体的总浓度[Y′]与游离 EDTA 酸根离子浓度[Y]的比值。即

$$\alpha_{Y(H)} = [Y'] / [Y] \tag{9-8}$$

不同酸度下的 $\alpha_{Y(H)}$ 值，可按下式计算：

$$\alpha_{Y(H)} = 1 + \frac{[H]}{K_6} + \frac{[H]^2}{K_6K_5} + \frac{[H]^3}{K_6K_5K_4} + \cdots + \frac{[H]^6}{K_6K_5\cdots K_1} \tag{9-9}$$

式中，K_6、$K_5 \cdots K_1$ 为 H_6Y^{2+} 的各级离解常数。

由式（9-9）可知，$\alpha_{Y(H)}$ 随 pH 的增大而减少。$\alpha_{Y(H)}$ 越小，则[Y]越大，即 EDTA 有效浓度[Y]越大，因而酸度对配合物的影响越小。

(2) Y 与 N 的副反应——共存离子效应和共存离子效应系数。如果溶液中除了被滴定的金属离子 M 之外，还有其他金属离子 N 存在，且 N 亦能与 Y 形成稳定的配合物时，又当如何呢？

当溶液中，共存金属离子 N 的浓度较大，Y 与 N 的副反应就会影响 Y 与 M 的配位能力，此时共存离子的影响不能忽略。这种由于共存离子 N 与 EDTA 反应，从而降低了 Y 的平衡浓度的副反应称为共存离子效应。副反应进行的程度用副反应系数 $\alpha_{Y(N)}$ 表示，称为共存离子效应系数，其数值为

$$\alpha_{Y(N)} = \frac{[Y']}{[Y]} = \frac{[NY] + [Y]}{[Y]} = 1 + K_{NY}[N] \tag{9-10}$$

式中，[N]为游离共存金属离子 N 的平衡浓度。由式（9-10）可知，$\alpha_{Y(N)}$ 的大小只与 K_{NY} 以及 N 的浓度有关。

若有几种共存离子存在时，一般只取其中影响最大的，其他可忽略不计。实际上，Y 的副反应系数 α_Y 应同时包括共存离子和酸效应两部分，因此

$$\alpha_Y \approx \alpha_{Y(H)} + \alpha_{Y(N)} - 1 \tag{9-11}$$

实际工作中，当 $\alpha_{Y(H)} \gg \alpha_{Y(N)}$ 时，酸效应是主要的；当 $\alpha_{Y(N)} \gg \alpha_{Y(H)}$ 时，共存离子效应是主要的。一般情况下，在滴定剂 Y 的副反应中，酸效应的影响大，因此 $\alpha_{Y(H)}$ 是重要的副反应系数。

(3) 金属离子 M 的副反应及副反应系数。在 EDTA 滴定中，由于其他配位剂的存在而使金属离子参加主反应的能力降低的现象称为配位效应。这种由于配位剂 L 引起副反应的副反应系数称为配位效应系数，用 $\alpha_{M(L)}$ 表示。$\alpha_{M(L)}$ 定义为：没有参加主反应的金属离子总浓度[M′]与游离金属离子浓度[M]的比值，即

$$\alpha_{M(L)} = [M']/[M] = 1 + \beta_1[L] + \beta_2[L]^2 + \cdots + \beta_n[L]^n \tag{9-12}$$

$\alpha_{M(L)}$ 越大，表示副反应越严重。

配位剂 L 一般是滴定时所加入的缓冲剂或为防止金属离子水解所加的辅助配位剂，也可能是为消除干扰而加的掩蔽剂。

在酸度较低的溶液中滴定 M 时，金属离子会生成羟基配合物[$M(OH)^n$]，此时 L 就代表 OH^-，其副反应系数用 $\alpha_{M(OH)}$ 表示。

(4) 配合物 MY 的副反应。这种副反应在酸度较高或较低的情况下发生。酸度高时，生成酸式配合物（MHY），其副反应系数用 $\alpha_{MY(H)}$ 表示；酸度低时，生成碱式配合物（MOHY），其副反应系数用 $\alpha_{MY(OH)}$ 表示。酸式配合物和碱式配合物一般都不太稳定，一般计算中可忽略不计。

2）条件稳定常数

通过上述副反应对主反应影响的讨论，可知用绝对稳定常数描述配合物的稳定性显然是不符合实际情况的，而应将副反应的影响一起考虑。由此推导的稳定常数应区别于绝对

稳定常数，故而称之为条件稳定常数或表观稳定常数，用K'_{MY}表示。K'_{MY}与α_Y、α_M、α_{MY}的关系如下：

$$K'(MY)=K(MY)\ \frac{\alpha(MY)}{\alpha(M)\alpha(Y)} \tag{9-13}$$

当条件恒定时，$\alpha(M)$、$\alpha(Y)$、$\alpha(MY)$ 均为定值，故$K'(MY)$ 在一定条件下为常数，称为条件稳定常数。当副反应系数为1时（无副反应），$K'(MY)\ =K(MY)$。

若将式（9-13）取对数，得

$$\lg K'(MY)=\lg K(MY)+\lg\alpha(MY)-\lg\alpha(M)-\lg\alpha(Y) \tag{9-14}$$

多数情况下（溶液的酸碱性不是太强时），不形成酸式或碱式配合物，故$\lg\alpha(MY)$ 忽略不计，式（9-14）可简化成

$$\lg K'(MY)=\lg K(MY)-\lg\alpha(M)-\lg\alpha(Y) \tag{9-15}$$

如果只有酸效应，式（9-15）又简化成

$$\lg K'(MY)=\lg K(MY)-\lg\alpha(Y(H)) \tag{9-16}$$

条件稳定常数是利用副反应系数进行校正后的实际稳定常数，应用它，可以判断滴定金属离子的可行性和混合金属离子分别滴定的可行性以及滴定终点时金属离子的浓度计算等。

【例9-1】 计算pH=2.00和pH=5.00时的$\lg K'(ZnY)$。

解： 查相关表格得$\lg K(ZnY)=16.5$；查相关表格得pH=2.00时，$\lg\alpha(Y(H))=13.51$；

按题意，溶液中只存在酸效应，根据式（9-16）

$$\lg K'(ZnY)=\lg K(ZnY)-\lg\alpha(Y(H))$$

因此 $$\lg K'(ZnY)=16.5-13.51=2.99$$

同样，查相关表格得pH=5.00时，$\lg\alpha_{Y(H)}=6.45$，因此

$$\lg K'(ZnY)=16.5-6.45=10.05$$

答：pH=2.00时，$\lg K'(ZnY)$为2.99；pH=5.00时，$\lg K'(ZnY)$为10.05。

由例9-1可看出，尽管$\lg K(ZnY)=16.5$，但pH=2.00时，$\lg K'(ZnY)$仅为2.99，此时ZnY^{2-}极不稳定，在此条件下Zn^{2+}不能被准确滴定；而在pH=5.00时，$\lg K'(ZnY)$则为10.05，ZnY^{2-}已稳定，配位滴定可以进行。可见，配位滴定中控制溶液酸度是十分重要的。

3. 配位滴定原理

与酸碱滴定相似，在配位滴定中，随着配位滴定剂的加入，金属离子的浓度逐渐降低，在化学计量点附近发生突然变化，滴定曲线上出现pM（金属离子浓度的负对数，$pM\ =-\lg c_M$）的突跃。

设金属离子的原始浓度为c_M，体积为V_M(mL)，用等浓度的络合剂Y滴定，滴入的体积为V_Y(mL)，设a为滴定分数，$a=\frac{V_Y}{V_M}$。

由物料平衡可知，$[M]+[MY]=c_M$，$[Y]+[MY]=c_Y=ac_M$。代入平衡常数，可得

$$K_{MY}=\frac{[MY]}{[M][Y]}=\frac{c_M-[M]}{[M](c_Y-[MY])}=\frac{c_M-[M]}{[M](ac_M-c_M+[M])}$$

整理后，得

$$K_{MY}[M]^2+[K_{MY}c_M(a-1)+1][M]-c_M=0 \tag{9-17}$$

式（9-17）即为络合滴定曲线方程。由此可计算出滴定各时刻金属离子的浓度，绘制出pM-a或者pM-V_Y的滴定曲线。图9-2为pH=12时0.010 00 mol·L^{-1} EDTA滴定

0. 010 00 mol · L^{-1} Ca^{2+}的滴定曲线。

若滴定反应存在副反应，则用$K'(MY)$代替式中的$K(MY)$，$[M']$代替$[M]$。

在化学计量点时，$a=1$，则式（9-17）为$K(MY)[M]_{sp}^2+[M]_{sp}-c_M^{sp}=0$, $[M]_{sp}$ $\approx\frac{-1\pm\sqrt{1+4K(MY)c_M^{sp}}}{2K(MY)}$

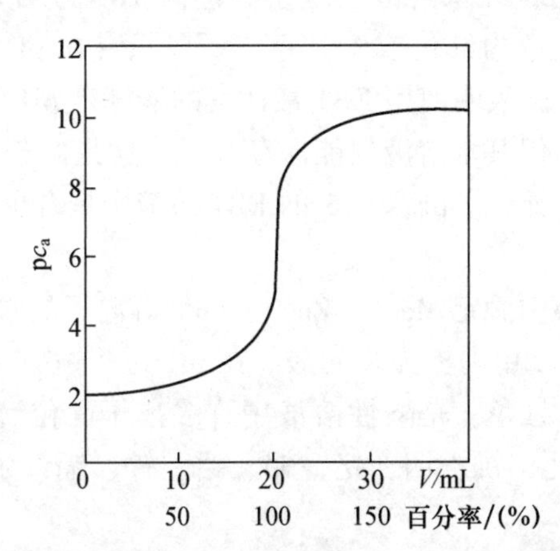

图 9-2　pH = 12 时 0.010 00 mol · L^{-1} EDTA 滴定 0.010 00 mol · L^{-1} Ca^{2+}的滴定曲线

一般络合滴定要求K_{MY}值较大，所以$4K(MY)\ c_M^{sp}\gg1$，因而可近似得到化学计量点时金属离子的浓度：$[M]_{sp}=\sqrt{\frac{c_M^{sp}}{K(MY)}}\approx\sqrt{\frac{c_M^{ep}}{K(MY)}}$。其中，$c_M^{sp}$与$c_M^{ep}$分别表示以 sp 和 ep 时的体积计算得到的原始金属浓度。

4. 金属离子指示剂

1）金属离子指示剂的作用原理

金属指示剂既是一种有机染料，也是一种配位剂，能与某些金属离子反应，生成与其本身颜色显著不同的配合物以指示终点。

在滴定前加入金属指示剂（用 In 表示金属指示剂的配位基团），则 In 与待测金属离子 M 有如下反应（省略电荷）：

$$\underset{\text{甲色}}{M + In} \rightleftharpoons \underset{\text{乙色}}{MIn}$$

这时溶液呈 MIn（乙色）的颜色。当滴入 EDTA 溶液后，Y 先与游离的 M 结合。至化学计量点附近，Y 夺取 MIn 中的 M

$$MIn + Y \rightleftharpoons MY + In$$

使指示剂 In 游离出来，溶液由乙色变为甲色，指示滴定终点的到达。

例如，铬黑 T 在 pH = 10 的水溶液中呈蓝色，与Mg^{2+}的配合物的颜色为酒红色。若在 pH = 10 时用 EDTA 滴定Mg^{2+}，滴定开始前加入指示剂铬黑 T，则铬黑 T 与溶液中部分的Mg^{2+}反应，此时溶液呈Mg^{2+}-铬黑 T 的红色。随着 EDTA 的加入，EDTA 逐渐与Mg^{2+}反应。在化学计量点附近，Mg^{2+}的浓度降至很低，加入的 EDTA 进而夺取了Mg^{2+}-铬黑 T 中的Mg^{2+}，使铬黑 T 游离出来，此时溶液呈现蓝色，指示滴定终点到达。

2）常用金属离子指示剂

（1）铬黑 T(EBT)。铬黑 T 在溶液中有如下平衡：

$$\underset{\text{紫红}}{H_2In} \xrightleftharpoons{pKa_2=6.3} \underset{\text{蓝}}{HIn^{2-}} \xrightleftharpoons{pKa_3=11.6} \underset{\text{橙}}{In^{3-}}$$

因此在 pH <6.3 时，EBT 在水溶液中呈紫红色；pH >11.6 时，EBT 呈橙色。而 EBT 与二价离子形成的配合物颜色为红色或紫红色，所以只有在 pH 为 7～11 范围内使用时，指示剂才有明显的颜色。实验表明使用 EBT 最适宜的酸度是 pH 为 9～10.5。

铬黑 T 固体相当稳定，但其水溶液仅能保存几天，这是由于聚合反应的缘故。聚合后的铬黑 T 不能再与金属离子显色。pH <6.5 的 EBT 溶液中聚合更为严重，加入三乙醇胺可以防止聚合。

铬黑 T 是在弱碱性溶液中滴定 Mg^{2+}、Zn^{2+}、Pb^{2+} 等离子的常用指示剂。

（2）二甲酚橙（XO）。二甲酚橙为多元酸。在 pH 为 0～6.0 时，二甲酚橙呈黄色，它与金属离子形成的配合物为红色，是酸性溶液中许多离子配位滴定所使用的极好指示剂。二甲酚橙常用于锆、铪、钍、钪、铟、钇、铋、铅、锌、镉、汞等金属离子的直接滴定法中。

（3）PAN。PAN 与 Cu^{2+} 的显色反应非常灵敏，但很多其他金属离子如 Ni^{2+}、Co^{2+}、Zn^{2+}、Pb^{2+}、Bi^{3+}、Ca^{2+} 等与 PAN 反应慢或显色灵敏度低，所以有时利用 Cu-PAN 作间接指示剂来测定这些金属离子。Cu-PAN 指示剂是 CuY^{2-} 和少量 PAN 的混合液。将此液加到含有被测金属离子 M 的试液中时，发生如下置换反应：

$$CuY + \underset{\text{（黄）}}{PAN} + M \rightleftharpoons MY + \underset{\text{（紫红）}}{Cu\text{-}PAN}$$

此时溶液呈现紫红色。当加入的 EDTA 定量与 M 反应后，在化学计量点附近 EDTA 将夺取 Cu-PAN 中的 Cu^{2+}，从而使 PAN 游离出来：

$$\underset{\text{（紫红）}}{Cu\text{-}PAN} + Y \rightleftharpoons CuY + \underset{\text{（黄）}}{PAN}$$

溶液由紫红变为黄色，指示终点到达。因滴定前加入的 CuY 与最后生成的 CuY 是相等的，故加入的 CuY 并不影响测定结果。

9.3.3 配位滴定方式和应用示例

1. EDTA 标准溶液的配制与标定

常用 EDTA 标准溶液的浓度为 0.01～0.05 $mol \cdot L^{-1}$。采用乙二胺四乙酸二钠盐配制。由于水和其他试剂中常含有金属离子，因此通常采用间接法配制标准溶液。标定 EDTA 溶液常用的基准物有 Zn、ZnO、$CaCO_3$、Bi、Cu、$MgSO_4 \cdot 7H_2O$、Hg、Ni、Pb 等。通常选用其中与被测组分相同的物质作基准物，这样滴定条件较一致。

2. 配位滴定方式和应用示例

1）直接滴定法

直接滴定法是络合滴定中的基本方法。这种方法是将试样处理成溶液后，调节至所需要的酸度，加入必要的其他试剂和指示剂，直接用 EDTA 滴定。例如用 EDTA 测定水的总硬度。水的硬度主要指水中含有可溶性钙盐和镁盐的多少。目前测定水质中的总硬度的最好方法，就是用配位滴定分析法，标准规定水的硬度应不超过450 mg · L^{-1}（以 $CaCO_3$）。水的硬度的测定，是水的质量控制的重要指标之一。具体方法就是取一定体积的水样，用氨缓冲液控制 pH = 10，以铬黑 T 为指示剂，用 EDTA 标准溶液滴定至溶液由酒红色变为纯蓝色。

2）返滴定法

返滴定法是在试液中先加入一定量且过量的 EDTA 标准溶液，待被测组分与 EDTA 络合后，用另一种金属盐类的标准溶液滴定过量的 EDTA，根据两种标准溶液的浓度和用量，即可求得被测物质的含量。

返滴定剂所生成的络合物应有足够的稳定性，但不宜超过被测离子络合物的稳定性太多，否则在滴定过程中，返滴定剂会置换出被测离子，引起误差，而且终点不敏锐。

例如 Al^{3+} 的滴定，由于 Al^{3+} 对二甲酚橙等指示剂有封闭作用，同时 Al^{3+} 与 EDTA 络合缓慢，存在需要加过量 EDTA 并加热煮沸，络合反应才比较完全等问题，故为了避免发生上述问题，可采用返滴定法。为此，可先加入一定量过量的 EDTA 标准溶液，在 pH≈3.5 时，煮沸溶液。由于此时酸度较大（pH < 4.1），故不至于形成多核氢氧基络合物；又因 EDTA 过量较多，又通过加热的方法，故能使 Al^{3+} 与 EDTA 络合完全。络合完全后，调节溶液 pH 至 5～6（此时 AlY 稳定，也不会重新水解析出多核配合物），加入二甲酚橙，即可顺利地用 EDTA 标准溶液对 Al^{3+} 进行返滴定。

3）置换滴定法

利用置换反应，置换出等物质的量的另一金属离子，或置换出 EDTA，然后滴定，这就是置换滴定法。置换滴定法的方式比较灵活多样。

例如，Ag^+ 与 EDTA 的络合物不稳定，不能用 EDTA 直接滴定，但可通过以下反应置换出相应量的 Ni^{2+}：

$$2Ag^+ + Ni(CN)_4^{2-} \rightleftharpoons 2Ag(CN)_2^- + Ni^{2+}$$

在 pH = 10 的氨性溶液中，以紫脲酸铵作指示剂，用 EDTA 滴定置换出来的 Ni^{2+}，即可求得 Ag^+ 的含量。

置换滴定法是提高络合滴定选择性的途径之一。

4）间接滴定法

有些金属离子和非金属离子不与 EDTA 络合或生成的络合物不稳定，这时可以采用间接滴定法。如草酸根的测定，草酸根不与 ETDA 作用，可通过草酸根与 Ca^{2+} 形成沉淀的反应，将 Ca^{2+} 沉淀为 $CaCO_3$，分出沉淀，洗净并将它溶解，然后用 EDTA 滴定 Ca^{2+}，从而求得试样中草酸根的含量。

一般间接滴定法手续较烦琐，可能引入误差的机会较多，故是一种不得已的方法。

9.4 氧化还原滴定法

9.4.1 氧化还原滴定法概述

以氧化还原为基础的滴定分析法叫氧化还原滴定法。氧化还原反应是基于电子的转移，机理比较复杂，有的速度较慢，有的还伴随着副反应。因此，在讨论氧化还原反应时，除从平衡的观点判断反应的可行性外，还应考虑反应的机理、反应速度、反应条件及滴定条件等问题。

氧化还原滴定法应用较广，既可以直接测定氧化剂或还原剂，也可间接地测定一些能与氧化剂或还原剂发生定量反应的物质。目前国家标准分析方法中很多是氧化还原法，如环境水样中 COD 的测定、铁矿石中全铁的测定等方法都是氧化还原滴定法。

1. 条件电极电势

关于氧化还原反应的基本原理，如标准电极电势、能斯特方程、氧化还原反应的方向及程度等前面已学过。现在简要介绍条件电极电势。

对于均相氧化还原反应，可逆氧化还原电对 $Ox + ne = Red$，电对的电位可由 Nernst 方程决定，即

$$\varphi(Ox/Red)=\varphi^{\ominus}(Ox/Red)+\frac{RT}{nF}\lg\frac{a(Ox)}{a(Red)}=\varphi^{\ominus}(Ox/Red)+\frac{0.059}{n}\lg\frac{a(Ox)}{a(Red)} \quad (9\text{-}18)$$

在式（9-18）中，$\varphi^{\ominus}$为电对的标准电极电位（氧化态与还原态的活度均为 1 时电对的电位），$a(Ox)$为氧化态的活度，$a(Red)$为还原态的活度。

标准电极电位 $\varphi^{\ominus}$是在特定条件下测得的，如果溶液中的离子强度、酸度或组分存在形式等发生变化时，电对的氧化还原电位也会随之改变，从而引起电位的变化。因而引入条件电极电势的概念。

因此，若以浓度代替活度，则应引入相应的活度系数 $\gamma(Ox)$ 及 $\gamma(Red)$，即

$a(Ox) = \gamma(O_X)\ [Ox]$；　　　$a(Red) = \gamma(Red)[Red]$

引入相应的副反应系数 $\alpha(Ox)$ 和 $\alpha(Red)$，则

$a(Ox)=\gamma(Ox)[Ox] = \gamma(Ox)\dfrac{c(OX)}{\alpha(OX)}$；　$a(Red)=\gamma(Red)[Red]=\gamma(Red)\dfrac{c(Red)}{\alpha(Red)}$

将上述关系代入能斯特方程式，得：

$$\varphi(Ox/Red)=\varphi^{\ominus}(Ox/Red)+\frac{0.059}{n}\lg\frac{\gamma(Ox)\alpha(Red)c(Ox)}{\gamma(Red)\alpha(Ox)c(Red)} \quad (9\text{-}19)$$

当 $c(Ox) = c(Red) = 1\ mol\cdot L^{-1}$时，得：

$$\varphi^{\ominus'}(Ox/Red)=\varphi^{\ominus}(Ox/Red)+\frac{0.059}{n}\lg\frac{\gamma(Ox)\alpha(Red)}{\gamma(Red)\alpha(Ox)} \quad (9\text{-}20)$$

$\varphi^{\ominus'}(O_X/Red)$称为条件电极电势，它是在一定的介质条件下，氧化态和还原态的总浓度均为 $1\ mol\cdot L^{-1}$时的电极电位。条件电极电势反映了溶液中离子强度和各种副反应的影响，它在一定条件下为一常数。条件电极电势的大小，反映了在外界因素（离子强度、副反应、酸度等）影响下，氧化还原电对的实际氧化还原能力。用它来处理实际问题比较简便。但因目前实验测得的条件电极电势数据不够，故有时只有采用条件相似的条件电极电势或标准电极电势代替。

2. 氧化还原滴定法的基本原理

氧化还原滴定中，随着滴定剂（某种氧化剂或还原剂）的不断加入，氧化态和还原态的浓度逐渐发生变化，氧化-还原电对的电极电势也随之变化。电势改变的情况可用滴定曲线来表示。滴定曲线可以通过实验测得，也可以根据能斯特方程从理论上进行计算。

下面以 25℃时用 $0.100\,0\ mol\cdot L^{-1}\ Ce(SO_4)_2$ 溶液滴定 20.00 ml $0.100\,0\ mol\cdot L^{-1}$的 Fe^{2+} 溶液为例，讨论可逆氧化还原系统的滴定曲线。设溶液的酸度保持为 $1\ mol\cdot L^{-1}H_2SO_4$。滴定反应为

$$Ce^{4+}+Fe^{2+} = Ce^{3+}+Fe^{3+}$$

滴定过程中存在两个电对：

$$Fe^{3+} + e \rightleftharpoons Fe^{2+} \quad \varphi^{\ominus}(Fe^{3+}/Fe^{2+}) = 0.68\ V$$

$$Ce^{4+} + e \rightleftharpoons Ce^{3+} \quad \varphi^{\ominus}(Ce^{4+}/Ce^{3+}) = 1.44\ V$$

在滴定过程中，每加入一定量滴定剂，反应达到一个新的平衡，此时两个电对的电极电势相等，因此，溶液中各平衡点的电势可选用便于计算的任何一个电对来计算。计算出滴入不同体积滴定剂时的电势，绘制滴定曲线如图9-3所示。

在滴定分数为0.999至1.001的范围内，滴定的突跃为0.68～1.26 V。

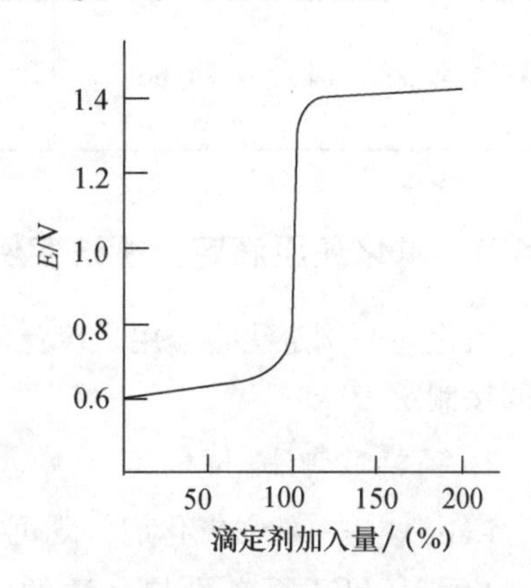

图9-3　0.01 mol · dm^{-3} Ce^{4+}滴定相应浓度Fe^{2+}的滴定曲线

9.4.2　氧化还原指示剂

氧化还原反应除用电位法指示终点外，还可用指示剂颜色的变化指示终点。指示剂有以下三类。

1）自身指示剂

有些标准溶液或被滴定物质本身有颜色，而滴定产物无色或颜色很浅，则滴定时就无须另加指示剂，本身颜色变化起着指示剂的作用，此类指示剂称为自身指示剂。如MnO^{4-}本身在溶液中显紫红色，还原后的产物Mn^{2+}几乎无色，所以用高锰酸钾滴定时，不需要另加指示剂。

2）显色指示剂

有些物质本身并没有氧化还原性，但它能与滴定剂或被测物质产生特殊的颜色，因而可指示滴定终点。如可溶性淀粉与I_2显示特有的蓝色。

3）氧化还原指示剂

这类指示剂的氧化态和还原态具有不同的颜色，在滴定中因被氧化或还原而发生颜色变化从而指示终点。

若用In(O)和In(R)表示指示剂的氧化态和还原态，则指示剂氧化还原电对为$In(Ox) + ne \rightleftharpoons In(Red)$，该电对的电位为$\varphi = \varphi^{\ominus'}(In) \pm \frac{0.059}{n}\lg\frac{[In(Ox)]}{[In(Red)]}$。当$c(\ln\ (Ox))/c(\ln\ (Red))$从10/1变到1/10时，指示剂从氧化态的颜色变化到还原态的颜色。所以指示剂的变色范围是$\varphi^{\ominus'}(In) \pm \frac{0.059}{n}$。指示剂的理论变色点是$\varphi = \varphi^{\ominus'}(In)$，此时$\frac{[In(Ox)]}{[In(Red)]} = 1$。选择指示剂时，应使$\varphi^{\ominus'}(In)$在滴定突跃范围内，尽可能接近化学计量点时的$E_{sp}$。

表9-3给出了常用的氧化还原指示剂。

表9-3　常用的氧化还原指示剂

指示剂	$\varphi^{\ominus'}(In)/V$ $[H^+]=1$	颜色变化		配制方法
		还原态	氧化态	
次甲基蓝	+0.52	无	蓝	0.5 g · L^{-1}水溶液
二苯胺磺酸钠	+0.85	无	紫红	0.5 g指示剂，2g Na_2CO_3，加水稀释至100 mL

续表

指示剂	$\varphi^{\ominus'}(In)/V$ $[H^+]=1$	颜色变化		配制方法
		还原态	氧化态	
邻苯氨基苯甲酸	+0.89	无	紫红	0.11 g 指示剂溶于 20 mL 50 g · L^{-1} Na_2CO_3 溶液中，用水稀释至 100 mL
邻二氮菲亚铁	+1.06	红	浅蓝	1.485 g 邻二氮菲，0.695 g $FeSO_4 \cdot 7H_2O$，用水稀释至 100 mL

9.4.3 氧化还原滴定分析法实例及其在生物界的应用

氧化还原滴定法是应用最广泛的滴定方法之一，它可用于无机物和有机物的直接测定或间接测定中。

1. 高锰酸钾法

$KMnO_4$ 是一种强氧化剂，既可在酸性条件下使用，也可在中性或碱性条件下使用。它的氧化能力和还原产物与介质的 pH 有关。$KMnO_4$ 在酸性条件下的氧化性很强，电对 $MnO_4^- + 8H^+ + 5e \rightleftharpoons Mn^{2+} + 4H_2O$ 的电位 $\varphi^{\ominus} = 1.51V$。

高锰酸钾滴定法的特点是：

（1）$KMnO_4$ 的氧化能力强，应用广泛；

（2）$KMnO_4$ 本身呈深紫色，可作自身指示剂；

（3）标准溶液不稳定；

（4）不宜在 HCl 介质中应用。

市售 $KMnO_4$ 常含有少量杂质，因此不能用直接法配制准确浓度的标准溶液。为了配制较稳定的 $KMnO_4$ 溶液，可称取稍多于理论量的 $KMnO_4$ 溶解，加热煮沸，冷却后贮存于棕色瓶中，于暗处放置数天，使溶液中可能存在的还原性物质完全氧化。然后过滤除去析出的 MnO_2 沉淀，再进行标定。使用经久放置的 $KMnO_4$ 溶液时应重新标定其浓度。

标定 $KMnO_4$ 溶液的基准物质有 $(NH_4)_2Fe(SO_4)_2 \cdot 6H_2O$、$Na_2C_2O_4$、$H_2C_2O_4 \cdot 2H_2O$、$As_2O_3$ 等。其中以 $Na_2C_2O_4$ 较为常用，因为它容易提纯，不含结晶水，其反应如下：

$$2MnO_4^- + 5C_2O_4^{2-} + 16H^+ \rightleftharpoons 2Mn^{2+} + 10CO_2\uparrow + 8H_2O$$

可用 $KMnO_4$ 标准溶液直接滴定 H_2O_2、碱金属及碱土金属的过氧化物等物质。

Cu^{2+}、Th^{4+} 以及稀土元素与 $C_2O_4^{2-}$ 定量生成沉淀的金属离子，也可以用高锰酸钾间接法滴定。

返滴定法既可用于 MnO_2、PbO_2 等氧化物的测定，又可用于有机物的测定。

2. 重铬酸钾法

$K_2Cr_2O_7$ 是一种较强的氧化剂，在酸性溶液下与还原剂作用，$Cr_2O_7^{2-}$ 得到 6 个电子而被还原成两个 Cr^{3+}，$\varphi^{\ominus'} = 1.00V$（在 1 mol · L 的 HCl 介质中）。

$K_2Cr_2O_7$ 法的特点是：

（1）$K_2Cr_2O_7$ 容易提纯，可用直接法配制标准溶液；

（2）$K_2Cr_2O_7$ 标准溶液稳定，只要贮存在密闭容器中，其浓度经久不变；

（3）$K_2Cr_2O_7$ 不受 Cl^- 还原作用影响，可在 HCl 溶液中进行滴定；

（4）选择性较高锰酸钾法高。

应用 $K_2Cr_2O_7$ 标准溶液进行滴定时，常用的氧化还原指示剂有二苯胺磺酸钠。

铁矿石中全铁含量的测定和环境水样中 COD（化学需氧量）的测定的标准方法就是重铬酸钾法滴定法。

3. *碘量法*

利用 I_2 的氧化性和 I^- 的还原性来进行滴定的分析方法称碘量法。以 I_2 为滴定剂，能直接滴定一些较强的还原剂（如 S^{2-}、SO_3^{2-}、$S_2O_3^{2-}$、As(Ⅲ)、Sn^{2+} 和维生素 C 等），这种方法称为直接碘量法（direct iodimetry）。I^- 为中等强度的还原剂，可被一般氧化剂（如 $K_2Cr_2O_7$、KIO_3、Cu^{2+}、Br_2）定量氧化而析出与其计量相当的 I_2，然后用 $Na_2S_2O_3$ 标准溶液滴定析出的 I_2，这种间接测定氧化性物质的方法称为间接碘量法（indirect iodimety）。间接碘量法可用于测定 Cu^{2+}、CrO_4^{2-}、$Cr_2O_7^{2-}$、IO_3^-、BrO_3^-、AsO_4^{3-}、SbO_4^{3-}、ClO^-、NO_2^-、H_2O_2 等氧化性物质。

碘量法的特点是：

（1）采用显色指示剂——淀粉；

（2）I_2/I^- 电对可逆性好，副反应少；

（3）既可直接滴定还原性物质，又可间接滴定氧化性物质，应用广泛。

为防止 I_2 的挥发性和 I^- 的氧化性引起的误差，反应应在中性或弱酸性溶液中进行，且应在室温下进行，最好在碘量瓶中滴定，滴定时不要剧烈摇动。碘量法的滴定终点常用淀粉指示剂来确定。

配制 $Na_2S_2O_3$ 溶液时，为了减少溶解在水中的 CO_2 和杀死水中的细菌，应使用新近煮沸、冷却的蒸馏水，并加入少量 Na_2CO_3 使溶液呈碱性，以抑制细菌的生长。为了避免日光，溶液应贮存于棕色瓶中，放置暗处 8～14 天后再标定。标定 $Na_2S_2O_3$ 溶液的基准物质有 KIO_3、$KBrO_3$、$K_2Cr_2O_7$ 等。

用升华法制得的纯碘，可用直接法配制标准溶液。但通常是用市售的 I_2 配制一个近似浓度的溶液，然后再进行标定。标定 I_2 溶液的基准物常用的是 As_2O_3（剧毒），反应式为

$$As_2O_3 + 6OH^- \rightleftharpoons 2AsO_3^- + 3H_2O$$

$$AsO_3^- + I_2 + H_2O \rightleftharpoons AsO_4^- + 2I^- + 2H^+$$

9.5　沉淀溶解平衡与沉淀滴定法

9.5.1　沉淀溶解平衡

1. *溶度积常数与溶解度*

绝对不溶于水的物质是不存在的，习惯上把在水中溶解度极小的物质称为难溶物，而在水中溶解度很小，溶于水后电离生成水合离子的物质称为难溶电解质，例如 $BaSO_4$、$CaCO_3$、AgCl 等。

难溶电解质的溶解是一个可逆过程。例如在一定温度下，把难溶电解质 AgCl 放入水中，一部分 Ag^+ 和 Cl^- 脱离 AgCl 的表面，成为水合离子进入溶液（这一过程称为沉淀的溶

解）；水合 Ag^+ 和 Cl^- 不断运动，其中部分碰到 AgCl 固体的表面后，又重新形成难溶固体 AgCl（这一过程称为沉淀的生成）。经过一段时间，沉淀溶解的速率和生成的速率达到相等，溶液中离子的浓度不再变化，建立了固体和溶液中离子间的沉淀－溶解平衡：

$$AgCl\ (s) \rightleftharpoons Ag^+ + Cl^-$$

这是一种多相离子平衡，其标准平衡常数表达式为

$$K^\ominus = \{c(Ag^+)/c^\ominus\} \cdot \{c(Cl^-)/c^\ominus\}$$ ①

难溶电解质沉淀溶解平衡的平衡常数称为溶度积常数（solubility product constant），简称溶度积，记为 $K_{sp}^\ominus$。

组成为 A_mB_n 的任一难溶强电解质，在一定温度下的水溶液中达到沉淀溶解平衡时，平衡方程式为

$$A_mB_n\ (s) \rightleftharpoons mA^{n+}\ (aq)\ + nB^{m-}\ (aq)$$

溶度积常数为

$$K_{sp}^\ominus = \{c(A^{n+})/c^\ominus\}^m \cdot \{c(B^{m-})/c^\ominus\}^n$$

和其他平衡常数一样，$K_{sp}^\ominus$ 只是温度的函数，而与溶液中离子浓度无关。$K_{sp}^\ominus$ 反映了难溶电解质的溶解能力，其数值可以通过实验测定。本书附录中列出了常见难溶电解质的溶度积常数。

难溶电解质的溶解度是指在一定温度下该电解质在纯水 $K_{sp}^\ominus$ 中饱和溶液的浓度。溶解度的大小能表示难溶电解质的溶解能力。同类型难溶电解质的 $K_{sp}^\ominus$ 越大，其溶解度也越大；$K_{sp}^\ominus$ 越小，其溶解度也越小。不同类型的难溶电解质，由于溶度积表达式中离子浓度的幂指数不同，故不能从溶度积的大小来直接比较溶解度的大小。

【例 9-2】 Ag_2CrO_4 和 AgCl 在 25℃时的 $K_{sp}^\ominus$ 分别为 1.1×10^{-12} 和 1.8×10^{-10}，在此温度下，Ag_2CrO_4 和 AgCl 在纯水中的溶解度哪个大？

解：这两种难溶电解质不是同一种类型，故不能直接从溶度积的大小来判断其溶解度的大小，而必须先计算出溶解度，然后进行比较。

首先计算 Ag_2CrO_4 在纯水中的溶解度：

$$Ag_2CrO_4(s) \rightleftharpoons 2Ag^+ + CrO_4{}^{2-}$$

$$K_{sp}^\ominus(Ag_2CrO_4) = \{c(Ag^+)/c^\ominus\}^2 \cdot \{c(CrO_4^{2-})/c^\ominus\}$$

设饱和溶液中溶解的 Ag_2CrO_4 的浓度为 $c_1\ mol \cdot L^{-1}$，则溶液中 $c(Ag^+)$ 为 $2c_1\ mol \cdot L^{-1}$，$c(CrO_4^{2-})$ 为 $c_1\ mol \cdot L^{-1}$。

$$K_{sp}^\ominus(Ag_2CrO_4) = (2c_1)^2 \cdot c_1 = 4\ c_1{}^3$$

$$c_1 = \sqrt[3]{\frac{K_{sp}^\ominus(Ag_2CrO_4)}{4}} = 7.9 \times 10^{-5} mol \cdot L^{-1}$$

同理，设 AgCl 的饱和溶液中，AgCl 的溶解度为 $c_2\ mol \cdot L^{-1}$。

$$AgCl(s) \rightleftharpoons Ag^+ + Cl^-$$

$$K_{sp}^\ominus(AgCl) = c_2 \cdot c_2 = c_2{}^2$$

① 对于难溶电解质，其平衡常数的表达式为活度式，即：$K^\ominus = a(Ag^+) \cdot a(Cl^-)$

在本节，我们讨论难溶电解质溶液，由于溶液通常很稀，离子间牵制作用较弱，浓度与活度间在数值上相差不大，故用离子的浓度来代替活度进行计算。

$$c_2 = \sqrt{K_{sp}^{\ominus}(AgCl)} = 1.25 \times 10^{-5}\ mol \cdot L^{-1}$$

从计算的结果可看出，Ag_2CrO_4 的溶度积常数比 AgCl 小，但在纯水中的溶解度却比 AgCl 在纯水中的溶解度大。

需要注意的是，上面关于溶度积与溶解度的关系是有前提的，要求所讨论的难溶电解质溶于水的部分全部以简单的水合离子存在，而且离子在水中不会发生如水解、聚合、配位等反应。

2. *溶度积规则*

前面提到，对任一难溶电解质，在水溶液中都存在下列离解过程：

$$A_mB_n(s) \rightleftharpoons mA^{n+}(aq) + nB^{m-}(aq)$$

在此过程中的任一状态，离子浓度的乘积用 Q_i 表示为：

$$Q_i = c(A^{n+})^m \cdot c(B^{m-})^n$$

Q_i 称为该难溶电解质的离子积。离子积与前面讲过的浓度商相似，可用于判断溶液的平衡状态和沉淀反应进行的方向。

（1）当 $Q_i = K_{sp}^{\ominus}$时，溶液处于沉淀溶解平衡状态，此时的溶液为饱和溶液，溶液中既无沉淀生成，又无固体溶解。

（2）当 $Q_i > K_{sp}^{\ominus}$时，溶液处于过饱和状态，会有沉淀生成。随着沉淀的生成，溶液中离子浓度下降，直至 $Q_i = K_{sp}^{\ominus}$时达到平衡。

（3）当 $Q_i < K_{sp}^{\ominus}$时，溶液未达到饱和，若溶液中有沉淀存在，沉淀会发生溶解。随着沉淀的溶解，溶液中离子浓度增大，直至 $Q_i = K_{sp}^{\ominus}$时达到平衡。若溶液中无沉淀存在，则两种离子间无定量关系。

上述判断沉淀生成和溶解的关系称为溶度积规则。利用溶度积规则，我们可以通过控制溶液中离子的浓度，使沉淀产生或溶解。

【例 9-3】　在浓度为 0.10 $mol \cdot L^{-1}$ $CaCl_2$溶液中，加入少量 Na_2CO_3，使 Na_2CO_3 浓度为 0.001 0 $mol \cdot L^{-1}$，是否会有沉淀生成？若向混合后的溶液中滴入盐酸，会有什么现象？

解：在 $CaCl_2$溶液中，加入少量 Na_2CO_3，可能会生成 $CaCO_3$ 沉淀，需要通过溶度积规则来判断。

$$Ca^{2+} + CO_3^{2-} \rightleftharpoons CaCO_3(s)$$

$$Q_i = c(Ca^{2+}) \cdot c(CO_3^{2-}) = 0.10 \times 0.001\,0 = 1.0 \times 10^{-4}$$

查表可得：$K_{sp}^{\ominus} = 2.9 \times 10^{-9}$

$Q_i > K_{sp}^{\ominus}$，按溶度积规则，有 $CaCO_3$ 生成。

反应完成后，$Q_i = K_{sp}^{\ominus}$，溶液中的离子与生成的沉淀建立起平衡。如果此时再向溶液中滴入几滴稀盐酸，则溶液中的 CO_3^{2-} 因为与 H^+ 发生反应而浓度减小，使得 $Q_i < K_{sp}^{\ominus}$，按溶度积规则，原先生成的沉淀溶解，直至 $Q_i = K_{sp}^{\ominus}$时为止。若加入的盐酸量足够多，生成的 $CaCO_3$ 沉淀有可能全部溶解。

当向含有某种被沉淀离子的溶液中滴加沉淀剂，例如在含有 Ag^+ 的溶液中滴加 NaCl 时，随着 Cl^-的加入，离子浓度变化曲线如图 9-4 所示。

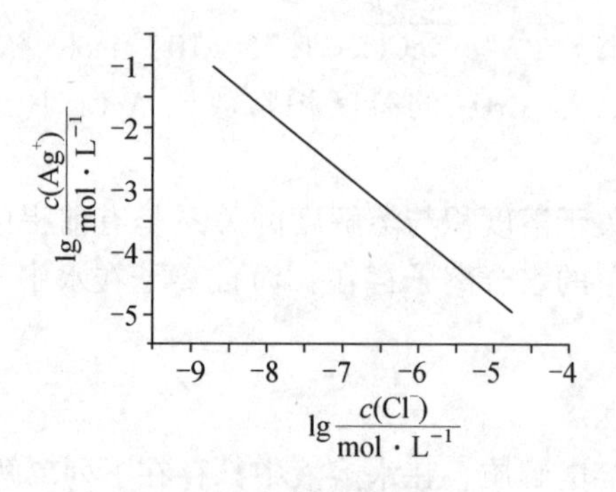

图9-4　沉淀溶解平衡曲线图

图9-4中的直线上的任意一点，表示在该点所对应的银离子和氯离子浓度下，沉淀和溶解处于暂时的平衡状态。直线的右上方区域为沉淀区，表示溶液中银离子和氯离子不能稳定存在，它们将生成沉淀，直到银离子和氯离子浓度降到直线上为止。直线下方的区域是溶解区，表示氯化银固体不能稳定存在，它将溶解，直到银离子和氯离子浓度上升到直线上为止。根据图9-4，我们就可以判断随着沉淀剂的加入，被沉淀离子浓度的变化情况。

【例9-4】　向0.010 $mol\cdot L^{-1}$的硝酸银溶液中滴入盐酸溶液（不考虑体积的变化）。（1）当氯离子浓度为多少时开始生成氯化银沉淀？（2）加入过量的盐酸溶液，反应完成后，溶液中氯离子浓度为0.010 $mol\cdot L^{-1}$，此时溶液中银离子是否沉淀完全？

解：向0.010 $mol\cdot L^{-1}$的硝酸银溶液中滴入盐酸溶液，根据溶度积规则，当Cl^-浓度增大到使AgCl的$Q_i \geqslant K_{sp}^{\ominus}$时开始有沉淀生成：

$$Q_i = c(Ag^+)\cdot c(Cl^-) = 0.010\times c(Cl^-) \geqslant K_{sp}^{\ominus}$$

$$c(Cl^-) \geqslant 1.8\times 10^{-8}\ mol\cdot L^{-1}$$

因此，当Cl^-浓度等于$1.8\times10^{-8}\ mol\cdot L^{-1}$时开始有沉淀生成，沉淀生成后，在$Ag^+$浓度比原来低的情况达到沉淀溶解平衡状态，若要银离子继续析出，就必须增大沉淀剂的浓度，使两种离子的离子积再次超过溶度积常数。在滴加沉淀剂的过程中，银离子浓度随着氯离子浓度增加而沿着曲线减小。若加入过量的盐酸溶液，则反应完成后，溶液中氯离子浓度为0.010 $mol\cdot L^{-1}$，此时溶液中的Ag^+浓度可根据溶度积规则计算而得：

$$c(Ag^+) = \frac{K_{sp}^{\ominus}}{c(Cl^-)} = 1.8\times10^{-8}\ mol\cdot L^{-1}$$

此时银离子的浓度已经非常小，只有原来离子浓度的10万分之一残留在溶液中，我们认为银离子已经沉淀完全。

由于离子之间存在一定的平衡关系，所以离子浓度不会随着沉淀剂的加入而降至0，但当被沉淀离子的浓度小于$10^{-5}\ mol\cdot L^{-1}$时，带来的影响已经非常小，我们就认为此时离子已经完全沉淀。

3. 分步沉淀

如果在溶液中含有几种离子能与同一种沉淀剂反应，则当向该溶液加入该沉淀剂时，根据溶度积规则，生成沉淀时所需沉淀剂浓度小的离子先生成沉淀，需要沉淀剂浓度大的离子后生成沉淀，这种现象称为分步沉淀。

例如，向含有Cl^-和I^-均为0.01 $mol\cdot L^{-1}$的混合溶液中慢慢加入$AgNO_3$溶液时，随着$AgNO_3$溶液的加入，Q_i(AgCl)和Q_i(AgI)都不断增大，由于$K_{sp}^{\ominus}(AgI) < K_{sp}^{\ominus}(AgCl)$，所

以沉淀碘离子所需的银离子浓度显然比沉淀氯离子所需的银离子浓度小，所以 AgI 先沉淀。随着 AgI 的不断析出，使得溶液中碘离子的浓度不断降低，为了继续析出沉淀，必须不断增加银离子的浓度。当银离子浓度达到生成 AgCl 沉淀所需的条件时，AgCl 也开始沉淀。I^-、Cl^-、Ag^+ 应当同时满足 AgI 和 AgCl 的溶度积。

值得注意的是，沉淀顺序并不总是与 $K_{sp}^{\ominus}$ 的大小一致，它与溶液中要沉淀的离子的浓度有关。上例中如果 $c(Cl^-) > 1.1 \times 10^6 c(I^-)$（实际上达不到），则先析出的是 AgCl 而不是 AgI。

应用分步沉淀方法分离离子，首先两种离子应该先后沉淀，并且还必须保证先开始沉淀的离子沉淀完全（离子浓度小于 10^{-5} mol · L^{-1}）以后，第二种离子才开始生成沉淀。

【例 9-5】 溶液中 Ba^{2+} 离子浓度为 0.10 mol · L^{-1}，Pb^{2+} 离子浓度为 0.0010 mol · L^{-1}，向溶液中慢慢加入 Na_2SO_4。哪一种沉淀先生成？当第二种沉淀开始生成时，先生成沉淀的那种离子的剩余浓度是多少？（不考虑 Na_2SO_4 溶液加入所引起的体积变化）

解：开始生成 $BaSO_4$ 沉淀所需 SO_4^{2-} 离子的最低浓度：

$$c_1(SO_4^{2-}) = \frac{K_{sp}^{\ominus}(BaSO_4)}{c(Ba^{2+})} = \frac{1.1 \times 10^{-10}}{0.10} = 1.1 \times 10^{-9}\,(\text{mol} \cdot \text{L}^{-1})$$

开始生成 $PbSO_4$ 沉淀所需 SO_4^{2-} 离子的最低浓度：

$$c_2(SO_4^{2-}) = \frac{K_{sp}^{\ominus}(PbSO_4)}{c(Pb^{2+})} = \frac{1.6 \times 10^{-8}}{0.0010} = 1.6 \times 10^{-5}\,(\text{mol} \cdot \text{L}^{-1})$$

由于生成 $BaSO_4$ 沉淀所需 SO_4^{2-} 离子的最低浓度较小，所以先生成 $BaSO_4$ 沉淀。在继续加入 Na_2SO_4 溶液的过程中，随着 $BaSO_4$ 不断沉淀出来，溶液中 Ba^{2+} 离子浓度不断下降，SO_4^{2-} 离子的浓度必须不断上升，当 SO_4^{2-} 离子的浓度达到 1.6×10^{-5} mol · L^{-1}时，同时满足 $PbSO_4$ 和 $BaSO_4$ 两种沉淀生成的条件，两种沉淀同时生成。但在 $PbSO_4$ 沉淀开始生成时，溶液中剩余 Ba^{2+} 离子浓度为

$$c(Ba^{2+}) = \frac{K_{sp}^{\ominus}(BaSO_4)}{c(SO_4^{2-})} = \frac{1.1 \times 10^{-10}}{1.6 \times 10^{-5}} = 6.9 \times 10^{-6}\,(\text{mol} \cdot \text{L}^{-1})$$

可见，实际上在 $PbSO_4$ 开始沉淀时，Ba^{2+} 已经沉淀得相当完全了，后生成的 $PbSO_4$ 沉淀中基本不含有 $BaSO_4$ 沉淀。

4. 沉淀溶解平衡的移动

沉淀溶解平衡是化学平衡的一种，它的平衡移动规律也遵从吕 · 查德里原理：当外界影响使溶液中某种离子浓度减小时，平衡就向这种离子浓度增加（沉淀溶解）的方向移动；反之，则平衡向沉淀生成的方向移动。

1）同离子效应与盐效应

向难溶电解质的溶液中加入与其具有相同离子的可溶性强电解质时，按照平衡移动原理，平衡将向生成沉淀的方向移动。这种因加入含有相同离子的强电解质而使难溶电解质的溶解度减小的现象称作同离子效应。

【例 9-6】 试计算 298 K 时 $BaSO_4$ 在纯水中和在 0.1 mol · L^{-1}Na_2SO_4 溶液中的溶解度，并进行比较。

解：设在纯水中 $BaSO_4$ 的溶解度为 c_1 mol · L^{-1}

则 $c(Ba^{2+}) = c_1$ mol · L^{-1}

$c(SO_4^{2-}) = c_1$ mol · L^{-1}

$K_{sp}^{\ominus}(BaSO_4) = c(Ba^{2+}) \cdot c(SO_4^{2-}) = c_1^2 = 1.1 \times 10^{-10}$

故 $c_1 = 2.42 \times 10^{-6}$

设在 0.1 mol · L^{-1} Na_2SO_4 溶液中 $BaSO_4$ 的溶解度为 c_2 mol · L^{-1}

则 $c(Ba^{2+}) = c_2$ mol · L^{-1}

$c(SO_4^{2-}) = (0.1 + c_2)$ mol · L^{-1}

由于 $BaSO_4$ 的溶解度非常小，$c_2 \ll 0.1$，所以 $c(SO_4^{2-}) = (0.1 + c_2) \approx 0.1$ mol · L^{-1}

$K_{sp}^{\ominus}(BaSO_4) = c(Ba^{2+}) \cdot c(SO_4^{2-}) = c_2 \cdot 0.1 = 1.1 \times 10^{-10}$

故 $c_2 = 1.1 \times 10^{-9}$ mol · L^{-1}

比较 $BaSO_4$ 在纯水中和在 0.1 mol · L^{-1} Na_2SO_4 溶液中的溶解度可以看出，同离子效应使难溶电解质的溶解度大为降低。

同离子效应可以应用在沉淀的洗涤过程中。从溶液中分离出的沉淀物，常常吸附有各种杂质，必须对沉淀进行洗涤。沉淀在水中总有一定程度的溶解，为了减少沉淀的溶解损失，常常用含有与沉淀具有相同离子的电解质稀溶液作洗涤剂对沉淀进行洗涤。例如，在洗涤硫酸钡沉淀时，可以用很稀的 H_2SO_4 溶液或很稀的 $(NH_4)_2SO_4$ 溶液洗涤。

当用沉淀反应来分离溶液中的离子时，加入适当过量的沉淀剂可以使难溶电解质沉淀得更加完全。但如果沉淀剂过量太多，沉淀反而会出现溶解现象。

2）酸度对沉淀溶解平衡的影响

许多沉淀的生成和溶解与酸度有着十分密切的关系。例如，在达到饱和的 CaC_2O_4 中加入酸，溶液中的 $C_2O_4^{2-}$ 与 H^+ 结合成 $HC_2O_4^-$ 和 $H_2C_2O_4$，故而溶液中 $C_2O_4^{2-}$ 离子浓度减少，CaC_2O_4 的沉淀溶解平衡向沉淀溶解的方向移动，使草酸钙的溶解度增加。当酸度很大时，溶液中将主要是 $HC_2O_4^-$ 和 $H_2C_2O_4$，$C_2O_4^{2-}$ 浓度极小，甚至不能生成沉淀。

对于弱酸盐，酸度通过影响弱酸根离子的浓度而使平衡移动；对于难溶氢氧化物或弱酸，酸度对沉淀生成的影响更为直接。

3）沉淀的转化

在 $AgNO_3$ 溶液中加入淡黄色 K_2CrO_4 溶液后，产生砖红色 Ag_2CrO_4 沉淀，再加入 NaCl 溶液后，溶液中同时存在两种沉淀溶解平衡：

$$Ag_2CrO_4 \rightleftharpoons 2Ag^+ + CrO_4^{2-}$$

$$AgCl \rightleftharpoons Ag^+ + Cl^-$$

当阴离子浓度相同时，生成 AgCl 沉淀所需的 Ag^+ 浓度较小，在 Ag_2CrO_4 的饱和溶液中，Ag^+ 浓度对于 AgCl 沉淀来说却是过饱和的，所以会生成 AgCl 沉淀，同时 Ag^+ 降低；此时的 Ag^+ 浓度对于 Ag_2CrO_4 来说是不饱和的，Ag_2CrO_4 沉淀溶解而使 Ag^+ 浓度增加，随后继续生成 AgCl 沉淀。最终，绝大部分砖红色 Ag_2CrO_4 沉淀转化为白色 AgCl 沉淀。这种由一种难溶化合物借助某试剂转化为另一种难溶化合物的过程叫做沉淀的转化。

在生活中有时需要将一种沉淀转化为另一种沉淀。例如，有的地区的水质永久硬度较高，锅炉中会形成主要含 $CaSO_4$ 的锅垢，这种锅垢不溶于酸中，不易除去。如果用 Na_2CO_3 溶液处理，就可以转化成 $CaCO_3$ 沉淀，清除起来就方便多了。

一般来说，从溶解度较大的沉淀转化为溶解度较小的沉淀容易进行，两种沉淀的溶解度差别越大，转化反应进行的趋势越大。反之，从溶解度较小的沉淀转化为溶解度较大的沉淀则难以进行，两种沉淀的溶解度差别越大，转化反应进行的趋势越小。当两种沉淀的溶解度差别不大时，两种沉淀可以相互转化，转化反应是否能够进行完全，则与所用转化溶液的浓度有关。

4）氧化还原反应对沉淀溶解平衡的影响

当难溶电解质的组成离子具有氧化性或还原性时，沉淀－溶解平衡会受到氧化还原反应的影响。例如，CuS 沉淀不溶于浓盐酸而能溶解于浓硝酸中，是因为浓硝酸具有强氧化性，可以将 S 氧化为 SO_4^{2-}：

$$3CuS + 8NO_3^- + 8H^+ \rightleftharpoons 3Cu^{2+} + 8NO + 3SO_4^{2-} + 4H_2O$$

氧化还原反应的发生，使溶液中 S^{2-} 浓度降低，沉淀溶解平衡向沉淀溶解的方向移动。

氧化还原反应会影响沉淀溶解平衡的移动，沉淀的形成也会改变一些物质的氧化还原性质，从而影响氧化还原反应进行的方向。

5）配位化合物形成对沉淀溶解平衡的影响

若难溶电解质的离子可以与配位剂生成可溶性配离子，则也会使离子浓度降低而导致沉淀溶解。例如，在含有 Ag^+ 离子的溶液中加入盐酸，生成的 AgCl 沉淀不溶于稀盐酸溶液，但可溶于浓盐酸溶液，这是因为 Ag^+ 离子与浓盐酸形成了配位离子 $[AgCl_2]^-$ 而溶解。同样，HgS 沉淀不溶于浓硝酸，但可溶于王水中，这也是因为王水中存在大量的 Cl^- 离子，可以与 Hg^{2+} 离子形成 $[HgCl_4]^{2-}$ 配位离子，对 HgS 的溶解起着促进作用。

前面提到，为了使离子沉淀完全，我们会根据同离子效应原理，加入过量的沉淀剂，但由于有时过量的沉淀剂可以与金属离子形成配位化合物，使已经产生的沉淀发生溶解，所以对于能与过量的沉淀剂形成配位化合物的离子，沉淀剂应适当过量，而且尽可能在稀溶液中进行沉淀。

配位化合物的形成使沉淀溶解涉及两个平衡：一个是沉淀溶解平衡；一个是配位平衡。一般情况下，配离子越稳定，沉淀就越容易溶解。例如，AgCl 可溶于氨水中，对于溶解度更小的 AgBr 则难溶于氨水中，若 AgBr 中加入 $Na_2S_2O_3$ 溶液，由于 $[Ag(S_2O_3)_2]^{3-}$ 比 $[Ag(NH_3)_2]^+$ 更为稳定，故 AgBr 可以生成 $[Ag(S_2O_3)_2]^{3-}$ 而溶解。

9.5.2 沉淀的形成及沉淀条件的选择

1. 沉淀的类型

按颗粒大小的不同，可将沉淀粗略分为两大类：一类是晶形沉淀；另一类是无定形沉淀，或称非晶形沉淀或胶状沉淀。晶形沉淀的颗粒直径约为 0.1～1 μm，构晶离子排列规则、结构紧密，如 $BaSO_4$。无定形沉淀颗粒直径小于 0.02 μm，沉淀颗粒无规则堆积，沉淀疏松含水多，体积大，如 $Fe_2O_3 \cdot nH_2O$。介于晶形沉淀与无定形沉淀之间的是凝乳状沉淀，它的颗粒大小介于以上两者之间，如 AgCl。

沉淀属于何种类型，由沉淀性质决定，但沉淀条件也起很大的作用。如沉淀的颗粒大小与进行沉淀反应时构晶离子的浓度有关。

2. 沉淀的形成过程

沉淀过程中，首先是构晶离子在过饱和溶液中形成晶核，然后进一步成长为按一定晶格排列的晶形沉淀。

1）晶核的形成

晶核的形成有均相成核和异相成核两种情况。

（1）均相成核。是由构晶离子互相缔合而成的晶核。如硫酸钡沉淀的晶核是 Ba^{2+} 与 SO_4^{2-} 缔合，形成 $BaSO_4$、$(Ba_2SO_4)^{2+}$ 和 $[Ba(SO_4)_2]^{2-}$ 等多聚体。这些是结晶体的胚芽。

形成晶核的基本条件必须是溶液处于过饱和状态，即形成晶核时溶液的浓度 Q 要大于该物质的溶解度 s。

（2）异相成核。溶液中存在微细的其他颗粒，如尘埃、杂质等微粒，在沉淀过程中，它们起着晶核的作用，诱导沉淀形成。

2）聚集过程与定向过程

在形成晶核后，溶液的构晶离子不断向晶核表面扩散，并沉积在晶核表面，使晶核逐渐长大成为沉淀的微粒，沉淀微粒又可聚集为更大的聚集体，此过程称为聚集过程。在聚集过程的同时，构晶离子按一定的晶格排列而形成晶体，此过程称为定向过程。

沉淀类型与聚集过程和定向过程的速度有关。如果聚集速度大于定向速度，晶体未能定向排列就堆聚在一起，因而得到的是无定形沉淀。如果定向速度大于聚集速度，构晶离子得以定向排列，形成晶形沉淀。聚集速度主要与溶液的相对过饱和度有关，定向速度主要与沉淀物质的性质有关，例如极性较强的盐类，一般具有较大的定向速度。

3）过饱和度对晶核生成与晶体生长的影响

前人对沉淀过程虽做了大量的研究工作，但仍没有成熟的理论。Von Weimarn 根据实验现象，综合了沉淀的分散度与溶液的相对过饱和度的经验式，即

$$\text{分散度} = K(c_Q - s)/s$$

式中，c_Q 为加入沉淀剂后瞬间沉淀物质的浓度，s 为沉淀的溶解度，$(c_Q - s)$ 为沉淀开始瞬间的过饱和度，$(c_Q - s)/s$ 为沉淀开始瞬间的相对过饱和度，K 为常数。

对均相成核而言，过饱和度越大，形成的晶核数越多，分散度越高；对晶体生长而言，过饱和度越大，聚集速度快，不利于构晶离子的定向排列，所以不利于晶体生长。总之，溶液的相对过饱和度越大，沉淀的分散度越大。表 9-4 的数据表明了硫酸钡沉淀过程中过饱和度的大小与形成的沉淀形式的关系。

表 9-4 硫酸钡晶体形成与过饱和度的关系

$(c_Q - s)/s$	$BaSO_4$ 沉淀形式
10^5	胶状
10^4	絮状
10^3	细结晶
10^2	紧密结晶
10^1	晶体，直径 $d = 5\ \mu m$
10^0	晶体，直径 $d = 30\ \mu m$

9.5.3 沉淀滴定法

沉淀滴定法是以沉淀反应为基础的一种滴定分析方法。根据确定滴定终点所采用的指

示剂不同，银量法分为莫尔法、佛尔哈德法和法扬司法。

1. 莫尔法——铬酸钾作指示剂

莫尔法是以 K_2CrO_4 为指示剂，在中性或弱碱性介质中用 $AgNO_3$ 标准溶液测定卤素混合物含量的方法。

1）指示剂的作用原理

以测定 Cl^- 为例，K_2CrO_4 作指示剂，用 $AgNO_3$ 标准溶液滴定，其反应为：

$$Ag^+ + Cl^- \rightleftharpoons AgCl\downarrow \quad \text{白色}$$

$$2Ag^+ + CrO_4^{2-} \rightleftharpoons Ag_2CrO_4\downarrow \quad \text{砖红色}$$

这个方法的依据是多级沉淀原理。由于 AgCl 的溶解度比 Ag_2CrO_4 的溶解度小，因此在用 $AgNO_3$ 标准溶液滴定时，AgCl 先析出沉淀，当滴定剂 Ag^+ 与 Cl^- 达到化学计量点时，微过量的 Ag^+ 与 CrO_4^{2-} 反应析出砖红色的 Ag_2CrO_4 沉淀，指示滴定终点的到达。

2）滴定条件

（1）指示剂作用量。用 $AgNO_3$ 标准溶液滴定 Cl^-，指示剂 K_2CrO_4 的用量对于终点指示有较大的影响，CrO_4^{2-} 浓度过高或过低，Ag_2CrO_4 沉淀的析出就会过早或过迟，从而产生一定的终点误差。因此要求 Ag_2CrO_4 沉淀应该恰好在滴定反应的化学计量点时出现。实验证明，滴定溶液中 $c(K_2CrO_4)$ 为 $5\times10^{-3}\ mol\cdot L^{-1}$ 是确定滴定终点的适宜浓度。

（2）滴定时的酸度。在酸性溶液中，CrO_4^{2-} 有如下反应：

$$2CrO_4^{2-} + 2H^+ \rightleftharpoons 2HCrO_4^- \rightleftharpoons Cr_2O_7^{2-} + H_2O$$

因而降低了 CrO_4^{2-} 的浓度，使 Ag_2CrO_4 沉淀出现过迟，甚至不会沉淀。

在强碱性溶液中，会有棕黑色 $Ag_2O\downarrow$ 沉淀析出：

$$2Ag^+ + 2OH^- \rightleftharpoons Ag_2O\downarrow + H_2O$$

因此，莫尔法只能在中性或弱碱性（pH = 6.5～10.5）溶液中进行。若溶液酸性太强，可用 $Na_2B_4O_7\cdot10H_2O$ 或 $NaHCO_3$ 中和；若溶液碱性太强，可用稀 HNO_3 溶液中和；而在有 NH_4^+ 存在时，滴定的 pH 范围应控制在 6.5～7.2。

3）应用范围

莫尔法主要用于测定 Cl^-、Br^- 和 Ag^+，如氯化物、溴化物纯度测定以及天然水中氯含量的测定。当试样中 Cl^- 和 Br^- 共存时，测得的结果是它们的总量。若测定 Ag^+，应采用返滴定法，即向 Ag^+ 的试液中加入过量的 NaCl 标准溶液，然后再用 $AgNO_3$ 标准溶液滴定剩余的 Cl^-（若直接滴定，先生成的 Ag_2CrO_4 转化为 AgCl 的速度缓慢，滴定终点难以确定）。莫尔法不宜测定 I^- 和 SCN^-，因为滴定生成的 AgI 和 AgSCN 沉淀表面会强烈吸附 I^- 和 SCN^-，从而使滴定终点过早出现，造成较大的滴定误差。

莫尔法的选择性较差，凡能与 CrO_4^{2-} 或 Ag^+ 生成沉淀的阳、阴离子均干扰滴定。前者如 Ba^{2+}、Pb^{2+}、Hg^{2+} 等，后者如 SO_3^{2-}、PO_4^{3-}、AsO_4^{3-}、S^{2-}、$C_2O_4^{2-}$ 等。

2. 佛尔哈德法——铁铵矾作指示剂

佛尔哈德法是在酸性介质中，以铁铵矾 $[NH_4Fe(SO_4)_2\cdot12H_2O]$ 作指示剂来确定滴定终点的一种银量法。根据滴定方式的不同，佛尔哈德法分为直接滴定法和返滴定法两种。

1）直接滴定法测定 Ag^+

在含有 Ag^+ 的 HNO_3 介质中，以铁铵矾作指示剂，用 NH_4SCN 标准溶液直接滴定，当滴定到化学计量点时，微过量的 SCN^- 与 Fe^{3+} 结合生成红色的 $[FeSCN]^{2+}$ 即为滴定终点。其反应是

$$Ag^+ + SCN^- \rightleftharpoons AgSCN\downarrow \text{（白色）} \qquad K_{sp}(AgSCN) = 2.0\times10^{-12}$$

$$Fe^{3+} + SCN^- \rightleftharpoons FeSCN^{2+} \text{（红色）} \qquad K = 200$$

由于指示剂中的 Fe^{3+} 在中性或碱性溶液中将形成 $Fe(OH)^{2+}$、$Fe(OH)_2^+$ 等深色配合物，碱度再大，还会产生 $Fe(OH)_3$ 沉淀，因此滴定应在酸性（0.3～1 mol·L^{-1}）溶液中进行。

用 NH_4SCN 溶液滴定 Ag^+ 溶液时，生成的 AgSCN 沉淀能吸附溶液中的 Ag^+，使 Ag^+ 浓度降低，以致红色的出现略早于化学计量点。因此在滴定过程中需剧烈摇动，使被吸附的 Ag^+ 释放出来。

此法的优点在于可用来直接测定 Ag^+，并可在酸性溶液中进行滴定。

2）返滴定法测定卤素离子

佛尔哈德法测定卤素离子（如 Cl^-、Br^-、I^- 和 SCN^-）时应采用返滴定法。即在酸性（HNO_3 介质）待测溶液中，先加入已知过量的 $AgNO_3$ 标准溶液，再用铁铵矾作指示剂，用 NH_4SCN 标准溶液回滴剩余的 Ag^+(HNO_3 介质)。反应如下：

$$\underset{\text{（过量）}}{Ag^+} + Cl^- \rightleftharpoons AgCl\downarrow \text{（白色）}$$

$$\underset{\text{（剩余量）}}{Ag^+} + SCN^- \rightleftharpoons AgSCN\downarrow \text{（白色）}$$

终点指示反应： $Fe^{3+} + SCN^- \rightleftharpoons FeSCN^{2+}$ （红色）

用佛尔哈德法测定 Cl^-，滴定到临近终点时，经摇动后形成的红色会褪去，这是因为 AgSCN 的溶解度小于 AgCl 的溶解度，加入的 NH_4SCN 将与 AgCl 发生沉淀转化反应：

$$AgCl + SCN^- \rightleftharpoons AgSCN\downarrow + Cl^-$$

沉淀的转化速率较慢，滴加 NH_4SCN 形成的红色随着溶液的摇动而消失。这种转化作用将继续进行到 Cl^- 与 SCN^- 浓度之间建立一定的平衡关系，才会出现持久的红色，无疑滴定已多消耗了 NH_4SCN 标准滴定溶液。为了避免上述现象的发生，通常采用以下措施。

(1) 试液中加入一定过量的 $AgNO_3$ 标准溶液之后，将溶液煮沸，使 AgCl 沉淀凝聚，以减少 AgCl 沉淀对 Ag^+ 的吸附。滤去沉淀，并用稀 HNO_3 充分洗涤沉淀，然后用 NH_4SCN 标准滴定溶液回滴滤液中的过量 Ag^+。

(2) 在滴入 NH_4SCN 标准溶液之前，加入有机溶剂硝基苯或邻苯二甲酸二丁酯或 1,2-二氯乙烷。用力摇动后，有机溶剂将 AgCl 沉淀包住，使 AgCl 沉淀与外部溶液隔离，阻止 AgCl 沉淀与 NH_4SCN 发生转化反应。此法方便，但硝基苯有毒。

(3) 提高 Fe^{3+} 的浓度以减小终点时 SCN^- 的浓度，从而减小上述误差（实验证明，一般溶液中 $c(Fe^{3+}) = 0.2$ mol·L^{-1} 时，终点误差将小于 0.1%）。

佛尔哈德法在测定 Br^-、I^- 和 SCN^- 时，滴定终点十分明显，不会发生沉淀转化，因此不必采取上述措施。但是在测定碘化物时，必须加入过量 $AgNO_3$ 溶液之后再加入铁铵矾指示剂，以免因 I^- 对 Fe^{3+} 的还原作用而造成误差。强氧化剂和氮的氧化物以及铜盐、汞盐都与 SCN^- 作用，因而干扰测定，必须预先除去。

3. 法扬司法——吸附指示剂法

法扬司法是以吸附指示剂确定滴定终点的一种银量法。

1）原理

吸附指示剂是一类有机染料，它的阴离子在溶液中易被带正电荷的胶状沉淀吸附，吸附后结构改变，从而引起颜色的变化，指示滴定终点的到达。

现以 $AgNO_3$ 标准溶液滴定 Cl^- 为例，说明指示剂荧光黄的作用原理。

荧光黄是一种有机弱酸，用 HFI 表示，在水溶液中可离解为荧光黄阴离子 FI^-，呈黄绿色：

$$HFI \rightleftharpoons FI^- + H^+$$

在化学计量点前，生成的 AgCl 沉淀在过量的 Cl^- 溶液中，AgCl 沉淀吸附 Cl^- 而带负电荷，形成的 $(AgCl)\cdot Cl^-$ 不吸附指示剂阴离子 FI^-，溶液呈黄绿色。到达化学计量点时，微过量的 $AgNO_3$ 可使 AgCl 沉淀吸附 Ag^+ 形成 $(AgCl)\cdot Ag^+$ 而带正电荷，此带正电荷的 $(AgCl)\cdot Ag^+$ 吸附荧光黄阴离子 FI^-，结构发生变化呈现粉红色，使整个溶液由黄绿色变成粉红色，指示终点的到达。

$$(AgCl)\cdot Ag^+ + \underset{(黄绿色)}{FI^-} \xrightarrow{吸附} \underset{(粉红色)}{(AgCl)\cdot Ag\cdot FI}$$

2）为了使终点变色敏锐，应用吸附指示剂时需要注意的问题

（1）保持沉淀呈胶体状态。由于吸附指示剂的颜色变化发生在沉淀微粒表面上，因此，应尽可能使卤化银沉淀呈胶体状态，具有较大的表面积。为此，在滴定前应将溶液稀释，并加糊精或淀粉等高分子化合物作为保护剂，以防止卤化银沉淀凝聚。

（2）控制溶液酸度。常用的吸附指示剂大多是有机弱酸，而起指示剂作用的是它们的阴离子。酸度大时，H^+ 与指示剂阴离子结合成不被吸附的指示剂分子，无法指示终点。酸度的大小与指示剂的离解常数有关，指示剂的离解常数大，酸度可以大些。例如荧光黄，其 $pK_a \approx 7$，适用于 pH = 7～10 的条件下进行滴定；若 pH < 7，则荧光黄主要以 HFI 形式存在，不被吸附。

（3）避免强光照射。卤化银沉淀对光敏感，易分解析出银使沉淀变为灰黑色，影响滴定终点的观察，因此在滴定过程中应避免强光照射。

（4）吸附指示剂的选择。沉淀胶体微粒对指示剂离子的吸附能力，应略小于对待测离子的吸附能力，否则指示剂将在化学计量点前变色。但对指示剂离子的吸附能力也不能太小，否则终点出现过迟。卤化银对卤化物和几种吸附指示剂的吸附能力的次序如下：

$$I^- > SCN^- > Br^- > 曙红 > Cl^- > 荧光黄$$

因此，滴定 Cl^- 不能选曙红，而应选荧光黄。表 9-5 中列出了几种常用的吸附指示剂及其应用。

表 9-5　常用吸附指示剂

指示剂	被测离子	滴定剂	滴定条件	终点颜色变化
荧光黄	Cl^-、Br^-、I^-	$AgNO_3$	pH 7～10	黄绿→粉红
二氯荧光黄	Cl^-、Br^-、I^-	$AgNO_3$	pH 4～10	黄绿→红
曙红	Br^-、SCN^-、I^-	$AgNO_3$	pH 2～10	橙黄→红紫
溴酚蓝	生物碱盐类	$AgNO_3$	弱酸性	黄绿→灰紫
甲基紫	Ag^+	NaCl	酸性溶液	黄红→红紫

法扬司法可用于测定 Cl^-、Br^-、I^- 和 SCN^- 及生物碱盐类（如盐酸麻黄碱）等。测定

Cl^-常用荧光黄或二氯荧光黄作指示剂，而测定 Br^-、I^-和 SCN^-常用曙红作指示剂。此法终点明显，方法简便，但反应条件要求较严，应注意溶液的酸度、浓度及胶体的保护等。

4. 沉淀滴定法应用实例

1）天然水中氯离子含量的测定

天然水中一般含氯离子，其含量范围变化很大，河流和湖泊的水中 Cl^-含量一般较低，海水盐湖及某些地下水中则含量较高。水中氯化物主要以钠、镁、钙盐的形式存在，测定水中氯的含量多用莫尔法。若水中还含有亚硫酸根、硫离子及磷酸根等，则可采用佛尔哈德法。

2）有机化合物中卤素离子的测定

有机卤化物必须经过处理，使其转化成卤离子后，方能用银量法测定。

例如粮食中溴甲烷残留量的测定。溴甲烷是粮食的熏蒸剂之一，在室温下是一种易挥发的气体，测定时是利用吹气法将粮食中残留的溴甲烷吹出，然后用乙醇胺吸收。此时溴甲烷与乙醇胺作用分解出溴离子：

$$HOCH_2CH_2NH_2 + CH_3Br = HOCH_2CH_2NHCH_3 + HBr$$

用水稀释后，加硝酸使之呈酸性，再加入一定量的过量的硝酸银，以铁铵矾为指示剂，用 NH_4SCN 标准溶液滴定至终点。

又如有机氯农药六六六（学名：六氯环己烷，$C_6H_6Cl_6$）的测定，测定前将试样与 KOH 乙醇溶液一起加热回流，使有机氯以 Cl^-形式转入溶液中：

$$C_6H_6Cl_6 + 3OH^- = C_6H_3Cl_3 + 3Cl^- + 3H_2O$$

冷却后，加 HNO_3 调至酸性，用佛尔哈德法测定释出的 Cl^-。

3）味精中 NaCl 的测定

味精的主要成分是谷氨酸钠，另外还含有一定量的 NaCl，味精的等级与谷氨酸钠和氯化钠的含量有关，一般要求氯化钠含量不超过 20%。测定味精中 NaCl 含量时，取一定量味精用水溶解，以铬酸钾作指示剂，用硝酸银标准溶液滴定至终点。

小　结

1. 滴定分析的过程、方法特点、分类、滴定方式和对滴定反应的要求等。

2. 标准溶液浓度的两种表示方法（物质的量浓度和滴定度，两者的换算）；配制标准溶液的两种方法（直接法和标定法）；对基准试剂的要求，各类滴定分析法中常用的基准试剂。

3. 酸碱指示剂的变色原理；变色范围和理论变色点；选择指示剂的原则；常用酸碱指示剂。

4. 酸碱滴定法的原理及酸碱滴定法的应用。

5、氨羧络合剂是多齿配位体，其中 EDTA 与金属离子形成的络合物稳定性高，络合比固定且简单（绝大多数为 1 : 1），络合反应速率快，因而在络合滴定中应用最为广泛。

6. 络合滴定中的主反应和副反应，各副反应系数的意义和计算。EDTA 的总副反应系数 $\alpha(Y)=\alpha(Y(H))$（查表）$+\alpha(Y(N))-1$，其中 $\alpha(Y(N))=1+K(NY)[N]$。金属离子的总副反应系数 $\alpha(M)=\alpha(M(L))+\alpha(M(OH))$（查表）$-1$，其中 $\alpha(M(L))=1$

$+\beta_1[L]+\beta_2[L]+\cdots+\beta_n[L]^n$。MY 络合物条件形成常数的意义和计算，$\lg K'(MY)=\lg K(MY)-\lg\alpha(M)-\lg\alpha(Y)$。

7. 络合滴定曲线的制作（重点是 pM'_{sp} 的计算）；滴定突跃的含义；影响滴定突跃的因素（c_m 和 K'_{MY}）。

8. 金属指示剂的作用原理及配位滴定法的四种方式和应用。

9. 条件电极电势是指在特定条件下，某电对的氧化型和还原型的分析浓度均为 $1\ mol\cdot L^{-1}$（或其比值为 1）时的实际电位。由于考虑了氧化还原体系中各种副反应的影响，因此采用条件电极电势按照能斯特方程进行计算，所得的电位值将更加符合实际，并给氧化还原滴定曲线的理论处理带来了极大的方便。

10. 氧化还原指示剂是一类本身具有氧化还原性质，而其氧化型与还原型又具有不同颜色的物质。但氧化还原滴定中所使用的指示剂还包括自身指示剂、专属指示剂等。

11. 氧化还原滴定法按照所采用的滴定剂分类，其中常用的有高锰酸钾法、重铬酸钾法和碘量法等。各方法都有其各自的优缺点和特定的应用范围，应结合实验具体地掌握它们的特点、反应条件和实际用途。

12. 难溶电解质沉淀溶解平衡的平衡常数称为溶度积常数（solubility product constant），简称溶度积，记为 $K^{\ominus}_{sp}$。难溶电解质的溶解度是指在一定温度下该电解质在纯水中饱和溶液的浓度。

13. 影响沉淀溶解平衡移动的因素有同离子效应、盐效应、酸度、氧化还原及配位反应等。

14. 沉淀的形成及沉淀类型。

$$\text{构晶离子}\xrightarrow[\text{异相成核}]{\text{均相成核}}\text{晶核}\xrightarrow{\text{成长}}\text{沉淀微粒}\xrightarrow[\text{定向排列}]{\text{聚集}}\begin{matrix}\text{无定形沉淀}\\\text{沉淀类型}\end{matrix}$$

杂化类型	影响因素			
	相对过饱和度	临界过饱和比	成核过程	晶体成长过程
晶型 （0.1～1 μm）	小	大	异相成核为主	$v_{定向}>v_{聚集}$
无定形 （<0.02 μm）	大	小	均相成核为主	$v_{聚集}>v_{定向}$

15. 沉淀滴定法是以沉淀反应为基础的一种滴定分析方法。根据确定滴定终点所采用的指示剂不同，银量法分为莫尔法、佛尔哈德法和法扬司法。

习　题

1. 解释以下名词术语。

滴定分析法，滴定，标定，化学计量点，滴定终点，滴定误差，指示剂，基准物质。

2. 下列各分析纯物质，用什么方法将它们配制成标准溶液？如需标定，应该选用哪些相应的基准物质？

H_2SO_4，KOH，邻苯二甲酸氢钾，无水碳酸钠。

3. EDTA 是一种氨羧络合剂，名称是什么？用什么符号表示？

4. 条件电极电势和标准电极电势有什么不同？影响电极电势的外界因素有哪些？

5. 常用的氧化还原滴定法有哪几类？这些方法的基本反应是什么？

6. 写出莫尔法、佛尔哈德法和法扬斯法测定 Cl^- 的主要反应，并指出各种方法选用的指示剂和酸度条件。

7. 在下列情况下，测定结果是偏高、偏低，还是无影响？并说明其原因。

（1）在 pH = 4 的条件下，用莫尔法测定 Cl^-；

（2）用佛尔哈德法测定 Cl^-，既没有将 AgCl 沉淀滤去或加热促其凝聚，又没有加有机溶剂；

（3）在同（2）的条件下测定 Br^-；

（4）用法扬斯法测定 Cl^-，曙红作指示剂；

（5）用法扬斯法测定 I^-，曙红作指示剂。

8. 为了分析食醋中 HAc 的含量，移取试样 10.00 mL，用 0.302 4 $mol \cdot L^{-1}$ NaOH 标准溶液滴定，用去 20.17 mL。已知食醋的密度为 1.055 $g \cdot cm^{-3}$，计算试样中 HAc 的质量分数。

9. 某混合碱试样可能含有 NaOH、Na_2CO_3、$NaHCO_3$ 中的一种或两种。称取该试样 0.30 19 g，用酚酞为指示剂，滴定用去 0.103 5 $mol \cdot L^{-1}$ 的 HCl 溶液 20.10 mL；再加入甲基橙指示液，继续以同一 HCl 溶液滴定，一共用去 HCl 溶液 47.70 mL。试判断试样的组成及各组分的含量？

10. 称取 0.5000 g 煤试样，熔融并使其中硫完全氧化成 SO_4^{2-}，溶解并除去重金属离子后，加入 0.05000 $mol \cdot L^{-1}$ $BaCl_2$ 20.00 mL，使生成 $BaSO_4$ 沉淀。过量的 Ba^{2+} 用 0.02500 $mol \cdot L^{-1}$ EDTA 滴定，用去 20.00 mL。计算试样中硫的质量分数。

11. 用纯 Zn 标定 EDTA 溶液，若称取的纯 Zn 粒为 0.5942 g，用 HCl 溶液溶解后转移入 500 mL 容量瓶中，稀释至标线。吸取该锌标准溶液 25.00 mL，用 EDTA 溶液滴定，消耗 24.05 mL，计算 EDTA 溶液的准确浓度。

12. 准确称取软锰矿试样 0.5261 g，在酸性介质中加入 0.7049 g 纯 $Na_2C_2O_4$。待反应完全后，过量的 $Na_2C_2O_4$ 用 0.02160 $mol \cdot L^{-1}$ $KMnO_4$ 标准溶液滴定，用去 30.47 mL。计算软锰矿中 MnO_2 的质量分数？

13. NaCl 试液 20.00 mL，用 0.1023 $mol \cdot L^{-1}$ $AgNO_3$ 标准滴定溶液滴定至终点，消耗了 27.00 mL。求 NaCl 溶液中含 NaCl 多少？

14. 在含有相等浓度的 Cl^- 和 I^- 的溶液中，逐滴加入 $AgNO_3$ 溶液，哪一种离子先沉淀？第二种离子开始沉淀时，Cl^- 和 I^- 的浓度比为多少？

15. 称取银合金试样 0.3000 g，溶解后制成溶液，加铁铵矾指示剂，用 0.1000 $mol \cdot L^{-1}$ NH_4SCN 标准溶液滴定，用去 23.80 mL，计算合金中银的质量分数。

第十章　元素化学（一）——主族元素

10.1　碱金属和碱土金属

学习指导

1. 掌握主族元素单质的通性、制备和用途。
2. 初步掌握主族元素化合物的一般性质和制备。

碱金属是元素周期表的IA族，包括锂（Li）、钠（Na）、钾（K）、铷（Rb）、铯（Cs）、钫（Fr）六种元素。由于它们的氢氧化物都是易溶于水的强碱，因此，称它们为碱金属元素。

碱土金属指元素周期表中ⅡA族元素，包括铍（Be）、镁（Mg）、钙（Ca）、锶（Sr）、钡（Ba）、镭（Ra）六种元素。由于钙、锶、钡的氧化物性质上介于“碱性的”碱金属氧化物和“土性的”难熔氧化物 Al_2O_3 等之间，故称碱土金属。

钫和镭是放射性元素，本章不做讨论。

10.1.1　碱金属及其化合物

1. 碱金属单质

碱金属的电子层结构为 ns^1，同周期元素中，原子半径最大，电离能最低，表现出强烈的金属性。

碱金属单质皆为具金属光泽的银白色金属，质软，导电、导热性能极佳，但暴露在空气中会因氧气的氧化作用而生成氧化物膜，从而使光泽度下降，呈现灰色。碱金属单质的密度小于2 $g \cdot cm^{-3}$，是典型的轻金属，锂、钠、钾能浮在水上，锂甚至能浮在煤油中。碱金属单质都能与汞形成合金（汞齐）。

碱金属离子及其挥发性化合物在无色火焰中燃烧时会显现独特的颜色，参见表10-1，称为焰色反应。这可以用来鉴定碱金属离子的存在，锂、铷、铯也是这样被化学家发现的。

表10-1　碱金属离子的焰色反应

类　别	锂	钠	钾	铷	铯
颜色	紫红	黄	淡紫	紫	蓝
波长/nm	670.8	589.2	766.5	780.0	455.5

除了鉴定碱金属离子外，焰色反应还可以用于制造焰火和信号弹。

碱金属单质具有很强的反应活性，能直接与很多非金属元素形成离子化合物，与水反应生成氢气等。

1）与水反应

$$2Li + 2H_2O = 2LiOH + H_2\uparrow$$
$$2Na + 2H_2O = 2NaOH + H_2\uparrow$$
$$2K + 2H_2O = 2KOH + H_2\uparrow$$

2）与氧气反应

$$4Li + O_2 = 2Li_2O$$
$$4Na + O_2 = 2Na_2O(\text{常温})$$
$$2Na + O_2 = Na_2O_2(\text{点燃})$$
$$M + O_2 = MO_2 \quad (M = K、Rb、Cs)$$

3）与卤素（X）反应

$$2M + X_2 = 2MX \quad (M = Li、Na、K、Rb、Cs)$$

2. 碱金属化合物

1）氢化物

碱金属氢化物主要有 LiH 和 NaH，皆为白色粉末，具有与碱金属卤化物相似的性质，受热分解为氢气和金属。它们都是离子型化合物，是很强的还原剂。

$$NaH + H_2O = NaOH + H_2\uparrow$$
$$4NaH + TiCl_4 = Ti + 4NaCl + 2H_2\uparrow$$
$$4LiH + AlCl_3 = Li[AlH_4] + 3LiCl$$

四氢铝锂是白色多孔的轻质粉末状复合氢化物，用于制备有机试剂、药物、香料。

2）氧化物和氢氧化物

碱金属在充足的空气中燃烧时，锂生成氧化锂 Li_2O，钠生成过氧化钠 Na_2O_2，而钾、铷、铯则生成超氧化物 KO_2、RbO_2、CsO_2。

过氧化钠是淡黄色粉末或粒状物，与水或酸作用生成 H_2O_2。它们可用于漂白、熔矿、造氧。

$$Na_2O_2 + 2H_2O = 2NaOH + H_2O_2$$
$$Na_2O_2 + 2H_2SO_4(\text{稀}) = Na_2SO_4 + H_2O_2$$
$$2H_2O_2 = 2H_2O + O_2\uparrow$$

超氧化钾是最为常见的超氧化物，超氧化钾与二氧化碳的反应被应用于急救空气背包中。

$$4KO_2 + 2CO_2 = 2K_2CO_3 + 3O_2\uparrow$$

碱金属元素的氢氧化物常温下为白色固体，可溶或易溶于水，溶于水放出大量热，在空气中会发生潮解并吸收酸性气体。除氢氧化锂外，其余的碱金属氢氧化物都属于强碱，在水中完全电离。碱金属氢氧化物中以氢氧化钠和氢氧化钾最为常见，可用作干燥剂。

$$2MOH + CO_2 = M_2CO_3 + H_2O$$
$$2MOH + 2Al + 2H_2O = 2MAlO_2 + 3H_2\uparrow$$
$$2MOH + Al_2O_3 = 2MAlO_2 + H_2O$$
$$3MOH + FeCl_3 = Fe(OH)_3 + 3MCl$$

3）碱金属的盐类

碱金属的盐类大多为离子晶体，而且大部分可溶于水，其中不溶的盐类有氟化锂、碳酸锂、铋酸钠、高氯酸钾。

（1）卤化物。碱金属卤化物中常见的是氯化钠和氯化钾，它们大量存在于海水中。电解饱和氯化钠可以得到氯气、氢气和氢氧化钠，这是工业制取氢氧化钠和氯气的方法。

阳极：$$2Cl^- - 2e = Cl_2\uparrow$$

阴极：$$2H^+ + 2e = H_2\uparrow$$

总反应：$$2NaCl + 2H_2O = 2NaOH + H_2\uparrow + Cl_2\uparrow$$

（2）硫酸盐。碱金属硫酸盐中以硫酸钠最为常见。十水合硫酸钠俗称芒硝，用于相变储热。无水硫酸钠俗称元明粉，用于玻璃、陶瓷工业及制取其他盐类。

（3）硝酸盐。碱金属的硝酸盐在加强热时分解为亚硝酸盐。

$$2MNO_3 = 2MNO_2 + O_2\uparrow$$

硝酸钾（KNO_3）和硝酸钠（$NaNO_2$）是常见的硝酸盐，可用作氧化剂。

（4）碳酸盐。碱金属的碳酸盐中，碳酸锂可由含锂矿物与碳酸钠反应得到，是制取其他锂盐的原料，还可用于狂躁型抑郁症的治疗。碳酸钠俗名纯碱，是重要的工业原料，主要由侯氏制碱法生产。

$$NH_3 + H_2O + CO_2 = NH_4HCO_3$$

$$NH_4HCO_3 + NaCl = NH_4Cl + NaHCO_3$$

$$2NaHCO_3 = Na_2CO_3 + H_2O + CO_2\uparrow$$

10.1.2　碱土金属及其化合物

1. 碱土金属单质

碱土金属的单质为银白色（铍为灰色）固体，容易同空气中的氧气作用，在表面形成氧化物，失去光泽而变暗。它们的原子有两个价电子，形成的金属键较强，熔点、沸点较相应的碱金属要高。单质的还原性随着核电荷数的递增而增强。

碱土金属的硬度略大于碱金属，均可用刀子切割，新切出的断面有银白色光泽，但在空气中迅速变暗。其熔点和密度也都大于碱金属，但仍属于轻金属。

碱土金属的导电性和导热性能较好。

碱金属单质的主要反应如下。

与氧气反应：$$2Mg + O_2 = 2MgO$$

与卤素反应：$$Be + X_2 = BeX_2$$

与酸反应：$$2H^+ + Mg = Mg^{2+} + H_2\uparrow$$

与不活泼金属的可溶盐反应：$Mg + Cu^{2+} = Mg^{2+} + Cu$

2. 碱土金属化合物

1）氧化物和过氧化物

碱土金属在室温或加热时与氧化合，主要生成普通氧化物 MO：

$$2M + O_2 = 2MO$$

但实际生产中常由它们的碳酸盐、硝酸盐或氢氧化物等加热分解来制备，例如

$$MCO_3 = MO + CO_2\uparrow$$

碱土金属的氧化物均是难溶于水的白色粉末。它们的熔点都很高，硬度也较大。BeO 和 MgO 常用来制造耐火材料和金属陶瓷。特别是 BeO，还具有反射放射性射线的能力，常用作原子反应堆外壁砖块材料。生石灰是重要的建筑材料，也可由它制得价格便

宜的碱（熟石灰）。

过氧化物是含有过氧基（—O—O—）的化合物，除铍外，碱土金属在一定条件下都能形成过氧化物。钙、锶、钡的氧化物与过氧化氢作用，可得到相应的过氧化物。

$$MO + H_2O_2 + 7H_2O = MO_2 \cdot 8H_2O$$

钙、锶、钡燃烧可生成过氧化物。

$$M + O_2 = MO_2$$

2）氢氧化物

碱土金属的氧化物（BeO 和 MgO 除外）与水作用，即可得到相应的氢氧化物。碱土金属的氢氧化物均为白色固体，易潮解，在空气中吸收 CO_2 生成碳酸盐。

碱土金属氢氧化物的溶解度较低，其溶解度变化按 $Be(OH)_2$ 至 $Ba(OH)_2$ 的顺序依次递增，$Be(OH)_2$ 和 $Mg(OH)_2$ 属难溶氢氧化物。碱土金属氢氧化物溶解度依次增大的原因是随着金属离子半径的递增，正、负离子之间的作用力逐渐减小，易被水分子所解离的缘故。在碱土金属的氢氧化物中，$Be(OH)_2$ 呈两性，$Mg(OH)_2$、$Ca(OH)_2$ 为中强碱，其余都是强碱。

3）盐类

常见碱土金属的盐类有卤化物、硝酸盐、硫酸盐、碳酸盐、磷酸盐等，这里着重介绍它们的共同特性。

(1) 晶体类型。绝大多数碱土金属盐类的晶体属于离子型晶体，它们具有较高的熔点和沸点。常温下是固体，熔化时能导电。碱土金属氯化物的熔点从 Be 至 Ba 依次增高。$BeCl_2$ 熔点最低，易于升华，能溶于有机溶剂中，是共价化合物；$MgCl_2$ 有一定程度的共价性。

(2) 溶解性。碱土金属的盐比相应的碱金属盐溶解度小，有不少是难溶解的，这是区别碱金属的特点之一。碱土金属的硝酸盐、氯酸盐、高氯酸盐和醋酸盐等易溶。卤化物中除氟化物外，也是可溶的。但是碳酸盐、磷酸盐和草酸盐等都难溶于水。对于硫酸盐和铬酸盐来说，溶解度差别较大，例如，$BeSO_4$、$MgSO_4$、$BeCrO_4$ 和 $MgCrO_4$ 易溶，其余全难溶（$CaSO_4$ 微溶）。尤其 $BaSO_4$ 和 $BaCrO_4$ 是溶解度最小的难溶盐之一。CaC_2O_4（白色）、$SrCrO_4$（白色）和 $BaCrO_4$（黄色）的溶解度也很小，反应又很灵敏，可用作 Ca^{2+}、Sr^{2+} 或 Ba^{2+} 离子的鉴定。铍盐有许多是易溶于水的，这与 Be^{2+} 的半径小，电荷较多，水合能大有关。

10.2 卤　素

卤族元素指周期系ⅦA 族元素，包括氟（F）、氯（Cl）、溴（Br）、碘（I）、砹（At）。这族元素表现了典型的非金属性质。其中，砹（At）是放射性元素，其量少、不稳定，在自然界中几乎不存在，仅有微量存在于镭、锕或钍的蜕变产物中，故本章不做讨论。

10.2.1 卤素单质

1. 卤素单质的物理性质

卤素单质具有较高的化学活性，其中，氟是最活泼的非金属元素。氟单质是目前已知最强的氧化剂，所以自然界中没有游离态的氟存在，只有氟的化合物。萤石（CaF_2）——就是氟的天然化合物，因为在黑暗中摩擦时发出绿色荧光而得名。氯在地壳中的质量分数为0.031%，主要以氯化物的形式蕴藏在海水里，海水中含氯大约为1.9%。在某些盐湖、盐井和盐床中也含有氯。在自然界中，碘以化合物的形式存在，主要以碘酸钠 $NaIO_3$ 的形式存在于南美洲的智利硝石矿中。在海水中碘的含量很少，但海洋中的某些生物如海藻、海带等具有选择性地吸收和聚集碘的能力，是碘的一个重要来源。

随着卤素原子半径的增大，卤素分子之间的色散力也逐渐增大，因此卤素单质之间的物理性质也呈规律性变化。表10-2中列出了卤素单质的一些重要物理性质。

表10-2　卤素单质的物理性质

物　态	氟	氯	溴	碘
物态	气体	气体	液体	固体
颜色	淡黄	黄绿	绿棕	紫黑
密度/($g \cdot cm^{-3}$)	1.108 (l)	1.57 (l)	3.12 (l)	4.93 (s)
熔点/K	53.38	172	265.92	386.5
沸点/K	84.86	238.95	331.8	457.4
气化热 ($kJ \cdot mol^{-1}$)	6.32	20.41	30.56	46.61
临界温度/K	144	417	588	785
临界压力/MPa	5.57	7.7	10.33	11.75

2. 卤素单质的化学性质

1）卤素与金属的反应

卤素单质的氧化性是其最典型的化学性质。

氟在低温或高温下都可以和所有的金属直接作用，生成高价氟化物。氟与铜、镍、镁作用时，由于在金属表面生成薄层金属氟化物而阻止了反应的进行，因此氟可以贮存在铜、镍、镁或它们的合金制成的合金中。

氯气能与各种金属作用，反应比较剧烈。例如钠、铁、锡、锑、铜等能在氯气中燃烧，甚至不与氧气直接反应的银、铂、金也能与氯气直接化合。但氯气在干燥的情况下不与铁作用，因此可以把干燥的液氯贮存于铁罐或钢瓶中。

2）卤素与非金属的反应

氟几乎与所有的非金属（氧、氮除外）都能直接化合，甚至在低温下氟仍可以与硫、磷、硅、碳等猛烈反应产生火焰。极不活泼的稀有气体氙 Xe，也能在523 K时与氟发生化学反应生成氟化物。氟在低温和黑暗中即可和氢直接化合，放出大量的热并引起爆炸。

氯能与大多数非金属单质直接化合，反应程度虽不如氟猛烈，但也比较剧烈。例如氯能与磷、硫、氟、碘、氢等多种非金属单质作用生成氯化物。

3）卤素与水的反应

卤素单质较难溶于水。卤素与水可能发生以下两类反应：

$2F_2 + 2H_2O \xlongequal{} 4HF + O_2\uparrow$　①

$X_2 + H_2O \xlongequal{} HX + HXO$（X = Cl、Br、I）　②

这是卤素在水中发生的氧化还原反应。氧化作用和还原作用同时发生在同一分子内的同一种元素上，即该元素的原子一部分被氧化，氧化数升高，同时另一部分原子被还原，氧化数降低。这种自身的氧化还原反应又称为歧化反应。

4）卤素间的置换反应

卤素单质都是氧化剂，它们的氧化能力按周期表顺序依次降低，而卤离子的还原能力按周期表顺序依次增强。

卤素单质的氧化能力：$F_2 > Cl_2 > Br_2 > I_2$

卤离子的还原能力：$F^- < Cl^- < Br^- < I^-$

氯气能氧化溴离子和碘离子成为单质。由于氯气是个较强的氧化剂，故如果氯气过量，则被它置换出的碘将进一步氧化成高价碘的化合物，即

$$Cl_2 + 2NaBr = Br_2 + 2NaCl$$

$$Cl_2 + 2NaI = I_2 + 2NaCl$$

$$I_2 + 5Cl_2 + 6H_2O = 2IO_3^- + 10Cl^- + 12H^+$$

溴能氧化碘离子成为碘单质，即

$$Br_2 + 2NaI = I_2 + 2NaBr$$

3. 卤素的制备

1）氯气的制备

在实验室中采用强氧化剂与浓盐酸反应的方法来制备氯气。

$$MnO_2 + 4HCl = MnCl_2 + 2H_2O + Cl_2\uparrow$$

$$2KMnO_4 + 16HCl = 2KCl + 2MnCl_2 + 8H_2O + 5Cl_2\uparrow$$

工业上制备氯气采用电解饱和食盐水溶液的方法，或者在电解氯化钠熔盐制取金属钠的反应中作为副产物得到氯气。

$$2NaCl + 2H_2O = H_2\uparrow + Cl_2\uparrow + 2NaOH$$

$$2NaCl（熔融）\xlongequal{电解} 2Na + Cl_2\uparrow$$

2）碘的制备

实验室采用 I^- 制备 I_2：碘离子具有较强的还原性，很多氧化剂如 Cl_2、Br_2、MnO_2 等在酸性溶液中都能将碘离子氧化成碘单质，即

$$Cl_2 + 2NaI = 2NaCl + I_2$$

$$2NaI + 3H_2SO_4 + MnO_2 = 2NaHSO_4 + MnSO_4 + I_2 + 2H_2O$$

后一反应是自海藻灰中提取碘的主要反应。析出的碘可用有机溶剂如二硫化碳 CS_2 和四氯化碳 CCl_4 来萃取分离。在上述反应中要避免使用过量的氧化剂，以免单质碘进一步被氧化为高价碘的化合物。

10.2.2 卤素的化合物

1. 卤化氢和氢卤酸

1）卤化氢的性质

卤化氢都是具有强烈刺激性臭味儿的无色气体，在空气中会“冒烟”，这是因为它们与空气中的水蒸气结合形成了酸雾。

卤化氢都是极性分子，其中 HF 分子极性最大，HI 分子极性最小。它们在水中有很大的溶解度。卤化氢的水溶液叫氢卤酸。

2）氢卤酸的性质

除氢氟酸外，其余的氢卤酸都是强酸，并按照 HCl——HBr——HI 的顺序酸性依次增强。在常压下蒸馏氢卤酸，都可以得到溶液的组成和沸点恒定不变的恒沸溶液。强酸性和卤离子的还原性是氢卤酸的主要化学性质。卤离子的还原能力按 $F^- < Cl^- < Br^- < I^-$ 的顺序依次增强。

3）卤化氢的制备

（1）氟化氢的制备。用萤石为原料制取氟化氢，氟化氢用水吸收就成为氢氟酸。要把氢氟酸保存在铅、石蜡或塑料瓶中，因为氢氟酸能与 SiO_2 反应生成气态的、易挥发的 SiF_4，即

$$CaF_2 + H_2SO_4(浓) = CaSO_4 + 2HF\uparrow$$

$$4HF + SiO_2 = SiF_4\uparrow + 2H_2O$$

（2）氯化氢的制备。在较低温度下，食盐和浓硫酸作用生成氯化氢和硫酸氢钠：

$$NaCl + H_2SO_4(浓) = NaHSO_4 + HCl\uparrow$$

如果温度较高，则会发生如下反应：

$$NaCl + NaHSO_4(浓) = Na_2SO_4 + HCl\uparrow$$

（3）溴化氢和碘化氢的制备。用上述方法不能制备出纯的溴化氢和碘化氢，因为生成的 HBr 和 HI 会被浓硫酸进一步氧化，即

$$NaBr + H_2SO_4(浓) = NaHSO_4 + HBr\uparrow$$

$$NaI + H_2SO_4(浓) = NaHSO_4 + HI\uparrow$$

$$2HBr + H_2SO_4(浓) = SO_2\uparrow + Br_2 + 2H_2O$$

$$8HI + H_2SO_4(浓) = H_2S\uparrow + 4I_2 + 4H_2O$$

在实验室中用金属卤化物制取溴化氢和碘化氢，要用没有氧化性和挥发性的磷酸来代替浓硫酸。将溴化氢或碘化氢溶于水就可以得到氢溴酸或氢碘酸，即

$$NaBr + H_3PO_4 = NaH_2PO_4 + HBr\uparrow$$

$$NaI + H_3PO_4 = NaH_2PO_4 + HI\uparrow$$

2. 卤素的含氧酸及其盐

氟的含氧酸仅限于次氟酸 HFO。Cl、Br 和 I 均应有四种类型的含氧酸，它们是次卤酸、亚卤酸、卤酸和高卤酸，参见表 10-3，其中卤原子的氧化态分别为 +1、+3、+5 和 +7。在这些含氧酸根的离子结构中，卤原子均采取 sp^3 杂化方式，均为四面体构型。

表 10-3 卤素的含氧酸

名 称	氟	氯	溴	碘
次卤酸	HFO	HClO	HBrO	HIO
亚卤酸		$HClO_2$	$HBrO_2$	—
卤酸		$HClO_3$	$HBrO_3$	HIO_3
高卤酸		$HClO_4$	$HBrO_4$	HIO_4、H_5IO_6 等

卤素的含氧酸和含氧酸盐的许多重要性质，如酸性、氧化性、热稳定性、阴离子的强度等，都随着分子中氧原子数的改变而呈现规律性的变化。

以氯的含氧酸和含氧酸盐为代表，参见表 10-4，其规律如下。

（1）按 $HClO \longrightarrow HClO_2 \longrightarrow HClO_3 \longrightarrow HClO_4$ 的顺序，随着分子中氧原子数的增多，

酸和盐的热稳定性及酸强度在增大，而氧化性和阴离子碱强度却在减弱。

（2）盐的热稳定性比相应的酸的热稳定性高，但其氧化性比酸弱。

表 10-4　氯的含氧酸及其钠盐的性质变化规律

氧化态	酸	热稳定性和酸强度	氧化性	盐	热稳定性	氧化性和阴离子碱强度
+1	HClO	增 ↓	↑ 增	NaClO	增 ↓	↑ 增
+3	$HClO_2$			$NaClO_2$		
+5	$HClO_3$	大	大	$NaClO_3$	大	大
+7	$HClO_4$			$NaClO_4$		

10.3　氧族元素

氧族元素有氧、硫、硒、碲和钋五种元素。氧是地球上含量最多、分布最广的元素。约占地壳总质量的46.6%。它遍及岩石层、水层和大气层。在岩石层中，氧主要以氧化物和含氧酸盐的形式存在。在海水中，氧占海水质量的89%。在大气层中，氧以单质状态存在，约占大气质量的23%。硫在地壳中的含量为0.045%，是一种分布较广的元素。它在自然界中以两种形态出现：单质硫和化合态硫。天然的硫化合物包括金属硫化物、硫酸盐和有机硫化合物三大类。最重要的硫化物矿是黄铁矿 FeS_2，它是制造硫酸的重要原料；其次是黄铜矿 $CuFeS_2$、方铅矿 PbS、闪锌矿 ZnS 等。硫酸盐矿以石膏 $CaSO_4 \cdot 2H_2O$ 和 $Na_2SO_4 \cdot 10H_2O$ 为最丰富。有机硫化合物除了存在于煤和石油等沉积物中外，还广泛地存在于生物体的蛋白质、氨基酸中。单质硫主要存在于火山附近。

10.3.1　氧及其化合物

1. 单质氧

自然界中的氧含有三种同位素，即 ^{16}O、^{17}O 和 ^{18}O。在普通氧中，^{16}O 的含量占99.76%，^{17}O 占0.04%，^{18}O 占0.2%。^{18}O 是一种稳定同位素，常作为示踪原子用于化学反应机理的研究中。

单质氧有氧气 O_2 和臭氧 O_3 两种同素异形体。在高空约25 km高度处，O_2 分子受到太阳光紫外线的辐射而分解成O原子，O原子不稳定，与 O_2 分子结合生成 O_3 分子。当 O_3 的浓度在大气中达到最大值时，就形成了厚度约20 km的环绕地球的臭氧层。O_3 能吸收波长在220～330 nm范围的紫外光，吸收紫外光后，O_3 又分解为 O_2。因此，高层大气中存在着 O_3 和 O_2 互相转化的动态平衡，消耗了太阳辐射到地球上的能量。正是臭氧层吸收了大量紫外线，才使地球上的生物免遭这种高能紫外线的伤害。

1）氧气

O_2 是一种无色、无臭的气体，在90 K时凝聚成淡蓝色液体，到54 K时凝聚成淡蓝色固体。O_2 有明显的顺磁性，是非极性分子，不易溶于极性溶剂水中，293 K时1 dm^3 水中只能溶解30 cm^3 的氧气。O_2 在水中的溶解度虽小，但它却是水生动植物赖以生存的基础。

空气和水是制取 O_2 的主要原料，工业上使用的氧气大约有97%是从空气中提取的，3%的氧则来自电解水。工业上制取氧，主要是通过物理方法液化空气，然后分馏制氧。把所得的氧压入高压钢瓶中储存，便于运输和使用。此方法制得的 O_2 气，纯度高达99.5%。

实验室中制备 O_2 气最常用的方法有如下几种。

（1）MnO_2 为催化剂，加热分解 $KClO_3$：$2KClO_3 = 2KCl + 3O_2\uparrow$

（2）$NaNO_3$热分解：$2NaNO_3 = 2NaNO_2 + O_2\uparrow$

（3）金属氧化物热分解：$2HgO = 2Hg + O_2\uparrow$

（4）过氧化物热分解：$2BaO_2 = 2BaO + O_2\uparrow$

2）臭氧

臭氧因其具有一种特殊的腥臭而得名。O_3 是一种淡蓝色的气体，其在稀薄状态下并不臭，闻起来有清新爽快之感。雷雨之后的空气、松树林里，都令人呼吸舒畅，沁人心脾，就是因为有少量 O_3 存在的缘故。O_3 比 O_2 易液化，161 K 时凝成暗蓝色液体，但难于固化，在 22 K 时，凝成黑色晶体。

O_3 不稳定，常温下就可分解，紫外线或催化剂（MnO_2、PbO_2、铂黑等）存在下，会加速分解。

$$2O_3 = 3O_2$$

O_3 分解放出热量，说明 O_3 比 O_2 具有更大的化学活性，比 O_2 有更强的氧化性。

O_3 是一种极强的氧化剂，氧化能力介于 O 原子和 O_2 分子之间，仅次于 F_2。例如它能氧化一些只具弱还原性的单质或化合物，甚至有时可把某些元素氧化到不稳定的高价状态。

$$PbS + 2O_3 = PbSO_4 + O_2$$

微量的 O_3 能消毒杀菌，对人体健康有益。但空气中 O_3 含量超过时，不仅对人体有害，对农作物等物质也有害，它的破坏性也是基于它的氧化性。

2. 过氧化氢

过氧化氢 H_2O_2，其水溶液俗称双氧水，在自然界中很少见，仅以微量存在于雨雪或某些植物的汁液中，是自然界中还原性物质与大气氧化合的产物。

纯 H_2O_2 是一种淡蓝色的黏稠液体，它的极性比 H_2O 强。由于 H_2O_2 分子间有较强的氢键，所以 H_2O_2 比 H_2O 的缔合程度还大，沸点也远比水高。但 H_2O_2 的熔点与水接近，密度随温度变化正常，可以与水以任意比例互溶。3% 的 H_2O_2 水溶液在医药上称为双氧水，有消毒杀菌的作用。

在 H_2O_2中，O 的氧化数为 -1，故 H_2O_2在酸性溶液中是一种强氧化剂。例如 H_2O_2能将碘化物氧化成单质碘，这个反应可用来定性检出或定量测定 H_2O_2过氧化物的含量。

$$H_2O_2 + 2I^- + 2H^+ = I_2 + H_2O$$

另外，H_2O_2 还能将黑色的 PbS 氧化成白色的 $PbSO_4$。

$$4H_2O_2 + PbS = PbSO_4 + 4H_2O$$

H_2O_2最常用作氧化剂，可用于漂白毛、丝织物和油画，也可用于消毒杀菌。纯的 H_2O_2 还可用作火箭燃料的氧化剂。H_2O_2 作为氧化剂的最大优点是不会给反应体系带来杂质，它的还原产物是 H_2O。要注意，质量分数大于 30% 以上的 H_2O_2 水溶液会灼伤皮肤。

在碱性溶液中，H_2O_2是一种中等强度的还原剂，工业上常用 H_2O_2 的还原性除氯，因为它不会给反应体系带来杂质：

$$H_2O_2 + Cl_2 = 2Cl^- + O_2\uparrow + 2H^+$$

H_2O_2 在酸性溶液中虽然是一种强氧化剂，但若遇到比它更强的氧化剂（如 $KMnO_4$）

时，H_2O_2也会表现出还原性。

酸性介质中：

$$5H_2O_2 + 2MnO_4^- + 6H^+ \longrightarrow 2Mn^{2+} + 8H_2O + 5O_2\uparrow$$

中性或弱碱性介质中：

$$3H_2O_2 + 2MnO_4^- \longrightarrow 2MnO_2\downarrow + 2H_2O + 3O_2\uparrow + 2OH^-$$

H_2O_2在低温和高纯度时还比较稳定，但若受热到426 K时便会猛烈分解。H_2O_2的分解反应就是它的歧化反应。

$$2H_2O_2 \longrightarrow 2H_2O + O_2\uparrow$$

除热外，能加速H_2O_2分解速度的因素还有：

① O_2在碱性介质中的分解速度比在酸性介质中快；

② 杂质的存在，如重金属离子等都能大大加速H_2O_2的分解；

③ 波长为320～380 nm的光（紫外光）也能促进H_2O_2的分解。

针对会加速H_2O_2分解的热、介质、重金属离子和光四大因素，为了阻止H_2O_2的分解，一般常把H_2O_2装在棕色瓶中放在阴凉处保存，有时还加入一些稳定剂，如微量的锡酸钠Na_2SnO_3、焦磷酸钠$Na_4P_2O_7$或8-羟基喹啉等来抑制所含杂质的催化分解作用。

10.3.2 硫及其化合物

1. *硫的单质*

1）硫的同素异形体

单质硫有多种同素异形体，其中最常见的是斜方硫和单斜硫。斜方硫亦称为菱形硫或α-硫，单斜硫又叫β-硫。斜方硫在368.4 K以下稳定，单斜硫在368.4 K以上稳定。368.4 K是这两种变体的转变温度。斜方硫是室温下唯一稳定的硫的存在形式，所有其他形式的硫在放置时都会转变成晶体的斜方硫。斜方硫和单斜硫都易溶于CS_2中，都是由S_8环状分子（皇冠构型）组成的。

2）硫的物理性质

硫为黄色晶状固体，熔点为385.8 K（斜方硫）和392 K（单斜硫），沸点717.6 K，密度为2.06 g·cm^{-3}（斜方硫）和1.96 g·cm^{-3}（单斜硫）。硫的导热性和导电性都很差，性松脆，不溶于水，能溶于CS_2中。从CS_2中再结晶，可以得到纯度很高的晶状硫。

3）硫的化学性质

硫能形成氧化态为-2、+6、+4、+2、+1价的化合物，其中-2价的硫具有较强的还原性，+6价的硫只有氧化性，+4价的硫既有氧化性也有还原性。硫是一个很活泼的元素，表现在：

（1）除金、铂外，硫几乎能与所有的金属直接加热化合，生成金属硫化物；

（2）除稀有气体、碘、分子氮以外，硫与所有的非金属一般都能化合；

（3）硫能溶解在苛性钠溶液中：$6S + 6NaOH \longrightarrow 2Na_2S_2 + Na_2S_2O_3 + 3H_2O$；

（4）硫能被浓硝酸氧化成硫酸：$S + 2HNO_3$（浓）$\longrightarrow H_2SO_4 + 2NO$。

2. *硫化氢、硫化物和多硫化物*

1）硫化氢

H_2S是一种无色有毒的气体，有臭鸡蛋气味，它是一种大气污染物。空气中如果含0.1%

的 H_2S 就会迅速引起头疼晕眩等症状。吸入大量 H_2S 会造成人昏迷和死亡。经常与 H_2S 接触会引起嗅觉迟钝、消瘦、头痛等慢性中毒。空气中 H_2S 的允许含量不得超过 0.01 $mg \cdot dm^{-3}$。

H_2S 在 213 K 时凝聚成液体，187 K 时凝固。它在水中的溶解度不大，一般的水溶解的 H_2S 气体，浓度约为 0.1 $ml \cdot dm^{-3}$。这种溶液叫硫化氢水或氢硫酸。

H_2S 中 S 的氧化数为 -2，处于 S 的最低氧化态，所以 H_2S 的一个重要化学性质就是它具有还原性。H_2S 能被 I_2、Br_2、O_2、SO_2 等氧化剂氧化成单质 S，甚至氧化成硫酸。

$$H_2S + I_2 = 2HI + S\downarrow$$

$$H_2S + 4Br_2 + 4H_2O = H_2SO_4 + 8HBr$$

$$2H_2S + SO_2 = 3S\downarrow + 2H_2O$$

$$2H_2S + O_2 = 2S\downarrow + 2H_2O$$

工业上利用后两个反应从工业废气中回收单质硫。

2）硫化物

金属硫化物大多数是有颜色难溶于水的固体，只有碱金属和铵的硫化物易溶于水，碱土金属硫化物微溶于水。

由于氢硫酸是一个弱酸，所以所有的硫化物无论是易溶的还是难溶的，都会产生一定程度的水解，使溶液显碱性。

$$Na_2S + H_2O = NaHS + NaOH$$

Na_2S 溶液显强碱性，可作为强碱使用。Al_2S_3 完全水解，而难溶的 CuS 和 PbS 有微弱的水解。因此这些硫化物不能用湿法从溶液中制备。

Na_2S 是工业上有较多用途的一种水溶性硫化物。它是一种白色晶状固体，熔点 1453 K，在空气中易潮解，常见商品是它的水合晶体 $Na_2S \cdot 9H_2O$。

3）多硫化物

就好像碘化钾溶液可以溶解单质碘一样，Na_2S 或 $(NH_4)_2S$ 的溶液也能溶解单质硫，并在溶液中生成多硫化物。

$$Na_2S + (x-1)S = Na_2S_x$$

$$(NH_4)_2S + (x-1)S = (NH_4)_2S_x$$

多硫化物溶液一般显黄色，其颜色可随着溶解的硫的增多而加深，最深为红色。多硫化钠 Na_2S_2 是常用的分析化学试剂，在制革工业中用作原皮的脱毛剂；多硫化钙 CaS_4 在农业上用作杀虫剂。

3. 硫的氧化物、含氧酸及其盐

1）硫的氧化物

SO_2 是一种无色有刺激臭味的气体，比空气重 2.26 倍，它是一种大气污染物。SO_2 的职业性慢性中毒会引起食欲丧失、大便不通和气管炎症。空气中 SO_2 的含量不得超过 0.02 $mg \cdot L^{-1}$。SO_2 是极性分子，常压下 263 K 就能液化，易溶于水。SO_2 是造成酸雨的主要因素之一。

2）硫的含氧酸及其盐

（1）亚硫酸及其盐。SO_2 溶于水就生成亚硫酸，亚硫酸只存在于水溶液中，从来也没有得到过游离的纯 H_2SO_3。

$$SO_2 + H_2O = H_2SO_3$$

H_2SO_3 是一个弱的二元酸，可以生成两种盐，即正盐（M_2SO_3）和酸式盐（$MHSO_3$）。

碱金属的亚硫酸盐易溶于水，水解显碱性。

$$Na_2SO_3 + H_2O = NaHSO_3 + NaOH$$

其他金属的正盐均微溶于水，而所有的酸式盐都易溶于水。

（2）硫酸及其盐。SO_3溶于水即生成硫酸并放出大量的热。

$$SO_3 + H_2O = H_2SO_4$$

H_2SO_4是一个强的二元酸，纯 H_2SO_4是无色油状液体，凝固点为 283.36 K，沸点为 611 K（质量分数 98.3%），密度为 $1.854\ g \cdot cm^{-3}$，相当于浓度为 $18 mol \cdot L^{-1}$。

浓 H_2SO_4溶于水产生大量的热，若不小心将水倾入浓 H_2SO_4 中，将会因为产生剧热而导致爆炸。因此在稀释浓硫酸时，只能在搅拌下把浓硫酸缓慢地倾入水中，而绝不能把水倾入浓硫酸中！

浓硫酸是工业上和实验室中最常用的干燥剂，用它来干燥氯气、氢气和二氧化碳等气体。它不但能吸收游离的水分，还能从一些有机化合物中夺取与水分子组成相当的氢和氧，使这些有机物碳化。例如，蔗糖或纤维被浓硫酸脱水碳化。

$$C_{12}H_{12}O_{11} \xlongequal{\text{浓硫酸}} 12C + 11H_2O$$

因此，浓硫酸能严重地破坏动植物的组织，如损坏衣服和烧坏皮肤等，使用时必须注意安全。

浓硫酸是一种氧化性酸，加热时氧化性更显著，它可以氧化许多金属和非金属。例如：

$$Cu + 2H_2SO_4 = CuSO_4 + SO_2\uparrow + 2H_2O$$

$$C + 2H_2SO_4 = CO_2\uparrow + 2SO_2\uparrow + 2H_2O$$

但金和铂甚至在加热时也不与浓硫酸作用。此外，冷的浓硫酸（93%以上）不和铁、铝等金属作用，因为铁、铝在冷浓硫酸中被钝化了。因此，可以用铁、铝制的器皿盛放浓硫酸。

稀硫酸具有一般酸类的通性。与浓硫酸的氧化反应不同，稀硫酸的氧化反应是由 H_2SO_4中的 H^+离子引起的，故稀硫酸只能与电位顺序在 H 以前的金属如 Zn、Mg、Fe 等反应而放出氢气：

$$H_2SO_4 + Fe = FeSO_4 + H_2\uparrow$$

许多硫酸盐都有很重要的用途。例如，$Al_2(SO_4)_3$是净水剂、造纸充填剂和媒染剂；胆矾是消毒剂和农药；绿矾既是农药和治疗贫血的药剂，也是制造蓝黑墨水的原料；芒硝 $Na_2SO_4 \cdot 10H_2O$ 是重要的化工原料等。

（3）硫代硫酸钠。硫代硫酸 $H_2S_2O_3$非常不稳定，但硫代硫酸盐是相当稳定的。市售硫代硫酸钠 $Na_2S_2O_3 \cdot 5H_2O$ 俗名海波或大苏打，是一种无色透明的晶体，易溶于水，其水溶液显弱碱性。$Na_2S_2O_3$在中性或碱性溶液中很稳定，在酸性（pH≤4.6）溶液中则迅速分解。

$$Na_2S_2O_3 + 2HCl = 2NaCl + S\downarrow + H_2O + SO_2\uparrow$$

（4）过二硫酸及其盐。过二硫酸可以看成是过氧化氢 H—O—O—H 中 H 原子被亚硫酸氢根取代的产物。若 H—O—O—H 中一个 H 被 HSO_3^- 取代后得 H—O—O—SO_3H，即称为过一硫酸；另一个 H 也被取代后得 HSO_3—O—O—SO_3H，称为过二硫酸。

所有的过二硫酸及其盐都是强氧化剂。例如过二硫酸盐在 Ag^+的催化作用下能将 Mn^{2+}氧化成紫红色的 MnO_4^-。

$$5S_2O_8^{2-} + 2Mn^{2+} + 8H_2O = 2MnO_4^- + 10SO_4^{2-} + 16H^+$$

10.4 氮族元素

氮族元素包括氮（N）、磷（P）、砷（As）、锑（Sb）、铋（Bi）五种元素。其中氮、磷和砷是非金属元素，锑和铋是金属。本章重点介绍氮和磷。

10.4.1 氮及其化合物

1. 单质氮

氮在地壳中的质量百分含量是0.46%，绝大部分氮是以单质分子 N_2 的形式存在于空气中。除了土壤中含有一些铵盐、硝酸盐外，氮以无机化合物形式存在于自然界是很少的，而氮却普遍存在于有机体中，是组成动植物体的蛋白质和核酸的重要元素。

2. 氮的氢化物

氮的氢化物一般有氨 NH_3、联氨 N_2H_4、羟胺 NH_2OH 和氢叠氮酸 HN_3，其中最重要的是氨。

1）氨 NH_3

工业上制备氨是用氮气和氢气在高温高压和催化剂存在下直接反应合成的。

实验室中通常用铵盐和强碱的反应来制备少量氨气：

$$(NH_4)_2SO_4 + CaO = CaSO_4 + 2NH_3\uparrow + H_2O$$

某些铵盐，如 NH_4NO_3、$(NH_4)_2Cr_2O_7$等，受热分解可能产生氮气或氮的氧化物，所以一般用非氧化性酸的铵盐（如 NH_4Cl）来制备少量氨气。

NH_3极易溶于水，在水中主要形成水合分子 $NH_3 \cdot H_2O$ 和 $2NH_3 \cdot H_2O$，水溶液显弱碱性。

2）联氨 N_2H_4

联氨 N_2H_4 又叫“肼”，可以看成是 NH_3 分子内的一个 H 原子被氨基（$-NH_2$）取代的衍生物。N_2H_4 是一种无色的高度吸湿性可燃液体，在 N_2H_4 中 N 原子的孤对电子可以同 H^+结合而显碱性，但其碱性不如 NH_3 强，N_2H_4是一个二元弱碱。N_2H_4 在空气中燃烧或与过氧化氢 H_2O_2 反应时，都能放出大量的热，因此可用作火箭燃料，做火箭的推进剂。

3. 氮的含氧化物

N 原子和 O 原子可以有多种形式结合，在这些结合形式中，N 的氧化数可以从 +1 变到 +5。在五种常见的氮的氧化物中，以一氧化氮 NO 和二氧化氮 NO_2 较为重要。

1）一氧化氮 NO

实验室中制备 NO 的方法是用铜与稀硝酸反应。

$$3Cu + 8HNO_3(稀) = 3Cu(NO_3)_2 + 2NO\uparrow + 4H_2O$$

NO 是一种无色气体，微溶于水但不与水反应，不助燃，常温下与氧立即反应生成红棕色的 NO_2。

$$2NO + O_2 = 2NO_2$$

NO 也可以作为配体与过渡金属离子生成配位化合物，它与 Fe^{2+} 生成的亚硝酰合物是检验硝酸根的“棕色环实验”显色的原因。

$$NO + FeSO_4 = [Fe(NO)]SO_4$$

2）二氧化氮 NO_2

将 NO 氧化或用铜与浓 HNO_3 反应均可制备出 NO_2。

$$2NO + O_2 = 2NO_2$$

$$Cu + 4HNO_3(浓) = Cu(NO_3)_2 + 2NO_2\uparrow + 2H_2O$$

NO_2是一种红棕色有毒的气体，低温时易聚合成无色的 N_2O_4。

$$2NO_2 = N_2O_4$$

3）亚硝酸及其盐

HNO_2 是一个弱酸，但酸性比醋酸略强。亚硝酸及其盐中的 N 原子具有中间氧化态 +3，虽然它们既具有氧化性，又具有还原性，但以氧化性为主；而且它的氧化能力在稀溶液时比 NO_3^- 离子还强。

在酸性稀溶液中，NO_2^- 可以将 I^- 氧化成 I_2，而 NO_3^- 却不能氧化 I^-，这是 NO_2^- 和 NO_3^- 的重要区别之一。这个反应可用于鉴定 NO_2^- 离子：

$$2HNO_2 + 2H^+ + 2I^- = 2NO\uparrow + 2H_2O + I_2$$

虽然在酸性溶液中 HNO_2 是一个较强的氧化剂，但遇到比它氧化性更强的 $KMnO_4$、Cl_2 等强氧化剂时，它也可以表现出还原性，被氧化为硝酸盐，即

$$5NO_2^- + 2MnO_4^- + 6H^+ = 5NO_3^- + 2Mn^{2+} + 3H_2O$$

$$NO_2^- + Cl_2 + H_2O = NO_3^- + 2H^+ + 2Cl^-$$

亚硝酸盐具有很高的热稳定性，可用金属在高温下还原硝酸盐的方法来制备亚硝酸盐：

$$Pb(粉) + NaNO_3 = PbO + NaNO_2$$

亚硝酸盐除黄色的 $AgNO_2$ 不溶于水外，一般都易溶于水。亚硝酸盐有毒，是致癌物质。

4）硝酸及其盐

HNO_3 中的 N 处于最高氧化态 +5，因此，硝酸具有强的氧化性。除少数金属（金、铂、铱、铑、钌、钛、铌等）外，HNO_3 几乎可以氧化所有金属生成硝酸盐。铁、铝、铬等与冷的浓 HNO_3 接触时会被钝化，所以现在一般用铝制容器来装盛浓 HNO_3。

稀 HNO_3 也有较强的氧化能力，其与浓 HNO_3 的不同之处在于稀 HNO_3 的反应速度慢，氧化能力较弱，被氧化的物质不能达到最高氧化态。例如：

$$8HNO_3 + 3Cu = 3Cu(NO_3)_2 + 2NO\uparrow + 4H_2O$$

浓 HNO_3作为氧化剂时，其还原产物多数为 NO_2。硝酸与金属反应，其还原产物中 N 的氧化数降低多少，主要取决于酸的浓度、金属的活泼性和反应的温度，反应复杂，往往同时生成多种还原产物。

10.4.2 磷及其化合物

磷在自然界中总是以磷酸盐的形式出现，它在地壳中的百分含量为 0.118%。磷的矿物有磷酸钙 $Ca_3(PO_4)_2\cdot H_2O$ 和磷灰石 $Ca_5F(PO_4)_3$，这两种矿物是制造磷肥和一切磷化合物的原料。

1. 单质磷

磷有多种同素异形体，常见的有白磷、红磷和黑磷。

白磷不溶于水，易溶于二硫化碳 CS_2 中。它和空气接触时缓慢氧化，部分反应能量以

光能的形式放出，这便是白磷在暗处发光的原因，叫做磷光现象。当白磷在空气中缓慢氧化到表面上积聚的热量使温度达到313 K时，便达到了白磷的燃点，发生自燃现象。因此，白磷一般要贮存在水中以隔绝空气。白磷是剧毒物质。

2. 磷的氧化物

1）磷化氢

磷化氢 PH_3 是一种无色剧毒的气体，有类似大蒜的臭味。磷化氢亦称为膦。PH_3 在183.28 K时凝为液体，139.25 K时凝结为固体。PH_3 在水中的溶解度比 NH_3 小得多。PH_3 水溶液的碱性也比氨水弱，生成的水合物 $PH_3 \cdot H_2O$，相当于 $NH_3 \cdot H_2O$ 的类似物。由于磷盐极易水解，故水溶液中并不能生成 PH_4^+，而是生成 PH_3 从溶液中逸出。

2）三氧化二磷

磷在常温下慢慢氧化，或在不充分的空气中燃烧，均可生成P(Ⅲ）的氧化物 P_4O_6，常称做三氧化二磷。

3）五氧化二磷

磷在充分的氧气中燃烧，可以生成 P_4O_{10}，这个化合物常简称为五氧化二磷。其中P的氧化数为+5。五氧化二磷是白色粉末状固体，熔点693 K，且在573 K时升华。五氧化二磷有很强的吸水性，在空气中很快就潮解，因此它是一种最强的干燥剂。

4）磷酸及其磷酸盐

工业上生产磷酸是用76%左右的硫酸分解磷酸钙矿。市售磷酸是含 H_3PO_4 82%的黏稠状的浓溶液，磷酸溶液黏度较大是由于溶液中存在着氢键。磷酸的熔点是315.3 K，由于加热 H_3PO_4 会逐渐脱水，因此 H_3PO_4 没有沸点，能与水以任何比例混溶。H_3PO_4 是一个三元酸，它是一个中强酸，几乎没有氧化性。

10.4.3　砷、锑、铋

氮族元素的As、Sb、Bi都是亲硫元素，在自然界主要以硫化物存在，如雄黄（As_4S_4）、辉锑矿（Sb_2S_3）、辉铋矿（Bi_2S_3）等。我国锑的蕴藏量居世界第一位。

1）三氧化二砷 As_2O_3

As_2O_3 俗称砒霜，白色粉末，微溶于水，剧毒（对人的致死量为0.1～0.2 g）。As_2O_3 除用作防腐剂、农药外，也用作玻璃、陶瓷工业的去氧剂和脱色剂。

2）三氯化锑 $SbCl_3$

$SbCl_3$ 为白色固体，熔点79℃，烧蚀性极强，沾在皮肤上立即起疱，有毒。$SbCl_3$ 主要用作有机合成的催化剂、织物阻燃剂、媒染剂及医药等。

3）铋酸钠 $NaBiO_3$

铋酸钠是黄色或褐色无定形粉末，难溶于水，强氧化剂。$NaBiO_3$ 在酸性介质中表现出强氧化性，它能氧化盐酸放出 Cl_2，氧化 H_2O_2 放出 O_2，甚至能把 Mn^{2+} 氧化成 MnO_4^-。

$$5NaBiO_3 + 2Mn^{2+} + 14H^+ \xlongequal{} 2MnO_4^- + 5Na^+ + 5Bi^{3+} + 7H_2O$$

10.5　碳族元素和硼族元素

硼族元素属于周期表的ⅢA族，包括硼（B）、铝（Al）、镓（Ga）、铟（In）、铊

(Tl) 五种元素。除硼是非金属元素外，其他都是金属。

碳族元素属于周期表的ⅣA 族，包括碳（C）、硅（Si）、锗（Ge）、锡（Sn）、铅（Pb）五种元素。其中，碳、硅是非金属元素，锗、锡、铅是金属元素。

10.5.1 碳、硅及其化合物

1. 碳单质

单质碳有三种，它们是金刚石、石墨和 C_{60}。它们是碳的三种同素异形体。

金刚石晶莹美丽，光彩夺目，是自然界最硬的矿石。在所有物质中，它的硬度最大。在所有单质中，它的熔点最高，达 3823 K。所以金刚石不仅硬度高，熔点高，而且不导电。

1996 年 10 月 7 日，瑞典皇家科学院决定把 1996 年诺贝尔化学奖授予 Robert Curl（美国）、Harold W. Kroto（英国）和 Richard E. Smalley（美国），以表彰他们发现了 C_{60}。

2. 碳的化合物

1）二氧化碳

CO_2 是无色、无臭的气体。当液态 CO_2 自由蒸发汽化时，一部分 CO_2 被冷凝成雪花状的固体，俗称"干冰"。干冰是分子晶体。在常压下，干冰不经熔化，于 194.5 K 时直接升华气化，因此常用作制冷剂。

2）一氧化碳

CO 也是一种无色、无臭的气体。CO 是一种很好的还原剂，在高温下，CO 可以从许多金属氧化物中夺取氧，使金属还原。冶金工业中用焦碳作还原剂，实际上起重要作用的是 CO：

$$Fe_2O_3 + 3CO = 3CO_2 + 2Fe$$

3）碳酸和碳酸盐

CO_2 能溶于水生成碳酸 H_2CO_3。碳酸是一种弱酸，仅存在于水溶液中，pH 约等于 4。

H_2CO_3 为二元酸，故能生成两类盐：碳酸盐和碳酸氢盐。

(1) 溶解性。就碳酸盐而言，铵和碱金属（Li 除外）的碳酸盐易溶于水，其他金属的碳酸盐难溶于水。就碳酸氢盐而言对于难溶的碳酸盐来说，其相应的碳酸氢盐却有较大的溶解度。

(2) 水解性。碱金属和铵的碳酸盐和碳酸氢盐在水溶液中均因水解而分别显强碱性和弱碱性。

3. 硅单质

硅有晶态和无定形两种同素异形体。硅在常温下不活泼，其主要的化学性质如下。

1）与非金属作用

常温下 Si 只能与 F_2 反应，在 F_2 中瞬间燃烧，生成 SiF_4。

2）与酸作用

硅在含氧酸中被钝化，但与氢氟酸及其混合酸反应，生成 SiF_4 或 H_2SiF_6：

$$Si + 4HF = SiF_4\uparrow + 2H_2\uparrow$$

3）与碱作用

无定形硅能与碱猛烈反应生成可溶性硅酸盐，并放出氢气，即

$$Si + 2NaOH + H_2O \xlongequal{} Na_2SiO_3 + 2H_2\uparrow$$

4. 硅的化合物

1）二氧化硅

SiO_2 的化学性质不活泼，在高温下不能被 H_2 还原，只能被碳、镁等还原。

$$SiO_2 + 2C \xlongequal{} Si + 2CO\uparrow$$

除单质氟、氟化氢的氢氟酸外，SiO_2 不与其他卤素的酸类作用。SiO_2 遇 HF 气体或溶液，将生成 SiF_4 或易溶于水的氟硅酸：

$$SiO_2 + 4HF \xlongequal{} SiF_4\uparrow + 2H_2O$$

$$SiO_2 + 6HF \xlongequal{} H_2SiF_6 + 2H_2O$$

二氧化硅为酸性氧化物，它能溶于热的强碱溶液或溶于熔融的碳酸钠中，生成可溶性的硅酸盐：

$$SiO_2 + 2NaOH \xlongequal{} Na_2SiO_3 + H_2O$$

$$SiO_2 + Na_2CO_3 \xlongequal{} Na_2SiO_3 + CO_2\uparrow$$

玻璃的主要成分是 SiO_2，所以玻璃能被碱腐蚀。

2）硅酸

硅酸是一种白色的胶冻状或絮状的固体，其组成较复杂，往往随生成条件而变，常用通式 $xSiO_2 \cdot yH_2O$ 来表示，是无定形 SiO_2 的水合物。常用 H_2SiO_3 代表硅酸。SiO_2 是硅酸的酸酐，但 SiO_2 不溶于水，所以硅酸不能用 SiO_2 与水直接作用制得，而只能用可溶性硅酸盐与酸作用生成。

$$SiO_4^{4-} + 4H^+ \xlongequal{} H_4SiO_4\downarrow$$

$$SiO_3^{2-} + 2H^+ + H_2O \xlongequal{} H_4SiO_4\downarrow$$

10.5.2　锡、铅

锡在自然界中主要以锡石（SnO_2）存在。Pb 主要以方铅矿（PbS）存在。

Sn 的 +4 价比 +2 价稳定，所以 $SnCl_2$ 是常用的还原剂。

$$2HgCl_2 + Sn^{2+} \xlongequal{} Hg_2Cl_2\downarrow + Sn^{4+} + 2Cl^-$$

$$Hg_2Cl_2 + Sn^{2+} \xlongequal{} 2Hg\downarrow + Sn^{4+} + 2Cl^-$$

Pb 的 +2 价比 +4 价稳定，所以 PbO_2 是强氧化剂。

$$2Mn^{2+} + 5PbO_2 + 4H^+ \xlongequal{} 2MnO_4^- + 5Pb^{2+} + 2H_2O$$

10.5.3　硼、铝及其化合物

1. 单质硼

单质硼有多种同素异形体。无定形硼为棕色粉末，晶体硼呈灰黑色。单质硼的硬度近似于金刚石，有很高的电阻，但它的导电率却随着温度的升高而增大。

晶体硼较惰性，无定形硼则比较活泼。

1）与非金属作用

高温下硼能与 N_2、O_2、X_2 等单质反应，例如它能在空气中燃烧生成 B_2O_3 和少量 BN，

在室温下即能与 F_2 发生反应，但它不与 H_2 作用。

2）与水蒸气作用

硼能从许多稳定的氧化物（如 SiO_2、P_2O_5、H_2O 等）中夺取氧而用作还原剂。例如在赤热下，硼与水蒸气作用生成硼酸和氢气。

$$2B + 6H_2O(g) = 2B(OH)_3 + 3H_2\uparrow$$

3）与酸作用

硼不与盐酸作用，但与热浓 H_2SO_4、热浓 HNO_3 作用生成硼酸。

$$2B + 3H_2SO_4(浓) = 2B(OH)_3 + 3SO_2\uparrow$$

2. 硼的化合物

1）乙硼烷

硼可以生成一系列的共价型氢化物，这类氢化物的物理性质类似于烷烃，故称之为硼烷。其中最简单的一种硼烷是乙硼烷 B_2H_6，而不是甲硼烷 BH_3。因为一直没有分离得到 BH_3 这样的自由单分子化合物，而得到的最简单的硼烷只是 BH_3 的二聚体 B_2H_6。常温下，B_2H_6 和 B_4H_{10}（丁硼烷）为气体，B_5～B_8 为液体，$B_{10}H_{14}$及其他高硼烷都是固体。硼烷多数有毒，有令人不适的特殊气味，不稳定。

2）硼酸和硼砂

硼酸可以缩合为链状或环状的多硼酸 $xB_2O_3\cdot yH_2O$。多硼酸不能稳定存在于溶液中，但多硼酸很稳定，其盐是四硼酸钠盐 $Na_2B_4O_5(OH)_4\cdot 8H_2O$，工业上一般把它的化学式写成 $Na_2B_4O_7\cdot 10H_2O$，亦称之为硼砂。

3. 铝单质

铝为银白色金属，有延展性。铝是活泼金属，在干燥空气中铝表面立即形成致密的氧化膜，使铝不会进一步氧化并能耐水。但铝的粉末与空气混合则极易燃烧。熔融的铝能与水猛烈反应，且高温下铝能将许多金属氧化物还原为相应的金属。铝是两性的，极易溶于强碱，也能溶于稀酸。

1）与酸反应

$$2Al + 6HCl = 2AlCl_3 + 3H_2\uparrow$$

$$2Al + 3H_2SO_4(稀) = Al_2(SO_4)_3 + 3H_2\uparrow$$

2）与碱反应

$$2Al + 2NaOH + 2H_2O \xlongequal{点燃} 2NaAlO_2 + 3H_2\uparrow$$

3）与非金属反应

$$4Al + 3O_2 = 2Al_2O_3$$

$$2Al + 3Cl_2 \xlongequal{点燃} 2AlCl_3$$

4. 铝的化合物

1）氧化铝 Al_2O_3

氧化铝是一种白色无定形粉状物，不溶于水，为两性氧化物。Al_2O_3 能溶于无机酸和碱性溶液中，几乎不溶于水及非极性有机溶剂，熔点约 2000℃。

（1）与酸反应： $Al_2O_3 + 6HCl = 2AlCl_3 + 3H_2O$

（2）与碱反应： $Al_2O_3 + 2NaOH = 2NaAlO_2 + H_2O$

2）氢氧化铝 $Al(OH)_3$

氢氧化铝为白色粉末状固体，几乎不溶于水，是两性氢氧化物，能溶于无机酸和碱性溶液中。

（1）与酸反应：　$Al(OH)_3 + 3HCl = AlCl_3 + 3H_2O$（可用来中和胃酸）

（2）与碱反应：　$Al(OH)_3 + NaOH = NaAlO_2 + 2H_2O$

氢氧化铝在医疗上常用于治疗胃酸过多。胃酸的主要成分是盐酸，利用氢氧化铝与胃酸反应生成无毒无害的氯化铝排出体外。

【知识拓展】

近年来保护地球生命的高空臭氧层面临严重的威胁。随着人类活动的频繁和工农业生产及现代科学技术的大规模发展，造成大气的污染日趋严重。大气中的还原性气体污染物如氟利昂、SO_2、CO、H_2S、NO 等越来越多，它们同大气高层中的 O_3 发生反应，导致了 O_3 浓度的降低。例如氟利昂是一类含氟的有机化合物，CCl_2F_2、CCl_3F 等被广泛应用于制冷系统，或用作发泡剂、洗净剂、杀虫剂、除臭剂、头发喷雾剂等等。氟利昂化学性质稳定，易挥发，不溶于水。

近年来不断测量的结果证实臭氧层已经开始变薄，乃至出现空洞。例如 1985 年，发现在南极上空出现了面积与美国相近的臭氧层空洞，1989 年又发现在北极上空正在形成的另一个臭氧层空洞。臭氧层变薄和出现空洞，就意味着更多的紫外线辐射到达地面。紫外线对生物具有破坏性，对人的皮肤、眼睛，甚至免疫系统都会造成伤害。强烈的紫外线还会影响鱼虾类和其他水生生物的正常生存，乃至造成某些生物灭绝，并会严重阻碍各种农作物和树木的正常生长，从而使由 CO_2 量增加而导致的温室效应加剧，对地球上的生命产生严重的影响。

为了保护臭氧层免遭破坏，于 1987 年签定了蒙特利尔条约，即禁止使用氟利昂和其他卤代烃的国际公约。联合国环境计划署对臭氧消耗所引起的环境效应进行了估计，认为臭氧每减少 1%，具有生理破坏力的紫外线就将增加 1.3%。保护臭氧层必须依靠国际大合作，建立一个全球范围的臭氧浓度和紫外线强度的监测网络是十分必要的。

小　　结

1. 本章学习了卤素单质的化学性质，非金属性的递变规律，卤素单质的制备方法；卤化氢和氢卤酸的性质，氢卤酸的酸性及其递变规律，氢卤酸的制备；氯的含氧酸的酸性及其氧化性、稳定性和它们的递变规律。

2. 了解氮族元素的通性，掌握氨、铵盐、硝酸及其盐、亚硝酸及其盐的主要性质。

3. 掌握碳的重要化合物的性质，掌握碳酸及碳酸盐的重要性质。

4. 了解硅、硼的重要化合物的性质。

5. 了解碱金属、碱土金属单质及化合物的性质、结构、存在状态、制备、用途之间的关系。

习　题

1. 试讨论碱金属、碱土金属元素在同族中的性质变化规律。

2. 如何配制不含（或极少含有）碳酸钠的氢氧化钠溶液？

3. 鉴别下列各组物质。

（1）Na_2CO_3，$NaHCO_3$，$NaOH$

（2）$Ca(OH)_2$，CaO，$CaSO_4$

（3）Na_2CO_3，$NaOH$，Na_2O_2

4. 写出 $[B_4O_5(OH)_4]^{2-}$ 的结构式，分析各硼原子所用的杂化轨道类型。

5. 拟在二价镁盐溶液中加入沉淀剂制备碳酸镁，应加入哪种试剂？在类似的条件下制备碳酸钡，应加入哪种试剂？说明两者不同的原因。

6. 试讨论一氧化碳、二氧化碳、碳酸分子和碳酸根离子的成键情况。

7. 试说明为什么 Si 很难与酸（除 HF 外）作用，即使是氧化性很强的酸也难作用，但却易于和碱发生反应。

8. 比较氮的氢化物 NH_3、N_2H_4、NH_2OH、HN_3 的酸碱性并说明原因。

9. 试说明为什么不宜采用高温浓缩的办法获得 $NaHSO_3$ 晶体。

10. 试设计方案分离下列各组离子。

（1）Ag^+，Pb^{2+}，Fe^{2+}

（2）Al^{3+}，Zn^{2+}，Fe^{3+}，Cu^{2+}

11. 写出下列物质的化学式：焦硫酸钾，过一硫酸，过二硫酸铵，连二亚硫酸钠，硫代硫酸钠，芒硝，海波，保险粉。

12. 归纳卤化氢和氢卤酸的物理性质和化学性质，总结其变化规律。

13. 什么叫卤素互化物？写出由两种卤素原子构成的卤素互化物的通式及 IF3、IF5、IF7 中 I 的杂化轨道和分子的空间构型。举例说明什么是多卤化物、多卤化物的热分解规律，以及说明为什么氟一般不易存在于多卤化物中。

14. 以反应方程式表示下列反应过程，并给出实验现象。

（1）用过量 $HClO_3$ 处理 I_2；

（2）氯水滴入 KBr 和 KI 混合溶液中；

（3）向 KI 溶液中滴加 H_2O_2；

（4）向酸性的 KIO_3 和淀粉混合溶液中滴加 Na_2SO_3 溶液；

（5）将次氯酸钠溶液滴入硝酸铅溶液。

第十一章　元素化学（二）——过渡元素

学习指导

1. 掌握过渡元素的结构和性质特点。
2. 掌握铜、锌主要化合物的性质。
3. 掌握 Hg(Ⅰ) 和 Hg(Ⅱ) 之间的转化关系。
4. 掌握铬（Ⅲ）、铬（Ⅵ）化合物的性质。
5. 掌握铁、钴、镍及其化合物的主要性质。

在长式周期表中，从ⅢB 钪族开始到ⅡB 锌族共十个纵行的元素（到目前为止共 37 种元素，不包括镧系和锕系元素）称为过渡元素。过渡元素包括 d 区和 ds 区元素，它们都是金属，故也称过渡金属。本章所讨论的过渡元素只包括周期表第 4，5，6 周期从ⅢB 族到ⅧB 族的元素，具有 $(n-1)$d 轨道未充满的那些元素，共有 8 个直列，25 种元素。镧系和锕系元素的性质，本章不做讨论。

11.1　过渡元素的通性

11.1.1　过渡元素的基本性质变化特征

过渡元素都是金属，其硬度较大，熔点和沸点较高，有着良好的导热、导电性能，易生成合金。多数过渡金属的还原能力较强，并且存在着多种氧化态，水合离子和酸根离子常呈现一定的颜色。

1. 过渡元素的氧化态及其稳定性

过渡元素最外层 s 电子和次外层 d 电子可参与成键，所以过渡元素常有多种氧化态，一般可由 +2 价依次增加到与族数相同的氧化态（ⅧB 族除 Ru、Os 外，其他元素尚无 +8 价氧化态）。

（1）同一周期从左到右，氧化态首先逐渐升高，随后又逐渐降低。

（2）同一族中从上至下，高氧化态趋向于比较稳定——和主族元素不同。

2. 元素的原子半径和离子半径

过渡元素与同周期的ⅠA、ⅡA 族元素相比较，原子半径较小。

各周期中随原子序数的增加，原子半径依次减小，而到铜副族前后，原子半径增大。

各族中从上到下原子半径增大，但第五、六周期同族元素的原子半径很接近，铪的原子半径（146 pm）与锆（146 pm）几乎相同。

11.1.2 过渡金属单质的性质

1. 物理性质

(1) 过渡元素一般具有较小的原子半径，最外层 s 电子和次外层 d 电子都可以参与形成金属键，使键的强度增加。

(2) 过渡金属一般呈银白色或灰色（锇呈灰蓝色），有金属光泽。

(3) 除钪和钛属轻金属外，其余都是重金属。

(4) 大多数过渡元素都有较高的熔点和沸点，有较大的硬度和密度。例如，钨是所有金属中最难熔的，铬是所有金属中最硬的。

2. 化学性质

(1) 过渡元素的金属性比同周期的 p 区元素强，而弱于同周期的 s 区元素。

(2) 第一过渡系比第二、三过渡系的元素活泼——核电荷和原子半径两个因素。

(3) 同一族中自上而下原子半径增加不大，核电荷却增加较多，对外层电子的吸引力增强，核电荷起主导作用。第三过渡系元素与第二过渡系元素相比，原子半径增加很少(镧系收缩的影响)，所以其化学性质显得更不活泼。

(4) 第一过渡系单质一般都可以从稀酸（盐酸和硫酸）中置换氢，标准电极电势基本上从左向右数值逐渐增大，这和金属性的逐渐减弱一致。

11.1.3 过渡金属化合物的性质

1. 过渡元素含氧化合物

(1) 同一周期的过渡元素，从左到右最高氧化态氧化物及其水合氧化物的碱性逐渐减弱，酸性增强。Fe、Co 和 Ni 不能生成稳定的高氧化态的氧化物。

(2) 同一族中相同氧化态的氧化物及其水合物自上而下，酸性减弱，碱性逐渐增强。

(3) 同一元素不同氧化态氧化物及其水合物的酸碱性，在高氧化态时酸性较强，随着氧化态的降低而酸性减弱（或碱性增强），一般是低氧化态氧化物及其水合物呈碱性。

2. 过渡金属离子及化合物的颜色

过渡元素的大多数离子在水溶液中显示一定的颜色，参见表 11-1。

表 11-1 过渡元素低氧化态水合离子的颜色

水合离子	Ti^{3+}	V^{2+}	V^{3+}	Cr^{3+}	Mn^{2+}	Fe^{2+}	Fe^{3+}	Co^{2+}	Ni^{2+}
颜　色	紫红	紫	绿	蓝紫	肉色	浅绿	淡紫	粉红	绿

11.2 铬

11.2.1 铬的性质和用途

铬在地壳中的含量为 0.008 3%，在自然界的主要矿物为铬铁矿。

单质铬是具有银白色光泽的金属。纯铬具有延展性，含有杂质的铬则硬而脆。在热盐酸中，铬能很快地溶解并放出氢气，溶液呈蓝色（Cr^{2+}），随即又被空气氧化成（Cr^{3+}）：

$$Cr + 2HCl = CrCl_2 + H_2\uparrow$$

$$4CrCl_2 + 4HCl + O_2 = 4CrCl_3 + 2H_2O$$

11.2.2　铬的化合物

1. Cr(Ⅲ) 的化合物

1）三氧化二铬 Cr_2O_3

Cr_2O_3 为绿色晶体，微溶于水，与 Al_2O_3 相似，具有两性，溶于酸形成 Cr(Ⅲ) 盐，溶于强碱形成亚铬酸盐（CrO_2^-）：

$$Cr_2O_3 + 3H_2SO_4 = Cr_2(SO_4)_3 + 3H_2O$$

$$Cr_2O_3 + 2NaOH = 2NaCrO_2 + H_2O$$

2）氢氧化铬 $Cr(OH)_3$

在 Cr(Ⅲ) 盐中加入氨水或 NaOH 溶液，即有灰蓝色的胶状 $Cr(OH)_3$ 沉淀析出：

$$CrCl_3 + 3NaOH = Cr(OH)_3\downarrow + 3NaCl$$

$$CrCl_3 + 3NH_3\cdot H_2O = Cr(OH)_3\downarrow + 3NH_4Cl$$

3）Cr(Ⅲ) 盐

常见的 Cr(Ⅲ) 盐有三氯化铬（$CrCl_3\cdot 6H_2O$）（绿色或紫色），硫酸铬［$Cr_2(SO_4)_3\cdot 18H_2O$］（紫色）以及铬钾钒［$KCr(SO_4)_2\cdot 12H_2O$］（蓝紫色），它们都易溶于水。$CrCl_3\cdot 6H_2O$ 是一种常见的 Cr(Ⅲ) 盐，易潮解，在工业上用作催化剂、媒染剂和防腐剂。

2. Cr(Ⅵ) 的化合物

1）三氧化铬 CrO_3

三氧化铬（CrO_3）为暗红色晶体，易潮解，有毒，遇热不稳定，超过熔点即分解放出 O_2，因此，CrO_3 为一种强氧化剂。一些有机物质如酒精等与 CrO_3 接触时即着火引起燃烧或爆炸。

CrO_3 溶于水中，生成铬酸（H_2CrO_4），也可与水反应生成重铬酸（$H_2Cr_2O_7$），溶于碱生成铬酸盐：

$$CrO_3 + 2NaOH = Na_2CrO_4 + H_2O$$

2）铬酸盐

常见的铬酸盐有铬酸钾（K_2CrO_4）和铬酸钠（Na_2CrO_4），它们都是黄色晶体。碱金属和铵的铬酸盐易溶于水，其他金属的铬酸盐大多难溶于水。例如，在可溶性铬酸盐溶液中，分别加入可溶性的 Ag^+、Pb^{2+}、Ba^{2+} 盐时，可得到不同颜色的沉淀：

$$2Ag^+ + CrO_4^{2-} = Ag_2CrO_4\downarrow\text{(砖红色)}$$

$$Pb^{2+} + CrO_4^{2-} = PbCrO_4\downarrow\text{(黄色)}$$

$$Ba^{2+} + CrO_4^{2-} = BaCrO_4\downarrow\text{(柠檬黄色)}$$

实验室常用上述反应鉴定 Ag^+、Pb^{2+}、Ba^{2+} 及 CrO_4^{2-} 的存在。不同颜色的铬酸盐还常用作颜料。

3）重铬酸盐

钾、钠的重铬酸盐都是橙红、黄色的晶体。$K_2Cr_2O_7$ 俗称红钒钾，$Na_2Cr_2O_7$ 俗称红钒钠。在重铬酸盐溶液中存在着下列平衡：

$$2CrO_4^{2-} + 2H^+ \rightleftharpoons Cr_2O_7^{2-} + H_2O$$

（黄色）　　　（橙红色）

溶液中 CrO_4^{2-} 与 $Cr_2O_7^{2-}$ 浓度的比值决定于溶液的 pH。在 pH <2 的酸性溶液中，主要以 $Cr_2O_7^{2-}$ 形式存在，溶液呈橙红色；在 pH >6 的溶液中，主要以 CrO_4^{2-} 形式存在，溶液呈黄色。

11.3 锰

锰是元素周期表ⅦB 族第一种元素，在地壳中的丰度为第 14 位（含量在过渡元素中占第 3 位），仅次于铁和钛。锰在自然界中主要以软锰矿 $MnO_2 \cdot xH_2O$ 的形式存在。

11.3.1 锰的性质和用途

纯锰为银白色金属，外形似铁，坚硬而脆。锰的密度为 7.2 g · cm^{-3}，熔点为 1 250℃，其化学性质活泼。常温下，锰能缓慢地溶于水：

$$Mn + 2H_2O = Mn(OH)_2\downarrow + H_2\uparrow$$

11.3.2 锰的重要化合物

锰原子的价电子构型为 $3d^54s^2$。锰的最高氧化值为 +7，此外还有 +6，+4，+3，+2 等氧化值，其中以 +2，+4，+7 三种氧化值的化合物最为重要。

1. 锰（Ⅱ）的化合物

与锰的其他氧化态相比，Mn^{2+} 在酸性溶液中最稳定。它既不易被氧化，也不易被还原。欲使 Mn^{2+} 氧化，必须选用强氧化剂，如 $NaBiO_3$、PbO_2、$(NH_4)_2S_2O_8$ 等。例如：

$$2Mn^{2+} + 5NaBiO_3 + 14H^+ = 2MnO_4^- + 5Bi^{3+} + 5Na^+ + 7H_2O$$

反应产物 MnO_4^- 即使在很稀的溶液中也能显出其特征的紫红色。即使 Mn^{2+} 的浓度很低时，该反应也很灵敏。

2. 锰（Ⅳ）的化合物

锰(Ⅳ）化合物中唯一重要的是二氧化锰 MnO_2。由于处于中间氧化态，所以锰（Ⅳ）既具有氧化性又具有还原性，但 MnO_2 主要显氧化性。MnO_2 在酸性介质中具有强氧化性，与浓 HCl 作用有 Cl_2 生成，并可以氧化 Fe^{2+} 盐：

$$MnO_2 + 4HCl = MnCl_2 + Cl_2\uparrow + 2H_2O$$

$$MnO_2 + 2FeSO_4 + 2H_2SO_4 = MnSO_4 + Fe_2(SO_4)_3 + 2H_2O$$

3. 锰（Ⅶ）的化合物

高锰酸盐中锰的氧化值为 +7，以 $KMnO_4$ 应用最广，是最重要的 Mn(Ⅶ）的化合物，俗称灰锰氧。$KMnO_4$ 在固体时为紫黑色晶体，易溶于水而使溶液呈现 MnO_4^- 离子特有的紫红色。

$KMnO_4$ 溶液中有微量酸时，就会慢慢分解析出 MnO_2，使溶液变浑浊：

$$4MnO_4^- + 4H^+ = 4MnO_2 + 3O_2\uparrow + 2H_2O$$

因此，高锰酸盐在酸性溶液中不稳定，只在中性或微碱性溶液中较为稳定。另外，光也可促使分解作用的进行，所以 $KMnO_4$ 溶液应用棕色瓶盛放。在浓碱介质中，MnO_4^- 会分解成 MnO_4^{2-} 和 O_2。

$$4MnO_4^- + 4OH^- = 4MnO_4^{2-} + O_2\uparrow + 2H_2O$$

11.4　铁、钴、镍

11.4.1　铁及其重要化合物

铁是自然界中分布最广泛的元素之一，在地壳中含量约5%，仅次于铝。由于铁的化学性质比较活泼，故地壳中的铁均以化合态存在。铁的主要矿石有赤铁矿（Fe_2O_3）、磁铁矿（Fe_3O_4）、褐铁矿［$Fe_2O_3 \cdot 2Fe(H_2O)_3$］和菱铁矿（$FeCO_3$）等。

1. 铁的性质及用途

1）铁的物理性质

纯净的铁是光亮的银白色金属，密度为7.85 $g \cdot cm^{-3}$，熔点1540℃，沸点2500℃。铁能被磁体吸引，在磁场作用下，铁自身也能具有磁性。铁可以和碳及其他一些元素互熔形成合金。纯铁耐腐蚀能力较强。

2）铁的化学性质

铁在潮湿的空气中会生锈，但在干燥的空气中加热到150℃也不与氧作用，灼烧到500℃则形成 Fe_3O_4；在更高温度时，可形成 Fe_2O_3。铁在570℃左右能与水蒸气作用：

$$3Fe + 4H_2O = Fe_3O_4 + 4H_2\uparrow$$

2. 铁的重要化合物

1）氧化物和氢氧化物

亚铁盐与碱作用能析出白色 $Fe(OH)_2$ 沉淀。但是，由于 $Fe(OH)_2$ 还原性很强，故在空气中迅速被氧化，变成灰绿色，最后成为红棕色的 $Fe(OH)_3$：

$$Fe^{2+} + 2OH^- = Fe(OH)_2\downarrow$$

$$4Fe(OH)_2 + O_2 + 2H_2O = 4Fe(OH)_3\downarrow$$

铁盐与碱作用也可得到红棕色 $Fe(OH)_3$沉淀：

$$Fe^{3+} + 3OH^- = Fe(OH)_3\downarrow$$

2）亚铁盐

金属Fe与稀 H_2SO_4 反应可制得 $FeSO_4$。$FeSO_4$ 为白色粉末，带有结晶水的 $FeSO_4 \cdot 7H_2O$ 为蓝绿色晶体，俗称绿矾。

在酸性溶液中，只有强氧化剂(如 $KMnO_4$、$K_2Cr_2O_7$、Cl_2 等)才能将 Fe^{2+} 氧化。例如：

$$2FeCl_2 + Cl_2 = 2FeCl_3$$

3）铁盐

Fe(Ⅲ）盐容易水解，水溶液显酸性。

$$Fe^{3+} + 3H_2O = Fe(OH)_3 + 3H^+$$

故配制 Fe(Ⅲ）盐溶液时，往往需加入一定的酸抑制其水解。在生产中，常用加热的方法，使 Fe^{3+} 水解析出 $Fe(OH)_3$沉淀，以此来除去产品中的杂质铁。

$FeCl_3$主要用于有机染料的生产中。在印刷制版中，它可用作铜版的腐蚀剂。

$$2FeCl_3 + Cu \longrightarrow 2FeCl_2 + CuCl_2$$

此外，$FeCl_3$能引起蛋白质的迅速凝聚，所以在医疗上用作伤口的止血剂；在有机合成工业中用作催化剂等。

4）铁的配合物

Fe(Ⅱ）盐与过量KCN溶液作用，生成六氰合铁（Ⅱ）酸钾$K_4[Fe(CN)_6]$，又称亚铁氰化钾，固体为柠檬黄色结晶，俗名黄血盐。

在黄血盐中通入Cl_2等氧化剂，可将亚铁氰化钾氧化成Fe(Ⅲ）的氰配合物：

$$2K_4[Fe(CN)_6] + Cl_2 \longrightarrow 2K_3[Fe(CN)_6] + 2KCl$$

六氰合铁（Ⅲ）酸钾$K_3[Fe(CN)_6]$简称铁氰化钾，为深红色晶体，俗名赤血盐。

在含有Fe^{2+}的溶液中加入铁氰化钾，或在Fe^{3+}溶液中加入亚铁氰化钾，都产生蓝色沉淀：

$$3Fe^{2+} + 2[Fe(CN)_6]^{3-} \longrightarrow Fe_3[Fe(CN)_6]_2\downarrow \text{（滕氏蓝）}$$

$$4Fe^{3+} + 3[Fe(CN)_6]^{4-} \longrightarrow Fe_4[Fe(CN)_6]_3\downarrow \text{（普鲁氏蓝）}$$

以上两个反应用来鉴定Fe^{2+}和Fe^{3+}的存在。近年研究表明，这两种蓝色沉淀的组成相同，都是$Fe_4[Fe(CN)_6]_3$。

11.4.2 钴及其重要化合物

1. 钴的性质及用途

钴是蓝白色金属，硬而脆，密度为$8.9\ g\cdot cm^{-3}$，熔点1492℃。钴在性质上与铁很相似，但比铁的活泼性差。钴主要用于制造特种钢和磁性材料。钴的化合物广泛用作颜料和催化剂。维生素B_{12}含有钴，可防治恶性贫血。

2. 钴的重要化合物

1）钴（Ⅱ）化合物

(1) 卤化物。粉红色的CoF_2具有金红石结构，由HF和氯化物在300℃反应制得。蓝色的$CoCl_2$由元素的单质直接化合制得。$CoCl_2$是常见的Co(Ⅱ）盐，由于所含结晶水的数目不同而呈现多种颜色。随着温度的升高，$CoCl_2$所含结晶水逐渐减少，颜色同时也发生变化：

$$\underset{\text{（粉红）}}{CoCl_2\cdot 6H_2O} \xrightarrow{52.3℃} \underset{\text{（紫红）}}{CoCl_2\cdot 2H_2O} \xrightarrow{90℃} \underset{\text{（蓝紫）}}{CoCl_2\cdot H_2O} \xrightarrow{120℃} \underset{\text{（蓝）}}{CoCl_2}$$

利用$CoCl_2$的这种性质，将少量$CoCl_2$掺入硅胶干燥剂，可以指示干燥剂的吸水情况。

(2) 硫化物。向Co^{2+}溶液中加入$(NH_4)_2S$溶液或通入H_2S气体，即可生成黑色CoS沉淀。新生成的CoS能溶于稀的强酸：

$$3CoS + 2NO_3^- + 8H^+ \longrightarrow 3Co^{2+} + 3S\downarrow + 2NO\uparrow + 4H_2O$$

2）钴（Ⅲ）化合物

(1) 卤化物。CoF_3为浅棕色固体，是有用的氟化剂，它遇水迅速水解。蓝色配合物$M_3[CoF_6]$（M代表碱金属离子）由金属氯化物的混合物经氟化作用制得。

(2) 氧化物和氢氧化物。无水Co_2O_3不存在。过量碱同大多数Co(Ⅲ）化合物作用时会很慢地沉淀出水合氧化物，或用空气氧化$Co(OH)_2$悬浮液也可得到钴的水合氧化物。因Co^{3+}是强氧化剂，所以其在水溶液中不稳定。Co(Ⅲ）只存在于以上固态化合物和配合物中。$Co(OH)_2$不稳定，生成后被氧化为Co(Ⅲ）的氢氧化物，它能氧化HCl生成Co^{2+}

和 Cl_2。

$$2Co(OH)_3 + 6H^+ + 2Cl^- = 2Co^{2+} + Cl_2\uparrow + 6H_2O$$

11.4.3　镍及其重要化合物

镍一般共生于其他金属的硫化物矿和砷化物矿中，通常从分离出其他金属的矿渣中获得。

1. 镍的性质及用途

镍为银白色金属，有较好的延展性。镍的密度为 8.902 $g \cdot cm^{-3}$，熔点 1 453℃。镍难溶于盐酸、硫酸，遇冷硝酸、发烟硝酸呈钝态，但溶于冷的稀硝酸和热的浓硝酸：

$$3Ni + 8HNO_3(\text{冷、稀}) = 3Ni(NO_3)_2 + 2NO\uparrow + 4H_2O$$

$$Ni + 4HNO_3(\text{热、浓}) = Ni(NO_3)_2 + 2NO_2\uparrow + 2H_2O$$

2. 镍的重要化合物

1）卤化物

NiF_2 和 $NiCl_2$ 是黄色固体。氯化镍易溶于水，从水中结晶出来时得到绿棕色 $NiCl_2 \cdot H_2O$。

2）氧化物和氢氧化物

（1）三氧化二镍。三氧化二镍具有较强的氧化性。例如：

$$Ni_2O_3 + 6HCl = 2NiCl_2 + Cl_2\uparrow + 3H_2O$$

（2）镍的氢氧化物。镍盐与碱作用可生成不溶于水的 $Ni(OH)_2$（苹果绿色）。它不溶于 NaOH 溶液，但溶于氨，形成蓝紫色配离子 $[Ni(NH_3)_6]^{2+}$：

$$Ni^{2+} + 2OH^- = Ni(OH)_2\downarrow$$

$$Ni(OH)_2 + 6NH_3 = [Ni(NH_3)_6]^{2+} + 2OH^-$$

11.5　铜副族元素

11.5.1　铜族元素的通性和单质

ⅠB 族元素包括铜（Cu）、银（Ag）、金（Au）三种元素，通常称为铜族元素。自然界的铜、银主要以硫化矿存在，如辉铜矿（Cu_2S）、黄铜矿（$CuFeS_2$）等。

铜族元素密度较大，熔点和沸点较高，硬度较小，导电性好，延展性好。铜是许多动植物体内所必需的微量元素之一。铜和银的单质及可溶性化合物都有杀菌能力，银作为杀菌药剂更具奇特功效。

11.5.2　铜的化合物

通常铜有 +1，+2 两种氧化值的化合物。以 Cu(Ⅱ) 化合物最为常见，如氧化铜 CuO、硫酸铜 $CuSO_4$ 等。Cu(Ⅰ) 化合物通常称为亚铜化合物，多存在于矿物中，如氧化亚铜 Cu_2O、硫化亚铜 Cu_2S 等。

1. Cu(Ⅰ) 化合物

Cu(Ⅰ) 是 Cu 元素的中间价态，它既有氧化性，又有还原性。

1）氧化亚铜（Cu_2O）

Cu_2O为暗红色的固体，有毒。Cu_2O溶于稀硫酸，之后立即歧化。

$$Cu_2O + H_2SO_4 = CuSO_4 + Cu + H_2O$$

2）氯化亚铜（CuCl）

CuCl为白色固体物质，属于共价化合物。CuCl难溶于水，在潮湿空气中迅速被氧化，体现Cu(Ⅰ)有还原性，由白色变为绿色。

$$4CuCl + O_2 + 4H_2O = CuCl_2 \cdot 3CuO \cdot 3H_2O + 2HCl$$

2. Cu(Ⅱ)化合物

1）氧化铜CuO

氧化铜CuO为黑色粉末，难溶于水。它是偏碱性氧化物，溶于稀酸：

$$CuO + 2H^+ = Cu^{2+} + H_2O$$

由于发生配合反应，CuO也溶于NH_4Cl或KCN等溶液。加热分解硝酸铜或碱式碳酸铜都能制得黑色的氧化铜。

$$2Cu(NO_3)_2 \xlongequal{\triangle} 2CuO + 4NO_2\uparrow + O_2\uparrow$$

$$Cu_2(OH)_2CO_3 \xlongequal{\triangle} 2CuO + CO_2\uparrow + H_2O\uparrow$$

2）氢氧化铜$Cu(OH)_2$

$Cu(OH)_2$为浅蓝色粉末，难溶于水。60～80℃时，$Cu(OH)_2$逐渐脱水而生成CuO，颜色随之变暗。$Cu(OH)_2$稍有两性，易溶于酸：

$$Cu(OH)_2 + H_2SO_4 = CuSO_4 + 2H_2O$$

$Cu(OH)_2$只溶于较浓的强碱，生成四羟基合铜（Ⅱ）配离子：

$$Cu(OH)_2 + 2OH^- = [Cu(OH)_4]^{2-}$$

$Cu(OH)_2$也易溶于氨水，生成深蓝色的四氨合铜（Ⅱ）配离子：

$$Cu(OH)_2 + 4NH_3 = [Cu(NH_3)_4](OH)_2$$

3）铜（Ⅱ）盐

铜（Ⅱ）盐很多，可溶性的有$CuSO_4$、$Cu(NO_3)_2$、$CuCl_2$，难溶性的有CuS、$Cu_2(OH)_2CO_3$等。

（1）硫酸铜（$CuSO_4 \cdot 5H_2O$）。$CuSO_4 \cdot 5H_2O$为蓝色结晶，又名胆矾或蓝矾。蓝矾在空气中慢慢风化，表面形成白色粉状物。蓝矾加热至250℃左右失去全部结晶水成为无水盐。无水$CuSO_4$为白色粉末，不溶于乙醇和乙醚，其吸水性很强，吸水后即显出特征蓝色。可利用这一性质来检验乙醚、乙醇等有机溶剂中的微量水分，并可作干燥剂使用。

（2）氯化铜（$CuCl_2 \cdot 2H_2O$）。在卤化铜中$CuCl_2$较为重要。氯化铜可由氧化铜或硫酸铜与盐酸反应得到，也可由单质直接合成。无水氯化铜（$CuCl_2$）为黄棕色固体，不但易溶于水，还易溶于乙醇、丙酮等有机溶剂。

11.5.3 银的化合物

银通常形成氧化值为+1的化合物。在常见的银的化合物中，除$AgNO_3$、AgF、$AgClO_4$易溶，Ag_2SO_4微溶外，其他银盐及Ag_2O大都难溶于水。这是银盐的一个重要特点。

银的化合物都具有不同程度的感光性。例如AgCl、$AgNO_3$、Ag_2SO_4、AgCN等都是白色结晶，见光变成灰黑色或黑色。AgBr、AgI、Ag_2CO_3等为黄色或浅黄结晶，见光也变成灰黑或黑色。因此，银盐一般都用棕色瓶盛装，并避光存放。

银的重要化合物有氧化银和硝酸银。

1）氧化银 Ag_2O

向可溶性银盐溶液中加入强碱，得到暗褐色 Ag_2O 沉淀。

$$2Ag^+ + 2OH^- = Ag_2O\downarrow + H_2O$$

该反应可以认为先生成极不稳定的 AgOH，常温下 AgOH 立即脱水生成 Ag_2O。

2）硝酸银 $AgNO_3$

$AgNO_3$ 是最重要的可溶性银盐，可由单质银与硝酸作用制得：

$$3Ag + 4HNO_3(\text{稀}) = 3AgNO_3 + NO\uparrow + 2H_2O$$

$$Ag + 2HNO_3(\text{浓}) = AgNO_3 + NO_2\uparrow + H_2O$$

$AgNO_3$ 在干燥空气中比较稳定，潮湿状态下见光容易分解，并因析出单质银而变黑：

$$2AgNO_3 = 2Ag + 2NO_2\uparrow + O_2\uparrow$$

11.6　锌副族元素

ⅡB 族元素包括锌、镉、汞三种元素，通常称为锌副族元素。

11.6.1　锌和镉的化合物

1. 锌和镉的氢氧化物

氢氧化锌 $Zn(OH)_2$ 和氢氧化镉 $Cd(OH)_2$ 都是难溶于水的白色固体物质。$Zn(OH)_2$ 具有明显的两性，可溶于酸和过量强碱中：

$$Zn(OH)_2 + 2H^+ = Zn^{2+} + 2H_2O$$

$$Zn(OH)_2 + 2OH^- = [Zn(OH)_4]^{2-}$$

$Zn(OH)_2$ 和 $Cd(OH)_2$ 都能溶于氨水中，形成配合物：

$$Zn(OH)_2 + 4NH_3 = [Zn(NH_3)_4]^{2+} + 2OH^-$$

$$Cd(OH)_2 + 4NH_3 = [Cd(NH_3)_4]^{2+} + 2OH^-$$

2. 锌和镉重要的盐

1）锌和镉的氯化物

卤化锌 ZnX_2（X = Cl，Br，I）是白色结晶，极易吸潮，可由锌和卤素单质直接合成：

$$Zn + X_2 = ZnX$$

$ZnBr_2$、ZnI_2 用于医药和分析试剂。$ZnCl_2$ 因为有很强的吸水性，在有机合成中常用作脱水剂、缩合剂和氧化剂，以及染料工业的媒染剂，也用作石油净化剂和活性炭活化剂。

2）硫酸锌 $ZnSO_4 \cdot 7H_2O$

$ZnSO_4 \cdot 7H_2O$ 俗称皓钒，是常见的锌盐。皓钒大量用于制备锌钡白（商品名“立德粉”），它是由 $ZnSO_4$ 和 BaS 经复分解反应而得。实际上锌钡白是 ZnS 和 $BaSO_4$ 的化合物。

$$Zn^{2+} + SO_4^{2-} + Ba^{2+} + S^{2-} = ZnS \cdot BaSO_4\downarrow$$

3）锌和镉的硫化物

在可溶性的锌盐和镉盐溶液中，分别通入 H_2S 时，都会有不溶性硫化物析出。

$$Zn^{2+} + H_2S \longequal ZnS\downarrow(白色) + 2H^+$$

$$Cd^{2+} + H_2S \longequal CdS\downarrow(黄色) + 2H^+$$

11.6.2 汞的化合物

汞与锌、镉不同，它有氧化值为+1和+2的两类化合物。汞单质和大多数汞的化合物都是有毒的。

1. 硫化汞

HgS是最难溶的金属硫化物，它不溶于盐酸及硝酸，但溶于王水生成配离子：

$$3HgS + 12Cl^- + 2NO_3^- + 8H^+ \longequal 3[HgCl_4]^{2-} + 3S\downarrow + 2NO\uparrow + 4H_2O$$

HgS也溶于硫化钠溶液，生成 $[HgS_2]^{2-}$：

$$HgS + S^{2-} \longequal [HgS_2]^{2-}$$

2. 氯化汞和氯化亚汞

$HgCl_2$ 为共价型化合物，氯原子以共价键与汞原子结合成直线型分子 Cl—Hg—Cl。$HgCl_2$ 熔点较低（280℃），易升华，因而俗名升汞，中药上把它叫作白降丹。$HgCl_2$ 是剧毒物质，误服0.2～0.4 g就能致命。

$HgCl_2$ 在酸性溶液中是较强的氧化剂，适量的 $SnCl_2$ 可将其还原为难溶于水的白色丝状氯化亚汞 Hg_2Cl_2 沉淀：

$$2HgCl_2 + Sn^{2+} + 4Cl^- \longequal Hg_2Cl_2\downarrow + [SnCl_6]^{2-}$$

另外，$HgCl_2$ 与 $NH_3 \cdot H_2O$ 反应可生成一种难溶解的白色氨基氯化汞沉淀：

$$HgCl_2 + 2NH_3 \longequal Hg(NH_2)Cl\downarrow + NH_4Cl$$

而在 Hg_2Cl_2 溶液中加入 $NH_3 \cdot H_2O$，不仅有上述白色沉淀，同时还有黑色汞析出：

$$Hg_2Cl_2 + 2NH_3 \longequal Hg(NH_2)Cl\downarrow + Hg\downarrow + NH_4Cl$$

Hg_2Cl_2 是白色固体，难溶于水。少量的 Hg_2Cl_2 无毒。因为 Hg_2Cl_2 味略甜，俗称甘汞，为中药轻粉的主要成分，内服可作缓泻剂，外用治疗慢性溃疡及皮肤病。Hg_2Cl_2 也常用于制作甘汞电极。

3. 硝酸汞和硝酸亚汞

硝酸汞受热分解为红色的氧化汞：

$$2Hg(NO_3)_2 \longequal 2HgO + 4NO_2\uparrow + O_2\uparrow$$

$Hg_2(NO_3)_2$ 也可由 $Hg(NO_3)_2$ 溶液与金属汞一起震荡而制得，即

$$Hg + Hg(NO_3)_2 \longequal Hg_2(NO_3)_2$$

4. 汞的配合物

Hg^{2+} 易和 Cl^-、Br^-、I^-、CN^-、SCN^- 等配体形成稳定的配离子，Hg^{2+} 主要形成二配位的直线型配合物和四配位的四面体配合物，如 $[HgCl_4]^{2-}$、$[Hg(SCN)_4]^{2-}$、$[Hg(CN)_4]^{2-}$ 等。例如，Hg^{2+} 与 I^- 反应，生成红色 HgI_2 沉淀：

$$Hg^{2+} + 2I^- \longequal HgI_2\downarrow$$

在过量 I^- 的作用下，HgI_2 又溶解生成 $[HgI_4]^{2-}$ 配离子：

$$HgI_2 + 2I^- \longequal [HgI_4]^{2-}$$

【知识拓展】

含汞废水的处理早为世界各国所关注，它是重金属污染中危害最大的工业废水之一。催化合成乙烯、含汞农药、各种汞化合物的制备以及由汞齐电解法制备烧碱等都是含汞废水的来源，对环境和人体健康威胁极大。我国国家标准规定，汞的排放标准不大于0.050 $mg \cdot L^{-1}$。

近年来，环保工作者不断寻求更加安全和经济的方法来处理含镉、汞废水，以减少或消除镉、汞在环境中的积累。含镉、汞废水成分复杂，处理达标要求又非常严格，传统的物理化学法各有优缺点。其缺点表现为处理剂使用量大，反应不易控制，水质差，回收贵金属难等。特别是镉等重金属离子浓度较低时，往往操作费用和材料的成本相对过高。而生物法因能耗少，成本低，效率高，容易操作，最重要的是没有二次污染，因此在城市污水和工业污水的处理中得到广泛应用。微生物能去除重金属离子，主要是因为微生物可以把重金属离子吸附在表面，然后通过细胞膜将其运输到体内积累，从而达到去除重金属的效果。

小　　结

1. 本章主要介绍了铜和银的单质以及化合物的性质，还介绍了锌和汞的单质以及化合物的性质。
2. 了解铁、铬、镍的重要化合物性质。
3. 了解含汞、镉废水的处理。

习　　题

1. 试从原子结构方面说明铜副族元素和碱金属元素在化学性质上的异同。
2. 解释下列现象。

（1）$[Ag(NH_3)_2]Cl$ 遇到硝酸时，析出沉淀。

（2）稀释 $CuCl_2$ 的浓溶液时，体系的颜色由黄色经绿色变为蓝色。

（3）将 SO_2 通入 $CuSO_4$ 和 NaCl 的浓的混合溶液，有白色沉淀生成。

（4）单质铁能使 Cu^{2+} 还原，单质铜却能使 Fe^{3+} 还原。

3. CuCl、AgCl、Hg_2Cl_2 都是难溶于水的白色粉末，试区别这三种物质。
4. 氯化钴溶液与过量的浓氨水作用，并将空气通入该溶液。描述可能观察到的现象，写出相关化学反应方程式。
5. 设计方案分离 Al^{3+}、Cr^{3+}、Fe^{3+}、Co^{2+}、Ni^{2+}。
6. 请解释下列问题。

（1）向 $FeCl_3$ 溶液加入 KSCN 溶液，溶液立即变红，加入适量 $SnCl_2$ 后溶液变成无色。

（2）为什么 $[Co(CN)_6]^{4-}$ 很易被氧化？

（3）向 $FeSO_4$ 溶液加入碘水，碘水不褪色，再加入 $NaHCO_3$ 后，碘水褪色。

（4）向 $FeCl_3$ 溶液中通入 H_2S，并没有硫化物沉淀生成。

7. 完成下列制备，并给出相关的反应方程式。

（1）$Fe \longrightarrow FeSO_4 \cdot 7H_2O \longrightarrow FeCl_3 \cdot 6H_2O \longrightarrow K_3[Fe(C_2O_4)_3] \cdot 3H_2O$

（2）$Co \longrightarrow CoSO_4 \cdot 7H_2O \longrightarrow CoCl_2 \cdot 6H_2O \longrightarrow [Co(NH_3)_6]\ Cl_3$

8. 通过实例比较 $Cr(OH)_3$ 和 $Fe(OH)_3$ 的性质。

9. 为什么 $K_4[Fe(CN)_6] \cdot 3H_2O$ 可由 $FeSO_4$ 溶液与 KCN 混合直接制备，而 $K_3[Fe(CN)_6]$ 却不能由 $FeCl_3$ 溶液与 KCN 直接混合来制备？如何制备赤血盐？

10. 给出下列过程的实验现象及反应方程式。

（1）向 $NiSO_4$ 溶液中缓慢滴加稀氨水。

（2）向 $Co(NH_3)_6^{2+}$ 溶液中缓慢滴加稀盐酸。

11. 绿色水合晶体 A 溶于水后加入碱和双氧水，有沉淀 B 生成。B 溶于草酸氢钾溶液得到黄绿色溶液 C，将 C 蒸发浓缩后缓慢冷却，析出绿色晶体 D。光照 D 分解为白色固体 E。E 受热分解最后得到黑色的粉末 F。请给出 A，B，C，D，E，F 的化学式或离子及其相关的反应方程式。

第十二章　现代仪器分析简介

学习指导

1. 了解分子光谱的产生，有机化合物的电子跃迁类型及紫外可见吸收光谱。
2. 了解紫外-可见分光光度计结构与主要部件。
3. 掌握紫外-可见分子吸收光谱的定量分析方法。
4. 了解产生红外吸收的条件及分子的振动类型。
5. 掌握基团频率和特征吸收峰，主要有机化合物的红外吸收光谱特征。
6. 掌握红外吸收光谱法的定性、定量方法。
7. 了解红外光谱仪的构造。
8. 理解色谱法的基本原理、概念。
9. 了解色谱法的定性、定量测定方法。
10. 了解气相色谱法和高效液相色谱法的特点及应用。
11. 了解气相色谱仪及高效液相色谱仪的组成。
12. 掌握的核磁共振波谱法的基本原理和应用。
13. 理解化学位移的概念、产生原因、表达方式及影响因素。
14. 了解核磁共振仪和质谱仪的组成。
15. 掌握质谱法的分类、基本原理、分析方法及其特点和应用。

12.1　概　　述

分析化学是研究物质的组成、状态和结构的科学，一般可分为化学分析和仪器分析。仪器分析是在化学分析的基础上逐步发展起来的一类分析方法，它是以物质的物理性质或物理化学性质及其在分析过程中所产生的分析信号与物质的内在关系为基础，并借助于比较复杂或特殊的现代仪器，对待测物质进行定性、定量及结构分析和动态分析的一类分析方法。仪器分析具有准确、灵敏、快速、自动化程度高等特点，常用来测定含量很低的微量、痕量组分，是分析化学的发展方向。

仪器分析大致可以分为电化学分析法、核磁共振波谱法、原子发射光谱法、气相色谱法、原子吸收光谱法、高效液相色谱法、紫外-可见光谱法、质谱分析法、红外光谱法、其他仪器分析法等。

现代科学技术的发展、生产的需要和人民生活水平的提高对分析化学提出了新的要求。为了适应科学发展，仪器分析随之也将出现以下发展趋势。

(1) 方法创新进一步提高仪器分析方法的灵敏度、选择性和准确性。各种选择性检测技术和多组分同时分析技术等是当前仪器分析研究的重要课题。

（2）分析仪器智能化微机在仪器分析法中不仅只运算分析结果，而且可以储存分析方法和标准数据，控制仪器的全部操作，实现分析操作自动化和智能化。

（3）新型动态分析检测和非破坏性检测是未来的发展方向。离线的分析检测不能瞬时、直接、准确地反映生产实际和生命环境的情景实况，不能及时控制生产、生态和生物过程。运用先进的技术和分析原理，研究并建立有效而实用的实时、在线和高灵敏度、高选择性的新型动态分析检测和非破坏性检测，将是21世纪仪器分析发展的主流。生物传感器和酶传感器、免疫传感器、DNA传感器、细胞传感器等不断涌现，纳米传感器的出现也为活体分析带来了机遇。

（4）多种方法的联合使用。仪器分析多种方法的联合使用可以使每种方法的优点得以发挥，每种方法的缺点得以补救。联用分析技术已成为当前仪器分析的重要发展方向。

（5）扩展时空多维信息。随着环境科学、宇宙科学、能源科学、生命科学、临床化学、生物医学等学科的兴起，现代仪器分析的发展已不仅局限于将待测组分分离出来进行表征和测量，而且成为一门为物质提供尽可能多的化学信息的科学。随着人们对客观物质认识的深入，某些过去所不甚熟悉的领域（如多维、不稳定和边界条件等）也逐渐提到日程上来。采用现代核磁共振光谱、质谱、红外光谱等分析方法，可提供有机物分子的精细结构、空间排列构成及瞬态变化等信息，从而为人们对化学反应历程及生命的认识提供重要基础。

总之，仪器分析正在向快速、准确、灵敏及适应特殊分析的方向迅速发展。

12.2 紫外-可见吸收光谱法

紫外-可见分子吸收光谱法（ultraviolet-visible molecular absorption spectrometry，UV-VIS），又称紫外-可见分光光度法（ultraviolet-visible spectrophotometry）。它是利用紫外-可见分光光度计测量物质对紫外-可见光的吸收程度（吸光度）和利用紫外-可见吸收光谱来确定物质的组成、含量及推测物质结构的分析方法。通过测定分子对紫外-可见光的吸收，可以用于鉴定和定量测定大量的无机化合物和有机化合物。在化学和临床实验室所采用的定量分析技术中，紫外-可见吸收光谱法是应用最广泛的方法之一。

12.2.1 紫外-可见吸收光谱法的基本原理

物质的吸收光谱在本质上就是物质中的分子和原子吸收了入射光中的某些特定波长的光能量，相应地发生了分子振动能级跃迁和电子能级跃迁的结果。由于各种物质具有各自不同的分子、原子和不同的分子空间结构，其吸收光能量的情况也就不会相同，因此，每种物质就有其特有的、固定的吸收光谱曲线。通常以波长 λ 为横轴，吸光度 A（百分透光率 $T\%$）为纵轴作图，就可获得该化合物的紫外-可见吸收光谱图（如图12-1所示）。

吸光度 A，表示单色光通过某一样品时被吸收的程度。$A=\lg(I_0/I_1)$，其中 I_0 为入射光强度，I_1 为透过光强度。透光率也称透射率 T，为透过光强度 I_1 与入射光强度 I_0 之比值，即 $T=I_1/I_0$。透光率 T 与吸光度 A 的关系为：$A=\lg(1/T)$。

根据朗伯-比尔定律，吸光度 A 与溶液浓度 c 成正比：$A=\varepsilon bc$。其中，ε 为摩尔吸光系数，它是浓度为 $1\ \mathrm{mol\cdot L^{-1}}$ 的溶液在 1 cm 的吸收池中，在一定波长下测得的吸光度。ε 表示物质对光能的吸收强度，是各种物质在一定波长下的特征常数，因而是检定化合物的重要数据。c 为物质的浓度，单位为 $\mathrm{mol\cdot L^{-1}}$；b 为液层厚度，单位为 cm。

如图 12-1 所示，物质在某一波长处对光的吸收最强，称为最大吸收峰，对应的波长称为最大吸收波长（λ_{max}）；低于最大吸收峰的峰称为次峰；吸收峰旁边的一个小的曲折称为肩峰；曲线中的低谷称为峰谷，对应的波长称为最小吸收波长（λ_{min}）；在吸收曲线波长最短的一端，吸收强度很大，但不成峰的部分，称为末端吸收。

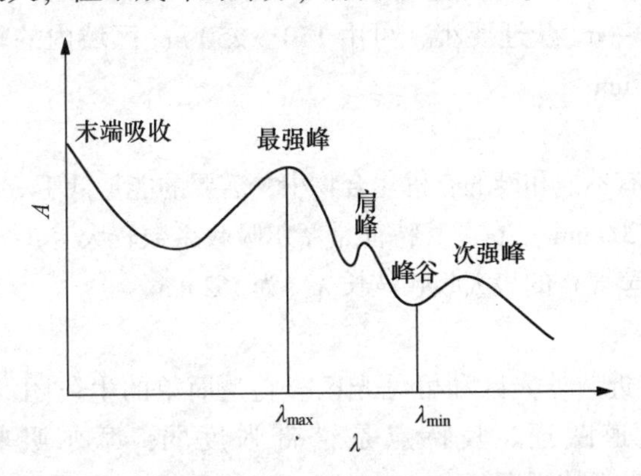

图 12-1　紫外-可见吸收光谱示意图

在紫外-可见吸收光谱中，常以吸收带最大吸收处波长 λ_{max} 和该波长下的摩尔吸收系数 ε_{max} 来表征化合物吸收特征。吸收光谱反映了物质分子对不同波长紫外-可见光的吸收能力。吸收带的形状、λ_{max} 和 ε_{max} 与吸光分子的结构有密切的关系。各种有机化合物的 λ_{max} 和 ε_{max} 都有定值，同类化合物的 ε_{max} 比较接近，处于一个范围。

12.2.2　化合物电子光谱的产生

紫外-可见吸收光谱是由分子中价电子能级跃迁所产生的。在紫外和可见光区范围内，有机化合物的吸收带主要由 σ→σ*、π→π*、n→σ*、n→π* 及电荷迁移产生。无机化合的吸收带主要由电荷迁移和配位场跃迁（即 d—d 跃迁和 f—f 跃迁）产生。

由于电子跃迁的类型不同，实现跃迁需要的能量也不同，因而吸收的波长范围也不相同。其中 σ→σ* 跃迁所需要能量最大，n→π* 及配位场跃迁所需能量最小，因此，它们的吸收带分别落在远紫外光区和可见光区。从图 12-2 中纵坐标可知，π→π* 及电荷迁移跃迁产生的谱带强度最大，σ→σ*、n→π*、n→σ* 跃迁产生的谱带强度次之，配位跃迁的谱带强度最小。

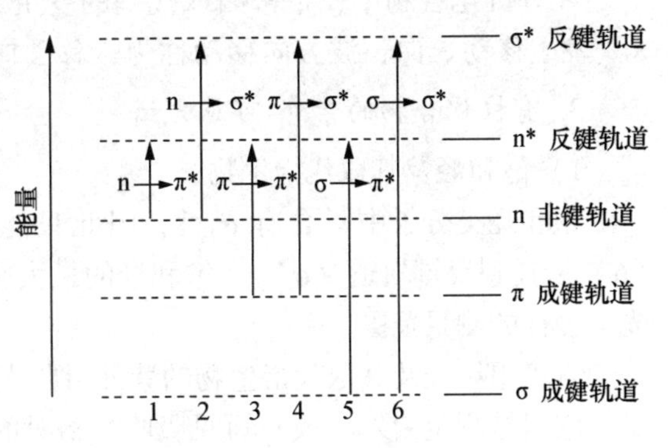

图 12-2　实现跃迁需要的能量

1．电子跃迁类型

基态有机化合物的价电子包括成键 σ 电子、成键 π 电子和非键电子（以 n 表示）。分子的空轨道包括反键 σ* 轨道和反键 π* 轨道，因此，可能产生的跃迁有 σ→σ*、π→π*、n→σ*、n→π* 等。

1）σ→σ* 跃迁

σ→σ* 跃迁是分子成键 σ 轨道中的一个电子通过吸收辐射而被激发到相应的反键轨道。实现这类跃迁需要的能量较高，一般发生在真空紫外光区。饱和烃中的—C—C—键属于这类跃迁。例如乙烷的最大吸收波长 λ_{max} 为 135 nm。由于 $\sigma \to \sigma^*$ 跃迁引起的吸收不在通常能观察的紫外范围内，因此没有必要对其作进一步的讨论。

2）$n \to \sigma^*$ 跃迁

$n \to \sigma^*$ 跃迁发生在含有未共用电子对（非键电子）原子的饱和有机化合物中。通常这类跃迁所需的能量比 $\sigma \to \sigma^*$ 跃迁要小，可由 150～250 nm 区域内的辐射引起。而大多数吸收峰则出现在低于 200 nm 处。

3）$\pi \to \pi^*$ 跃迁

$\pi \to \pi^*$ 跃迁产生在有不饱和键的有机化合物中，需要的能量低于 $\sigma \to \sigma^*$ 的跃迁，吸收峰一般处于近紫外光区，在 200 nm 左右。其特征是摩尔吸收系数较大（$10^3 \sim 10^4 L \cdot cm^{-1} \cdot mol^{-1}$），为强吸收带。如乙烯（蒸气）的最大吸收波长 λ_{max} 为 162 nm。

4）$n \to \pi^*$ 跃迁

$n \to \pi^*$ 跃迁发生在近紫外光区和可见光区。它是简单的生色团（如羰基、硝基等）中的孤对电子向反键轨道跃迁。其特点是谱带强度弱，摩尔吸收系数小，通常小于 $10^2 L \cdot cm^{-1} \cdot mol^{-1}$，属于禁阻跃迁。

2. 常用术语

1）生色团

从广义来说，所谓生色团，是指分子中可以吸收光子而产生电子跃迁的原子基团。严格地说，那些不饱和吸收中心才是真正的生色团。

2）助色团

助色团是指带有非键电子对的基团，如—OH、—OR、—NHR、—SH、—Cl、—Br、—I 等，它们本身不能吸收大于 200 nm 的光，但是当它们与生色团相连时，会使其吸收带的最大吸收波长 λ_{max} 发生移动，并且增加其吸收强度。

3）红移和紫移

在有机化合物中，常常因取代基的变更或溶剂的改变，使其吸收带的最大吸收波长 λ_{max} 发生移动。向长波方向移动称为红移，向短波方向移动称为紫移。

3. 有机化合物的紫外-可见光谱

1）饱和烃及其取代衍生物

饱和烃类分子中只含有 σ 键，因此只能产生 $\sigma \to \sigma^*$ 跃迁，即 σ 键电子从成键轨道（σ）跃迁到反键轨道（σ^*）。饱和烃的最大吸收峰一般小于 150 nm，已超出紫外-可见分光光度计的测量范围。

直接用烷烃及其取代衍生物的紫外吸收光谱来分析这些化合物的实用价值并不大。但是，它们是测定紫外（或）可见吸收光谱时的良好溶剂。

2）不饱和烃及共轭烯烃

在不饱和烃类分子中，除含有 σ 键外，还含有 π 键，它们可以产生 $\sigma \to \sigma^*$ 和 $\pi \to \pi^*$ 两种跃迁。$\pi \to \pi^*$ 跃迁所需能量小于 $\sigma \to \sigma^*$ 跃迁。例如，在乙烯分子中，$\pi \to \pi^*$ 跃迁最大吸收波长 λ_{max} 为 180 nm。

在不饱和烃中，当有两个以上的双键共轭时，随着共轭系统的延长，$\pi \to \pi^*$ 跃迁的吸收带将明显向长波方向移动，吸收强度也随之加强。当有五个以上双键共轭时，吸收带已落在可见光区。在共轭体系中，$\pi \to \pi^*$ 跃迁产生的吸收带又称为 K 带。

3）羰基化合物

羰基化合物含有C═O基团。C═O基团主要可以产生$n \to \sigma^*$、$n \to \pi^*$和$\pi \to \pi^*$三个吸收带。$n \to \pi^*$吸收带又称为R带，落于近紫外光区或紫外光区。醛、酮、羧酸及羧酸的衍生物，如酯、酰胺、酰卤等，都含有羰基。由于醛和酮这两类物质与羧酸及其衍生物在结构上的差异，因此它们$n \to \pi^*$吸收带的光区稍有不同。

羧酸及其衍生物虽然也有$n \to \pi^*$吸收带，但是，羧酸及其衍生物的羰基上的碳原子直接连接含有未共用电子对的助色团，如—OH、—Cl、—OR、—NH_2等。由于这些助色团上的n电子与羰基双键的π电子产生$n \to \pi^*$共轭，导致π^*轨道的能级有所提高，但这种共轭作用并不能改变n轨道的能级，因此实现$n \to \pi^*$跃迁所需能量变大，使$n \to \pi^*$吸收带紫移至210 nm左右。

4）苯及其衍生物

苯有三个吸收带，它们都是由$\pi \to \pi^*$跃迁引起的。E_1带出现在180 nm（ε_{max} = 60 000 L·cm^{-1}·mol^{-1}），E_2带出现在204 nm（ε_{max} = 8 000 L·cm^{-1}·mol^{-1}），B带出现在255 nm（ε_{max} = 200 L·cm^{-1}·mol^{-1}）。在气态或非极性溶剂中，苯及其许多同系物的B谱带有许多的精细结构，这是由于振动跃迁在基态电子的跃迁上的叠加而引起的。在极性溶剂中，这些精细结构消失。当苯环上有取代基时，苯的三个特征谱带都会发生显著的变化，其中影响较大的是E_2带和B带。

12.2.3　紫外-可见分光光度计

1. 仪器的基本构造

紫外-可见分光光度计的基本结构是由五个部分组成，即光源、单色器、吸收池、检测器和信号指示系统，如图12-3所示。

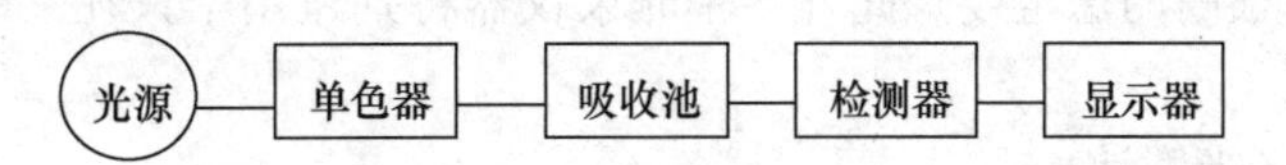

图12-3　紫外-可见分光光度计结构示意图

1）光源

对光源的基本要求是应在仪器操作所需的光谱区域内能够发射连续辐射，有足够的辐射强度和良好的稳定性，而且辐射能量随波长的变化应尽可能小。

分光光度计中常用的光源有热辐射光源和气体放电光源两类。热辐射光源用于可见光区，如钨丝灯和卤钨灯；气体放电光源用于紫外光区，如氢灯和氘灯。钨灯和碘钨灯可使用的范围在340～2 500 nm。这类光源的辐射能量与施加的外加电压有关，在可见光区，辐射的能量与工作电压的4次方成正比。在近紫外光区测定时常用氢灯和氘灯。它们可在160～375 nm范围内产生连续光源。氘灯的灯管内充有氢的同位素氘，它是紫外光区应用最广泛的一种光源，其光谱分布与氢灯类似，但光强度比相同功率的氢灯要大3～5倍。

2）单色器

单色器是能从光源辐射的复合光中分出单色光的光学装置，其主要功能是产生光谱纯度高的波长且波长在紫外可见区域内任意可调。单色器一般由入射狭缝、准光器（透镜或凹面反射镜使入射光成平行光）、色散元件、聚焦元件和出射狭缝等几部分组成。能起分光作用的色散元件主要是棱镜和光栅。

棱镜有玻璃和石英两种材料。玻璃棱镜只能用于350～3200 nm的波长范围，即只能用于可见光域内。石英棱镜可使用的波长范围较宽，可从185～4000 nm，即可用于紫外、可见和近红外三个光域。

3）吸收池

吸收池用于盛放分析试样，一般有石英和玻璃材料两种。石英吸收池适用于可见光区及紫外光区，玻璃吸收池只能用于可见光区。

4）检测器

检测器的功能是检测信号，是测量单色光透过溶液后光强度变化的一种装置。常用的检测器有光电池、光电管和光电倍增管等。硒光电池对光的敏感范围为300～800 nm，其中又以500～600 nm最为灵敏。这种光电池的特点是能产生可直接推动微安表或检流计的光电流，但由于容易出现疲劳效应而只能用于低档的分光光度计中。光电管在紫外-可见分光光度计上应用较为广泛。光电倍增管是检测微弱光最常用的光电元件，它的灵敏度比一般的光电管要高200倍，因此可使用较窄的单色器狭缝，从而对光谱的精细结构有较好的分辨能力。

5）信号指示系统

信号指示系统的作用是放大信号并以适当方式指示或记录下来。常用的信号指示装置有直读检流计、电位调节指零装置以及数字显示或自动记录装置等。很多型号的分光光度计装配有微处理机，一方面可对分光光度计进行操作控制，另一方面可进行数据处理。

2. 分光光度计的类型

1）单光束分光光度计

一束经过单色器的光，轮流通过参比溶液和试样溶液，以进行光强度测量。单光束仪器的缺点是测量结果受电源的波动影响较大，容易给定量结果带来较大的误差，因此要求光源和检测系统有很高的稳定度。此外，单光束仪器特别适用于只在一个波长处作吸收测量的定量分析。

2）双光束分光光度计

许多现代的光度计和分光光度计都是双光束型。一般双光束型的仪器又可分为两类：按时间区分和按空间区分。它是通过一个快速转动的扇形镜将经单色器的光一分为二，然后用另一个扇形镜将脉冲辐射再结合后进入换能器。目前，一般自动记录分光光度计是双光束的，它可以连续地绘出吸收（或透射）光谱曲线。由于两光束同时分别通过参照池和测量池，因而可以消除光源强度变化所带来的误差。

3）双波长分光光度计

由同一光源发出的光被分成两束，分别经过两个单色器，得到两束不同波长（λ_1 和 λ_2）的单色光，利用切光器使两束光以一定的频率交替照射同一吸收池，然后经过光电倍增管和电子控制系统，最后由显示器显示两个波长处的吸光度差值 ΔA（$\Delta A = A_{\lambda_1} - A_{\lambda_2}$）。

双波长分光光度计不仅能测定高浓度试样、多组分混合试样，而且能测定一般分光光度计不宜测定的浑浊试样。双波长法测定相互干扰的混合试样时，不仅操作比单波长法简单，而且精确度要高。用双波长法测量时，两个波长的光通过同一吸收池，这样可以消除因吸收池的参数不同、位置不同、污垢及制备参比溶液不同等带来的误差，使测定的准确度显著提高。另外，双波长分光光度计是用同一光源得到的两束单色光，故可以减小因光源电压变化产生的影响，得到高灵敏和低噪声的信号。

12.2.4　紫外-可见分子吸收光谱法的应用

紫外-可见分子吸收光谱法不仅可以用来对物质进行定性分析及结构分析，而且可以进行定量分析及测定某些化合物的物理化学数据等，如相对分子质量、络合物的络合比及稳定常数和解离常数等。

1. 定性分析

目前无机元素的定性分析主要是用发射光谱法，也可采用经典的化学分析方法，因此紫外-可见分光光度法在无机定性分子中并未得到广泛的应用。

在有机化合物的定性鉴定和结构分析中，由于紫外-可见光区的吸收光谱比较简单，特征性不强，并且大多数简单官能团在近紫外光区只有微弱吸收或者无吸收，因此，该法的应用也有一定的局限性。但它可用于鉴定共轭生色团，以此推断未知物的结构骨架。在配合红外光谱、核磁共振等进行定性鉴定及结构分析中，紫外-可见分子吸收光谱法无疑是一个十分有用的辅助方法。

2. 有机化合物构型的确定

采用紫外光谱法，可以确定一些化合物的构型和构象。一般来说，顺式异构体的最大吸收波长比反式异构体小，因此有可能用紫外光谱法进行区别。例如，在顺式肉桂酸和反式肉桂酸中，顺式空间位阻大，苯环与侧链双键共平面性差，不易产生共轭；反式空间位阻小，双键与苯环在同一平面上容易产生共轭。因此，反式的最大吸收波长 $\lambda_{max}=295$ nm（$\varepsilon_{max}=7\,000$ L · cm^{-1} · mol^{-1}），而顺式的最大吸收波长 $\lambda_{max}=280$ nm（$\varepsilon_{max}=13\,500$ L · cm^{-1} · mol^{-1}）。

采用紫外光谱法，还可以测定某些化合物的互变异构现象。例如，乙酰乙酸乙酯有酮式和烯醇式间的互变异构。在极性溶剂中，最大吸收波长 $\lambda_{max}=272$ nm（$\varepsilon_{max}=16$ L · cm^{-1} · mol^{-1}），说明该峰由 $n\rightarrow\pi^*$ 跃迁引起，所以在极性溶剂中，该化合物应以酮式存在。相反，在非极性的正己烷中，出现 $\lambda_{max}=243$ nm 的强峰，说明在非极性溶剂中，乙酰乙酸乙酯形成了分子内氢键，故是以烯醇式为主。

3. 定量分析

紫外-可见分子吸收光谱法是进行定量分析的最有用的工具之一。它不仅可以对那些本身在紫外-可见光区有吸收的无机和有机化合物进行定量分析，而且利用许多试剂可与非吸收物质反应产生在紫外和可见光区有强烈吸收的产物，即“显色反应”这一现象，来对非吸收物质进行定量测定。该法灵敏度可达 $10^{-4}\sim10^{-5}$ mol · L^{-1}，甚至可达 $10^{-6}\sim10^{-7}$ mol · L^{-1}；准确度好，相对误差在1%～3%范围内，如果操作得当，则误差往往可减少到百分之零点几；且操作容易、简单。

紫外-可见分子吸收光谱定量分析法的依据是朗伯-比尔定律，即物质在一定波长处的吸光度与它的浓度呈线性关系。因此，通过测定溶液对一定波长入射光的吸光度，就可求出溶液中的物质浓度和含量。由于最大吸收波长 λ_{max} 处的摩尔吸收系数 ε_{max} 最大，故通常都是测量 λ_{max} 的吸光度，以获得最大灵敏度。同时，吸收曲线在最大吸收波长处常常是平坦的，从而使所得数据能更好地符合朗伯-比尔定律。

在紫外-可见分子吸收光谱法中，对单一物质的定量分析比较简单，一般选用工作曲线法和标准加入法进行定量分析。下面介绍混合组分的分析。

1）解联立方程组的方法

两个以上吸光组分的混合物，可根据其吸收峰的互相干扰情况分为三种，如图 12-4 所示。对于前两种情况，可通过选择适当的入射光波长，按单一组分的方法测定。对于最后一种情况，由于两组分相互重叠严重，采用单纯的单波长分光光度法已不可能，故只能根据吸光度的加和性原则，通过适当的数学处理来进行测定。很明显，如果有 n 个组分相互重叠，就必须在 n 个波长处测定其吸光度的加和性，然后解 n 元一次方程组，才能分别求得各组分含量。应该指出，随着测量组分的增多，实验结果的误差也将增大。

值得一提的是，解联立方程组的方法是仪器分析中定量测定被干扰组分的一个基本方法，它也常用于红外光谱法、质谱法和荧光光度法等方法。

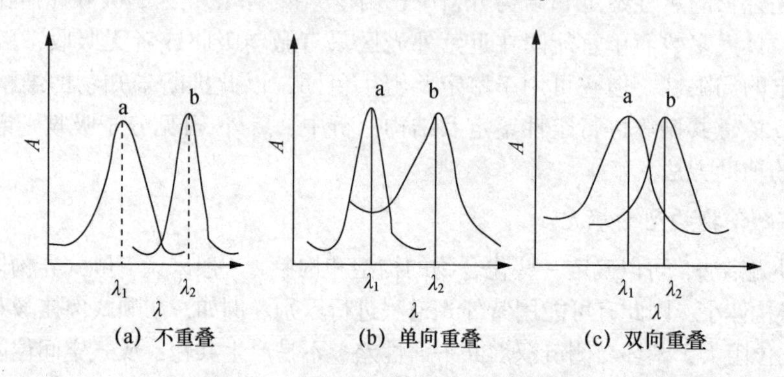

图 12-4 混合物的紫外-可见吸收光谱

2）双波长分光光度法

用双波长分光光度法定量测定二元混合组分的主要方法有等吸收波长法和系数倍率法。

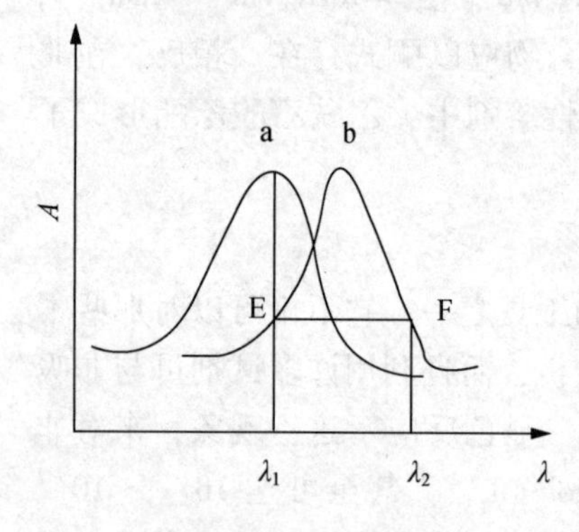

图 12-5 双波长测定法

（1）等吸收波长法。当混合组分的吸收曲线是图 12-4（c）的情况时，除用解二元一次方程组的方法测定外，还可采用等吸收波长法。

为了消除某组分的吸收，一般采用作图法，确定干扰组分等吸收波长。如图 12-5 所示是混合试样中 a、b 两组分的吸收曲线。其中 b 是干扰组分，a 是待测组分。在用作图法选择波长时，可将测定波长 λ_1 选在被测组分 a 的吸收峰处（或其附近），而参比波长 λ_2 的选择，应考虑能消除干扰物质的吸收，即使 b 组分在 λ_1 的吸光度等于它在 λ_2 的吸光度。

（2）系数倍率法。当干扰组分 b 不存在吸光度相等的两个波长时，采用等吸收波长法不能测量 a 组分的含量，此时，可采用系数倍率法测定。

双波长法还可测定浑浊试样。采用双光束法测定浑浊试样时，由于参比溶剂不像试样试液那样浑浊，因此测量时不可能消除因试样浑浊产生的背景吸收。而用双波长法却可以消除因试样浑浊而产生的背景吸收。由于消除背景后的试样吸收与其浓度呈正比，因此可对试样进行定量分析。若浑浊试样中有痕量成分存在，则消除背景吸收后，还可测定背景吸收“淹没”的痕量成分。

3）导数分光光度法

对吸收光谱曲线进行一阶或高阶求导，即可得到各种导数光谱曲线。采用双波长分光光度法，可以很容易地获得一阶导数光谱。但目前更多的是采用电子学方法，将信号转换成微分输出，再与计算机联机操作，这样即可对信号实现模拟微分，并能获得高阶导数光谱。测量导数光谱峰值的方法，随具体情况而不同。

（1）峰-谷法。如果基线平坦，则可通过测量两个极值之间的距离 p 来进行定量分析。这是较常用的方法。如果峰、谷之间的波长差较小，则即使基线稍有倾斜，仍可采用此法。

（2）基线法。首先作相邻两峰的公切线，然后从两峰之间的谷画一条平行于纵坐标的直线交公切线于 A 点，然后测量 t 的大小。当用此法测量时，不管基线是否倾斜，只要它是直线，就总能测得较准确的数值。

（3）峰-零法。此法是测量峰与基线间的距离。但它只适用于导数光谱是对称时的情况，故一般仅在特殊情况下使用。

虽然导数光谱具有分辨相互重叠的吸收峰的能力，但有时不一定能完全消除干扰物的影响。因此在进行定量分析时，必须注意将测量波长选择在干扰成分影响最小的波长处。

在定量分析中，导数分光光度法最大的优点是可提高检测的灵敏度。

4. 其他方面应用

紫外-可见分光光度法还可以用于测定某些化学和物理数据，如物质的相对分子质量、络合物的络合比与稳定常数以及氢键的强度等。有关络合物的络合比及稳定常数的测量，在分析化学中已经叙述，这里不再重述。下面仅简单介绍如何用紫外-可见分光光度法测定物质的氢键强度。

由以上所述，可知 $n\rightarrow\pi^*$ 吸收带在极性溶剂中比在非极性溶剂中的波长短一些。在极性溶剂中，分子间形成了氢键，实现 $n\rightarrow\pi^*$ 跃迁时，氢键也随之断裂。此时，物质吸收的光能，一部分用以实现 $n\rightarrow\pi^*$ 跃迁，另一部分用以破坏氢键（即氢键的键能）。而在非极性溶剂中，不可能形成分子间氢键，吸收的光能仅为实现 $n\rightarrow\pi^*$ 跃迁，故所吸收的光波的能量较低，波长较长。由此可见，只要测定同一化合物在不同极性溶剂中的 $n\rightarrow\pi^*$ 跃迁吸收带，就能计算其在极性溶剂中氢键的强度。

例如，在极性溶剂水中，丙酮的 $n\rightarrow\pi^*$ 吸收带为 264.5 nm，其相应能量等于 $452.96\ \mathrm{kJ\cdot mL^{-1}}$；而在非极性溶剂己烷中，丙酮的 $n\rightarrow\pi^*$ 吸收带为 279 nm，其相应能量为 $429.40\ \mathrm{kJ\cdot mL^{-1}}$。所以丙酮在水中形成的氢键强度为 $(452.96-429.40)\ \mathrm{KJ\cdot mL^{-1}} = 23.56\ \mathrm{kJ\cdot mL^{-1}}$。

12.3　红外吸收光谱法

12.3.1　概述

红外吸收光谱法（infrared absorption spectroscopy，IR）也称为红外分光光度法，它是利用红外分光光度计测量物质对红外光的吸收，并利用红外吸收光谱来确定物质的组成和推测物质结构的分析方法。红外光谱分析特征性强，对气体、液体、固体试样都可测定，并具有用量少、分析速度快、不破坏试样的特点。因此，红外光谱法不仅与其他许多分析方法一样，能进行定性和定量分析，而且该法是鉴定化合物和测定分子结构的最有用方法之一。

红外光谱的研究开始于20世纪初期，自1940年商品红外光谱仪问世以来，红外光谱在有机化学研究中得到了广泛的应用。20世纪初，Coblentz已发表了100多种有机化合物的红外光谱图，从而给有机化学家提供了鉴别未知化合物的有力手段。到20世纪50年代末就已经积累了丰富的红外光谱数据。到了20世纪70年代，在电子计算机蓬勃发展的基础上，傅里叶变换红外光谱（FTIR）实验技术进入现代化学家的实验室，成为结构分析的重要工具。FTIR以高灵敏度、高分辨率、快速扫描、联机操作和高度计算机化的全新面貌使经典的红外光谱技术再获新生。近几十年来一些新技术（如发射光谱、光声光谱、色-红联用等）的出现，使红外光谱技术得到更加蓬勃的发展。

红外光谱在可见光区和微波光区之间，其波数范围约为12 800～10 cm^{-1}（0.75～1 000μm）。根据仪器及应用不同，习惯上又将红外光区分为三个区，即近红外光区、中红外光区、远红外光区。本节将主要介绍中红外吸收光谱法，通常简称红外光谱法。

12.3.2 红外吸收光谱法的基本原理

1．分子的振动与红外吸收

任何物质的分子都是由原子通过化学键连接起来而组成的。分子中的原子与化学键都处于不断的运动中。它们的运动，除了原子外层价电子跃迁以外，还有分子中原子的振动和分子本身的转动。这些运动形式都可能吸收外界能量而引起能级的跃迁。每一个振动能级常包含有很多转动分能级，因此在分子发生振动能级跃迁时，不可避免地发生转动能级的跃迁，从而无法测得纯振动光谱。因此，通常所测得的光谱实际上是振动－转动光谱，简称振转光谱。

1）双原子分子的振动

分子的振动运动可近似地看成一些用弹簧连接着的小球的运动。以双原子分子为例，若把两原子间的化学键看成质量可以忽略不计的弹簧，其长度为r（键长），两个原子分子量为m_1、m_2。如果把两个原子看成两个小球，则它们之间的伸缩振动可以近似地看成沿轴线方向的简谐振动。因此，可以把双原子分子称为谐振子。这个体系的振动频率$\bar{\nu}$（以波数表示）可由经典力学（虎克定律）导出：

$$\bar{\nu} = \frac{1}{2\pi c}\sqrt{\frac{k}{\mu}} \tag{12-1}$$

式中，c表示光速（$3\times10^8\ m\cdot s^{-1}$），$k$表示化学键的力常数（$N\cdot m^{-1}$），$\mu$表示折合质量（kg），其中$\mu=\frac{m_1 m_2}{m_1+m_2}$。如果力常数以$N\cdot m^{-1}$为单位，折合质量$\mu$以原子质量为单位，则式（12-1）可简化为

$$\bar{\nu} = 130.2\sqrt{\frac{k}{\mu}} \tag{12-2}$$

双原子分子的振动频率取决于化学键的力常数和原子的质量，化学键越强，相对原子质量越小，振动频率越高。例如，H—Cl的$\bar{\nu}$等于2 892.4 cm^{-1}；C═C的$\bar{\nu}$等于1683 cm^{-1}；C—H的$\bar{\nu}$等于2911.4 cm^{-1}；C—C的$\bar{\nu}$等于1190 cm^{-1}。

同类原子组成的化学键（折合质量相同），力常数大的，基本振动频率就大。由于氢的原子质量最小，故含氢原子单键的基本振动频率都出现在中红外的高频率区。

2）多原子分子的振动

（1）基本振动的类型。多原子分子基本振动类型可分为两类：伸缩振动和弯曲振动。

如图 12-6 所示为亚甲基 CH_2 的各种基本振动形式。

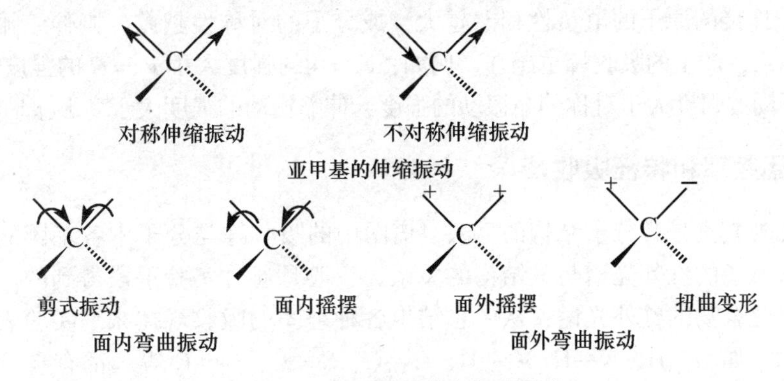

图 12-6　亚甲基的基本振动形式

伸缩振动用 ν 表示，是指原子沿着键轴方向伸缩，使键长发生周期性的变化的振动。由于振动耦合作用，原子数 N 大于等于 3 的基团还可以分为对称伸缩振动和不对称伸缩振动，符号分别为 ν_s 和 ν_{as}，一般 ν_{as} 比 ν_s 的频率高。

弯曲振动用 δ 表示，又叫变形或变角振动，一般是指基团键角发生周期性变化的振动或分子中原子团对其余部分作相对运动。弯曲振动的力常数比伸缩振动的小，因此同一基团的弯曲振动在其伸缩振动的低频区出现。

(2) 分子的振动自由度。多原子分子的振动比双原子分子的振动要复杂得多。双原子分子只有一种振动方式（伸缩振动），所以可以产生一个基本振动吸收峰。而多原子分子随着原子数目的增加，振动方式也越复杂，因而它可以出现一个以上的吸收峰，并且这些峰的数目与分子的振动自由度有关。

在研究多原子分子时，常把多原子的复杂振动分解为许多简单的基本振动（又称简正振动）。这些基本振动数目称为分子的振动自由度，简称分子自由度。分子自由度数目与该分子中各原子在空间坐标中运动状态的总和紧密相关。经典振动理论表明，含 N 个原子的线型分子其振动自由度为 $3N-5$，非线型分子其振动自由度为 $3N-6$。每种振动形式都有其特定的振动频率，也即有相对应的红外吸收峰，因此分子振动自由度数目越大，则在红外吸收光谱中出现的峰数也就越多。

2. 影响吸收峰强度的因素

在红外光谱中，一般按摩尔吸收系数 ε 的大小来划分吸收峰的强弱等级，其具体划分如下：

ε	峰的强弱符级
$\varepsilon > 100\ \text{L}\cdot\text{cm}^{-1}\cdot\text{mol}^{-1}$	非常强峰（vs）
$20\ \text{L}\cdot\text{cm}^{-1}\cdot\text{mol}^{-1} < \varepsilon < 100\ \text{L}\cdot\text{cm}^{-1}\cdot\text{mol}^{-1}$	强峰（s）
$10\ \text{L}\cdot\text{cm}^{-1}\cdot\text{mol}^{-1} < \varepsilon < 20\ \text{L}\cdot\text{cm}^{-1}\cdot\text{mol}^{-1}$	中强峰（m）
$1\ \text{L}\cdot\text{cm}^{-1}\cdot\text{mol}^{-1} < \varepsilon < 10\ \text{L}\cdot\text{cm}^{-1}\cdot\text{mol}^{-1}$	弱峰（w）

振动能级的跃迁概率和振动过程中偶极矩的变化是影响谱峰强弱的两个主要因素。从基态向第一激发态跃迁时，跃迁概率大，因此，基频吸收带一般较强。从基态向第二激发态的跃迁，虽然偶极矩的变化较大，但能级的跃迁概率小，因此，相应的倍频吸收带较

弱。应该指出，基频振动过程中偶极矩的变化越大，其对应的峰强度也越大。很明显，如果化学键两端连接的原子的电负性相差越大，或分子的对称性越差，则伸缩振动时，其偶极矩的变化越大，产生的吸收峰也越强。例如，$\nu_c=O$ 的强度大于 $\nu_c=C$ 的强度。一般来说，反对称伸缩振动的强度大于对称伸缩振动的强度，伸缩振动的强度大于变形振动的强度。

12.3.3 基团频率和特征吸收峰

物质的红外光谱是其分子结构的反映，谱图中的吸收峰与分子中各基团的振动形式相对应。多原子分子的红外光谱与其结构的关系，一般是通过实验手段得到的。这就是通过比较大量已知化合物的红外光谱，从中总结出各种基团的吸收规律来。实验表明，组成分子的各种基团，如 O—H、N—H、C—H、C═C、C≡C、C═O 等，都有自己特定的红外吸收区域，分子其他部分对其吸收位置影响较小。通常把这种能代表基团存在、并有较高强度的吸收谱带称为基团频率，其所在的位置一般又称为特征吸收峰。按特征吸收峰吸收的特征，又可将之划分为官能团区和指纹区。

1. 官能团区和指纹区

红外光谱的整个范围可分成4000～1300 cm^{-1}与1300～600 cm^{-1}两个区域。

4000～1300 cm^{-1}区域的峰是由伸缩振动产生的吸收带。由于基团的特征吸收峰一般位于高频范围，并且在该区域内吸收峰比较稀疏，因此，它是基团鉴定工作中最有价值的区域，称为官能团区。

在1300～600 cm^{-1}区域中，除单键的伸缩振动外，还有因变形振动而产生的复杂光谱。当分子结构稍有不同时，该区的吸收就有细微的差异。这种情况就像每个人都有不同的指纹一样，因而称为指纹区。指纹区对于区别结构类似的化合物很有帮助。

指纹区又可分为1300～900 cm^{-1}和900～600 cm^{-1}两个波段。

1 300～900 cm^{-1}这一区域包括 C—O，C—N，C—F，C—P，C—S，P—O，Si—O 等键的伸缩振动和 C═S，S═O，P═O 等双键的伸缩振动吸收。

900～600 cm^{-1}这一区域的吸收峰是很有用的。例如，可以指示 $(—CH_2—)_n$ 的存在。实验证明，当 $n \geq 4$ 时，$—CH_2—$的平面摇摆振动吸收出现在722 cm^{-1}；随着 n 的减小，逐渐移向高波数。此区域内的吸收峰还可以为鉴别烯烃的取代程度和构型提供信息。例如，烯烃为 $RCH═CH_2$ 结构时，在990 cm^{-1}和910 cm^{-1}出现两个强峰；烯烃为 RCH═CRH 结构时，其顺、反异构分别在690 cm^{-1}和970 cm^{-1}出现吸收。此外，利用本区域中苯环的 C—H 面外变形振动吸收峰和2000～1667 cm^{-1}区域苯的倍频或组合频吸收峰，可以共同配合来确定苯环的取代类型。

2. 主要基团的特征吸收峰

在红外光谱中，每种红外活性的振动都相应产生一个吸收峰，所以情况十分复杂。例如，基团除在3700～3600 cm^{-1}有 O—H 的伸缩振动吸收外，还应在1450～1300 cm^{-1}和1160～1000 cm^{-1}分别有 O—H 的面内变形振动和 C—O 的伸缩振动。后面这两个峰的出现，能进一步证明基团的存在。因此，用红外光谱来确定化合物是否存在某种官能团时，首先应该注意在官能团它的特征峰是否存在，同时也应找到它们的相关峰作为旁证。这样，我们就有必要了解各类化合物的特征吸收峰。表12-1 列出了主要官能团的特征吸收峰的范围。

表 12-1 红外吸收光谱与有机化合物分子结构的关系

基 团	吸收波数/cm^{-1}	振动方式	吸收强度	说 明
—OH（游离）	3650～3580	伸缩	m，sh	判断有无醇类、酚类和有机酸的重要依据
—OH（缔合）	3400～3200	伸缩	s，b	判断有无醇类、酚类和有机酸的重要依据
$—NH_2$，—NH（游离）	3500～3300	伸缩	m	
$—NH_2$，—NH（缔合）	3400～3100	伸缩	s，b	
—SH	2600～2500	伸缩		
C—H 伸缩振动 不饱和 C—H				不饱和 C—H 伸缩振动在 3000 cm^{-1} 以上
≡C—H（三键）	3300 附近	伸缩	s	
═C—H（双键）	3040～3010	伸缩	s	末端═$C—H_2$ 出现在 3085 cm^{-1} 附近
苯环中 C—H	3030 附近	伸缩	s	强度上比饱和 C—H 稍弱，但谱带较尖锐
饱和 C—H				饱和 C—H 伸缩振动出现在 3000 cm^{-1}以下
$—CH_3$	2960 ± 10	反对称伸缩	s	(3000～2800 cm^{-1})，取代基影响小
$—CH_3$	2870 ± 10	对称伸缩	s	
$—CH_2—$	2925 ± 10	反对称伸缩	s	三元环中的 C—H 伸缩振动出现在 3050 cm^{-1}
$—CH_2—$	2850 ± 10		s	次甲基中的 C—H 出现在 2890 cm^{-1}，很弱
—C≡N	2260～2220	伸缩	s 针状	干扰少
—N≡N	2310～2135	伸缩	m	
—C≡C—	2260～2100	伸缩	v	R—C≡C—H，2140～2100 cm^{-1} R—C≡C—R′，2260～2100 cm^{-1}； 若 R = R′，对称分子，无红外光谱
—C═C═C—	1950	伸缩	v	
C═C	1680～1620	伸缩	m	
芳环中 C═C	1600，1580 1500，1450	伸缩	v	芳环的骨架振动
—C═O	1850～1600	伸缩	s	其他吸收带干扰少，是判断羰基（酮类，酸类，酯类，酸酐）的特征频率，位置变动大

续表

基团	吸收波数/cm^{-1}	振动方式	吸收强度	说明
$—NO_2$	1600～1500	反对称伸缩	s	
$—NO_2$	1300～1250	对称伸缩	s	
S═O	1220～1040	伸缩	s	
C—O	1300～1000	伸缩	s	C—O（酯、醚、醇类）的极性很强，故强度强。常成为谱图中最强的吸收
C—O—C	1150～900	伸缩	s	醚类中 C—O—C 的反对称伸缩产生 1100 ± 50 cm^{-1} 的峰是最强的吸收，C—O—C 的对称伸缩在 1000～900 cm^{-1}，较弱
$—CH_3$，$—CH_2—$	1460 ± 10	CH_3 反对称变形 CH_2 变形		大部分有机物都含 CH_3，CH_2，故此峰经常出现
$—CH_3$	1380～1370	对称变形	s	很少受取代基影响，且干扰少，是 CH_3 的特征吸收
$—NH_2$	1650～1560	变形	m～s	
C—F	1400～1000	伸缩	s	
C—Cl	800～600	伸缩	s	
C—Br	600～500	伸缩	s	
C—I	500～200	伸缩	s	
$═CH_2$	910～890	面外摇摆	s	
$—(CH_2)_n—$，$n>4$	720	面外摇摆	v	

注：s—强吸收，b—宽吸收带，m—中等强度吸收，w—弱吸收，sh—尖锐吸收峰，v—吸收强度可变。

12.3.4 红外光谱仪

1. 红外吸收光谱仪的类型

测定红外吸收的仪器有三种类型：① 光栅色散型红外分光光度计，主要用于定性分析；② 傅里叶变换红外光谱仪，适宜进行定性和定量分析测定；③ 非色散型光度计，用来定量测定大气中各种有机物质。

在 20 世纪 80 年代以前，广泛应用光栅色散型红外分光光度计。随着傅里叶变换技术引入红外光谱仪，使其具有分析速度快、分辨率高、灵敏度高以及很好的波长精度等优点，但它因为价格、仪器的体积及常常需要进行机械调节等问题而在应用上受到一定程度的限制。近年来，傅里叶变换光谱仪器体积减小，操作稳定、易行，一台简易傅里叶红外光谱仪的价格与一般色散型的红外光谱仪相当。由于上述种种原因，目前傅里叶红外光谱仪已在很大程度上取代了色散型光谱仪。

1）色散型红外分光光度计

色散型红外分光光度计和紫外-可见分光光度计相似，也是由光源、单色器、样品室、检测器和记录仪等组成，其原理如图 12-7 所示。

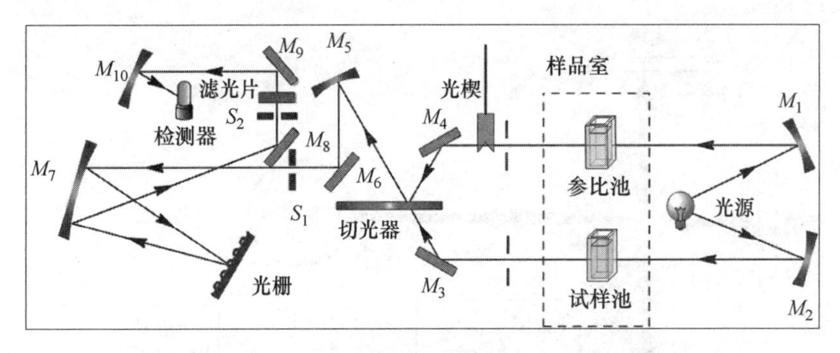

图 12-7　色散型红外分光光度计工作原理图

由于红外光谱非常复杂，故大多数色散型红外分光光度计一般都是采用双光束，这样可以消除 CO_2 和 H_2O 等大气气体引起的背景吸收。自光源发出的光对称地分为两束，一束为试样光束，透过试样池；另一束为参比光束，透过参比池后通过减光器。两光束再经半圆扇形镜调制后进入单色器，交替落到检测器上。在光学零位系统里，只要两光的强度不等，就会在检测器上产生与光强差呈正比的交流信号电压。由于红外光源的低强度以及红外检测器的低灵敏度，以至需要用信号放大器。

一般来说，色散型红外分光光度计的光学设计与双光束紫外-可见分光光度计没有很大的区别。除了对每一个组成部分来说，色散型红外分光光度计的结构、所用材料及性能等与紫外-可见分光光度计不同外，它们最基本的一个区别是：前者的参比池和试样池总是放在光源和单色器之间，后者则是放在单色器的后面。试样被置于单色器之前，一来是因为红外辐射没有足够的能量引起试样的光化学分解，二来是可使抵达检测器的杂散辐射量（来自试样和吸收池）减至最小。

2）傅里叶变换红外光谱仪

傅里叶变换红外光谱仪（fourier transform infrared spectrometer，FTIR）是 20 世纪 70 年代问世的，被称为第三代红外光谱仪。傅里叶变换红外光谱仪由红外光源、干涉计（迈克尔逊干涉仪）、试样插入装置、检测器、计算机和记录仪等部分构成，如图 12-8 所示。其光源为硅碳棒和高压汞灯，与色散型红外分光光度计所用的光源是相同的。检测器为 TGS 和 PbSe。迈克尔逊干涉仪按其动镜移动速度不同，可分为快扫描型和慢扫描型。慢扫描型迈克尔逊干涉仪主要用于高分辨光谱的测定，一般的傅里叶红外光谱仪均采用快扫描型的迈克尔逊干涉仪。计算机的主要作用是：控制仪器操作；从检测器截取干涉谱数据；累加平均扫描信号；对干涉谱进行相位校正和傅里叶变换计算；处理光谱数据；等等。

傅里叶变换红外光谱仪有如下优点。

（1）辐射通量大。在同样分辨率的情况下，其辐射通量比色散型仪器大得多，从而使检测器接受到的信号和信噪比增大，因此有很高的灵敏度，检测限可达 10^{-9}～10^{-2}g。

（2）波数准确度高。傅里叶变换红外光谱仪在测定光谱上比色散型仪器测定的波数更为准确，波数精度可达 0.01 cm^{-1}。

（3）杂散光低。在整个光谱范围内，杂散光低于 0.3%。

(4) 可研究很宽的光谱范围。一般的色散型红外分光光度计测定的波长范围为 4 000～400 cm^{-1}，而傅里叶变换红外光谱仪可以研究的范围包括了中红外和远红外光区，即 10 000～10 cm^{-1}。这对测定无机化合物和金属有机化合物是十分有利的。

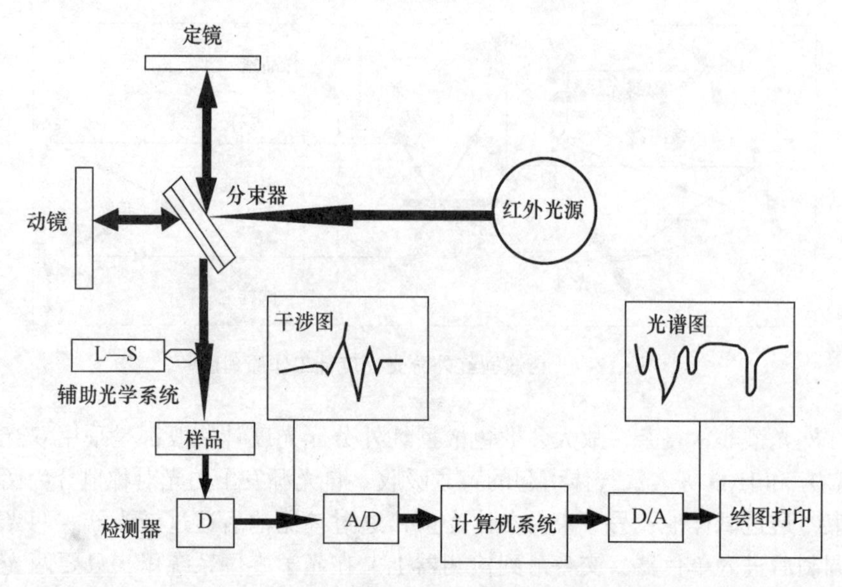

图 12-8 傅里叶变换红外光谱仪的工作示意图

(5) 具有高的分辨能力。一般色散型仪器的分辨能力为 1～0.2 cm^{-1}，而傅里叶变换红外光谱仪一般就能达到 0.1 cm^{-1}，甚至可达 0.0 05 cm^{-1}。因此傅里叶变换红外光谱仪可以用来研究因振动和转动吸收带重叠而导致的气体混合物的复杂光谱。

此外，傅里叶变换红外光谱仪还适于微少试样的研究。它是近代化学研究不可缺少的基本设备之一。

3) 非色散型红外光度计

非色散型红外光度计是用滤光片（或者滤光片）代替色散元件，甚至不用波长选择设备（非滤光型）的一类简易式红外流程分析仪。由于非色散型仪器结构简单，价格低廉，故尽管它们仅局限于气体或液体分析，却仍然是一种最通用的分析仪器。滤光型红外光度计主要用于大气中各种有机物质的分析，如卤代烃、光气、氢氰酸、丙烯腈等的定量分析。非滤光型的光度计用于单一组分的气流监测，如气体混合物中的一氧化碳监测，以及在工业上用于连续分析气体试样中的杂质监测。显然，这些仪器主要适用于其他组分在被测组分吸收带的波长范围以内没有吸收或仅有微弱吸收时的连续测定。

2. 红外光源和检测器

对测定红外吸收光谱的仪器，都需要能发射连续红外辐射的光源和灵敏的红外检测器。

1) 光源

红外光源是通过加热一种惰性固体而产生辐射。炽热固体的温度一般为 1500～2200 K，最大辐射强度在 5000～5900 cm^{-1}。目前在中红外区较实用的红外光源主要有硅碳棒和能斯特灯。

2) 检测器

红外光区的检测器一般有两种类型：热检测器和光导电检测器。红外光谱仪中常用的热检测器有热电偶、辐射热测量计、热电检测器等。热电偶和辐射热测量计主要用于色散型分光光度计中，而热电检测器主要用于中红外傅里叶变换光谱仪中。

12.3.5　红外吸收光谱法的应用

红外光谱在化学领域中的应用是多方面的。它不仅用于结构的基础研究，如确定分子的空间构型，求出化学键的力常数、键长和键角等，而且广泛地用于化合物的定性、定量分析和化学反应的机理研究等。但是红外光谱应用最广的还是未知化合物的结构鉴定。

1. 定性分析

1）已知物及其纯度的定性鉴定

此项工作比较简单。通常在得到试样的红外谱图后，与纯物质的谱图进行对照，如果两张谱图各吸收峰的位置和形状完全相同，峰的相对强度一样，就可认为试样是该种已知物。相反，如果两谱图面貌不一样，或者峰位不对，则说明两者不为同一物，或试样中含有杂质。

2）未知物结构的确定

确定未知物的结构，是红外光谱法定性分析的一个重要用途。它涉及图谱的解析，下面简单予以介绍。

（1）收集试样的有关资料和数据。在解析图谱前，必须对试样有透彻的了解，如试样的纯度、外观、来源，试样的元素分析结果及其他物理性质（相对分子质量、沸点、熔点等），这样可以大大节省解析图谱的时间。

（2）确定未知物的不饱和度。

（3）图谱解析。一般来说，首先在“官能团区”（4000～1300 cm^{-1}）搜寻官能团的特征伸缩振动，再根据“指纹区”的吸收情况，进一步确认该基团的存在以及与其他基团的结合方式。例如，当试样光谱在 1720 cm^{-1}附近出现强的吸收时，显然表示羰基官能团（C═O）的存在。羰基的存在可以认为是由下面任何一类化合物质引起的：酮、醛、酯、内酯、酸酐、羧酸等。为了区分这些类别，应找出其相关峰作为佐证。若化合物是醛，就应该在 2700 cm^{-1}和 2800 cm^{-1}出现两个特征性很强的 ν(C—H) 吸收带；酯应在 1200 cm^{-1}出现酯的特征带 ν(C—O)；内酯在羰基伸缩区出现复杂带型，通常是双键；在酸酐分子中，由于两个羰基振动的偶合，在 1860～1800 cm^{-1}和 1800～1750 cm^{-1}区出现两个吸收峰；羧酸在 3000 cm^{-1}附近出现宽 ν(O—H) 的吸收带；在以上都不适合的情况下，化合物便是酮。此外，应继续寻找吸收峰，以便发现它邻近的连接情况。

3）几种标准图谱集

进行定性分析时，对于能获得相应纯品的化合物，一般通过图谱对照即可。对于没有已知纯品的化合物，则需要与标准图谱进行对照。应该注意的是，测定未知物所使用的仪器类型及制样方法等应与标准图谱一致。最常见的标准图谱有如下几种。

（1）萨特勒（Sadtler）标准红外光谱集。它是由美国 Sadtler research laborationies 编辑出版的。“萨特勒”收集的图谱最多，至 1974 年为止，已收集 47 000 张（棱镜）图谱。另外，它有各种索引，使用甚为方便。从 1980 年开始已可以获得萨特勒图谱集的软件资料，现在已超过 130 000 张图谱。它们包括 9200 张气态光谱图，59 000 张纯化合物凝聚相光谱和 53 000张产品的光谱，如单体、聚合物、表面活性剂、黏接剂、无机化合物、塑料、药物等。

（2）分子光谱文献“DMS”（documentation of molecular spectroscopy）穿孔卡片。它由

英国和西德联合编制。卡片有三种类型：桃红卡片为有机化合物；淡蓝色卡片为无机化合物；淡黄色卡片为文献卡片。卡片正面是化合物的许多重要数据，反面则是红外光谱图。

（3）“API”红外光谱资料。它由美国石油研究所（API）编制。该图谱集主要是烃类化合物的光谱。由于它收集的图谱较单一，数目不多（至1971年共收集图谱3 604张），又配有专门的索引，故查阅也很方便。

事实上，现在许多红外光谱仪都配有计算机检索系统，可从储存的红外光谱数据中鉴定未知化合物。

2. 定量分析

由于红外光谱的谱带较多，选择余地大，所以能较方便地对单组分或多组分进行定量分析。用色散型红外分光光度计进行定量分析时，灵敏度较低，尚不适于微量组分的测定。而用傅里叶变换红外光谱仪进行定量分析测定时，精密度和准确度明显优于色散型红外分光光度计。红外光谱法定量分析的依据与紫外-可见分子光谱法一样，也是基于朗伯-比尔定律。但由于红外吸收谱带较窄，加上色散型仪器光源强度较低，以及因检测器的灵敏度低，需用宽的单色器狭缝宽度，造成使用的带宽常常与吸收峰的宽度在同一个数量级，从而出现吸收光度与浓度间的非线性关系，即偏离朗伯-比尔定律。

红外光谱法能定量测定气体、液体和固体试样。在测定固体试样时，常常遇到光程长度不能准确测量的问题，因此在红外光谱定量分析中，除采用紫外-可见分子光谱法中常采用的方法外，还采用其他一些定量分析方法。

12.4 色谱分析法

12.4.1 概述

1. 色谱法

色谱法早在20世纪初就由俄国科学家建立，并用来分离植物色素。后来色谱法不仅用于分离有色物质，还用来分离无色物质，并出现了各种类型的色谱法。许多气体、液体和固体样品都能找到合适的色谱法进行分离和分析。目前色谱法已广泛应用于许多领域，成为十分重要的分离分析手段。

各种色谱法共同的特点是具备两个相：有一相不动，称为固定相；另一相携带样品移动，称为流动相。当流动相中样品混合物经过固定相时，就会与固定相发生作用。由于各组分在性质和结构上有差异，故与固定相相互作用的类型、强弱就会有差异，因此在同一推动力下，不同组分在固定相滞留时间长短不同，从而按先后不同的次序从固定相中流出。

现以填充柱内进行的吸附色谱为例来说明色谱分离过程。色谱柱内有紧密而均匀的固定相，流动相则连续不断地流经其间。将样品一次性注入色谱柱后，各组分就被固定相所吸附，流动相不断地流入色谱柱。当流动相流过组分时，已被吸附在固定相上的样品分子又溶解于流动相（此过程称为解吸）而随流动相向前移动，已解吸的组分遇到新的吸附剂颗粒，又再次被吸附。如此在色谱柱内不断地发生吸附、解吸、再吸附、再解吸的过程。不同组分其分子结构不同，在固定相上的吸附力也不同，故而随流动相向前移动的速度也就不同，以致最后从色谱柱内流出的时间不同。分别用容器盛接不同时间段的流动相，就达到了分离的目的。各组分间的性质差异即使很小，通过改进措施，如加长色谱柱，也可将它们分离。

2. 色谱法分类

1）按两相状态分类

流动相为气体的色谱法称为“气相色谱法”（GC），其中固定相是固体吸附剂的称为气固色谱（GSC），固定相为液体的称为气液色谱（GLC）。流动相为液体的色谱法称为“液相色谱法”（LC），同上，液相色谱法也可分成液固色谱（LSC）和液液色谱（LLC）。

2）按分离机理分类

根据组分与固定相的作用，色谱法可分为吸附色谱法、分配色谱法、离子交换色谱法、凝胶色谱法等。

3）按固定相的外型分类

固定相装在柱内的色谱法称为柱色谱。固定相呈平板状的色谱法称为平板色谱。平板色谱又可分为薄层色谱和纸色谱。

3. 色谱法的特点

1）分离效能高

色谱法可以反复多次地利用各组分性质上的差异来进行分离，使得这种差异放大很多倍，因此分离效能比一般方法高很多。

2）灵敏度高

色谱法检测 $10^{-11} \sim 10^{-13}$ g 的物质，适于作痕量分析。色谱分析需要的样品量极少，一般只需微克或纳克。

3）分析速度快

色谱法一般只需几分钟或几十分钟就可完成一个分析周期，一次分析可同时测定多种组分。

4）应用范围广

色谱法可分析气体、液体和固体物质，几乎可以分析所有的化学物质。

4. 色谱流出曲线和有关术语

1）色谱流出曲线和色谱峰

由检测器输出的电信号强度对时间作图，所得曲线称为色谱流出曲线。曲线上突起部分就是色谱峰，如图 12-9 所示。

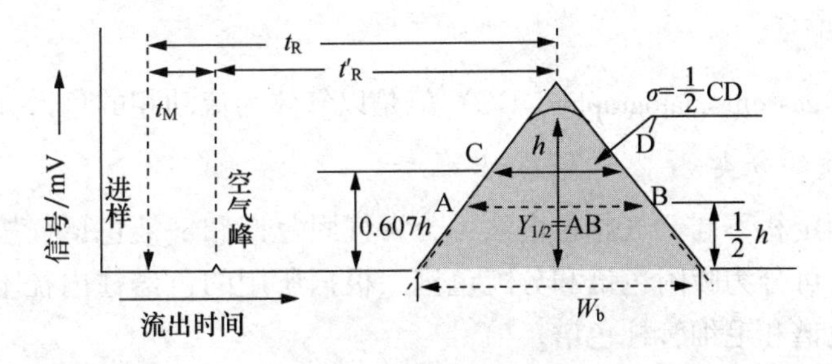

图 12-9　色谱流出曲线

如果进样量很小，浓度很低，则吸附或分配符合等温线，色谱峰是对称的。

2）基线

在相同操作条件下，色谱柱后仅有纯流动相进入检测器时的流出曲线称为基线。稳定的基线应该是一条水平线。

3）峰高

色谱峰顶点与基线之间的垂直距离为峰高，以 h 表示。

4）保留值

(1) 死时间 t_0。不被固定相吸附或溶解的物质进入色谱柱时，从进样到出现峰极大所需的时间称为死时间，它正比于色谱柱的空隙体积。这种物质的流动速度与流动相相近。

(2) 保留时间 t_r。试样从进样到出现峰极大时所经过的时间，称为保留时间。

(3) 调整保留时间他 t_r'。保留时间扣除死时间，即为该组分的调整保留时间。即

$$t_r' = t_r - t_0 \tag{12-3}$$

由于组分在色谱柱中的保留时间 t_r 包含了组分随流动相通过柱子所需的时间和组分在固定相中滞留所需的时间，所以 t_r 是组分在固定相中停留的总时间。

保留时间是色谱法定性的基本依据，但保留时间常受到流动相流速的影响，因此，实际中更常用保留体积来表示保留值。

(4) 死体积 V_0。色谱柱填充后，柱内固定相颗粒间所剩余的空间、色谱仪中管路和连接头之间的空间以及检测器的空间三项的总和即为死体积。当后两项很小可忽略不计时，死体积可用死时间和色谱柱出口处载气流速 F 计算，即

$$V_0 = t_0 F \tag{12-4}$$

(5) 保留体积 V_r。从进样开始到被测组分在柱后出现浓度极大点时所通过的流动相的体积，称为保留体积。保留体积与保留时间有如下关系：

$$V_r = t_r F \tag{12-5}$$

(6) 区域宽度。色谱峰的区域宽度是色谱流出曲线的重要参数之一，其表示方法有三种。

① 标准偏差 σ。即 0.607 倍峰高处谱峰宽的一半。

② 半峰宽 $W_{1/2}$。为峰高一半处的峰宽，有

$$W_{1/2} = 2.354\sigma \tag{12-6}$$

③ 峰底宽度 W。为色谱峰两侧底部的宽度，有

$$W = 4\sigma \tag{12-7}$$

12.4.2 气相色谱

气相色谱法（gas chromatography，GC）就是以气体为流动相的色谱分析法。

1. 气相色谱法的分类

根据所用的固定相不同，气相色谱法可分为气固色谱和气液色谱。按色谱分离的原理不同，气相色谱法可分为吸附色谱和分配色谱。根据所用的色谱柱内径不同，气相色谱法又可分为填充柱色谱和毛细管柱色谱。

2. 气相色谱法的特点

气相色谱法具有分离效能高、灵敏度高、选择性好、分析速度快、用样量少等特点，还可制备高纯物质。在仪器允许的气化条件下，凡是能够气化且稳定、不具腐蚀性的液体

或气体，都可用气相色谱法分析。有的化合物沸点过高难以气化或热不稳定而分解，则可通过化学衍生化的方法，使其转变成易气化或热稳定的物质后再进行分析。

3. 气相色谱仪主要组成部件及分析流程

一般气相色谱仪由以下五个部分组成，如图 12-10 所示。

（1）气路系统：气源、气体净化、气体流量控制和测量装置。

（2）进样系统：进样器、气化室和控温装置。

（3）分离系统：色谱柱、柱箱和控温装置。

（4）检测系统：检测器和控温装置。

（5）记录系统：记录仪或数据处理装置。

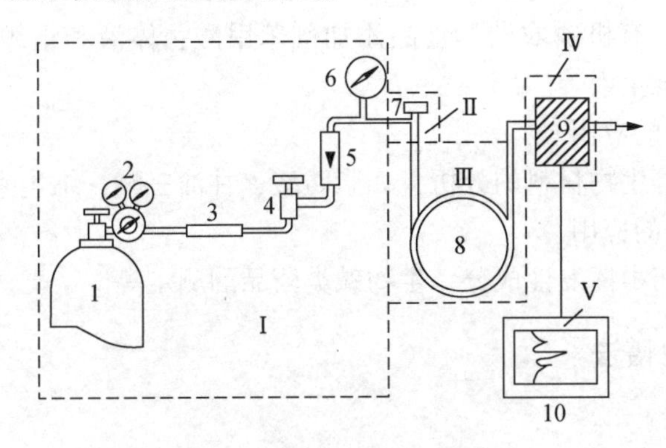

图 12-10　气相色谱仪基本设备示意图

1—高压瓶；2—减压阀；3—净化器；4—气流调节阀；5—转子流量计

6—压力表；7—进样器；8—色谱柱；9—检测器；10—记录仪

载气（常用 N_2 和 H_2、Ar）由高压钢瓶供给，经减压、净化、调节和控制流量后进入色谱柱。待基线稳定后，即可进样。样品经气化室气化后被载气带入色谱柱，在柱内被分离。分离后的组分依次从色谱柱中流出，进入检测器，检测器将各组分的浓度或质量的变化转变成电信号（电压或电流）。经放大器放大后，由记录仪或微处理机记录电信号-时间曲线，即浓度（或质量）时间曲线，也即色谱图。根据色谱图，可对样品中待测组分进行定性和定量分析。

由此可知，色谱柱和检测器是气相色谱仪的两个关键部件。

4. 气相色谱检测器

待测组分经色谱柱分离后，通过检测器将各组分的浓度或质量转变成相应的电信号，经放大器放大后，由记录仪或微处理机得到色谱图，并根据色谱图对待测组分进行定性和定量分析。气相色谱检测器根据其测定范围可分为以下两类：

（1）通用型检测器。对绝大多数物质有响应。

（2）选择型检测器。只对某些物质有响应，对其他物质无响应或很小。

根据输出信号与组分含量间的关系不同，气相色谱检测器又可分为以下两类：

（1）浓度型检测器。测量载气中组分浓度的瞬间变化，检测器的响应值与组分在载气中的浓度成正比，与单位时间内组分进入检测器的质量无关。

（2）质量型检测器。测量载气中某组分进入检测器的质量流速变化，即检测器的响应值与单位时间内进入检测器某组分的质量成正比。

目前已有几十种检测器，其中最常用的是热导池检测器、电子捕获检测器（浓度型）、火焰离子化检测器、火焰光度检测器（质量型）和氮磷检测器等。

5. 气相色谱法的应用

只要在气相色谱仪允许的条件下可以气化而不分解的物质，都可以用气相色谱法测定。对部分热不稳定物质，或难以气化的物质，通过化学衍生化的方法，仍可用气相色谱法分析。

在石油化工、医药卫生、环境监测、生物化学等领域，气相色谱法都得到了广泛的应用。

1）在卫生检验中的应用

检测空气、水中污染物，如挥发性有机物、多环芳烃［苯、甲苯、苯并（a）比等］；农作物中残留有机氯、有机磷农药；食品添加剂苯甲酸；体液和组织等生物材料的分析，如氨基酸、脂肪酸、维生素等。

2）在医学检验中的应用

检测体液和组织等生物材料的分析，如脂肪酸、甘油三酯、维生素、糖类等。

3）在药物分析中的应用

抗癫痫药、中成药中挥发性成分、生物碱类药品的测定等。

12.4.3 高效液相色谱法

1. 概述

高效液相色谱法（high performanc liquid chromatography，HPLC）是在经典液相色谱法基础上发展起来的一种新型分离、分析技术。经典液相色谱法由于使用粗颗粒的固定相，填充不均匀，依靠重力使流动相流动，因此分析速度慢，分离效率低。随着新型高效的固定相、高压输液泵、梯度洗脱技术以及各种高灵敏度检测器的相继发明，高效液相色谱法迅速发展起来。

高效液相色谱法与经典液相色谱法相比较，具有下列主要特点：

（1）高效。由于使用了细颗粒、高效率的固定相和均匀填充技术，高效液相色谱法分离效率极高，柱效一般可达每米10^4理论塔板。近几年来出现的微型填充柱（内径1 mm）和毛细管液相色谱柱（内径0.05 μm），理论塔板数超过每米10^5，能实现高效的分离。

（2）高速。由于使用高压泵输送流动相，采用梯度洗脱装置，用检测器在柱后直接检测洗脱组分等，HPLC完成一次分离分析一般只需几分钟到几十分钟，比经典液相色谱快得多。

（3）高灵敏度。紫外、荧光、电化学、质谱等高灵敏度检测器的使用，使HPLC的最小检测量可达10^{-9}～10^{-11}g。

（4）高度自动化。计算机的应用，使HPLC不仅能自动处理数据、绘图和打印分析结果，而且还可以自动控制色谱条件，使色谱系统自始至终都在最佳状态下工作，成为全自动化的仪器。

（5）应用范围广（与气相色谱法相比）。HPLC可用于高沸点、相对分子质量大、热稳定性差的有机化合物及各种离子的分离分析，如氨基酸、蛋白质、生物碱、核酸、甾体、维生素、抗生素等。

（6）流动相可选择范围广。HPLC可用多种溶剂作流动相，并通过改变流动相组成来改善分离效果，因此对于性质和结构类似的物质分离的可能性比气相色谱法更大。

(7) 馏分容易收集，更有利于制备。

2. 高效液相色谱仪

高效液相色谱仪主要有分析型、制备型和专用型三类。它一般由五个部分组成：高压输液系统、进样系统、分离系统、检测系统、数据处理系统，如图 12-11 所示。

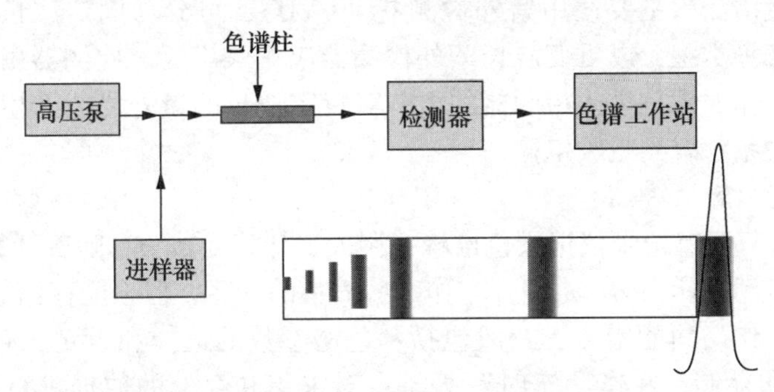

图 12-11　高效液相色谱仪的结构示意图

1) 高压输液系统

高压输液系统由贮液罐、脱气装置、高压输液泵、过滤器、梯度洗脱装置等组成。

(1) 贮液罐。贮液罐用于存放溶剂。溶剂必须很纯，贮液罐材料要耐腐蚀，对溶剂呈惰性。贮液罐应配有溶剂过滤器，以防止流动相中的颗粒进入泵内。溶剂过滤器一般用耐腐蚀的镍合金制成，空隙大小一般为 2 μm。

(2) 脱气装置。脱气的目的是为了防止流动相从高压柱内流出时，释放出气泡进入检测器而使噪声剧增，甚至不能正常检测。

(3) 高压输液泵。高压输液泵是高效液相色谱仪的重要部件，是驱动溶剂和样品通过色谱柱和检测系统的高压源，其性能好坏直接影响分析结果的可靠性。

对高压泵的基本要求是：流量稳定；输出压力高，最高输出压力为 50 MPa；流量范围宽，可在 0.01～10 mL · min^{-1}范围任选；耐酸、碱、缓冲液腐蚀；压力波动小。

(4) 梯度洗脱装置。梯度洗脱是利用两种或两种以上的溶剂，按照一定时间程序连续或阶段地改变配比浓度，以达到改变流动相极性、离子强度或 pH，从而提高洗脱能力、改善分离的一种有效方法。当一个样品混合物的容量因子范围很宽，用等度洗脱时间太长，且后出的峰形扁平不便检测时，可用梯度洗脱来改善峰形，并缩短分离时间。HPLC 的梯度洗脱与 GC 的程序升温相似，可以缩短分析时间，提高分离效果，使所有的峰都处于最佳分离状态，而且峰形尖而窄。

2) 进样系统

进样器一般要求密封性好，死体积小，重复性好，保证中心进样，且进样时对色谱系统的压力和流量波动小，并便于实现自动化。高压进样阀是目前广泛采用的一种方式。阀的种类很多，有六通阀、四通阀，双路阀等，其中以六通进样阀最为常用。

3) 分离系统

色谱分离系统包括色谱柱、固定相和流动相，其中色谱柱是其核心部分。色谱柱应具备耐高压、耐腐蚀、抗氧化、密封不漏液和柱内死体积小、柱效高、柱容量大、分析速度快、柱寿命长的要求，通常采用优质不锈钢管制成。色谱柱按内径不同可分为常规柱、快速柱和微量柱三类。

常规分析柱柱长一般为10～25 cm，内径4～5 mm，固定相颗粒直径为5～10 μm。为了保护分析柱不受污染，一般在分析柱前加一短柱，约数厘米长，称为保护柱。微量分析柱内径小于1 mm，凝胶色谱柱内径3～12 mm，制备柱内径较大，可达25 mm以上。

4）检测系统

在高效液相色谱法中主要使用紫外检测器（UVD），可分为固定波长、可变波长和二极管阵列检测器三种类型，以可变波长紫外检测器应用最广泛。检测器由光源、流通池和记录器组成，其工作原理是进入检测器的组分对特定波长的紫外光能产生选择性吸收，其吸收度与浓度的关系符合光吸收定律。

5）数据处理系统

早期的HPLC只配有记录仪记录色谱峰，用人工计算A或H。随着计算机技术的发展，简单的积分仪可自动打印出H、A和t_R，作一些简单的计算，但不能存储数据。

现在的色谱工作站功能增多，一般包括：色谱参数的选择和设定；自动化操作仪器；色谱数据的采集和存储，并作“实时”处理；对采集和存储的数据进行后处理；自动打印，给出一套完整的色谱分析数据和图谱；同时也可把一些常用色谱参数、操作程序及各种定量计算方法存入存储器中，需用时调出直接使用。

3. 高效液相色谱法的应用

高效液相色谱法的应用远远广于气相色谱法。它广泛应用于合成化学、石油化学、生命科学、临床化学、药物研究、环境监测、食品检验及法学检验等领域。

1）高效液相色谱法的应用范围

高效液相色谱法适于分析高沸点不易挥发的、受热不稳定易分解的、分子量大、不同极性的有机化合物，生物活性物质和多种天然产物，合成的和天然的高分子化合物等。它们涉及石油化工产品、食品、合成药物、生物化工产品及环境污染物等，约占全部有机化合物的80%。其余20%的有机化合物，包括永久性气体、易挥发低沸点及中等分子量的化合物只能用气相色谱法进行分析。

2）高效液相色谱法的应用局限性

(1) 在高效液相色谱法中使用多种溶剂作为流动相，故进行分析时所需成本高于气相色谱法，且易引起环境污染。此外，当进行梯度洗脱操作时，HPLC比气相色谱法的程序升温操作复杂。

(2) 高效液相色谱法中缺少如气相色谱法中使用的通用型检测器（如热导检测器和氢火焰离子化检测器）。近年来蒸发激光散射检测器的应用日益增多，有望发展成为高效液相色谱法的一种通用型检测器。

(3) 高效液相色谱法不能替代气相色谱法，去完成要求柱效高达10万块理论塔板数以上，必须用毛细管气相色谱法分析组成复杂的具有多种沸程的石油产品。

(4) 高效液相色谱法也不能代替中、低压柱色谱法，在200 kPa～1 MPa柱压下去分析受压易分解、变性的具有生物活性的生化样品。

12.5 核磁共振波谱法和质谱

12.5.1 核磁共振波谱法

将自旋核放入磁场后，用适宜频率的电磁波照射，它们吸收能量，发生原子核能级的跃迁，同时产生核磁共振信号，得到核磁共振谱。这种方法称为核磁共振波谱法（nuclear magnetic resonance spectroscopy，NMR）。在有机化合物中，经常研究的是^{1}H 核和^{13}C 核的共振吸收谱。本章将主要介绍^{1}H 核磁共振谱。

核磁共振波谱法是结构分析的重要根据之一，在化学、生物、医学、临床等研究工作中得到了广泛的应用。用核磁共振波谱法分析测定时，样品不会受到破坏，属于无破坏分析方法。

1. 基本原理

1）核的自旋运动

有自旋现象的原子核，应具有自旋角动量（P）。由于原子核是带正电粒子，故在自旋时产生磁矩μ。磁矩的方向可用右手法则确定。磁矩μ和角动量P都是矢量，方向相互平行，且磁矩随角动量的增加成正比地增加。

$$\mu = \gamma \cdot P \tag{12-8}$$

式中，γ为磁旋比。不同的核具有不同的磁旋比。

核的自旋角动量是量子化的，可用自旋量子数I表示。P的数值与I的关系如下。

$$P = \sqrt{I(I+1)} \cdot \frac{h}{2\pi} \tag{12-9}$$

I可以为$0, \frac{1}{2}, 1, 1\frac{1}{2}$，……等值。很明显，当$I=0$时，$P=0$，即原子核没有自旋现象。只有当$I>0$时，原子核才有自旋角动量和自旋现象。

实验证明，自旋量子数I与原子的质量数（A）及原子序数（Z）有关，参见表12-2。从表12-2中可以看出，质量数和原子序数均为偶数的核，自旋量子数$I=0$，即没有自旋现象。当自旋量子数$I=\frac{1}{2}$时，核电荷呈球形分布于核表面，它们的核磁共振现象较为简单，是目前研究的主要对象。属于这一类的主要原子核有$^{1}_{1}$H、$^{13}_{6}$C、$^{15}_{7}$N、$^{19}_{9}$F、$^{31}_{15}$P。其中研究最多、应用最广的是^{1}H 核和^{13}C 核磁共振谱。

表12-2　自旋量子数与原子的质量数及原子序数的关系

质量数 A	原子序数 Z	自旋量子数 I	自旋核电荷分布	NMR 信号	原子核
偶数	偶数	0	—	无	$^{12}_{6}$C，$^{16}_{8}$O，$^{32}_{16}$S，
奇数	奇或偶数	$\frac{1}{2}$	呈球形	有	$^{1}_{1}$H，$^{13}_{6}$C，$^{19}_{9}$F，$^{15}_{7}$N，$^{31}_{15}$P
奇数	奇或偶数	$\frac{3}{2}$，$\frac{5}{2}$，…	扁平椭圆形	有	$^{17}_{8}$O，$^{32}_{16}$S
偶数	奇数	1，2，3	伸长椭圆形	有	$^{1}_{1}$H，$^{14}_{7}$N

2）自旋核在磁场中的行为

若将自旋核放入场强为H_0的磁场中，由于磁矩与磁场相互作用，核磁矩相对外加磁场有不同的取向。按照量子力学原理，它们在外磁场方向的投影是量子化的，可用磁量子数m描述。m可取下列数值：

$$m = I, I-1, I-2, \cdots\cdots, -I$$

可见，自旋量子为I的核在外磁场中可有（$2I+1$）个取向，每种取向各对应一定的能量。对于具有自旋量子数 I 和磁量子数 m 的核，量子能级的能量可用下式确定。

$$E = -\frac{m\mu}{I}\beta H_0 \tag{12-10}$$

式中，H_0 是以 T 为单位的外加磁场强度；β 是一个常数，称为核磁子，等于 $5.049 \times 10^{-27}\,\mathrm{J \cdot T^{-1}}$；$\mu$ 是以核磁子单位表示的核的磁矩，质子的磁矩为 2.7927β。

^{1}H 在外加磁场中只有 $m = +\frac{1}{2}$ 及 $m = -\frac{1}{2}$ 两种取向，这两种状态的能量分别为：

当 $m = +\frac{1}{2}$，　$E_{+\frac{1}{2}} = -\frac{m\mu}{I}\beta H_0 = -\frac{\frac{1}{2}(\mu\beta H_0)}{1/2} = -\mu\beta H_0$；

当 $m = -\frac{1}{2}$，　$E_{-\frac{1}{2}} = -\frac{m\mu}{I}\beta H_0 = -\frac{\left(-\frac{1}{2}\right)(\mu\beta H_0)}{1/2} = +\mu\beta H_0$

对于低能态（$m = +\frac{1}{2}$），核磁矩与外磁场同向；对于高能态（$m = -\frac{1}{2}$），核磁矩与外磁场反向，其高低能态的能量差应由下式确定：

$$\Delta E = E_{-1/2} - E_{+1/2} = 2\mu\beta H_0 \tag{12-11}$$

一般来说，自旋量子数 I 的核，其相邻两能级之差为：

$$\Delta E = \mu\beta\frac{H_0}{I} \tag{12-12}$$

3）核磁共振

如果以射频照射处于外磁场 H_0 中的核，且射频频率 ν 恰好满足下列关系时：

$$h\nu = \Delta E \quad 或 \quad \nu = \mu\beta\frac{H_0}{Ih} \tag{12-13}$$

处于低能态的核将吸收射频能量而跃迁至高能态。这种现象称为核磁共振现象。

由式（12-13）可知以下几点。

（1）对自旋量子数 $I = \frac{1}{2}$ 的同一核来说，因磁矩 μ 为一定值，β 和 h 又为常数，所以发生共振时，照射频率 ν 的大小取决于外磁场强度 H_0 的大小。在外磁场强度增加时，为使核发生共振，照射频率也应相应增加；反之，则减小。例如，若将^{1}H 核放在磁场强度为 1.4092 T 的磁场中，则发生核磁共振时的照射频率必须为：

$$\nu_{共振} = \left(\frac{2.79 \times 5.05 \times 10^{-27} \times 1.4092}{\frac{1}{2} \times 6.6 \times 10^{-34}}\right)\mathrm{Hz} \approx 60 \times 10^6\ \mathrm{Hz}$$

$$= 60\ \mathrm{MHz}$$

如果将^{1}H 核放入场强为 4.69 T 的磁场中，则可知共振频率 $\nu_{共振}$ 应为 200 MHz。

（2）对 $I = \frac{1}{2}$ 的不同核来说，若同时放入一固定磁场强度的磁场中，则共振频率 $\nu_{共振}$ 取决于核本身的磁矩的大小。μ 大的核，发生共振时所需的照射频率也大；反之，则小。例如，^{1}H 核、^{19}F 核和^{13}C 核的磁矩分别为 2.79、2.63、0.70 核磁子，在场强为 1 T 的磁场中，其共振时的频率分别为 42.6 MHz、40.1 MHz、10.7 MHz。

（3）同理，若固定照射频率，改变磁场强度，对不同的核来说，磁矩大的核，共振所需磁场强度将小于磁矩小的核。例如，$\mu_H > \mu_F$，则 $H_H < H_F$。表 12-3 列出了常见核的某些物理数据。

表 12-3　几种原子核的某些物理数据

核	自然界丰度/(%)	4.69 T 磁场中 NMR 频率/MHz	磁矩（核磁子）	自旋（I）	相对灵敏度
^{1}H	99.98	200.00	2.7927	1/2	1.000
^{13}C	1.11	50.30	0.7021	1/2	0.016
^{19}F	100	188.25	2.6273	1/2	0.83
^{31}P	100	81.05	1.1305	1/2	0.066

2. 核磁共振波谱仪

按工作方式，可将高分辨率核磁共振谱仪分为两种类型：连续波核磁共振谱仪和脉冲傅里叶核磁共振谱仪。

1）连续波核磁共振谱仪

图 12-12 是连续波核磁共振谱仪的示意图。它主要由下列主要部件组成：磁铁，探头，射频和音频发射单元，频率和磁场扫描单元，信号放大、接受和显示单元。后三个部件装在波谱仪内。

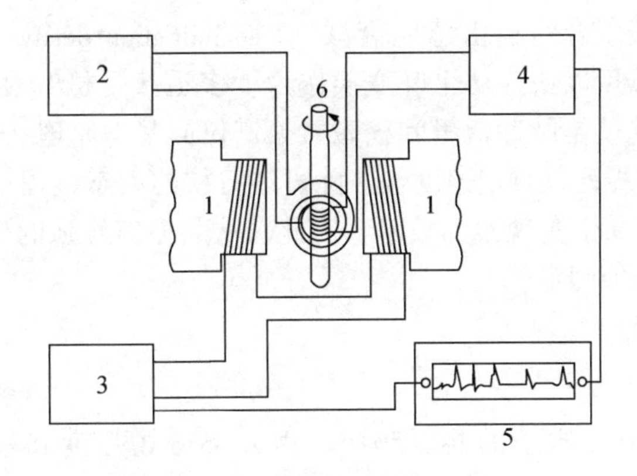

图 12-12　连续波核磁共振谱仪示意图

1—磁铁　2—射频振荡器　3—扫描发生器　4—检测器　5—记录器　6—试样管理体制

（1）磁铁。磁铁是核磁共振仪最基本的组成部件。它要求磁铁能提供强而稳定、均匀的磁场。核磁共振仪使用的磁铁有三种：永久磁铁，电磁铁和超导磁铁。由永久磁铁和电磁铁获得的磁场一般不能超过 2.5 T。而超导磁体可使磁场高达 10 T 以上，并且磁场稳定、均匀。目前超导核磁共振仪一般在 200～400 MHz，最高可打 600 MHz。但超导核磁共振仪价格高昂，目前使用还不十分普遍。

（2）探头。探头是一种用来使样品管保持在磁场中某一固定位置的器件。探头中不仅包含样品管，而且包括扫描线圈和接收线圈，以保证测量条件的一致性。为了避免扫描线圈与接收线圈相互干扰，两线圈垂直放置并采取措施防止磁场的干扰。样品管底部装有电热丝和热敏电阻检测元件，探头外装有恒温水套。

（3）射频和音频发射单元。高分辨波谱仪要求有稳定的射频频率和功能。为此，仪器通常采用恒温下的石英晶体振荡器得到基频，再经过倍频、调频和功能放大得到所需要的射频信号源。

（4）频率和磁场扫描单元。核磁共振仪的扫描方式有两种：一种是保持频率恒定，线性地改变磁场，称为扫场；另一种是保持磁场恒定，线性地改变频率，称为扫频。许多仪器同时具有这两种扫描方式。扫描速度的大小会影响信号峰的显示。速度太慢，不仅增加了实验时间，而且信号容易饱和；相反，扫描速度太快，又会造成峰形变宽，分辨率降低。

（5）信号放大接受和显示单元。从探头预放大器得到的载有核磁共振信号的射频输出，经一系列检波、放大后，显示在示波器和记录仪上，得到核磁共振谱。

2）脉冲傅里叶核磁共振谱仪（PFT-NMR）

连续波核磁共振谱仪采用的是单频发射和接收方式。在某一时刻内，只能记录谱图中的很窄一部分信号，即单位时间内获得的信息很少。在这种情况下，对那些核磁共振信号很弱的核，如^{13}C、^{15}N等，即使采用累加技术，也得不到良好的效果。为了提高单位时间的信息量，可采用多道发射机同时发射多种频率，使处于不同化学环境的核同时激发，再采用多道接受装置同时得到所有的共振信息。例如，在100 MHz共振仪中，质子共振信号化学位移范围为10时，相当于1 000 Hz。若扫描速度为2 Hz · s^{-1}，则连续波核磁共振谱仪需500 s才能扫完全谱；而在具有1 000个频率间隔1 Hz的发射机和接受机同时工作时，只要1 s即可扫完全谱。显然，后者可大大提高分析速度和灵敏度。傅里叶变换NMR谱仪是以适当宽度的射频脉冲作为“多道发射机”，使所选的核同时激发，得到核的多条谱线混合的自由感应衰减（free induction decay，FID）信号的叠加信息，即时间域函数，然后以快速傅里叶变换作为“多道接受机”变换出各条谱线在频率中的位置及其强度。这就是脉冲傅里叶核磁共振谱仪的基本原理。

傅里叶变换核磁共振谱仪测定速度快，除可进行核的动态过程、瞬变过程、反应动力学等方面的研究外，还易于实现累加技术。因此，从共振信号强的^{1}H核、^{19}F到共振信号弱的^{13}C核、^{15}N核，均能测定。

3. 化学位移和核磁共振谱

1）化学位移的产生

由式（12-13）可知，质子的共振频率，由外部磁场强度和核的磁矩决定。其实，任何原子核都被电子所包围，按照楞次定律，在外磁场作用下，核外电子会产生环电流，并感应产生一个与外磁场方向相反的次级磁场，如图12-13所示。这种对抗外磁场的作用称为电子的屏蔽效应。由于电子的屏蔽效应，使某一个质子实际上受到的磁场强度不完全与外磁场强度相同。此外，分子中处于不同化学环境中的质子，核外电子云的分布情况也各异，因此，不同化学环境中的质子，受到不同程度的屏蔽作用。在这种情况下，质子实际上受到的磁场强度H，等于外加磁场H_0减去其外围电子产生的次级磁场H'，其关系可表示为：

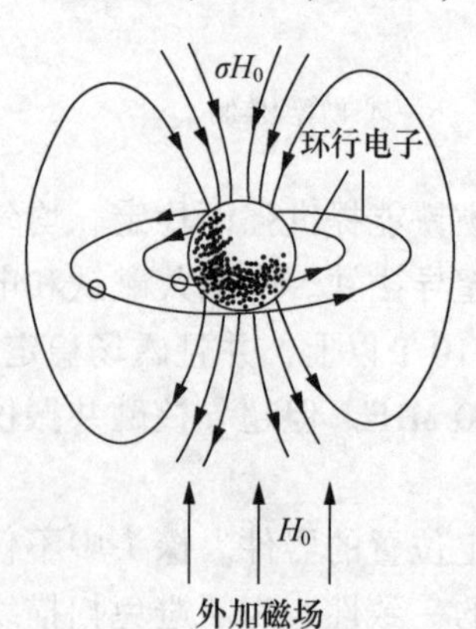

图12-13　核的抗磁屏蔽

$$H = H_0 - H' \tag{12-14}$$

由于次级磁场的大小正比于所加的外磁场强度，即 $H' \propto H_0$ 故式（12-14）可写成：

$$H = H_0 - \sigma H_0 = H_0(1 - \sigma) \tag{12-15}$$

式中，σ 为屏蔽常数，它与原子核外的电子云密度及所处的化学环境有关。电子云密度越大，屏蔽程度越大，σ 值也越大；反之，则 σ 值越小。

当氢核发生核磁共振时，应满足如下关系：

$$\nu_{共振} = \mu\beta\frac{2H}{h} = \mu\beta\frac{2H_0(1 - \sigma)}{h}$$

或

$$H_0 = \frac{\nu_{共振}h}{2\mu\beta(1 - \sigma)} \tag{12-16}$$

因此，屏蔽常数 σ 不同的质子，其共振峰将分别出现在核磁共振谱的不同频或不同磁场强度区域。若固定照射频率，则 σ 大的质子出现在高磁场处，而 σ 小的质子出现在低磁场处，据此我们就可以进行氢核结构类型的鉴定。

2）化学位移的表示

在有机化合物中，化学环境不同的氢核化学位移的变化，只有百万分之十（10×10^{-6}）左右。如选用 60 MHz 的仪器，氢核发生共振的磁场变化范围为 1.409 2 ± 0.000 014 0 T；如选用 1.409 2 T 的核磁共振仪扫频，则频率的变化范围相应为 60 ± 0.000 6 MHz。在确定结构时，常常要求测定共振频率绝对值的准确度达到正负几个赫兹。要达到这样的精确度，显然是非常困难的。但是，测定位移的相对值则比较容易。因此，一般都以适当的化合物（如四甲基硅烷，TMS）为标准试样，测定相对的频率变化值来表示化学位移。

从式（12-16）可以知道，共振频率与外部磁场呈正比。例如，若用 60 MHz 仪器测定 1,1,2-三氯丙烷时，其甲基质子的吸收峰与 TMS 吸收峰相隔 134 Hz；若用 100 MHz 仪器测定时，则相隔 233 Hz。为了消除磁场强度变化所产生的影响，以使在不同核磁共振仪上测定的数据统一，通常用试样和标样共振频率之差与所用仪器频率的比值 δ 来表示。由于该数值很小，故通常乘以 10^6。这样，δ 就为一相对值，即

$$\delta = \frac{\nu_{试样} - \nu_{TMS}}{\nu_0} \times 10^6 = \frac{\Delta\nu}{\nu_0} \times 10^6 \tag{12-17}$$

式中，δ 和 $\nu_{试样}$ 分别为试样中质子的化学位移及共振频率；ν_{TMS} 是 TMS 的共振频率（一般 $\nu_{TMS} = 0$）；$\Delta\nu$ 是试样与 TMS 的共振频率差；ν_0 是操作仪器选用的频率。

不难看出，用 δ 表示化学位移，就可以使不同磁场强度的核磁共振仪测得的数据统一起来。例如，用 60 MHz 和 100 MHz 仪器上测得的 1,1,2-三氯丙烷中甲基质子的化学位移均为 2.23。

早期文献中用 τ 表示化学位移值，δ 与 τ 的关系可表示为

$$\delta = 10 - \tau \tag{12-18}$$

TMS 的信号在用 δ 表示时为 0，在用 τ 表示时为 10。

3）自旋偶合与自旋分裂现象

从用低分辨率和高分辨率核磁共振仪所测得的乙醇（CH_3—CH_2—OH）核磁共振谱可看出，乙醇出现三个峰，它们分别代表—OH，—CH_2—和—CH_3，其峰面积之比为 1 : 2 : 3，

如图12-14所示。而在高分辨率核磁共振谱图中，能看到—CH_2—和—CH_3分别分裂为四重峰和三重峰，而且多重峰面积之比接近于整数比。—CH_3的三重峰面积之比为1∶2∶1，—CH_2—的四重峰面积之比为1∶3∶3∶1。

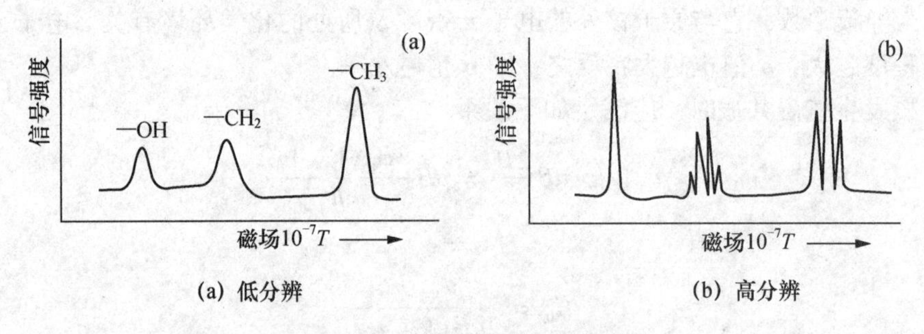

(a) 低分辨　　(b) 高分辨

图12-14　乙醇的核磁共振波谱图

氢核在磁场中有两种自旋取向，用α表示氢核与磁场方向一致的状态，用β表示与磁场方向相反的状态。乙基中的两个氢可以与磁场方向相同，也可以与磁场方向相反。它们的自旋组合一共有四种（αα，αβ，βα，ββ），但只产生三种局部磁场。亚甲基所产生的这三种局部磁场，要影响邻近甲基上的质子所受到的磁场作用，其中αβ和βα两种状态（Ⅱ）产生的磁场恰好互相抵消，不影响甲基质子的共振峰，αα(Ⅰ)状态的磁矩与外磁场一致，很明显，这时要使甲基质子产生共振所需的外加磁场较（Ⅱ）时为小；相反，ββ(Ⅱ)磁矩与外磁场方向相反，因此要使甲基质子发生共振所需的外加磁场较（Ⅱ）为大，其大小与（Ⅰ）的情况相等，但方向相反。这样，亚甲基的两个氢所产生的三种不同的局部磁场，使邻近的甲基质子分裂为三重峰。由于上述四种自旋组合的概率相等，因此三重峰的相对面积比为1∶2∶1。

同理，甲基上的三个氢可产生四种不同的局部磁场，反过来使邻近的亚甲基分裂为四重峰。根据概率关系，可知其面积比近似为1∶3∶3∶1。

上述这种相邻核的自旋之间的相互干扰作用称为自旋-自旋偶合。由于自旋偶合，引起谱峰增多，这种现象叫做自旋-自旋分裂。应该指出，这种核与核之间的偶合，是通过成键电子传递的，而不是通过自由空间产生的。

4）核磁共振谱图

核磁共振谱图中横坐标是化学位移，用δ或τ表示。图谱的左边为低磁场，右边为高磁场（如图12-15下部分所示）。图12-15所示谱图中有两条曲线，下面一条是乙醚中质子的共振线，其中右边的三重峰为乙基中化学环境相同的亚甲基质子的峰。$\delta=0$的吸收峰是标准试样TMS的吸收峰。谱图上面的阶梯式曲线是积分线，它用来确定各基团的质子比。

从质子共振谱图上，可以得到如下信息。

(1) 吸收峰的组数，说明分子中化学环境不同的质子有几组。

(2) 质子吸收峰出现的频率，即化学位移，说明分子中的基团情况。

(3) 峰的分裂个数及偶合常数，说明基团间的连接关系。

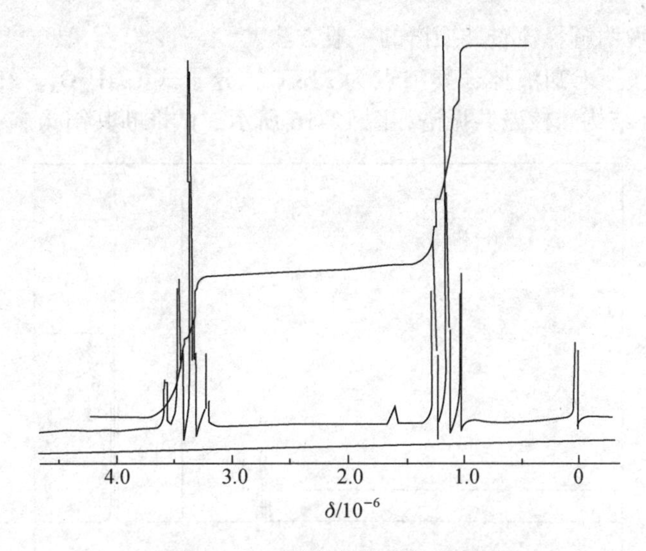

图 12-15　乙醚的氢核磁共振谱图

(10^{-6}即原来的 ppm)

(4) 阶梯式积分曲线高度，说明各基团的质子比。

核磁共振谱图上吸收峰下面所包含的面积，与引起该吸收峰的氢核数目呈正比，吸收峰的密集，一般可用阶梯积分曲线表示。积分曲线的画法是由低磁场移向高磁场，而积分曲线的起点到终点的总高度（用小方格数或厘米表示)，与分子中所有质子数目呈正比。当然，每一个阶梯的高度则与相应的质子数目呈正比。由此可以根据分子中质子的总数，确定每一组吸收峰质子的绝对个数。

【例 12-1】　某化合物分子式为 C_4H_8O，核磁共振谱上共有三组峰，化学位移 δ 分别为 1.05，2.13，2.47；积分曲线高度分别为 3，3，2 格，试问各组氢核数为多少？

解：　积分曲线总高度 =3 +3 +2 =8。

因分子中有 8 个氢，每一格相当一个氢，故 δ 1.05 峰示有 3 个氢，δ 2.13 峰示有 3 个氢，δ 2.47 峰示有 2 个氢。

另外，还可以根据不重叠的单峰为标准进行计算。例如，当分子中有甲氧基时，在 3.22～4.40 出现甲氧基的信号，因此，用 3 除以相应阶梯曲线的格数，就可知道每一个质子相当于多少格。

4. 核磁共振谱的应用

核磁共振谱能提供的参数主要有化学位移、质子的裂分峰数、偶合常数以及各组峰的积分高度等。这些参数与有机化合物的结构有着密切的关系。因此，核磁共振谱是鉴定有机、金属有机以及生物分子结构和构象等的重要工具之一。此外，核磁共振谱还可应用于定量分析、相对分析质量的测定及应用于化学动力学的研究等。

1）结构鉴定

核磁共振谱像红外光谱一样，有时仅根据本身的图谱，即可鉴定或确认某化合物。对比较简单的一级图谱，可用化学位移鉴别质子的类型。它特别适合于鉴别如下类型的质子：CH_3O—，CH_3CO—，CH_2 ═ C—，Ar—CH_3，CH_3CH_2—，$(CH_3)_2CH$—，—CHO，—OH等。对复杂的未知物，可以配合红外光谱、紫外光谱、质谱、元素分析等数据，推定其结构。下面举例说明解释核磁共振谱的一般方法。

【例 12-2】 有一未知液体，其沸点为 218℃，分子式 $C_8H_{14}O_4$。红外图谱指出其有 C═O 存在，无芳环结构。核磁共振谱如图 12-16 所示，试推断其结构。

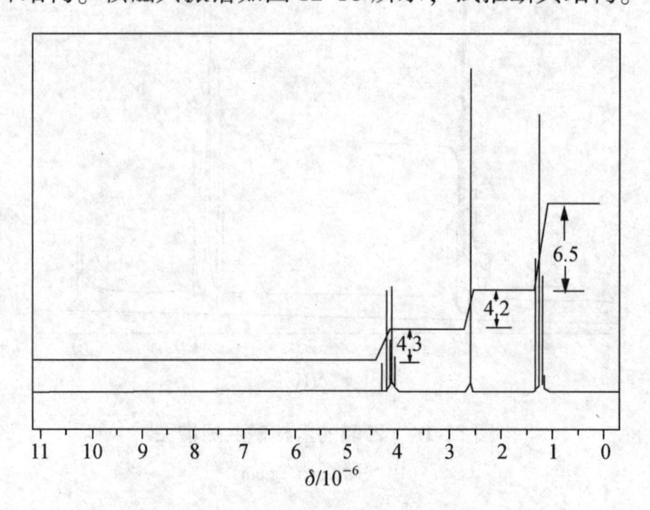

图 12-16 分子式 $C_8H_{14}O_4$ 的核磁共振氢谱

解：该化合物的不饱和度为：

$$\Omega = 1 + 8 + \frac{0 - 14}{2} = 2$$

核磁共振谱上有三组峰，数据如下：

$\delta/10^{-6}$	重峰数	积分曲线高度	氢原子数
1.3	三重峰	6.5 格	$\frac{6.5}{6.5+4.2+4.3} \times 14 = 6$
2.5	单峰	4.2 格	$\frac{4.2}{6.5+4.2+4.3} \times 14 = 4$
4.1	四重峰	4.3 格	$\frac{4.3}{6.5+4.2+4.3} \times 14 = 4$

化学位移 δ 为 1.3 的峰，指出有—CH_3 存在。因该组峰氢原子数为 6，表明有两个化学环境相同的—CH_3。该峰为三重峰，且强度比为 1∶2∶1，故与其相连的是—CH_2—。从上述分析可知，分子中应存在 2 个—CH_2—CH_3 基团。化学位移 δ 为 2.5 的峰，加之红外光谱指出存在 C═O 基，说明有 C═O 存在。由于该组峰相当于 4 个氢，且为单峰，因此应存在—CO—CH_2—CH_2—CO—基团。化学位移 δ 为 4.1 的峰含 4 个氢，即为—O—CH_2—。因为该组峰为四重峰，其面积之比为 1∶3∶3∶1，故可知亚甲基旁邻接甲基，即为—O—CH_2—CH_3。

故推断其结构式为

$$C_2H_5—O—\overset{\overset{\displaystyle O}{\|}}{C}—(CH_2)_2—\overset{\overset{\displaystyle O}{\|}}{C}—O—C_2H_5$$

2）定量分析

积分曲线高度与引起该组峰的核数呈正比关系。这不仅是对化合物进行结构测定的重要参数之一，而且也是定量分析的重要依据。用核磁共振技术进行定量分析的最大优点是：不需引进任何校正因子或绘制工作曲线，即可直接根据各共振峰的积分高度的比值，求算该自旋核的数目。在核磁共振谱线法中常用内标法进行定量分析。测得共振谱图后，内标法可按下式计算 m_A：

$$m_A = \frac{A_S \cdot M_S \cdot n_R}{A_R \cdot M_R \cdot n_S} \cdot m_R = \frac{\frac{A_S}{n_S} \cdot M_S}{\frac{A_R}{n_R} \cdot M_R} \cdot m_R \tag{12-19}$$

式中，m 和 M 分别表示质量和相对分子质量；A 为积分高度；N 为被积分信号对应的质子数；下标 R 和 S 分别代表内标和试样。外标法计算方法同内标法。当以被测物的纯品为外标时，则式（12-19）可简化为

$$m_S = \frac{A_S}{A_R} \cdot m_R \tag{12-20}$$

式中，A_S 和 A_R 分别为试样和外标同一基团的积分高度。

3）相对分子质量的测定

在一般碳氢化合物中，氢的重量分数较低，因此，单纯由元素分析的结果来确定化合物的相对分子质量是较困难的。如果用核磁共振技术测定其质量分数，则可按下式计算未知物的相对分子质量或平均相对分子质量：

$$m_S = \frac{A_R \cdot n_S \cdot m_S \cdot M_R}{A_S \cdot n_R \cdot m_R} \tag{12-21}$$

式中，各符号的含义同前。

4）在化学动力学研究中的应用

研究化学动力学是核磁共振谱法的一个重要方面，如研究分子的内旋转、测定反应速率常数等。

虽然用核磁共振技术难以观察到分子结构中构象的瞬时变化，但是，通过研究核磁共振谱对温度的依赖关系，可以获得某些动力学信息。例如，在室温时，因 *N*,*N*-二甲基乙酰胺中的 C═O 有部分双键性质，因此阻碍了 N—C 键的活化能，N—C 键便可以自由旋转。根据出现一个峰时的温度，可以计算该过程的活化自由能。

12.5.2　质谱

质谱法是通过将样品转化为运动的气态离子，并按质荷比（m/z）大小进行分离并记录其信息的分析方法。所得结果以图谱表达，即所谓的质谱图（亦称质谱，Mass Spectrum）。根据质谱图提供的信息可以进行多种有机物及无机物的定性和定量分析、复杂化合物的结构分析、样品中各种同位素比的测定及固体表面的结构和组成分析等。

从 20 世纪 60 年代开始，质谱法更加普遍地应用到有机化学和生物化学领域。化学家们认识到由于质谱法独特的电离过程及分离方式，从中获得的信息是具有化学本性、直接与其结构相关的，故可以用它来阐明各种物质的分子结构。正是由于这些因素，质谱仪成为多数研究室及分析实验室的标准仪器之一。

1. 质谱分析法基本原理

质谱仪是利用电磁学原理，使气体分子产生带正电运动离子，并按质荷比将它们在电磁场中分离的装置。以线型单聚焦质谱仪为例说明质谱分析法的基本原理，其仪器结构如图 12-17 所示。试样从进样器进入离子源，在离子源中产生正离子。正离子加速进入质量分析器，质量分析器将其按质荷比大小不同进行分离。分离后的离子先后进入检测器，检测器得到离子信号，放大器将信号放大并记录在读出装置上。

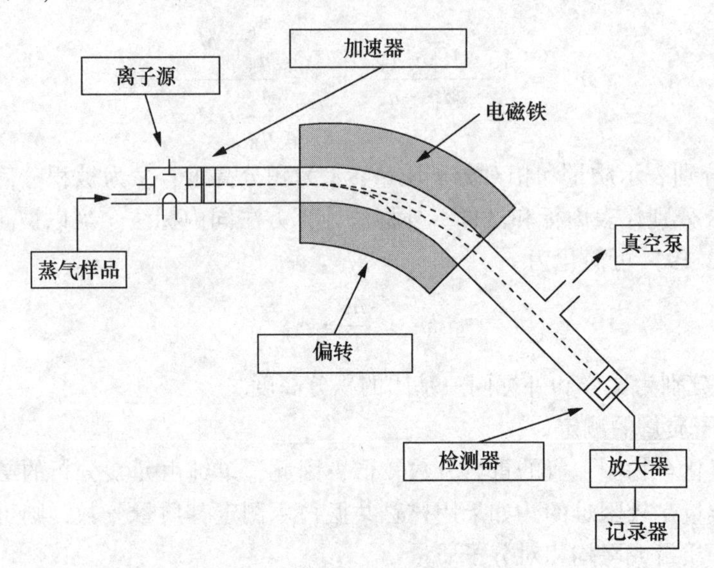

图 12-17 单聚焦质谱仪示意图

离子电离后经加速器进入磁场中，其动能与加速电压 U 及电荷 z 有关，即

$$zeU = \frac{1}{2}mv^2 \tag{12-22}$$

式中，z 为电荷数；e 为元电荷（$e = 1.60 \times 10^{-19}$C）；U 为加速电压；m 为离子的质量；v 为离子被加速后的运动速度。具有速度 v 的带电粒子进入质谱分析器的电磁场中，由于受到磁场的作用，使离子作弧形运动，此时离子所受到的向心力 Bzv 和运动离心力 mv^2/R 相等，得

$$\frac{mv^2}{R} = HzU \tag{12-23}$$

式中，R 为离子弧形运动的曲线半径；H 为磁场强度。由式（12-22）和式（12-23）可得离子质荷比与运动轨道曲线半径 R 的关系为：

$$\frac{m}{z} = \frac{H^2R^2}{2U} \tag{12-24}$$

或

$$R = \sqrt{\frac{2Um}{H^2z}} \tag{12-25}$$

式（12-24）和式（12-25）称为质谱方程式，它是质谱分析法的基本公式，也是设计质谱仪的主要依据。由式（12-24）可以看出，离子的质荷比 m/z 与离子在磁场中运动的曲线半径 R 的平方成正比。若加速电压 U 和磁场强度 H 一定，则不同 m/z 的离子，由于运动的曲线半径不同，在质量分析器中彼此分开，并记录各自 m/z 的离子的相对强度，从而可根据质谱峰的位置进行物质的定性和结构分析，根据峰的强度进行定量分析。从本质上讲，质谱不是波谱，而是物质带电粒子的质量谱。

2. 质谱仪

质谱仪通常由六部分组成：高真空系统、进样系统、离子源、质量分析器、离子检测器和计算机自动控制及数据处理系统。

现以扇形磁场单聚焦质谱仪为例，如图 12-17 所示，讨论各主要部件的作用原理。

1）高真空系统

质谱分析中，为了降低背景以及减少离子间或离子与分子间的碰撞，离子源、质量分析器及检测器都必须处于高真空状态。离子源的真空度为 10^{-4}～10^{-5}Pa，质量分析器应保持 10^{-6}Pa，要求真空度十分稳定。一般先用机械泵或分子泵预抽真空，然后用高效扩散泵抽至高真空。

2）进样系统

质谱进样系统多种多样，一般有以下三种方式。

（1）间接进样。一般气体或易挥发液体试样采用此种进样方式。试样进入贮样器，调节温度使试样蒸发，依靠压差使试样蒸气经漏孔扩散进入离子源。

（2）直接进样。高沸点试液、固体试样可采用探针或直接进样器送入离子源，调节温度使试样气化。

（3）色谱进样。色谱-质谱联用仪器中，经色谱分离后的流出组分，通过接口元件直接导入离子源。

3）离子源

离子源的作用是使试样分子或原子离子化，同时具有聚焦和准直的作用，使离子汇聚成具有一定几何形状和能量的离子束。离子源的结构和性能对质谱仪的灵敏度、分辨率影响很大。常用的离子源有电子轰击离子源、化学电离源、高频火花离子源、ICP 离子源等。前两者主要用于有机物分析，后两者用于无机物分析。

目前，最常用的离子源为电子轰击离子源，如图 12-18 所示。

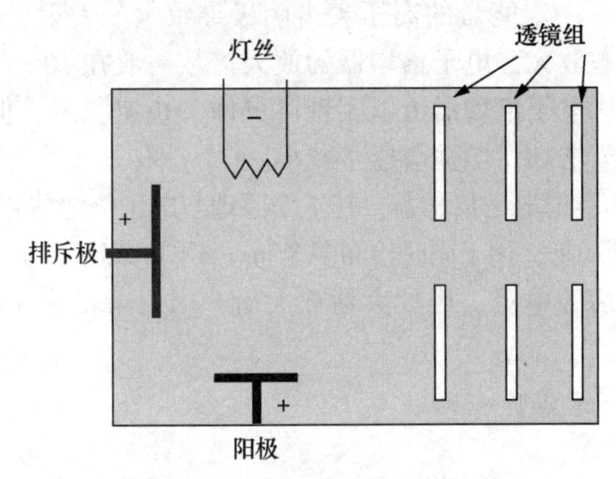

图 12-18　电子轰击离子源

4）质量分析器

质量分析器的作用是将离子源产生的离子按 m/z 的大小分离聚焦。质量分析器的种类很多，常见的有单聚焦质量分析器、双聚焦质量分析器等。

（1）单聚焦质量分析器。单聚焦质量分析器如图 12-17 所示。其主要部件为一个一定半径的圆形管道，在其垂直方向上装有扇形磁铁，产生均匀、稳定的磁场。从离子源射入的离子束在磁场作用下，由直线运动变成弧形运动。不同 m/z 的离子，运动曲线半径 R 不同，被质量分析器分开。由于出射狭缝和离子检测器的位置固定，即离子弧形运动的曲线半径 R 是固定的，故一般采用连续改变加速电压或磁场强度，使不同 m/z 的离子依次通过出射狭缝，以半径为 R 的弧形运动方式到达离子检测器。单聚焦质量分析器结构简单，操作方便，但分辨率低。

（2）双聚焦质量分析器。为了提高分辨率，通常采用双聚焦质量分析器，即在磁分析器之前加一个静电分析器，如图 12-19 所示。静电分析器是将质量相同而速度不同的离子分离聚焦，即具有速度分离聚焦的作用。然后，离子经过狭缝进入磁分析器，再进行 m/z 方向聚焦，从而大大提高了分辨率。这种同时实现速度和方向双聚焦的分析器，称为双聚焦分析器。具有双聚焦质量分析器的质谱仪称为双聚焦质谱仪。

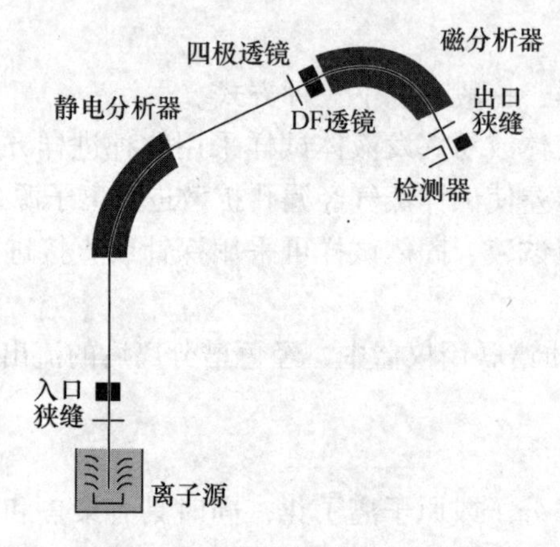

图 12-19　双聚焦质量分析器

5）离子检测器和记录系统

常用的离子检测器是静电式电子倍增器。电子倍增器一般由一个转换极、10～20 个倍增极和一个收集极组成。一定能量的离子轰击阴极导致电子发射，电子在电场的作用下，依次轰击下一级电极而被放大，电子倍增器的放大倍数一般在 10^5～10^8。电子倍增器中电子通过的时间很短，利用电子倍增器可以实现高灵敏、快速测定。但电子倍增器存在质量歧视效应，且随使用时间增加，增益会逐步减小。

近代质谱仪中常采用隧道电子倍增器，其工作原理与电子倍增器相似。因为体积小，多个隧道电子倍增器可以串列起来，用于同时检测多个 m/z 不同的离子，从而大大提高分析效率。

经离子检测器检测后的电流，经放大器放大后，用记录仪快速记录到光敏记录纸上，或者用计算机处理结果。

3. 质谱及其离子峰的类型

1）质谱图与质谱表

质谱法的主要应用是鉴定复杂分子并阐明其结构、确定元素的同位素质量及分布等。一般质谱给出的数据有两种形式：一个是棒图即质谱图，另一个为表格（即质谱表）。

质谱图是以质荷比（m/z）为横坐标、相对强度为纵坐标构成。一般将原始质谱图上最强的离子峰定为基峰，并定为相对强度 100%；其他离子峰以对基峰的相对百分值表示。

质谱表是用表格形式表示的质谱数据。质谱表中有两项，即质荷比及相对强度。从质谱图上可以很直观地观察到整个分子的质谱全貌，而质谱表则可以准确地给出精确的 m/z

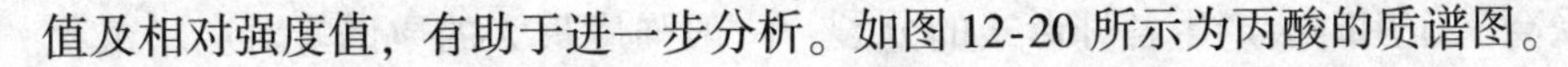

值及相对强度值，有助于进一步分析。如图 12-20 所示为丙酸的质谱图。

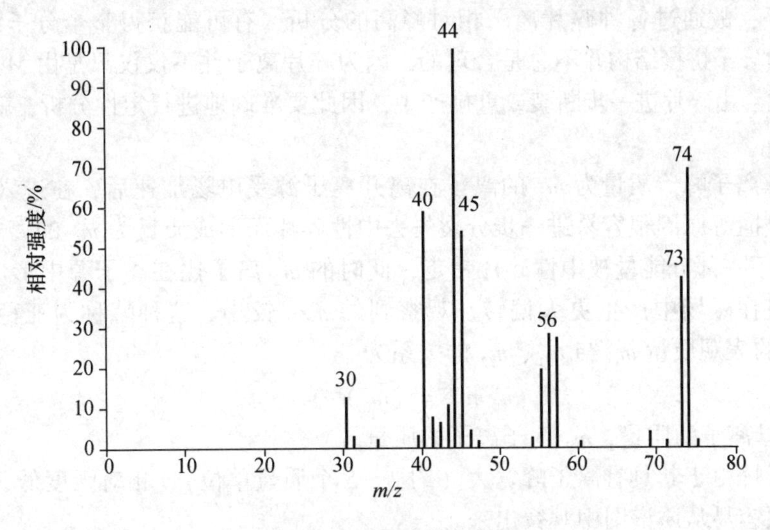

图 12-20　丙酸的质谱图

2）质谱仪的分辨率

所谓分辨率，是指质谱仪分开相邻质量数离子的能力，其一般定义是：对两个相等强度的相邻峰，当两峰间的峰谷不大于其峰高的 10% 时，则认为两峰已经分开，其分辨率为

$$R = \frac{m_1}{m_2 - m_1} = \frac{m_1}{\Delta m} \tag{12-26}$$

而在实际工作中，有时很难找到相邻的且峰高相等的两个峰，同时峰谷又为峰高的 10%。在这种情况下，可任选一单峰，测其峰高 5% 处的峰宽 $W_{0.05}$，即可当作式（12-26）中的 Δm。此时分辨率定义为

$$R = m/W_{0.05} \tag{12-27}$$

如果该峰是高斯型的，则上述两式计算结果是一样的。

质谱仪的分辨本领由几个因素决定：离子通道的半径；加速器与收集器狭缝宽度；离子源的性质。

3）质谱图中主要离子峰的类型

质谱信号十分丰富。分子在离子源中可以产生各种电离，即同一种分子可以产生多种离子峰，其中比较主要的有分子离子峰、碎片离子峰、亚稳离子峰、同位素离子峰等。

（1）分子离子峰。试样分子在高能电子撞击下产生正离子，即

$$\mathrm{M + e(高速) \longrightarrow M^{+} + 2e(低速)}$$

$M^{+\cdot}$ 称为分子离子或母离子（parrention）。

分子离子的质量对应于中性分子的质量，这对解释质谱十分重要。几乎所有的有机分子都可以产生可以辨认的分子离子峰，有些分子如芳香环分子可产生较大的分子离子峰，而高分子量的烃、脂肪醇、醚及胺等则产生较小的分子离子峰。若不考虑同位素的影响，则分子离子应该具有最高质量。分子中若含有偶数个氮原子，则相对分子质量将是偶数；反之，将是奇数。这就是所谓的“氮律”。

（2）碎片离子峰。分子离子产生后可能具有较高的能量，将会通过进一步碎裂或重排而释放能量，碎裂后产生的离子形成的峰称为碎片离子峰。

有机化合物受高能作用时会产生各种形式的分裂，一般强度最大的质谱峰对应于最稳定的碎片离子，故通过各种碎片离子相对峰高的分析，有可能获得整个分子结构的信息。但由此获得的分子拼接结构并不总是合理的，因为碎片离子并不仅仅只是由 M^+ 一次碎裂产生，而且可能会由碎片进一步断裂或重排产生，因此要准确地进行定性分析，就最好与标准图谱进行比较。

(3) 亚稳离子峰。质量为 m_1 的离子在离开离子源受电场加速后，在进入质量分析器之前，由于碰撞等原因很容易进一步分裂失去中性碎片而形成质量为 m_2 的离子，即 $m_1 \rightarrow m_2 + \Delta m$。由于一部分能量被中性碎片带走，此时的 m_2 离子比在离子源中形成的 m_2 离子能量小，故将在磁场中产生更大偏转，观察到的 m/z 较小。这种峰称为亚稳离子峰，用 m^* 表示。它的表观质量 m^* 与 m_1、m_2 的关系为

$$m^* = (m_2)^2/m$$

式中，m_1 为母离子的质量，m_2 为子离子的质量。

亚稳离子峰由于其具有离子峰宽大（约 2～5 个质量单位）、相对强度低、m/z 不为整数等特点，很容易从质谱图中观察出来。

通过亚稳离子峰可以获得有关裂解信息。通过对 m^* 峰的观察和测量，可找到相关母离子的质量 m_1 与子离子的质量 m_2，从而确定裂解途径。

(4) 同位素离子峰。有些元素具有天然存在的稳定同位素，所以在质谱图上出现一些 $M+1$，$M+2$ 的峰，由这些同位素形成的离子峰称为同位素离子峰。一些常见的同位素相对丰度参见表 12-4，其确切质量（以 C 为 12.000000 为标准）及天然丰度列于表中。

表 12-4　一些常见的同位素相对丰度

元素	同位素	天然丰度	元素	同位素	天然丰度
H	^{1}H	99.98	P	^{31}P	100.00
	^{2}H	0.015	S	^{32}S	95.02
C	^{12}C	98.9		^{33}S	0.85
	^{13}C	1.07		^{34}S	4.21
N	^{14}N	99.63		^{35}S	0.02
	^{15}N	0.37	Cl	^{35}Cl	75.53
O	^{16}O	99.76		^{37}Cl	24.47
	^{17}O	0.03	Br	^{79}Br	50.54
	^{18}O	0.20		^{81}Br	49.46
HF	^{19}F	100.00	I	^{127}I	100.00

在一般有机分子的鉴定时，可以通过同位素峰的统计分布来确定其元素组成，分子离子的同位素离子峰相对强度之比总是符合统计规律的。如在 CH_4 的质谱中，有其分子离子峰 $m/z=17$，16，而其相对强度之比 $I_{17}/I_{16}=0.011$；而在丁烷中，出现一个 ^{13}C 的几率是甲烷的 4 倍，则分子离子峰 $m/z=59$，58 的强度之比 $I_{59}/I_{58}=0.044$。同样，在丁烷中出现 $M+2$（$m/z=60$）同位素峰的概率为 0.000 24，即 $I_{60}/I_{58}=0.000\,24$，非常小，故在丁烷质谱中一般看不到 $M+2$ 峰。

4. 质谱法的应用

质谱是纯物质鉴定的最有力工具之一，其中包括相对分子质量测定、化学式确定及结构鉴定等。

1）相对分子质量的测定

对于挥发性化合物相对分子质量的测定，质谱法是目前最好的。它分析速度快，而且能够给出精确的相对分子质量。样品的相对分子质量就是分子离子峰的质量数，因此正确识别分子离子峰十分重要。除同位素峰外，分子离子峰一定是质谱图中质量数最大的峰，即它位于质谱图的最右端。但是，分子离子峰的强度与分子的结构及类型等因素有关。某些不稳定的化合物，被电子轰击后，全部成为碎片离子，故在质谱图上看不到分子离子峰。另外，有些化合物的沸点很高，它们在气化时就被热分解，故得到的只是热分解产物的质谱图。

2）分子式的确定

在确定了分子离子峰并知道了化合物的相对分子质量后，就可确定化合物的部分或整个化学式。利用质谱法确定化合物的分子式有两种方法：用高分辨质谱仪确定分子式；由同位素比求分子式。

（1）用高分辨质谱仪确定分子式。以^{12}C的相对原子质量为12.000000作基准，许多原子的原子量也不是整数，如$^{1}H=1.007\,825$；$^{14}N=14.003\,074$；$^{16}O=15.994\,915$……若要区别分子式$C_{11}H_{20}N_6O$（300.154 592）和$C_{12}H_{20}N_4O_5$（300.143 359）（差0.011 233），只要采用一台高分辨率（27 000）的质谱仪进行测定，就可将两种化合物区别开。拜诺（Beynon）等人列出了不同数目C、H、O和N组成的各种分子式的精密分子量表，可进行核对；也可以从Merck Index第九版找到所有化合物的精密分子量进一步核对。

（2）由同位素比求分子式。拜诺等人计算了相对分子质量500以下，C、H、O、N的化合物的$M+2$和$M+1$峰与分子离子峰M的相对强度，并绘制了表格。在求分子式时，只要质谱图上的分子离子峰足够强，其高度和$M+1$、$M+2$同位素峰的高度都能准确测定，则根据拜诺表即可确定分子可能的经验式（参见表12-5）。

表12-5　拜诺表中$M=102$的部分

分子式	$M+1$	$M+2$	分子式	$M+1$	$M+2$
$C_5H_{10}O_2$	5.64	0.53	$C_6H_{14}O$	6.75	0.39
$C_5H_{12}NO$	6.02	0.35	C_7H_2O	7.64	0.45
$C_5H_{14}N_2$	6.39	0.17	C_7H_4N	8.01	0.28
$C_6H_2N_2$	7.28	0.23	C_8H_6	8.74	0.34

3）结构鉴定

纯物质结构鉴定是质谱最成功的应用领域。通过对谱图中各碎片离子、亚稳离子、分子离子的化学式、m/z相对峰高等信息，根据各类化合物的分裂规律，找出各碎片离子产生的途径，从而拼凑出整个分子结构。根据质谱图拼出来的结构，对照其他分析方法，得出可靠的结果。另一种方法就是与相同条件下获得的已知物质标准图谱比较来确认样品分子的结构。

4）质谱解析的一般程序

（1）标出各峰的质荷比数，尤其注意高质荷比区的峰。

（2）识别分子离子峰。首先在高质荷比区假定分子离子峰，然后分析其与相邻碎片离子峰关系是否合理？是否符合氮律？如两者均相符，则可以认为其为分子离子峰。

（3）分析同位素峰簇的相对强度比及峰与峰之间的质量差值。

（4）确定化合物中是否含有Cl，Br，S，Si等元素和F，P，I等无同位素的元素。

(5) 推导分子式，计算不饱和度。

(6) 由分子离子峰的相对强度了解分子结构的信息。

(7) 由特征离子峰及失去的中性碎片了解可能的结构信息。

(8) 综合分析以上信息，推导化合物可能结构。

(9) 分析所推导结构的裂解机理，是否与质谱图相符，确定其结构。或与标准谱图比较，或通过其他波谱分析方法进一步确证。

小　　结

1. 紫外-可见吸收光谱的产生（分子的能级及光谱、有机物电子能级跃迁的类型和特点）。

2. 紫外-可见吸收光谱仪器类型，各部件的结构、性能。

3. 紫外-可见吸收光谱法应用（定性及结构分析、定量分析的各种方法及其他方面的应用。

4. 红外光谱法的基本原理及红外光谱产生的条件。

5. 基团频率和特征吸收峰，几种主要振动的吸收区域：（1）倍频区；（2）X—H 伸展区（2400～3700 cm^{-1}）；（3）叁键和集聚双键伸展区（2100～2400 cm^{-1}）；（4）双键伸展区（1600～1800 cm^{-1}）；（5）指纹区（1300 cm^{-1}以下）。

6. 红外吸收光谱法的定性、定量方法。

7. 红外光谱仪的基本组成。

8. 色谱法的分类、基本原理及概念。

9. 色谱法的定性及定量测定方法。

10. 气相色谱法和高效液相色谱法的特点及应用。

11. 气相色谱仪及高效液相色谱仪的组成。

12. 核磁共振波谱法的基本原理和应用。

13. 化学位移的概念、产生原因、表达方式及影响因素。

14. 核磁共振仪和质谱仪的组成。

15. 质谱法的分类、基本原理、分析方法及其特点和应用。

习　　题

1. 什么叫选择吸收？它与物质的分子结构有什么关系？

2. 电子跃迁有哪几种类型？跃迁所需的能量大小顺序如何？具有什么样结构的化合物产生紫外吸收光谱？紫外吸收光谱有何特征？

3. 简述紫外-可见分光光度计的主要部件、类型及基本性能。

4. 简述用紫外分光光度法定性鉴定未知物的方法。

5. 产生红外吸收的条件是什么？是否所有的分子振动都会产生红外吸收光谱？为什么？

6. 红外光谱定性分析的基本依据是什么？简要叙述红外定性分析的过程。

7. 红外光谱中官能团区和指纹区是如何划分的？有何实际意义？

8. 色谱分析的基本原理是什么？

9. 何谓“固定相”与“流动相”？

10. 气相色谱仪的基本设备包括哪几部分？各有什么作用？

11. 色谱定性的依据是什么？主要有哪些定性方法？

12. 以单聚焦质谱仪为例，说明组成仪器各个主要部分的作用及原理。

13. 双聚焦质谱仪为什么能提高仪器的分辨率？

14. 如何利用质谱信息来判断化合物的相对分子质量及分子式？

15. 某化合物在3640～1740 cm^{-1}区间的IR光谱如下图所示。分析该化合物应是氯苯（Ⅰ），苯（Ⅱ）或4-叔丁基甲苯中的哪一个？说明理由。

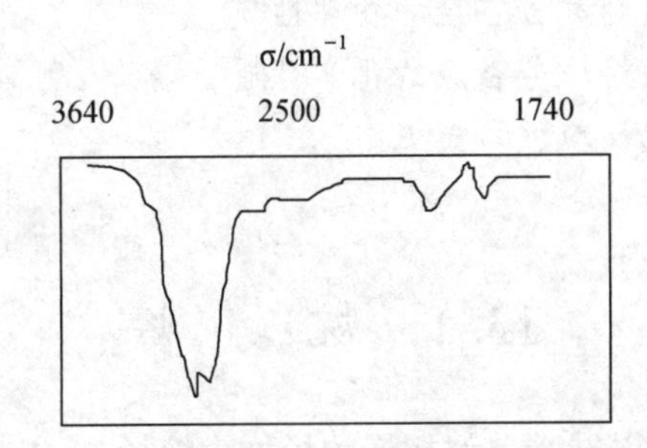

16. 在一根3 m长的色谱柱上分析某试样时，得如下色谱图及数据。

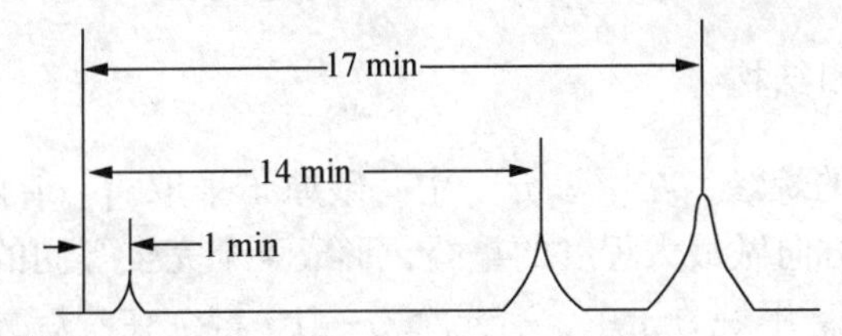

试计算：调整保留时间 $t_{r,1}$ 和 $t_{r,2}$。

17. 某化合物A，分子式为 $C_5H_9NO_4$，^{1}HNM谱如下，按照化学位移由小到大各组吸收峰积分曲线高度比为3∶3∶2∶1，试推导其结构。

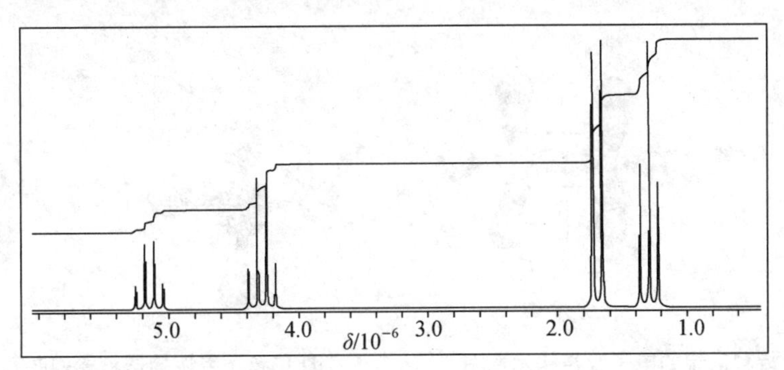

第十三章　烃

学习指导

1. 了解烃的分类及命名、烃的碳架异构体、顺反异构体。
2. 了解烷烃、烯烃、炔烃和芳香烃的物理性质。
3. 掌握烷烃、烯烃、炔烃和芳香烃的化学性质。
4. 掌握加成反应、取代反应、马氏规则。

13.1　烷　　烃

碳原子与碳原子之间均以碳碳单键相连的烃称为烷烃（alkane）。烷烃分子中含有环的烃称为环烷烃（cyclichydrocarbon），无环的烷烃称为链烷烃。

13.1.1　烷烃的通式和结构

甲烷是结构最简单的烷烃。在甲烷分子中，碳原子采取 sp^3 杂化轨道，分别与4个氢原子的s轨道在对称轴方向做最大程度的重叠，形成4个完全等同的C—Hσ键，其键角为109.5°，如图13-1所示。甲烷分子中，有4个C—Hσ键。在乙烷分子中，除去C—Hσ键外，还存在C—Cσ键，它是由两个碳原子 sp^3—sp^3 杂化轨道构成的，如图13-1所示。乙烷分子中有6个C—Hσ键和1个C—Cσ键。

习惯上用球棍模型和比例模型来表示烷烃的结构。如图13-2所示为甲烷的球棍模型图和比例模型图。

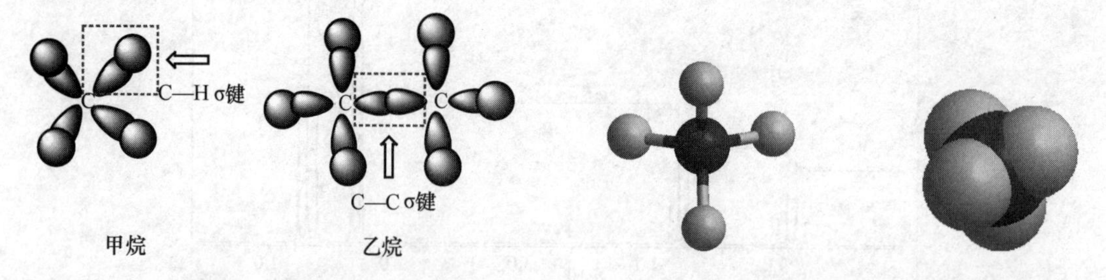

图13-1　甲烷和乙烷的电子云结构示意图　　图13-2　甲烷的球棍模型图和比例模型图

球棍模型能够体现出分子的立体结构，为书写方便，人们把碳氢或者碳碳之间的共价键用实线“—”表示。例如：

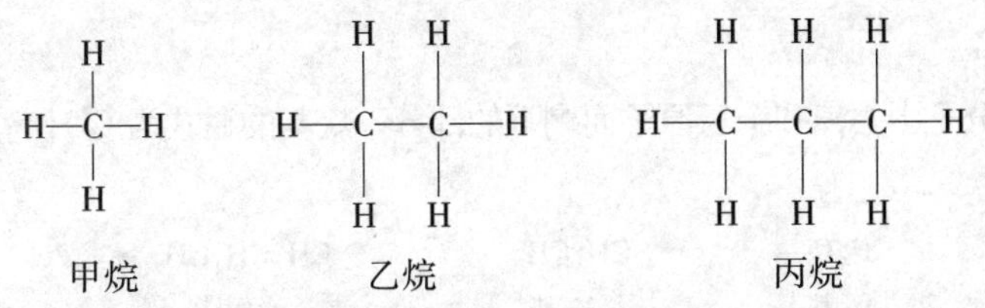

甲烷　　　乙烷　　　丙烷

也可以把碳氢或者碳碳之间的键省略，把与碳直接相连的氢写在碳的后面，并在氢的右下方标出氢原子的个数。例如：

CH_4　　　CH_3CH_3　　　$CH_3CH_2CH_3$

甲烷　　　乙烷　　　丙烷

烷烃的通式为 C_nH_{2n+2}，其中 n 为烷烃分子中的碳原子数。具有同一通式，组成上相差 CH_2 及其整数倍的一系列化合物，称为同系物，如上述甲烷、乙烷和丙烷为同系物。同系物具有相似的化学性质，掌握其中某些典型化合物的性质，就可以预测其他同系物的性质，从而为科学研究提供理论依据。

13.1.2　烷烃的构造异构

分子式相同，结构式不同的化合物称为同分异构体（isomer），简称异构体。因碳架不同产生的异构体称为碳架异构体（carbon skeleton isomer）。甲烷、乙烷和丙烷只有一种结构，含 4 个或 4 个以上的碳原子的烷烃会有不同的异构体。例如，含有 4 个碳原子的丁烷（C_4H_{10}）有以下异构体。

$$CH_3CH_2CH_2CH_3 \qquad \begin{array}{ccccc} & & CH_3 & & \\ & & | & & \\ H_3C & - & C & - & CH_3 \\ & & | & & \\ & & H & & \end{array}$$

正丁烷　　　异丁烷

而戊烷（C_5H_{12}）存在正戊烷、异戊烷和新戊烷三种异构体。

$$CH_3CH_2CH_2CH_2CH_3 \qquad \begin{array}{ccccc} & & CH_3 & & \\ & & | & & \\ H_3C & - & C & - & CH_2CH_3 \\ & & | & & \\ & & H & & \end{array} \qquad \begin{array}{ccccc} & & CH_3 & & \\ & & | & & \\ H_3C & - & C & - & CH_3 \\ & & | & & \\ & & CH_3 & & \end{array}$$

正戊烷　　　异戊烷　　　新戊烷

13.1.3　烷烃的命名

1. 伯、仲、叔和季碳原子

为了有机化合物的命名方便，通常将有机化合物中的不同的碳原子分类如下：在烃分子中只与 1 个碳相连的碳原子叫做伯碳原子（或一级碳原子，用 1°表示）；与 2 个碳相连的碳原子叫做仲碳原子（或二级碳原子，用 2°表示）；与 3 个碳相连的碳原子叫做叔碳原子（或三级碳原子，用 3°表示）；与 4 个碳相连的碳原子叫做季碳原子（或四级碳原子，用 4°表示）。与伯、仲、叔碳原子相连的氢原子，分别称为伯、仲、叔氢原子。

例如：

$$\begin{array}{ccccc} & & H & & \\ & & | & & \\ H_3C & - & C & - & H \\ & & | & & \\ & & H & & \end{array} \qquad \begin{array}{ccccc} & & H & & \\ & & | & & \\ H_3C & - & C & - & CH_3 \\ & & | & & \\ & & H & & \end{array} \qquad \begin{array}{ccccc} & & H & & \\ & & | & & \\ H_3C & - & C & - & CH_3 \\ & & | & & \\ & & CH_3 & & \end{array} \qquad \begin{array}{ccccc} & & CH_3 & & \\ & & | & & \\ H_3C & - & C & - & CH_3 \\ & & | & & \\ & & CH_3 & & \end{array}$$

伯碳　　　仲碳　　　叔碳　　　季碳

2. 烷基的命名

烷基是指烷烃分子中去掉一个氢原子而剩下的部分。烷基的通式为 C_nH_{2n+1}，常用 R—表示。常见的烷基有：

$H_3C—$ 甲基　　$CH_3CH_2—$ 乙基　　$CH_3CH_2CH_2—$ 丙基

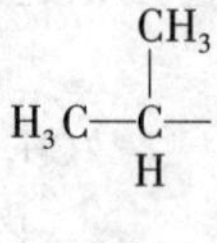

$H_3C—CH(CH_3)—$ 异丙基　　$H_3C—C(CH_3)_2—$ 叔丁基

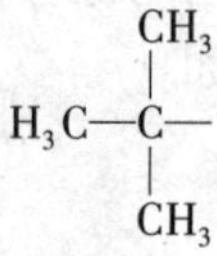

3. 烷烃的命名

1）普通命名法

直链烷烃根据分子中碳原子数目称为“某烷”，碳原子数 10 个以内的烷烃依次称为甲烷、乙烷、丙烷、丁烷、戊烷、己烷、庚烷、辛烷、壬烷、癸烷，10 个碳原子以上的烷烃则用十一烷、十二烷……表示。用“正、异、新”表示结构不同的异构体。“正”代表直链烷烃，“异”指的是仅在末端含有 $H_3C—CH(CH_3)—$ 结构的烷烃，“新”指的是含有 $H_3C—C(CH_3)_2—$ 结构的烷烃。例如：

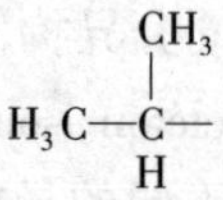

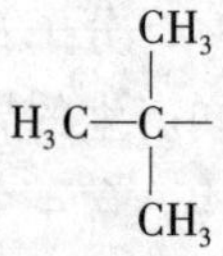

$CH_3—CH_2—CH_2—CH_2—CH_3$ 正戊烷

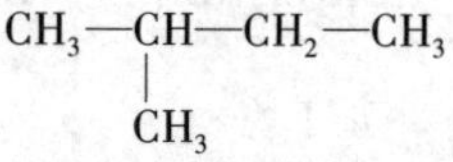

$CH_3—CH(CH_3)—CH_2—CH_3$ 异戊烷

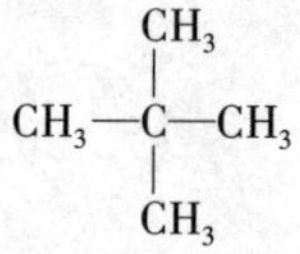

$CH_3—C(CH_3)_2—CH_3$ 新戊烷

普通命名法简单方便，但只能适用于结构比较简单的烷烃。对于比较复杂的烷烃需使用系统命名法。

2）系统命名法

系统命名法采取国际上通用的 IUPAC（International Union of Pure and Applied Chemistry）命名原则，再结合汉字的特点制定而成的。

(1) 选择含碳原子数目最多碳链作为主链，支链作为取代基；按主链所含的碳原子数，称为某“烷”。

(2) 从连有取代基最近的一端开始，将主链的各个碳原子依次用阿拉伯数字编号；取代基的位次用主链碳原子的编号表示，写在取代基之前，并用“-”相连；若是含有相同的取代基，则合并，用二、三、四表示。

(3) 含有不同取代基的烷烃，简单的烷基在前，复杂的烷基在后，并用“-”连接。例如：

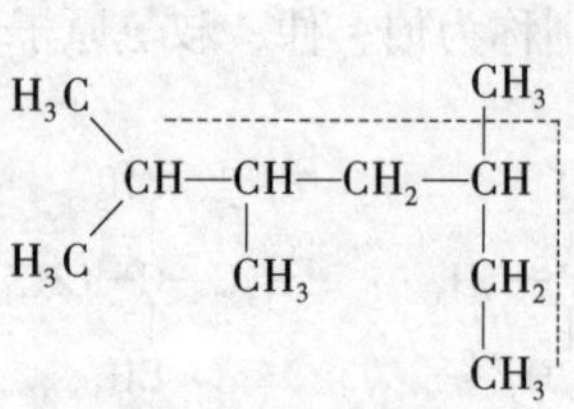

$(H_3C)_2CH—CH(CH_3)—CH_2—CH(CH_3)—CH_2—CH_3$

2,3,5-三甲基庚烷

$(H_3C)_2CH—CH(CH_2CH_3)—CH_2—CH_2—CH_3$

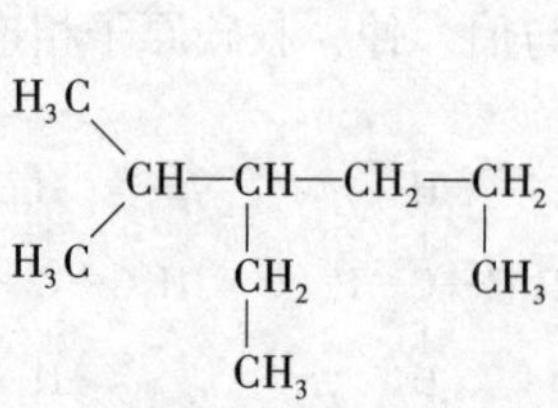

2-甲基-3-乙基己烷

（4）顺序规则。有机化合物中的各种基团可以按照一定的规则来排列先后次序，这个规则称为顺序规则。顺序规则是为了表达某些化合物的立体化学关系，从而决定有关原子或基团的排列顺序的方法。中文命名利用顺序规则规定基团列出顺序。

① 单原子取代基按照原子序数大小排列，原子序数大的在前，原子序数小的在后，有机化合物中常见的元素顺序如下：

$$I > Br > Cl > S > P > O > N > C > D > H$$

② 如果两个多原子基团的第一个原子相同，则比较与它相连的其他原子，比较时，按原子序数排列，先比较最大的，仍相同，再顺序比较居中的、最小的。

③ 含有双键或叁键的基团，可认为连有 2 个或 3 个相同的原子。含有双键或叁键的基团，可认为连有 2 个或 3 个相同的原子。

13.1.4　烷烃的物理性质

有机化合物的物理性质一般是指它们的状态、熔点、沸点、相对密度和溶解度等。烷烃在室温下，随着碳链中碳原子数的递增，出现气体、液体和固体三种状态。一些直链烷烃的物理常数列于表 13-1 中。

表 13-1　一些直链烷烃的物理常数

名　称	沸点/℃	熔点/℃	相对密度
甲烷	-161.7	-182.6	—
乙烷	-88.6	-172.0	—
丙烷	-42.2	-187.1	0.500 5
丁烷	-0.5	-135.0	0.578 8
戊烷	36.1	-129.3	0.626 4
己烷	68.7	-94.0	0.659 4
庚烷	98.4	-90.5	0.683 7
辛烷	125.6	-56.8	0.702 8
壬烷	150.7	-53.7	0.717 9
癸烷	174.0	-29.7	0.729 8
十一烷	195.8	-25.6	0.740 4
十二烷	216.3	-9.6	0.749 3
十三烷	(230)	-6	0.756 8
十四烷	251	5.5	0.763 6
十五烷	268	10	0.768 8
十六烷	280	18.1	0.774 9
十七烷	303	22.0	0.776 7
十八烷	308	28.0	0.776 7
十九烷	330	32.0	0.777 6
二十烷	343	36.4	0.788 6
三十烷	449.7	66	0.775 0

1. 状态

从表 13-1 可以看出，4 个碳以下的直链烷烃为气体，戊烷到十七烷是液体，十八碳以上的烷烃是固体。

2. 熔点和沸点

直链烷烃的沸点随着相对分子质量的递增而升高。一般而言，碳链上每增加一个碳原子，沸点升高 20℃至 30℃。此外，在碳原子数相同的烷烃异构体中，分子结构不同，分子接触面积不同，相互作用力也不同，其中含有支链越多的烷烃，相应的沸点越低。例如，戊烷的异构体正戊烷、2-甲丁烷和 2,2-二甲丙烷，其沸点正戊烷 >2 – 甲丁烷 >2，2 —二甲丙烷。

$H_3C-CH_2-CH_2-CH_2-CH_3$　　$H_3C-CH(CH_3)-CH_2-CH_3$　　$H_3C-C(CH_3)_2-CH_3$

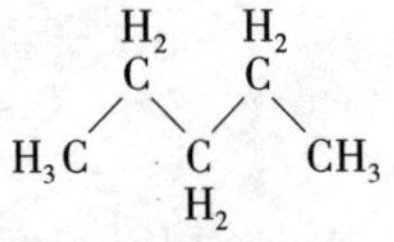

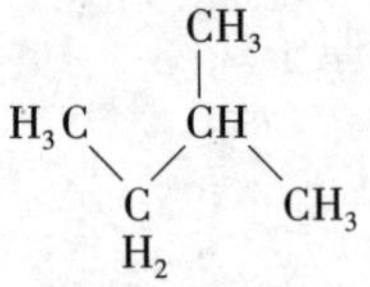

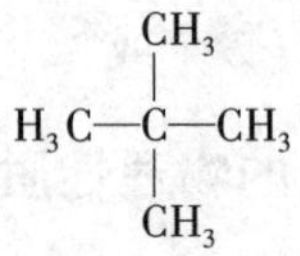

	正戊烷	2-甲丁烷	2,2-二甲丙烷
沸点/℃	36.1	27.9	9.5

直链烷烃的熔点也随着相对分子质量增加而增高，这除了与烷烃分子的质量大小和分子间作用力有关外，还与分子在晶格中的排列有关。分子对称性高，排列比较整齐，分子间吸引力大，熔点就高。在正烷烃中，含奇数碳原子的烷烃其熔点的升高，较含偶数碳原子烷烃的少。这是由于偶数碳原子的烷烃对称性好，分子在晶格中排列紧密，分子间力大，故熔点高。

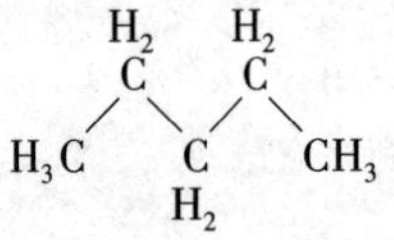

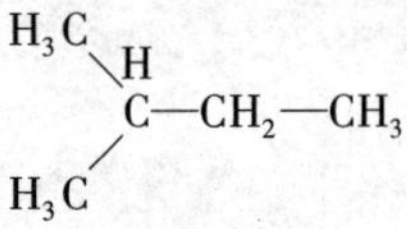

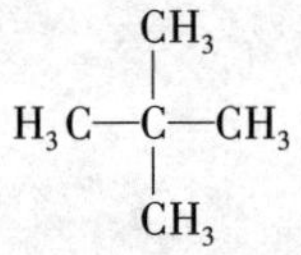

$H_3C-CH_2-CH_2-CH_2-CH_3$　　$(H_3C)_2CH-CH_2-CH_3$　　$H_3C-C(CH_3)_2-CH_3$

	正戊烷	2-甲丁烷	2,2-二甲丙烷
熔点/℃	–130	–160	–17

3. 溶解性

烷烃在水中的溶解度很小，而易溶于有机溶剂。烷烃的溶解度可按照“相似相溶”规则来解释。

4. 密度

烷烃的密度随相对分子质量增大而增大，这也是分子间相互作用的结果。密度增加到一定数值后，相对分子质量增加而密度变化很小。

13.1.5 烷烃的化学性质

有机化合物的结构决定其化学性质。烷烃都是以 σ 键相连，比较稳定，故一般条件下，烷烃与强酸、强碱、强氧化剂以及强还原剂都不发生反应。但是在光照、高温或者过氧化物的作用下，烷烃也可以发生一定的反应。

1. 取代反应

烷烃分子中的氢被其他原子或基团取代的反应叫取代反应（substitution reaction）。在光照或者 250～400℃的温度下，烷烃能够与卤素发生取代反应，生成烃的卤代物和卤化氢。

$$CH_4 + Cl_2 \xrightarrow[\text{或高温}]{\text{光照}} CH_3Cl + HCl$$

反应难以停留在一卤代物阶段，通常得到四种产物的混合物，在工业上常用作溶剂。

$$CH_3Cl + Cl_2 \xrightarrow[\text{或高温}]{\text{光照}} CH_2Cl_2 + HCl$$

$$CH_2Cl_2 + Cl_2 \xrightarrow[\text{或高温}]{\text{光照}} CHCl_3 + HCl$$

$$CHCl_3 + Cl_2 \xrightarrow[\text{或高温}]{\text{光照}} CCl_4 + HCl$$

2. 氧化反应

烷烃在空气中燃烧，生成二氧化碳和水。这类反应叫氧化反应（oxidation reaction）。

$$CH_4 + 2O_2 \longrightarrow CO_2 + 2H_2O + 89\ kJ \cdot mol^{-1}$$

烷烃燃烧能够放出大量的热，产物为水和二氧化碳，绿色环保，因而烷烃可以作为重要的能源。

13.1.6　环烷烃

环烷烃是由碳和氢两种元素组成的环状化合物，饱和环烷烃通式为 C_nH_{2n}。三元环和四元环的烷烃容易发生开环反应，五元环和六元环的烷烃性质与直链烷烃相似，非常稳定。

1. 环烷烃的命名

环烷烃的命名与烷烃的命名相似，即在数目相同的链烷烃的名称前加“环”字。例如：

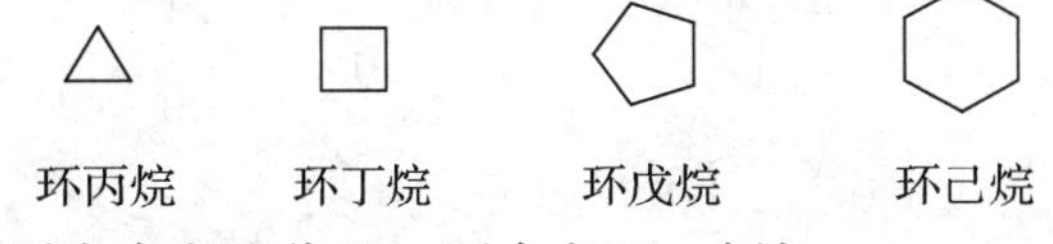

环丙烷　　环丁烷　　环戊烷　　环己烷

若是含有取代基，则先命名取代基，再命名环。例如：

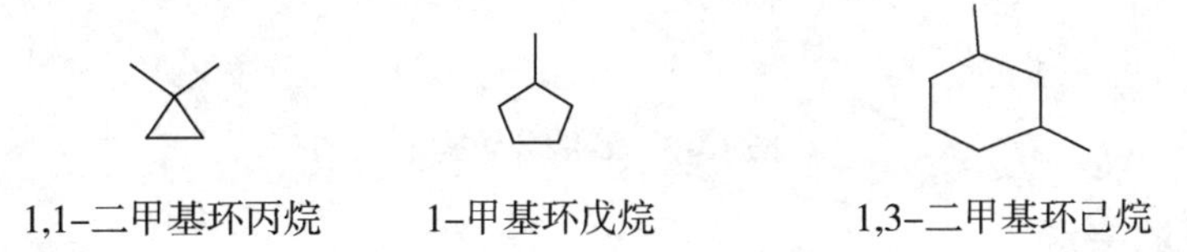

1,1–二甲基环丙烷　　1–甲基环戊烷　　1,3–二甲基环己烷

2. 环烷烃的化学性质

环丙烷和环丁烷等由于存在较大的张力，故容易发生开环反应。

例如：

$$\triangle \xrightarrow{H_2} CH_3CH_2CH_3$$

$$\triangle \xrightarrow[\text{室温，}CCl_4]{HBr} CH_3CH_2CH_2Br$$

$$\triangle \xrightarrow[\text{室温，}CCl_4]{Br_2} \underset{Br}{CH_2}CH_2\underset{Br}{CH_2}$$

$$\square \xrightarrow{H_2} CH_3CH_2CH_2CH_3$$

烷基取代环丙烷与溴化氢进行反应时，环的断裂发生在连接氢原子最多与连接氢原子最少的两个成环碳原子之间，即氢加到含氢较多的成环碳原子上，而溴原子则加到含氢较少的成环碳原子上。

例如：

$$\text{(甲基环丙烷)} \xrightarrow{HBr} H_3C-\underset{}{\overset{Br}{\overset{|}{C}H}}-CH_2\overset{H}{\overset{|}{C}H_2}$$

$$\text{(1,1,2-三甲基环丙烷)} \xrightarrow{HBr} H_3C-\underset{CH_3}{\underset{|}{\overset{Br}{\overset{|}{C}}}}-\underset{CH_3}{\underset{|}{CH}}-\overset{H}{\overset{|}{CH_2}}$$

13.1.7 烷烃的构象

含有两个或两个以上多价原子的有机化合物，由于围绕单键旋转导致分子中其他原子或基团在空间排列不同，分子的这种立体形象称为构象。乙烷分子的碳碳单键在旋转过程中，由于两个甲基的相对位置不同，可以形成无穷个构象，其中一种是两个碳原子的各个氢原子处于相互重叠位置，称为重叠式构象；另一种是一个甲基上的氢原子正好处于另一个甲基上两个氢原子之间的中线上，称为交叉式构象。

重叠式构象能量比交叉式构象能量约高 12.5 kJ · mol^{-1}。在一个分子的所有构象中，能量最低、稳定性最大的构象称为优势构象。例如，乙烷的交叉式构象是优势构象。构象通常用透视式和纽曼投影式表示。如图 13-3 所示，在上述乙烷分子构象中，a 是透视式，b 为纽曼投影式。

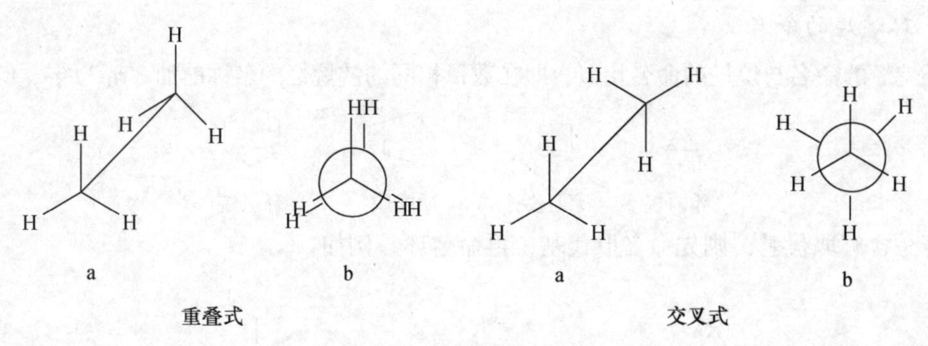

图 13-3 乙烷分子构象

13.1.8 烷烃的来源

烷烃的主要来源是石油和天然气。天然气中包含 75% 的甲烷、15% 的乙烷及 5% 的丙烷，其余的为较高级的烷烃。石油中含有 1～50 个碳原子的链形烷烃及一些环状烷烃，而以环戊烷、环己烷及其衍生物为主。石油经过蒸馏，分成各种馏分，这些馏分列于表 13-2 中。

表 13-2 石油的成分

馏　分	蒸馏温度	碳原子数
石油气	20℃以下	C_1～C_4
石油醚	20～60℃	C_5～C_6
石油英	60～100℃	C_6～C_7
天然汽油	40～205℃	C_5～C_{10}和环烷烃
煤油	175～325℃	C_{12}～C_{18}和芳烃
粗柴油	275℃以上	C_{12}～C_{13}以上
润滑油	不挥发液体	环状结构
沥青或石油焦	不挥发固体	多环结构

石油馏分经催化异构化反应使直链烷烃转变为有支链的烷烃。裂化法使高级烷烃转变为较小的烷烃和烯烃，从而提高了汽油的产量。裂化法甚至被用于生产“天然气”。催化重整法使烷烃和环烷烃转变为芳香烃，从而有助于为大规模合成另一类化合物提供原料。

13.2　烯烃和炔烃

烯烃（alkene）是指含有碳碳双键的不饱和烃，碳碳双键（—HC═CH—）是烯烃的官能团。含有碳碳叁键的不饱和烃为炔（alkyne），其官能团为碳碳叁键（—C≡C—）。

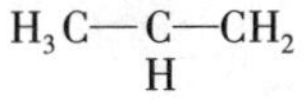

$H_3C—C(H)—CH_2$　　$H_3C—C≡C—CH_3$　　$H_2C═C(H)—C_6H_5$　　$HC≡C—C_6H_5$

丙烯 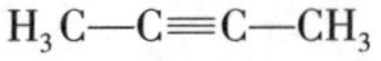　　2-丁炔 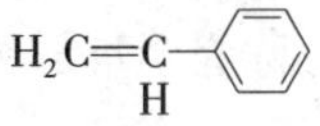　　苯乙烯 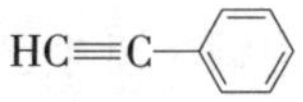　　苯乙炔

13.2.1　烯和炔的结构

乙烯是结构最简单的烯烃。在乙烯分子中，两个碳原子各以一个 sp^2 轨道重叠形成一个碳碳 σ 键，碳碳键长为 134 pm；又各以两个 sp^2 轨道和四个氢原子的 1 s 轨道形成四个碳氢 σ 键，键角为 121.6°和 116.7°，键长为 110 pm；五个 σ 键都在同一平面上。此外，碳原子的 p_y 轨道以肩并肩的方式重叠组成 π 轨道。乙烯分子中的碳碳双键是由一个 σ 键和一个 π 键组成的，如图 13-4 所示。

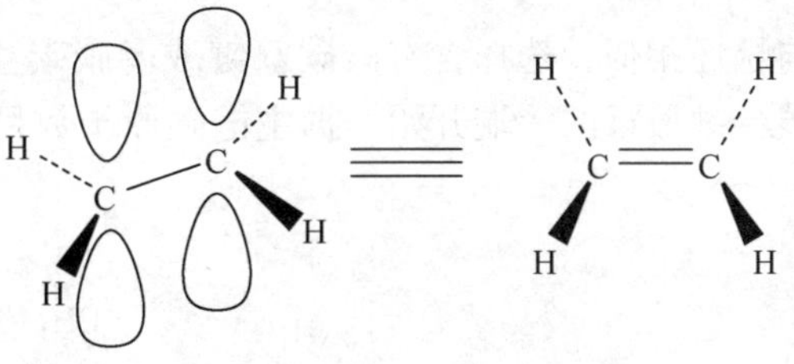

图 13-4　乙烯分子结构图示

乙炔的分子式是 C_2H_2，构造式 H—C≡C—H，碳原子采取 sp 杂化形式，键角为 180°。在乙炔分子中，两个碳原子以 sp 杂化轨道互相重叠，形成碳碳 σ 键；另外一个 sp 杂化轨道分别与一个氢原子的 1s 轨道重叠形成碳氢 σ 键。此外，碳原子未参与杂化的 p 轨道（p_x，p_y）与另一个碳原子的（p_x，p_y）轨道重叠形成两个互相垂直的 π 键。因而乙炔分子中的叁键是由一个 σ 键和两个 π 键组成的。

烯烃、炔烃和烷烃相似，也有同分异构现象。除去碳架异构体之外，还存在官能团（双键或叁键的位次）异构。例如：

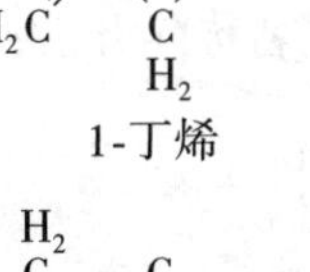

1-丁烯 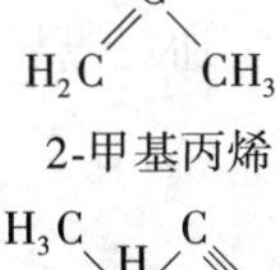　　2-甲基丙烯 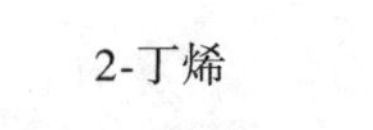　　2-丁烯

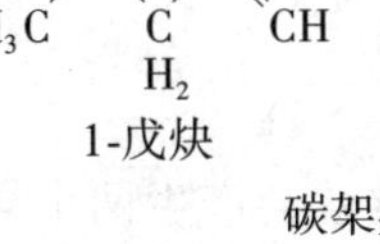

1-戊炔 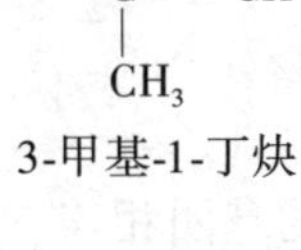　　3-甲基-1-丁炔 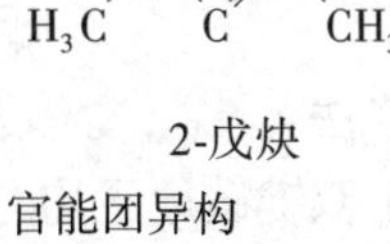　　2-戊炔

碳架异构　　官能团异构

乙烯是平面结构，碳碳双键不能够旋转，因此，当两个双键碳原子连接两个不同的原子或基团时，可能产生如下不同的空间排布方式。

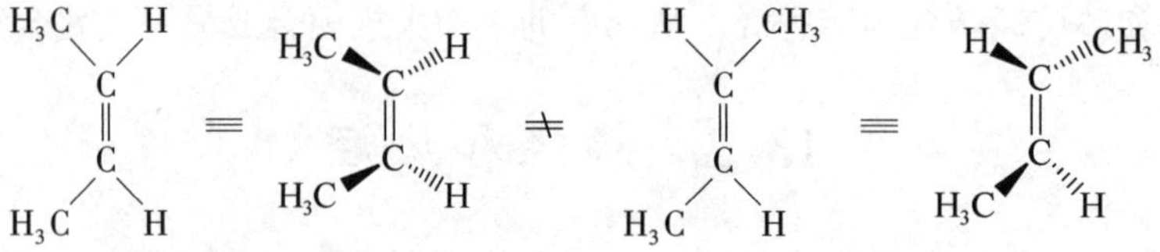

顺丁-2-烯　　反丁-2-烯

这种由于空间排列不同而形成的异构现象称为构型异构体。构型异构体是一种立体异构体，通常用顺、反来区别，称为顺反异构体。

顺反异构体在一定条件下可相互转化。

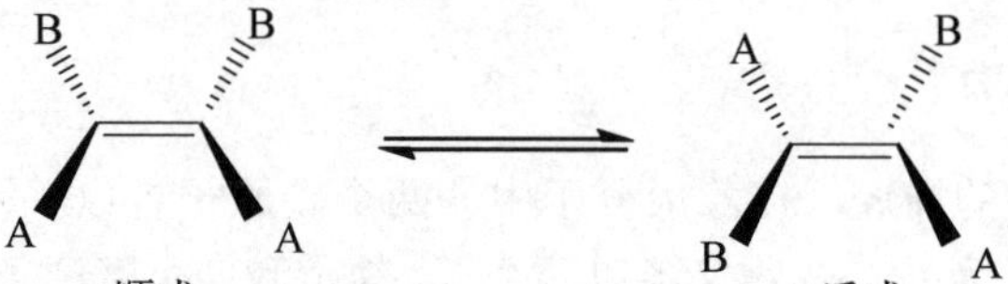

顺式　　反式

13.2.2 烯烃和炔烃的命名

1. 构造异构体的系统命名

烯烃和炔烃的命名与烷烃相似，选择含有碳碳双键或者碳碳叁键的碳链作为主链，编号以靠近碳碳双键或碳碳叁键最近的一端开始。据主链碳原子数目的多少称为“某烯”或“某炔”。

例如：

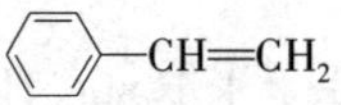

苯基乙烯 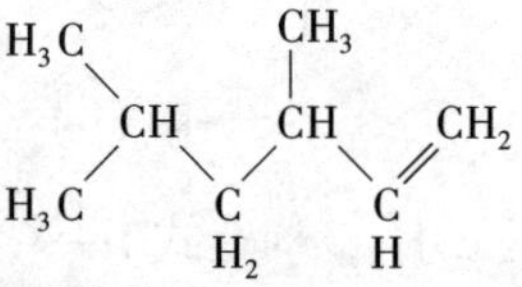　　3,5-二甲基己-1-烯

己 1-炔 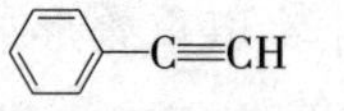　　苯基乙炔

2. 烯烃顺反异构体的命名

烃的顺反异构体的命名可以采取顺反命名法和 Z、E 命名法。

1）顺反命名法

顺式结构是指与碳碳双键相连的相同基团在双键的同侧，在名称前冠以“顺”字；反之为反式结构，冠以“反”字。顺、反二字加短线与系统名称隔开。例如：

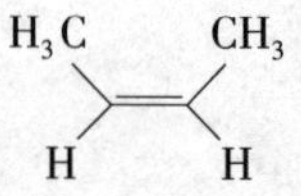

顺丁-2-烯 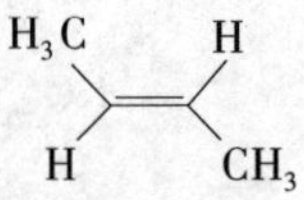　　反丁-2-烯

2）Z、E 命名法

若分子中两个双键碳原子均与不同的基团相连，这时就会产生两个异构体，可以采用

Z、E 构型来标示这两个异构体。用“次序规则”来决定 Z、E 的构型。当与双键 C1 所连接的两个原子或基团中原子序数大的与 C2 所连原子序数大的原子或基团处在平面同一侧时为 Z 构型（德文，Zusammen，同一侧的意思），命名时在名称的前面附以 Z 字；反之，若不在同一侧的则为 E 构型（德文，Entgegen，相反的意思），命名时在名称前面附以 E 字。

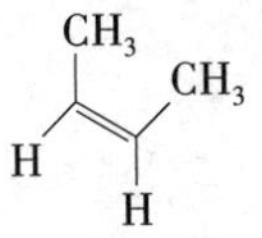

Z 丁-2-烯 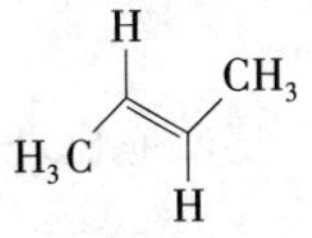　　E 丁-2-烯

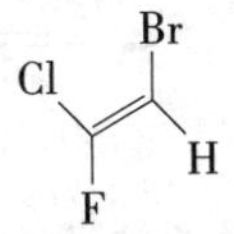

Z-1-氟-1-氯-2-溴乙烯 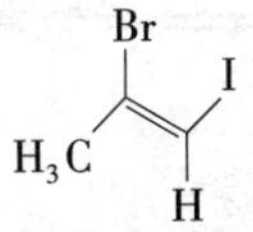　　Z-2-溴-1-碘丙烯

13.2.3　烯烃和炔烃的物理性质

与烷烃相似，在常温下，含有碳原子数在 2～4 个的烯烃和炔烃为气体，碳原子数在 5～18 个烯烃和 5～17 个炔烃的为液体，碳原子数大于 18 的烯烃和炔烃为固体。烯烃和炔烃的沸点、熔点、密度都随相对分子质量的增加而上升，密度都小于 1，均为无色物质，溶于有机溶剂而不溶于水。

烯烃顺反异构体的物理性质如偶极距、沸点等有差异。例如：

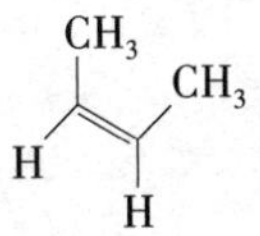

顺丁-2-烯　$\mu = 2.95\mathrm{D}$

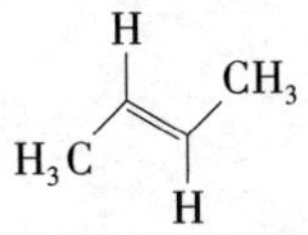

反丁-2-烯　$\mu = 0$

13.2.4　烯烃和炔烃的化学性质

由于 π 键是通过侧面重叠形成的，故双键碳原子不能再以碳碳 σ 键为轴自由旋转，否则将会导致 π 键的断裂而发生化学反应。

1. 加成反应的定义

两个或多个分子相互作用，生成一个加成产物的反应称为加成反应。

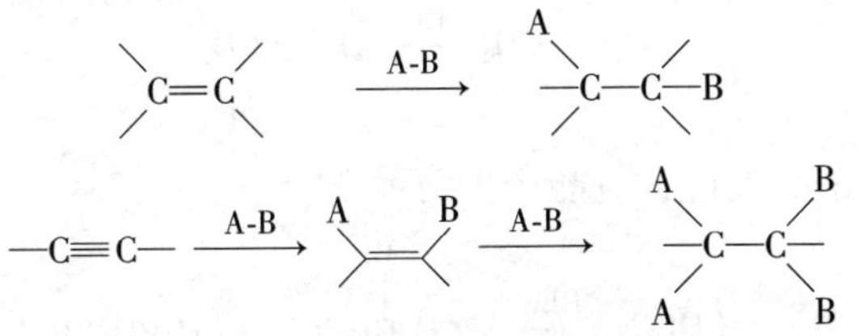

$$\mathrm{C{=}C} \xrightarrow{\text{A-B}} \mathrm{A{-}C{-}C{-}B}$$

$$\mathrm{{-}C{\equiv}C{-}} \xrightarrow{\text{A-B}} \mathrm{A{-}C{=}C{-}B} \xrightarrow{\text{A-B}} \mathrm{A_2C{-}CB_2}$$

2. 与卤素反应

溴的四氯化碳溶液与烯烃或炔烃反应时，红棕色消失。通常利用这个反应在实验室里检验烯烃或炔烃。

$$H_2C{=}CH(CH_3) \xrightarrow{Br_2/CCl_4} CH_2BrCBrCH_3$$

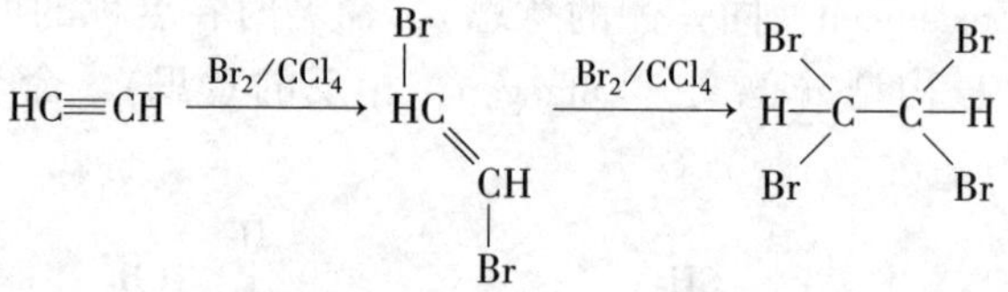

$$HC{\equiv}CH \xrightarrow{Br_2/CCl_4} BrHC{=}CHBr \xrightarrow{Br_2/CCl_4} H{-}CBr_2{-}CBr_2{-}H$$

烯烃与溴的亲电加成，其反应机理如下：

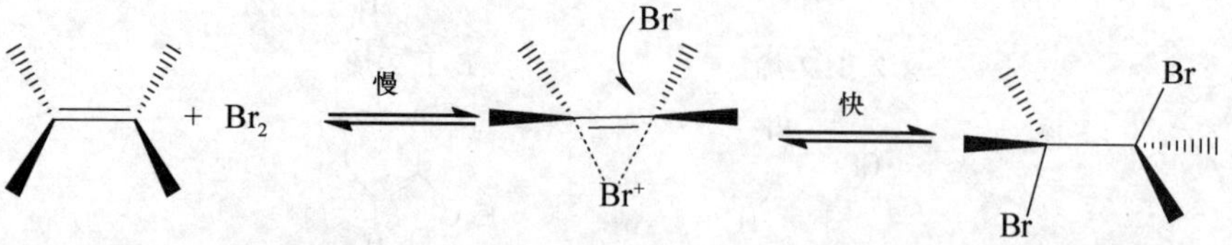

$$\text{烯烃} + Br_2 \xrightleftharpoons{\text{慢}} \text{溴鎓离子}(Br^+) \xrightarrow{Br^-} \xrightleftharpoons{\text{快}} \text{反式二溴代物}$$

首先，烯烃与溴形成溴鎓离子中间体，然后溴离子从背面进攻溴鎓离子，形成加成产物。总的结果是试剂的两部分在烯烃的两边发生反应，得到反式加成的产物。

烯烃与卤素在高温下（500～600℃），则与 α-H 发生自由基取代反应。例如丙烯在高温下，能够和氯气作用生成氯丙烯。氯丙烯是常用的工业原料。

$$H_2C{=}CH{-}CH_3 \xrightarrow[Cl_2]{\text{高温}} H_2C{=}CH{-}CH_2Cl$$

在实验室内，常用 N-溴代丁二酰亚胺（简称 NBS）作为溴代试剂。NBS 的结构式为

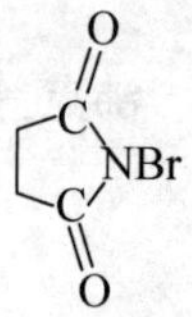

O, C, NBr, C, O

例如，在光或过氧化物的作用下，N-溴代丁二酰亚胺与烯烃反应，生成 α-溴代烯烃。

$$C_6H_5CH_3 \xrightarrow[CCl_4,\text{过氧化物}]{NBS} C_6H_5CH_2Br$$

3. 与 HX 加成马氏规则

烯烃与卤化氢发生加成反应，生成相应的卤化物。

$$H_2C{=}CH_2 \xrightarrow{HBr} H_3C{-}CH_2Br$$

$$H_2C{=}CH_2 \xrightarrow{HCl} H_3C{-}CH_2Cl$$

对于不对称烯烃与氢溴酸的反应，可能产生两种产物。

$$H_2C{=}CHCH_3 \xrightarrow{HBr} CH_3CHBrCH_3 + CH_3CH_2CH_2Br$$

实验证明，丙烯与氢溴酸反应得到是 2-溴丙烷，而不是 1-溴丙烷。即卤化氢等极性试剂与不对称烯烃发生亲电加成反应时，氢原子加在含氢较多的双键碳原子上，卤素加在含氢较少的双键碳原子上，这个规则最早是由俄国化学家马尔科夫尼科夫（Markovnikov）发

现的，称为马尔科夫尼科夫规则，简称马氏规则。例如：

$$H_3C-\overset{\displaystyle CH_3}{\overset{|}{C}}=CH_2 \xrightarrow{HCl} H_3C-\underset{\displaystyle Cl}{\underset{|}{\overset{\displaystyle CH_3}{\overset{|}{C}}}}-CH_3$$

$$H_3C-\overset{\displaystyle CH_3}{\overset{|}{C}}=CH_2 \xrightarrow{HBr} H_3C-\underset{\displaystyle Br}{\underset{|}{\overset{\displaystyle CH_3}{\overset{|}{C}}}}-CH_3$$

马氏规则可通过中间体碳正离子的稳定性进行解释。例如丙烯和溴化氢加成，第一步产生的中间体有以下两种可能。

$$H_2C=CH-CH_3 \xrightarrow{HBr} \begin{cases} H_3C-\overset{\displaystyle H}{\overset{|}{\underset{+}{C}}}-CH_3 & a \\ H_3C-\overset{+}{C}-CH_2CH_3 & b \end{cases}$$

由于碳正离子 a 比碳正离子 b 稳定，因而 a 更容易生成，故丙烯与溴化氢的反应产物为 2-溴丙烷。碳正离子的稳定性与其结构有关，一般烷基碳正离子的稳定性顺序为：3° >2° >1°。

$$H_3C-\underset{\displaystyle CH_3}{\underset{|}{\overset{\displaystyle CH_3}{\overset{|}{C^+}}}} \qquad H_3C-\underset{\displaystyle CH_3}{\underset{|}{\overset{\displaystyle H}{\overset{|}{C^+}}}} \qquad H_3C-\underset{\displaystyle H}{\underset{|}{\overset{\displaystyle H}{\overset{|}{C^+}}}}$$

稳定性降低 ⟹

溴化氢在光照或者过氧化物的作用下，与丙烯反应，生成正溴丙烷。

$$H_2C=CHCH_3 \xrightarrow[\text{过氧化物}]{HBr} CH_3CH_2CH_2Br$$

产物与按照马氏规则相反，是一个反马氏加成。该反应的机理为自由基加成反应。

4. 与次卤酸反应

溴水或者氯水在碱性溶液中与烯烃发生加成反应，生成 β-卤代醇，反应遵循马氏规则。例如，环己烯与氯在碱性条件下反应生成 E-2-氯环己醇。

$$\text{环己烯} \xrightarrow[OH^-]{Cl_2} \text{2-氯环己醇（OH, Cl）}$$

5. 与水反应

在酸的催化下，水与烯烃发生加成反应，生成产物为醇。不对称烯烃与水的加成反应也遵循马氏规则。此法是直接水合成醇，适用于制备不易重排的醇，如乙醇、异丙醇。

$$H_2C=CH_2 \xrightarrow[H^+]{H_2O} CH_3CH_2OH$$

$$H_2C=CH-CH_3 \xrightarrow[H^+]{H_2O} CH_3-\overset{\displaystyle CH_3}{\overset{|}{CH}}-OH$$

炔烃和水的加成常用汞盐作催化剂，其产物为醛或酮。乙炔与水作用的产物为乙醛，其他端位炔与水作用得到甲基酮。

$$HC\equiv CH \xrightarrow[Hg^{2+}]{H_2O,\ H^+} H_3C-C(=O)-H$$

$$R-C\equiv CH \xrightarrow[Hg^{2+}]{H_2O,\ H^+} R-C(=O)-CH_3$$

6. 加氢反应

在适当的催化剂存在下，烯烃、炔烃与氢气进行加成反应，生成相应的烷烃。

$$H_3C-CH=CH_2 \xrightarrow[Pt]{H_2} H_3C-CH_2-CH_3$$

$$H_3C-C\equiv CH \xrightarrow[Pt]{H_2} H_3C-CH_2-CH_3$$

若用林德拉（Lindlar）催化剂（钯吸附在碳酸钙上，并加入少量抑制剂——醋酸铅，使催化剂活性降低）进行炔烃的催化氢化反应，可得到顺式的烯烃。例如，丁2-炔在该催化剂的作用下，还原氢化得到顺丁-2-烯。

$$H_3C-C\equiv C-CH_3 \xrightarrow[H_2]{Pd/CaCO_3} (H_3C)(H)C=C(H)(CH_3)$$

炔烃在液氨中用金属钠还原，主要生产反式烯烃的衍生物。例如：

$$H_3C-C\equiv C-CH_3 \xrightarrow[NH_3(l)]{Na} (H)(H_3C)C=C(CH_3)(H)$$

7. 氧化反应

烯烃能够与稀碱性高锰酸钾溶液反应，生成邻二醇类化合物，高锰酸钾的紫色消失，同时产生褐色的二氧化锰沉淀。烷烃与高锰酸钾不反应，因而可以用高锰酸钾来鉴别烯烃与烷烃。

$$\text{C=C} \xrightarrow[H_2O,\ OH^-]{KMnO_4} \text{HO}-\text{C}-\text{C}-\text{OH}$$

炔烃也可以被高锰酸钾溶液氧化，碳碳叁键断裂，生成羧酸。

$$C_4H_9-C\equiv CH \xrightarrow[H_2O,\ OH^-]{KMnO_4} C_4H_9-COOH + CO_2\uparrow + H_2O$$

8. 炔烃的活泼氢反应

1）炔烃的酸性

末端炔基氢有一定的酸性。例如，金属钠能与乙炔作用生成乙炔钠，并放出氢气。

$$HC\equiv CH \xrightarrow{Na} HC\equiv C^-\ Na^+ + 1/2H_2\uparrow$$

当乙炔和钠氨放在一起时，得到乙炔钠，放出氨气。

$$HC\equiv CH + NaNH_2 \longrightarrow NC\equiv C^-\ Na^+ + NH_3\uparrow$$

为什么乙炔的氢有酸性，而乙烷、乙烯的氢没有酸性？这是因为乙炔的碳氢键是由

sp-s轨道组成，而乙烷的碳氢键是由 sp^3-s 轨道组成，乙烯的碳氢键是由 sp^2-s 轨道组成。由于 sp 轨道中 s 成分多，电子云离碳核近，结合紧密，所以乙炔可以形成较稳定的乙炔负离子，使乙炔基上的氢显酸性。从表 13-3 中 pK_a 的数据就可看出乙烷、乙烯与乙炔酸性的差别。

表 13-3　几种烃与水、氨的 pK_a 值

名　　称	H_2O	$HC\equiv CH$	NH_3	$H_2C=CH_2$	H_3C-CH_3
$\boldsymbol{pK_a}$	15.7	25	34	36.5	42

2）炔烃的鉴定

末端炔烃能够与 Ag^+、Cu^{2+} 等反应，分别生成炔银和炔铜。例如乙炔与硝酸银或氯化亚铜的氨溶液作用，生成白色的炔银或红色的炔铜沉淀。

$$HC\equiv CH \xrightarrow[NH_3H_2O]{AgNO_3} HC\equiv CAg\downarrow$$

$$H_3C-C\equiv CH \xrightarrow{Cu(NH_3)_2Cl} H_3C-C\equiv CCu\downarrow$$

炔银或炔铜等重金属炔化物在水相中较稳定，干燥或受热时易发生爆炸，因此，实验结束时，应立即用酸处理。

13.3　芳 香 烃

芳烃，也叫芳香烃，一般是指分子中含苯环结构的碳氢化合物。

13.3.1　苯的结构

苯的化学式为 C_6H_6，碳氢比为 1。与烯烃和炔烃相比较，苯的性质非常稳定，既不能被高锰酸钾等氧化剂氧化，也不能与卤素、卤化氢等进行加成反应，相反却容易发生取代发应。

现代物理方法证明，苯分子是一个平面正六边形构型，键角都是 120°；碳氢键键长为 108 pm；碳碳键长是均等的，约为 140 pm，比碳碳单键 154 pm 短，比碳碳双键 134 pm 长。杂化轨道理论认为，苯分子中的碳原子都是以 sp^2 杂化轨道成键，键角均为 120°，所有原子均在同一平面上。未参与杂化的 p 轨道都垂直于碳环平面，彼此侧面重叠，形成一个封闭的共轭体系。由于共轭效应使 π 电子高度离域，电子云完全平均化，故苯分子无单双键之分，如图 13-5 所示。

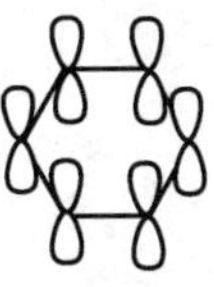
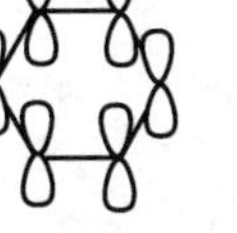

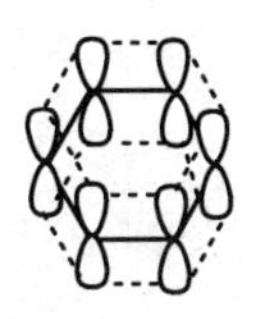
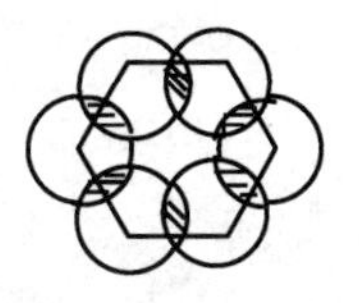

图 13-5　苯分子中的 p 轨道

苯的结构表达式，文献中常用 ⌬ 或者 ⌬ 来表示苯。

13.3.2 芳烃的命名

1. 苯基的概念

芳烃分子去掉一个氢原子所剩下的基团称为芳基（Aryl），用 Ar 表示。重要的芳基有苯基和苄基。

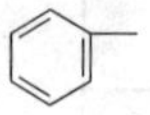

苯基，用 Ph 或 ϕ 表示

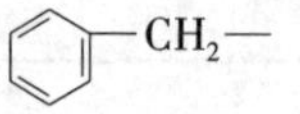

$C_6H_5-CH_2-$ 苄基（苯甲基），用 Bz 表示

2. 一元取代苯的命名

（1）当苯环上连接的是烷基（R—），$-NO_2$，—X 等基团时，以苯环为母体，称为“某”基苯。例如：

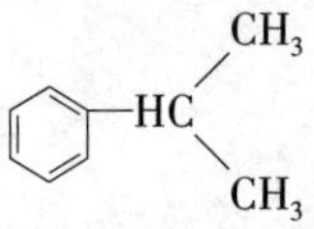

异丙基苯 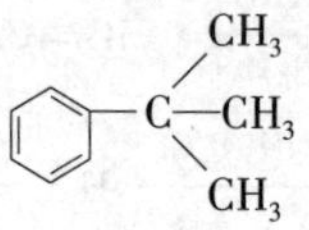　叔丁基苯 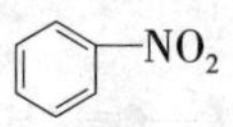　硝基苯 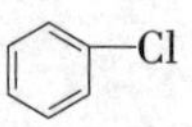　氯苯

（2）当苯环上连有—COOH，$-SO_3H$，$-NH_2$，—OH，—CHO，$-CH=CH_2$ 或 R 基团较复杂时，则把苯环作为取代基。例如：

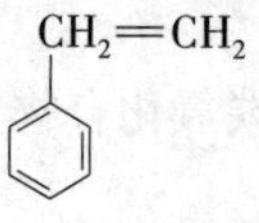

$CH_2=CH_2$ 苯乙烯

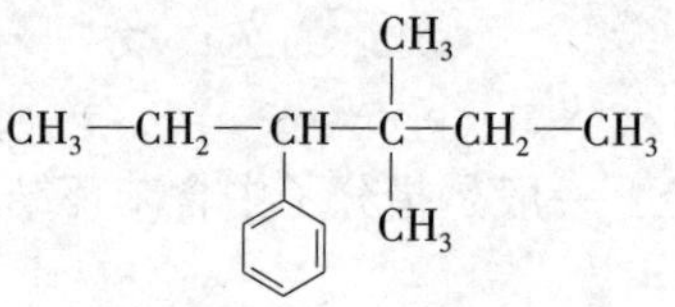

$CH_3-CH_2-CH(C_6H_5)-C(CH_3)_2-CH_2-CH_3$ 3,3-二甲基-4-苯基己烷

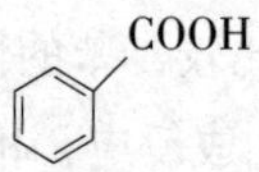

COOH 苯甲酸　SO_3H 苯磺酸　CHO 苯甲醛

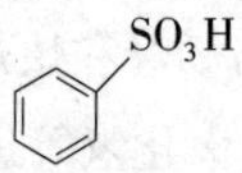

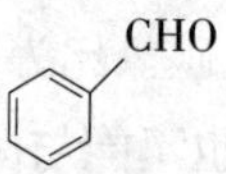

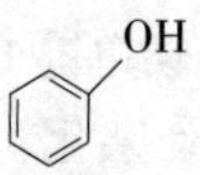

OH 苯酚　NH_2 苯胺

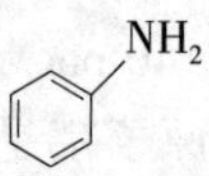

3. 二元取代苯的命名

对于二元取代苯，通常用邻、间、对或 1,2；1,3；1,4 标明取代基的位置，称作某苯。例如：

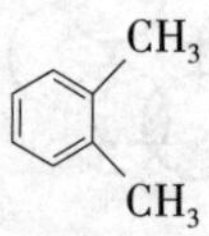

邻二甲苯（1,2-二甲苯） 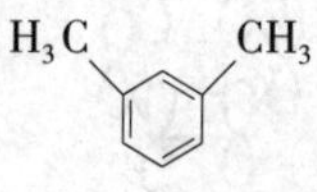　间二甲苯（1,3-二甲苯） 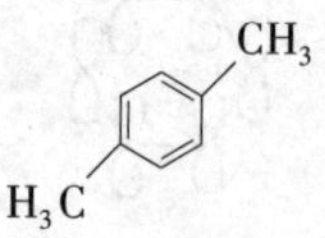　对二甲苯（1,4-二甲苯）

4. 多元取代苯的命名

（1）取代基的位置用邻、间、对或 2，3，4，……表示。

（2）母体选择原则。按以下排列次序：$—NO_2$，—X，—OR（烷氧基），—R（烷基），$—NH_2$，—OH，—COR，—CHO，—CN，$—CONH_2$（酰胺），—COX（酰卤），—COOR（酯），$—SO_3H$，—COOH 等。排在后面的为母体，排在前面的作为取代基。例如：

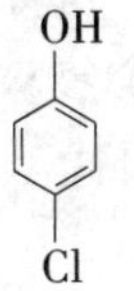

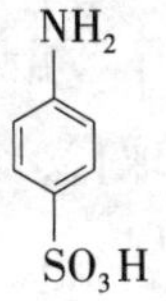

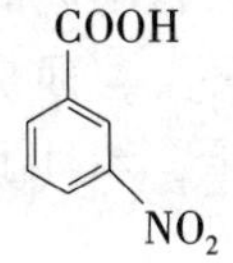

对氯苯酚　对氨基苯磺酸　间硝基苯甲酸

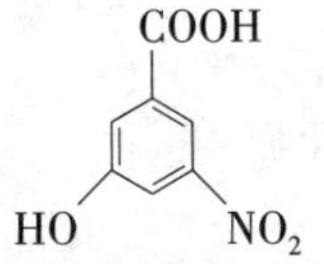

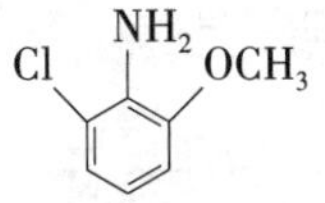

3-硝基-5-羟基-苯甲酸　2-甲氧基-6-氯苯胺

13.3.3 异构现象

芳烃与烷烃、烯烃一样，有碳架异构现象。例如，正丙基苯与异丙基苯。

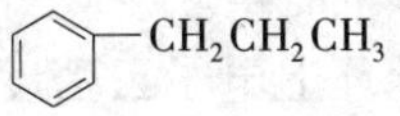

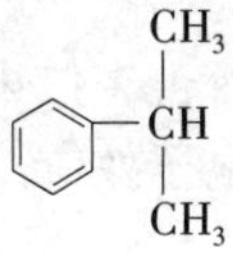

$$C_6H_5—CH_2CH_2CH_3 \qquad C_6H_5—CH(CH_3)_2$$

芳烃除去碳架异构之外，还有苯环上的位置异构现象。例如，二元取代苯有三种位置异构，三元取代苯有三种位置异构。

二元取代苯

三元取代苯

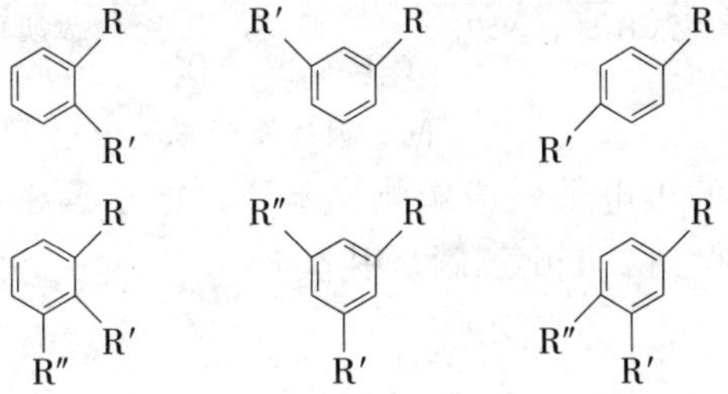

13.3.4 苯及其同系物的物理性质

苯及其同系物一般是无色液体，相对密度为0.86～0.93，不溶于水，易溶于乙醚、石油醚、乙醇等多种有机溶剂，同时它们本身也是良好的有机溶剂。苯及其同系物具有特殊气味，液体单环芳烃与皮肤长期接触，会造成皮肤脱水或脱脂而引起皮炎，使用时要避免与皮肤接触。单环芳烃具有一定的毒性，长期接触能损坏造血器官及神经系统，大量使用时应注意防毒。

13.3.5 芳烃的化学性质

1. 卤化反应

苯与氯、溴在铁或三卤化铁等催化剂存在的条件下，苯环上的氢原子被氯、溴取代，生成氯苯和溴苯。

$$C_6H_6 + Br_2 \xrightarrow[55\sim60°C]{Fe\text{或}FeBr_3} C_6H_5Br + HBr$$

溴苯

烷基苯与卤素反应时，在不同的介质下，其产物不同。例如，在光照或者加热的状态下，甲苯卤化不发生在芳环上，而是在侧链上，甲苯的三个氢被依次取代，生产卤代烷基苯；而在三氯化铁的作用下，苯环上的氢被取代，产物为卤代苯。

$$C_6H_5CH_3 + Cl_2 \xrightarrow{FeCl_3} \text{o-}ClC_6H_4CH_3 + Cl\text{—}C_6H_4\text{—}CH_3 + HCl$$

$$C_6H_5CH_3 + Cl_2 \xrightarrow[\text{光照}]{Cl_2} C_6H_5CH_2Cl \xrightarrow[\text{光照}]{Cl_2} C_6H_5CHCl_2 \xrightarrow[\text{光照}]{Cl_2} C_6H_5CCl_3$$

2. *硝化反应*

苯与浓硝酸和浓硫酸的混合物共热，苯环上的氢原子可被硝基（$—NO_2$）取代而生成硝基苯。

$$C_6H_6 + HNO_3 \xrightarrow[50\sim60℃]{\text{浓}H_2SO_4} C_6H_5\text{—}NO_2 + H_2O$$

硝基苯为浅黄色油状液体，有苦杏仁味，其蒸气有毒。

硝基苯中由于硝基的吸电子效应，使得苯环上电子云密度降低，因而硝基苯的硝化比苯难。

$$C_6H_5NO_2 \xrightarrow[\text{浓}H_2SO_4,\ 95℃]{\text{发烟}HNO_3} \text{m-}C_6H_4(NO_2)_2 \xrightarrow[\text{发烟}H_2SO_4]{\text{发烟}HNO_3,\ 110℃} 1,3,5\text{-}C_6H_3(NO_2)_3$$

间二硝基苯 88%　　极少量

烷基苯受烷基的供电子效应影响，苯环上电子云密度增加，故比苯硝化要容易。例如，甲苯经硝化可得到2,4,6-三硝基甲苯。

$$C_6H_5CH_3 \xrightarrow[30℃]{\text{混酸}} \text{o-}CH_3C_6H_4NO_2 + \text{p-}CH_3C_6H_4NO_2 \xrightarrow[60℃]{\text{混酸}} 2,4\text{-}(NO_2)_2C_6H_3CH_3 \xrightarrow[110℃]{\text{混酸}} 2,4,6\text{-}(NO_2)_3C_6H_2CH_3$$

2,4,6-三硝基甲苯

2,4,6-三硝基甲苯又名TNT，是淡黄色针状结晶，无臭，有吸湿性。TNT一直是综合性能最好的炸药，被称为“炸药之王”。

3. *傅瑞德尔-克拉夫茨（Friedel-Crafts）反应*

Friedel-Crafts反应，简称傅-克反应。在无水三氯化铝的催化下，苯环上的氢原子被烷基取代的反应，称为烷基化反应；被酰基取代的反应称为酰基化反应。烷基化反应和酰基化反应统称为做傅-克反应。

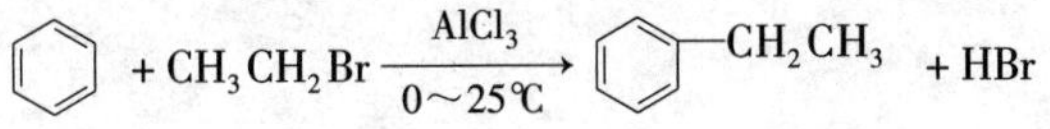

$$C_6H_6 + CH_3CH_2Br \xrightarrow[0\sim25℃]{AlCl_3} C_6H_5{-}CH_2CH_3 + HBr$$

76%

$$C_6H_6 + CH_3C(=O)Cl \xrightarrow{AlCl_3} C_6H_5C(=O)CH_3 + HCl$$

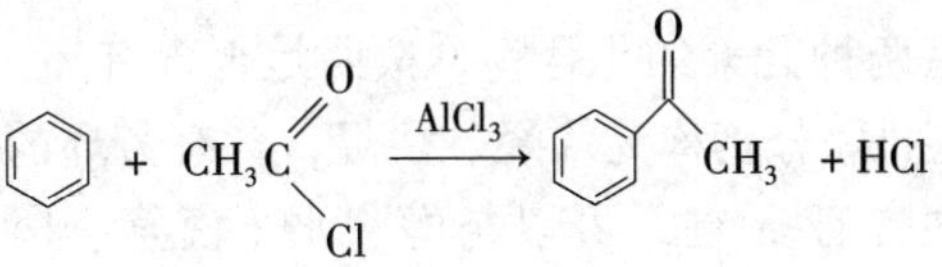

乙酰氯　　甲基苯基酮

苯乙酮　97%

4. 氧化反应

苯环不易被高锰酸钾等氧化，但烷基取代的苯易被氧化。不论侧链长短，氧化反应总是发生在与苯环直接相连的碳上，生成只有一个碳的羧酸。

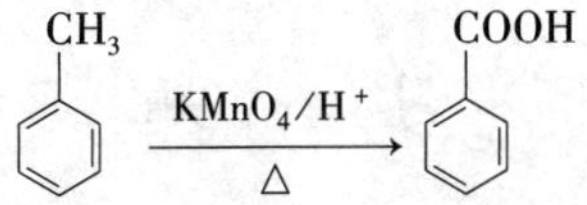

$$C_6H_5CH_3 \xrightarrow[\triangle]{KMnO_4/H^+} C_6H_5COOH$$

苯甲酸

$$m\text{-}CH_3C_6H_4CH_2CH_3 \xrightarrow[\triangle]{KMnO_4/H^+} m\text{-}C_6H_4(COOH)_2$$

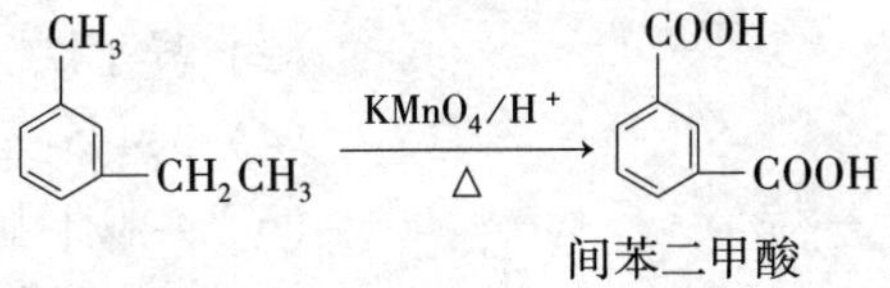

间苯二甲酸

但是，如果与苯环相连的碳原子上无氢原子，则不能被氧化。

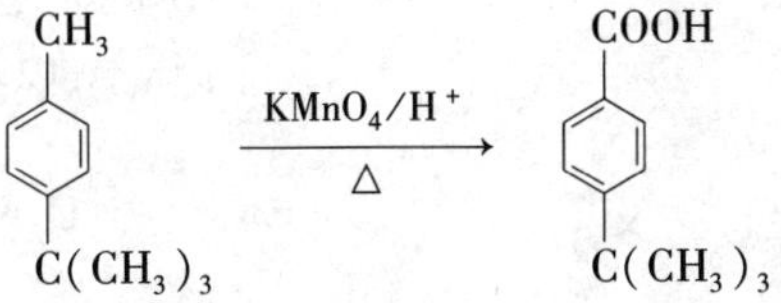

$$p\text{-}CH_3C_6H_4C(CH_3)_3 \xrightarrow[\triangle]{KMnO_4/H^+} p\text{-}HOOC{-}C_6H_4C(CH_3)_3$$

对叔丁基苯甲酸

13.3.6　稠环芳烃简介

重要的稠环芳烃有萘、蒽、菲等，它们是合成染料和药物的重要原料，也是一些天然产物的基本骨架。

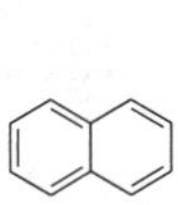

萘 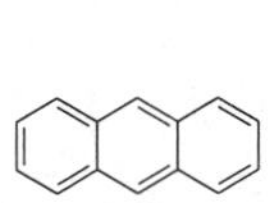　　蒽 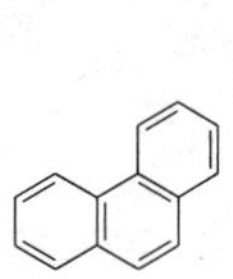　　菲

萘是一种白色的晶体，分子式 $C_{10}H_8$，易挥发并有特殊气味，主要用于生产邻苯二甲酸酐、染料中间体、橡胶助剂和杀虫剂等。蒽是含三个环的稠环芳烃，分子式为 $C_{14}H_{10}$。蒽为片状晶体，具有蓝紫色荧光，其异构体为菲。

并五苯（Pentacene）为五个并排苯环的稠环芳烃，其结构式为：

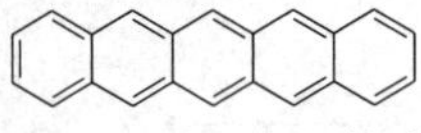

并五苯是一种非常有前途的半导体材料，它的导电性能接近于电子工业的基石单晶硅，但是却比硅价格便宜、重量轻，故其在薄膜晶体管、场效应晶体管、光电池方面具有广泛应用前景。

小 结

1. 烃是指只含有碳氢两种元素的化合物。按照是否含有环，烃可分为链烃和环烃。含有双键、叁键等不饱和键的烃分别称为烯烃、炔烃，含有芳环的称为芳香烃。

2. 烯烃和炔烃分子中含有 π 键，可以与醇、水、卤素、卤化氢、氢气等发生加成反应，也可以被 $KMnO_4$ 等氧化。

3. 烯烃的加成反应机理有碳正离子机理和自由基机理两种，前者加成产物为马氏规则产物，后者为反马氏规则产物。

4. 芳香烃的反应有苯环上的反应和侧链上的反应。苯环上的反应主要有傅- 克烷基化反应、傅- 克酰基化反应及卤代反应等，侧链上主要表现在 α- 氢的反应。

习 题

1. 写出下列物质的结构式或名称。

(1) 新戊烷　(2) 异丁烷

(3) 异戊烷　(4) 3,4,5-三甲基-4-丙基庚烷

(5) 6-(3-甲基丁基)十一烷　(6) 4-叔丁基庚烷

(7) 2-甲基十七烷　(8) 对-氯甲苯

(9) 2，4，6-三硝基甲苯　(10) 对-氨基苯磺酸

(11) 2-甲基戊-2-烯　(12) 3-甲基丁-1-炔

(13) 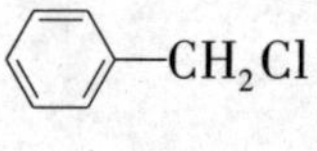 C_6H_5—CH_2Cl（苯环—CH_2Cl）

(14) 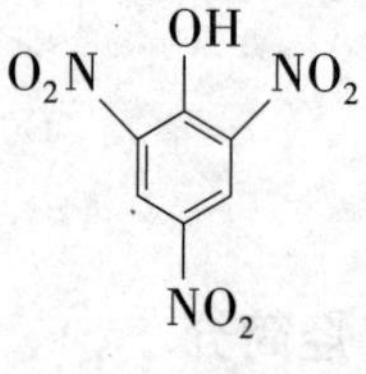 苯环：1-OH，2,6-位 NO_2（O_2N、NO_2），4-位 NO_2

(15) 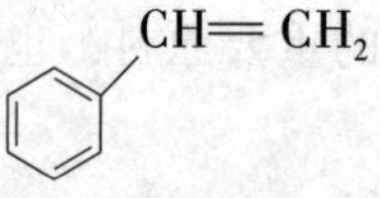 苯环—CH═CH_2

(16) 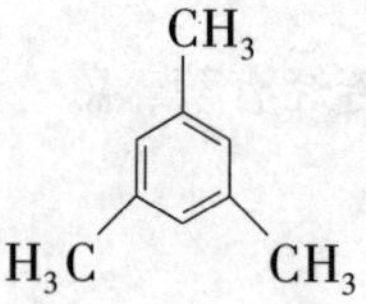 苯环：1-CH_3，3-CH_3（H_3C），5-CH_3

(17) 对溴硝基苯

(18) (E)2,3-二苯基丁-2-烯

(19) 对甲基苯乙炔

(20) 3,5-二甲基己-1-烯

2. 完成下列反应。

(1) $CH_3CH_2CH═CH_2$ + 浓 H_2SO_4 $\longrightarrow$? $\xrightarrow[\triangle]{H_2O}$?

(2) CH_3—CH═C(CH_3)—CH_3 + HBr $\longrightarrow$?；$\xrightarrow{\text{过氧化物}}$?

（3）$2CH_3C\equiv C^- Na^+ + BrCH_2CH_2Br \xrightarrow{\text{液氨}} ?$

（4）$CH_3C\equiv CCH_3 + H_2 \xrightarrow[\text{喹啉}]{Pd\text{-}BaSO_4} ?$

（5）$CH_3C\equiv CCH_2CH_2CH_2C\equiv CCH_3 \xrightarrow[\text{液氨}]{Na} ?$

（6）$C_3H-C_6H_4-C(CH_3)_3 \xrightarrow{KMnO_4}$

（7）$C_6H_6 \xrightarrow{CH_3CH_2CH_2Cl} ? \xrightarrow{KMnO_4} ? \xrightarrow{\text{浓 }HNO_3 + H_2SO_4}$

（8）$C_6H_6 \xrightarrow[AlCl_3]{H_3C-C(=O)-Cl}$

（9）$C_6H_5CH_3 \xrightarrow[FeCl_3]{Br_2}$

（10）$C_6H_5CH_3 \xrightarrow{NBS}$

3. 写出正丙苯与下列试剂反应的主要产物。

（1）H_2/Ni，200℃，10MPa　　（2）$KMnO_4$ 溶液，加热

（3）HNO_3，H_2SO_4　　（4）Cl_2，Fe

（5）I_2，Fe　　（6）Br_2，加热或光照

4. 写出1-苯丙烯与下列试剂反应的主要产物。

（1）N_2，Ni，室温　　（2）H_2/Ni，200℃

（3）Br_2（CCl_4 溶液）　　（4）用（3）的产物 + KOH 醇溶液加热

（5）HBr，$FeBr_3$　　（6）HBr，过氧化物

（7）$KMnO_4$ 溶液加热　　（8）$KMnO_4$（冷，稀）

（9）O_3，H_2O/Zn 粉　　（10）Br_2，H_2O

5. 有A、B两个化合物，其分子式都是 C_6H_{12}。A经臭氧氧化并与Zn粉和水反应后得乙醛和甲乙酮，B经 $KMnO_4$ 氧化只得丙酸。

$$\text{化合物(A)} \xrightarrow[Zn + H_2O]{\text{臭氧}} CH_3C(=O)-CH_2CH_3 + CH_3CHO$$

$$\text{化合物(B)} + KMnO_4 \xrightarrow{H^+} CH_3CH_2COOH + CO_2\uparrow + H_2O$$

写出化合物A、B的结构式。

6. 将下列化合物按沸点由高至低的顺序排列。

（1）3,3-二甲基戊烷　　（2）正庚烷　　（3）2-甲基庚烷

（4）正戊烷　　（5）2-甲基已烷

7. 葵子麝香是一种人造麝香，其香味与天然麝香近似，是天然麝香的代用品，化学名称叫2,6-二硝基-1-甲基-3-甲氧基-4-叔丁基苯，其结构式为

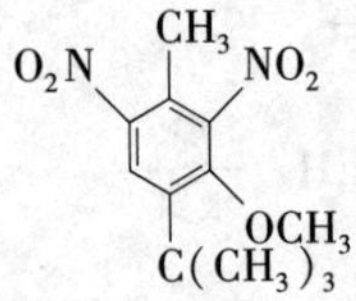

CH_3　O_2N　NO_2　OCH_3　$C(CH_3)_3$

工业上是以间甲酚为原料经一系列合成制得。若以间甲基苯甲醚为原料，则有两种可能的合成路线：① 先叔丁基化，然后硝化；② 先硝化，然后进行叔丁基化。你认为应选择哪一条合成路线？为什么？

8. 用化学方法鉴别下列化合物。

（1）己烷；　　1-己炔；　　2-己炔

（2）甲苯；　　苯乙烯；　　苯乙炔

（3）1-戊炔；　　1-戊烯；　　正戊烷

（4）2-甲基丁烷；　　3-甲基丁-1-烯；　　3-甲基丁-1-炔

第十四章　醇、酚、醚

学习指导

1. 了解醇、酚、醚的分类和命名，以及醇、酚、醚的物理性质。
2. 掌握用卢卡斯试剂鉴定1～3级醇的方法。
3. 掌握酚和醚的化学性质。

脂肪烃或者芳香烃侧链分子中氢原子被羟基取代后的化合物称为醇，与芳香烃直接相连的氢原子被羟基取代后的化合物称为酚，羟基（—OH）是醇和酚的官能团。醇或者酚中羟基上的氢原子被烃基取代的化合物称为醚。

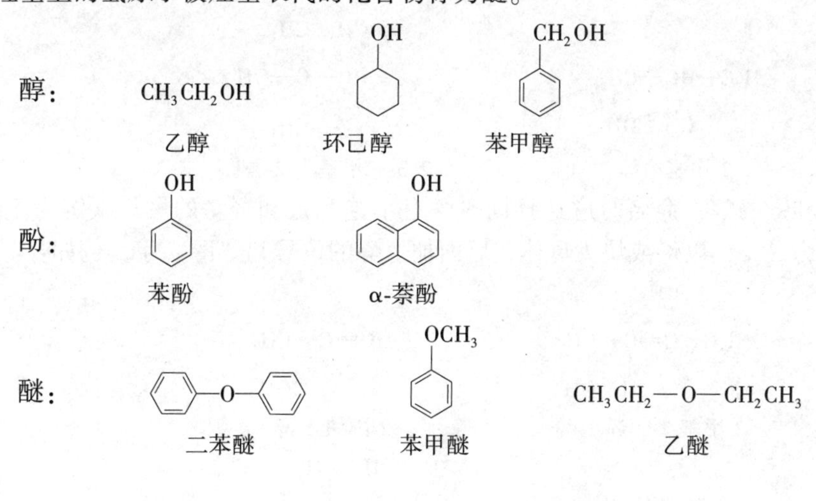

14.1　醇

14.1.1　醇的分类

按照醇分子中所含羟基的数目不同，醇可以分为一元醇、二元醇、三元醇。含有一个羟基的称为一元醇，含有两个羟基的称为二元醇，含有三个羟基的称为三元醇。二元以上的醇统称为多元醇。

$$H_3C—OH$$

甲醇（一元醇）

$$\begin{array}{l} H_2C—OH \\ \quad | \\ H_2C—OH \end{array}$$

乙二醇（二元醇）

$$\begin{array}{l} H_2C—OH \\ \quad | \\ \ HC—OH \\ \quad | \\ H_2C—OH \end{array}$$

丙三醇（三元醇）

醇也可以按照羟基所连接碳原子的不同来分类。羟基连接在伯碳原子上的醇称为伯醇（一级醇），羟基连接在仲碳原子上的醇称为仲醇（二级醇），羟基连接在叔碳原子上的醇称为叔醇（三级醇）。

CH_3CH_2OH 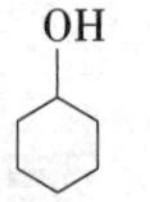 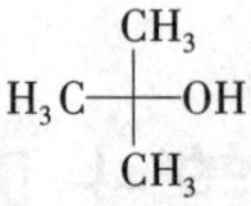 乙醇（1°醇）

环己醇（2°醇）

$(CH_3)_3C—OH$ 叔丁醇（3°醇）

14.1.2 醇的命名

对于结构简单的醇，采用普通命名法，即在烷基的名称后面加“醇”。例如：

$H_3C—OH$ 甲醇

$CH_3CH_2—OH$ 乙醇

$(H_3C)_2CH—OH$ 异丙醇

$(CH_3)_3C—OH$ 叔丁醇

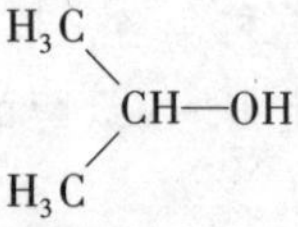

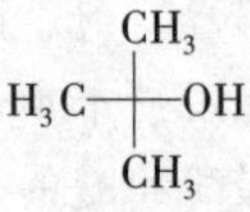

对于结构复杂的醇，采用系统命名法。选择含有羟基的最长碳链为主链，直链为取代基，从靠近羟基的碳原子一端开始编号，依据主链碳原子数称某醇；羟基位次用阿拉伯数字表明，对于位次为“1”的醇，“1”可以省略。例如：

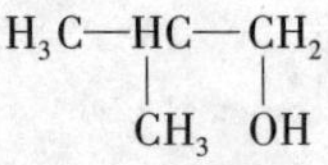

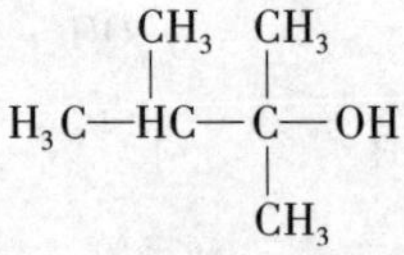

$H_3C—CH(CH_3)—CH_2OH$ 2-甲基丙醇

$H_3C—CH(CH_3)—C(CH_3)_2—OH$ 2,3-二甲基丁-2-醇

对于含有不饱和键的醇，命名时应选择同时含有不饱和键和羟基的最长碳链为主链，编号时以羟基位次为最小，以烯或炔为母体，后面加上醇的位号和“醇”字。例如：

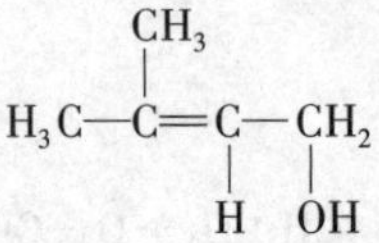

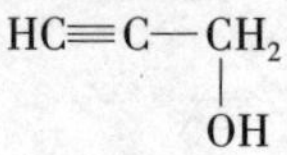

$H_3C—C(CH_3)=CH—CH_2OH$ 3-甲基-2-丁烯-1-醇

$HC≡C—CH_2OH$ 2-丙炔-1-醇

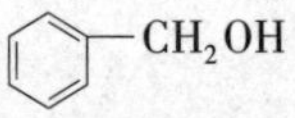

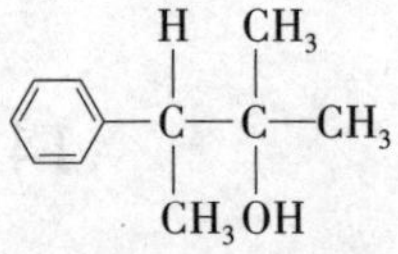

$C_6H_5—CH_2OH$ 苯甲醇

$C_6H_5—CH(CH_3OH)—C(CH_3)_2OH$ 2-甲基-3-苯基-2-丁醇

多元醇的命名则依醇羟基的个数和碳原子数称为某二醇、某三醇等。例如：

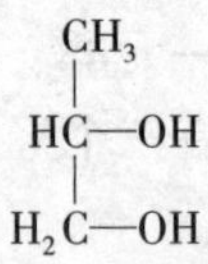

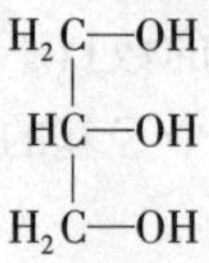

$CH_3—CH(OH)—CH_2OH$ 1,2-丙二醇

$H_2C(OH)—HC(OH)—H_2C(OH)$ 丙三醇

14.1.3 醇的结构

醇羟基中氧原子采取 sp^3 杂化，两个 sp^3 杂化轨道分别与碳和氢形成 2 个 σ 键，两对孤对电子分占剩余的 2 个 sp^3 杂化轨道。因此醇分子不是直线型，而是角型的，故醇分子是极性分子。

14.1.4　醇的物理性质

低级饱和一元醇为无色透明的液体，有特殊气味，能与水混溶。12 个碳原子以上的高级醇为蜡状固体，难溶于水。饱和一元醇的密度都比相对分子质量相近的烷烃大，但小于 1。低级醇的熔点和沸点都比相对分子质量相近的烷烃要高，含支链醇的沸点比同碳原子数的直链醇要低。醇的沸点比烷烃高得多，这是因为醇分子间能形成氢键。在液体状态，醇分子间可通过氢键缔合在一起，而气体状态的醇是不缔合的。要使液态醇变为气态，必须提供断氢键的能量，因此沸点升高。

直链饱和一元醇随着分子量的增加，沸点呈有规律的上升，即每增加一个系列差（CH_2），沸点约升高 18～20℃。饱和一元醇随着分子量的增加，与水形成氢键的能力和在水中的溶解度都迅速减小。常见的醇的物理常数列于表 14-1。

表 14-1　一些常见的醇的物理常数

名　称	构造式	熔点/℃	沸点/℃	相对密度	溶解度
甲醇	CH_3OH	-97.8	64.5	0.792	∞
乙醇	CH_3CH_2OH	-117.3	78.5	0.789	∞
正丙醇	$CH_3CH_2CH_2OH$	-127	97.8	0.804	∞
异丙醇	$(CH_3)_2CHOH$	-86	82.5	0.789	∞
正丁醇	$CH_3(CH_2)_2CH_2OH$	-89.8	117.7	0.810	7.9
异丁醇	$(CH_3)_2CHCH_2OH$	-108	108	0.802	10.0
正戊醇	$CH_3(CH_2)_3CH_2OH$	-78.5	137.9	0.817	2.3
正己醇	$CH_3(CH_2)_4CH_2OH$	-52	156.5	0.819	0.6
正辛醇	$CH_3(CH_2)_6CH_2OH$	-15	195	0.827	0.05
正癸醇	$CH_3(CH_2)_8CH_2OH$	6	228	0.829	
正十二醇	$CH_3(CH_2)_{10}CH_2OH$	24	259	0.831	
苯甲醇	$C_6H_5CH_2OH$	-15	205	1.046	

多元醇分子中含有多个羟基，分子之间及与水分子之间都有机会形成氢键，因此它们的沸点更高。低级醇还能与某些无机盐（如无水氯化钙、无水氯化镁、无水硫酸铜等）形成结晶醇配合物，结晶醇不溶于有机溶剂而溶于水。利用这一性质可使醇与其他有机物分开或从反应物中除去醇类。例如，乙醚中含有少量乙醇时，加入 $CaCl_2$ 便可除去少量乙醇。

14.1.5　醇的化学性质

在醇羟基中，由于氧原子的电负性比相邻的氢原子和碳原子的电负性大，因此醇分子中的碳氧键和氧氢键都有明显的极性，碳氧键和氧氢键都比较活泼，易断裂而发生反应。此外，由于诱导效应，与羟基邻近的 α-碳原子上的氢也表现出一定的活泼性，能够参与某些反应。醇分子中能够发生化学反应的位置如图 14-1 所示。

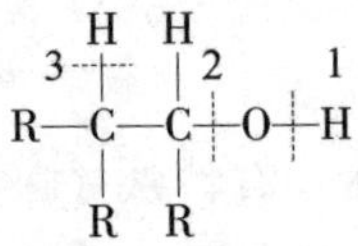

$$\begin{array}{c} \quad H \quad H \\ 3\cdots|\cdots\ |\ 2 \qquad 1 \\ R-C-C-O\!\!-\!\!\!\!\!|\!\!-H \\ \quad |\quad | \\ \quad R \quad R \end{array}$$

图 14-1 醇的结构及反应活性位置

1. 弱酸性

醇羟基中氢原子具有一定的活性，能够与活泼金属反应，生成相应醇钠，同时放出氢气。

$$2R—OH + Na \longrightarrow 2R—ONa + H_2\uparrow$$

醇钠是白色固体，遇水即水解，生成醇和氢氧化钠，因而醇钠的水溶液具有强碱性。

醇羟基的酸性强弱与其结构有关。烃基的供电子能力越强，醇羟基的酸性越弱；相反，烃基的吸电子能力越强，醇的酸性越强。不同的醇的酸性强弱次序为：甲醇 > 伯醇 > 仲醇 > 叔醇。

2. 酯化反应

醇与无机含氧酸反应生成无机酸酯。例如，甘油与硝酸反应，生成甘油三硝酸酯。

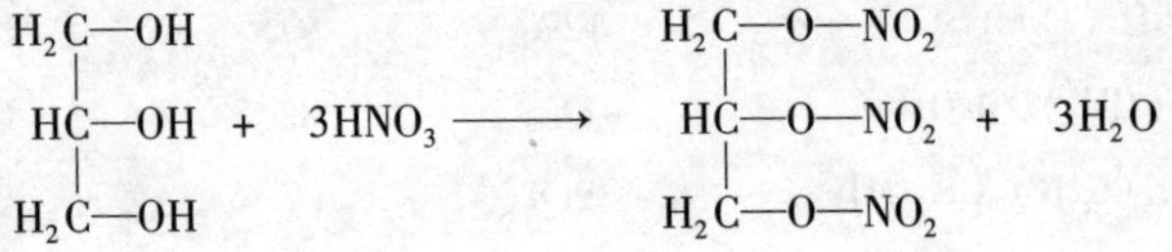

$$\begin{array}{l} H_2C—OH \\ \ | \\ HC—OH \\ \ | \\ H_2C—OH \end{array} + 3HNO_3 \longrightarrow \begin{array}{l} H_2C—O—NO_2 \\ \ | \\ HC—O—NO_2 \\ \ | \\ H_2C—O—NO_2 \end{array} + 3H_2O$$

甘油　　　　　　　　甘油三硝酸酯

甘油三硝酸酯俗称硝化甘油，是一种烈性炸药。同时，硝化甘油在医学上是用于血管舒张、治疗心绞痛的药物。

醇与有机酸及其衍生物反应生成酯。例如，乙醇和乙酸在酸性条件下反应失去一分子水，生成乙酸乙酯。

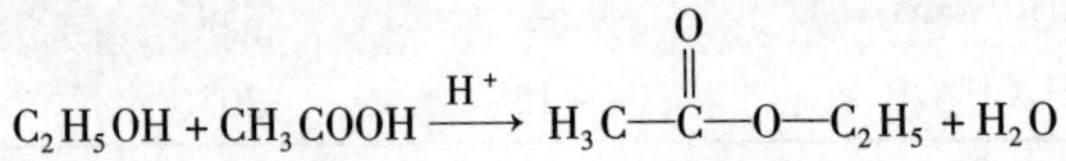

$$C_2H_5OH + CH_3COOH \xrightarrow{H^+} H_3C—\overset{\overset{\displaystyle O}{\|}}{C}—O—C_2H_5 + H_2O$$

乙醇　　乙酸　　　　乙酸乙酯

乙酸乙酯在化学实验中常用作溶剂。

3. 与氢卤酸反应

醇与氢卤酸反应，生成卤代烃和水。例如：

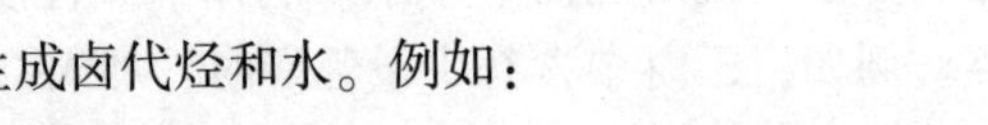

$$H_3C—\overset{\overset{\displaystyle CH_3}{|}}{C}HOH + HCl \longrightarrow H_3C—\overset{\overset{\displaystyle CH_3}{|}}{C}H—Cl + H_2O$$

醇与氢卤酸的反应活性，与氢卤酸以及醇的构型有关。醇的反应活性次序为：烯丙基醇、苄基醇 > 叔醇 > 仲醇 > 伯醇。烯丙基醇、三级醇反应容易，在室温下与浓盐酸振荡即可反应。氢卤酸的活性次序为：HI > HBr > HCl。若用一级醇与这三种酸反应，氢碘酸可直接反应；氢溴酸需用硫酸催化；而浓盐酸则需与无水氯化锌混合使用，才能发生反应。

无水氯化锌和浓盐酸的混合溶液，称为卢卡斯（Lucas）试剂，常用来区别鉴定伯醇、仲醇、叔醇。叔醇与卢卡斯试剂立刻反应，生成不溶于水的油状物氯代烃，溶液分层；仲醇则需要放置数分钟之后才分层；伯醇只有在加热条件下才能起反应。

$$\mathrm{H_3C-\underset{}{\overset{CH_3}{|}}{CHOH}} + \mathrm{HCl} \xrightarrow{\mathrm{ZnCl_2}} \mathrm{H_3C-\overset{CH_3}{\overset{|}{C}H}-Cl} + \mathrm{H_2O}$$

$$\mathrm{H_3C-\underset{CH_3}{\underset{|}{\overset{CH_3}{\overset{|}{C}}}}-OH} + \mathrm{HCl} \xrightarrow{\mathrm{ZnCl_2}} \mathrm{H_3C-\underset{CH_3}{\underset{|}{\overset{CH_3}{\overset{|}{C}}}}-Cl} + \mathrm{H_2O}$$

4. 脱水反应

醇与浓硫酸共热发生脱水反应。在较高温度下，主要发生分子内的脱水（消除反应）生成烯烃；而在稍低温度下，则发生分子间脱水生成醚。

例如，乙醇在140℃下脱水生成乙醚；而在170℃下生成乙烯。

$$2\mathrm{C_2H_5OH} \xrightarrow[140℃]{\text{浓 }\mathrm{H_2SO_4}} \mathrm{C_2H_5OC_2H_5} + \mathrm{H_2O}$$

$$\mathrm{C_2H_5OH} \xrightarrow[170℃]{\text{浓 }\mathrm{H_2SO_4}} \mathrm{H_2C{=}CH_2} + \mathrm{H_2O}$$

对于不对称的醇分子内脱水，则会生成两种烯烃。例如，丁-2-醇在硫酸的作用下，发生脱水反应的产物为丁-1-烯和丁-2-烯。

$$\mathrm{H_3C-\underset{H}{\underset{|}{\overset{H}{\overset{|}{C}}}}-\underset{OH}{\underset{|}{\overset{H}{\overset{|}{C}}}}-\underset{H}{\underset{|}{\overset{H}{\overset{|}{C}}}}-H} \xrightarrow{\text{浓 }\mathrm{H_2SO_4}} \begin{cases} \mathrm{H_2C{=}CH-CH_2CH_3}\quad (19\%) + \mathrm{H_2O} \\ \quad \text{1-丁烯} \\ \mathrm{H_3C-CH{=}CH-CH_3}\quad (81\%) + \mathrm{H_2O} \\ \quad \text{丁-2-烯} \end{cases}$$

实验证明，醇脱水时，含氢较少的β-碳提供氢原子与醇羟基结合生成水，生成碳碳双键上连接烃基较多的烯烃，这个规则称为查依采夫（Zaitsev）规则。

5. 氧化反应

伯醇、仲醇中，与醇羟基相连的碳原子上有氢，该氢原子受羟基的影响，比较活泼而易于被氧化，生成醛、酮或酸。伯醇氧化首先生成醛，而醛的活性较高，进一步被氧化得到酸，这是实验制备羧酸的一种方法。

$$\mathrm{R-CH_2OH} \xrightarrow{\mathrm{KMnO_4}} \mathrm{R-CHO} \xrightarrow{\mathrm{KMnO_4}} \mathrm{R-COOH}$$

仲醇的氧化产物是酮，但用氧化剂进一步氧化使碳碳键断裂，故很少用于酮的合成。

$$\mathrm{\overset{R}{\underset{R'}{\diagdown\!\!\diagup}}CHOH} \xrightarrow{[\mathrm{O}]} \mathrm{R-\overset{O}{\overset{\|}{C}}-R'}$$

叔醇中与羟基相连的碳原子没有氢原子，不易被氧化，只有在强烈的条件下才能被氧化，生成小分子化合物。

在工业生产上常用Cu、Ag等金属作为催化剂，用催化脱氢氧化的方法进行醇的脱氢氧化。例如：

$$\text{环己醇 (OH)} \xrightarrow{\mathrm{Cu}} \text{环己酮 (O)}$$

6. 多元醇的特性

多元醇除了具有一元醇的化学性质之外，还可以与金属氢氧化物反应。例如，丙三醇

(甘油）可以与氢氧化铜反应，生成一种深蓝色的甘油铜溶液。此反应可用来鉴定具有两个相邻羟基的多元醇。

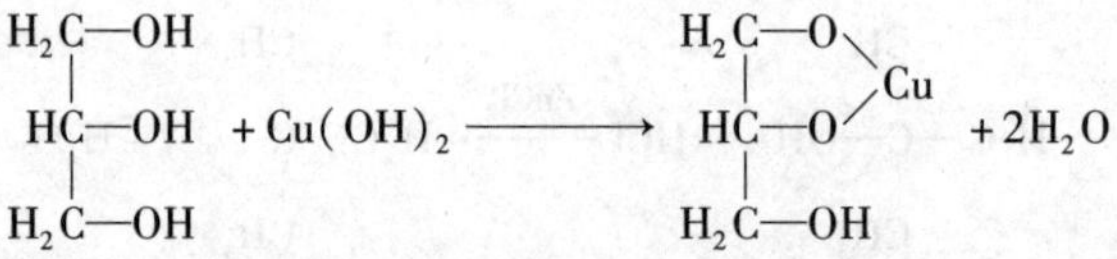

$$\begin{array}{l} H_2C—OH \\ \quad | \\ HC—OH \\ \quad | \\ H_2C—OH \end{array} + Cu(OH)_2 \longrightarrow \begin{array}{l} H_2C—O \\ \quad | \qquad \rangle Cu \\ HC—O \\ \quad | \\ H_2C—OH \end{array} + 2H_2O$$

1,2-二醇与高碘酸反应，碳碳键断裂，醇羟基转化为相应的醛和酮，并能定量的反应，因而可依据高碘酸的消耗量计算多元醇中所含邻羟基的个数，并依据产物推断原化合物结构。

例如：

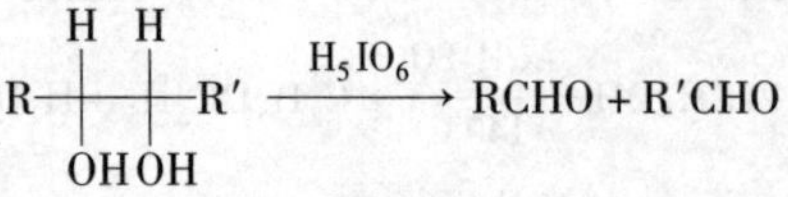

$$R—\underset{OH}{\overset{H}{C}}—\underset{OH}{\overset{H}{C}}—R' \xrightarrow{H_5IO_6} RCHO + R'CHO$$

14.1.6 重要的醇

1. 甲醇

甲醇最初来源于木材干馏，俗称木醇。甲醇为无色透明液体，沸点是64.5℃，能与水及多数有机溶剂混溶。甲醇有毒，误服少量能使双目失明。含有甲醇的酒称为变性酒精。甲醇可作溶剂，也是一种重要的化工原料。

2. 乙醇

乙醇是酒的主要成分，俗名酒精。乙醇为无色液体，沸点是78.5℃，是一种重要的有机合成原料和溶剂。临床上用70%～75%的乙醇水溶液作外用消毒剂，在医药上常用乙醇配制碘酒。此外，乙醇在染料、香料、医药等工业中具有广泛应用。

3. 乙二醇

乙二醇是无色无臭、有甜味的液体，沸点是197.4℃，冰点是-11.5℃。乙二醇能与水、丙酮互溶，在醚类中溶解度较小。乙二醇常用作溶剂、防冻剂以及合成涤纶的原料。

4. 丙三醇

丙三醇，俗称甘油，是无色味甜澄清黏稠液体，遇强氧化剂（如三氧化铬、氯酸钾、高锰酸钾）能引起燃烧和爆炸。甘油是重要的有机原料，在工业、医药及日常生活中具有广泛应用。甘油氯化可得到中间体——氯丙二醇，用于丙羟茶碱生产；硝化甘油可用于血管扩张药物。

14.2 酚

芳烃苯环上的一个或者多个氢原子被羟基取代后的产物称为酚，其官能团为羟基（—OH）。

14.2.1 酚的分类

依据酚分子中所含羟基的数目不同，含有一个羟基的酚称为一元酚，含有两个羟基的酚称为二元酚，含有三个羟基的酚称为三元酚。

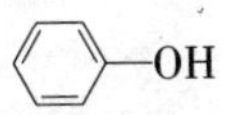

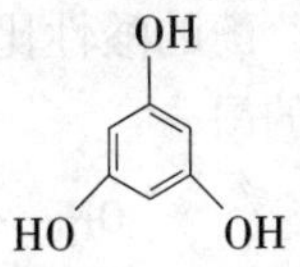

苯酚（一元酚） 对苯二酚（二元酚） 均苯三酚（三元酚）

14.2.2 酚的命名

酚的命名一般是以芳环名称加“酚”字为母体，其他基团作为取代基。例如：

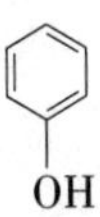

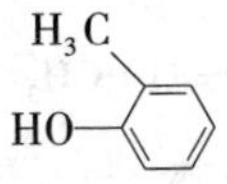

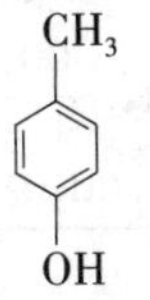

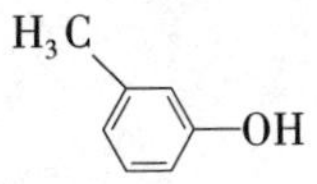

苯酚 邻甲基苯酚 对甲基苯酚 间甲基苯酚

当分子中除羟基之外还含有其他多种官能团时，则按照顺序规则（羧酸及其衍生物 > 醛 > 酮 > 醇 > 酚 > 胺 > 炔烃 > 烯烃 > 醚）命名化合物。例如：

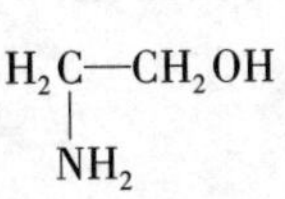

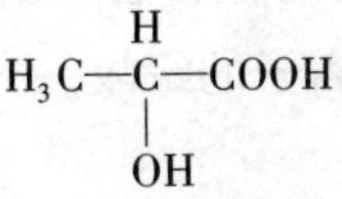

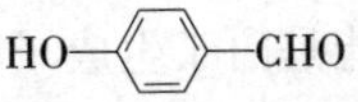

$H_2C—CH_2OH$（NH_2） $H_3C—CH(OH)—COOH$ HO—⬡—CHO

2-氨基乙醇 2-羟基丙酸 对羟基苯甲醛

14.2.3 酚的结构

酚羟基中的氧原子采取 sp^2 杂化，p 轨道上剩余一对孤对电子，p 电子云与苯环的大 π 键电子云发生侧面重叠，形成 p-π 共轭体系。受 p-π 共轭效应的影响，苯酚中的碳氧键键长（0.136 nm）比甲醇中的碳氧键键长（0.142 nm）短，氢氧键的结合能力减弱，故苯酚羟基中的氢原子比醇中的氢原子更易离解，从而表现出较强的酸性。

14.2.4 酚的物理性质

在室温条件下，酚类化合物一般为无色的液体或者固体。大多数酚在水中溶解度较差，易溶于有机溶剂。酚类化合物具有防腐和消毒作用，1%～5% 的苯酚溶液可杀灭菌繁殖体、真菌等，故多用于环境消毒。

14.2.5 酚的化学性质

1. 酸性

酚的酸性比醇的酸性强，能溶于 NaOH 水溶液。苯酚与碳酸以及醇和水的酸性比较参见表 14-2。

表 14-2 苯酚、碳酸、醇和水的酸性比较

名 称	H_2CO_3	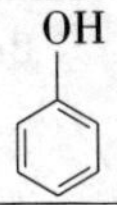 苯酚（结构式，OH）	H_2O	ROH
pK_a	6.38	10.0	15.7	16～19

从 pK_a 值可看出，酚的酸性比水强，但比碳酸弱，因此在酚的钠盐水溶液中通入二氧化碳，可以得到游离的酚。

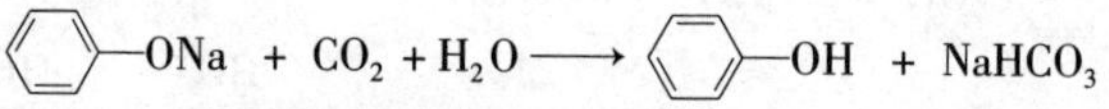

$$C_6H_5ONa + CO_2 + H_2O \longrightarrow C_6H_5OH + NaHCO_3$$

实验室里常根据酚的这一特性来对酚进行提纯分离。此外，这一特性还可以用于羧酸和酚的区别与鉴定，以及用于中草药中酚类成分与羧酸类成分的分离。

2. 成醚反应

苯酚与碘甲烷、硫酸二甲酯反应，生成醚。

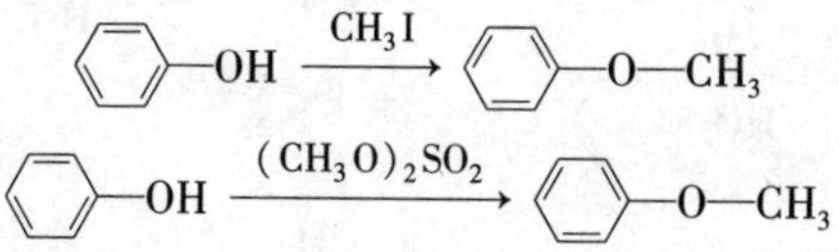

$$C_6H_5OH \xrightarrow{CH_3I} C_6H_5O—CH_3$$

$$C_6H_5OH \xrightarrow{(CH_3O)_2SO_2} C_6H_5O—CH_3$$

3. 与三氯化铁的显色反应

酚和具有烯醇式（$—\overset{|}{C}=\overset{OH}{\overset{|}{C}}—$）结构的化合物与 $FeCl_3$ 作用会产生红、蓝、紫等颜色。这个呈色反应可能是由于生成了酚铁配离子的缘故。

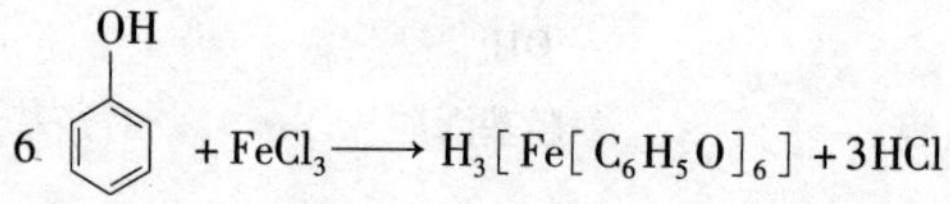

$$6C_6H_5OH + FeCl_3 \longrightarrow H_3[Fe[C_6H_5O]_6] + 3HCl$$

不同的酚与氯化铁反应呈现不同的颜色，例如，苯酚呈蓝色，对苯二酚呈绿色，1,2,3-苯三酚呈红色，α-萘酚为紫色等。利用显色反应既可鉴别酚类化合物的存在，也可区分醇与烯醇。

4. 氧化反应

酚比醇易氧化，例如苯酚长时间放置在空气中，会因与空气接触而被氧化成粉红至暗褐色。苯酚遇强氧化剂则氧化成对苯醌。

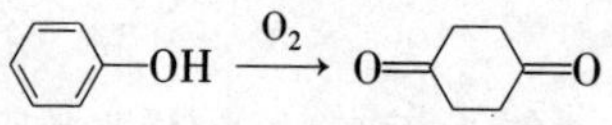

$$C_6H_5OH \xrightarrow{O_2} O=C_6H_4=O$$

对苯醌

由于酚类化合物容易被氧化，因此含有酚羟基的化合物应避光保存，并尽量避免与空气接触。

5. 酚苯环的反应

1）卤代反应

苯酚由于受到酚羟基的影响，其化学性质比苯活泼。例如苯酚与过量的溴水作用时，立即生成2,4,6-三溴苯酚白色沉淀。此反应较灵敏，即使少量的苯酚也能检出。

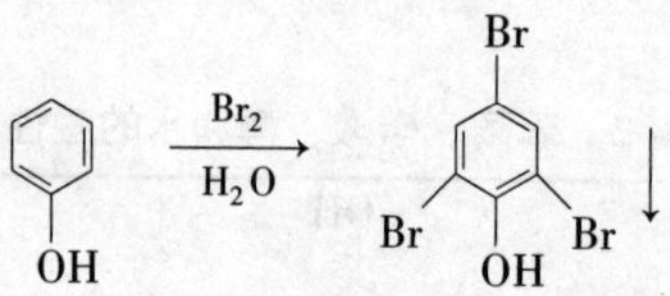

$$C_6H_5OH \xrightarrow[H_2O]{Br_2} 2,4,6\text{-}Br_3C_6H_2OH \downarrow$$

2）磺化反应

苯酚与浓硫酸反应，在低温生成邻位产物，在高温（80～100℃）生成对位产物，两种产物分别是动力学控制产物（低温）和热力学控制产物（高温）。

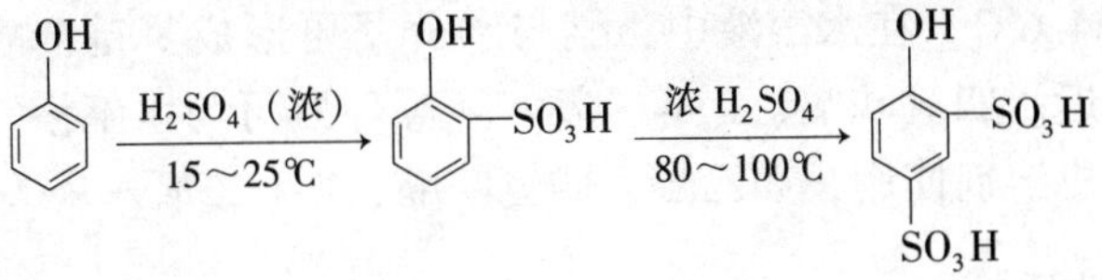

OH-苯 $\xrightarrow[15\sim25℃]{H_2SO_4（浓）}$ 邻羟基苯磺酸（$-SO_3H$）$\xrightarrow[80\sim100℃]{浓 H_2SO_4}$ 2,4-二磺酸基苯酚（SO_3H）

3）硝化反应

苯酚与稀硝酸作用即可生成邻硝基苯酚、对硝基苯酚的混合物。浓硝酸和浓硫酸的混合物与苯酚作用则可生成二硝基苯酚或三硝基苯酚。2,4,6-三硝基苯酚俗称苦味酸，受硝基的影响，苦味酸的酸性比苯酚强得多。

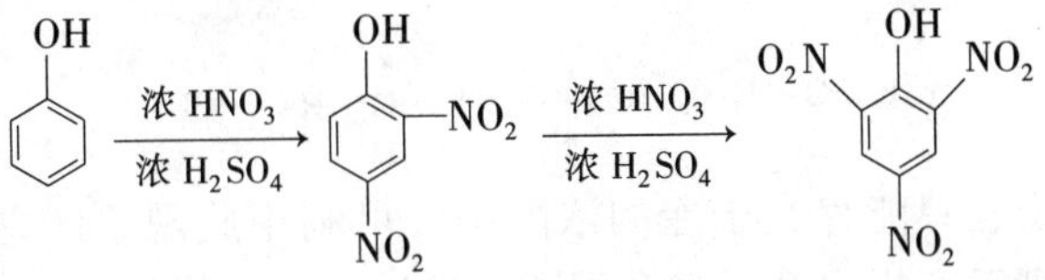

苯酚 $\xrightarrow[浓 H_2SO_4]{浓 HNO_3}$ 2,4-二硝基苯酚（NO_2）$\xrightarrow[浓 H_2SO_4]{浓 HNO_3}$ 2,4,6-三硝基苯酚（O_2N、NO_2、NO_2）

2,4,6-三硝基苯酚

14.3 醚

醚的官能团是醚键（C—O—C），醚键的氧连接两个烃基。如果两个烃基相同，则称为单醚，通式为 R—O—R。如果两个烃基不同，则称为混醚，通式为 R—O—R。

14.3.1 醚的命名

简单的醚，由连接氧原子的两个烃基加“醚”字组成，称为“某某醚”。烃基按照较优基团顺序排列，若有芳基，一般把芳基放在前面。例如：

CH_3OCH_3 二甲醚　　$CH_3OCH(CH_3)_2$ 甲基异丙基醚

$H_2C{=}CHOCH_3$ 甲基乙烯基醚　　$C_6H_5-OC_2H_5$ 苯基乙基醚

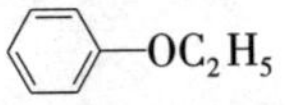

环醚命名时以烷烃为母体，并在烷烃名称前加“环氧”二字，并标明氧原子所连碳原子的编号。例如：

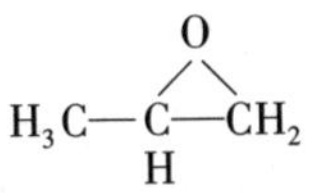

$H_3C-\underset{H}{C}H-CH_2$（C—C 之间以 O 桥连）1,2-环氧丙烷　　$\underset{Cl}{H_2C}-\underset{H}{C}-CH_2$（C—C 之间以 O 桥连）3-氯-1,2-环氧丙烷

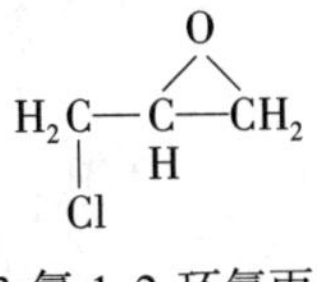

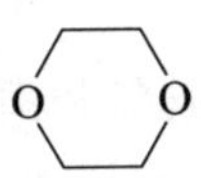

1,4-二氧六环 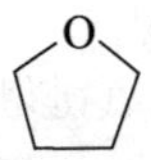　　1,4-环氧丁烷

14.3.2 醚的物理性质

常温下，除三个碳原子以下的醚为气体外，其余的醚通常为无色的液体，有特殊的气味。由于醚分子间不能形成氢键，故醚的沸点比分子量相近的醇低，如正丁醇沸点为

117℃，乙醚沸点为34.6℃。在水溶液中，醚与水分子可形成氢键，故其在水中的溶解度与同碳原子数的醇相近。四氢呋喃、1,4-二氧六环等环醚可与水互溶。由于醚的化学性质稳定，因此常作为有机溶剂使用，如乙醚、四氢呋喃、1,4-二氧六环等。

14.3.3 醚的化学性质

1. 鉮盐的生成

醚分子中的氧具有未共用电子对，是一种弱的碱，其 $pK_b=17.5$，遇强无机酸可形成鉮盐。

$$R—\ddot{O}—R + HCl \longrightarrow R—\overset{+}{\underset{H}{O}}—R + Cl^-$$

醚的鉮盐很不稳定，只能存在于冷的浓酸中。可利用此现象区别醚与烷烃或卤代烃。生成的鉮盐遇水稀释则重新析出醚层，利用这一性质可分离提纯醚。

2. 醚的氧化

低级醚和空气长时间接触，会逐渐形成过氧化物。例如，乙醚在空气中会被氧化为过氧化乙醚。

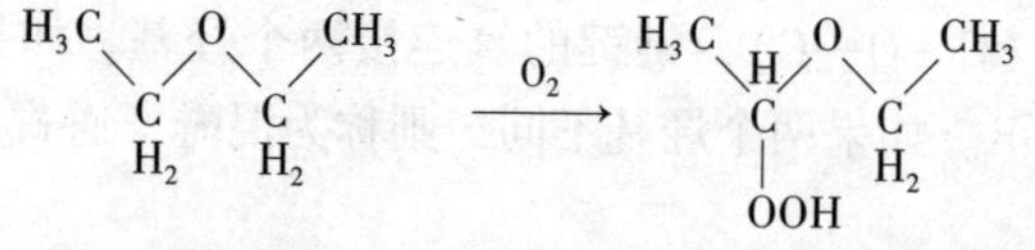

$$H_3C—CH_2—O—CH_2—CH_3 \xrightarrow{O_2} H_3C—CH(OOH)—O—CH_2—CH_3$$

乙醚　　　　过氧化乙醚

过氧化物遇热分解，容易引起爆炸。因此，在使用醚类时，应尽量避免将它们暴露在空气中。贮存时，宜将醚放入棕色瓶中，并加入少量阻氧化剂（如对苯二酚），以防止过氧化物的生成。当蒸馏醚时，必须先检验是否含有过氧化物。一个简便检验过氧化物的方法是将少量的醚用湿润的碘化钾淀粉试纸检验，若试纸变蓝，则说明有过氧化物存在。

3. 醚链的断裂

醚与氢卤酸反应，生成相应的卤代烷。混合醚与氢卤酸共热，一般小的烷基先断裂生成卤代烃。例如：

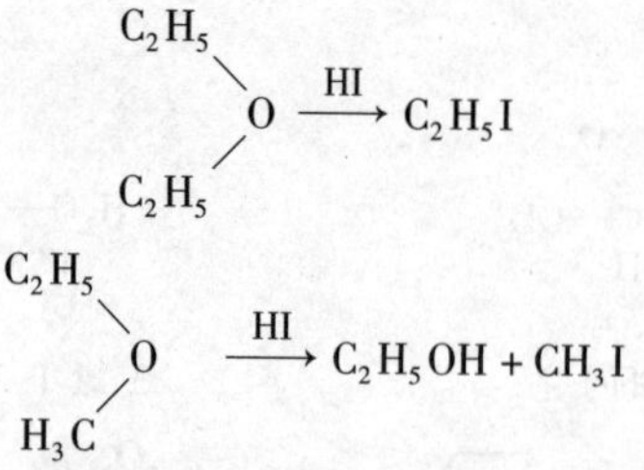

$$C_2H_5—O—C_2H_5 \xrightarrow{HI} C_2H_5I$$

$$C_2H_5—O—CH_3 \xrightarrow{HI} C_2H_5OH + CH_3I$$

芳基烷基醚与氢卤酸共热，烷氧键断裂，生成酚和卤代烃。如苯甲醚与氢碘酸作用，产物为苯酚和碘甲烷。

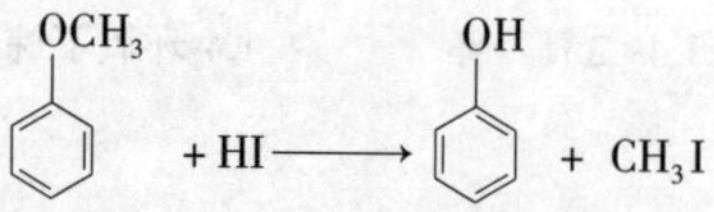

$$C_6H_5OCH_3 + HI \longrightarrow C_6H_5OH + CH_3I$$

苄基烷基醚在钯碳催化下氢化，可以发生脱苄基反应，因此，常用苄基保护羟基。

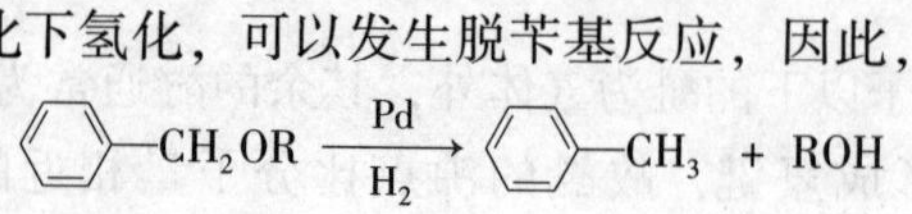

$$C_6H_5—CH_2OR \xrightarrow[H_2]{Pd} C_6H_5—CH_3 + ROH$$

小　结

1. 醇是烷烃中的一个氢原子被羟基取代的产物，官能团为（—OH）。

醇羟基具有弱酸性，能够与活泼金属、卤代氢等反应。

卢卡斯试剂（浓盐酸与无水氯化锌的混合液）常用于醇的鉴别反应。

醇脱水成烯的反应遵循查依采夫规则，即生成含取代基较多的烯烃。

2. 酚是芳烃苯环上的氢原子被羟基取代的产物。

酚羟基具有较强的酸性，常用 NaOH 对酚类化合物进行纯化分离。

酚与 $FeCl_3$ 反应呈现颜色，常用于酚或具有烯醇式结构的化合物的鉴别鉴定。

3. 醚是烃基通过氧原子连接形成的一类化合物。在卤化氢的作用下，醚键发生断裂生成卤代烃，芳香醚生成酚和相应的卤代烃。

习　题

1. 给下列化合物命名。

（1）$CH_3—CH_2—CH(CH_3)—OH$

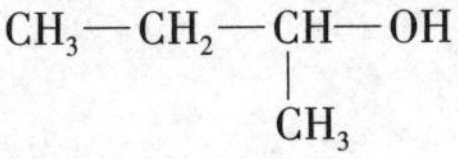

（2）$ClCH_2CH_2CH(CH_3)CH_2CH(CH_2CH_3)CH_2OH$

（3）$HC≡C—CH(OH)—CH_2—CH_3$

（4）$CH_3—CH_2—CH(CH_3)—CH(OH)—CH_2—CH(OH)—CH_2OH$

（5）3,3-二苯基环戊醇结构（Ph, Ph, H, OH）

（6）环己烷结构（OH, H, H, Cl）

（7）环己醇结构（甲基、异丙基，OH）

（8）$C_6H_5—CH(OH)—CH_2—CH_3$

（9）$CH_3CH_2CH(C_6H_5)CH(OH)CH_3$

（10）3,5-二甲基苯酚结构（OH, H_3C, CH_3）

（11）2,4,6-三硝基苯酚结构（OH, O_2N, NO_2, NO_2）

（12）$C_6H_5—OCH_3$

（13）$Br—C_6H_4—OC_2H_5$

（14）$Cl—C_6H_4—CH_2CH_2OH$

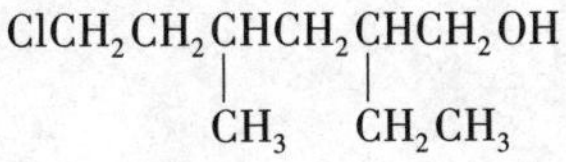

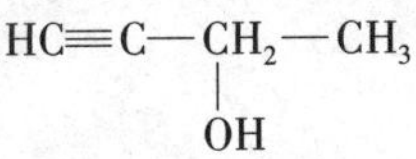

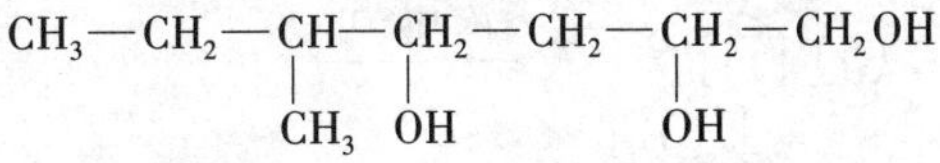

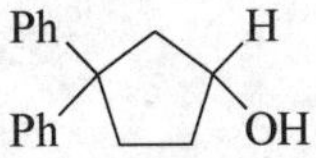

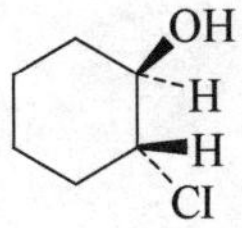

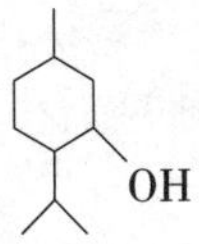

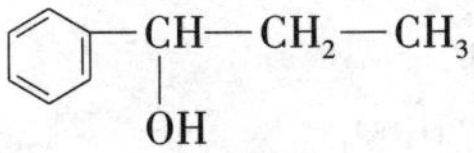

（15）$(CH_3)_2CH—C_6H_2Br_2—OH$

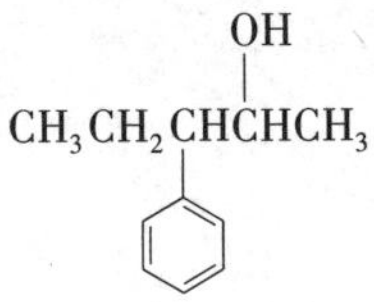

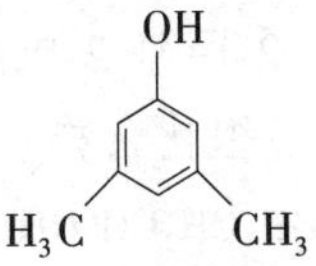

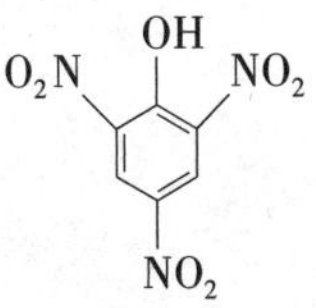

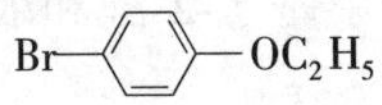

（16）$C_6H_5—CH_2OH$

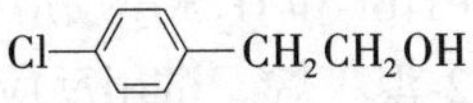

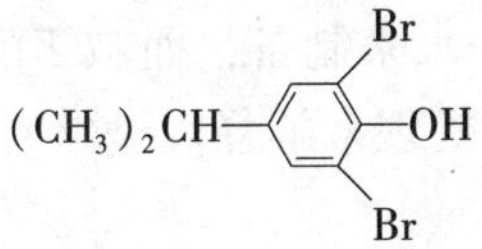

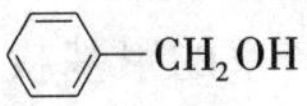

2. 写出下列化合物的构造式。

（1）（E）丁-2-烯-1-醇

（2）烯丙基正丁基醚

（3）对硝基苯甲醚

（4）1,2-二苯基乙醇

（5）2,3-二甲氧基丁烷

（6）1,2-环氧丙烷

（7）邻甲氧基苯甲醚

3. 完成下列反应。

（1）$C_6H_5-OC_2H_5 \xrightarrow[\triangle]{HI}$

（2）$C_6H_5-CH_2ONa + CH_2=CHCH_2Cl \longrightarrow$

（3）$C_6H_5CH_2\underset{\displaystyle OH}{\underset{|}{C}}HCH(CH_3)_2 \xrightarrow[\triangle]{H^+}$

（4）$C_6H_{11}-\overset{\displaystyle CH_3}{\overset{|}{\underset{\displaystyle OH}{\underset{|}{C}}}}CH_2CH_3 + HBr \longrightarrow$

（5）5-甲基-2-异丙基环己醇（CH_3、OH、$CH(CH_3)_2$ 取代环己烷）$\xrightarrow[\triangle]{浓\ H_2SO_4}$

（6）邻羟基苯甲醇（$C_6H_4(OH)-CH_2OH$）$\xrightarrow[\triangle]{CH_3COOH}$

（7）$C_6H_5-OH \xrightarrow[H_2O]{Br_2}$

（8）$CH_3CH_2CH_2OH \xrightarrow[140℃]{H_2SO_4}$

4. 比较下列化合物与卢卡斯试剂反应的活性次序。

（1）正丙醇　　（2）2-甲基-2-戊醇　　（3）甲醇

5. 用化学方法鉴别下列各组化合物。

（1）$CH_2=CH-CH_2OH$，$CH_3CH_2CH_2OH$，$CH_3CH_2CH_2Cl$

（2）$CH_3CH_2CH(OH)CH_3$，$CH_3CH_2CH_2CH_2OH$，$(CH_3)_3C-OH$

（3）$C_6H_5-CH_2OH$，$C_6H_5-CH_2Cl$，$C_6H_5-OCH_3$

（4）$C_6H_5-CH_2OH$，$H_3C-C_6H_4-OH$，$C_6H_5-CH_3$

6. （1）异丁醇与 HBr 和 H_2SO_4 反应得到溴代异丁烷，而 3-甲基丁-2-醇和浓 HBr 一起加热反应得到 2-甲基-2-溴丁烷。试用反应机理解释其差别。

（2）不对称的醚通常不能用硫酸催化下加热使两种醇脱水来制备，而叔丁醇在含硫酸的甲醇中加热却能生成很好产率的甲基叔丁基醚，试用反应机理来解释。

7. 选择合适的试剂制备下列醇。

(1) $CH_3CH_2CH(CH_3)CH_2OH$

(2) $CH_3CH_2—C(CH_3)(OH)—CH_3$

(3) $C_6H_5—C(OH)(CH_3)—CH_3$

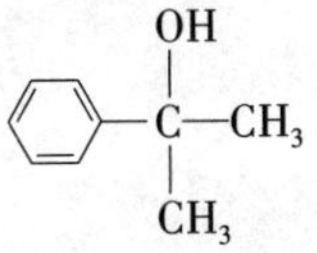

8. 以乙烯为原料合成下列化合物。

(1) $CH_3CH_2CH_2CH_2OH$

(2) $CH_3(CH_2)_3CH(CH_3)—O—C_2H_5$

(3) 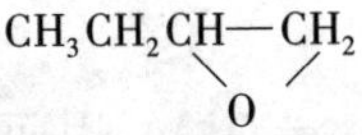 $CH_3CH_2CH—CH_2$（CH 与 CH_2 间以 O 相连成环）

9. 以苯为原料合成下列化合物。

(1) 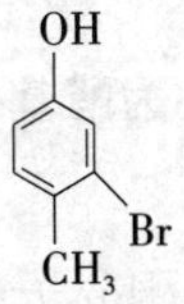 3-溴-4-甲基苯酚（苯环上 OH，间位 Br，对位 CH_3）

(2) 2-(1-甲基丙基)-4-甲基苯酚（苯环上 OH，邻位 $CH(CH_3)CH_2CH_3$，对位 CH_3）

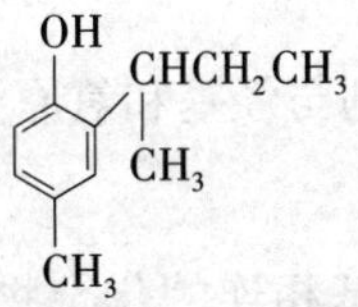

10. $C_5H_{12}O$（A）很易失水生成 B，B 用冷稀 $KMnO_4$ 氧化得 $C_5H_{12}O_2$（C），C 与高碘酸作用得一分子乙醛和另一化合物。试写出 A 的可能结构和各步反应。

11. A（$C_{10}H_{12}O$）加热至200℃时容易异构化得到化合物 B。用 O_3 分解时，A 产生甲醛，没有乙醛。相反，在类似条件下，B 得到乙醛但没有甲醛。B 可溶于稀 NaOH 中（同时可被 CO_2 再沉淀）。此溶液用 $Ph—C(=O)—Cl$ 处理时得 C（$C_{17}H_{16}O_2$），$KMnO_4$ 氧化 B 得水杨酸（O-羟基苯甲酸）。确定化合物 A、B 和 C 的结构，并指出如何合成 A。

第十五章　醛、酮

学习指导

1. 了解醛和酮的结构特点、物理性质。
2. 掌握醛和酮的化学性质。
3. 掌握利用托伦试剂、费林试剂来区分鉴别酮和醛。

醛和酮是一类重要的有机化合物，其结构式中均含有羰基（$>C=O$），因而醛和酮称为羰基化合物。醛是羰基分别与烃基和氢原子相连的化合物，$-\overset{O}{\overset{\|}{C}}-H$ 称为醛基，简写为 —CHO；酮是羰基与两个烃基相连的化合物，可以用 $R-\overset{O}{\overset{\|}{C}}-R'$ 表示，酮分子中的羰基称为酮基。

15.1　醛、酮的结构

醛和酮中均含有羰基，羰基中的碳原子是 sp^2 杂化的，其中一个 sp^2 杂化轨道与氧原子的一个 p 轨道按轴向重叠形成 σ 键；碳原子未参与杂化的 p 轨道与氧原子的另一个 p 轨道形成 π 键。因此，羰基是由一个 σ 键和一个 π 键组成的碳氧双键，如图 15-1 所示。

图 15-1　羰基的结构及其电子云示意图

由于氧原子的电负性比碳原子大，因此羰基中 π 电子云偏向于氧原子一边，从而使羰基中碳原子带有部分正电荷，而氧原子则带有部分负电荷。因此，醛和酮中羰基的活性较高，易发生亲核反应。

15.2　醛、酮的命名

简单的醛、酮可采用普通命名法命名。醛的命名按分子中碳原子的数目，称为某醛；酮则是羰基相连的烃基名称后面加上“酮”字。例如：

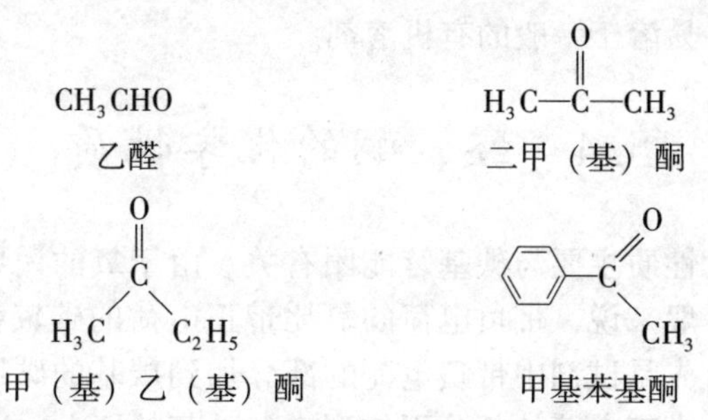

对于结构复杂的醛、酮通常采用系统命名法命名。选择含有羰基的最长碳链为主链，从距羰基最近的一端编号，根据主链的碳原子数称为“某醛”或“某酮”，同时标明羰基的位号。醛基在碳链的链端，位号为1，一般省略不写。例如：

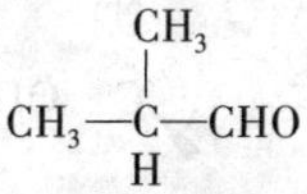

$CH_3—CH(CH_3)—CHO$　　$H_3C—CO—CH(CH_3)—CH_3$　　$C_6H_5—CHO$

2-甲基丙醛 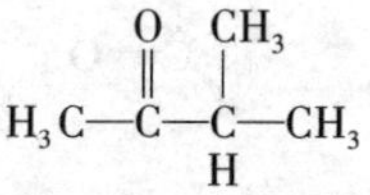　　3-甲基丁-2-酮 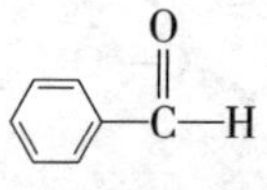　　苯甲醛

羰基在环内的脂环酮，称为“环某酮”。如果羰基在环外，则将环作为取代基。例如：

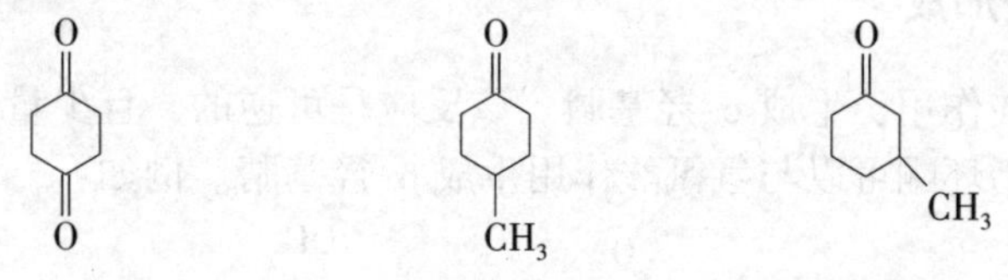

1,4-环己二酮　　4-甲基环己酮　　3-甲基环己酮

对于芳香醛、酮，命名时把芳香烃基作为取代基。例如：

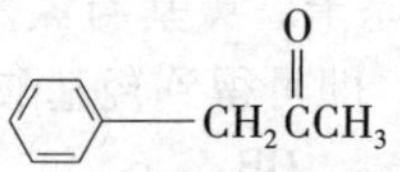

$C_6H_5—CH_2CCH_3$（C=O）　　$C_6H_5—C(=O)—CH_2CH_3$　　$C_6H_5—C(=O)—CH_3$

1-苯基丙酮 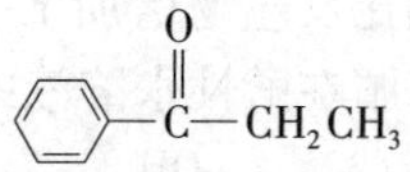　　1-苯基-1-乙基酮 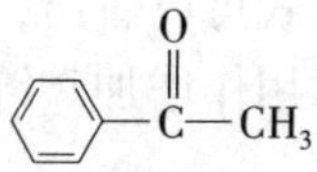　　苯乙酮

某些醛常用习惯名称。例如：

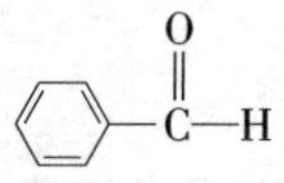

$C_6H_5—C(=O)—H$　　o-HOC_6H_4CHO

苦杏仁油（苯甲醛） 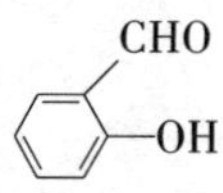　　水杨醛（2-羟基苯甲醛）

15.3　醛、酮的物理性质

室温下，除甲醛是气体外，12个碳原子以下的脂肪醛、酮为液体，高级脂肪醛、酮和芳香酮多为固体。酮和芳香醛具有愉快的气味，低级醛具有强烈的刺激气味，中级醛具有果香味，所以含有9～10个碳原子的醛可用于配制香料。

醛、酮是极性化合物，但醛、酮分子间不能形成氢键，所以醛、酮的沸点较分子量相近的烷烃和醚高，但比分子量相近的醇低。例如：

	丁烷	丙醛	丙酮	丙醇
分子量	58	58	58	60
沸点/℃	−0.5	48.8	56.1	97.2

醛、酮羰基上的氧可以与水分子中的氢形成氢键，因而低级醛、酮（如甲醛、乙醛、丙醛和丙酮等）易溶于水，但随着分子中碳原子数目的增加，它们的溶解度减小。高级

醛、酮微溶或不溶于水，易溶于一般的有机溶剂。

15.4 醛、酮的化学性质

醛、酮化合物的化学性质主要与羰基官能团有关。由于氧的诱导效应，羰基结构中的碳原子一端带有正性。一般来说，带负电荷的氧比带正电荷的碳较稳定。所以，当羰基化合物发生加成反应时，首先是试剂中带负电荷的部分加到羰基的碳原子上，形成氧带负电荷的中间体；然后试剂中带正电荷的部分再加到带负电荷的氧上。这种由亲核试剂（能提供电子对的试剂）进攻而引起的加成反应叫做亲核加成反应。其反应历程如下：

$$\text{C=O} \xrightarrow[\text{慢}]{\text{Nu}} \text{Nu–C–O}^- \underset{\text{快}}{\overset{\text{H}^+}{\rightleftharpoons}} \text{Nu–C–OH}$$

酮　　中间体　　加成产物

15.4.1 与氢氰酸加成

醛、酮与氢氰酸作用，生成α-羟基腈。该反应是可逆的，且少量碱存在可加速反应进行。醛、甲基酮和脂环酮可以与氢氰酸作用生成α-羟基腈。例如：

$$\text{R–CHO} \xrightarrow{\text{HCN}} \text{R–CH(OH)–CN}$$

从上面的反应式可以看出，生成物比反应物增加了一个碳原子。羰基与氢氰酸的加成，在有机合成中常用作增加碳链。羟基腈在酸性水溶液中水解，即可得到羟基酸。例如：

$$\text{C}_6\text{H}_5\text{–CHO} \xrightarrow{\text{HCN}} \text{C}_6\text{H}_5\text{–CH(OH)–CN} \xrightarrow{\text{H}_2\text{O}} \text{C}_6\text{H}_5\text{–CH(OH)–COOH}$$

15.4.2 与醇加成

在干燥氯化氢的催化下，醛与醇发生加成反应，生成半缩醛。开链半缩醛是一类不稳定的化合物，能继续与另一分子醇作用，失去一分子水生成缩醛。缩醛是具有水果香味的液体，性质与醚相近。缩醛对氧化剂和还原剂都很稳定，在碱性溶液中也相当稳定，但在酸性溶液中可以水解生成原来的醛和醇。

$$\text{R–CHO} \underset{\text{干燥的 HCl}}{\overset{\text{HOR}'}{\rightleftharpoons}} \text{R–CH(OH)(OR}'\text{)} \underset{\text{干燥的 HCl}}{\overset{\text{HOR}'}{\rightleftharpoons}} \text{R–CH(OR}'\text{)}_2$$

半缩醛　　缩醛

例如：

$$m\text{-NO}_2\text{C}_6\text{H}_4\text{–CHO} \xrightarrow[\text{H}_2\text{SO}_4]{2\text{CH}_3\text{OH}} m\text{-NO}_2\text{C}_6\text{H}_4\text{–CH(OCH}_3\text{)}_2$$

在有机合成中，常先将含有醛基的化合物转变成缩醛，然后再进行别的化学反应，最后使缩醛变为原来的醛，这样可以避免活泼的醛基在反应中被破坏，即利用缩醛的生成来保护醛基。

酮一般不和一元醇加成，但在无水酸催化下，酮能与乙二醇等二元醇反应生成环状缩酮。

$$RR_1C=O + HOCH_2CH_2OH \xrightarrow{\text{干燥的 HCl}} R_1RC(OCH_2CH_2O)$$

15.4.3　与格氏试剂反应

醛和酮能够与格氏试剂（Grignard Reagent）进行加成反应，反应后的产物不用分离，可直接水解而生成醇。实验室常用此法制取醇。

$$>C=O \xrightarrow[\text{乙醚}]{R\text{-}Mg\text{-}X} >C(OMgX)R \xrightarrow{H_2O} >C(OH)R$$

格氏试剂与甲醛反应，生成增加一个碳的伯醇；与其他醛反应，生成仲醇；与酮反应，则生成叔醇。

$$HCHO \xrightarrow[\text{乙醚}]{C_6H_5MgBr} \xrightarrow{H_2O} C_6H_5CH_2OH$$

$$C_6H_5COCH_3 \xrightarrow[\text{乙醚}]{C_6H_5MgBr} \xrightarrow{H_2O} (C_6H_5)_2C(OH)CH_3$$

醛、酮还可以与炔钠反应，形成炔醇。

$$\text{环己酮} \xrightarrow{HC\equiv CNa} \xrightarrow[H^+]{H_2O} \text{1-乙炔基环己醇}(C\equiv CH, OH)$$

15.4.4　与胺及其衍生物的反应

醛、酮能与氨及其衍生物（如羟氨、肼、2,4-二硝基苯肼等）反应，先生成氨基醇中间体，然后失去水，生成含有 $>C=N-$ 结构的化合物。其反应表示如下：

$$>C=O \xrightarrow{H_2N-R} >C(OH)NH-R \xrightarrow{-H_2O} >C=N-R$$

例如：

$$C_6H_5CHO \xrightarrow[H^+]{C_6H_5NH_2} C_6H_5CH=N-C_6H_5$$

醛、酮能够与2,4-二硝基苯肼反应。例如：

$$H_3C-\overset{O}{\overset{\|}{C}}-CH_3 \xrightarrow{O_2N-C_6H_3(NO_2)-NH-NH_2} O_2N-C_6H_3(NO_2)-NH-N=C(CH_3)_2$$

2,4-二硝基苯腙

2,4-二硝基苯腙为橙黄色固体，具有固体的熔点，因此2,4-二硝基苯肼是一种常用的鉴别羰基化合物的试剂，即可以鉴别羰基。同时，由于生成的腙在酸性条件下可水解为原来的醛和酮，因而2,4-二硝基苯肼又可以作为一种分离提纯羰基化合物的试剂。

15.4.5 α-氢的反应

醛和酮分子中与羰基直接相连的碳原子称为α-碳，与α-碳直接相连的氢原子称为α-氢。由于受羰基的影响，醛、酮中的α-碳原子上的氢有一定的酸性。例如，乙醛的 pK_a 约为17，丙酮的 pK_a 约为20，而乙烷的 pK_a 约为50。

醛、酮分子中的α-氢原子在酸性或中性条件下容易被卤素取代，生成α-卤代醛或α-卤代酮。例如：

$$C_6H_5-\overset{O}{\overset{\|}{C}}-CH_3 + Br_2 \xrightarrow[\text{微量 } AlCl_3]{\text{乙醚}} C_6H_5-\overset{O}{\overset{\|}{C}}-CH_2Br + HBr$$

α-卤代酮是一类催泪性很强的化合物。

含有活泼甲基的醛或酮与卤素的碱溶液作用时，三个α-氢原子都被卤素取代生成α-三卤代物。生成的α-三卤代物在碱性溶液中不稳定，立即分解成三卤甲烷（卤仿）和羧酸盐。因为这个反应生成卤仿，所以称为卤仿反应。

$$H_3C-\overset{O}{\overset{\|}{C}}-R(H) \xrightarrow[X_2]{NaOH} CHX_3 + NaO-\overset{O}{\overset{\|}{C}}-R(H)$$

如用碘的碱溶液，则生成碘仿（称为碘仿反应）。碘仿为黄色晶体，难溶于水，并具有特殊的气味，容易识别，可用来鉴别试剂中是否含有 $H_3C-\overset{O}{\overset{\|}{C}}-R(H)$ 结构的羰基化合物。

次卤酸盐是一种氧化剂，可以使醇类氧成相应的醛、酮。因此，凡具有 $H_3C-\underset{H}{\underset{|}{\overset{OH}{\overset{|}{C}}}}-R(H)$ 结构的醇会先被氧化成乙醛或甲基酮，再进行卤仿反应。所以碘仿反应也能鉴别具有上述构造的醇类，如乙醇、异丙醇等。

15.4.6 羟醛缩合

在稀碱催化下，含α-H的醛发生分子间的加成反应，一分子醛的α-氢原子加到另一分子醛的羰基氧原子上，其余部分加到羰基的碳原子上，生成既含有羟基又含有醛基的β-羟基醛（醇醛），这类反应称为羟醛缩合反应。

例如：

$$CH_3-\underset{O}{\underset{\|}{CH}} + HCH_2-\underset{O}{\underset{\|}{C}}-H \xrightleftharpoons{\text{稀 } OH^-} CH_3\underset{OH}{\underset{|}{CH}}-CH_2CHO$$

15.4.7　氧化-还原反应

1. 氧化反应

醛羰基碳上连有氢原子，故醛很容易被氧化为相应的羧酸。酮一般不被氧化，在强氧化剂作用下，则碳碳键断裂生成小分子的羧酸，无制备意义。环酮的氧化常用来制备二元羧酸。若使用弱氧化剂，则醛能被氧化而酮不被氧化，这是实验室区别醛、酮的方法。

1）托伦（Tollens）试剂

托伦试剂是由硝酸银碱溶液与氨水制得的银氨配合物的无色溶液。它与醛共热时，醛被氧化成羧酸，银离子被还原为金属银附着在试管壁上形成明亮的银镜，所以这个反应又称为银镜反应。托伦试剂既可氧化脂肪醛，又可氧化芳香醛。但在同样的条件下，酮不发生反应，因此可以用托伦试剂来区分醛和酮。

2）费林（Fehling）试剂

硫酸铜与酒石酸钾钠的氢氧化钠溶液混合组成费林试剂。费林试剂能氧化脂肪醛，生成氧化亚铜砖红色沉淀。但芳香醛与费林试剂不反应，故可用费林试剂来区别脂肪醛和芳香醛。

2. 还原反应

醛、酮可以发生还原反应。在催化氢化作用下，醛、酮可分别被还原为伯醇或仲醇，常用的催化剂是镍、钯、铂。

$$RCHO + H_2 \xrightarrow{Ni} RCH_2OH$$

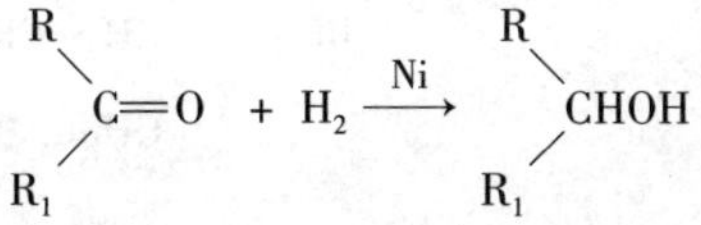

$$(R)(R_1)C{=}O + H_2 \xrightarrow{Ni} (R)(R_1)CHOH$$

催化氢化的选择性不强，分子中同时存在的不饱和键也会同时被还原。例如：

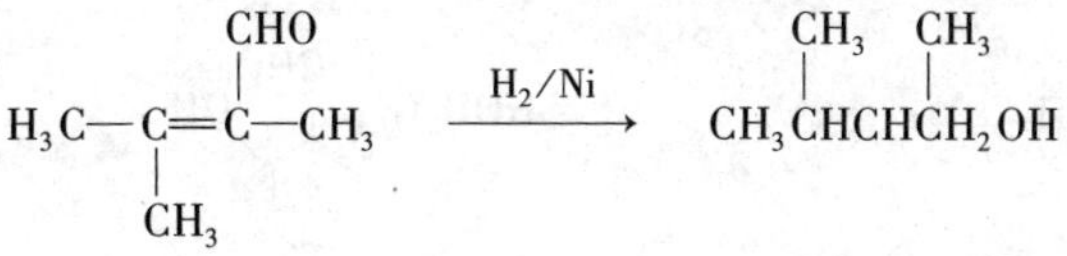

$$H_3C-C(CH_3){=}C(CHO)-CH_3 \xrightarrow{H_2/Ni} CH_3CH(CH_3)CH(CH_3)CH_2OH$$

某些金属氢化物，如硼氢化钠（$NaBH_4$）、异丙醇铝（$Al[OCH(CH_3)_2]_3$）及氢化铝锂（$LiAlH_4$）等，具有较高的选择性，只还原羰基，分子中的不饱和键不受影响。例如：

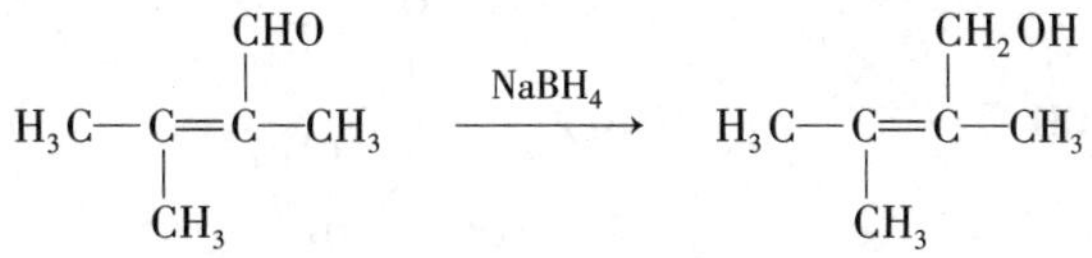

$$H_3C-C(CH_3){=}C(CHO)-CH_3 \xrightarrow{NaBH_4} H_3C-C(CH_3){=}C(CH_2OH)-CH_3$$

醛、酮的羰基在一定条件下可还原为亚甲基。在锌汞齐和浓盐酸的作用下，可把醛、酮还原为烃，此反应称为克莱门森（Chemmsen）还原。例如：

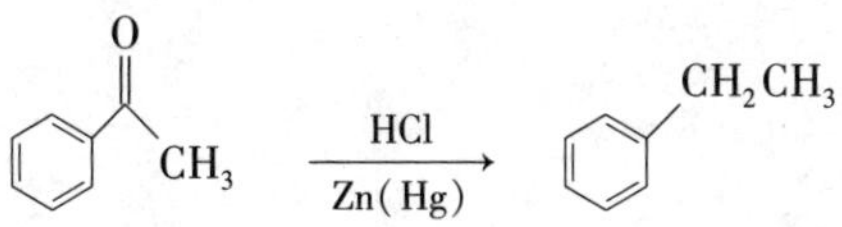

$$C_6H_5COCH_3 \xrightarrow[Zn(Hg)]{HCl} C_6H_5CH_2CH_3$$

小　　结

1. 醛是指含有醛基（$-\overset{O}{\overset{\|}{C}}-H$）结构的有机化合物，酮是指含有羰基（$>C=O$）结构的化合物。

2. 醛和酮的羰基较活泼，能够与 HCN、胺及其衍生物等发生亲核取代反应。

3. 醛与氧化剂作用生成酸，与还原剂作用生成醇。

4. 托伦试剂与醛作用可发生银镜反应，常用于区别醛和酮。

5. 费林试剂常用于区别脂肪醛和芳香醛。

习　　题

1. 命名下列化合物。

（1）$Ph-\overset{O}{\overset{\|}{C}}-CH_3$

（2）环庚烷-1,3-二酮（七元环，1,3-位各有 =O）

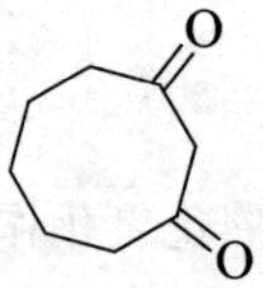

（3）$(CH_3)_3C-CHO$

（4）苯环上 CHO，其邻位为 $-\underset{CH_3}{\underset{|}{CH}}-CH_2CH_3$，Br 位于 CHO 的间位

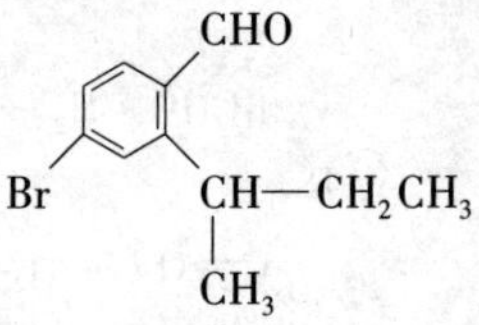

（5）苯环上 OH 与 CHO 处于邻位

（6）$C_6H_5-COCH_2CH_3$

（7）$(CH_3CH_2)_2C(OCH_3)_2$

（8）吡啶环：CHO、OH、CH_3、HOH_2C 取代（N 邻位为 CH_3）

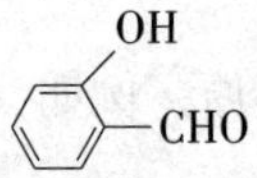

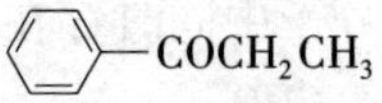

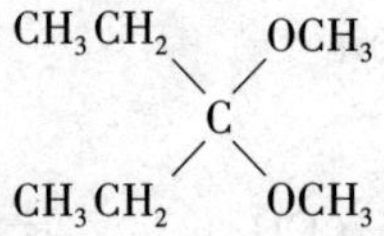

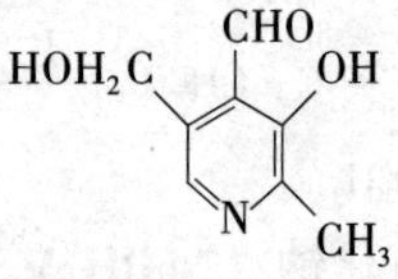

（9）$CH_3-\overset{O}{\overset{\|}{C}}-CH=CH_2$

（10）环己酮，邻位碳上连 CH_3 和 CHO，另有一碳上连两个 CH_3（H_3C、CH_3）

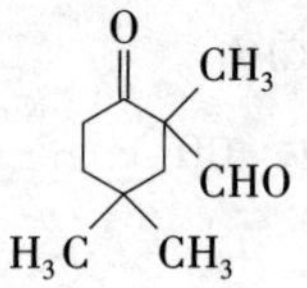

2. 写出下列反应的主要产物。

（1）$CH_3CH=CH-CH_2CH_2-CHO + CH_3OH \xrightarrow{\text{干燥的 HCl}} ?$

（2）1,3-二氧戊环 $+ H_2O \xrightarrow{H_2SO_4} ?$

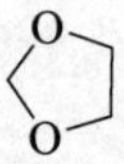

（3）$Ph\text{-}CHO + NaCN + HCl \longrightarrow ?$

（4）$H_3C-\overset{O}{\overset{\|}{C}}-CH_2CH_3 + NH_2-OH \longrightarrow$

（5）$CH_3CH_2CH_2CH_2CHO \xrightarrow{NaOH} ?$

（6）$PhCHO + PhMgBr \longrightarrow ? \xrightarrow[H_2O]{H^+} ?$

（7）$CH_3-C_6H_4-CHO \xrightarrow{浓\ NaOH} ?$（对位）

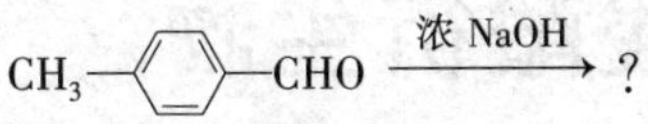

（8）环戊酮 $\xrightarrow{NaBH_4} ?$

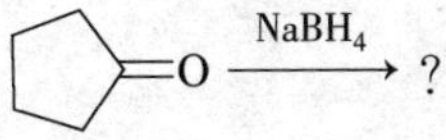

3. 用化学方法区别下列各组化合物。

（1）苯甲醛，苯乙酮和正庚醛

（2）甲醛，乙醛和丙酮

（3）丁-2-醇和丁酮

（4）己-2-酮和己-3-酮

（5）丙醛，丙酮，丙醇和异丙醇

（6）戊醛，2-戊酮，环戊酮和苯甲醛

4. 由指定原料合成所要求的化合物。

（1）由乙醛合成：（a）$CH_2═CH—CH═CH_2$；（b）2,4,6-辛三烯醛

（2）由丙酮合成：（a）3-甲基丁-2-烯酸；

（b）$(HOCH_2)_3C—\overset{\overset{O}{\|}}{C}—C(CH_2OH)_3$

（3）由环己酮制备己二醛

5. 有一化合物（A）C_8H_8O，能与羟氨作用，但不起银镜反应。A 在铂的催化下加氢，得到一种醇 B，B 经溴氧化、水解等反应后，得到两种液体 C 和 D，C 能起银镜反应，但不起碘仿反应；D 能发生碘仿反应，但不能使费林试剂还原。试推测 A 的结构，并写出主要反应式。

6. 某化合物分子式为 $C_5H_{12}O$（A），氧化后得 $C_5H_{10}O$（B）。B 能和苯肼反应，也能发生碘仿反应。A 和浓硫共热得 C_5H_{10}（C），C 经氧化后得丙酮和乙酸。试推测 A 的结构，并用反应式表明推断过程。

7. 某一化合物分子式为 $C_{10}H_{14}O_2$（A），它不与托伦试剂、费林溶液、热的 NaOH 及金属起作用，但稀 HCl 能将其转变成具有分子式为 C_8H_8O（B）的产物。B 与托伦试剂作用。强烈氧化时能将 A 和 B 转变为邻-苯二甲酸。试写出 A 的结构式，并用反应式表示转变过程。

第十六章　羧酸和羧酸衍生物

学习指导

1. 了解羧酸及其衍生物的命名及结构特点。
2. 掌握羧酸的化学性质。
3. 掌握羧酸衍生物水解、醇解、胺解等性质。
4. 掌握乙酰乙酸乙酯在合成中的应用。

羧酸是指含有羧基（$-\overset{\overset{O}{\|}}{C}-OH$，简写为—COOH）的有机化合物，羧基是羧酸的官能团。羧酸分子中羧基上的羟基被其他原子或者基团取代的化合物为羧酸的衍生物。

16.1　羧　　酸

16.1.1　羧酸的命名

许多羧酸从天然产物中获得，故常根据其最初来源命名。例如，甲酸（HCOOH）俗称蚁酸，是因为其最初来源于蚂蚁；乙酸（CH_3COOH）因存在于食醋中而被称为醋酸。

羧酸的系统命名是选择含有羧基的最长碳链作为主链，从含有羧基的一端编号，用阿拉伯数字表示取代基的位置，根据主链的碳原子数称为某酸。例如：

$CH_3-\underset{\underset{CH_3}{|}}{CH}-CH_2-COOH$　　3-甲基丁酸

$CH_3-\underset{\underset{CH_3}{|}}{CH}-\underset{\underset{CH_3}{|}}{CH}-COOH$　　2,3-二甲基丁酸

二元羧酸的命名是以包含两个羧基的最长碳链作为主链，根据碳原子数称为某二酸，把取代基的位置和名称写在前面。例如：

HOOC—COOH　　乙二酸（草酸）

$HOOC-CH_2-COOH$　　丙二酸

$HOOC-CH_2-CH_2-COOH$　　丁二酸（琥珀酸）

$CH_3-\underset{\underset{CH_2-COOH}{|}}{CH}-COOH$　　甲基丁二酸

不饱和脂肪羧酸的系统命名是选择含有重键和羧基的最长碳链作为主链，根据碳原子数称为某烯酸或某炔酸，并标明重键的位置。例如：

$CH_2{=}CHCOOH$　　丙烯酸

$CH_3-CH{=}CH-COOH$　　丁-2-烯酸（巴豆酸）

芳香族羧酸的命名是在芳烃的名称之后加酸。例如：

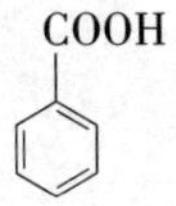

COOH（苯环）　苯甲酸

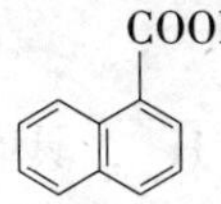

COOH（萘环）　α-萘甲酸

16.1.2　羧酸的物理性质

室温下，10 个碳原子以下的饱和一元脂肪羧酸是有刺激气味的液体，10 个碳原子以上的是蜡状固体。饱和二元脂肪羧酸和芳香羧酸在室温下是结晶状固体。甲酸、乙酸、丙酸、丁酸与水混溶。随着羧酸分子量的增大，其疏水烃基的比例增大，在水中的溶解度迅速降低。高级脂肪羧酸不溶于水，而易溶于乙醇、乙醚等有机溶剂。芳香羧酸在水中的溶解度都很小。常见羧酸的物理常数和 pK_a 列于表 16-1 中。

羧酸的沸点随分子量的增大而逐渐升高，并且比分子量相近的烷烃、卤代烃、醇、醛、酮的沸点高。这是由于羧基是强极性基团，羧酸分子间的氢键比醇羟基间的氢键更强。分子量较小的羧酸，如甲酸、乙酸，即使在气态时也以双分子二缔体的形式存在：

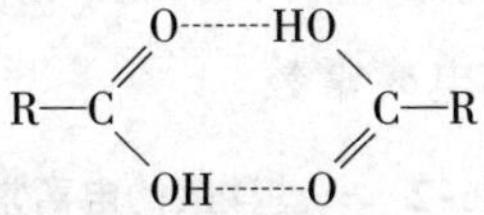

$$R-C(=O\cdots HO)(-OH\cdots O=)C-R$$

羧酸分子间的氢键

表 16-1　常见羧酸的物理常数和 pK_a

名　称	熔点/℃	沸点/℃	溶解度/［g/（100 g H_2O）］	pK_a
甲酸	8.4	100.5	∞	3.77
乙酸	16.6	118	∞	4.76
丙酸	-22	141	∞	4.88
正丁酸	-4.7	162.5	∞	4.82
正戊酸	-35	187	3.7	4.81
正己酸	-1.5	205	0.4	4.84
正庚酸	-11	223.5	0.24	4.89
正辛酸	16.5	237	0.25	4.85
壬酸	12.5	254		4.96
癸酸	31.5	268		

直链饱和一元羧酸的熔点随着分子量的增加而升高。偶数碳原子的羧酸比相邻两个奇数碳原子的羧酸熔点都要高，这是由于含偶数碳原子的羧酸碳链对称性比含奇数碳原子羧酸的碳链好，在晶格中排列较紧密，分子间作用力大，需要较高的温度才能将它们彼此分开，故熔点较高。

16.1.3　羧酸的化学性质

羧酸的官能团是羧基，羧基包括羰基和羟基两个部分。由于羰基和羟基的相互影响，羧基表现出不同的性质。

1. 酸性

羧酸在水溶液中能电离出 H^+，具有酸性。

$$R-\overset{\overset{O}{\|}}{C}-OH \rightleftharpoons R-\overset{\overset{O}{\|}}{C}-O^- + H^+$$

羧酸能够与氢氧化钠等强碱作用生成羧酸钠。例如：

$$H_3C-\overset{\overset{O}{\|}}{C}-OH + NaOH \longrightarrow H_3C-\overset{\overset{O}{\|}}{C}-ONa + H_2O$$

高级脂肪酸盐在工业和生活中具有重要的应用。例如，高级脂肪酸的钾盐和钠盐在工业上常用来制作肥皂及表面活性剂等。

羧酸的酸性比碳酸强，所以羧酸可与碳酸钠或碳酸氢钠反应生成羧酸盐，同时放出 CO_2。用此反应可鉴定羧酸。

$$R-\overset{\overset{O}{\|}}{C}-OH + NaHCO_3 \longrightarrow R-\overset{\overset{O}{\|}}{C}-ONa + H_2O + CO_2\uparrow$$

表 16-2 列出了一些常见羧酸的电离常数

表 16-2　一些羧酸的电离常数

名　称	构造式	pK_a
甲酸	$HCOOH$	3.77
乙酸	CH_3COOH	4.76
氯乙酸	$ClCH_2COOH$	2.86
二氯乙酸	$Cl_2CHCOOH$	1.29
三氯乙酸	Cl_3CCOOH	0.65
溴乙酸	$BrCH_2COOH$	2.90
碘乙酸	ICH_2COOH	3.18
氟乙酸	FCH_2COOH	2.66
三氟乙酸	F_3CCOOH	强酸
丁酸	$CH_3CH_2CH_2COOH$	4.82

电子效应对羧酸的酸性产生影响。例如，氯代乙酸的酸性比乙酸的酸性强，这是因为由于诱导效应，电子将沿着原子链向氯原子方向偏移，从而使氢离子更容易解离而增强酸性。当卤原子的种类不同时，它们对酸性的影响是 F > CL > Br > I，所以卤乙酸的酸性：氟乙酸 > 氯乙酸 > 溴乙酸 > 碘乙酸。芳香羧酸的酸性在考虑诱导效应时，还要考虑共轭效应。

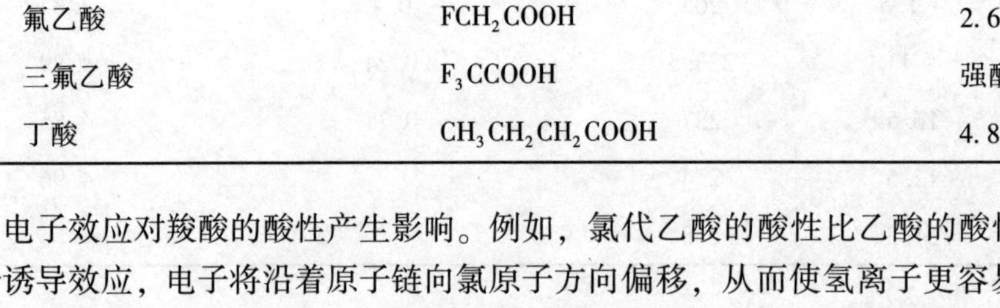

$$HO-C_6H_4-COOH \quad C_6H_5-COOH \quad Cl-C_6H_4-COOH \quad O_2N-C_6H_4-COOH$$

$\Longrightarrow$ 酸性增强

2. 酯化反应

羧酸与醇的失水反应称为酯化反应，其产物称为酯。

$$R-\overset{O}{\overset{\|}{C}}-O-H + R'-OH \xrightarrow{H^+} R-\overset{O}{\overset{\|}{C}}-OR' + H_2O$$

那么，在上述酯化反应中，羧酸是提供氢还是提供羟基？酯化反应存在以下两种机理。

$$① \quad R-\overset{O}{\overset{\|}{C}}-O\boxed{-H + H-O-}R' \xrightarrow{H^+} R-\overset{O}{\overset{\|}{C}}-OR' + H_2O$$

$$② \quad R-\overset{O}{\overset{\|}{C}}\boxed{-O-H + H-}O-R' \xrightarrow{H^+} R-\overset{O}{\overset{\|}{C}}-OR' + H_2O$$

其中，①式为醇的烷氧键断开，②式为羧酸的酰氧键断开。实验证明，大部分的酯化反应是按照②式进行的，即羧酸提供羟基，醇提供氢。例如，用含有^{18}O的醇和酸酯化时，形成含有^{18}O的酯。

$$R-\overset{O}{\overset{\|}{C}}-O-H + H^{18}O\text{-}R' \xrightarrow{H^+} R-\overset{O}{\overset{\|}{C}}-^{18}OR' + H_2O$$

3. 酰卤的生成

羧基中的羟基可被卤素取代生成酰卤。例如，羧酸与三卤化磷、五卤化磷或亚硫酰氯等反应。

$$3R-\overset{O}{\overset{\|}{C}}-OH + PCl_3 \xrightarrow{\triangle} 3R-\overset{O}{\overset{\|}{C}}-Cl + H_3PO_3$$

$$R-\overset{O}{\overset{\|}{C}}-OH + PCl_5 \xrightarrow{\triangle} R-\overset{O}{\overset{\|}{C}}-Cl + POCl_3 + HCl\uparrow$$

$$R-\overset{O}{\overset{\|}{C}}-OH + SOCl_2 \longrightarrow R-\overset{O}{\overset{\|}{C}}-Cl + SO_2\uparrow + HCl\uparrow$$

酰氯活性高，容易水解。以 $SOCl_2$ 作卤化剂时，副产物都是气体，容易与酰氯分离，故 $SOCl_2$ 是实验室制备酰氯最方便的试剂。

4. 酸酐的生成

一元羧酸在脱水剂五氧化二磷或乙酸酐的作用下，两分子羧酸受热脱去一分子水生成酸酐。

$$2\ R-\overset{O}{\overset{\|}{C}}-OH \xrightarrow{P_2O_5} R-\underset{O}{\underset{\|}{C}}-O-\underset{O}{\underset{\|}{C}}-R + H_2O$$

某些二元羧酸发生分子内脱水生成内酐（一般生成五元、六元环）。

例如：

$$\text{邻苯二甲酸} \xrightarrow{\triangle} \text{邻苯二甲酸酐} + H_2O$$

邻苯二甲酸酐

5. *脱羧反应*

羧酸脱去羧基，放出二氧化碳的反应，称为脱羧反应。除甲酸外，一元羧酸较稳定，直接加热时难以脱羧，只有在特殊条件下才可发生脱羧反应，生成少一个碳的烃。例如，乙酸的钠盐与强碱共热生成甲烷。

$$H_3C-\overset{\overset{O}{\parallel}}{C}-OH \longrightarrow H_3C-\overset{\overset{O}{\parallel}}{C}-ONa \xrightarrow{NaOH,\ CaO} CH_4$$

这是实验室制备甲烷的方法。

二元羧酸在两个羧基的相互影响下，受热也容易发生脱羧反应。例如，草酸、丙二酸在加热条件下发生脱羧反应，生成少一个碳原子的羧酸。

$$\begin{matrix}COOH\\ |\\ COOH\end{matrix} \xrightarrow{\triangle} HCOOH$$

$$HOOCCH_2COOH \xrightarrow{\triangle} CH_3COOH$$

丁二酸及戊二酸加热至熔点以上时不发生脱羧反应，而是分子内脱水生成稳定的内酐。

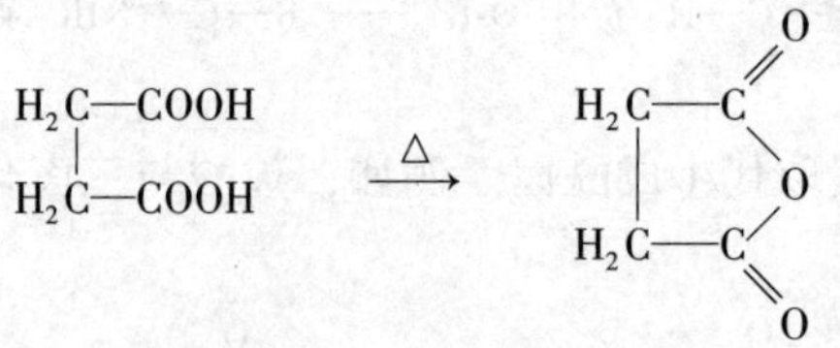

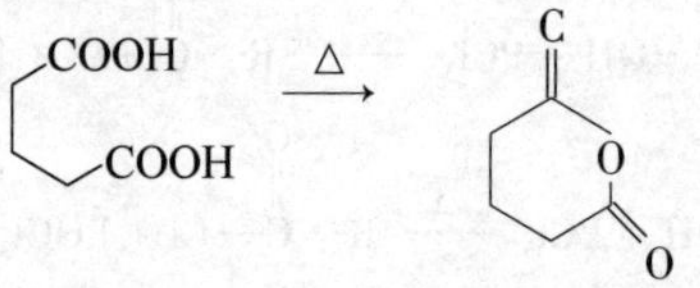

$$\begin{matrix}H_2C-COOH\\ |\\ H_2C-COOH\end{matrix} \xrightarrow{\triangle} \begin{matrix}H_2C-C(=O)\\ |\qquad\quad \backslash O\\ H_2C-C(=O)/\end{matrix}$$

$$\text{HOOC}(CH_2)_3\text{COOH} \xrightarrow{\triangle} \text{(戊二酸酐，六元环)}$$

己二酸及庚二酸在氢氧化钡存在下加热，既脱羧又失水，生成环酮。

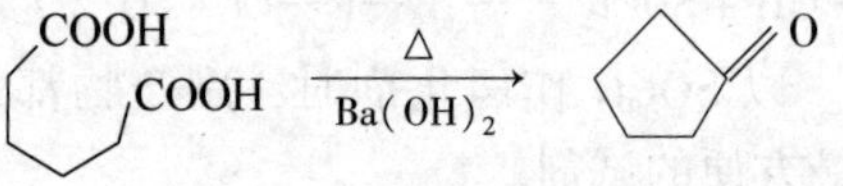

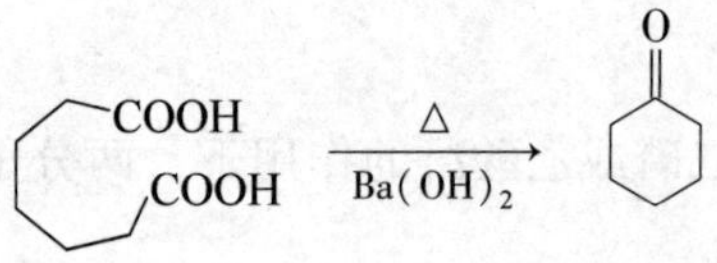

$$\text{HOOC}(CH_2)_4\text{COOH} \xrightarrow[Ba(OH)_2]{\triangle} \text{环戊酮}$$

$$\text{HOOC}(CH_2)_5\text{COOH} \xrightarrow[Ba(OH)_2]{\triangle} \text{环己酮}$$

16.1.4 重要的羧酸

1）甲酸

甲酸，俗称蚁酸，是无色有刺激性的液体，沸点100.5℃，易溶于水，具有腐蚀性。甲酸的结构式为 $H-\overset{\overset{O}{\parallel}}{C}-OH$，羧基与氢原子直接相连，既具有羧基的结构又具有醛基的结构。因此，甲酸既具有羧基的酸性，又具有醛基的还原性，其与托伦试剂发生银镜反应或使高锰酸钾溶液褪色。

2）乙酸

乙酸，俗名醋酸，是食醋的主要成分。乙酸为无色有刺激气味的液体，熔点16.6℃，沸点 118℃。乙酸在 16.6℃以下能凝结成冰状固体，因而无水乙酸也称为冰醋酸。乙酸易溶于水，也能溶于许多有机物。乙酸还是重要的工业原料。

3）苯甲酸

苯甲酸，俗名安息香酸。苯甲酸与苄醇形成的酯存在于天然树脂与安息香胶内。苯甲酸是白色固体，熔点 121℃，微溶于水，受热易升华。苯甲酸有抑菌、防腐的作用。苯甲酸钠是常用的防腐剂。

16.2　羧酸衍生物

羧酸分子中的羟基分别被卤原子（X = F，Cl，Br，I），氨基（NH_2），烷氧基（—R）和酰氧基（$-O-\overset{O}{\overset{\|}{C}}-R'$）取代后的产物，称为酰卤、酰胺、酯和酸酐，其结构通式是：

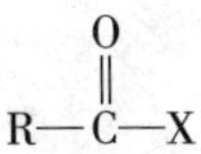

$$\underset{\text{酰氯}}{R-\overset{O}{\overset{\|}{C}}-X} \qquad \underset{\text{酰胺}}{R-\overset{O}{\overset{\|}{C}}-NH_2} \qquad \underset{\text{酯}}{R-\overset{O}{\overset{\|}{C}}-OR'} \qquad \underset{\text{酸酐}}{R-\overset{O}{\overset{\|}{C}}-O-\overset{O}{\overset{\|}{C}}-R'}$$

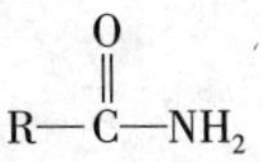

16.2.1　羧酸衍生物的命名

酰卤根据酰基和卤原子来命名，称为某酰卤。例如：

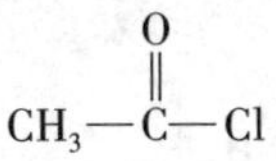

$$\underset{\text{乙酰氯}}{CH_3-\overset{O}{\overset{\|}{C}}-Cl} \qquad \underset{\text{丙酰溴}}{CH_3-CH_2-\overset{O}{\overset{\|}{C}}-Br} \qquad \underset{\text{对甲基苯甲酰氯}}{CH_3-C_6H_4-\overset{O}{\overset{\|}{C}}-Cl}$$

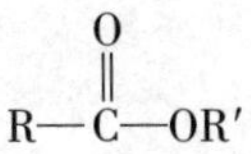

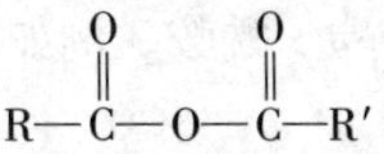

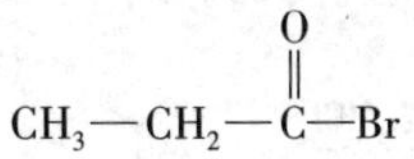

酸酐在相应的羧酸的名称后加“酐”字，称为某酸酐，简称某酐。例如：

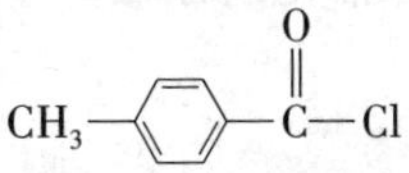

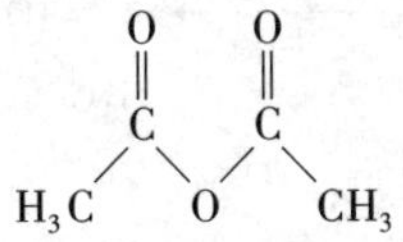

$$\underset{\text{乙（酸）酐}}{H_3C-\overset{O}{\overset{\|}{C}}-O-\overset{O}{\overset{\|}{C}}-CH_3}$$

羧酸酯常根据相应的羧酸和醇来命名，称为某酸某酯。例如：

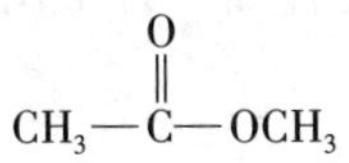

$$\underset{\text{乙酸甲酯}}{CH_3-\overset{O}{\overset{\|}{C}}-OCH_3} \qquad \underset{\text{乙酸乙酯}}{CH_3-\overset{O}{\overset{\|}{C}}-OC_2H_5} \qquad \underset{\text{甲酸乙酯}}{H-\overset{O}{\overset{\|}{C}}-OC_2H_5}$$

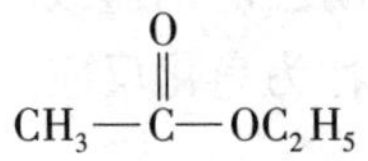

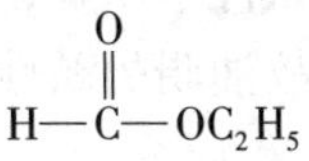

酰胺的命名通常是在酰基名称之后加“胺”字，取代氨基则需标明取代基的位置。例如：

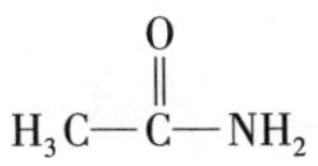

$$\underset{\text{乙酰胺}}{H_3C-\overset{O}{\overset{\|}{C}}-NH_2} \qquad \underset{N\text{-甲基乙酰胺}}{H_3C-\overset{O}{\overset{\|}{C}}-NH-CH_3} \qquad \underset{N,N\text{-二甲基甲酰胺}}{H-\overset{O}{\overset{\|}{C}}-N(CH_3)-CH_3}$$

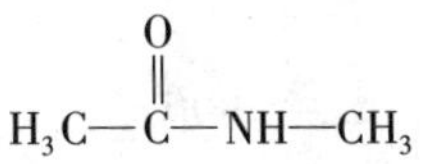

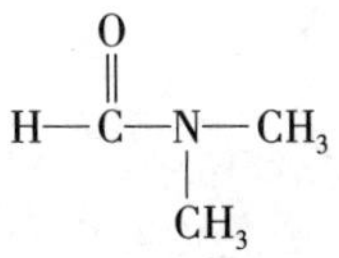

16.2.2　羧酸衍生物的物理性质

室温下，低级的酰氯和酸酐都是无色且对黏膜有强烈刺激性的液体，遇水即分解。高级的酰氯和酸酐为白色固体，不溶于水。

低级的酯是具有香味、微溶于水的液体。如乙酸异戊酯有香蕉香味（俗称香蕉水），许多花和水果的香味都与酯有关，因此酯多用于香料工业。高级羧酸酯为蜡状固体，羧酸酯均溶于有机溶剂。

酰胺除甲酰胺外，都为固体。低级的酰胺可溶于水。*N*,*N*-二甲基甲酰胺（DMF）是很好的质子溶剂，能够与水以任意比例混合。

羧酸衍生物易溶于乙醚、氯仿、丙酮、苯等有机溶剂。乙酸乙酯是常见的有机溶剂，在化学工业中应用广泛。

16.2.3 羧酸衍生物的化学性质

1. 水解反应

羧酸衍生物在酸或碱的催化作用下，都可与水反应生成相应的羧酸。其反应活性为：酰卤 > 酸酐 > 酯 > 酰胺。例如：

$$H_3C-\overset{\overset{\large O}{\|}}{C}-Cl \xrightarrow{H_2O} H_3C-\overset{\overset{\large O}{\|}}{C}-OH \quad \text{（常温，反应猛烈）}$$

$$H_3C-\overset{\overset{\large O}{\|}}{C}-O-\overset{\overset{\large O}{\|}}{C}-CH_3 \xrightarrow{H_2O} H_3C-\overset{\overset{\large O}{\|}}{C}-OH \quad \text{（常温，反应较缓）}$$

酰胺需要在催化剂存在下才能进行水解，例如：

$$C_6H_5CH_2CONH_2 \xrightarrow[\text{回流}]{\text{浓 HCl}} C_6H_5CH_2COOH + NH_3\uparrow$$

$$H_3C-O-C_6H_4-NHCOCH_3 \xrightarrow[\text{回流}]{KOH} H_3C-O-C_6H_4-NH_2 + CH_3COOH$$

酯的水解是一个可逆的过程，例如：

$$C_6H_5COOC_2H_5 \overset{H_2O}{\rightleftharpoons} C_6H_5COOH + C_2H_5OH$$

油脂在碱性条件下水解，生成脂肪酸的钠盐或者钾盐及甘油。日常用的肥皂就是高级脂肪酸的钠盐，故油脂的碱性水解也称为皂化反应。

2. 醇解反应

酰氯、酸酐与醇或酚作用，生成相应的酯，这是合成酯的重要方法。例如：

$$C_6H_5-\overset{\overset{\large O}{\|}}{C}-Cl \xrightarrow{ROH} C_6H_5-\overset{\overset{\large O}{\|}}{C}-OR$$

$$C_4H_3O-CH_2OH \xrightarrow{(CH_3CO)_2O} C_4H_3O-CH_2OCOCH_3$$

因为酯的醇解生成另一种酯和醇，因而酯的醇解也叫酯交换反应。此反应在有机合成中可用于从低级醇酯制取高级醇酯（反应后蒸出低级醇）。例如：

$$p\text{-}C_6H_4(COOCH_3)_2 + 2HOCH_2CH_2OH \xrightarrow[\triangle]{H^+} p\text{-}C_6H_4(COOCH_2CH_2OH)_2 + 2CH_3OH$$

$$H_2C{=}CH{-}\overset{\overset{\displaystyle O}{\|}}{C}{-}O{-}CH_3 + CH_3CH_2CH_2CH_2OH \xrightarrow{H^+} H_2C{=}CH{-}\overset{\overset{\displaystyle O}{\|}}{C}{-}O{-}CH_2CH_2CH_2CH_3 + CH_3OH$$

3. 氨解反应

酰氯、酸酐、酯可以发生氨解反应，产物是酰胺。由于氨本身是碱，所以氨解反应比水解反应更易进行。酰氯和酸酐与氨的反应都很剧烈，需要在冷却或稀释的条件下缓慢混合进行反应。例如：

$$(CH_3)_2\overset{\overset{\displaystyle O}{\|}}{C}Cl + 2NH_3 \longrightarrow (CH_3)_2\overset{\overset{\displaystyle O}{\|}}{C}NH_2 + NH_4Cl$$

$$(CH_3CO)_2O + NH_2CH_2COOH \longrightarrow H_3C{-}\overset{\overset{\displaystyle O}{\|}}{C}{-}NHCH_2COOH + CH_3COOH$$

4. 还原反应

氢化铝锂（$LiAlH_4$）是还原能力极强的还原试剂。酰卤、酸酐和酯可被 $LiAlH_4$ 还原为伯醇，而酰胺则被还原为相应的胺。例如：

$$C_{15}H_{31}{-}\overset{\overset{\displaystyle O}{\|}}{C}{-}Cl \xrightarrow[2.\ H_2O]{1.\ LiAlH_4/Et_2O} C_{15}H_{31}{-}CH_2{-}OH$$

$$\text{邻苯二甲酸酐} \xrightarrow[2.\ H_2O]{1.\ LiAlH_4/Et_2O} o\text{-}C_6H_4(CH_2OH)_2$$

$$C_6H_{11}{-}\overset{\overset{\displaystyle O}{\|}}{C}{-}N(CH_3)_2 \xrightarrow{LiAlH_4/Et_2O} C_6H_{11}{-}CH_2{-}N(CH_3)_2$$

5. 与格氏试剂的反应

酰氯与格氏试剂作用可以得到酮或叔醇。反应可停留在酮的一步，但产率不高。

$$R{-}C(=O)X + R'MgX \xrightarrow{\text{无水乙醚}} R{-}C(OMgX)(R'){-}X \longrightarrow \underset{\text{酮}}{R{-}\overset{\overset{\displaystyle O}{\|}}{C}{-}R'} \xrightarrow{R'MgX} R{-}C(R')_2{-}OMgX \xrightarrow{H_2O} \underset{\text{叔醇}}{R{-}C(R')_2{-}OH}$$

酯与格氏试剂反应生成酮，但由于格氏试剂对酮的反应比酯还快，反应很难停留在酮的阶段，故产物是叔醇。

$$R{-}\overset{\overset{\displaystyle O}{\|}}{C}{-}OC_2H_5 \xrightarrow{R'MgX} R{-}C(OMgX)(R'){-}OC_2H_5 \xrightarrow[H_2O]{H^+} \begin{matrix}R\\R'\end{matrix}{>}C{=}O \xrightarrow{R'MgX} \xrightarrow[H^+]{H_2O} R{-}C(R')_2{-}OH$$

具有位阻的酯可以停留在酮的阶段。例如：

$$(CH_3)_3CCOOCH_3 \xrightarrow{C_3H_7MgCl} (CH_3)_3C\overset{O}{\overset{\|}{C}}C_3H_7$$

6. 酯缩合反应

有 α-H 的酯在强碱（一般是用乙醇钠）的作用下与另一分子酯发生缩合反应，失去一分子醇，生成 β-羰基酯的反应叫做酯缩合反应，又称为克莱森（Claisen）缩合。例如：

$$2\ H_3C-\overset{O}{\overset{\|}{C}}-OC_2H_5 \xrightarrow{C_2H_5ONa} H_3C-\overset{O}{\overset{\|}{C}}-CH_2-\overset{O}{\overset{\|}{C}}-OC_2H_5 + C_2H_5OH$$

乙酰乙酸乙酯

乙酰乙酸乙酯是一种重要的有机合成原料，医药上用于合成氨基吡啉、维生素 B，在农药生产上用于合成有机磷杀虫剂蝇毒磷的中间体 α-氯代乙酰乙酸乙酯。

己二酸酯和庚二酸酯在强碱的作用下发生分子内酯缩合，生成环酮衍生物的反应称为狄克曼（Dieckmann）反应。例如：

$$CH_2\begin{cases}CH_2-CH_2-COOC_2H_5\\ CH_2-\overset{\|}{\underset{O}{C}}-OC_2H_5\end{cases} \xrightarrow{C_2H_5ONa} CH_2\begin{cases}CH_2-CH-COOC_2H_5\\ CH_2-C=O\end{cases} + C_2H_5OH$$

$$C_6H_4\begin{cases}CH_2-\overset{O}{\overset{\|}{C}}-OC_2H_5\\ CH_2-\underset{O}{\underset{\|}{C}}-OC_2H_5\end{cases} \xrightarrow{C_2H_5ONa} C_6H_4\begin{cases}CH_2-C=O\\ HC-\underset{O}{\underset{\|}{C}}-OC_2H_5\end{cases} + C_2H_5OH$$

缩合产物经酸性水解生成 β-羰基酸，β-羰基酸受热易脱羧，最后产物是环酮。

$$\text{2-}COOC_2H_5\text{-环戊酮} \xrightarrow{H_2O/H^+} \text{2-}COOH\text{-环戊酮} \xrightarrow{\triangle} \text{环戊酮}$$

狄克曼（Dieckmann）反应是合成五元和六元碳环的重要方法。

16.3 乙酰乙酸乙酯在有机合成中的应用

乙酰乙酸乙酯的 α-C 原子上由于受到两个吸电子基（羰基和酯基）的作用，α-H 原子很活泼，具有一定的酸性，易与金属钠、乙醇钠作用形成钠盐。

$$CH_3-\overset{O}{\overset{\|}{C}}-CH_2\overset{O}{\overset{\|}{C}}-OC_2H_5 \xrightarrow{C_2H_5ONa} [CH_3-\overset{O}{\overset{\|}{C}}-\overset{-}{C}H-\overset{O}{\overset{\|}{C}}-OC_2H_5]\ Na^+ \quad pK_a=11$$

乙酰乙酸乙酯的钠盐与卤代烃、酰卤反应，生成烃基和酰基取代的乙酰乙酸乙酯。例如：

$$[CH_3-\overset{O}{\overset{\|}{C}}-\overset{-}{C}H-\overset{O}{\overset{\|}{C}}-OC_2H_5]\ Na^+ \begin{cases} \xrightarrow{RX} CH_3-\overset{O}{\overset{\|}{C}}-\underset{R}{\underset{|}{C}H}-\overset{O}{\overset{\|}{C}}-OC_2H_5 \\ \xrightarrow{XCH_2COOCH_2CH_3} CH_3-\overset{O}{\overset{\|}{C}}-\underset{CH_2COOCH_2CH_3}{\underset{|}{C}H}-\overset{O}{\overset{\|}{C}}-OC_2H_5 \end{cases}$$

生成的取代物还可以在醇钠的作用下，生成二元取代化合物。

$$CH_3-\overset{O}{\overset{\|}{C}}-\underset{R}{\underset{|}{C}H}-\overset{O}{\overset{\|}{C}}-OC_2H_5 \xrightarrow{C_2H_5ONa} [CH_3-\overset{O}{\overset{\|}{C}}-\underset{R}{\underset{|}{\overset{-}{C}}}-\overset{O}{\overset{\|}{C}}-OC_2H_5]\ Na^+$$

$$\xrightarrow[-NaX]{R'X} CH_3-\overset{O}{\overset{\|}{C}}-\underset{R}{\underset{|}{\overset{R'}{\overset{|}{C}}}}-\overset{O}{\overset{\|}{C}}-OC_2H_5$$

乙酰乙酸乙酯及其取代衍生物与稀碱作用，水解生成β-羰基酸，受热后脱羧生成甲基酮，这是合成具有甲基酮结构化合物的一种方法。乙酰乙酸乙酯生成甲基酮衍生物的反应称为酮式分解。例如：

$$CH_3-\overset{O}{\overset{\|}{C}}-CH_2-\overset{O}{\overset{\|}{C}}-OC_2H_5 \xrightarrow[2.\ \triangle]{1.\ 稀\ OH^-} CH_3-\overset{O}{\overset{\|}{C}}-CH_3 + C_2H_5OH + CO_2\uparrow$$

$$CH_3-\overset{O}{\overset{\|}{C}}-\underset{R}{\underset{|}{C}H}-\overset{O}{\overset{\|}{C}}-OC_2H_5 \xrightarrow[2.\ \triangle]{1.\ 稀\ OH^-} CH_3-\overset{O}{\overset{\|}{C}}-CH_2R + C_2H_5OH + CO_2\uparrow$$

乙酰乙酸乙酯及其取代衍生物在浓碱作用下，主要发生乙酰基的断裂，生成乙酸或取代乙酸，称为酸式分解。例如：

$$CH_3-\overset{O}{\overset{\|}{C}}-CH_2-\overset{O}{\overset{\|}{C}}-OC_2H_5 \xrightarrow[2.\ H^+]{1.\ 浓\ OH^-} 2CH_3COOH + C_2H_5OH$$

$$CH_3-\overset{O}{\overset{\|}{C}}-\underset{R}{\underset{|}{C}H}-\overset{O}{\overset{\|}{C}}-OC_2H_5 \xrightarrow[2.\ H^+]{1.\ 浓\ OH^-} CH_3COOH + RCH_2COOH + C_2H_5OH$$

由于乙酰乙酸乙酯的上述性质，我们可以通过亚甲基上的取代，引入各种不同的基团后，再经酮式分解或酸式分解，就可以得到不同结构的酮或酸。

例如，以乙酰乙酸乙酯为起始原料合成4-苯基-2-丁酮和苯丙酸。

$$CH_3-\overset{O}{\overset{\|}{C}}-CH_2-\overset{O}{\overset{\|}{C}}-OC_2H_5 \xrightarrow{C_2H_5ONa} \left[CH_3-\overset{O}{\overset{\|}{C}}-\overset{-}{C}H-\overset{O}{\overset{\|}{C}}-OC_2H_5\right]Na \xrightarrow{+C_6H_5CH_2Cl}$$

$$CH_3-\overset{O}{\overset{\|}{C}}-\underset{CH_2C_6H_5}{\underset{|}{C}H}-\overset{O}{\overset{\|}{C}}-OC_2H_5 \begin{cases} \xrightarrow[2.\ H^+]{1.\ 浓\ OH^-} C_6H_5CH_2CH_2COOH \\ \xrightarrow[2.\ \triangle]{1.\ 稀\ OH^-} CH_3-\overset{O}{\overset{\|}{C}}-CH_2-CH_2C_6H_5 \end{cases}$$

小　结

1. 羧酸是一类重要的有机化合物，羧基（—COOH）是其官能团。

2. 一元羧酸是弱酸，能够与碱作用生成盐和水，即皂化反应。一元羧酸能够与醇发生酯化反应，与二氯亚砜等卤代试剂生成酰卤，与胺作用生成酰胺。

3. 二元羧酸在加热条件下一般发生脱水和脱羧反应。例如，草酸和丙二酸发生脱羧反应；丁二酸和戊二酸发生脱水反应生成酸酐；己二酸和庚二酸则发生脱水和脱羧反应，分别生成环五酮、环己酮。

4. 酰卤、酰胺、酯、酸酐统称为羧酸的衍生物，能够与水、醇、胺等发生反应。

5. 酯能够发生缩合反应，克莱森缩合和狄克曼缩合反应。

6. 乙酰乙酸乙酯常用来合成具有 $H_3C—\overset{O}{\overset{\|}{C}}—$ 结构的酮。

习　题

1. 用系统法命名下列化合物。

（1）$CH_3CHCOOH$（CH 上连 CH_3）

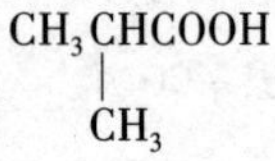

（2）$CH_3CHCHCOOH$（第一个 CH 上连 Br，第二个 CH 上连 CH_2CH_3）

（3）H(CH₃CH₂)C═C(COOH)H：CH_3CH_2 与 H 在左侧碳上，COOH 与 H 在右侧碳上（COOH 在上，H 在下）

（4）C₆H₅(H)C═C(H)COOH：左侧碳上连 H 和苯基，右侧碳上连 H 和 COOH

（5）环丙烷-1,1-二甲酸结构（环丙烷同一碳上连两个 COOH）

（6）苯环上连 COOH 和间位 CHO

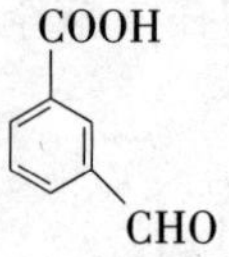

（7）$CH_3CH(COOH)_2$

（8）$H_2C(CH_2—C(=O))_2O$（戊二酸酐环状结构）

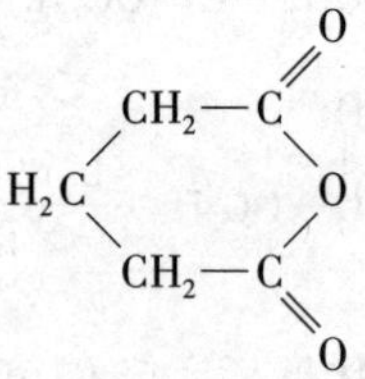

（9）$ClCH_2CH_2COOC_6H_5$

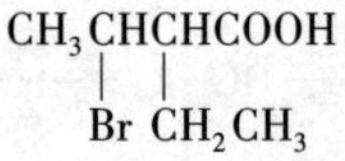

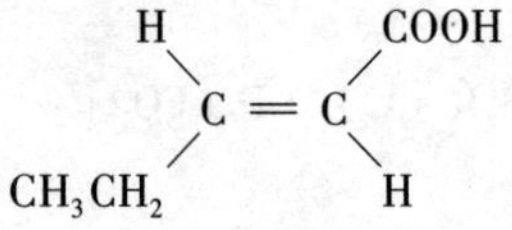

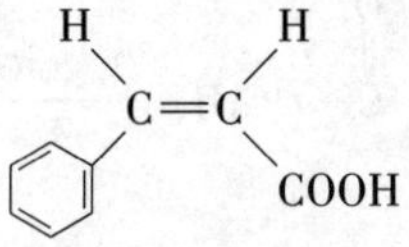

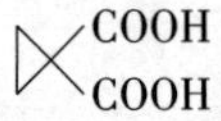

（10）$C_6H_5—\overset{}{C}(=O)—O—$环己基

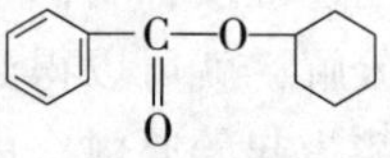

（11）$H\overset{O}{\overset{\|}{C}}—N(CH_3)_2$

（12）$CH_2—C(=O)$、$CH_2—C(=O)$ 与 N—Br 构成的五元环（N-溴代丁二酰亚胺结构）

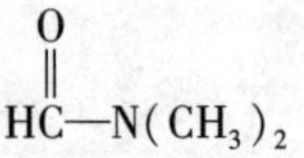

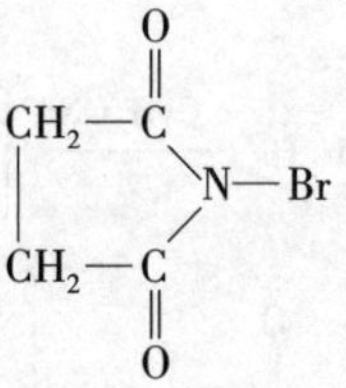

(13) $CH_3CH(CH_3)COCl$ (14) $CH_3CH_2CH(CH_3)CH_2CONHCH_3$

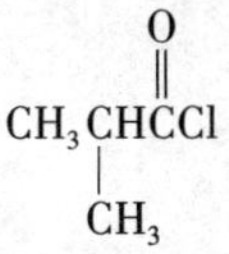

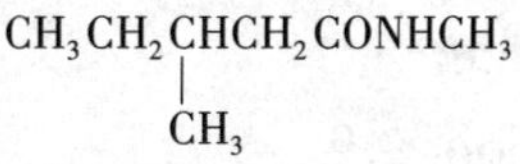

2. 写出下列化合物的结构。

(1) 顺丁-2-烯酸 (2) 3-苯基-2-溴丙酸

(3) 反-4-叔丁基环己烷羧酸 (4) 庚酰氯

(5) 邻苯二甲酸酐 (6) 碳酸二异丙酯

(7) 戊内酰胺 (8) *N*,*N*-二乙基己酰胺

(9) α-苯丙酸苯酯

3. 比较下列化合物酸性的强弱。

(1) $BrCH_2CH_2COOH$, $CH_3CHBrCOOH$, $ClCH_2CH_2COOH$

(2) 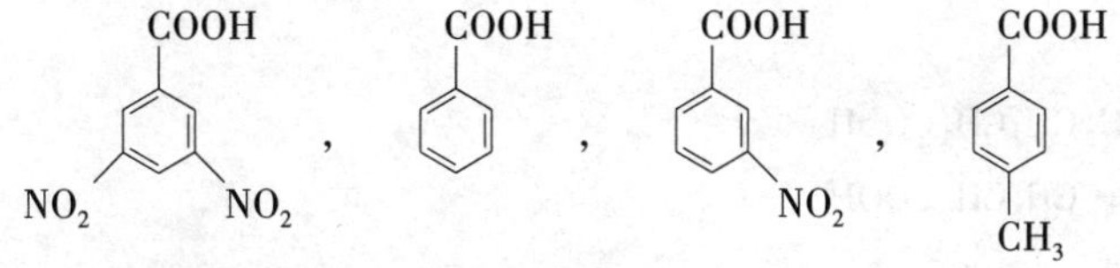 3,5-二硝基苯甲酸，苯甲酸，间硝基苯甲酸，对甲基苯甲酸（结构式：COOH，NO_2，NO_2；COOH；COOH，NO_2；COOH，CH_3）

4. 写出下列反应的主要产物。

(1) 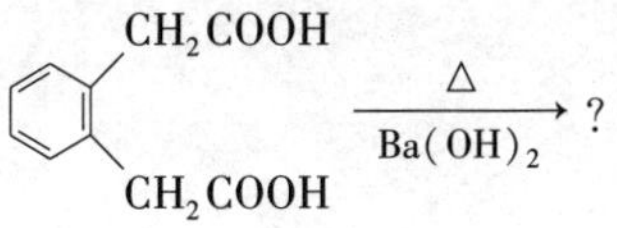 邻苯二乙酸（苯环邻位 CH_2COOH、CH_2COOH）$\xrightarrow[Ba(OH)_2]{\triangle}$?

(2) $(CH_3)_2CHOH + H_3C-C_6H_4-\overset{O}{\overset{\|}{C}}-Cl \longrightarrow$?

(3) 顺丁烯二酸酐 $+ CH_3CH_2OH \longrightarrow$?

(4) $2CH_3CH_2\overset{O}{\overset{\|}{C}}OC_2H_5 \xrightarrow{NaOC_2H_5}$?

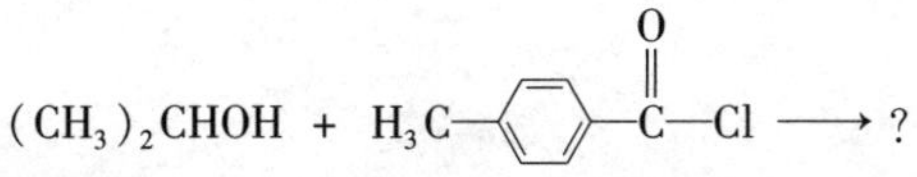

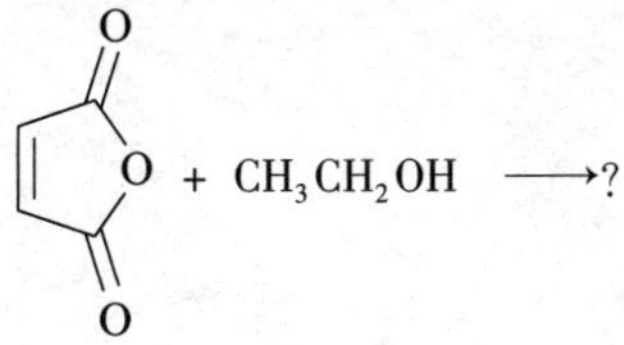

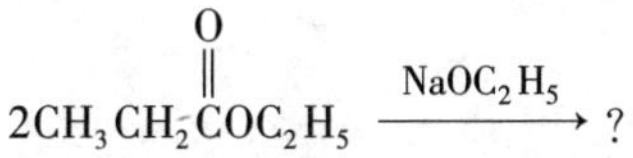

5. 完成下列反应。

(1) $(CH_3)_3C-Cl \xrightarrow{Mg,\ 无水乙醚}$? $\xrightarrow{CO_2}$? $\xrightarrow{H_3O^+}$?

(2) $CH_3COOH \xrightarrow{SOCl_2}$? $\xrightarrow{(CH_3)_2CHNH_2}$?

(3) 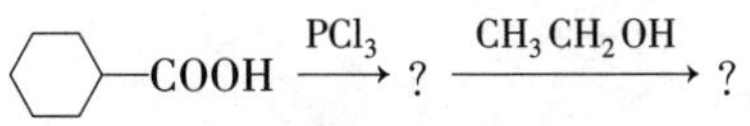 环己基$-COOH \xrightarrow{PCl_3}$? $\xrightarrow{CH_3CH_2OH}$?

(4) $CH_3(CH_2)_4CH_2OH \xrightarrow{H_2SO_4}$? $\xrightarrow{HCl}$? $\xrightarrow[无水乙醚]{Mg}$? $\xrightarrow[②\ H_3O^+]{①\ CO_2}$?

(5) 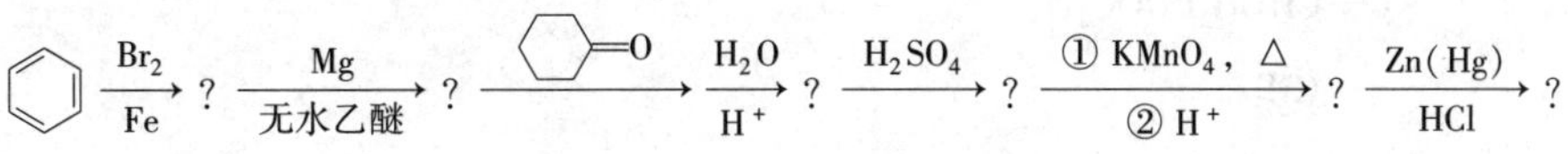 苯 $\xrightarrow[Fe]{Br_2}$? $\xrightarrow[无水乙醚]{Mg}$? $\xrightarrow{环己酮}$? $\xrightarrow[H^+]{H_2O}$? $\xrightarrow{H_2SO_4}$? $\xrightarrow[②\ H^+]{①\ KMnO_4,\ \triangle}$? $\xrightarrow[HCl]{Zn(Hg)}$?

(6) $CH_3CH_2CH_2OH + CH_3\overset{O}{\overset{\|}{C}}Cl \longrightarrow$? $\xrightarrow[500℃]{\triangle}$?

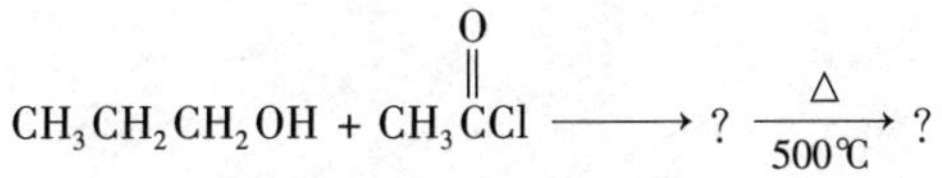

(7) 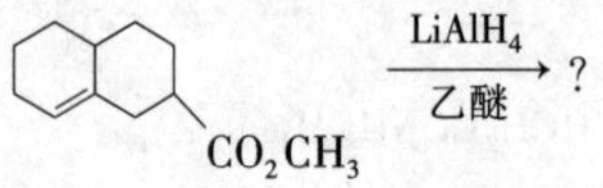 [环状化合物，含 CO_2CH_3] $\xrightarrow[\text{乙醚}]{LiAlH_4}$?

(8) 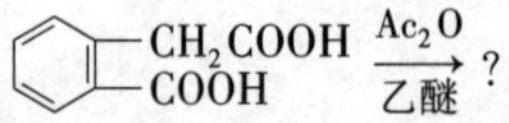 [苯环邻位 CH_2COOH、$COOH$] $\xrightarrow[\text{乙醚}]{Ac_2O}$?

6. 用合适的方法转变下列化合物。

(1) $CH_2{=}CH_2 \longrightarrow CH_3CH_2COOH$

(2) 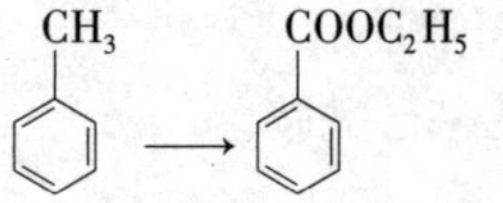 $C_6H_5CH_3 \longrightarrow C_6H_5COOC_2H_5$

(3) $HOOCCH_2CH_2COOH \longrightarrow (CH_3)_2C{-}CHCH{=}C(CH_3)_2$

(4) 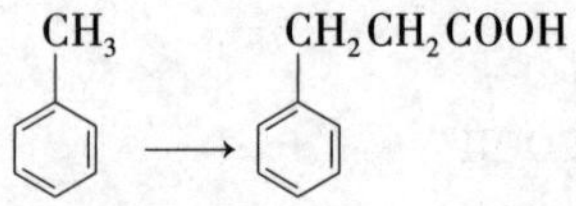 $C_6H_5CH_3 \longrightarrow C_6H_5CH_2CH_2COOH$

(5) $CH_3CH_2COOH \longrightarrow CH_3CH_2CH_2COOH$

(6) $CH_3CH_2CH_2COOH \longrightarrow CH_3CH_2COOH$

(7) 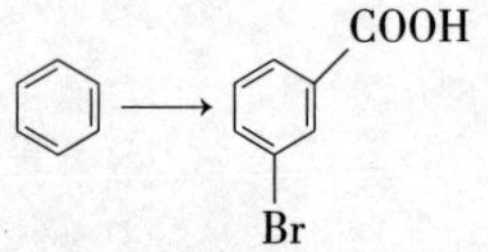 $C_6H_6 \longrightarrow$ 间溴苯甲酸（COOH，Br）

7. 用简单的化学方法区别下列各组化合物。

(1) 甲酸，乙酸，乙醛

(2) 乙酸，草酸，丙二酸

(3) CH_3COCl 和 $ClCH_2COOH$

(4) $CH_3COOC_2H_5$ 和 CH_3OCH_2COOH

(5) $(CH_3CO)_2O$ 和 $H_3CCOOC_2H_5$

(6) 丙酸乙酯和丙酰胺

8. 根据克莱森缩合反应完成下面的转化。

(1) 丙酮⟶2,4-戊二酮

(2) 丙酸乙酯⟶ α-丙酰丙酸乙酯

9. 化合物甲、乙、丙的分子式都是 $C_3H_6O_2$。甲与 Na_2CO_3 作用放出 CO_2，乙和丙不能与 Na_2CO_3 反应，但在 NaOH 溶液中加热后可水解，从乙的水解液蒸馏出的液体有碘仿反应。试推测甲、乙、丙的结构。

10. 以乙酰乙酸乙酯为原料合成下列化合物。

(1) $H_3C{-}\overset{O}{\overset{\|}{C}}{-}CH_2CH_2COOC_2H_5$

(2) $H_3C{-}\overset{O}{\overset{\|}{C}}{-}\underset{CH_3}{\underset{|}{C}H}CH_2COOC_2H_5$

第十七章　胺

学习指导

1. 了解胺的结构、分类及命名。
2. 掌握胺的化学性质。
3. 掌握影响胺的碱性大小的影响因素。
4. 掌握一～三级胺的鉴定方法。

氨（NH_3）上的氢原子被烃基部分或全部取代后的产物称为胺（amine）。氨基（$—NH_2$，$—NHR$，$—NR_2$）是胺的官能团。

17.1　胺的分类

按照氮原子连接烃基数目的不同，含有一个烃基的胺为伯胺，含有两个烃基的胺为仲胺，含有三个烃基的胺为叔胺。例如：

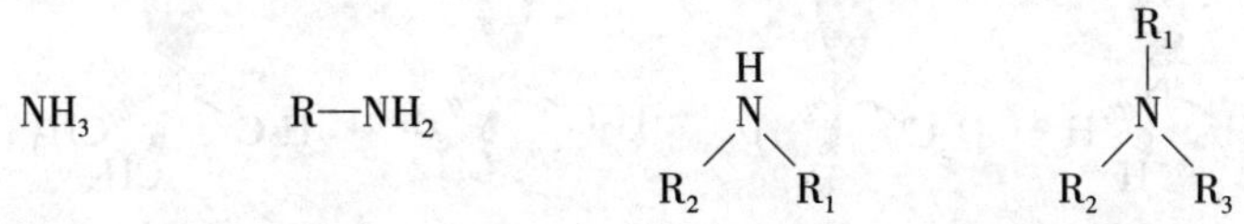

NH_3	$R—NH_2$	$R_2—NH—R_1$	$R_2—N(R_1)—R_3$
氨	伯胺	仲胺	叔胺

按照所连接的烃基不同，胺又可分为脂肪胺和芳香胺。氨基与脂肪烃基相连的是脂肪胺，与芳香环直接相连的叫芳香胺。例如：

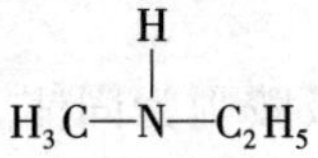

$H_3C—NH—C_2H_5$
甲基乙基胺

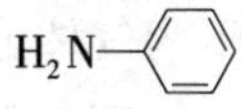

$H_2N—C_6H_5$
苯胺

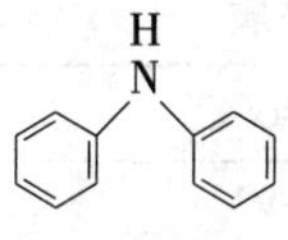

$C_6H_5—NH—C_6H_5$
N-苯基苯胺

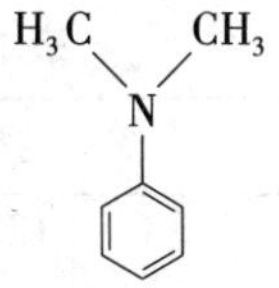

$(H_3C)_2N—C_6H_5$
N,*N*-二甲基苯胺

17.2　胺的命名

简单的胺可用普通命名法命名。将所含烃基的名称写在前面，后面加上“胺”字。相同的烃基用中文数字二、三表示。例如：

CH_3NH_2	$CH_3NHCH_2CH_3$	$CH_3CH_2NHCH_2CH_3$
甲胺	甲基乙基胺	二乙基胺

对于结构复杂的胺，采用系统命名法。选择含氨基的最长碳链，根据主链的碳原子数称为某胺，氮原子上的其他烃基则作为取代基，用 N 为其定位。例如：

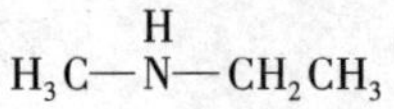

$H_3C—N(H)—CH_2CH_3$ $C_6H_5—N(CH_3)_2$

N-甲基乙胺 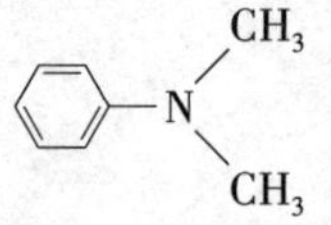   *N*,*N*-二甲基苯胺

当分子中存在羟基、羧基等官能团时，则把氨基作为取代基。例如：

$H_2N—CH_2—CH_2—OH$ $H_2N—C_6H_4—OH$

2-氨基乙醇   对氨基苯酚

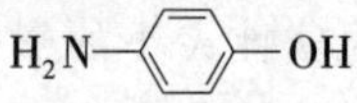

17.3 胺的结构

与氨气分子相似，胺分子中氮原子也采取 sp^3 杂化。三个 sp^3 杂化轨道与三个氢或烃基形成三个 σ 键，剩余的孤对电子占据一个 sp^3 轨道。三个取代基分别占据四面体的三个顶点，剩余的孤对电子则占据另一个顶点，胺（氨）分子是锥形结构，C—N—C 键角接近 109°。例如：

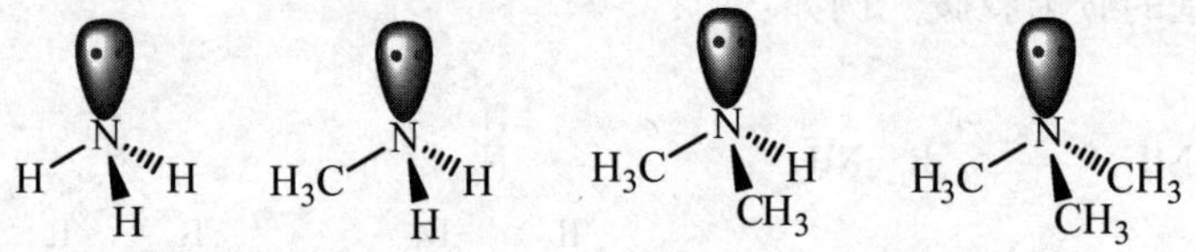

氨   甲胺   二甲胺   三甲胺

17.4 胺的物理性质

低级脂肪胺在室温下为气体或易挥发性液体，高级胺则为固体。芳香胺为高沸点的固体或液体。一些常见胺的物理常数列于表 17-1。

表 17-1 一些常见胺的物理性质

名　称	结构简式	熔点/℃	沸点/℃
甲胺	CH_3NH_2	-92	-7.5
二甲胺	$(CH_2)_2NH$	-96	7.5
三甲胺	$(CH_3)_3N$	-117	3.0
乙胺	$C_2H_5NH_2$	-81	17
二乙胺	$(C_2H_5)_2NH$	-39	55
三乙胺	$(C_2H_5)_3N$	-115	89
苯胺	$C_6H_5NH_2$	-6	184
N-甲基苯胺	$C_6H_5NHCH_3$	-57	196
N,*N*-二甲基苯胺	$C_6H_5N(CH_3)_2$	-3	194

续表

名　称	结构简式	熔点/℃	沸点/℃
邻甲苯胺	$o\text{-}CH_3C_6H_4NH_2$	-28	200
间甲苯胺	$m\text{-}CH_3C_6H_4NH_2$	-30	203
对甲苯胺	$p\text{-}CH_3C_6H_4NH_2$	44	200
邻硝基苯胺	$o\text{-}NO_2C_6H_4NH_2$	71	284
间硝基苯胺	$m\text{-}NO_2C_6H_4NH_2$	114	307（分解）
对硝基苯胺	$p\text{-}NO_2C_6H_4NH_2$	148	332

胺都具有特殊的气味，芳香胺的毒性很大，如人体吸入苯胺会导致高铁血红蛋白血症。长期接触苯胺，可引起中毒性肝病。

由于伯胺和仲胺分子内存在极性的氮氢键，因而伯胺和仲胺都能形成分子间氢键，但同时氮的电负性小于氧，故胺分子间氢键弱于醇分子间氢键，其沸点比相近分子量的醇要低，但高于相同相对分子质量的非极性化合物。叔胺由于不能形成分子间氢键，因而其沸点比相近分子量的伯胺和仲胺低。胺与水分子都能形成氢键，因而低级胺易溶于水。

17.5　胺的化学性质

17.5.1　胺的碱性

胺分子中氮原子存在孤对电子，能够与质子反应形成盐，因此具有碱性。

$$\text{N:} \xrightarrow{H-A} \text{N}^+-H + A^-$$

胺的碱性通常用 pK_b 表示。pK_b 越小，表明胺的碱性越强。氨和常见胺的 pK_b 如下。

	$H_3C—NH_2$	$(H_3C)_2NH$	$H_3C—N(CH_3)_2$	NH_3
	甲胺	二甲胺	三甲胺	氨
pK_b	3.38	3.27	4.21	4.76

	$C_6H_5NH_2$	$p\text{-}CH_3C_6H_4NH_2$	$p\text{-}NO_2C_6H_4NH_2$
	苯胺	对甲基苯胺	对硝基苯胺
pK_b	9.37	8.92	13.0

甲胺、二甲胺等脂肪胺的碱性比氨强，这是由于烷基的供电子效应，使得氮原子上的电子云密度升高，更有利于与质子结合。芳胺的碱性比氨弱，是由于氨基与苯环直接相连，氨基上氮原子的孤对电子的 sp^3 杂化轨道与苯环的 π 电子轨道重叠，导致氮原子的孤对电子向苯环移动，从而使氮原子的电子云密度降低。当苯胺上有取代基时，供电子基团

则使其碱性增强，吸电子基团则使其碱性减弱。

17.5.2 胺与酸的反应

胺可以与无机酸（如盐酸、硝酸、硫酸）及有机羧酸（如醋酸、草酸和苯甲酸）等反应，生成相应的盐。胺盐是弱碱形成的盐，与强碱反应则会游离出来胺，因而可以利用酸溶液和碱溶液对胺进行提纯与分离。三级胺与卤代烃反应时，得到四级胺，又称季铵盐。

$$n\text{-}C_{16}H_{33}Br + (CH_3)_3N \longrightarrow [n\text{-}C_{16}H_{33}N(CH_3)_3]Br$$

溴化正十六烷基三甲基铵

$$C_6H_5\text{—}CH_2Cl + (CH_3)_3N \longrightarrow [C_6H_5\text{—}CH_2N(CH_3)_3]Cl$$

氯化苯甲基三甲基铵

季铵盐是白色结晶，极易吸潮，易溶于水，不溶于乙醚，具有离子化合物的特性。季铵盐是一类重要的化合物，其主要用作表面活性剂，降低表面张力。自然界中的季铵盐不少具有一定的生物活性，如矮壮素 $[(CH_3)_3NCH_2CH_2Cl]Cl$ 是一种植物生长调节剂；有些季铵盐可用作药物、农药以及化学反应中的相转移催化剂等，如氯化苄基三乙基铵 $[(CH_2CH_3)_3NC_6H_5CH_2]Cl$。

17.5.3 胺的酰化反应

胺可以与酰氯、酸酐等反应生成相应的酰胺。实验室内常用对甲苯磺酰氯来鉴定伯胺、仲胺、叔胺，这个反应称为兴斯堡（Hinsberg）反应。在碱性条件下，对甲苯磺酰氯与胺生成磺酰胺。一级胺生成的苯磺酰胺，因氨基上的氢原子受磺酰基的影响而呈弱酸性，所以能溶于碱变为盐。二级胺所生成的苯磺酰胺，氨基上没有氢原子，故不能生成盐。三级胺与苯磺酰氯不能起作用。可利用伯胺、仲胺、叔胺与磺酰氯反应的结果不同来区别伯胺、仲胺、叔胺。

$$R\text{—}NH_2 + H_3C\text{—}C_6H_4\text{—}SO_2Cl \longrightarrow H_3C\text{—}C_6H_4\text{—}SO_2NHR$$

$$\xrightarrow{\text{NaOH 中溶解}} H_3C\text{—}C_6H_4\text{—}SO_2N(Na)R$$

$$R_2NH + H_3C\text{—}C_6H_4\text{—}SO_2Cl \longrightarrow H_3C\text{—}C_6H_4\text{—}SO_2NR_2$$

不溶于碱，不溶于酸

在有机合成中，经常将氨基酰化后，再进行其他反应，最后将酰基脱去，从而起到保护氨基的作用。例如，在苯胺的硝化反应中，先用乙酰基将氨基保护起来，既可避免氨基被硝化试剂氧化，又可降低苯环的反应活性，使反应主要生成一硝化产物。

$$C_6H_5\text{—}NH_2 \xrightarrow{(CH_3CO)_2O} C_6H_5\text{—}NHCOCH_3 \xrightarrow[H_2SO_4]{HNO_3}$$

$$O_2N\text{—}C_6H_4\text{—}NHCOCH_3 \xrightarrow{OH^-} O_2N\text{—}C_6H_4\text{—}NH_2$$

17.5.4　与亚硝酸的反应

1. 伯胺与亚硝酸的反应

伯胺与亚硝酸反应形成重氮盐。脂肪族重氮盐极不稳定，即使在低温下也会自动分解，并发生取代、消除等一系列反应，生成醇与烯烃类的混合物，并定量放出氮气。在分析上此反应可用于氨基的定量测定。

芳香族伯胺在低温下与亚硝酸反应，生成相应的重氮盐，这一反应称重氮化反应。例如：

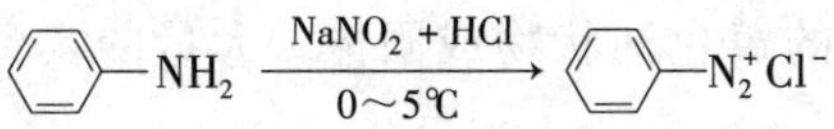

$$-NH_2 \xrightarrow[0\sim5℃]{NaNO_2+HCl} -N_2^+Cl^-$$

芳香族重氮盐在低温下（0～5℃）水溶液中稳定，遇热分解，干燥时易爆炸，故制备后直接在水溶液中应用。重氮盐在加热条件下，容易分解生成酚。

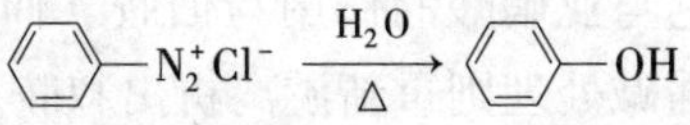

$$-N_2^+Cl^- \xrightarrow[\triangle]{H_2O} -OH$$

这是将氨基转换为酚羟基最常用的方法。

此外，重氮基与其他的原子或基团容易发生取代反应，例如在卤化亚铜（CuCl、CuBr）的盐酸溶液作用下，芳香族重氮盐分解，生成相应的卤化物。

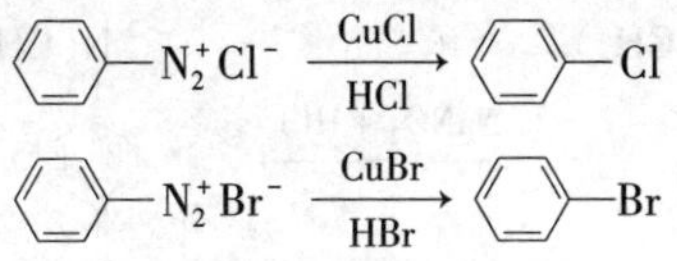

$$-N_2^+Cl^- \xrightarrow[HCl]{CuCl} -Cl$$

$$-N_2^+Br^- \xrightarrow[HBr]{CuBr} -Br$$

次磷酸（H_3PO_2）是还原剂，能够将重氮盐还原。

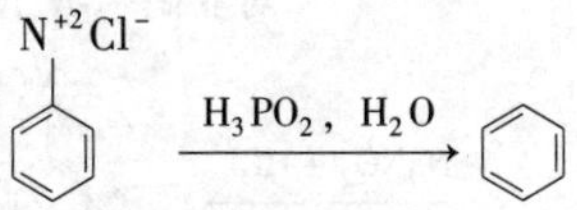

$$N^{+2}Cl^- \xrightarrow{H_3PO_2,\ H_2O}$$

芳香族重氮盐还可以与酚类化合物及芳香胺发生偶联反应，形成偶氮化合物。偶氮化合物是指具有 $R_1—N═N—R_2$ 结构的化合物，R_1 和 R_2 分别代表不同的烃基。偶氮化合物通常有颜色，是重要的染色染料。

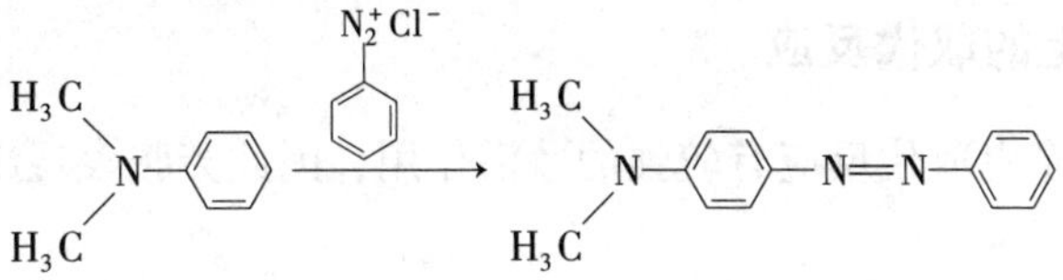

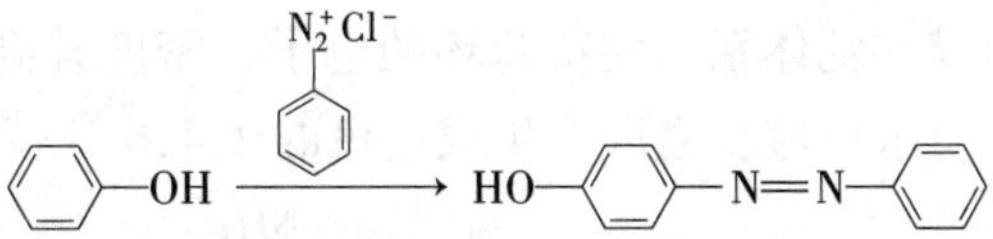

$$(H_3C)_2N- \xrightarrow{N_2^+Cl^-} (H_3C)_2N-\ -N═N-$$

$$-OH \xrightarrow{N_2^+Cl^-} HO-\ -N═N-$$

例如，苏丹红是一种红色染料，毒性很大，食用后可致癌。近年曝光的红心鸭蛋事件就与苏丹红有关。

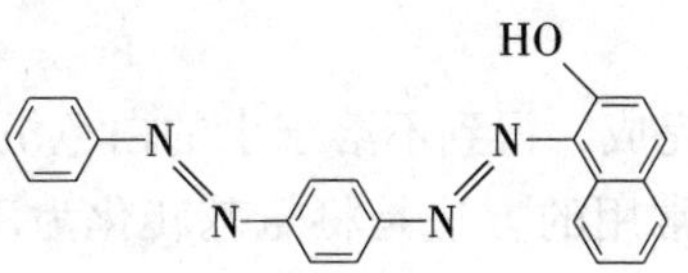

HO　N　N　N　N

苏丹红 3

2. 仲胺与亚硝酸的反应

脂肪仲胺和芳香仲胺与亚硝酸反应的结果基本相同，都得到亚硝基化合物。

$$(C_2H_5)_2NH \xrightarrow{NaNO_2 + HCl} (C_2H_5)_2N—NO$$

N-亚硝基二乙胺

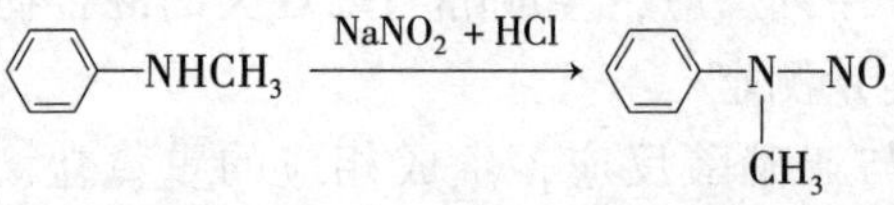

$$C_6H_5—NHCH_3 \xrightarrow{NaNO_2 + HCl} C_6H_5—N(CH_3)—NO$$

N-甲基-*N*-亚硝基苯胺

N-亚硝基胺是难溶于水的黄色油状物或固体。大量的实验证明，亚硝胺是一种强致癌物。

3. 芳基叔胺与亚硝酸的反应

叔胺的氮原子上没有氢，它与亚硝酸的作用与伯胺、仲胺不同。脂肪叔胺与亚硝酸作用生成不稳定的盐，该盐若以强碱处理则重新游离析出叔胺。

芳香叔胺因为氨基的强致活作用，芳环上电子云密度较高，故易与亲电试剂反应。因此，芳香叔胺易在芳环上发生亲电取代反应而生成对-亚硝基胺；如果对位已被占据，则反应发生在邻位。

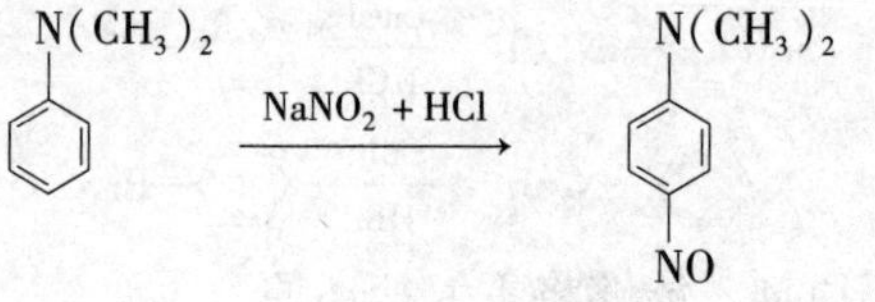

$$C_6H_5N(CH_3)_2 \xrightarrow{NaNO_2 + HCl} p\text{-}ON—C_6H_4—N(CH_3)_2$$

对亚硝基-*N*,*N*-二甲基苯胺

$$p\text{-}CH_3—C_6H_4—N(CH_3)_2 \xrightarrow{NaNO_2 + HCl} \text{2-NO-4-}CH_3—C_6H_3—N(CH_3)_2$$

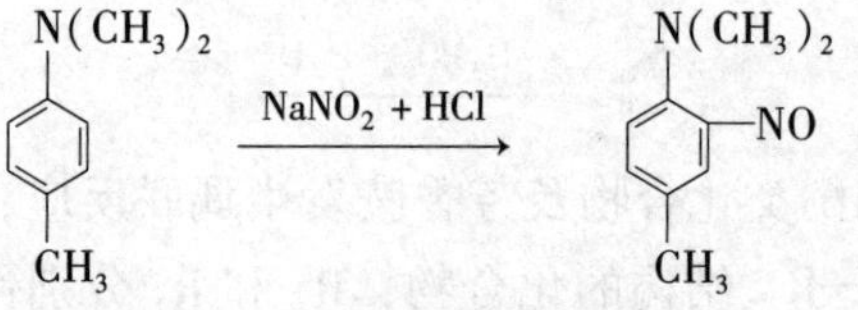

对甲基邻亚硝基-*N*,*N*-二甲基苯胺

17.5.5 芳胺苯环上的取代反应

氨基对芳环上的亲电取代反应有较强的致活作用，因此芳胺表现出一些特殊的性质。

1. 卤代反应

由于氨基与苯环间形成共轭体系，使得苯环的电子云密度升高，因此苯胺极易发生亲电取代反应。例如苯胺与溴水反应，立即会生成白色的2,4,6-三溴苯胺沉淀。

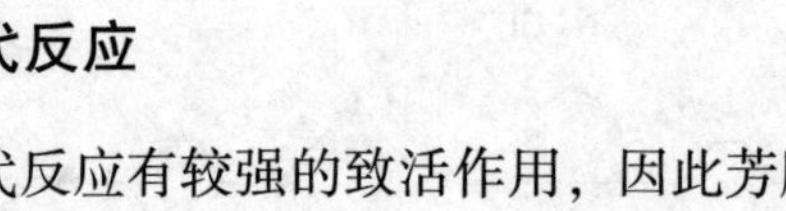

$$C_6H_5—NH_2 + Br_2 \xrightarrow{H_2O} \text{2,4,6-}Br_3C_6H_2—NH_2 \downarrow$$

这个反应能非常快地定量完成，得到不溶于水的白色沉淀，常用于芳胺的鉴别和定量分析。若要制备一元取代物，常用的方法是将氨基转化为乙酰胺，降低胺的电子云密度，然后再进行卤化反应。

$$\text{C}_6\text{H}_5\text{NH}_2 \xrightarrow{CH_3COCl} \text{C}_6\text{H}_5\text{NH-CO-CH}_3 \xrightarrow{Br_2} p\text{-Br-C}_6\text{H}_4\text{NH-CO-CH}_3 \xrightarrow{NaOH} p\text{-Br-C}_6\text{H}_4\text{NH}_2$$

2. 磺化反应

苯胺在180℃时与浓硫酸共热脱水，先生成不稳定的苯胺磺酸，然后重排生成对-氨基苯磺酸。

$$\text{C}_6\text{H}_5\text{NH}_2 \xrightarrow{H_2SO_4} \text{C}_6\text{H}_5\overset{+}{\text{N}}\text{H}_3\text{HSO}_4^- \xrightarrow{-H_2O} \text{C}_6\text{H}_5\text{NHSO}_3\text{H} \xrightarrow{\text{分子内重排}} p\text{-NH}_2\text{-C}_6\text{H}_4\text{-SO}_3\text{H} \longrightarrow p\text{-NH}_3^+\text{-C}_6\text{H}_4\text{-SO}_3^-$$

对-氨基苯磺酸是一个内盐，也是合成染料的中间体。

3. 氧化反应

胺很容易氧化，特别是芳香胺。大多数氧化剂都能将胺氧化成焦油状的复杂产物，但用 H_2O_2 或 CH_3COOOH 能将叔胺氧化为氧化胺。

$$\text{C}_6\text{H}_5\text{N(CH}_3)_2 \xrightarrow{H_2O_2} \text{C}_6\text{H}_5\text{N(CH}_3)_2 \longrightarrow \text{O}$$

用温和的氧化剂二氧化锰和硫酸氧化苯胺时，主要产物是对-苯醌。

$$\text{C}_6\text{H}_5\text{NH}_2 \xrightarrow{MnO_2,\ H_2SO_4} \text{O=C}_6\text{H}_4\text{=O}$$

胺盐很稳定，所以有时将芳胺制成其盐酸盐或硫酸盐后再保存。

17.6 胺的制备

实验室常用邻苯二甲酰亚胺与卤代烷等反应，然后水解，可制备一级胺，该方法称为盖布瑞尔（Gabriel）合成法。

$$\text{邻苯二甲酸酐} \xrightarrow{NH_3} \text{邻苯二甲酰亚胺(NH)} \xrightarrow[EtOH]{KOH} \text{邻苯二甲酰亚胺 N}^-\text{K}^+$$

$$\xrightarrow{CH_3CH_2CH_2Br} \text{邻苯二甲酰亚胺 N—CH}_2\text{CH}_2\text{CH}_3 \xrightarrow{H^+} \text{CH}_3\text{CH}_2\text{CH}_2\text{NH}_2$$

硝基化合物还原是制备芳香一级胺的一种方法，常用的还原剂有铁粉/盐酸，氯化亚锡/盐酸等。

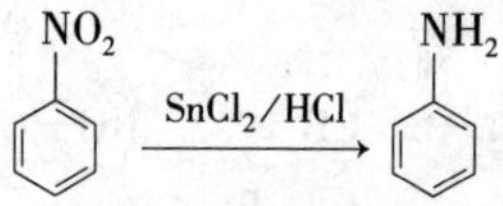

$$\text{C}_6\text{H}_5\text{NO}_2 \xrightarrow{SnCl_2/HCl} \text{C}_6\text{H}_5\text{NH}_2$$

此外，硝基化合物在催化剂 Ni、Pt 等的作用下，可以被还原为胺。

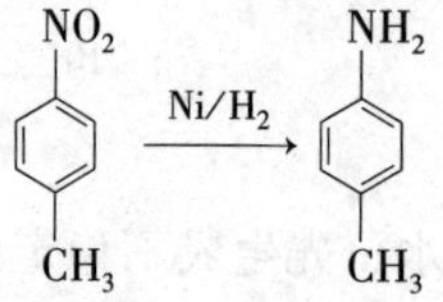

$$p\text{-}CH_3C_6H_4NO_2 \xrightarrow{Ni/H_2} p\text{-}CH_3C_6H_4NH_2$$

小　结

1. 氨（NH_3）上的氢原子被烃基部分或全部取代后的产物称为胺。

2. 影响胺的碱性大小的因素有诱导效应，供电子诱导效应增强胺的碱性；芳香胺还存在 p-π 共轭效应。

3. 1～3 级胺的鉴定反应——兴斯堡反应：一级胺与对甲基苯磺酰氯反应，产物溶于 NaOH 溶液；二级胺与对甲基苯磺酰氯反应，产物不溶于 NaOH 溶液；三级胺与对甲基苯磺酰氯不反应。

4. 芳香胺苯环受氨基的影响而活性增强，与溴水反应生成 2,4,6-三溴苯胺，可以用于苯胺的定性鉴定。芳香胺的重氮化反应常用于有机合成。

习　题

1. 写出下列化合物的结构或名称。

（1）*N*,*N*-二甲基苯胺

（2）磺胺

（3）溴化正十六烷基三甲基铵

（4）$o\text{-}CH_3C_6H_4-NHC_2H_5$　　（5）$H-\underset{\underset{O}{\|}}{C}-NH-CH_2CH_3$

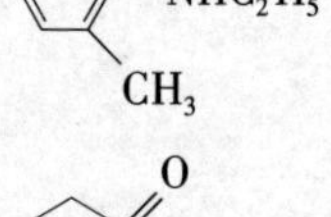

（6）δ-戊内酰胺结构（环上 N 与 C=O）　　（7）$C_6H_5-N=N-C_6H_4-NH_2$

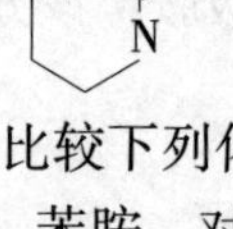

2. 比较下列化合物的碱性强弱。

（1）苯胺，对-甲基苯胺，间-硝基苯胺

（2）脲，乙酰胺，乙胺，丙二酰脲

（3）氨，二甲胺，三乙胺

3. 写出下列反应的主要产物。

（1）$C_5H_{10}NH \xrightarrow{NaNO_2 + HCl}$

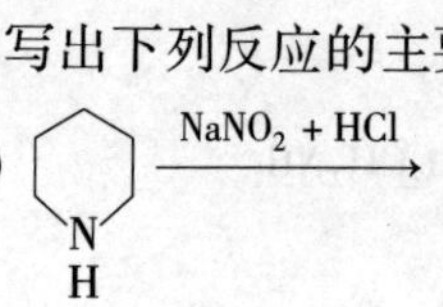

（2）哌啶 $\xrightarrow{CH_3\overset{O}{\overset{\|}{C}}Cl}$

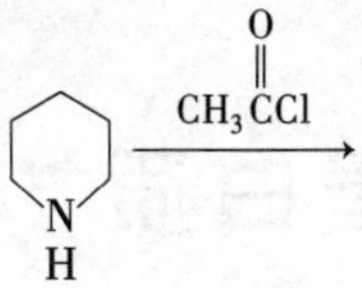

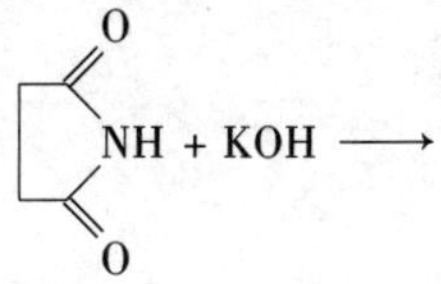

（3）丁二酰亚胺 $+ KOH \longrightarrow$

（4）$H_3C-C_6H_4-NH_2 \xrightarrow{NaNO_2 + HCl}$

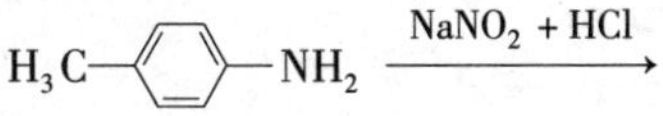

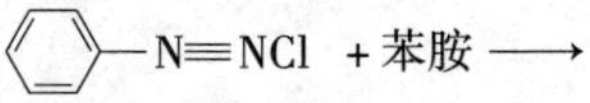

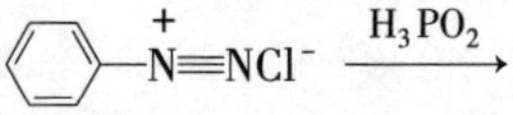

（5）$2H_2N-\overset{O}{\overset{\|}{C}}-NH_2 \longrightarrow$

（6）$C_6H_5-\overset{+}{N}{\equiv}N HSO_4^- \xrightarrow{KI}$

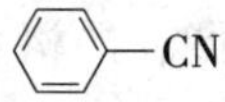

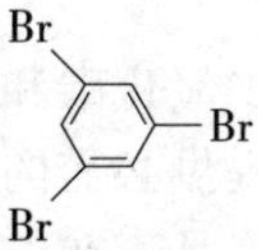

（7）$C_6H_5-N{\equiv}NCl$ ＋苯胺 $\longrightarrow$

（8）$C_6H_5-\overset{+}{N}{\equiv}NCl^- \xrightarrow{H_3PO_2}$

（9）$CH_3NH_2 + C_6H_5-SO_2Cl \longrightarrow ? \xrightarrow{NaOH} ?$

4．试从苯开始，用适当的试剂制备下列化合物。

（1）$H_3C-C_6H_3(Br)-NH_2$（Br 位于 NH_2 邻位）　　（2）C_6H_5-CN

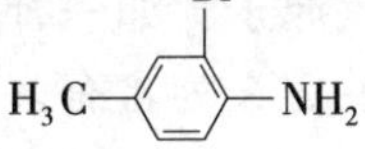

（3）1,3,5-三溴苯（$C_6H_3Br_3$）　　（4）$H_3C-C_6H_4-NO_2$（NO_2 位于间位）

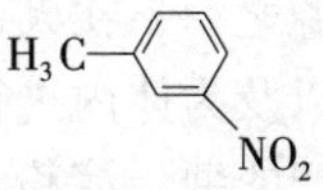

5．某化合物的分子式为 $C_7H_7O_2N$，无碱性；还原后变为 C_7H_9N，有碱性；使 C_7H_9N 的盐酸盐与亚硝酸作用，生成 $C_7H_7N_2Cl$，加热后能放出氮气而生成对甲苯酚。在碱性溶液中上述 $C_7H_7N_2Cl$ 与苯酚作用生成具有鲜艳颜色的化合物 $C_{13}H_{12}ON_2$。试推断出化合物 $C_7H_7O_2N$ 的结构式，并写出各有关反应式。

6. 具有分子式 $C_5H_{15}O_2N$ 的胆碱，可以用环氧乙烷与三甲胺在有水存在下反应制得。请写出胆碱的结构及胆碱的乙酰衍生物——乙酰胆碱的结构。

7. 某化合物甲的分子式为 $C_6H_{15}N$，能溶于稀盐酸，与亚硝酸在室温作用放出氮气得到乙；乙能进行碘仿反应，乙和浓硫酸共热得到丙（C_6H_{12}）；丙能使 $KMnO_4$ 褪色，而且反应后的产物是乙酸和2-甲基丙酸。试推测甲的结构式，并用反应式说明推断过程。

第十八章 糖、氨基酸、蛋白质

学习指导

1. 了解糖的分类、氨基酸的分类。
2. 掌握糖的化学性质：成脎反应、成苷反应。
3. 掌握氨基酸的化学性质。
4. 掌握蛋白质的性质。

糖、氨基酸、蛋白质、核酸是构成生命最基本的物质，也是参与生物体内各种生物变化最重要的组分。

18.1 糖类化合物

自然界中糖类化合物的分布和来源是非常广泛的。大多数糖类化合物的分子组成，如葡萄糖[$C_6(H_2O)_6$]，可以看成是碳原子与水分子的结合物，因此，糖类化合物过去一直被称为碳水化合物。但并不是所有的糖分子中每个碳原子都连有氧原子，如一种叫鼠李糖（$C_6H_{12}O_5$）的就是一个甲基戊糖。因此，严格意义上糖类化合物的定义为含有多羟基的醛或酮的一类化合物。

糖类化合物是人体必需的能源之一，在人体内的代谢过程中生成二氧化碳和水，同时释放出能量以维持生命的延续，以及为体内进行各种生物合成和转变提供必需的能量。在食品工业中，利用植物为原料生产的糖、淀粉、纤维素等糖类化合物产品，在人类的生活中占据着重要的地位。

18.1.1 分类

根据糖类化合物的结构，可以将其分为三大类。

1. 单糖

单糖是多羟基醛、酮化合物，具有独立的糖结构，且不能再水解成更小单位的糖类化合物。单糖类化合物都是结晶固体，溶于水。常见的单糖有葡萄糖、果糖、阿拉伯糖、甘露糖、半乳糖等。

2. 低聚糖

经过水解可以生成多个（2～20个）单糖的化合物统称为低聚糖。例如，麦芽糖水解时生成两分子葡萄糖，蔗糖水解时生成一分子葡萄糖和一分子果糖，因而麦芽糖和蔗糖都是二糖。水解后可生成三分子单糖的低聚糖称为三糖，如棉子糖水解后得到一分子葡萄糖、一分子果糖和一分子半乳糖。

3. 多糖

水解后可生成单糖分子数目在20个以上的糖类化合物为多糖。例如，淀粉和纤维素属于多糖类碳水化合物。多糖无甜味，为无定形粉末状。

18.1.2　单糖的结构

单糖中最重要的是葡萄糖，因此糖化学的研究主要是围绕着葡萄糖进行的。

1）葡萄糖的碳架结构可通过下列几个反应推断

(1)葡萄糖与醋酸一起加热，形成结晶的五醋酸酯，这说明分子中有五个羟基。

$$C_6H_{12}O_6 \xrightarrow{5(CH_3CO)_2O} C_6H_7O_6(OCCH_3)_5$$

(2) 葡萄糖与 H_2NOH 或 HCN 反应，形成一元肟或一元 α-羟基腈，这说明分子中有一个羰基。

(3) 葡萄糖用溴水氧化，得到一个羧酸，这说明分子中所含的羰基是醛基。

(4) 将 (2) 中所得的 α-羟基腈水解，再用强烈的还原剂还原，得正庚酸。

上述几个反应表示如下：

$$CHO{-}(CHOH)_4{-}CH_2OH \xrightarrow{HCN} (HO)(CN)CH{-}(CHOH)_4{-}CH_2OH \xrightarrow{H^+} COOH{-}(CHOH)_5{-}CH_2OH \xrightarrow{还原} CH_3(CH_2)_5COOH$$

$$CHO{-}(CHOH)_4{-}CH_2OH \xrightarrow{Br_2/H_2O} COOH{-}(CHOH)_4{-}CH_2OH$$

$$CHO{-}(CHOH)_4{-}CH_2OH \xrightarrow{NH_2OH} HC{=}N{-}OH{-}(CHOH)_4{-}CH_2OH$$

根据以上结果可以推断，葡萄糖的 6 个碳原子形成直链，链端一个碳为醛基；其他 5 个碳上各有一个羟基。这是一个链形的醛式的碳架结构，如图 18-1 所示。

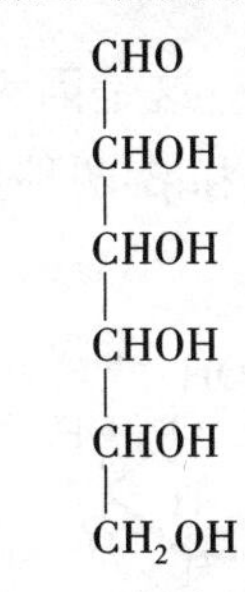

图 18-1　葡萄糖的结构

2）上述推测不能解释下述现象

(1) 变旋现象。从水溶液结晶出来的不含结晶水的 D-葡萄糖，其水溶液的初始比旋光度为 +112°，经放置后，它逐渐转变为一个恒定的值 +52.7°。相反，将 D-葡萄糖晶体的浓水溶液在醋酸中结晶，其水溶液的初始比旋光度为 +18.7°，经放置后，也逐渐转变为恒定值 +52.7°。

(2) 葡萄糖具有一个醛基，但它只能与一分子醇形成缩醛。

(3) 葡萄糖不和 $NaHSO_3$ 反应，不能形成醛基与 $NaHSO_3$ 的加成物。

因此，人们依据实验提出了葡萄糖是一个链式结构和环状结构的平衡体系，如图 18-2 所示。

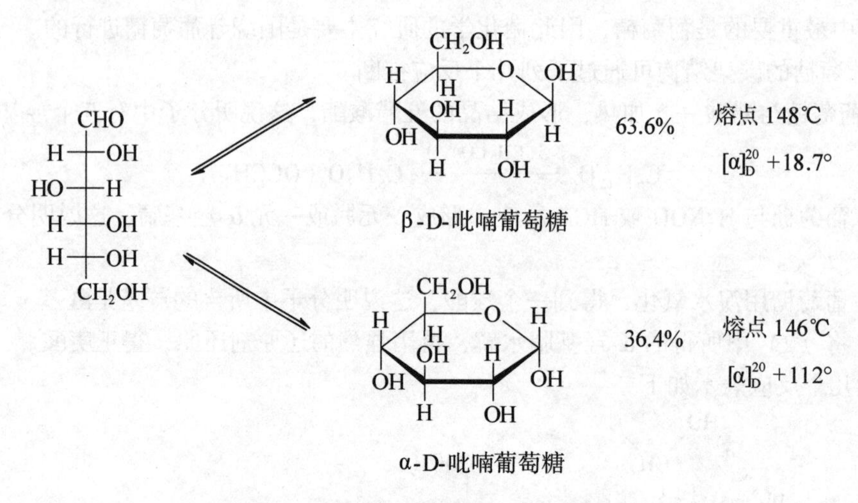

图 18-2 葡萄糖在水溶液中的异构现象

通过上述结构，可以很好地解释葡萄糖的变旋现象等。葡萄糖分子中的醛基与羟基可以反应形成环状半缩醛结构，这时原醛基的碳原子成为手性碳原子，这个手性碳原子上的半缩醛羟基可以有两种空间取向，因此葡萄糖有两个异构体，称为 α-异构体与 β-异构体。这两个异构体是端基差向异构体，按照成环规律，一般是葡萄糖 C-4 或 C-5 上的羟基与醛基形成半缩醛，这样可以形成五元环或六元环。人们把具有含氧五元杂环的糖称为呋喃糖，具有含氧六元杂环的糖称为吡喃糖。

18.1.3 单糖的化学性质

1. 成苷反应

糖只能与一分子醇形成缩醛，称糖苷，这是因为糖的醛基与分子内的一个羟基已经形成环状半缩醛结构。环状半缩醛结构有 α-和 β-两种异构体，故糖苷也有相应的异构体，如 D-葡萄糖与甲醇反应生成甲基糖苷。

β-D-吡喃葡萄糖 $\xrightarrow{CH_3OH}$ 甲基-β-D-吡喃葡萄糖苷

α-D-吡喃葡萄糖 $\xrightarrow{CH_3OH}$ 甲基-α-D-吡喃葡萄糖苷

糖苷的性质与缩醛类似。糖苷键在碱中稳定，在酸中水解又产生糖。

2. 成脎反应

葡萄糖与苯肼反应形成的产物称为糖脎。反应历程如下：首先醛基与苯肼发生加成消除反应生成苯腙；然后 α-羟基被苯肼氧化生成羰基，新生成的羰基进一步与苯肼反应生成脎。

CHO / H—C—OH / HO—C—H / H—C—OH / H—C—OH / CH_2OH $\xrightarrow{C_6H_5NHNH_2}$ $HC{=}NNHC_6H_5$ / H—C—OH / HO—C—H / H—C—OH / H—C—OH / CH_2OH $\xrightarrow{C_6H_5NHNH_2}$

$HC{=}NNHC_6H_5$ / C=O / HO—C—H / H—C—OH / H—C—OH / CH_2OH $\xrightarrow{C_6H_5NHNH_2}$ $HC{=}NNHC_6H_5$ / $C{=}NNHC_6H_5$ / HO—C—H / H—C—OH / H—C—OH / CH_2OH

D-葡萄糖脎

苯肼只能与糖的 C-1，C-2 反应成脎。糖脎为黄色结晶，不同的糖脎结晶形状不同，熔点不同，因而可用于鉴别糖。

3. 氧化反应

1）与托伦试剂、费林试剂的反应

醛糖与酮糖都能被托伦试剂或费林试剂等弱氧化剂氧化，前者产生银镜，后者生成氧化亚铜的砖红色沉淀，糖分子的醛基被氧化为羧基。凡是能够被托伦试剂或费林试剂等弱氧化剂氧化的糖类，都称为还原糖；反之，则称为非还原糖。

$$\underset{\text{葡萄糖}}{C_6H_{12}O_6} + Ag_2O \longrightarrow \underset{\text{葡萄糖酸}}{C_6H_{12}O_7} + 2Ag\downarrow$$

$$C_6H_{12}O_6 + Cu(OH)_2 \longrightarrow C_6H_{12}O_7 + Cu_2O\downarrow + H_2O$$

2）与溴水反应

溴水能氧化醛糖，但不能氧化酮糖，常利用此反应来区别醛糖和酮糖。

CHO / H—C—OH / HO—C—H / H—C—OH / H—C—OH / CH_2OH $\xrightarrow{Br_2}$ COOH / H—C—OH / HO—C—H / H—C—OH / H—C—OH / CH_2OH

3）与高碘酸反应

与其他有两个或更多的在相邻的碳原子上有羟基或羰基的化合物一样，糖类化合物也能被高碘酸所氧化，碳碳键发生断裂。反应是定量的，每破裂一个碳碳键消耗 1 mol 高碘酸。因此，此反应是研究糖类结构的重要手段之一。例如：

CHO / —C—OH / —C—OH / CH_2OH $\xrightarrow{3H_5IO_6}$ HCOOH

18.1.4 二糖

单糖分子中的半缩醛羟基（苷羟基）与另一分子单糖中的羟基作用，脱水而形成的糖苷称为二糖。常见的二糖有蔗糖、麦芽糖等。

1. *蔗糖*

蔗糖广泛存在于植物界，以甘蔗和甜菜中含量最多。蔗糖是无色易溶于水的晶体。一个蔗糖分子经水解产生一分子葡萄糖和一分子果糖。经测定证明，蔗糖是由α-D-葡萄糖C1上的半缩醛羟基与β-D-果糖C2上的半缩醛羟基脱去一分子水，通过1,2-糖苷键连接而成。

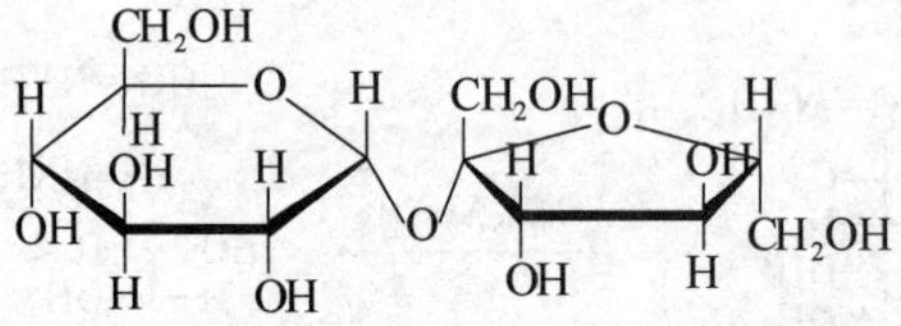

如上所述，蔗糖分子中不存在半缩醛羟基，因此它不显示变旋现象，也不显示还原性。蔗糖本身是一个非还原性二糖。但当蔗糖水解成D-葡萄糖和D-果糖后，由于糖苷键转变为半缩醛结构，故又显示还原性。

蔗糖易溶于水，难溶于酒精。蔗糖的比旋光度$[\alpha]_D^{20}$为$+66.5°$。在稀酸或蔗糖酶的作用下，蔗糖的水解产物的比旋光度$[\alpha]_D^{20}$是$-19.8°$。由于在水解过程中，溶液的旋光性由右旋变为左旋，因此通常把蔗糖的水解作用称为转化作用。转化作用所生成的等量葡萄糖与果糖的混合物就称为转化糖。因为蜜蜂体内有蔗糖酶，所以在蜂蜜中存在转化糖，其甜度比蔗糖大。

2. *麦芽糖*

麦芽糖是无色片状结晶，易溶于水。麦芽糖在麦芽糖酶的作用下能水解产生两分子的D-葡萄糖，因此可以推断麦芽糖是由两分子的D-葡萄糖组成的。麦芽糖是由α-D-葡萄糖C1上的半缩醛羟基与另一分子D-葡萄糖C4上的醇羟基脱水通过糖苷键结合而成的，这种糖苷键称为α-1,4糖苷键。

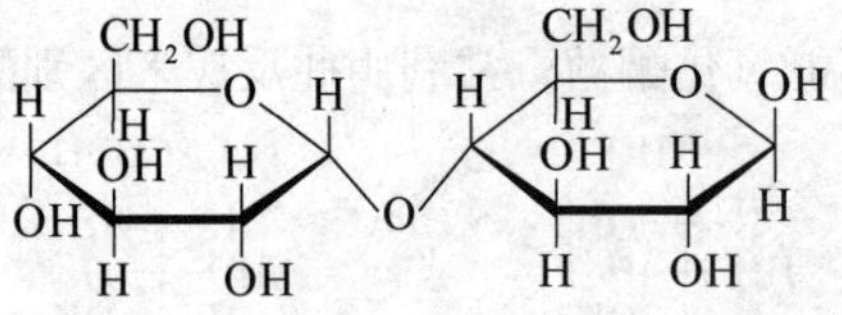

18.1.5 多糖

多糖是由单糖通过糖苷键连接而成的高聚体，是重要的天然高分子化合物。在自然界分布最广、最重要的多糖是淀粉和纤维素。

1. *淀粉*

淀粉是重要的多糖，是人类重要的食物之一。淀粉是由许多α-D-葡萄糖通过糖苷键结合而成的多糖，一般由两种成分组成；一种是直链淀粉，约占淀粉的20%；另一种是支链淀粉，约占淀粉的80%。直链淀粉是由120～1 200个α-D-葡萄糖通过1,4-糖苷键连接而成的。

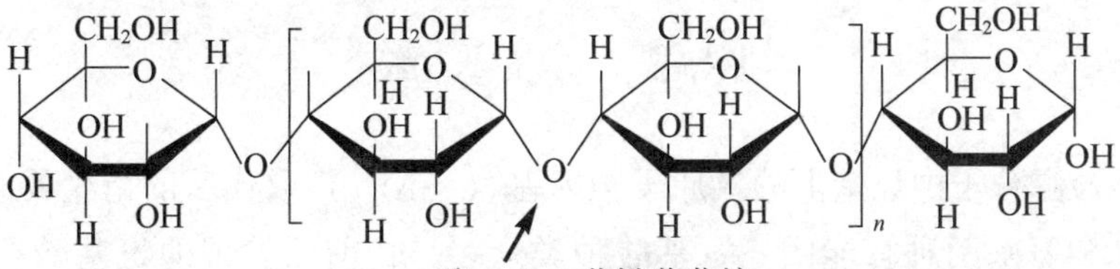

聚-α-1,4-苷键葡萄糖

分子量在 2 万～200 万之间，即含 120～1 200 个葡萄糖单位

支链淀粉分子比直链淀粉大，是由 600～6 000 个 α-D-葡萄糖连接而成的枝状化合物。在支链淀粉的分子中，α-D-葡萄糖除通过 1,4-糖苷键连接成直链外，还存在着支链，直链和支链间是通过 1,6-糖苷键连接的。每个支链约含 20～25 个葡萄糖单位，它们相互间亦是以 1,4-糖苷键连接的。

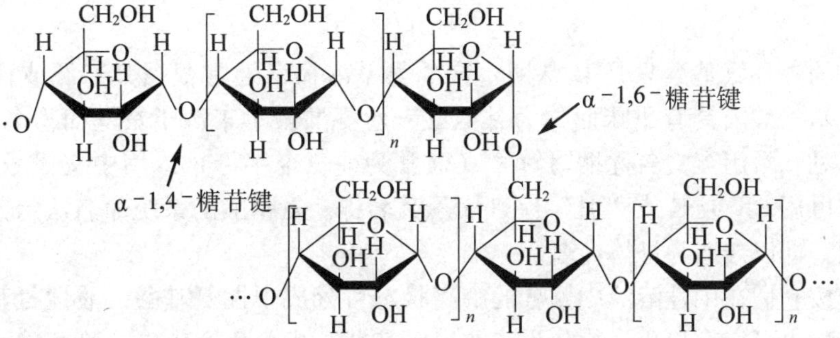

α-1,6-糖苷键

α-1,4-糖苷键

直链淀粉和支链淀粉性质不同。直链淀粉容易溶解在热水里，遇碘产生深蓝色，可全部被淀粉酶水解成麦芽糖。支链淀粉不溶于水，在热水中吸水糊化，生成极黏稠的溶液，遇碘产生紫红色，在淀粉酶的作用下只有 62% 水解成麦芽糖。

淀粉和碘的颜色反应很灵敏，常用于鉴定淀粉的存在。在分析化学中，可溶性淀粉用作碘量法分析的指示剂。淀粉与碘的反应是由于碘分子进入螺旋状的淀粉分子的中间孔道内形成蓝色的包结化合物。淀粉和碘产生的蓝色在加热时退去，冷却后又重新出现蓝色。

2. 纤维素

纤维素是由 D-葡萄糖以 β-1,4 糖苷键组成的大分子多糖。纤维素的分子结构可表示如下。

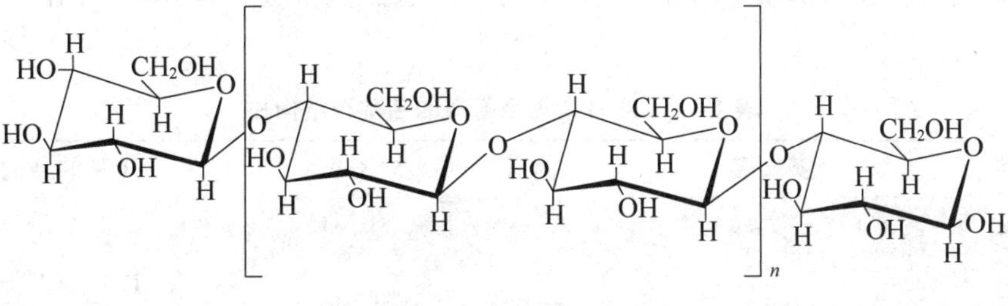

常温下，纤维素既不溶于水，又不溶于一般的有机溶剂，如酒精、乙醚、丙酮、苯等。纤维素也不溶于稀碱溶液中。纤维素也可以水解，但比淀粉困难。纤维素水解经过一系列的中间产物最后生成葡萄糖。人是不能消化纤维系的，但食草动物由于在消化道里含有分解纤维素的特殊微生物，这些微生物能分泌纤维素酶，从而使纤维素水解生成葡萄糖，供给动物营养。

18.2 氨基酸

氨基酸是羧酸分子中烃基上的氢原子被氨基（$-NH_2$）取代后的衍生物。氨基酸的分子中含有羧基和氨基两种官能团。氨基酸种类众多，目前已发现的氨基酸约有 1 000 种，其中构成蛋白质的氨基酸约有 20 余种。

18.2.1 氨基酸的结构、分类和命名

除脯氨酸外，构成蛋白质的 20 余种常见氨基酸都是 α-氨基酸，其结构可用通式表示。

$$R-\underset{NH_2}{\overset{H}{\underset{|}{\overset{|}{C}}}}-COOH$$

天然产的各种氨基酸只是 R 基团不同。氨基酸命名通常根据其来源或性质等采用俗名，例如氨基乙酸因具有甜味而称为甘氨酸，丝氨酸最早来源于蚕丝而得名。在使用中，为了方便起见，常用英文名称缩写符号（通常为前三个字母）或用中文代号表示氨基酸。例如甘氨酸可用 Gly 或 G 或“甘”字来表示其名称。氨基酸的系统命名法与其他取代羧酸的命名相同，即以羧酸为母体命名。

氨基酸按它们在中性溶液中侧链的解离状态可分成中性氨基酸、酸性氨基酸和碱性氨基酸。氨基酸也可按有机化合物分为脂肪烃氨基酸、芳香烃氨基酸（酪氨酸、苯丙氨酸）、杂环烃氨基酸（色氨酸、组氨酸、脯氨酸）。脂肪烃氨基酸又可分为中性、酸性（天冬氨酸、谷氨酸）和碱性氨基酸（赖氨酸、精氨酸）。中性氨基酸按 R 基结构不同，又可分为含侧链烷基的（缬氨酸、亮氨酸、异亮氨酸）、含羟基的（丝氨酸、苏氨酸）、含硫的（半胱氨酸、甲硫氨酸）、含酰胺基的（天冬酰胺、谷氨酰胺）以及最简单的甘氨酸和丙氨酸。

组成蛋白质的氨基酸中有八种氨基酸（赖氨酸、色氨酸、苯丙氨酸、甲硫氨酸、苏氨酸、异亮氨酸、亮氨酸和缬氨酸）在人体内不能合成，必须从食物中获取，才能维持机体的正常发育，它们被称为必需氨基酸。必需氨基酸在人体中的存在，不仅提供了合成蛋白质的重要原料，而且对于促进生长、进行正常代谢、维持生命提供了物质基础。缺乏某一种氨基酸，将导致各种疾病的发生。精氨酸、组氨酸在人体内合成的能力不足以满足自身的需要，需要从食物中摄取一部分，我们称之为半必需氨基酸。表 18-1 列出了 20 种常见氨基酸。

表 18-1　20 种常见氨基酸的名称和结构式

中文名	英文名	简写	分子式	R 基的结构
丙氨酸	alanine	Ala = A	$C_3H_7NO_2$	H_3C-
缬氨酸*	valine	Val = V	$C_5H_{11}NO_2$	$H_3C-\underset{CH_3}{\underset{\vert}{CH}}-$
亮氨酸*	leucin	Leu = L	$C_6H_{13}NO_2$	$H_3C-\underset{CH_3}{\underset{\vert}{CH}}-\overset{H_2}{C}-$

续表

中文名	英文名	简写	分子式	R 基的结构
异亮氨酸*	isoleucine	Ile = I	$C_6H_{13}NO_2$	$H_3C-CH_2-CH(CH_3)-$
蛋氨酸	methionine	Met = M	$C_5H_{11}NO_2S$	$CH_3SCH_2CH_2-$
脯氨酸	proline	Pro = P	$C_5H_9NO_2$	HOOC—CH (ring: CH—CH_2—CH_2—CH_2—NH—)
苯丙氨酸*	phenylalanine	Phe = F	$C_9H_{11}NO_2$	$C_6H_5-CH_2-$
色氨酸*	tryptophan	Trp = W	$C_{11}H_{12}N_2O_2$	H_2C- (indolyl, N—H)
甘氨酸	glycine	Gly = G	$C_2H_5NO_2$	H
丝氨酸	serine	Ser = S	$C_3H_7NO_3$	$HO-CH_2-$
苏氨酸*	threonine	Thr = T	$C_4H_9NO_3$	$H_3C-CH(OH)-$
谷氨酰胺	glutamine	Gln = Q	$C_5H_{10}N_2O_3$	$H_2N-C(=O)-CH_2CH_2-$
天冬氨酸	asparagine	Asn = N	$C_4H_7NO_4$	$-CH_2-C(=O)-OH$
半胱氨酸	cysteine	Cys = C	$C_3H_7NO_2S$	$HS-CH_2-$
酪氨酸	tyrosine	Tyr = Y	$C_9H_{11}NO_3$	$HO-C_6H_4-CH_2-$
谷氨酸	glutamicacid	Glu = E	$C_5H_9NO_4$	$-CH_2-CH_2-C(=O)-OH$
天冬酰胺	asparticacid	Asp = D	$C_4H_7NO_4$	$-CH_2-CH_2-C(=O)-NH_2$
精氨酸	arginine	Arg = R	$C_6H_{14}N_4O_2$	$H_2N-C(=NH)-HN-CH_2-H_2C-CH_2-$

续表

中文名	英文名	简写	分子式	R 基的结构
赖氨酸*	lysine	Lys = K	$C_6H_{14}N_2O_2$	$H_2N-CH_2-CH_2-CH_2-CH_2-$
组氨酸	histidine	His = H	$C_6H_9N_3O_2$	N, N H, H_2

* 为必需氨基酸。

18.2.2 α-氨基酸的物理性质

α-氨基酸一般为无色晶体，熔点比相应的羧酸或胺类要高，一般为 200～300℃，氨基酸在接近熔点时分解。除甘氨酸外，其他的 α-氨基酸都有旋光性。大多数氨基酸易溶于水，而不溶于有机溶剂。

18.2.3 α-氨基酸的化学性质

氨基酸分子中既含有氨基又含有羧基，因此它具有羧酸和胺类化合物的性质。

1. 两性和等电点

氨基酸分子中同时含有羧基（—COOH）和氨基（$—NH_2$），其不仅与强碱或强酸反应生成盐，而且还可在分子内形成内盐，称为两性离子或偶极离子。

$$\underset{\displaystyle NH_2}{R-\overset{}{CH}-COOH} \rightleftharpoons \underset{\displaystyle NH_3^+}{R-CH-COO^-}$$

氨基酸与酸或者碱的反应可表示如下。

$$HO^- + \underset{\displaystyle NH_3^+}{R-CH-COOH} \underset{-H_2O}{\overset{+H_2O}{\rightleftharpoons}} \underset{\displaystyle NH_3^+}{R-CH-COO^-} \underset{-H_2O}{\overset{+H_2O}{\rightleftharpoons}} \underset{\displaystyle NH_2}{R-CH-COO^-} + H_3O^+$$

阳离子　　　　等电点　　　　阴离子

pH < 等电点　　　　　　pH > 等电点

因此，在不同的 pH 中，氨基酸能以阳离子、阴离子及偶极离子三种不同形式存在。当溶液的 pH 使氨基酸以偶极离子形式存在时，它在电场中既不向阴极移动，也不向阳极移动，此时溶液的 pH 称为该氨基酸的等电点，通常用符号 p*I* 表示。氨基酸在等电点时溶解度最小，最容易沉淀，因此可以通过调节溶液的 pH 达到等电点来分离氨基酸混合物。当溶液的 pH 大于某氨基酸的等电点时，该氨基酸主要以负离子形式存在，在电场中移向阳极；当调节溶液的 pH 小于某氨基酸的等电点时，该氨基酸主要以正离子形式存在，在电场中移向阴极。

2. 与亚硝酸反应

氨基酸中的氨基具有典型氨基的性质，能够与亚硝酸等反应。

$$\underset{\displaystyle NH_2}{R-CH-COOH} + HNO_2 \longrightarrow \underset{\displaystyle OH}{R-CH-COOH} + N_2\uparrow + H_2O$$

利用此反应，可由氨的体积计算混合氨基酸的总含量或蛋白质分子中氨基的含量。

3. 与茚三酮反应

α-氨基酸与水合茚三酮反应生成蓝紫色物质。这个反应非常灵敏，可用于氨基酸的定性及定量测定。

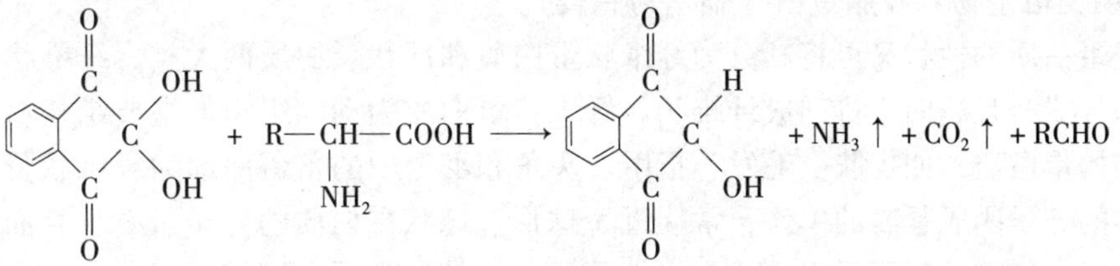

$$\text{水合茚三酮} + R-\underset{NH_2}{CH}-COOH \longrightarrow \text{还原茚三酮} + NH_3\uparrow + CO_2\uparrow + RCHO$$

凡是有游离氨基的氨基酸都和水合茚三酮试剂发生显色反应，多肽和蛋白质也有此反应。脯氨酸和羟脯氨酸与水合茚三酮反应时，生成黄色化合物。由于该反应非常灵敏，故是鉴定氨基酸、肽类和蛋白质最迅速而且简便的方法，被广泛用于α-氨基酸、肽类和蛋白质的比色测定或纸层析与薄层层析的显色。

4. 脱羧反应

脱羧反应是人体内氨基酸代谢的形式之一。例如在肠道细菌作用下，组氨酸脱羧变成组胺：

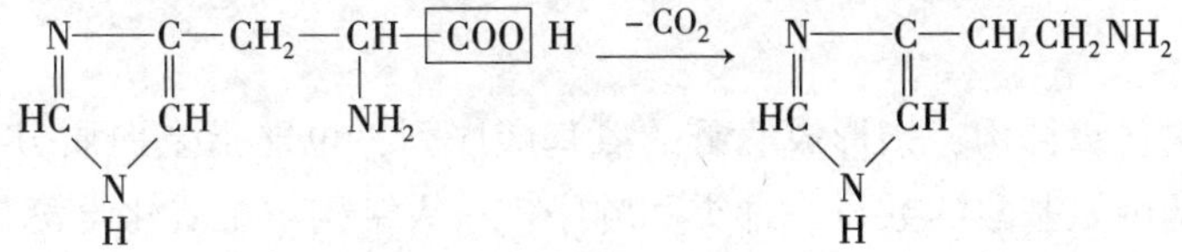

$$\text{咪唑基}-CH_2-\underset{NH_2}{CH}-COOH \xrightarrow{-CO_2} \text{咪唑基}-CH_2CH_2NH_2$$

5. 脱水生成肽

两个氨基酸之间所产生的酰胺键又称为肽键（peptide bond）。二肽分子的一端有氨基，另一端有羧基，因此还可继续与氨基酸缩合成为三肽、四肽以至多肽。

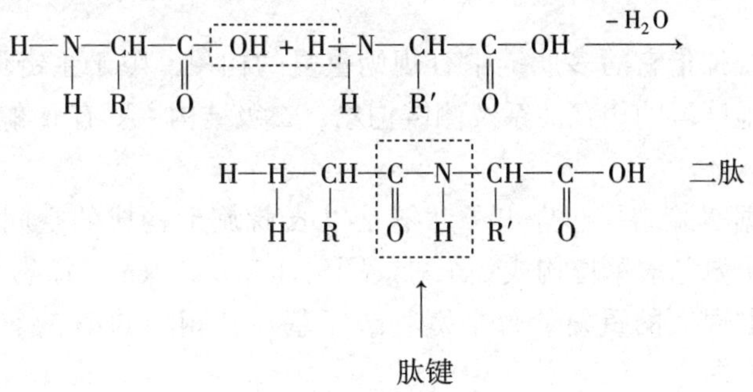

$$H-\underset{H}{N}-\underset{R}{CH}-\underset{O}{\overset{\|}{C}}-OH + H-\underset{H}{N}-\underset{R'}{CH}-\underset{O}{\overset{\|}{C}}-OH \xrightarrow{-H_2O}$$

$$H-\underset{H}{H}-\underset{R}{CH}-\underset{O}{\overset{\|}{C}}-\underset{H}{N}-\underset{R'}{CH}-\underset{O}{\overset{\|}{C}}-OH \quad \text{二肽}$$

肽键

18.3 蛋白质

18.3.1 蛋白质的分类

蛋白质的结构极其复杂，种类繁多，一般按照蛋白质的组成、性状或生理作用进行分类。

按蛋白质的化学组成可将之分为简单蛋白质和结合蛋白质。简单蛋白质是由多肽组成，其水解的最终产物都是 α-氨基酸。结合蛋白质是由简单蛋白质与辅基（非蛋白质部分）结合而成。

结合蛋白质按辅基的不同又可分为核蛋白（辅基为核酸）、色蛋白（辅基为有色化合物）、磷蛋白（辅基为磷酸，磷酸以酯键与简单蛋白质中含羟基的氨基酸结合）、糖蛋白（辅基为糖类衍生物）及脂蛋白（辅基为脂类）。

根据蛋白质的性状又可将其分为纤维状蛋白质和球状蛋白质两大类。纤维状蛋白质分子像一条长线，且趋向于排列成纤维状。纤维状蛋白质为动物组织的主要结构材料，因此又称为结构蛋白质，如皮肤、毛发、指甲、头角和羽毛中的角蛋白即为纤维状蛋白质。球状蛋白质的分子团成紧凑的单元，常接近于球形。球状蛋白质的分子折叠、卷曲时，疏水的部分向内聚集在一起而远离水，亲水的部分（如带电基团）则趋向于分布在表面与水接近，其分子间接触面积很小，作用力较弱，易被水或酸、碱、盐的水溶液所溶解。例如，卵清蛋白、乳清蛋白、血清蛋白、所有的酶、许多激素（如胰岛素、甲状腺球蛋白等）以及抗体等都属于球状蛋白质。这些蛋白质在体内执行着各种生理功能，所以又称为功能蛋白质。

18.3.2 蛋白质的结构

蛋白质的结构可分为一级结构、二级结构、三级结构和四级结构。

1. 一级结构

一级结构又称初级结构，指形成肽链的氨基酸序列，也即指蛋白质分子中氨基酸残基的顺序，包括肽链中氨基酸的数目、种类和顺序。一级结构中主要化学键是肽键和二硫键。

我国科学家首先合成了具有生理活性的结晶牛胰岛素，它就是由 A，B 两条多肽链通过二硫键连接而成的蛋白质。在 A 链的第 6、第 11 的两个半胱氨酸残基之间还有一个二硫键相连。

2. 二级结构

蛋白质二级结构指它的多肽链中有规则重复的构象，限于主链原子的局部空间排列，不包括与肽链其他区段的相互关系及侧链构象。二级结构主要有 α-螺旋和 β-折叠。

1）α-螺旋

鲍林等人根据实验结果，提出了肽链是以 α-螺旋形构成的空间构象。以螺旋方式伸展，平均每 3.6 个氨基酸单位构成一个螺旋圈，递升 0.54 nm。每隔 18 个氨基酸单位（即 5 个螺旋圈）又出现大的重复。每个氨基酸氨基与其相隔的第 5 个氨基单位的羧基形成氢键。

2）β-折叠

β-折叠又称 β 片层结构，是肽链伸展的结构。与 α-螺旋不同，β-片层结构中肽链是折叠排列的，每 2 个氨基酸单位的距离约 0.35 nm，连接各氨基酸的肽键所构成的平面有规则地折叠成折扇状，肽链中 CO 与 NH 间的氢键是在两条平行的或反平行的肽链间形成，每个氨基酸的侧链基团分别交替地位于折叠面的上下。

此外，由于空间障碍，肽链既不能盘曲成螺旋，也不能折叠成片层，而是呈无确定规律的线状卷曲，这部分肽链构象称为无规卷曲。在蛋白质分子的肽链上还经常因脯氨酸的存在而出现 180°的回折，这种肽链的回折角称为 β-转角。我们把主肽链上的 α-螺旋、β-片层、β-转角和无规卷曲四种构象单元统称为蛋白质的二级结构。

3. 三级结构

蛋白质在二级结构的基础之上，往往由于侧链及各主链构象单元的相互作用，而按一定方式进一步卷曲，折叠成更复杂的三度空间结构，这就是蛋白质的三级结构。三级结构是由盐键、氢键、二硫键及疏水键等来维系的，它反映了蛋白质分子（或亚基）内所有原子的空间排布。大多数蛋白质都有纤维状或球状的三级结构。

4. 四级结构

复杂的蛋白质分子是由两条或两条以上具有三级结构的肽链所组成。这时每条肽链称为一个亚基。几个亚基通过氢键、疏水键或静电引力缔合而成一个蛋白质分子，这就是蛋白质的四级结构。例如，血红蛋白是一个含有 4 条多肽链（2 条 α-链和 2 条 β-链）组成的蛋白质，每条肽链各自用副键维系，折叠盘曲成呈四面体形式的三级结构。具有三级结构的 4 条多肽链各自结合一个作为辅基的亚铁血红素。4 条多肽链间通过 8 个盐键互相结合，构成血红蛋白 A 的四级结构。

18.3.3 蛋白质的性质

1. 蛋白质的等电点

不管肽链有多长，蛋白质仍有自由的氨基与羧基存在。羧基与氨基在溶液中的游离程度与溶液的 pH 及蛋白质的性质有关。蛋白质的两性离解及其平衡移动可用下式表示：

$$\mathrm{P}\begin{cases}\mathrm{COOH}\\ \mathrm{NH_3^+}\end{cases} \underset{\mathrm{OH^-}}{\overset{\mathrm{H^+}}{\rightleftharpoons}} \mathrm{P}\begin{cases}\mathrm{COO^-}\\ \mathrm{NH_3^+}\end{cases} \underset{\mathrm{OH^-}}{\overset{\mathrm{H^+}}{\rightleftharpoons}} \mathrm{P}\begin{cases}\mathrm{COO^-}\\ \mathrm{NH_2}\end{cases}$$

阳离子　　　　等电点　　　　阴离子

pH < 等电点　　　　　　　　pH < 等电点

式中，P 表示蛋白质大分子。在酸性溶液中游离成阳离子，在碱性溶液中游离成阴离子。在某 pH 溶液中，蛋白质呈两性离子，离解成阴、阳离子的概率相等，这时溶浓的 pH 就是该蛋白质的等电点（pI）。蛋白质在等电点时溶解度最小，最易于沉淀。

2. 蛋白质的沉淀方法

蛋白质与水形成亲水性的胶体，该胶体十分不稳定。因此在各种不同条件的影响下，蛋白质容易析出沉淀。

1）蛋白质的盐析

向蛋白质溶液中加入电解质（如硫酸钠、硫酸铵）等，当达到一定浓度时，蛋白质便沉淀析出，这个作用称为盐析。蛋白质盐析生成的沉淀，当加溶剂稀释时，又可重新溶解。

2）有机溶剂的沉淀

甲醇、乙醇、丙酮等极性较大的有机溶剂，对水的亲和力较大，亦能破坏蛋白质分子的水化膜。在等电点时加入这些脱水剂可使蛋白质沉淀析出。医学上常用 75% 的酒精杀菌就是利用了乙醇使病毒的蛋白质发生变性生成沉淀而达到消毒效果。

3）重金属盐沉淀

氯化汞、硝酸银、醋酸铅、硫酸铜等重金属盐，与蛋白质结合生成沉淀，蛋白质发生变性。在临床上就是利用蛋白质的这一性质给重金属盐中毒的患者口服大量的牛奶，使蛋白质在消化道内与重金属盐结合为变性的不溶性物质，从而阻止有毒重金属离子进入体内。

3. 蛋白质的显色反应

1）缩二脲反应

蛋白质碱性溶液与稀硫酸铜溶液发生反应，呈现紫色或紫红色，称为缩二脲反应。

2）茚三酮反应

蛋白质与稀的茚三酮水溶液混合加热产生蓝紫色反应。蛋白质、肽类、氨基酸及其他伯胺类等具有自由氨基的化合物（包括氨）对茚三酮均呈阳性反应。此反应也可用于蛋白质的定性与定量分析。

3）蛋白质的黄色反应

当蛋白质中存在有苯环的氨基酸时，则遇到浓硝酸变为深黄色，遇到碱变为橙黄色。这是由于氨基酸中的苯环与硝酸发生反应，生成黄色的硝基化合物。皮肤遇到浓硝酸变黄就是这个原因。

小 结

1. 糖类化合物是指具有多羟基的醛和酮的有机化合物。
2. 葡萄糖能够与甲醇反应生成糖苷，与苯肼反应生成糖苷。
3. 等电点通常用符号 p*I* 表示，是指溶液中阳离子和阴离子电离达到平衡时溶液的 pH。
4. 氨基酸能够与茚三酮发生显色反应，常用于氨基酸的鉴定。
5. 蛋白质具有四级结构。蛋白质在电解质等作用下生成沉淀，与茚三酮等作用则发生显色反应。

习 题

1. 写出 D-甘露糖与下列试剂的反应式。

（1）CH_3OH（干燥的 HCl） （2）苯肼

（3）溴水 （4）稀 HNO_3

（5）HIO_4 （6）苯甲酰氯、吡啶

（7）$NaBH_4$

2. 写出亮氨酸与下列试剂作用所得到的反应产物。

（1）水合茚三酮 （2）DNFB，$NaHCO_3$ 水溶液

（3）异硫氰酸苯酯 （4）CH_3OH，HCl

3. 写出甘氨酸与下列各物质反应的主要产物。

（1）NaOH 水溶液 （2）HCl 水溶液

（3）苯甲酰氯，NaOH 水溶液 （4）乙酐

（5）$NaNO_2$，HCl （6）C_2H_5OH，H_2SO_4

（7）苄氧甲酰氯

4. 用简单化学方法鉴别下列各组化合物。

（1）葡萄糖和蔗糖 （2）葡萄糖和果糖

（3）麦芽糖，淀粉和纤维素 （4）D-葡萄糖和 D-葡萄糖苷

（5）$CH_3—\overset{H}{\underset{NH_2}{C}}—COOH$，　$H_2NCH_2CH_2COOH$，　$C_6H_5NH_2$

（6）天门冬氨酸和顺丁烯二酸

（7）谷氨酸和β-氨基戊二酸

5. 一个己醛糖A被氧化时生成己糖酸B和己糖酸C。A经递降作用先转变成戊醛糖D，再转变为丁醛糖E。E经氧化生成左旋酒石酸。B具有旋光性，而C不具有旋光性。试写出A、B、C、D及E的构型和它们的名称，并以反应式表示上述各变化过程。

6. 在甜菜糖蜜中有一个三糖称为棉子糖。棉子糖部分水解后得到的双糖叫做蜜二糖。蜜二糖是一个还原性双糖，是（+)-乳糖的异构物，能被麦芽糖酶水解，但不能为苦杏仁酶水解。蜜二糖经溴水氧化后彻底甲基化再酸催化水解，得到2,3,4,5-四-O-葡萄糖酸和2,3,4,6-四-O-甲基-D-半乳糖。写出二糖的结构式、名称及其反应。

7. 具有光活性的D型糖（A），其C-3为R构型，化学式为$C_6H_{12}O_6$，用费林试剂或溴水处理可得（B）。（A）用$NaBH_4$还原得（C），其化学式为$C_6H_{14}O_6$，（C）无光活性。（A）与HCN反应后可得（D）和（E），化学式均为$C_7H_{13}O_6N$，（D）、（E）均可用$Ba(OH)_2$水解，分别形成（F）和（G），它们的化学式皆为$C_7H_{14}O_8$。（B）、（D）、（E）、（F）、（G）均有光活性。化合物（F）、（G）用HI与P处理后得4-甲基己酸。试写出（A）～（G）的结构式及各步反应。

8. L-多巴（3,4-二羟基苯丙氨酸）是一种稀有氨基酸，用于治疗帕金森病。如何由3,4-二羟基苯乙醛合成（±)-多巴。

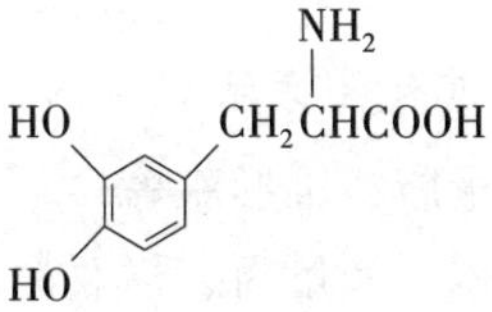

HO、HO（3,4-二羟基苯基）—$CH_2\underset{}{\overset{NH_2}{CH}}COOH$

实　验

实验一　仪器认领、洗涤和干燥

一、实验目的

1. 熟悉无机化学实验室的规则要求。

2. 领取无机化学实验常用仪器并熟悉其名称规格。

3. 了解使用注意事项，落实责任制，学习常用仪器的洗涤和干燥方法。

二、实验用品

仪器：试管，烧杯，容量瓶，锥形瓶，量筒，移液管，量杯，坩埚钳，酒精灯，三脚架，干燥箱。

药品：铬酸洗液，去污粉，洗涤剂，酒精。

三、实验内容

1. 认识无机化学中常用仪器及其使用方法

（1）容器类。试管、烧杯、容量瓶、锥形瓶等。

（2）量器类。用于度量液体体积，如量筒、移液管、量杯等。

（3）其他类。如打孔器、坩埚钳、酒精灯、三脚架等。

2. 仪器的洗涤及常用的洗涤方法

1）水洗

用毛刷轻轻洗刷，再用自来水荡洗几次。

2）用去污粉、合成洗涤剂洗

此法可以洗去油污和有机物。先用水湿润仪器，再用毛刷蘸取去污粉或洗涤剂刷洗，然后用自来水冲洗，最后用蒸馏水荡洗。

3）用铬酸洗液洗

仪器严重玷污或所用仪器内径很小，不宜用刷子刷洗时，可用铬酸洗液（浓 H_2SO_4 + $K_2Cr_2O_7$ 饱和溶液）洗涤。铬酸洗液具有很强的氧化性，对油污和有机物的去污能力很强。使用铬酸洗液时应注意以下几点。

(1) 使用前，应先刷洗仪器，并将器皿内的水尽可能倒净。

(2) 仪器中加入 1/5 容量的洗液，将仪器倾斜并慢慢转动，使仪器内部全部为洗液湿润，再转动仪器，使洗液在仪器内部流动，转动几周后，将洗液倒回原瓶，再用水洗。

(3) 洗液可重复使用，多次使用后若已成绿色，则已失效，不能再继续使用。

(4) 铬酸洗液腐蚀性很强，不能用毛刷蘸取洗。Cr(Ⅵ) 有毒，不能倒入下水道，应

加 $FeSO_4$ 使 Cr(Ⅵ) 还原为无毒的 Cr(Ⅲ) 后再排放。

4）特殊污物的洗涤

依性质而言，$CaCO_3$ 及 $Fe(OH)_3$ 等可用盐酸洗，MnO_2 可用浓盐酸或草酸溶液洗，硫磺可用煮沸的石灰水洗。

3. 仪器干燥的方法

(1) 晾干。节约能源，耗时。

(2) 吹干。指电吹风吹干。

(3) 气流烘干。气流烘干机。

(4) 烤干。仪器外壁擦干后，用小火烤干。

(5) 烘干。用烘箱，干燥箱。

(6) 有机溶剂法。先用少量丙酮或酒精使内壁均匀湿润一遍倒出，再用少量乙醚使内壁均匀湿润一遍后晾干或吹干。注意，丙酮、酒精、乙醚要回收。

四、思考与讨论

1. 怎样检查玻璃仪器是否已洗涤干净？
2. 使用铬酸洗液应注意哪些问题？
3. 容量瓶等计量仪器是否需要干燥？若需要，则如何干燥？

实验二 酒精喷灯的使用、塞子钻孔和玻璃加工

一、实验目的

1. 了解煤气灯、酒精喷灯的构造和原理，掌握正确的使用方法。

2. 初步学习玻璃管的截断、弯曲、拉制、熔烧和塞子钻孔等操作。

二、实验用品

仪器：钻孔器，橡皮塞，酒精喷灯，玻璃管，玻璃棒，锉刀。

药品：酒精。

三、实验内容

1. 塞子钻孔

塞子钻孔的步骤如下。

（1）塞子大小的选择。选择与2.5 mm×200 mm的试管配套的塞子，塞子能塞进试管部分应不能少于塞子本身高度的1/2，也不能多于2/3。

（2）钻孔器的选择。选择一个要比插入橡皮塞的玻璃管口径略粗的钻孔器。

（3）钻孔的方法。

① 将塞子小的一端朝上，平放在桌面上的一块木块上，左手持塞子，右手握住钻孔器的柄，并在钻孔器的前端涂点甘油或水。将钻孔器按在选定的位置上，以顺时针的方向，一面旋转一面用力向下压，向下钻动。钻孔器要垂直于塞子的表面，不能左右摆动，更不能倾斜，以免把孔钻斜。钻孔超过塞子高度2/3时，以反时针的方向一面旋转一面向上提，拔出钻孔器。按同法以塞子大的一端钻孔，注意对准小的那端的孔位，直至两端圆孔贯穿为止。

② 拔出钻孔器，捅出钻孔塞内嵌入的橡皮。

③ 钻孔后，检查孔道是否重合。若塞子孔稍小或不光滑时，可用圆锉修整。

（4）玻璃管插橡皮塞的方法。用水或甘油把琉璃管前端润湿后，先用布包住玻璃管，左手拿橡皮塞，右手握玻璃管的前半部，把玻璃管慢慢旋入塞孔内合适的位置。注意，用力不能太猛；手离橡皮塞不能太远，否则玻璃管可能折断，刺伤手掌。

2. 酒精喷灯的使用

（1）添加酒精。烧杯取适量酒精，拧下铜帽，用漏斗向酒精壶内添加酒精，酒精量不超过其体积的2/3。

（2）预热。在预热盘中加适量酒精（盛酒精的烧杯必须远离火源）并点燃，充分预热，保证酒精全部气化，并适时调节空气调节器。

（3）当灯管中冒出的火焰呈浅蓝色，并发出“哧哧”的响声时，拧紧空气调节器，此时就可以进行玻璃管的加工了。正常的氧化火焰分为三层：氧化焰（温度约800～900℃）；还原焰；焰心及最高温度点。

（4）若一次预热后不能点燃喷灯，可在火焰熄火后重新往预热盘中添加酒精（用石棉

网或湿抹布盖在灯管上端即可熄灭酒精喷灯)，重复上述操作点燃。但连续两次预热后仍不能点燃时，则需用捅针疏通酒精蒸气出口后，方可再预热。

(5) 座式酒精喷灯连续使用时间不应过长，如果超过半个小时，应先暂时熄灭喷灯，冷却并添加酒精后再继续使用。在使用过程中，要特别注意安全，手尽量不要碰到酒精喷灯的金属部位。

3. 玻璃管的加工

1) 玻璃管的截断和熔光

(1) 锉痕。左手按紧玻璃管（平放在桌面上)，右手持锉刀，用刀的棱适当用力向前方锉，如实验图 2-1 (a) 所示。注意，锉划痕深度适中，不可往复锉，锉痕范围在玻璃管周长的 1/6～1/3，且锉痕应与玻璃管垂直。

(2) 截断。双手持玻璃管锉痕两端，拇指齐放在划痕背后向前推压，如实验图 2-1(b) 所示，同时食指向外拉，如实验图 2-1(c) 所示。

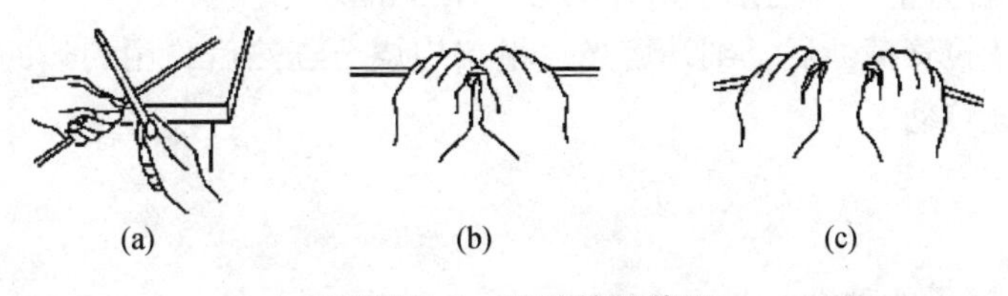

实验图 2-1　玻璃管的截断

(3) 熔光。将玻璃管断面斜插入氧化焰上，并不停转动，使之均匀受热，熔光截面，待玻璃管加热端刚刚微红即可取出。若截断面不够平整，此时可将加热端在石棉网上轻轻按一下。

2) 弯曲玻璃管

(1) 进行弯管操作时，两手水平地拿着玻璃管，将其在酒精喷灯的火焰中加热，如实验图 2-2(a) 所示。受热长度约 1 cm，边加热边缓慢转动使玻璃管受热均匀。当玻璃管加热至黄红色并开始软化时，就要马上移出火焰（切不可在灯焰上弯曲玻璃管)，两手水平持着轻轻用力，顺势弯曲至所需要的角度，如实验图 2-2(b) 所示。注意弯曲速度不要太快，否则在弯曲的位置易出现瘪陷或纠结；也不能太慢，否则玻璃管又会变硬。

(2) 大于 90°的弯导管应一次弯到位。小于 90°的则要先弯到 90°，再加热由 90°弯到所需角度。质量较好的玻璃弯导管应在同一平面上，无瘪陷或纠结出现，如实验图 2-3(c) 所示。

(3) 对于管径不大（小于 7 mm）的玻璃管，可采用重力的自然弯曲法进行弯管。其操作方法是：取一段适当长的玻璃管，一手拿着玻璃管的一端，使玻璃管要弯曲的部分放在酒精灯的最外层火焰上加热（火不宜太大!)，不要转动玻璃管。开始时，玻璃管与灯焰互相垂直，随着玻璃管的慢慢自然弯曲，玻璃管手拿端与灯焰的夹角也要逐渐变小。这种自然弯管法的特点是玻璃管不转动，比较容易掌握。但由于弯管时与灯焰的夹角不可能很小，从而限制了可弯的最小角度，一般只能是 45°左右。

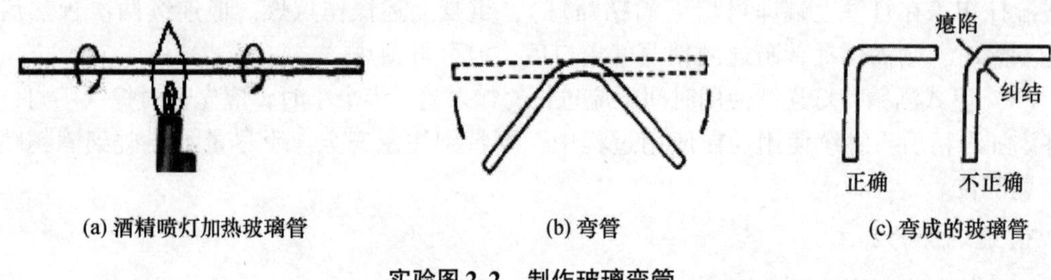

(a) 酒精喷灯加热玻璃管 (b) 弯管 (c) 弯成的玻璃管

实验图 2-2 制作玻璃弯管

3）制备滴管

（1）烧管。将两端已熔光的 10 cm 长的玻管，按弯曲玻璃管的要求在火焰上加热，但烧管的时间要长一些，软化程度要大一些，玻璃管受热面积则应小一些。

（2）拉管。待玻璃管软化好后，自火焰中取出，沿水平方向向两边边拉边转，使中间细管长约 8 cm 左右为止，并使细管口径约等于 1.5 mm。

（3）扩口。待拉管截断后，细端熔光，粗端灼烧至红热后，用灼热的锉刀柄斜放在管口内迅速而均匀地转动。

四、思考与讨论

1．如何选择塞子的种类?

2．简述橡皮塞打孔的步骤。

实验三　分析天平的称量练习

一、实验目的

1. 了解分析天平的构造，学会正确的称量方法。
2. 初步掌握递减称量法的称样方法。
3. 了解在称量中运用有效数据。

二、实验原理

用半自动电光天平称量物品时，可采用直接称量法、递减称量法和固定质量称量法。

1. 直接称量法称量原理

先调节天平的零点。接通电源，慢慢地启动天平，在天平不载重时，投影屏上标尺的位置即为零点，如零点与投影屏上的标尺不重合，可拨动旋钮附近、底板下面的调零杆以改变投影屏的位置使其重合；若相差较大时，则必须旋动平衡螺丝调节空盘零点的位置。将被称物（如坩埚）放在左盘中央，先估计该物体的质量（如约为 20 g），右手用镊子将相当于物体质量的砝码（如 20 g 砝码）置于右盘中央，右手稍微转动升降枢，观察指针移动的方向。若指针迅速向左移动，表示砝码太重，应马上托起天平梁（关上升降枢），以 10 g 砝码代替 20 g 砝码，再轻轻转动升降枢，此时若指针迅速向右移动，则表示砝码太轻了，再次托起天平梁，再加上 2 g 砝码，并再一次转动升降枢，此时若指针向左移动，表示砝码又重了，托起天平梁，再以 1 g 砝码替换 2 g 砝码。经过几次试称，我们就知道该物体的质量应在 16～17 g 之间。关好天平右边的门。1 g 以下的砝码，由指数盘操纵，先加 500 mg 的圈码（转动指数盘的外圈），观察指针偏转，然后再由大到小地加减环（圈）码，如此测得该物体质量在 16.65～16.66 g。转动内圈环码，确定小数点后第 3 位。第 4 位则可由投影屏上直接读出，如此测得该物体质量是 16.6548 g。

2. 递减称量法称量原理

这种方法称出的样品质量不要求某一固定的数值，只需在要求的称量范围内即可（读数仍要求准确至万分之一克）。该法适于称取多份易吸水、易氧化或易与 CO_2 反应的物质，具体操作如下。

从天平室的干燥器中，用纸条套住装有试样的称量瓶，将其置于天平左盘，按直接称量法称其质量。假设为 21.8947 g，若要求称取试样 0.4～0.6 g，首先将圈码减去 0.4 g，然后左手取出称量瓶，移到烧杯口上方，右手以小纸片捏取称量瓶盖，将称量瓶口向下倾斜，在烧杯口上方，用瓶盖轻轻敲击称量瓶口上缘，使试样慢慢地落入烧杯中。估计倒出的试样量已够 0.4 g 时，在一面轻轻敲击的情况下，慢慢地竖起称量瓶，使瓶口不留一点试样，盖上盖子，再将称量瓶放回天平盘上，打开升降枢。若此时指针迅速向右移动，说明倒出的试样少于 0.4 g，再重复以上操作。若指针移向左，则表示倒出的试样已经大于 0.4 g 了，再从天平圈减去 0.2 g（此时共减去 0.6 g）。若此时指针向右，则表示倒出来的试样少于 0.6 g，即倒出的试样在 0.4～0.6 g 的范围内，符合要求。准确称取称量瓶的剩余质量，假设为 21.3562 g，那么烧杯中试样的质量是：21.8947 - 21.3562 = 0.5385 g。若需再称取一份试样，则仍按上述方法进行称量，第 2 次质量与第 3 次质量之差，即为第 2 只烧杯中试样质量。注意烧杯应编号，以免混乱。

3. 固定质量称量法称量原理

除以上两种称量方法外，工业生产中还经常使用的另一种方法是“固定质量称量法”。这种方法是称取某一固定质量的试样，要求试样本身不吸水并在空气中性质稳定，如金属、矿物等。具体操作方法如下。

先称容器的质量，并记录平衡点，然后在右盘中再加入与欲称质量数相等的砝码。例如指定要称取 0. 4000 g 时，就在右盘上再加 0. 4000 g 的环砝码。在左边称盘的容器中加入略少于 0. 4 g 的试样，然后用牛角匙轻轻振动，使试样慢慢落入容器中，直至平衡点与称量容器时的平衡点刚好一致。这种方法的优点是称量操作简单，计算方便，因此在工业生产分析中广泛采用这种称量方法。

三、实验用品

仪器：半自动电光天平和砝码，台称和砝码，称量瓶，表面皿，坩埚，药勺。

试剂：工业纯 $K_2Cr_2O_7$。

四、实验步骤

1. 固定质量称量法称量练习

按照固定质量称量操作方法称取质量为 0. 5000 g 的试样 3 份。

2. 递减称量法称量练习

按照递减称量操作方法称取质量为 0. 4～0. 6 g 的样品 3 份。

3. 天平称量后的检查工作

每次做完实验后，都必须做好如下检查工作：

(1) 天平是否关好；

(2) 天平盘内的砝码及物品是否已取出，盘上和底座上如有脏物应用毛刷刷净；

(3) 砝码盒内的砝码及砝码镊子是否齐全、复原；

(4) 圈码有无脱落，读数转盘是否回零位；

(5) 天平罩是否罩好；

(6) 天平室内的电源是否已切断。

五、实验数据记录

固定质量称量法

记录项目	1	2	3
称样皿质量/g			
(称样皿质量 + 试样质量) /g			
试样质量/g			

递减称量法

记录项目	1	2	3
（称样瓶质量＋试样质量）/g（倒出前）			
（称样瓶质量＋试样质量）/g（倒出后）			
试样质量/g			

六、思考与讨论

1. 开启和关上天平升降枢时，动作为什么要缓慢？
2. 开着天平进行称量会有什么影响？
3. 为什么在做同一实验时，应使用同一台天平和相配套的砝码？

实验四　酸碱标准溶液的配制及标定

一、实验目的

1. 掌握酸、碱标准溶液的配制方法和浓度的标定原理方法。
2. 练习移液管的正确使用。
3. 进一步熟练掌握滴定操作。
4. 进一步熟悉指示剂颜色的变化及观察。

二、实验原理

标准溶液是指已知准确浓度的溶液，其配制方法通常有两种：直接法和标定法。

1. 直接法

准确称取一定质量的物质，经溶解后定量转移到容量瓶中，并稀释至刻度，摇匀。根据称取物质的质量和容量瓶的体积即可算出该标准溶液的准确浓度。适用此方法配制标准溶液的物质必须是基准物质。

2. 标定法

大多数物质的标准溶液不宜用直接法配制，可选用标定法。即先配成近似所需浓度的溶液，再用基准物质或已知准确浓度的标准溶液标定其准确浓度。HCl 标准溶液和 NaOH 标准溶液在酸碱滴定中最常用，但由于浓盐酸易挥发，NaOH 固体易吸收空气中的 CO_2 和水蒸气，故都只能选用标定法来配制。标准溶液的浓度一般在 0.01～1 $mol \cdot L^{-1}$之间，通常配制 0.1 $mol \cdot L^{-1}$的溶液。

1）标定碱的基准物质

常用标定碱标准溶液的基准物质有邻苯二甲酸氢钾、草酸等。

（1）邻苯二甲酸氢钾。它易制得纯品，在空气中不吸水，容易保存，摩尔质量较大，是一种较好的基准物质。标定反应如下：

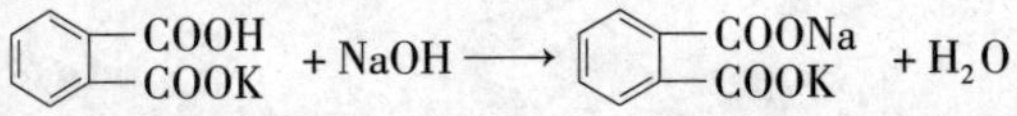

$$C_6H_4(COOH)(COOK) + NaOH \longrightarrow C_6H_4(COONa)(COOK) + H_2O$$

化学计量点时，溶液呈弱碱性（pH = 9.20），可选用酚酞作指示剂。

邻苯二甲酸氢钾使用前通常在 105～110℃下干燥 2 h，但若干燥温度过高，则脱水成为邻苯二甲酸酐。

（2）草酸（$H_2C_2O_4 \cdot 2H_2O$）。它在相对湿度为 5%～95% 时不会风化失水，故将其保存在磨口玻璃瓶中即可。草酸固体状态比较稳定，但溶液状态的稳定性较差，空气能使草酸溶液慢慢氧化，光和 Mn^{2+} 能催化其氧化，因此草酸溶液应置于暗处存放。

标定反应如下：

$$2NaOH + H_2C_2O_4 \xlongequal{\quad} Na_2C_2O_4 + 2H_2O$$

反应产物为 $Na_2C_2O_4$，在水溶液中显碱性，可选用酚酞作指示剂。

2）标定酸的基准物质

常用标定酸标准溶液的基准物质有无水碳酸钠和硼砂。此外，酸标准溶液的浓度还可通过与已知准确浓度的 NaOH 标准溶液比较进行标定。

(1) 无水碳酸钠。它易吸收空气中的水分，使用前先将其置于270～300℃下干燥1 h，然后保存于干燥器中备用。标定反应如下：

$$Na_2CO_3 + 2HCl \longrightarrow 2NaCl + H_2O + CO_2 \uparrow$$

化学计量点时，溶液为 H_2CO_3 饱和溶液，pH 3.9。以甲基橙作指示剂应滴至溶液呈橙色为终点。为使 H_2CO_3 的饱和部分不断分解逸出，临近终点时应将溶液剧烈摇动或加热。

(2) 硼砂（$Na_2B_4O_7 \cdot 10H_2O$）。它易于制得纯品，吸湿性小，摩尔质量大，但由于含有结晶水，当空气中相对湿度小于39%时，有明显的风化而失水的现象，故常保存在相对湿度为60%的恒温器（下置饱和的蔗糖溶液）中。其标定反应为：

$$Na_2B_4O_7 + 2HCl + 5H_2O \longrightarrow 2NaCl + 4H_3BO_3$$

产物为 H_3BO_3，其水溶液pH约为5.1，可用甲基红作指示剂。

(3) 与已知准确浓度的NaOH标准溶液比较进行标定。0.1 mol · L^{-1} HCl和0.1 mol · L^{-1} NaOH溶液的比较标定是强酸强碱的滴定，化学计量点时pH = 7.00，滴定突跃范围比较大（pH = 4.30～9.70），因此，凡是变色范围全部或部分落在突跃范围内的指示剂，如甲基橙、甲基红、酚酞、甲基红-溴甲酚绿混合指示剂，都可用来指示终点。比较滴定中可以用酸溶液滴定碱溶液，也可用碱溶液滴定酸溶液。若用HCl溶液滴定NaOH溶液，可选用甲基橙为指示剂。

三、实验用品

仪器：台秤，量筒（10 mL），烧杯，试剂瓶，酸式滴定管（50 mL），碱式滴定管（50 mL），锥形瓶（250 mL）。

试剂：浓盐酸（A. R.），NaOH（s）（A. R.），酚酞指示剂（2 g · L^{-1}乙醇溶液），甲基橙指示剂（1 g · L^{-1}），邻苯二甲酸氢钾（s）基准试剂或分析纯，无水碳酸钠优级纯。

四、实验步骤

1. NaOH溶液浓度的标定

洗净碱式滴定管，检查不漏水后，用所配制的NaOH溶液润洗2～3次，每次用量5～10 mL，然后将碱液装入滴定管中至"0"刻度线上，排除管尖的气泡，调整液面至0.00刻度或零点稍下处，静置1 min后，精确读取滴定管内液面位置，并记录在报告本上。

准确称取0.4～0.5 g已烘干的邻苯二甲酸氢钾三份，分别放入三个已编号的250 mL锥形瓶中，加20～30 mL水溶解（若不溶可稍加热，冷却后），加入1～2滴酚酞指示剂，用0.1 mol · L^{-1} NaOH溶液滴定至呈微红色，半分钟不褪色，即为终点。计算NaOH标准溶液的浓度。计算平均结果和平均相对偏差，要求平均相对偏差不大于0.2%。

2. HCl溶液浓度的标定

洗净酸式滴定管，经检漏、润洗、装液、静置等操作后，备用。

准确称取无水碳酸钠二份，每份约为0.10～0.12克（或准确称取1.0～1.2 g无水碳酸钠，溶解后，定容在250 mL容量瓶中，用25 mL移液管移取），分别放在250 mL锥形瓶内，加水20～30 mL溶解，小心摇匀，加甲基橙指示剂1～2滴，然后用盐酸溶液滴定至溶液由黄色变为橙色，即为终点。平行滴定三份，计算HCl标准溶液的浓度。其相对平均偏差不得大于0.3%。

五、实验数据记录与试验报告示例

NaOH 溶液浓度的标定

数据 \ 序号 项目	1	2	3
[m(KHP) +称量瓶（倾出前）]/g [m(KHP) +称量瓶（倾出后）]/g m(KHP)/g			
V(NaOH) 终读数/mL V(NaOH) 初读数/mL V(NaOH)/mL			
$c(\text{NaOH})/(\text{mol}\cdot\text{L}^{-1}) = \dfrac{m(\text{KHP})/M(\text{KHP})}{V(\text{NaOH})}$			
$c(\text{NaOH})/\text{mol}\cdot\text{L}^{-1}$			
$\lvert d_i \rvert$			
相对平均偏差/(%)			

六、思考与讨论

1. 如何计算称取基准物邻苯二甲酸氢钾或 Na_2CO_3 的质量范围？称得太多或太少对标定有何影响？

2. 溶解基准物时加入的20～30 mL水是用量筒量取，还是用移液管移取？为什么？

3. 如果基准物未烘干，将使标准溶液浓度的标定结果偏高还是偏低？

4. 用NaOH标准溶液标定HCl溶液浓度时，以酚酞作指示剂，用NaOH滴定HCl，若NaOH溶液因贮存不当吸收了 CO_2，问对测定结果有何影响？

实验五　五水硫酸铜中结晶水的测定

一、实验目的

1. 了解由不活泼金属与酸作用制备盐的方法。
2. 学会重结晶法提纯五水硫酸铜的方法及操作。
3. 掌握水浴加热、溶解与结晶、减压过滤、蒸发与浓缩等基本操作。
4. 巩固台秤、量筒、pH 试纸的使用等基本操作。

二、实验原理

1. 五水硫酸铜的制备

五水硫酸铜主要有以下三种制备方法。

(1) $$Cu + 2HNO_3 + H_2SO_4 = CuSO_4 + 2NO_2\uparrow + 2H_2O$$

(2) $$Cu + H_2O_2 + H_2SO_4 = CuSO_4 + 2H_2O$$

(3) $$Cu + O_2 = 2CuO$$

(4) $$CuO + H_2SO_4 = CuSO_4 + H_2O$$

2. 重结晶法提纯

由于废铜屑不纯，故所得 $CuSO_4$ 溶液中常含有一些不溶性杂质或可溶性杂质，不溶性杂质可过滤除去，可溶性杂质则常用化学方法去除。

由于五水硫酸铜在水中的溶解度随温度升高而明显增大，因此，硫酸铜粗产品中的杂质可通过重结晶法提纯而使杂质留在母液中，从而得到纯度较高的硫酸铜晶体。

三、实验用品

仪器：电子台秤，量筒，pH 试纸，蒸发皿，锥形瓶，布氏漏斗。

药品：铜屑，30% H_2O_2，10% Na_2CO_3，6 $mol\cdot L^{-1}$ H_2SO_4，无水乙醇。

四、实验内容

1. 制备五水硫酸铜粗品

称取 2.0 g 铜屑放于 150 mL 锥形瓶中，加入 10% Na_2CO_3 溶液 10 mL，加热煮沸，除去表面油污，倾析法除去碱液，用水洗净。

加入 6 $mol\cdot L^{-1}$ H_2SO_4 溶液 10 mL，缓慢滴加 30% H_2O_2 3～4 mL，水浴加热（反应温度保持在 40～50℃）。反应完全后（若有过量铜屑，则补加稀 H_2SO_4 和 H_2O_2），加热煮沸 2 min，趁热抽滤，将溶液转移到蒸发皿中，调节 pH 为 1～2，水浴加热浓缩至表面有晶膜出现。取下蒸发皿，冷却至室温，抽滤，得到五水硫酸铜粗产品，晾干或吸干，称量并计算产率。

2. 重结晶法提纯五水硫酸铜

向粗产品中加入少量稀 H_2SO_4，调 pH 为 1～2，加热使其全部溶解，趁热过滤；滤液自然冷却至室温，抽滤；用少量无水乙醇洗涤产品，抽滤。将产品转移至干净的表面皿上，用吸水纸吸干，称量，计算收率。

五、思考与讨论

1. 在五水硫酸铜结晶水的测定中，为什么用沙浴加热并控制温度在280℃左右？

2. 加热后的坩埚能否未冷却至室温就去称量？加热后的热坩埚为什么要放在干燥器内冷却？

3. 在高温灼烧过程中，为什么必须用煤气灯的氧化焰而不能用还原焰加热坩埚？

4. 为什么要进行重复的灼烧操作？什么叫恒重？其作用是什么？

实验六　二氧化碳相对分子质量的测定

一、实验目的

1. 学习气体相对密度法测定分子量的原理和方法，加深理解理想气体状态方程式和阿佛加德罗定律。

2. 学会大气压力计的使用。

3. 巩固分析天平的使用。

4. 了解启普发生器的构造和原理，掌握其使用方法；熟悉洗涤、干燥气体的装置。

二、实验原理

根据阿佛加德罗定律：同 T，p 条件下，同 V 的气体物质的量相等。理想气体状态方程式为：

$$pV = nRT = mRT/M$$

上式中，当 m，M 分别为空气和二氧化碳的质量和相对分子质量时，则可以得到：

$$M(CO_2) = \frac{m(CO_2)}{m(\text{空气})} \times M(\text{空气}) = \frac{m(CO_2)}{m(\text{空气})} \times 29.0$$

三、实验用品

仪器：电子台秤，分析天平，启普发生器，洗气瓶，锥形瓶，干燥管，玻璃棒，玻璃导管，橡皮塞，玻璃棉。

药品：石灰石，无水 $CaCl_2$，6 mol · L^{-1} HCl，1 mol · L^{-1} $NaHCO_3$，1 mol · L^{-1} $CuSO_4$。

四、实验内容

1. CO_2 的制备及称量

制取、净化和收集 CO_2 的装置如实验图 6-1 所示。

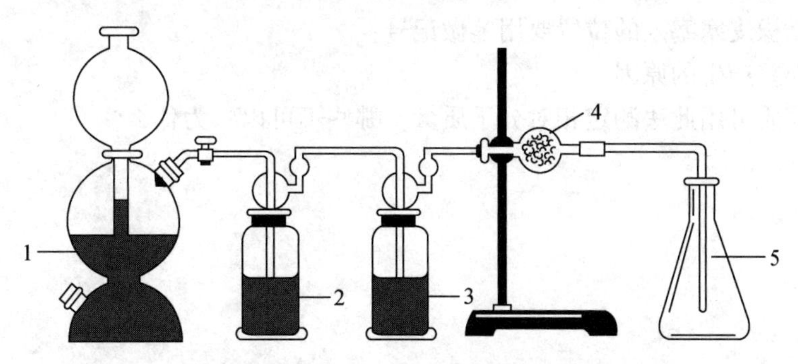

实验图 6-1　制取、净化和收集 CO_2 装置图

1. 石灰石 + 稀盐酸；2. $CuSO_4$ 溶液；3. $NaHCO_3$ 溶液；4. 无水氧化钙；5. 锥形瓶

（1）按实验图 6-1 搭好制取 CO_2 的装置，检查气密性。

（2）称量“锥形瓶 + 橡皮塞 + 空气”（用笔在橡皮塞上做记号）的质量。先用台秤粗称，再用分析天平准确称量（称准至0.1 mg），记为m_1。

（3）制备CO_2气体并收集，检验是否收满（3～5 min）。

（4）称量“锥形瓶+橡皮塞+CO_2”的质量。用分析天平准确称量，记为m_2（重复两次取平均值）。

（5）称量“锥形瓶+橡皮塞+H_2O”的质量。用台秤粗称（称准至0.1 g），记为m_3。

2. 数据记录与处理

室温T=

气压p=

m_1（空气+瓶+塞子）=

第一次称m_2(CO_2+瓶+塞子)=

第二次称m_2(CO_2+瓶+塞子)=

平均m_2=

m_3(H_2O+瓶+塞)=

瓶子体积$V=(m_3-m_1)/1.00$=　　（这一步为近似计算，忽略了空气的质量）

瓶内空气的质量m(空气)$=M\rho V/RT$=

(瓶+塞的质量)$m_4=m_1-m$(空气)=

$m(CO_2)=m_2-m_4$=

$$M(CO_2)=\frac{m(CO_2)}{m(\text{空气})}\times 29.0=$$

3. 计算误差

绝对误差(E)=测定值(x)－真实值(x_T)=

$$\text{相对误差}=\frac{\text{绝对误差}}{\text{真实值}}\times 100\%=$$

五、思考与讨论

1. 为什么二氧化碳气体+锥形瓶+塞子的总质量要在分析天平上称量，而“水+瓶+塞”的质量可在台秤上称量？两者的要求有何不同？

2. 为什么橡皮塞塞入的位置要用笔做记号？

3. 分析误差产生的原因。

4. 哪些物质可用此法测定相对分子质量？哪些不可以？为什么？

实验七　醋酸电离度和电离常数的测定——pH 法

一、实验目的

1. 测定醋酸的电离度和电离常数。
2. 学习 pH 计的使用。

二、实验原理

醋酸水溶液中存在以下平衡：

$$HAc \rightleftharpoons H^+ + Ac^-$$

以 c 代表 HAc 的起始浓度；$[H^+]$，$[Ac^-]$，$[HAc]$ 分别为平衡浓度；

α 为电离数；K 为平衡常数，则有：

$$\alpha = [H^+]/c \times 100\%$$

$$K = [H^+][Ac^-]/[HAc] = [H^+]^2/(c - [H^+])$$

当 α 小于 5 时，$c - [H^+] \approx c$，所以 $K \approx [H^+]^2/c$

根据以上关系，通过测定已知浓度 HAc 溶液的 pH，就可算出 $[H^+]$，从而可以计算该 HAc 溶液的电离度和平衡常数。($pH = -\lg[H^+]$，$[H^+] = 10^{-pH}$)

三、实验用品

仪器：滴定管，吸量管（5 mL），容量瓶（50 mL），pH 计，玻璃电极，甘汞电极。

药品：0.2 $mol \cdot L^{-1}$ HAc 溶液，0.2 $mol \cdot L^{-1}$ NaOH 溶液，酚酞指示剂，标准缓冲溶液（pH = 6.86，pH = 4.00）。

四、实验内容

1. HAc 溶液浓度的测定（碱式滴定管）

以酚酞为指示剂，用已知浓度的 NaOH 溶液测定 HAc 的浓度。

滴定序号		1	2	3
$c(NaOH)/(mol \cdot L^{-1})$				
$V(HAc)/mL$		25.00	25.00	25.00
$V(NaOH)/mL$				
$c(HAc)$	测定值			
	平均值			

2. 配制不同浓度的 HAc 溶液

用移液管或吸量管分别取 2.50 mL，5.00 mL，25.00 mL 已测得准确浓度的 HAc 溶液，分别加入 3 只 50 mL 容量瓶中，用去离子水稀释至刻度，摇匀，并计算出三个容量瓶中 HAc 溶液的准确浓度。将溶液从稀到浓排序编号为 1 号、2 号、3 号，原溶液为 4 号。

3. 测定 HAc 溶液的 pH，并计算 HAc 的电离度、电离常数

把以上四种不同浓度的 HAc 溶液分别加入四只洁净干燥的 50 mL 烧杯中，按由稀到浓的顺序在 pH 计上分别测定它们的 pH，并记录数据和室温。将数据填入下表，计算 HAc 的电离度和电离常数。

溶液编号	c /(mol · L^{-1})	pH	$[H^+]$ / (mol · L^{-1})	α/(%)	电离常数 K	
					测定值	平均值
1	1/20 c(HAc)					
2	1/10 c(HAc)					
3	1/2 c(HAc					
4	c(HAc)					

K 值在 1.0×10^{-5}～2.0×10^{-5} 范围内合格（文献值：25℃，1.76×10^{-5}）。

五、思考与讨论

1. 若所用 HAc 溶液的浓度极稀，是否还能用近似公式 $K = [H^+]^2/c$ 来计算 K，为什么？

2. 改变所测 HAc 溶液的浓度或温度，则 α 和 K 有无变化？

实验八　$I_3^- \Longleftrightarrow I^- + I_2$ 平衡常数的测定——滴定操作

一、实验目的

测定 $I_3^- \rightleftharpoons I^- + I_2$ 的平衡常数，加强对化学平衡、平衡常数的了解，并了解平衡移动的原理。

二、实验原理

碘溶于 KI 溶液中形成 I_3^- 离子，并建立下列平衡：

$$I_3^- \rightleftharpoons I^- + I_2$$

$$K = \frac{[I^-][I_2]}{[I_3^-]}$$

用 $Na_2S_2O_3$ 溶液滴定上述溶液,有：

$$2Na_2S_2O_3 + I_2 \rightleftharpoons 2NaI + Na_2S_4O_6$$

由于溶液中存在 $I_3^- \rightleftharpoons I_2 + I^-$ 的平衡,所以用硫代硫酸钠溶液滴定,最终测到的是平衡时 I_2 和 I_3^- 的总浓度。设这个总浓度为 c,则：

$$c = [I_2] + [I_3^-] = \frac{1}{2}[S_2O_3^{2-}]$$

设在水中，单质碘溶于水也存在一个平衡，平衡时 $[I_2] = c'$，用这个浓度代替上述平衡时的 $[I_2]$，则 $[I_3^-] = c - [I_2] = c - c'$。

若 KI 溶液中 I^- 的起始浓度为 c_0，每一个 I^- 与 I_2 可以生成一个 I_3^-，则平衡时 $[I^-] = c_0 - [I_3^-]$,故有：

$$K = \frac{\{c_0 - [I_3^-]\}c'}{c - c'} = \frac{(c_0 - c + c')c'}{c - c'}$$

三、实验用品

仪器：滴定管，碘量瓶（100 mL、250 mL），锥形瓶。

药品：0.0100 mol·L^{-1}KI 溶液，0.0200 mol·L^{-1}KI 溶液，碘，0.0050 mol·L^{-1}标准 $Na_2S_2O_3$ 溶液，0.2% 淀粉溶液。

四、实验内容

1. 取两只干燥的100 mL 碘量瓶和一只250 mL 碘量瓶，分别标上1号、2号、3号。用量筒分别量取80 mL 0.0100 mol·L^{-1}KI 溶液注入1号瓶，80 mL 0.0200 mol·L^{-1} KI 溶液注入2号瓶，200 mL 蒸馏水注入3号瓶，然后在每个瓶中加入0.5 g 研细的碘，盖好瓶塞。

2. 将3只碘量瓶在室温下振荡30 min，然后静止10 min，取上层清液进行滴定。

3. 用10 mL 吸管取1号瓶上层清液两份，分别注入250 mL 锥形瓶中，再各注入40 mL 蒸馏水，用0.0050 mol·L^{-1}标准 $Na_2S_2O_3$ 溶液滴定其中一份至呈淡黄色时（注意不要滴过量）注入4 mL 0.2% 淀粉溶液，此时溶液应呈蓝色，继续滴定至蓝色刚好消失，记下所消耗的 $Na_2S_2O_3$ 溶液的体积。平行做第二份清液，记录数据。

4. 用同样的方法滴定2号瓶上层的清液。记录数据。

5. 用50 mL移液管取3号瓶上层清液两份，用0.0050 mol·L^{-1}的标准$Na_2S_2O_3$溶液滴定，方法同上。记录数据。

五、数据记录和处理

用$Na_2S_2O_3$标准溶液滴定碘时，相应的碘的浓度计算方法如下：

1号、2号瓶碘浓度的计算：

$$c=\frac{c(Na_2S_2O_3)\cdot V(Na_2S_2O_3)}{2V(KI-I_2)}$$

3号瓶碘浓度的计算方法：

$$C'=\frac{c(Na_2S_2O_3)\cdot V(Na_2S_2O_3)}{2V(H_2O-I_2)}$$

本实验测定的K值在1.0×10^{-3}～2.0×10^{-3}范围内合格（文献值$K=1.5\times10^{-3}$）。

六、思考与讨论

1. 本实验中，碘的用量是否要准确称取，为什么？

2. 为什么本实验中量取标准溶液，有的用移液管，有的用量筒？

实验九　氧化-还原反应与氧化还原平衡

一、实验目的

1. 学会装配原电池，掌握电极的本性。

2. 了解电池的氧化型或还原型物质的浓度、介质的酸度等因素对电极电势、氧化还原反应的方向及产物速率的影响。

二、实验内容

1. 氧化-还原反应和电极电势

（1）在试管中加入 0.5 mL 0.1 $mol \cdot L^{-1}$ KI 溶液和 2 滴 0.1 $mol \cdot L^{-1}$ 的 $FeCl_3$ 溶液，摇匀后加入 0.5 mL CCl_4 充分振荡，观察 CCl_4 层颜色有无变化。

（2）用 0.1 $mol \cdot L^{-1}$ 的 KBr 溶液代替 KI 溶液进行同样的实验，观察 CCl_4 层颜色有无变化。

（3）往 2 支试管中分别加入 3 滴碘水、溴水，然后加入约 0.5 mL 0.1 $mol \cdot L^{-1}$ $FeSO_4$ 溶液，摇匀后，注入 0.5 mL CCl_4，充分振荡，观察 CCl_4 层有无变化。

2. 自行设计并测定下列浓差电池的电动势，将实验值与计算值比较

$$Cu \mid CuSO_4\ (0.01\ mol \cdot L^{-1}) \mid CuSO_4\ (1\ mol \cdot L^{-1}) \mid Cu$$

在浓差电池的两极各连一个回形针，然后在表面皿上放一小块滤纸，滴加 1 $mol \cdot L^{-1}$ Na_2SO_4 溶液，使滤纸完全湿润，再加入酚酞 2 滴。将两极的回形针压在纸上，使其相距约 1 mm，稍等片刻，观察所压处，哪一端出现红色？

3. 酸度和浓度对氧化-还原反应的影响

1）酸度的影响

取 3 支试管，分别加 0.5 mL 0.1 $mol \cdot L^{-1}$ Na_2SO_3，向其中一支加入 0.5 mL 1 $mol \cdot L^{-1}$ H_2SO_4 溶液，另一支加 0.5 mL 蒸馏水，第三支试管加 0.5 mL 6 $mol \cdot L^{-1}$ NaOH 溶液，混合后再各加 2 滴 0.1 $mol \cdot L^{-1}$ 的 $KMnO_4$ 溶液，观察颜色变化有何不同。

2）浓度的影响

（1）向试管中加 H_2O · CCl_4 和 0.1 $mol \cdot L^{-1}$ $Fe_2(SO_4)_3$ 各 0.5 mL，加入 0.5 mL 0.1 $mol \cdot L^{-1}$ 的 KI 溶液，振荡后观察 CCl_4 层颜色。

（2）向盛有 CCl_4 的 1 $mol \cdot L^{-1}$ $FeSO_4$ 和 0.1 $mol \cdot L^{-1}$ $Fe_2(SO_4)_3$ 各 0.5 mL 的试管中，加入 0.5 mL 0.1 $mol \cdot L^{-1}$ KI 溶液，振荡后观察 CCl_4 层颜色。

（3）在实验（1）的试管中，加入少许 NH_4F 固体，振荡，观察 CCl_4 层颜色的变化。

4. 酸度对氧化-还原反应的速率的影响

取两只试管分别加 0.5 mL 0.1 $mol \cdot L^{-1}$ KBr 溶液，一只加 0.5 mL 1 $mol \cdot L^{-1}$ H_2SO_4 溶液，另一只加 0.5 mL 6 $mol \cdot L^{-1}$ HAc 溶液，再各加 2 滴 0.01 $mol \cdot L^{-1}$ 的 $KMnO_4$ 溶液，观察颜色褪去的速度。

三、思考与讨论

1. 从实验结果讨论，氧化-还原反应与哪些因素有关？
2. 为什么 H_2O_2 既有氧化性，又有还原性？

实验十　碱金属和碱土金属

一、实验目的

1. 比较碱金属、碱土金属的活泼性。
2. 试验并比较碱土金属氢氧化物和盐类的溶解性。
3. 练习焰色反应并熟悉使用金属钾、钠的安全措施。

二、实验内容

1. 钠、钾、镁的性质

1）钠与空气中氧的作用

用镊子取一小块金属钠（绿豆大），用滤纸吸干其表面的煤油，切去表面的氧化膜，立即置于坩埚中加热。当钠开始燃烧时，停止加热。观察反应情况和产物的颜色、状态。冷却后，往坩埚中加入2 mL蒸馏水使产物溶解，然后把溶液转移到一支试管中，用pH试纸测定溶液的酸碱性。再用2 mol·L^{-1} H_2SO_4 酸化，滴加1～2滴0.01 mol·L^{-1} $KMnO_4$ 溶液。观察紫色是否褪去。

2）钠、钾、镁与水的作用

用镊子取一小块金属钾和金属钠，用滤纸吸干其表面的煤油，切去表面的氧化膜，立即将它们分别放入盛水的烧杯中。可将事先准备好的合适漏斗倒扣在烧杯上，以确保安全。观察两者与水反应的情况，并进行比较。反应终止后，滴入1～2滴酚酞试剂，检验溶液的酸碱性。根据反应进行的剧烈程度，说明钠、钾的金属活泼性。

取一小段镁条，用砂纸擦去表面的氧化物，放入一支试管中，加入少量冷水。观察有无反应。然后将试管加热，观察反应情况。加入几滴酚酞检验水溶液的酸碱性。

3）镁、钙、钡的氢氧化物的溶解性

（1）在三支试管中，分别加入0.5 mL的0.5 mol·L^{-1} $MgCl_2$，0.5 mol·L^{-1} $CaCl_2$，0.5 mol·L^{-1} $BaCl_2$ 溶液，再各加入0.5 mL 2 mol·L^{-1}新配制的NaOH溶液。观察沉淀的生成。然后把沉淀分成两份，分别加入6 mol·L^{-1}盐酸溶液和6 mol·L^{-1}氢氧化钠溶液，观察沉淀是否溶解。

（2）在试管中加入0.5 mL 0.5 mol·L^{-1} $MgCl_2$ 溶液，再加入等体积0.5 mol·L^{-1} $NH_3 \cdot H_2O$，观察沉淀的颜色和状态。观察往有沉淀的试管中加入饱和 NH_4Cl 溶液时又有何现象？

2. 碱金属、碱土金属元素的焰色反应

取一支铂丝（或镍铬丝），铂丝的尖端弯成小环状，蘸取6 mol·L^{-1}盐酸溶液在氧化焰中烧片刻，再浸入盐酸中，再灼烧，如此重复直至火焰无色。依照此法，分别蘸取1 mol·L^{-1} 氯化钠、氯化钾、氯化钙、氯化锶、氯化钡溶液在氧化焰中灼烧，观察火焰的颜色。每进行完一种溶液的焰色反应后，均需蘸浓盐酸溶液灼烧铂丝（或镍铬丝），烧至火焰无色后，再进行新的溶液的焰色反应。观察钾盐的焰色时，为消除钠对钾焰色的干扰，一般需用蓝色钴玻璃片滤光后观察。

三、思考与讨论

1. 若实验室中发生镁燃烧的事故，可否用水或二氧化碳来灭火？实际应采用何种方法灭火？

2. 实验室如何保存金属钠？

实验十一　氮、磷

一、实验目的

1. 试验并掌握不同氧化态氮的化合物的主要性质。
2. 试验磷酸盐的酸碱性和溶解性。

二、实验内容

1. 铵盐的热分解

在一支短粗且干燥的试管中，放入 1 g 氯化铵。将试管垂直固定、加热，并用湿润的 pH 试纸横放在管口，检验逸出的气体，观察试纸颜色的变化。继续加热，pH 试纸又有何变化？同时观察试管壁上部有何现象发生？试证明它仍然是氯化铵。

分别用硫酸铵和重铬酸铵代替氯化铵重复以上的实验，观察比较它们的热分解产物。

2. 亚硝酸和亚硝酸盐

1）亚硝酸的生成和分解

将 1 mL 浓度为 3 $mol \cdot L^{-1}$ 的硫酸溶液注入在冰水中冷却的 1 mL 饱和亚硝酸钠溶液中，观察反应情况和产物的颜色。将试管从冰水中取出，放置片刻，观察有何现象发生。

2）亚硝酸的氧化性和还原性

在试管中滴入 1～2 滴 0.1 $mol \cdot L^{-1}$ 的碘化钾溶液，用 3 $mol \cdot L^{-1}$ 硫酸酸化，再滴加 0.5 $mol \cdot L^{-1}$ 亚硝酸钠溶液，观察现象。

用 0.1 $mol \cdot L^{-1}$ 高锰酸钾溶液代替 KI 溶液重复上述实验，观察溶液的颜色有无变化。

3. 硝酸和硝酸盐

（1）往少量硫磺粉（黄豆大小）中，注入 1 mL 浓硝酸，水浴加热。观察有何气体产生。

（2）分别往 2 支各盛少量锌片的试管中注入 1 mL 浓硝酸和 1 mL 0.5 $mol \cdot L^{-1}$ 硝酸溶液，观察两者的反应速率和反应产物有何不同。将 2 滴锌与稀硝酸反应的溶液滴到一只表面皿上，再将润湿的红色石蕊试纸贴于另一只表面皿凹处，将装有溶液的表面皿中加入 1 滴 40% 浓碱，迅速将贴有试纸的表面皿倒扣其上并且放在水浴上加热。观察红色石蕊试纸是否变为蓝色。

（3）在 3 支干燥的试管中，分别加入少量固体硝酸钠、硝酸铜、硝酸银，加热，观察反应的情况和产物的颜色。

4. 磷酸盐的性质

（1）用 pH 试纸测定 0.1 $mol \cdot L^{-1}$ Na_3PO_4、Na_2HPO_4、NaH_2PO_4 溶液的 pH。

（2）分别往 3 支试管中注入 0.5 mL 0.1 $mol \cdot L^{-1}$ 的 Na_3PO_4、Na_2HPO_4、NaH_2PO_4 溶液，再各滴加 0.1 $mol \cdot L^{-1}$ 的 $AgNO_3$ 溶液，观察是否有沉淀产生。检验溶液的酸碱性有无变化。

（3）分别在 3 支试管中注入 1 mL 浓度都是 0.1 $mol \cdot L^{-1}$ 的磷酸钠、磷酸氢二钠、磷酸二氢钠溶液，再滴入 0.5 $mol \cdot L^{-1}$的氯化钙溶液，观察有何现象发生？用 pH 试纸试验它们的 pH，滴入几滴 2 $mol \cdot L^{-1}$氨水，有何变化？再滴入 2 $mol \cdot L^{-1}$盐酸，又有何变化？

（4）取 0.5 mL 0.2 $mol \cdot L^{-1}$的 $CuSO_4$ 溶液，逐滴加入 0.1 $mol \cdot L^{-1}$焦磷酸钠溶液，观察沉淀的生成。继续滴加焦磷酸钠溶液，沉淀是否溶解？

三、思考与讨论

1. 设计三种区别硝酸盐和亚硝酸盐的方案。
2. 欲用酸溶解磷酸银沉淀，在盐酸、硫酸和硝酸中，选用哪一种最适宜？为什么？

实验十二　铬、锰

一、实验目的

了解铬、锰主要氧化态化合物的重要性质以及它们之间相互转化的条件。

二、实验内容

1. 铬的化合物的重要性质

1）铬（Ⅵ）的氧化性

在少量（5 mL）重铬酸钾溶液中，加入少量 Na_2SO_3，观察溶液颜色的变化。

2）氢氧化铬（Ⅲ）的两性

在实验（1）保留的 Cr^{3+} 离子溶液中，逐滴加入 6 mol · L^{-1} 氢氧化钠溶液，观察沉淀物的颜色。将所得沉淀物分成两份，分别试验与 HCl、NaOH 的反应，观察溶液的颜色。

3）铬（Ⅲ）的还原性

在 CrO_2^- 离子溶液中，加入少量 H_2O_2 和 NaOH，水浴加热，观察溶液颜色的变化。

4）三氧化铬的生成和性质

在试管中加入 4 mL 重铬酸钾饱和溶液，放在冰水中冷却后，慢慢加入 8 mL 用冰水冷却过的浓硫酸，把试管放在冰水中冷却，观察产物的颜色。

将沉淀转移至玻璃砂蕊漏斗中，抽滤至干，用玻璃棒取三氧化铬固体少许，置于石棉网上，滴入几滴无水酒精，观察有何现象。

2. 锰的化合物的重要性质

1）氢氧化锰的生成和性质

将 10 mL 0. 2 mol · L^{-1} $MnSO_4$ 溶液分成四份。

第一份。滴加 0. 2 mol · L^{-1} NaOH 溶液，观察沉淀的颜色。振荡试管，有何变化？

第二份。滴加 0. 2 mol · L^{-1} NaOH 溶液，产生沉淀后加入过量的氢氧化钠，沉淀是否溶解？

第三份。滴加 0. 2 mol · L^{-1} NaOH 溶液，产生沉淀后迅速加入 2 mol · L^{-1} 盐酸溶液，有何现象发生？

第四份。滴加 0. 2 mol · L^{-1} NaOH 溶液，产生沉淀后迅速加入 2 mol · L^{-1} 氯化铵溶液，沉淀是否溶解？

2）硫化锰的生成和性质

往硫酸锰溶液中滴加饱和硫化氢溶液，观察有无沉淀产生。若用硫化钠代替硫化氢溶液，又有何结果？

3）二氧化锰的生成和氧化性

（1）往盛有少量 0. 01 mol · L^{-1} 高锰酸钾溶液中，逐滴滴入 0. 5 mol · L^{-1} 硫酸锰溶液，观察沉淀的颜色。往沉淀中加入 1 mol · L^{-1} 硫酸溶液和 0. 1 mol · L^{-1} 亚硫酸钠溶液，沉淀是否溶解？

（2）在盛有少量（米粒大小）二氧化锰固体的试管中，加入 2 mL 浓硫酸，加热，观察反应前后颜色。

4）钾的生成和性质

在干燥的试管中加入0.1 g氯酸钾、0.2 g二氧化锰和0.3 g氢氧化钾，加热熔融，观察产物的颜色。冷却后，加入5 mL水，使熔块溶解，取少量上层清液，然后加入2 mol·L^{-1}醋酸溶液，观察有何变化？再加入过量的6 mol·L^{-1}氢氧化钠溶液，又有何变化？

5）高锰酸钾的性质

（1）加热固体高锰酸钾，观察有何现象发生？

（2）分别试验2滴0.01 mol·L^{-1}高锰酸钾溶液与0.5 mL 0.1 mol·L^{-1}亚硫酸钠在酸性（0.5 mL 1 mol·L^{-1} H_2SO_4）、近中性（0.5 mL水）、碱性（0.5 mL 6 mol·L^{-1} NaOH）介质中的反应，比较它们的产物有何不同？

三、思考与讨论

1. 如何实现 $MnO_4^- \rightarrow Mn^{2+}$，$MnO_4^- \rightarrow MnO_2$，$MnO_4^- \rightarrow MnO_4^{2-}$ 的转化？

2. 氧化剂可否将锰（Ⅱ）离子氧化为高锰酸根离子？在由 $Mn^{2+} \rightarrow MnO_4^{2-}$ 的反应中，应如何控制锰（Ⅱ）离子的用量？（Mn^{2+}不要过量）为什么？

3. 以高锰酸钾为原料制备氯气时，应加浓盐酸。但实验时误加了浓硫酸，加热时引起了爆炸，试解释其原因。

实验十三　铁、钴、镍

一、实验目的

1. 试验并掌握二价铁、钴、镍的还原性和三价铁、钴、镍的氧化性。

2. 试验并掌握铁、钴、镍配合物的生成和Fe^{2+}、Fe^{3+}、Co^{2+}、Ni^{2+}离子的鉴定方法。

3. 了解金属铁腐蚀的基本原理及其防止腐蚀的方法。

二、实验内容

1. 铁（Ⅱ）、钴（Ⅱ）、镍（Ⅱ）化合物的还原性

1）铁（Ⅱ）的还原性

（1）酸性介质。往盛有5滴氯水的试管中加入2滴6 mol·L^{-1}硫酸溶液，然后滴加硫酸亚铁铵溶液1～2滴，观察现象。

（2）碱性介质。在一试管中放入2 mL蒸馏水和3滴6 mol·L^{-1}硫酸溶液，煮沸，以赶尽溶于其中的空气，然后溶入少量硫酸亚铁铵晶体。在另一试管中加入1 mL 6 mol·L^{-1}氢氧化钠溶液，煮沸。冷却后，用一长滴管吸取氢氧化钠溶液，插入硫酸亚铁铵溶液（直至试管底部）内，慢慢放出氢氧化钠，观察产物颜色和状态。振荡后放置一段时间，观察又有何变化。产物留作下面实验用。

2）钴（Ⅱ）的还原性

（1）往盛有二氯化钴溶液的试管中注入氯水，观察有何变化。

（2）在盛有0.5 mL氯化钴溶液的试管中滴入稀氢氧化钠溶液，观察沉淀的生成。将所得沉淀分为两份，一份置于空气中，一份加入新配制的氯水，观察有何变化。第二份留作下面实验用。

3）镍（Ⅱ）的还原性

用硫酸镍溶液按（2）①，（2）②的实验方法操作，观察现象。第二份沉淀留作下面实验用。

2. 铁（Ⅲ）、钴（Ⅲ）、镍（Ⅲ）化合物的氧化性

（1）在上面还原性实验保留下来的氢氧化铁（Ⅲ）、氢氧化钴（Ⅲ）和氢氧化镍（Ⅲ）沉淀中均加入浓盐酸，振荡后观察各有何变化，并用碘化钾淀粉试纸检验所放出的气体。

（2）在上述制得的三氯化铁溶液中注入碘化钾溶液，再注入四氯化碳，振荡后，观察现象。

3. 配合物的生成和Fe^{2+}、Fe^{3+}、Co^{2+}离子的鉴定方法

1）铁的配合物

（1）往盛有1 mL亚铁氰化钾溶液的试管里，注入约0.5 mL碘水，摇动试管后，滴入数滴硫酸亚铁铵溶液，观察有何现象发生。此为Fe^{2+}的鉴定反应。

（2）向盛有1 mL新配制的硫酸亚铁铵溶液的试管里注入碘水，摇动试管后，将溶液分成两份，并各滴入数滴硫氰化钾溶液；然后向其中一支试管中注入约0.5 mL 3% H_2O_2溶

液，观察现象。此为 Fe^{3+} 离子的鉴定反应。

试从配合物的生成对电极电势的改变来解释为什么 $[Fe(CN)_6]^{4-}$ 能把 I_2 还原成 I^-，而 Fe^{2+} 则不能。

(3) 往三氯化铁溶液中注入亚铁氰化钾溶液，观察现象，写出反应方程式。这也是鉴定 Fe^{3+} 的一种常用方法。

(4) 往盛有 0.5 mL 0.2 mol · L^{-1} 三氯化铁的试管中，滴入浓氨水直至过量，观察沉淀是否溶解。

(5) 照片调色。黑白照片的调色是借助化学反应将银的图像变成其他的有色化合物，使照片色泽鲜艳美观或防止变色。这种染色过程在照相化学中称为调色。现介绍红色调色法。

① 调色液的配制。取 5 mL 草酸钾（1∶10）溶液，2 mL 硫酸铜溶液（1∶10），1 mL 赤血盐溶液（1∶10），1 mL 醋酸（1∶10）溶液，40 mL 水注入 250 mL 烧杯中混合备用。

② 调色。先将黑白照片放在清水中浸泡约 10 分钟，然后放入调色液中进行调色。其色调是靠亚铁氰化铜产生的，在照片上渐渐地呈现红色色调。当认为颜色合适时，取出照片，用清水冲洗，最后晾干或上光。

2) 钴的配合物

(1) 往盛有 1 mL 氯化钴溶液的试管里加入少量的固体硫氰化钾，观察固体周围的颜色，再注入 0.5 mL 戊醇和 0.5 mL 乙醚，振荡后，观察水相和有机相的颜色。这个反应可用来鉴定钴（Ⅱ）离子。

(2) 往 0.5 mL 氯化钴溶液中滴加浓氨水，至生成的沉淀刚好溶解为止，静置一段时间后，观察溶液的颜色有何变化。

3) 镍的配合物

往盛有 2 mL 0.1 mol · L^{-1} $NiSO_4$ 溶液中加入过量 6 mol · L^{-1} 氨水，观察现象。静置片刻，再观察现象。把溶液分成四份：一份加 2 mol · L^{-1} NaOH 溶液；一份加 1 mol · L^{-1} H_2SO_4 溶液；一份加水稀释；一份煮沸。观察有何变化。

三、思考与讨论

1. 今有一瓶含有 Fe^{3+}、Cr^{3+} 和 Ni^{2+} 离子的混合液，如何将它们分离出来，请设计分离示意图。

2. 有一浅绿色晶体 A，可溶于水得到溶液 B，于 B 中加入饱和碳酸氢钠溶液，有白色沉淀 C 和气体 D 生成。C 在空气中逐渐变棕色，将气体 D 通入澄清的石灰水会变混浊。

(1) 若将溶液 B 加以酸化，再滴加紫红色溶液 E，则得到浅黄色溶液 F。于 F 中加入黄血盐溶液，立即产生深蓝色的沉淀 G。

(2) 若在溶液 B 中加入氯化钡溶液，则有白色沉淀 H 析出，此沉淀不溶于强酸。

问 A、B、C、D、E、F、G、H 各是什么物质，写出分子式，并写出相关的反应方程式。

实验十四　铜、银、锌、汞

一、实验目的

1. 了解铜、银、锌、汞氧化物或氢氧化物的酸碱性，硫化物的溶解性。
2. 掌握铜（Ⅰ）、铜（Ⅱ）重要化合物的性质和相互转化条件。
3. 试验并熟悉铜、银、锌、汞的配位能力，以及 Hg_2^{2+} 和 Hg^{2+} 的转化。

二、实验内容

1. 铜、银、锌、汞氢氧化物和氧化物的生成和性质

1）铜、锌氢氧化物的生成和性质

向两支试管中分别加入 5 滴 0.2 mol · L^{-1}的 $CuSO_4$ 溶液和 $ZnSO_4$ 溶液，滴加新配制的 2 mol · L^{-1} NaOH 溶液，观察溶液的颜色和状态。将生成的沉淀和溶液摇荡均匀后分为两份，第一份滴加 2 mol · L^{-1} H_2SO_4 溶液，第二份滴入过量的 2 mol · L^{-1} NaOH 溶液，观察有何现象？

2）银、汞氧化物的生成和性质

（1）氧化银的生成和性质。取 5 滴 0.1 mol · L^{-1} $AgNO_3$ 溶液，慢慢滴加新配制的 2 mol · L^{-1} NaOH 溶液，振荡，观察 Ag_2O（为什么不是 AgOH？）的颜色和状态。洗涤并离心分离沉淀，将沉淀分成两份，分别与 2 mol · L^{-1} HNO_3 溶液和 2 mol · L^{-1}氨水反应，观察现象。

（2）氧化汞的生成和性质。取 0.5 mL 0.2 mol · L^{-1} $Hg(NO_3)_2$ 溶液，慢慢滴入新配制的 2 mol · L^{-1} NaOH 溶液，振荡，观察溶液的颜色和状态。将沉淀分成两份，分别与 2 mol · L^{-1} HNO_3 和 40% NaOH 溶液反应，观察现象。

2. 锌、汞硫化物的生成和性质

（1）往两支分别盛有 0.5 mL 0.2 mol · L^{-1}硫酸锌溶液，0.2 mol · L^{-1}硝酸汞溶液的试管中，分别滴入 1 mol · L^{-1} 硫化钠溶液，观察沉淀的生成和颜色。

（2）将沉淀离心分离、洗涤，然后将每种沉淀分成三份：第一份加入 2 mol · L^{-1}盐酸；第二份加入浓盐酸；第三份加入王水（自配，HCl : HNO_3 = 3 : 1），水浴加热，观察沉淀是否溶解。

3. 铜、银、锌、汞的配合物

1）氨合物的生成

往四支分别盛有 5 滴 0.2 mol · L^{-1}的 $CuSO_4$、$AgNO_3$、$ZnSO_4$、$HgCl_2$ 溶液的试管中，分别滴入 2 mol · L^{-1}氨水，观察沉淀的生成。继续加入过量的 2 mol · L^{-1}氨水，又有何现象发生？

2）汞配合物的生成和应用

（1）往盛有 0.5 mL 0.2 mol · L^{-1} $Hg(NO_3)_2$ 溶液的试管中，滴入 0.2 mol · L^{-1} KI 溶液，观察沉淀的生成和颜色。再往该沉淀中加入少量 KI 固体（直至沉淀刚好溶解为止，不要过量），溶液显何色？在所得的溶液中，滴入几滴 40% KOH，再与氨水反应，观察沉

淀的颜色。

(2) 往5滴0.2 mol · L^{-1} $Hg(NO_3)_2$ 溶液中，逐滴加入0.1 mol · L^{-1}KSCN溶液，最初生成白色 $Hg(SCN)_2$ 沉淀，继续滴加KSCN溶液，沉淀溶解生成 $[Hg(SCN)_4]^{2-}$ 配离子。再在该溶液中加几滴0.2 mol · $L^{-1}$$ZnSO_4$ 溶液，观察白色 $Zn[Hg(SCN)_4]$ 沉淀的生成。必要时用玻璃棒摩擦试管壁。

4. 铜、银、汞的氧化还原性

1) 氧化亚铜的生成和性质

取0.5 mL 0.2 mol · L^{-1}硫酸铜溶液，注入过量的6 mol · L^{-1}氢氧化钠溶液，使起初生成的蓝色沉淀全部溶解成深蓝色溶液。再往此澄清的溶液中注入1 mL 10%葡萄糖溶液，混匀后微热，观察有何现象？离心分离并且用蒸馏水洗涤沉淀，将沉淀分成两份。一份沉淀与1 mL 2 mol · L^{-1}硫酸作用，静置一会儿，注意沉淀的变化。然后加热至沸，观察有何现象？另一份沉淀中加入1 mL浓氨水，振摇后，静置10 min，观察清液颜色。放置一段时间后，溶液为什么会变成深蓝色？

2) 氯化亚铜的生成和性质

取1.0 mL 0.5 mol · L^{-1}氯化铜溶液，加0.5 mL浓盐酸和少量铜屑，加热直到溶液变成深棕色为止。取出几滴，注入1 mL蒸馏水中，如有白色沉淀产生，则迅速把全部溶液倒入20 mL蒸馏水中，观察沉淀的生成。等大部分沉淀析出后，静置，倾出上层清液，并用少量蒸馏水洗涤沉淀。取出少许沉淀，分成两份。一份与浓氨水反应，另一份与浓盐酸反应，观察沉淀是否溶解。

5. 碘化亚铜的生成和性质

取1 mL 0.2 mol · L^{-1}的硫酸铜溶液，滴入0.1 mol · L^{-1}的碘化钾溶液，观察有何变化？再滴入少量0.5 mol · L^{-1}硫代硫酸钠溶液，以除去反应中生成的碘。观察碘化亚铜的颜色和状态。

6. 汞（Ⅱ）和汞（Ⅰ）的相互转化

1) Hg^{2+}的氧化性

往0.2 mol · L^{-1} $HgCl_2$ 溶液中，滴入0.2 mol · L^{-1}氯化亚锡溶液（先适量，后过量），观察现象。

2) Hg^{2+}转化为 Hg_2^{2+} 和 Hg^{2+}的歧化分解

往0.2 mol · L^{-1} $HgCl_2$ 溶液中，滴入金属汞1滴，充分振荡。用滴管把清液转入两支试管中：在一支试管中注入0.2 mol · L^{-1}氯化钠溶液，观察现象；另一支试管中加入2 mol · L^{-1}氨水，观察现象。

三、思考与讨论

1. 使用汞时应注意什么？为什么储存汞时要用水封？

2. 用平衡原理预测在硝酸亚汞溶液中通入硫化氢气体后，生成的沉淀物为何物，并加以解释。

实验十五　萃　取

一、实验目的

学习萃取的原理和方法。

二、实验原理

利用物质在不同溶剂中的溶解度不同来进行分离，是分离和提纯有机化合物的常用操作方法之一，也是有机化学实验的基本操作方法之一。萃取分为液液萃取和液固萃取两种情况。常用的是液液萃取，其萃取的条件为有机化合物 X 溶解于溶剂 A，要从 A 中把 X 萃取出来，加入溶剂 B，B 对 X 溶解度极好，并与 A 不相溶，且两者密度差异大。同时，B 不与 X，A 发生化学反应。

加入 B 后，溶液分层，X 在 A，B 两相间的浓度比在一定温度下为一常数 K。

$$K=\frac{\text{X 在溶剂 A 中的浓度}}{\text{X 在溶剂 B 中的浓度}}$$

这种关系叫做分配定律，K 为分配系数。

根据分配定律公式：

$$m_n=m_0\left(\frac{KV}{KV+V_B}\right)^n$$

式中，m_0 = 被萃取溶液中溶质（X）的总含量；m_n = 经过 n 次萃取后，X 在溶剂 A 中的剩余量；V = 被萃取溶液的体积；V_B = 每次萃取所用溶剂 B 的体积均为 V_B；n = 等量萃取的次数。

由此可知，对于一定量的萃取溶剂，采用半量二次萃取比一次萃取的效率高。如果使用同样体积的溶剂，分几次萃取，要比一次萃取的效率高得多。

三、实验操作

1. 分液漏斗使用注意事项

使用分液漏斗前应首先检查塞子和活塞是否严密。本实验中可以用水检验分液漏斗是否漏水。如果发现漏水时，可以在活塞上涂上一层凡士林，插入活塞，逆时针旋转至透明。分液漏斗使用时，溶液的量一般占分液漏斗容积的 1/2 以下；使用后，应用水冲洗干净，玻璃塞用薄纸包裹后塞回去。

2. 萃取操作

用移液管量取 10.0 mL 乙酸与水的混合溶液，放入分液漏斗内，用 30 mL 乙醚萃取。加入乙醚后，先用右手食指的末节将漏斗上端玻璃塞顶住，再用大拇指及食指和中指握住漏斗，这样漏斗转动时可以用左手的食指和中指握在活塞的柄上，使在震荡过程中玻璃塞和活塞均夹紧。上下轻摇分液漏斗，每隔几秒钟，将漏斗倒置，小心打开活塞，以平衡内外压力，重复上述操作 3～5 次，然后用力摇匀。将分液漏斗置于铁圈上，待分层后，打开下面的活塞，分出下层（水层）于烧杯内，上层溶液通过上口倒入另一烧杯内。

重复上述操作 3 次。

四、注意事项

1. 使用分液漏斗前要检查玻璃塞和活塞是否紧密，使用前要先打开玻璃塞再开启活塞。

2. 漏斗向上倾斜，朝无人处放气。

3. 分液要彻底，上层物从上口放出，下层物从下口放出。

实验十六　蒸　馏

一、实验目的

1. 掌握蒸馏的基本原理。
2. 掌握蒸馏操作的实验装置及操作方法。

二、实验原理

纯的液态物质在一定压力下具有确定的沸点，不同的物质具有不同的沸点。蒸馏操作就是利用不同物质的沸点差异来对液态混合物进行分离和纯化。当液态混合物受热时，由于低沸点物质易挥发，故首先被蒸出，而高沸点物质因不易挥发或挥发出的少量气体易被冷凝而滞留在蒸馏瓶中，从而使混合物得以分离。蒸馏是纯化和分离液态物质的一种常用方法。

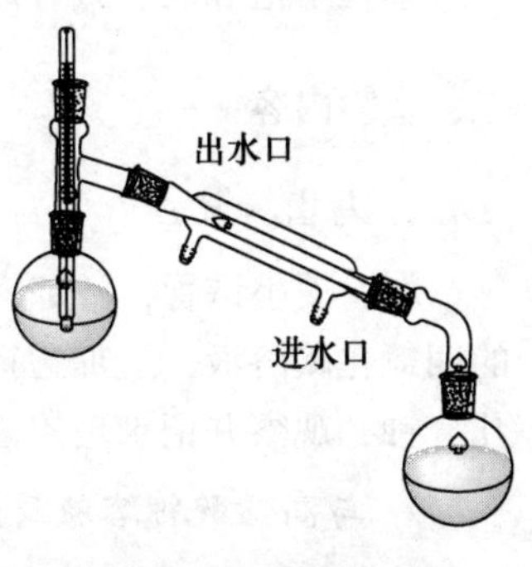

实验图 16-1　蒸馏装置图

三、实验操作

1. 蒸馏装置

蒸馏装置主要由蒸馏烧瓶、冷凝管、接引管和接收瓶构成，如实验图 16-1 所示。

2. 蒸馏操作

1）加料

将待蒸馏液体通过漏斗从蒸馏烧瓶颈口加入瓶中，投入 1～2 粒沸石，然后再塞入配置温度计的塞子。

2）加热

接通冷凝水后开始加热，使瓶中液体沸腾。调节加热的温度以控制蒸馏速度，以 1～2 滴/秒为宜。在蒸馏过程中，注意温度计读数的变化，记下第一滴馏出液流出时的温度。当温度计读数稳定后，另换一个接收瓶收集馏分。如果仍然保持平稳加热，但不再有馏分流出，而且温度会突然下降，这表明该段馏分已近蒸完，需停止加热，记下该段馏分的沸程和体积（或质量）。馏分的温度范围愈小，其纯度就愈高。

蒸馏完毕后，先停止加热，后停止通水，最后拆卸仪器。

四、注意事项

（1）待蒸馏液体的体积约占蒸馏烧瓶体积的 1/3～2/3。

（2）沸石是一种带多孔性的物质，如素瓷片或毛细管。当液体受热沸腾时，沸石内的小气泡就成为气化中心，使液体保持平稳沸腾。如果蒸馏已经开始，但忘了投沸石，此时千万不要直接投放沸石，以免引发暴沸。正确的做法是，先停止加热，待液体稍冷片刻后再补加沸石。

（3）蒸馏低沸点易燃液体（如乙醚）时，不可用明火加热，此时可用热水浴加热。在蒸馏沸点较高的液体时，可以用明火加热。明火加热时，烧瓶底部一定要置放石棉网，以防因烧瓶受热不匀而炸裂。

（4）无论何时，都不要使蒸馏烧瓶蒸干，以防意外。

实验十七　烃的性质实验

一、实验目的

掌握不饱和烃、芳香烃的化学性质和鉴定方法。

二、实验内容

1. 与卤素反应

取4支小试管，各加入1 mL环己烷、环己烯、苯、甲苯，再分别逐滴加入10滴3%溴的四氯化碳溶液，边加边摇动试管，观察并记录现象。将没有褪色的试管放在强光下照射几分钟，观察并记录现象。

2. 与高锰酸钾溶液反应

于4支小试管中分别加入1 mL苯、1 mL甲苯、1 mL环己烯、1 mL环己烷，然后再分别加入10滴0.5%高锰酸钾溶液和3滴6 mol · L^{-1}硫酸溶液，振荡，观察现象。若不反应，在60～70℃水浴上加热几分钟，观察并记录现象。

3. 与硝酸银的反应

向澄清的银氨溶液中分别滴加10滴丁炔，10滴1-丁烯，10滴甲苯。观察溶液的变化情况。

4. 与氯化亚铜的反应

向氯化亚铜的氨溶液中，分别滴加10滴丁炔，10滴1-丁烯，10滴甲苯。观察有没有沉淀产生。

三、思考与讨论

1. 能使溴的四氯化碳溶液褪色的样品是否都是烯烃或炔烃？为什么？
2. 反应介质条件对高锰酸钾氧化实验产生什么影响？

实验十八　醇和酚的性质

一、实验目的

1. 掌握醇的化学性质，掌握一级醇、二级醇和三级醇的鉴定方法。

2. 掌握酚的化学性质及其鉴定方法。

二、实验内容

1. 醇的性质

1）溶解性

在4支试管中分别加入甲醇、乙醇、丁醇、辛醇各10滴，然后再分别加入2 mL水，振荡，观察溶解情况。如已溶解，则再加10滴样品，观察。从中可得出什么结论？

2）醇与钠的反应

在干燥的试管中加入2 mL无水乙醇，投入1小粒钠，观察现象。待金属钠完全消失后，向试管中加入2 mL水，滴加3～5滴酚酞指示剂，观察现象。

3）醇与Lucas试剂的作用

在3支干燥的试管中，分别加入0.5 mL正丁醇、仲丁醇、叔丁醇，再加入2 mL的Lucas试剂，振荡，观察最初5 min及1 h后混合物的变化情况，并记录溶液出现分层的时间。

4）醇的氧化

在试管中加入1 mL乙醇，滴加2滴1%的$KMnO_4$溶液，振荡，微热，观察现象。

5）多元醇与$Cu(OH)_2$作用

向乙二醇、甘油的溶液中分别滴加新制备的$Cu(OH)_2$，观察实验现象。

2. 酚的性质

1）苯酚的酸性

取一支试管，加入5 mL苯酚的饱和溶液，用pH试纸测定溶液的pH。

2）苯酚与溴水作用

向盛有2 mL水的试管内滴加2滴苯酚饱和溶液，然后逐滴滴入饱和溴水，至淡黄色，停止滴加溴水。然后将混合物煮沸1～2 min以除去过量的溴，溶液冷却后再加入数滴1% KI溶液及1 mL苯，用力振荡，观察现象。

3）苯酚的氧化

取苯酚饱和水溶液3 mL置于试管中，然后加1 mL 5%碳酸钠溶液，0.5 mL 1%的高锰酸钾溶液，振荡后观察现象。

4）苯酚与$FeCl_3$作用

向盛有2 mL水的试管内滴加2滴苯酚饱和溶液，然后逐滴滴入$FeCl_3$溶液，观察颜色变化。

三、思考与讨论

1. 用Lucas试剂检验伯、仲、叔醇试验成功的关键何在？Lucas试剂是否可以长期保存？

2. 如何快速区别鉴定苯酚和2,4,6-三硝基苯酚？

实验十九 羧酸及其衍生物的性质

一、实验目的

1. 熟悉羧酸及其衍生物的性质；掌握羧酸及其衍生物的鉴定方法。

2. 了解肥皂的制备原理及其性质。

二、实验内容

1. 羧酸的性质

1）酸性试验

将甲酸、乙酸、草酸液各2滴分别溶于2 mL水中，观察pH试纸的变化情况，并记录其pH。

2）还原性

取3支试管，各加1 mL稀$KMnO_4$溶液，然后分别加入甲酸、乙酸各5滴，草酸晶体少许，加热至沸，观察现象。

3）成盐反应

在试管中加入0.1 g苯甲酸晶体，再加入1 mL水，振摇，观察溶解情况。然后加入10%的NaOH溶液数滴，振荡后观察现象。再滴加浓HCl数滴后，观察现象。

4）成酯反应

在干燥的小试管中加入1 mL无水乙醇和1 mL冰乙酸，然后滴加3滴浓H_2SO_4。摇匀后放在60～70℃水浴中加热10 min。冷水中冷却后向试管加入5 mL水，记录实验现象，注意所得产物的气味。

2. 酰氯的性质

1）水解作用

在试管内加入2 mL水，再加入3滴乙酰氯，观察现象。反应结束后在溶液中加入3～5滴硝酸银溶液，观察现象。

2）醇解作用

向试管内加入1 mL无水乙醇，再加入1 mL乙酰氯，在凉水中冷却试管并不断震荡，反应结束后，先加入2 mL水，然后用饱和碳酸钠溶液中和至中性，观察现象。

3）氨解作用

在试管内加入3滴苯胺，再加入5滴乙酰氯，待反应结束后加入3 mL水，震荡，观察现象。

3. 油脂的性质

1）油脂的皂化

取2 g猪油，5 mL 40%的NaOH溶液，10 mL 95%的乙醇放入一大试管中，摇匀后在沸水浴中加热煮沸，并不断振荡。待试管中反应物成均一相时，取出几滴试样放在试管里。加入5～6 mL水，加热。如试样完全溶解，没有油滴分出，就表示皂化完全。继续加热10 min左右，并时时加以振荡。皂化完成后，将制得的黏稠液倒入盛有15 mL的饱和食盐水的小烧杯中，随倒随搅拌，放置片刻，则析出肥皂。

2）肥皂的性质

(1) 钙离子与肥皂的作用。取0.5 g新制肥皂放入另一试管中，加入10 mL水，然后加入2～3滴15%的$CaCl_2$溶液，摇动后观察实验现象。

(2) 肥皂的乳化作用。取一支试管，加入3mL肥皂液，滴入一滴植物油，振荡，观察有何现象。另取一支试管，加入3mL水和1滴植物油，振荡，观察又有何现象。比较两支试管的现象。

4. 注意事项

冰乙酸具有强烈刺激性，使用时注意不与皮肤或衣物相接触。

三、思考与讨论

1. 酯化反应时为何控制恒温在60～70℃？温度过高或者过低会有什么影响？
2. 写出甲酸、乙酸、草酸加热分解的反应式。

实验二十 胺的性质

一、实验目的

掌握脂肪族胺和芳香族胺的化学反应；掌握伯胺、仲胺和叔胺的鉴定方法。

二、实验内容

1. 胺的性质试验

1）碱性与成盐

取一支试管，加入3滴蒸馏水和1滴苯胺，观察溶解情况。向溶液中滴入浓盐酸1～2滴，摇动，再观察溶解情况。最后用水稀释，观察溶液澄清与否。

另取一支试管，加入二苯胺晶体少许，再加入2～3滴乙醇使其溶解。向试管中加入3～5滴蒸馏水，溶液呈乳白色。滴加浓盐酸使溶液刚好变为透明后，再加入水，观察溶液澄清与否。

2）重氮化反应

在一支试管中加入0.5 g苯胺和0.1 g亚硝酸钠固体以及6 mol · L^{-1}盐酸1 mL，摇匀后放入0℃水浴中冷却，加入β-萘酚试剂1滴，观察现象。

3）溴代反应

取一支试管，加入5滴蒸馏水和1滴苯胺，摇匀后加入饱和溴水1滴，观察实验现象。

2. 兴斯堡实验

在3支试管内分别加入0.5 mL液体胺（*N*,*N*-二甲基苯胺，*N*-甲基苯胺）或0.5 g苯胺、5 mL 10%氢氧化钠溶液及3～5滴对甲苯磺酰氯，塞住试管口，震荡3～5 min，除去塞子，水浴加热1 min，冷却，用试纸检测溶液的酸碱性，并加氢氧化钠溶液使其成为碱性，观察现象。

若溶液中无沉淀析出，加稀盐酸酸化后有沉淀析出的，为伯胺。

若溶液中有沉淀析出或者油状物，加稀盐酸酸化不溶解的，为仲胺。

若溶液仍为油状物，加浓盐酸后，溶液变澄清的，为叔胺。

三、思考与讨论

如何区分鉴定苯胺，*N*,*N*-二甲基苯胺，苯酚和甲苯。

实验二十一　氨基酸、蛋白质的性质

一、实验目的

掌握氨基酸和蛋白质常用的定性、定量分析的方法及原理。

二、实验内容

1. 蛋白质的沉淀

1）蛋白质的可逆沉淀——盐析试验

取一支试管，加入2 mL蛋白质溶液，再加入2 mL饱和硫酸铵溶液，振荡后析出蛋白质沉淀，溶液变混浊。取混浊液1 mL滴于另一试管中，加入蒸馏水1～2 mL，振荡后观察现象。

2）蛋白质与重金属盐作用

取2支试管，各加入2 mL蛋白质溶液，其中一支试管中加入醋酸铅溶液2～3滴，另一支试管中加入硫酸酮溶液2～3滴，观察现象。

3）蛋白质与生物碱试剂作用

取2支试管，各加入1 mL蛋白质溶液并滴加醋酸调节为酸性，然后分别加入饱和苦味酸和5%单宁酸，观察现象。

2. 蛋白质的颜色反应

1）茚三酮试验

取2支试管，分别加入1 mL蛋白质溶液和1 mL 1%甘氨酸溶液，再分别加入3滴0.1%茚三酮溶液，混合后，放在沸水浴中加热1～5 min，观察现象并比较两管的显色时间及溶液的颜色变化情况。

2）二缩脲试验

取2支试管，分别加入1 mL蛋白质溶液和0.5%甘氨酸溶液，再各加入10滴10%氢氧化钠溶液，混合后，再分别加入1～2滴1%硫酸酮溶液加热，观察现象。

三、思考与讨论

1. 盐析作用的原理是什么？盐析在化学工作中有什么应用？
2. 蛋白质的沉淀试验和颜色反应试验需要注意哪些问题？

实验二十二 乙酰苯胺的制备

一、实验目的

1. 掌握芳胺的乙酰化反应及操作方法。
2. 掌握重结晶原理及操作要点。

二、实验原理

芳香族伯胺和仲胺都易与酰化剂作用发生酰基化反应，生成酰胺。

苯胺很容易进行酰基化反应，常用的酰基化试剂有冰醋酸、乙酸酐、乙酰氯等。除了乙酰苯胺本身具有很重要的用途以外，胺的乙酰化反应在有机合成中常用来保护芳环上的氨基，使其不被反应试剂所破坏。

三、实验内容

在 50 mL 圆底烧瓶中放入 5 mL（5. 11 g，0. 055 mol）新蒸馏的苯胺和 8 mL（8. 5 g，0. 14 mol）的冰醋酸，1～3 粒沸石，用水浴加热至回流。反应约 1 h 后，将反应液趁热倒入盛有 30 g 碎冰的烧杯中搅拌，待冰融化后，减压过滤，得淡黄色固体（粗产品）。产品放在表面皿上干燥，称量。

四、思考与讨论

1. 要使反应完全，在实验中应注意什么？
2. 影响本实验反应产率的因素有哪些？

实验二十三　苯甲酸的制备

一、实验目的

1. 学习苯环支链上的氧化反应。
2. 掌握减压过滤和重结晶提纯的方法。

二、实验步骤

（1）在250 mL烧瓶中放入3.45 g（4.05 mL）甲苯和150 mL蒸馏水，瓶口装上冷凝管，加热到沸腾。打开冷凝水，在石棉网上加热至沸。从冷凝管上口分数次加入12 g（0.075 mol）高锰酸钾，并用少量水冲洗冷凝管内壁。继续回流并时常摇动烧瓶，当甲苯层近乎消失，回流不再出现油珠时，停止加热（此过程可能约需2 h）。

（2）反应混合物趁热过滤，用少量热水洗涤滤渣，合并滤液和洗涤液，并放入冷水浴中冷却，然后用浓盐酸酸化至苯甲酸全部析出为止（如果滤液呈紫色，可加入少量的亚硫酸氢钠溶液使紫色褪去，并重新抽滤）。

（3）将所得滤液用布氏漏斗过滤，所得晶体置于沸水中充分溶解（若有颜色可加入活性炭除去），然后趁热过滤除去不溶杂质，滤液置于冰水浴中重结晶抽滤，压干后称量。

三、注意事项

（1）高锰酸钾要分批加入，并用少量蒸馏水冲洗管壁上的粉末。

（2）控制氧化反应速度，防止发生暴沸冲出现象。

（3）酸化要彻底，使苯甲酸充分结晶析出。

（4）在苯甲酸的制备中，抽滤得到的滤液呈紫色是由于里面还有高锰酸钾，可加入亚硫酸氢钠将其除去。$NaHSO_3$ 小心分批加入，温度也不能太高，否则会发生暴沸。而若还原不彻底，会影响产品的颜色和纯度。

四、思考与讨论

1. 反应完毕后，若滤液呈紫色，加入亚硫酸氢钠有何作用？
2. 简述重结晶的操作过程。
3. 在制备苯甲酸的过程中，加料高锰酸钾时，如何避免瓶口附着？实验完毕后，黏附在瓶壁上的黑色固体物是什么？如何除去？

实验二十四　己二酸的制备

一、实验目的

1. 学习环己醇氧化制备己二酸的原理和了解由醇氧化制备羧酸的常用方法。
2. 熟悉磁力搅拌、抽滤等实验技术。

二、实验原理

制备羧酸最常用的方法是烯、醇、醛等的氧化法。常用的氧化剂有硝酸、重铬酸钾（钠）的硫酸溶液、高锰酸钾、过氧化氢及过氧乙酸等。其中用硝酸为氧化剂时反应非常剧烈，伴有大量二氧化氮毒气放出，既危险又污染环境，因而本实验采用环己醇在高锰酸钾的碱性条件发生氧化反应，然后酸化得到己二酸。

三、实验步骤

（1）安装反应装置，在烧杯中加入6 g高锰酸钾和50 mL 0.3 mol · L^{-1}氢氧化钠溶液，搅拌加热至35℃使之溶解，然后停止加热。

（2）在继续搅拌下用滴管滴加2.1 mL环己醇，控制滴加速度，维持反应温度43～47℃，滴加完毕后若温度下降，可在50℃的水浴中继续加热，直到高锰酸钾溶液颜色褪去。在沸水浴中将混合物加热几分钟使二氧化锰凝聚。

（3）待反应结束后，在一张平整的滤纸上点一小滴混合物以试验反应是否完成，如果观察到试液的紫色存在，可加入固体亚硫酸氢钠来除去过量的高锰酸钾。趁热抽滤，滤渣二氧化锰用少量热水洗涤3次，每次尽量挤压掉滤渣中的水分。

（4）滤液用小火加热蒸发使溶液浓缩至原来体积的一半，冷却后再用浓盐酸酸化至pH为2～4止。冷却析出结晶，抽滤后得粗产品。

（5）将粗产物用水进行重结晶提纯，然后在烘箱中烘干。

四、注意事项

（1）制备羧酸采取的都是比较强烈的氧化条件，一般都是放热反应，故应严格控制反应温度，否则不但会影响产率，有时还会发生爆炸事故。

（2）环己醇常温下为黏稠液体，可加入适量水搅拌，以便于用滴管滴加。

五、思考与讨论

1. 制备羧酸的常用方法有哪些？
2. 为什么必须控制氧化反应的温度？

实验二十五　阿司匹林的合成

一、实验目的

1. 了解阿司匹林制备的反应原理和实验方法。
2. 通过阿司匹林制备实验，初步熟悉有机化合物的分离、提纯等方法。
3. 巩固称量、溶解、加热、结晶、洗涤、重结晶等基本操作。

二、实验原理

阿司匹林即乙酰水杨酸。

水杨酸分子中含羟基（—OH）和羧基（—COOH），具有双官能团。本实验采用以强酸硫酸为催化剂，以乙酐为乙酰化试剂，与水杨酸的酚羟基发生酰化作用形成乙酰水杨酸。

本实验用 $FeCl_3$ 检查产品的纯度，此外还可采用测定熔点的方法来检测产品纯度。杂质中有未反应完的酚羟基时，遇 $FeCl_3$ 呈紫蓝色。如果在产品中加入一定量的 $FeCl_3$ 而无颜色变化，则认为纯度基本达到要求。

三、实验步骤

（1）在 125 mL 的锥形瓶中加入 2 g 水杨酸、5 mL 乙酸酐、5 滴浓硫酸，小心旋转锥形瓶使水杨酸全部溶解后，在水浴中加热 5～10 min，控制水浴温度在 85～90℃。取出锥形瓶，边摇边滴加 1 mL 冷水，然后快速加入 50 mL 冷水，并立即进入冰浴冷却。若无晶体或出现油状物，可用玻棒摩擦内壁（注意必须在冰水浴中进行）。待晶体完全析出后用布氏漏斗抽滤，用少量冰水分二次洗涤锥形瓶后，再洗涤晶体，抽干。

（2）将粗产品转移到 150 mL 烧杯中，在搅拌下慢慢加入 25 mL 饱和碳酸钠溶液，加完后继续搅拌几分钟，直到无二氧化碳气体产生为止。抽滤，副产物聚合物被滤出，用 5～10 mL 水冲洗漏斗，合并滤液，倒入预先盛有 4～5 mL 浓盐酸和 10 mL 水配成溶液的烧杯中，搅拌均匀，即有乙酰水杨酸沉淀析出。用冰水冷却，使沉淀完全。减压过滤，用冷水洗涤 2 次，抽干水分。将晶体置于表面皿上，蒸气浴干燥，得乙酰水杨酸产品。称量。

（3）在一支试管中放入少许乙酰水杨酸，加水溶解，滴入 1 滴三氯化铁溶液，观察现象。若用水杨酸重做此实验，结果又如何？

四、思考与讨论

1. 本实验为什么不能在回流下长时间反应？
2. 反应后加水的目的是什么？
3. 第一步结晶的粗产品中可能含有哪些杂质？

实验二十六 紫外-可见分光光度法测定微量元素

一、实验目的

1. 掌握紫外-可见分光光度法测定铁的方法。
2. 了解分光光度计的构造、性能及使用方法。

二、实验原理

邻二氮菲（又称邻菲罗啉）是测定微量铁的较好试剂。在 pH =2～9 的条件下，二价铁离子与邻二氮菲试剂生成极稳定的橙红色配合物。配合物的 $\lg K_{稳}=21.3$，摩尔吸光系数 $\varepsilon_{510}=11\,000\ \text{L}\cdot\text{mol}^{-1}\cdot\text{cm}^{-1}$。

在显色前，先用盐酸羟胺把三价铁离子还原为二价铁离子。

$$4Fe^{3+}+2NH_2OH \longrightarrow 4Fe^{2+}+N_2O+4H^{+}+H_2O$$

测定时，控制溶液的 pH =3 较为适宜。酸度高时，反应进行较慢；酸度太低，则二价铁离子水解，影响显色。

用邻二氮菲测定时，有很多元素干扰测定，故必须预先进行掩蔽或分离。例如，钴、镍、铜、铅与试剂形成有色配合物；钨、铂、镉、汞与试剂生成沉淀；还有些金属离子如锡、铅、铋则在邻二氮菲铁配合物形成的 pH 范围内发生水解。因此，当这些离子共存时，应注意消除它们的干扰作用。

三、实验用品

仪器：分光光度计及 1 cm 比色皿。

试剂：1 mol·L^{-1}醋酸钠，0.4 mol·L^{-1}氢氧化钠，2 mol·L^{-1}盐酸，10% 盐酸羟胺（临时配制，0.1% 邻二氮菲（0.1 g 邻二氮菲溶解在 100 mL 1∶1 乙醇溶液中））。

铁标准溶液的配制

（1）10^{-4} mol·L^{-1}铁标准溶液。准确称取 0.1 961 g $(NH_4)_2Fe(SO_4)_2\cdot 6H_2O$ 于烧杯中，用 2 mol·L^{-1}盐酸 15 mL 溶解，移至 500 mL 容量瓶中，以水稀释至刻度，摇匀；再准确稀释 10 倍成为含铁 10^{-4} mol·L^{-1}标准溶液。

（2）10 μg·mL^{-1}（即 0.01 mg·mL^{-1}）铁标准溶液。准确称取 0.3511 g $(NH_4)_2Fe(SO_4)_2\cdot 6H_2O$ 于烧杯中，用 2 mol·L^{-1}盐酸 15 mL 溶解，移入 500 mL 容量瓶中，以水稀释至刻度，摇匀。再准确稀释 10 倍成为含铁 10 μg·mL^{-1}标准溶液。

如以硫酸铁铵 $NH_4Fe(SO_4)_2\cdot 12H_2O$ 配制铁标准浴液，则需标定。

四、实验步骤

1. 吸收曲线的绘制

用吸量管准确吸取 10^{-4} mol·L^{-1}铁标准溶液 10 mL，置于 50 mL 容量瓶中，加入 10% 盐酸羟胺溶液 1 mL，摇匀后加入 1 mol·L^{-1}醋酸钠溶液 5 mL 和 0.1% 邻二氮菲溶液 3 mL，以水稀释至刻度，摇匀。在分光光度计上，用 1 cm 比色皿，以水为参比溶液，用不同的波长，从 430～570 nm，每隔 20 nm 测定一次吸光度，在最大吸收波长处附近多测定几点。然后以波长为横坐标、吸光度为纵坐标绘制吸收曲线，从吸收曲线上确定进行测定铁的适宜波长（即最大吸收波长）。

2. 测定条件的选择

1）邻二氮菲与铁的配合物的稳定性

用上面溶液继续进行测定，在最大吸收波长 510 nm 处，从加入显色剂后立即测定一次吸光度，经 15 min、30 min、45 min、60 min 后，各测一次吸光度。以时间（t）为横坐标，吸光度（A）为纵坐标，绘制 $A-t$ 曲线，从曲线上判断配合物的稳定情况。

2）显色剂浓度的影响

取 25 mL 容量瓶 7 个，用吸量管准确吸取 10^{-4} mol · L^{-1} 铁标准溶液 5 mL 于各容量瓶中，加入 10% 盐酸羟胺溶液 1 mL 摇匀，再加入 1 mol · L^{-1} 醋酸钠 5 mL，然后分别加入 0.1% 邻二氮菲溶液 0.3 mL、0.6 mL、1.0 mL、1.5 mL、2.0 mL、3.0 mL 和 4.0 mL，以水稀释至刻度，摇匀。在分光光度计上，用适宜波长（510 nm）、1 cm 比色皿，以水为参比测定不同用量显色剂溶液的吸光度。然后以邻二氮菲试剂加入毫升数为横坐标，吸光度为纵坐标，绘制 $A-V$ 曲线，由曲线上确定显色剂最佳加入量。

3）溶液酸度对配合物的影响

准确吸取 10^{-4} mol · L^{-1} 铁标准溶液 10 mL，置于 100 mL 容量瓶中，加入 2 mol · L^{-1} 盐酸 5 mL 和 10% 盐酸羟胺溶液 10 mL，摇匀经 2 min 后，再加入 0.1% 邻二氮菲溶液 30 mL，以水稀释至刻度，摇匀后备用。

取 25 mL 容量瓶 7 个，用吸量管分别准确吸取上述溶液 10 mL 于各容量瓶中，然后在各个容量瓶中，依次用吸量管准确吸取加入 0.4 mol · L^{-1} 氢氧化钠溶液 1.0 mL、2.0 mL、3.0 mL、4.0 mL、6.0 mL、8.0 mL 及 10.0 mL，以水稀释至刻度，摇匀，使各溶液的 pH 从小于等于 2 开始逐步增加至 12 以上，测定各溶液的 pH。先用 pH 为 1～14 的广泛试纸确定其粗略 pH，然后进一步用精密 pH 试纸确定其较准确的 pH（采用 pH 计测量溶液的 pH，误差较小）。同时在分光光度计上，用适当的波长（510 nm）、1 cm 比色皿，以水为参比测定各溶液的吸光度。最后以 pH 为横坐标，吸光度为纵坐标，绘制 $A-\mathrm{pH}$ 曲线，由曲线上确定最适宜的 pH 范围。

4）根据上面条件实验的结果，找出邻二氮菲分光光度法测定铁的测定条件并讨论之

3. 铁含量的测定

1）标准曲线的绘制

取 25 mL 容量瓶 6 个，分别准确吸取 10 μg · mL^{-1} 铁标准溶液 0.0 mL、1.0 mL、2.0 mL、3.0 mL、4.0 mL 和 5.0 mL 于各容量瓶中，各加 10% 盐酸羟胺溶液 1 mL，摇匀，经 2 min后再各加 1 mol · L^{-1} 醋酸钠溶液 5 mL 和 0.1% 邻二氮菲溶液 3 mL，以水稀释至刻度，摇匀。在分光光度计上用 1 cm 比色皿，在最大吸收波长（510 nm）处以水为参比测定各溶液的吸光度。最后以含铁总量为横坐标，以吸光度为纵坐标，绘制标准曲线。

2）铁含量测定

吸取未知液 5 mL，按上述标准曲线相同条件和步骤测定其吸光度。根据未知液吸光度，在标准曲线上查出未知液相对应铁的量，然后计算试样中微量铁的含量，以每升未知液中含铁的克数表示（g · L^{-1}）。

五、数据记录与处理

1. 记录分光光度计型号，比色皿厚度，绘制吸收曲线和标准曲线。
2. 计算未知液中铁的含量，以每升未知液中含铁的克数表示（$g \cdot L^{-1}$）。

附录1 常见物质的热力学数据

物质	$\frac{\Delta_f H_M^\circ}{kJ \cdot mol^{-1}}$	$\frac{\Delta_f G_m^\circ}{kJ \cdot mol^{-1}}$	$\frac{S_m^\circ}{J \cdot K^{-1} \cdot mol^{-1}}$	物质	$\frac{\Delta_f H_M^\circ}{kJ \cdot mol^{-1}}$	$\frac{\Delta_f G_m^\circ}{kJ \cdot mol^{-1}}$	$\frac{S_m^\circ}{J \cdot K^{-1} \cdot mol^{-1}}$
Ag(s)	0.0	0.0	42.6	$Ca(OH)_2$(s)	-985.2	-897.5	83.4
Ag^+(aq)	105.6	77.1	72.7	$CaCO_3$(s,方解石)	-1207.6	-1129.1	91.7
$Ag(NH_3)_2^+$(aq)	-111.29	-17.24	245.2	C(石墨)	0.0	0.0	5.7
AgCl(s)	-127	-109.8	96.3	C(金刚石)	1.9	2.9	2.34
AgBr(s)	-100.4	-96.9	107.1	C(g)	716.7	671.3	158.1
Ag_2SO_4	-731.7	-641.8	217.6	CO(g)	-110.5	-137.2	197.7
AgI(s)	-61.84	-66.2	115.5	CO_2(g)	-393.5	-394.4	213.8
Ag_2O(s)	-31.1	-11.2	121.3	CO_3^{2-}(aq)	-667.1	-527.8	-56.9
Ag_2S(s,辉银矿)	-32.6	-40.7	144.0	HCO_3^-(aq)	-692.0	-586.8	91.2
$AgNO_3$(s)	-124.4	-33.4	140.9	$CO_{2(}$aq)	-413.26	-386.0	119.36
Al(s)	0.0	0.0	28.3	H_2CO_3(aq,非电离)	-699.65	-623.16	187.4
Al^{3+}(AQ)	-531.0	-485.0	-321.7	CCl_4(l)	-128.2	-62.6	216.2
$AlCl_3$(s)	-704.2	-628.8	109.3	CH_3OH(l)	-239.2	-166.6	126.8
Al_2O_3(s,刚玉)	-1675.7	-1582.3	50.9	C_2H_5OH(l)	-277.6	-174.8	161
B(s,菱形)	0.0	0.0	5.9	HCOOH(l)	-425.0	-361.4	129.0
B_2O_3(s)	-1273.5	-1194.3	54.0	CH_3COOH(l)	-484.3	-389.9	159.8
BCl_3(g)	-403.8	-388.7	290.1	CH_3COOH(aq,非电离)	-485.76	-396.46	178.7
BCl_3(l)	-427.2	-387.4	206.3	CH_3COO^-(aq)	-486.01	-369.31	86.6
B_2H_6(g)	36.4	86.7	232.1	CH_3CHO(l)	-192.2	-127.6	160.2
Ba(s)	0.0	0.0	62.5	CH_4(g)	-74.6	-50.5	186.3
Ba^{2+}(aq)	-537.6	-560.8	9.6	C_2H_2(g)	227.4	209.9	200.4
$BaCl_2$(s)	-855.0	-806.7	123.7	C_2H_4(g)	52.4	68.4	219.3
BaO(s)	-548.0	-520.3	72.1	C_2H_6(g)	-84.0	-32.0	229.2
$Ba(OH)_2$(s)	-944.7	—	—	C_3H_8(g)	-103.8	-23.4	270.3
BaH_2(s)	-177.0	-138.2	63.0	C_4H_6(l,丁二烯-1,3)	88.5	—	199.0
$BaCO_3$(s)	-1213.0	-1134.4	112.1	C_4H_6(g,丁二烯-1,3)	165.5	201.7	293.0
$BaSO_4$(s)	-1473.2	-1362.2	132.2	C_4H_8(l,丁二烯-1)	-20.8	—	227.0
Br_2(l)	0.0	0.0	152.2	C_4H_8(g,丁二烯-1)	1.17	72.04	307.4
Br^-(aq)	-121.6	-104.0	82.4	n-C_4H_{10}(l,正丁烷)	-14.3	—	—
Br_2(g)	30.9	3.1	245.5	n-C_4H_{10}(g,正丁烷)	-124.73	-15.71	310.0
HBr(g)	-36.3	-53.4	198.7	C_6H_6(g)	82.9	129.7	269.2
HBr(aq)	-121.6	-104.0	82.4	C_6H_6(l)	49.1	124.5	173.4
Ca(s)	0.0	0.0	41.6	Cl_2(g)	0.0	0.0	223.1
Ca^{2+}(aq)	-542.8	-553.6	-53.1	Cl^-(aq)	-167.2	-131.2	56.5
CaF_2(s)	-1228.0	-1175.6	68.5	HCl(g)	-92.3	-95.3	186.9
$CaCl_2$(s)	-795.4	-748.8	108.4	ClO_3^-(aq)	-104.0	-8.0	162.3
CaO(s)	-634.9	-603.3	38.1	Co(s)	0.0	0.0	30.0
CaH_2(s)	-181.5	-142.5	41.2	$Co(OH)_2$	-539.7	-454.3	79.0

续表

物质	$\Delta_f H_M^\circ$ / kJ·mol⁻¹	$\Delta_f G_m^\circ$ / kJ·mol⁻¹	S_m° / J·K⁻¹·mol⁻¹	物质	$\Delta_f H_M^\circ$ / kJ·mol⁻¹	$\Delta_f G_m^\circ$ / kJ·mol⁻¹	S_m° / J·K⁻¹·mol⁻¹
S(s)	0.0	0.0	23.8	KCl(s)	-436.5	-408.5	82.6
S_2O_3(s)	-1139.7	-1058.1	81.2	KI(s)	-327.9	-324.9	106.3
$S_2O_7^{2-}$(aq)	-1490.3	-1301.1	261.9	KOH(s)	-424.6	-378.7	78.9
SO_4^{2-}(aq)	-881.2	-727.8	50.2	$KClO_3$(s)	-397.7	-296.3	143.1
Cu(s)	0.0	0.0	33.2	$KClO_4$(s)	-432.8	-303.1	151.0
Cu^+(aq)	71.7	50.0	40.6	$KMnO_4$(s)	-837.2	-737.6	171.7
Cu^{2+}(aq)	64.8	65.5	-99.6	Mg(s)	0.0	0.0	32.7
$Cu(NH_3)_4^{2+}$(aq)	-348.5	-111.3	273.6	Mg^{2+}(aq)	-466.9	-454.8	-138.1
CuCl(s)	-137.2	-119.9	86.2	$MgCl_2$(s)	-641.3	-591.8	89.6
CuBr(s)	-104.6	-100.8	96.2	$MgCl_2 \cdot 6H_2O$(s)	-2499.0	-2115.0	315.1
CuI(s)	-67.8	-69.5	96.7	MgO(s)	-601.6	-569.3	27.0
Cu_2O(s)	-168.6	-146.0	93.1	$Mg(OH)_2$(s)	-924.5	-833.5	63.2
CuO(s)	-157.3	-129.7	42.6	$MgCO_3$(s)	-1095.8	-1012.1	65.7
Cu_2S(s)	-79.5	-86.2	120.9	$MgSO_4$(s)	-1284.9	-1170.6	91.6
Cu_2S(s)	-53.1	-53.7	66.5	Mn(s)	0.0	0.0	32.0
Cu_2SO_4(s)	-771.4	-662.2	109.2	Mn^{2+}(aq)	-220.8	-228.1	-73.6
$Cu_2SO_4 \cdot H_2O$(s)	-2279.65	-1880.04	300.4	MnO_2(s)	-520.0	-465.1	53.1
HF	-273.30	-275.4	173.8	MnO_4^-(aq)	-541.4	-447.2	191.2
F_2(g)	0.0	0.0	202.8	$MnCl_2$(s)	-481.3	-440.5	118.2
F^-(aq)	-332.6	-278.8	-13.8	Na(s)	0.0	0.0	51.3
F(g)	79.4	62.3	158.8	Na^+(aq)	-240.1	-261.9	59.0
Fe(s)	0.0	0.0	27.3	NaCl(s)	-411.2	-384.1	72.1
Fe^{2+}(aq)	-89.1	-78.9	-137.7	Na_2O(s)	-414.2	-375.5	75.1
Fe^{3+}(aq)	-48.5	-4.7	-315.9	NaOH(s)	-425.6	-379.5	64.5
Fe_2O_3(s)	-824.2	-742.2	87.4	Na_2CO_3(s)	-1130.7	-1044.4	135.0
Fe_3O_4(s)	-1118.4	-1015.4	146.4	NaI(s)	-287.8	-286.1	98.5
H_2(g)	0.0	0.0	130.7	Na_2O_2(s)	-510.9	-447.7	95.0
H(g)	218.0	203.3	114.7	HNO_3(l)	-174.1	-80.7	155.6
H^+(aq)	0.0	0.0	0.0	NO_3^-(aq)	-207.4	-111.3	146.4
H_3O^+(aq)	-285.83	-237.13	69.91	NH_3(g)	-45.9	-16.4	192.8
Hg(g)	61.4	31.8	175.0	NH_3(aq)	-80.29	-26.5	111.3
Hg(l)	0.0	0.0	75.9	$NH_3 \cdot H_2O$(aq,非电离)	-366.12	-263.63	181.21
HgO(s)	-90.8	-58.5	70.3	NH_4^+(aq)	-132.51	-79.31	113.4
HgS(s)	-58.2	-50.6	82.4	NH_4Cl(s)	-314.4	-202.9	94.6
$HgCl_2$(s)	-224.3	-178.6	146.0	NH_4NO_3(s)	-365.6	-183.9	151.1
Hg_2Cl_2(s)	-265.4	-210.7	191.6	$(NH_4)SO_4$	-1180.9	-910.7	220.1
I_2(s)	0.0	0.0	116.1	N_2(g)	0.0	0.0	191.6
I_2(g)	62.4	19.3	260.7	NO(g)	91.3	87.6	210.8
I^-(aq)	-55.2	-51.6	111.3	NO_2(g)	33.2	51.3	240.1
HI(g)	26.5	1.7	206.6	N_2O(g)	81.6	103.7	220.0
K(s)	0.0	0.0	64.7	N_2O_4(g)	11.1	99.8	304.2
K^+(aq)	-252.4	-283.3	102.5	N_2O_4(l)	-19.5	97.5	209.2

续表

物　　质	$\Delta_f H_M^\ominus$ / $kJ \cdot mol^{-1}$	$\Delta_f G_m^\ominus$ / $kJ \cdot mol^{-1}$	$S_m^\ominus$ / $J \cdot K^{-1} \cdot mol^{-1}$	物　　质	$\Delta_f H_M^\ominus$ / $kJ \cdot mol^{-1}$	$\Delta_f G_m^\ominus$ / $kJ \cdot mol^{-1}$	$S_m^\ominus$ / $J \cdot K^{-1} \cdot mol^{-1}$
N_2H_4(g)	95.4	159.4	238.5	H_2S(g)	-20.6	-33.4	205.8
N_2H_4(l)	50.6	149.3	121.2	H_2S(aq)	-38.6	-27.87	126
NiO(s)	-240.6	-211.7	38.00	HS^-(aq)	-16.3	12.05	67.5
O_3(g)	142.7	163.2	238.9	$S2^-$(aq)	33.1	85.8	-14.6
O_2(g)	0	0	205.2	H_2SO_4(l)	-814.0	-690.0	156.9
OH^-(aq)	-230.0	-157.24	-10.75	HSO_4^-(aq)	-887.3	-755.9	131.8
H_2O(l)	-285.83	-237.13	69.91	SO_4^{2-}(aq)	-909.3	-744.5	210.1
H_2O(g)	-241.8	-228.6	188.8	SO_2(g)	-296.8	-300.1	248.2
H_2O_2(l)	-187.8	-120.4	109.6	SO_3(g)	-395.7	-371.1	256.8
H_2O_2(aq)	-191.17	-134.10	143.9	SO_3(l)	-441.0	-373.8	113.8
P(s,白)	0.0	0.0	41.01	Si(s)	0.0	0.0	18.8
P(s,红)	-17.6	—	22.8	SiO_2(s,α-石英)	-910.7	-856.3	41.5
PCl_3(g)	-287.0	-267.8	311.8	SiF_4(g)	-1615.0	-1572.8	282.8
PCl_3(l)	-314.7	-272.3	217.1	$SiCl_4$(l)	-687.0	-619.8	239.7
PCl_5(s)	-443.5	—	—	$SiCl_4$(g)	-657.0	-617.0	330.7
PCl_5(g)	-374.9	-305.0	364.6	Sn(s,白)	0.0	0.0	51.2
Pb(s)	0.0	0.0	64.8	Sn(s,灰)	-2.1	0.1	44.1
Pb^{2+}(aq)	-1.7	-24.4	10.5	SnO(s)	-280.7	-251.9	57.2
PbO(s,黄)	-217.3	-187.9	68.7	SnO_2(s)	-577.6	-515.8	49.0
PbO(s,红)	-219.0	-188.9	66.5	$SnCl_2$(s)	-325.1	—	—
PbO_2(s)	-277.4	-217.3	68.6	$SnCl_4$(s)	-511.3	-440.1	258.6
Pb_3O_4(s)	-718.4	-601.2	211.3	Ti(s)	0	0	30.72
TiO_2(s)	-944.0	-888.8	50.62	$TiCl_4$(g)	-763.2	-726.3	353.2
Zn(s)	0.0	0.0	41.6	Zn^{2+}(aq)	-153.9	-147.1	-112.1
ZnO(s)	-350.5	-320.5	43.7	$ZnCl_2$(aq)	-488.2	409.5	0.8
Zn(s,闪锌矿)	-206.0	-201.3	57.7				

附录2　标准电极电势

（25.0℃，101.325 kPa）

电极过程	$E^{\ominus}$/V
$Ag^{+} + e \rightleftharpoons Ag$	0.7996
$Ag^{2+} + e \rightleftharpoons Ag^{+}$	1.980
$AgBr + e \rightleftharpoons Ag + Br^{-}$	0.0713
$AgCl + e \rightleftharpoons Ag + Cl^{-}$	0.222
$AgCN + e \rightleftharpoons Ag + CN^{-}$	−0.017
$AgF + e \rightleftharpoons Ag + F^{-}$	0.779
$Ag_4[Fe(CN)_6] + 4e \rightleftharpoons 4Ag + [Fe(CN)_6]^{4-}$	0.148
$AgI + e \rightleftharpoons Ag + I^{-}$	−0.152
$[Ag(NH_3)_2]^{+} + e \rightleftharpoons Ag + 2NH_3$	0.373
$Al_3 + 3e \rightleftharpoons Al$	−1.662
$Al(OH)_3 + 3e \rightleftharpoons Al + 3OH^{-}$	−2.31
$AlO_2^{-} + 2H_2O + 3e \rightleftharpoons Al + 4OH^{-}$	−2.35
$Au^{+} + e \rightleftharpoons Au$	1.692
$Au^{3+} + 3e \rightleftharpoons Au$	1.498
$Au^{3+} + 2e \rightleftharpoons Au^{+}$	1.401
$AuCl_2^{-} + e \rightleftharpoons Au + 2Cl^{-}$	1.15
$AuCl_4^{-} + 3e \rightleftharpoons Au + 4Cl^{-}$	1.002
$AuI + e \rightleftharpoons Au + I^{-}$	0.50
$Ce^{3+} + 3e \rightleftharpoons Ce$	−2.336
$Ce^{3+} + 3e \rightleftharpoons Ce(Hg)$	−1.437
$Co^{2+} + 2e \rightleftharpoons Co$	−0.28
$[Co(NH_3)_6]^{3+} + e \rightleftharpoons [Co(NH_3)_6]^{2+}$	0.108
$[Co(NH_3)_6]^{2+} + 2e \rightleftharpoons Co + 6NH_3$	−0.43
$Cr^{2+} + 2e \rightleftharpoons Cr$	−0.913
$Cr^{3+} + e \rightleftharpoons Cr^{2+}$	−0.407
$Cr^{3+} + 3e \rightleftharpoons Cr$	−0.744
$[Cr(CN)_6]^{3-} + e \rightleftharpoons [Cr(CN)_6]^{4-}$	−1.28
$Cr(OH)_3 + 3e \rightleftharpoons Cr + 3OH^{-}$	−1.48
$Cr_2O_7^{2-} + 14H^{+} + 6e \rightleftharpoons 2Cr^{3+} + 7H_2O$	1.232
$Cs^{+} + e \rightleftharpoons Cs$	−2.92
$Cu^{+} + e \rightleftharpoons Cu$	0.521
$Cu^{2+} + 2e \rightleftharpoons Cu$	0.342
$Cu^{2+} + 2e \rightleftharpoons Cu(Hg)$	0.345
$Cu^{2+} + 2CN^{-} + e \rightleftharpoons [Cu(CN)_2]^{-}$	1.103
$Fe^{2+} + 2e \rightleftharpoons Fe$	−0.447
$Fe^{3+} + 3e \rightleftharpoons Fe$	−0.037
$[Fe(CN)_6]^{3-} + e \rightleftharpoons [Fe(CN)_6]^{4-}$	0.358

续表

电极过程	$E^{\ominus}$/V
$[Fe(CN)_6]^{4-} + 2e \longrightarrow Fe + 6CN^-$	−1.5
$2H^+ + 2e \longrightarrow H_2$	0.0000
$H_2 + 2e \longrightarrow 2H^-$	−2.25
$2H_2O + 2e \longrightarrow H_2 + 2OH^-$	−0.8277
$Hf^{4+} + 4e \longrightarrow Hf$	−1.55
$Hg^{2+} + 2e \longrightarrow Hg$	0.851
$Hg_2^{2+} + 2e \longrightarrow 2Hg$	0.797
$2Hg^{2+} + 2e \longrightarrow Hg_2^{2+}$	0.920
$I_2 + 2e \longrightarrow 2I^-$	0.5355
$I_3^- + 2e \longrightarrow 3I^-$	0.536
$Mn^{2+} + 2e \longrightarrow Mn$	−1.185
$Mn^{3+} + 3e \longrightarrow Mn$	1.542
$MnO_2 + 4H^+ + 2e \longrightarrow Mn^{2+} + 2H_2O$	1.224
$MnO_4^- + 4H^+ + 3e \longrightarrow MnO_2 + 2H_2O$	1.679
$MnO_4^- + 8H^+ + 5e \longrightarrow Mn^{2+} + 4H_2O$	1.507
$MnO_4^- + 2H_2O + 3e \longrightarrow MnO_2 + 4OH^-$	0.595
$O_2 + 4H^+ + 4e \longrightarrow 2H_2O$	1.229
$O_2 + 2H_2O + 4e \longrightarrow 4OH^-$	0.401
$O_3 + H_2O + 2e \longrightarrow O_2 + 2OH^-$	1.24
$Pb^{2+} + 2e \longrightarrow Pb$	−0.126
$Pb^{2+} + 2e \longrightarrow Pb(Hg)$	−0.121
$PbCl_2 + 2e \longrightarrow Pb + 2Cl^-$	−0.268
$Pd^{2+} + 2e \longrightarrow Pd$	0.915
$Zn^{2+} + 2e \longrightarrow Zn$	−0.7618

附录3 部分配合物的形成常数

序号	配位体	金属离子	配位体数目 n	$\lg\beta_n$
1	NH_3	Ag^+	1，2	3.24，7.05
		Cd^{2+}	1，2，3，4，5，6	2.65，4.75，6.19，7.12，6.80，5.14
		Co^{2+}	1，2，3，4，5，6	2.11，3.74，4.79，5.55，5.73，5.11
		Cu^{2+}	1，2，3，4，5	4.31，7.98，11.02，13.32，12.86
		Ni^{2+}	1，2，3，4，5，6	2.80，5.04，6.77，7.96，8.71，8.74
		Zn^{2+}	1，2，3，4	2.37，4.81，7.31，9.46
2	Cl^-	Ag^+	1，2，4	3.04，5.04，5.30
		Hg^{2+}	1，2，3，4	6.74，13.22，14.07，15.07
3	CN^-	Ag^+	2，3，4	21.1，21.7，20.6
		Cd^{2+}	1，2，3，4	5.48，10.60，15.23，18.78
		Cu^+	2，3，4	24.0，28.59，30.30
		Fe^{2+}	6	35.0
		Fe^{3+}	6	42.0
		Hg^{2+}	4	41.4
		Ni^{2+}	4	31.3
		Zn^{2+}	1，2，3，4	5.3，11.70，16.70，21.60
4	F^-	Al^{3+}	1，2，3，4，5，6	6.11，11.12，15.00，18.00，19.40，19.80
		Fe^{2+}	1	0.8
		Fe^{3+}	1，2，3，5	5.28，9.30，12.06，15.77
5	I^-	Ag^+	1，2，3	6.58，11.74，13.68
		Cd^{2+}	1，2，3，4	2.10，3.43，4.49，5.41
		Hg^{2+}	1，2，3，4	12.87，23.82，27.60，29.83
6	SCN^-	Ag^+	1，2，3，4	4.6，7.57，9.08，10.08
		Fe^{3+}	1，2，3，4，5，6	2.21，3.64，5.00，6.30，6.20，6.10
		Hg^{2+}	1，2，3，4	9.08，16.86，19.70，21.70
7	$S_2O_3^{2-}$	Ag^+	1，2	8.82，13.46
		Hg^{2+}	2，3，4	29.44，31.90，33.24
8	磺基水杨酸	Al^{3+}	1，2，3	13.20，22.83，28.89
		Fe^{3+}	1，2，3	14.64，25.18，32.12

附录4 难溶化合物的溶度积常数

序号	分子式	K_{sp}	pK_{sp} ($-\lg K_{sp}$)	序号	分子式	K_{sp}	pK_{sp} ($-\lg K_{sp}$)
1	AgBr	5.0×10^{-13}	12.3	37	Hg_2CO_3	8.9×10^{-17}	16.05
2	AgCl	1.8×10^{-10}	9.75	38	Hg_2I_2	4.5×10^{-29}	28.35
3	AgCN	1.2×10^{-16}	15.92	39	HgS(红)	4.0×10^{-53}	52.4
4	Ag_2CO_3	8.1×10^{-12}	11.09	40	HgS(黑)	1.6×10^{-52}	51.8
5	Ag_2CrO_4	1.2×10^{-12}	11.92	41	$MgCO_3$	3.5×10^{-8}	7.46
6	AgI	8.3×10^{-17}	16.08	42	$Mg(OH)_2$	1.8×10^{-11}	10.74
7	Ag_2S	6.3×10^{-50}	49.2	43	MnS(粉红)	2.5×10^{-10}	9.6
8	AgSCN	1.0×10^{-12}	12.00	44	MnS(绿)	2.5×10^{-13}	12.6
9	$BaCO_3$	5.1×10^{-9}	8.29	45	$NiCO_3$	6.6×10^{-9}	8.18
10	BaC_2O_4	1.6×10^{-7}	6.79	46	$Ni(OH)_2$(新)	2.0×10^{-15}	14.7
11	$BaCrO_4$	1.2×10^{-10}	9.93	47	$\alpha-NiS$	3.2×10^{-19}	18.5
12	$BaSO_4$	1.1×10^{-10}	9.96	48	$\beta-NiS$	1.0×10^{-24}	24.0
13	$CaCO_3$	2.8×10^{-9}	8.54	49	$\gamma-NiS$	2.0×10^{-26}	25.7
14	$CaC_2O_4\cdot H_2O$	4.0×10^{-9}	8.4	50	$PbBr_2$	4.0×10^{-5}	4.41
15	CaF_2	2.7×10^{-11}	10.57	51	$PbCl_2$	1.6×10^{-5}	4.79
16	$Ca(OH)_2$	5.5×10^{-6}	5.26	52	$PbCO_3$	7.4×10^{-14}	13.13
17	$CaSO_4$	3.16×10^{-7}	5.04	53	$PbCrO_4$	2.8×10^{-13}	12.55
18	$CdCO_3$	5.2×10^{-12}	11.28	54	PbF_2	2.7×10^{-8}	7.57
19	CdS	8.0×10^{-27}	26.1	55	$Pb(OH)_2$	1.2×10^{-15}	14.93
20	$CoCO_3$	1.4×10^{-13}	12.84	56	$Pb(OH)_4$	3.2×10^{-66}	65.49
21	$Co(OH)_2$(新)	1.58×10^{-15}	14.8	57	$Pb_3(PO_4)_3$	8.0×10^{-43}	42.10
22	CuBr	5.3×10^{-9}	8.28	58	PbS	1.0×10^{-28}	28.00
23	CuCl	1.2×10^{-6}	5.92	59	$PbSO_4$	1.6×10^{-8}	7.79
24	CuCN	3.2×10^{-20}	19.49	60	Sb_2S_3	1.5×10^{-93}	92.8
25	$CuCO_3$	2.34×10^{-10}	9.63	61	$Sn(OH)_2$	1.4×10^{-28}	27.85
26	CuI	1.1×10^{-12}	11.96	62	$Sn(OH)_4$	1.0×10^{-56}	56.0
27	$Cu(OH)_2$	4.8×10^{-20}	19.32	63	SnS	1.0×10^{-25}	25.0
28	Cu_2S	2.5×10^{-48}	47.6	64	$SrCO_3$	1.1×10^{-10}	9.96
29	CuS	6.3×10^{-36}	35.2	65	$SrC_2O_4\cdot H_2O$	1.6×10^{-7}	6.80
30	$FeCO_3$	3.2×10^{-11}	10.50	66	SrF_2	2.5×10^{-9}	8.61
31	$Fe(OH)_2$	8.0×10^{-16}	15.1	67	$Sr_3(PO_4)_2$	4.0×10^{-28}	27.39
32	$Fe(OH)_3$	4.0×10^{-38}	37.4	68	$SrSO_4$	3.2×10^{-7}	6.49
33	$FePO_4$	1.3×10^{-22}	21.89	69	$ZnCO_3$	1.4×10^{-11}	10.84
34	FeS	6.3×10^{-18}	17.2	70	$Zn(OH)_2$③	2.09×10^{-16}	15.68
35	Hg_2Br_2	5.6×10^{-23}	22.24	71	$Zn_3(PO_4)_2$	9.0×10^{-33}	32.04
36	Hg_2Cl_2	1.3×10^{-18}	17.88	72	ZnS	1.2×10^{-23}	22.92

附录5　EDTA 在不同 pH 时的酸效应系数——lgα(Y(H))

pH	lgα(Y(H))	pH	lgα(Y(H))	pH	lgα(Y(H))	pH	lgα(Y(H))	pH	lgα(Y(H))
0.0	23.64	2.5	11.90	5.0	6.45	7.5	2.78	10.0	0.45
0.1	23.06	2.6	11.62	5.1	6.26	7.6	2.68	10.1	0.39
0.2	22.47	2.7	11.35	5.2	6.07	7.7	2.57	10.2	0.33
0.3	21.89	2.8	11.09	5.3	5.88	7.8	2.47	10.3	0.28
0.4	21.32	2.9	10.84	5.4	5.69	7.9	2.37	10.4	0.24
0.5	20.75	3.0	10.60	5.5	5.51	8.0	2.27	10.5	0.20
0.6	20.18	3.1	10.37	5.6	5.33	8.1	2.17	10.6	0.16
0.7	19.62	3.2	10.14	5.7	5.15	8.2	2.07	10.7	0.13
0.8	19.08	3.3	9.92	5.8	4.98	8.3	1.97	10.8	0.11
0.9	18.54	3.4	9.70	5.9	4.81	8.4	1.87	10.9	0.09
1.0	18.01	3.5	9.48	6.0	4.65	8.5	1.77	11.0	0.07
1.1	17.49	3.6	9.27	6.1	4.49	8.6	1.67	11.1	0.06
1.2	16.98	3.7	9.06	6.2	4.34	8.7	1.57	11.2	0.05
1.3	16.49	3.8	8.85	6.3	4.20	8.8	1.48	11.3	0.04
1.4	16.02	3.9	8.65	6.4	4.06	8.9	1.38	11.4	0.03
1.5	15.55	4.0	8.44	6.5	3.92	9.0	1.28	11.5	0.02
1.6	15.11	4.1	8.24	6.6	3.79	9.1	1.19	11.6	0.02
1.7	14.68	4.2	8.04	6.7	3.67	9.2	1.10	11.7	0.02
1.8	14.27	4.3	7.84	6.8	3.55	9.3	1.01	11.8	0.01
1.9	13.88	4.4	7.64	6.9	3.43	9.4	0.92	11.9	0.01
2.0	13.51	4.5	7.44	7.0	3.32	9.5	0.83	12.0	0.01
2.1	13.16	4.6	7.24	7.1	3.21	9.6	0.75	12.1	0.01
2.2	12.82	4.7	7.04	7.2	3.10	9.7	0.67	12.2	0.005
2.3	12.50	4.8	6.84	7.3	2.99	9.8	0.59	13.0	0.0008
2.4	12.19	4.9	6.65	7.4	2.88	9.9	0.52	13.9	0.0001

附录6　金属离子的水解效应系数——$\lg\alpha(M(OH))$

金属离子	离子强度	pH													
		1	2	3	4	5	6	7	8	9	10	11	12	13	14
Al^{3+}	2					0.4	1.3	5.3	9.3	13.3	17.3	21.3	25.3	29.3	33.3
Bi^{3+}	3	0.1	0.5	1.4	2.4	3.4	4.4	5.4							
Ca^{2+}	0.1													0.3	1.0
Cd^{2+}	3									0.1	0.5	2.0	4.5	8.1	12.0
Cd^{2+}	0.1								0.1	0.4	1.1	2.2	4.2	7.2	10.2
Cu^{2+}	0.1								0.2	0.8	1.7	2.7	3.7	4.7	5.7
Cu^{2+}	1									0.1	0.6	1.5	2.5	3.5	4.5
Fe^{3+}	3			0.4	1.8	3.7	5.7	7.7	9.7	11.7	13.7	15.7	17.7	19.7	21.7
Hg^{2+}	0.1			0.5	1.9	3.9	5.9	7.9	9.9	11.9	13.9	15.9	17.9	19.9	21.9
La^{3+}	3										0.3	1.0	1.9	2.9	3.9
Mg^{2+}	0.1											0.1	0.5	1.3	2.3
Mn^{2+}	0.1										0.1	0.5	1.4	2.4	3.4
Ni^{2+}	0.1									0.1	0.7	1.6			
Pb^{2+}	0.1							0.1	0.5	1.4	2.7	4.7	7.4	10.4	13.4
Th^{4+}	1				0.2	0.8	1.7	2.7	3.7	4.7	5.7	6.7	7.7	8.7	9.7
Zn^{2+}	0.1									0.2	2.4	5.4	8.5	11.8	15.5

附录 7　酸碱的电离常数（25℃）

名　称	化学式	K_{a1}（K_{b1}）	K_{a2}（K_{b2}）	K_{a3}（K_{b3}）
偏铝酸	$HAlO_2$	6.3×10^{-13}		
亚砷酸	H_3AsO_3	6.0×10^{-10}		
砷　酸	H_3AsO_4	5.62×10^{-3} （K_1）	1.70×10^{-7} （K_2）	3.95×10^{-12} （K_3）
硼　酸	H_3BO_3	7.3×10^{-10} （K_1）		
次溴酸	HBrO	2.06×10^{-9}		
氢氰酸	HCN	4.93×10^{-10}		
碳　酸	H_2CO_3	4.3×10^{-7} （K_1）	5.61×10^{-11} （K_2）	
次氯酸	HClO	2.95×10^{-8}		
氢氟酸	HF	3.53×10^{-4}		
锗　酸	H_2GeO_3	2.6×10^{-9}（K_1）	1.9×10^{-13}（K_2）	
高碘酸	HIO_4	2.3×10^{-2}		
亚硝酸	HNO_2	4.6×10^{-4}		
次磷酸	H_3PO_2	5.9×10^{-2}		
亚磷酸	H_3PO_3	1.0×10^{-2}（K_1）	2.6×10^{-7}（K_2）	
磷　酸	H_3PO_4	7.52×10^{-3}（K_1）	6.23×10^{-8}（K_2）	2.2×10^{-13}（K_3）
焦磷酸	$H_4P_2O_7$	1.4×10^{-1}（K_1）	3.2×10^{-2}（K_2）	1.7×10^{-6}（K_3）
氢硫酸	H_2S	9.1×10^{-8}（K_1）	1.1×10^{-12}（K_2）	
亚硫酸	H_2SO_3	1.54×10^{-2}（K_1）	1.01×10^{-7}（K_2）	
硫　酸	H_2SO_4	1.0×10^{3} （K_1）	1.02×10^{-2}（K_2）	
硫代硫酸	$H_2S_2O_3$	2.52×10^{-1}（K_1）	1.9×10^{-2}（K_2）	
氢硒酸	H_2Se	1.3×10^{-4}（K_1）	1.0×10^{-11}（K_2）	
亚硒酸	H_2SeO_3	1.54×10^{-2}（K_1）	1.01×10^{-7}（K_2）	
硒　酸	H_2SeO_4	1×10^{3} （K_1）	1.2×10^{-2}（K_2）	
硅　酸	H_2SiO_3	1.7×10^{-10}（K_1）	1.6×10^{-12}（K_2）	
亚碲酸	H_2TeO_3	2.7×10^{-3}（K_1）	1.8×10^{-8}（K_2）	
甲　酸	HCOOH	1.77×10^{-4}（K_1）		
醋　酸	CH_3COOH	1.76×10^{-5}（K_1）		
草　酸	$H_2C_2H_4$	5.90×10^{-2}（K_1）	6.40×10^{-5}（K_2）	
铬　酸	H_2CrO_4	1.8×10^{-1}（K_1）	3.20×10^{-7}（K_2）	
氨	NH_3	1.76×10^{-5}（K_1）		
联　氨	N_2H_4	9.8×10^{-7}（K_1）	9.0×10^{-16}（K_2）	

参考文献

[1] Chemistry: The Science in Context. Thomas R. Gilbert, Rein V. Kirss, Geoffrey Davies, Natalie Foster. W. W. Norton & Company, 2008.

[2] Chemistry. Steven S. Zumdahl, Susan A. Zumdahl. Houghton Mifflin, 2009.

[3] AP Chemistry. Neil D. Jespersen. Barron's Educational Series Inc., U. S. 2012.

[4] Chemistry. Raymond Chang, Kenneth Goldsby. McGraw Hill Higher Education, 2012.

[5] Chemistry. John McMurry. Prentice Hall, 2010.

[6] Chemistry. Steven S. Zumdahl, Susan A. Zumdahl. Brooks/Cole, 2013.

[7] Introduction to Chemistry: A Foundation. Steven S. Zumdahl, Donald J. DeCoste. Brooks/Cole, 2010.

[8] 王桂英. 大学化学 [M]. 北京：化学工业出版社, 2012.

[9] 钟福新, 余彩莉, 刘峥. 大学化学 [M]. 北京：清华大学出版社, 2012.

[10] 金继红. 大学化学 [M]. 北京：化学工业出版社, 2007.

[11] 宋天佑. 简明无机化学 [M]. 北京：高等教育出版社, 2007.

[12] 曲保中, 朱炳林, 周伟红. 新大学化学（第二版）[M]. 北京：科学出版社, 2012.

[13] 汪小兰, 田荷珍, 耿承延. 基础化学 [M]. 北京：高等教育出版社, 1995.

[14] 李保山. 基础化学 [M]. 北京：科学出版社, 2009.

[15] 杨立静. 基础化学 [M]. 北京：中国石化出版社, 2010.

[16] 乔春玉, 闫鹏. 基础化学 [M]. 北京：北京大学出版社, 2013.

[17] 慕慧. 基础化学（第三版）[M]. 北京：科学出版社, 2013.

[18] 高欢, 刘军坛. 医用化学（第二版）[M]. 北京：化学工业出版社, 2011.

[19] 沈文霞. 物理化学核心教程（第二版）[M]. 北京：科学出版社, 2009.

[20] 陈六平, 童叶翔. 物理化学 [M]. 北京：科学出版社, 2011.

[21] 汪小兰. 有机化学（第4版）[M]. 北京：高等教育出版社, 2005.

[22] 孙毓庆, 胡育筑. 分析化学（下）（第三版）（仪器分析部分）[M]. 北京：科学出版社, 2011.

[23] 胡育筑, 孙毓庆, 黄庆华, 邱细敏. 分析化学（上）（第三版）（化学分析部分）[M]. 北京：科学出版社, 2011.

[24] 柯以侃, 王桂花. 大学化学实验 [M]. 北京：化学工业出版社, 2010.

[25] 北京大学化学与分子工程学院分析化学教学组. 北京大学化学实验类教材——基础分析化学实验 [M]. 北京：北京大学出版社, 2010.

[26] 郭艳玲. 大学化学实验：有机及物理化学实验分册 [M]. 天津：天津大学出版社, 2011.

[27] 扬州大学等合编. 新编大学化学实验（二）：基本操作 [M]. 北京：化学工业出版社, 2010.

[28] 高绍康, 陈建中. 基础化学实验 [M]. 化学工业出版社, 2013.

[29] 高欢, 刘军坛. 医用化学实验（第二版）[M]. 北京：化学工业出版社, 2011.

[30] 徐家宁, 史苏华, 宋天佑. 无机化学例题与习题（第二版）[M]. 北京：高等教育出版社, 2007.

参考文献